BULLETIN

DE LA

SOCIÉTÉ CHIMIQUE

DE PARIS

COMPRENANT

LE COMPTE RENDU DES TRAVAUX DE LA SOCIÉTÉ

ET

L'ANALYSE DES MÉMOIRES DE CHIMIE PURE ET APPLIQUÉE

Publiés en France et à l'Étranger

PAR MM.

CH. BARRESWIL, J. BOUIS, CH. FRIEDEL, E. KOPP,
F. LE BLANC, A. SCHEURER-KESTNER ET AD. WURTZ

AVEC LA COLLABORATION DE MM.

G. G. FOSTER, A. GIRARD, A. LIEBEN, A. RICHE, A. ROSING,
THOYOT, A. VÉE et E. WILLM

ANNÉE 1864

2e SEMESTRE

NOUVELLE SÉRIE. — TOME II

LIBRAIRIE DE L. HACHETTE ET Cie

à Paris, 77, boulevard Saint-Germain

LONDRES, 18, KING WILLIAM STREET, STRAND

LEIPZIG, 15, POST STRASSE

1864

BULLETIN

DE LA

SOCIÉTÉ CHIMIQUE

PARIS — IMPRIMERIE DE PILLET FILS AINÉ
RUE DES GRANDS-AUGUSTINS, 5

BULLETIN

DE LA

SOCIÉTÉ CHIMIQUE

DE PARIS

COMPRENANT

LE COMPTE RENDU DES TRAVAUX DE LA SOCIÉTÉ

ET

L'ANALYSE DES MÉMOIRES DE CHIMIE PURE ET APPLIQUÉE

Publiés en France et à l'Étranger

PAR MM.

CH. BARRESWIL, J. BOUIS, CH. FRIEDEL, E. KOPP,
F. LE BLANC, A. SCHEURER-KESTNER ET AD. WURTZ

AVEC LA COLLABORATION DE MM.

C. G. FOSTER, A. GIRARD, A. LIEBEN, A. RICHE, A. ROSING,
THOYOT, A. VÉE et E. WILLM

NOUVELLE SÉRIE
TOME DEUXIÈME

LIBRAIRIE DE L. HACHETTE ET Cie
à Paris, 77, boulevard Saint-Germain
LONDRES, 18, KING WILLIAM STREET, STRAND
LEIPZIG, 15, POST STRASSE

1864

SIXIÈME ANNÉE

BULLETIN

DE LA

SOCIÉTÉ CHIMIQUE

DE PARIS

EXTRAIT DES PROCÈS-VERBAUX

SÉANCE DU 10 JUIN 1864.

Présidence de M. Ad. Wurtz.

M. Lemoine est nommé membre résident.

M. Berthelot fait quelques observations au sujet de la communication de M. Pasteur sur le dosage de l'acide tartrique dans les vins.

M. Berthelot communique un travail de M. Fausto Sestini sur l'action de la lumière solaire sur la santonine.

M. Grandeau expose les résultats de ses recherches sur la dialyse pour la recherche des poisons végétaux et en particulier de la digitaline.

M. Bouis rappelle les communications déjà faites à la Société sur cette question.

M. Poumarède, en réclamant la priorité de la découverte du papier-parchemin, donne des renseignements pratiques sur sa préparation.

M. de Luynes expose les résultats de son travail sur l'iodhydrate et l'hydrate de butylène.

M. Friedel fait connaître la suite de ses recherches relatives à l'action des éthers sur les alcools.

M. Poumarède indique un procédé à l'aide duquel il a pu recueillir,

pour l'analyser, de l'eau à environ 230 mètres de profondeur dans l'Océan atlantique.

M. Oppenheim signale les produits de l'action du brome et de l'iode sur l'allylène.

M. Wurtz indique les circonstances de la transformation du diallyle en hexylène.

La Société a reçu :

Un volume *sur la fabrication et l'emploi des phosphates de chaux en Angleterre*, par M. A. Ronna.

Un numéro du *Bulletin du laboratoire de chimie de* M. Mène.

Des *recherches sur le spectre solaire et sur les spectres des corps simples*, par M. Kirchhoff. (Traduction de M. L. Grandeau.)

Une brochure intitulée : *Acque minerali e termali delle Galleraje in val di Cecina di Toscana*, par le prof. Giovanni Campani et le prof. Salvadore Gabrielli.

SÉANCE DU 24 JUIN 1863.

Présidence de M. Ad. Wurtz.

M. Olivier de Lalande est nommé membre non résident à Okna (Moldavie).

Le secrétaire présente, de la part des auteurs, une brochure de M. Hérouard *sur l'emploi de la chaux dans la fabrication de certains engrais* et un travail de M Beilstein *sur l'isomérie dans la série benzoïque.*

M. Debray fait une communication sur le dimorphisme des acides arsénieux et antimonieux; il fait ensuite connaître la production de phosphates et d'arséniates cristallisés.

M. Bouis expose les recherches qu'il a entreprises en commun avec M. E. Baudrimont sur la dialyse appliquée à la toxicologie.

M. Dehérain ajoute quelques faits qu'il a observés en appliquant la même méthode à l'étude de la physiologie végétale.

M. Cloez expose ses recherches sur la pierre météorique d'Orgueil.

M. Maumené développe une théorie générale de l'exercice de l'affinité.

MÉMOIRES PRÉSENTÉS A LA SOCIÉTÉ CHIMIQUE.

Note sur les observations publiées par M. Berthelot au sujet du dosage de la crème de tartre dans les vins, par M. L. PASTEUR (1).

Conformément à l'avis qui m'est suggéré par M. Berthelot dans ces observations (2), j'attendrai que le mémoire de MM. Berthelot et de Fleurieu ait été publié en entier. On verra mieux alors de quel côté est la méprise. Mes expériences ne me permettent pas de modifier l'appréciation que j'ai donnée précédemment du procédé de dosage de la crème de tartre contenue dans les vins, que ces savants ont fait connaître au mois d'août dernier.

Sur l'iodhydrate et l'hydrate de butylène, par M. V. DE LUYNES.

Les expériences de M. Wurtz ont mis en évidence les cas d'isomérie que présentent l'iodhydrate et l'hydrate d'amylène à l'égard de l'iodure et de l'hydrate d'amyle. J'ai annoncé que l'iodhydrate et l'hydrate de butylène, dérivés de l'érythrite offraient des relations semblables vis-à-vis de l'iodure et de l'hydrate de butyle. J'ai l'honneur de présenter à la Société de nouvelles observations qui viennent compléter cette analogie.

I. J'ai déjà indiqué la préparation et la composition de l'iodhydrate de butylène. Voici ses principales propriétés.

Récemment préparé, il est incolore; mais il se colore rapidement à la lumière; il bout de 117 à 118°; il possède donc le même point d'ébullition que l'iodure de butyle; à 0° sa densité est 1,632; à 20° 1,604; d'après M. Wurtz, celle de l'iodure de butyle à 19° est 1,604.

Le brome attaque énergiquement l'iodhydrate de butylène; il se dégage de l'iode, de l'acide bromhydrique, et l'on obtient un liquide incolore, d'une odeur agréable, bouillant à 158°, et qui a la même composition que le bibromure de butylène $C^8H^8Br^2$. En effet, il renferme :

	Trouvé.	Calculé.
Carbone	22,14	22,27
Hydrogène	4	3,7
Brome	»	74,03

(1) Cette note nous a été adressée depuis la séance du 24 juin et immédiatement après la distribution de la livraison du mois de juin. (*Rédacteurs.*)

(2) *Bulletin de la Société chimique*, t. I, nouvelle série (1864), p. 449.

Le chlore agit d'une manière semblable et donne un produit bouillant vers 120°, d'une densité très-voisine de celle de l'eau, et qui paraît être le bichlorure de butylène $C^8H^8Cl^2$.

Le sodium l'attaque lentement à la température de l'ébullition; il se dégage un produit gazeux que je n'ai pas encore examiné.

Une solution aqueuse de potasse est sans action sur lui, mais la potasse dissoute dans l'alcool le décompose; il se forme de l'iodure de potassium, et si l'on chauffe jusqu'à l'ébullition, il se dégage du butylène que l'on peut recueillir sur l'eau; c'est un moyen élégant et facile de préparer ce gaz.

J'ai dit que l'iodhydrate de butylène réagissait à la température ordinaire sur l'acétate d'argent; il se forme du butylène et de l'acétate de butylène.

L'acétate de butylène est incolore, plus léger que l'eau, doué d'une odeur aromatique forte et agréable, mais tout à fait différente de l'odeur de fruit si prononcée de l'acétate de butyle. Il bout de 111 à 113°; l'analyse a donné :

	Trouvé.	Calculé.
Carbone	61,5	62,1
Hydrogène	10,9	10,3

L'oxyde d'argent et l'iodhydrate de butylène réagissent l'entement l'un sur l'autre à la température ordinaire; mais la réaction est complète à 100° : il se forme de l'iodure d'argent, du butylène, et un liquide très-complexe plus léger que l'eau. Le produit qui passe de 95 à 100° renferme :

Carbone	65,3
Hydrogène	13,4

L'hydrate de butylène se compose de :

Carbone	64,9
Hydrogène	13,5
Oxygène	21,6

L'excès de carbone trouvé provient de la présence d'une petite quantité de produits bouillant à des températures supérieures, et parmi lesquels se trouve probablement l'éther butylique. Ce qui passe de 105 à 110° a donné : C=70,5, H=13,9.

En faisant passer du butylène dans une solution d'acide iodhydrique saturée à 0°, le gaz a été absorbé, et j'ai obtenu un liquide bouillant à 118°, possédant les mêmes propriétés que l'iodhydrate dérivé de l'érythrite, et qui a donné à l'analyse :

	Trouvé.	Calculé.
Carbone	25,9	26,1
Hydrogène	5,2	4,9
Iode	»	69,0

II. La meilleure méthode de préparation de l'hydrate de butylène consiste à saponifier l'acétate de butylène par une solution concentrée de potasse à 100° pendant 25 à 30 heures. Lorsqu'on ouvre les tubes où l'opération s'est faite, il ne se dégage aucun gaz. En distillant, on obtient de l'eau, et un liquide plus léger que l'eau; on ajoute du carbonate de potasse qui sépare l'alcool dissous dans l'eau, on dessèche sur le carbonate de potasse fondu et l'on rectifie.

L'hydrate de butylène est incolore; son odeur est forte et pénétrante; à 0° sa densité est 0,85; il bout de 96 à 98°; il est sensiblement soluble dans l'eau. Le carbonate de potasse le sépare de cette dissolution. Il dissout le chlorure de calcium; il attaque le sodium. L'acide sulfurique le noircit sous l'influence de la chaleur, et il se dégage de l'acide sulfureux et d'autres produits parmi lesquels paraît se trouver le butylène.

Le brome l'attaque avec énergie et donne un mélange complexe de produits qui commencent à bouillir vers 130°, et dont le point d'ébullition s'élève ensuite à 158°.

L'hydrate de butylène absorbe le gaz iodhydrique avec élévation de température, et il se forme un iodhydrate identique avec l'iodhydrate de butylène, et qui réagit de la même manière sur l'acétate d'argent, en produisant du butylène et de l'acétate de butylène; tandis que l'alcool butylique donne, dans les mêmes circonstances, de l'iodure de butyle, qui ne réagit sur l'acétate d'argent qu'avec le concours de la chaleur, en ne donnant aucune trace de butylène, et en produisant l'acétate de butyle de M. Wurtz. Chauffé en tubes clos de 240 à 250° pendant 4 à 5 heures, l'hydrate de butylène se dédouble en eau et en butylène. En ouvrant le tube dans un mélange réfrigérant, j'ai isolé le butylène dont j'ai constaté toutes les propriétés.

L'hydrate de butylène a donné à l'analyse :

Carbone	64,33
Hydrogène	13,9
Oxygène	21,77

On voit, d'après ce qui précède, que l'iodhydrate et l'hydrate de butylène présentent, à l'égard des composés correspondants dérivés de l'alcool butylique de fermentation, des cas d'isomérie du même ordre que ceux que M. Wurtz a établis entre l'iodhydrate et l'hydrate d'amylène et les produits correspondants dérivés de l'alcool amylique de fermentation.

Ces expériences ont été faites au laboratoire de recherches et de perfectionnement de la Faculté des sciences de Paris.

Action du brome et de l'iode sur l'allylène, par M. A. OPPENHEIM.

Les recherches publiées dernièrement par M. Berthelot sur l'acétylène et par M. Reboul sur le valérylène m'engagent à communiquer la première partie d'une série de recherches que j'ai entreprises sur l'homologue de ces carbures, l'allylène.

Je me suis servi, pour préparer ce corps, de l'action du propylène bromé sur l'éthylate de soude, méthode indiquée par M. Sawitsch, qu'une mort prématurée a enlevé à la science.

Plusieurs essais entrepris pour abréger cette méthode n'ont pas abouti.

La déshydratation de l'acétone par l'action de l'acide phosphorique ou du chlorure de zinc donne toujours naissance au mésitylène C^9H^{12} (1), qu'on peut envisager comme l'allylène trois fois condensé. En traversant un tube rouge, l'acétone dégage des quantités assez considérables d'acétylène, mais pas trace d'allylène. L'iodure d'allyle, qu'on peut regarder comme du propylène iodé, traité dans des conditions différentes par l'éthylate de soude, n'engendre que de l'éther mixte allyléthylique. Cette différence entre l'iodure d'éthyle et le propylène bromé semble digne de remarque parce qu'elle peut être expliquée par la différence qui existe entre les affinités du brome et de l'iode pour l'hydrogène. Ainsi l'iode dont l'affinité pour l'hydrogène est comparativement faible, se sépare seul de l'allyle, tandis que le brome entraîne avec lui un atome d'hydrogène pour engendrer l'allylène :

$$C^3H^5I + C^2H^5NaO = (C^3H^5)(C^2H^5)O + NaI$$
$$C^3H^5Br + C^2H^5NaO = C^3H^4 + C^2H^6O + NaBr$$

Le bromure de propylène employé pour la préparation de l'allylène a été d'abord obtenu en traitant l'iodure d'allyle brut avec du mercure et de l'acide chlorhydrique et en faisant passer les gaz ainsi obtenus dans du brome. Mais les bromures qu'on obtient de cette manière bouillent de 40 à 210°, et tous les produits de leur distillation fractionnée contiennent des quantités plus ou moins considérables d'iode; aussi est-il difficile d'établir les formules rationnelles de ces sub-

(1) $C = 12 - O = 16 - H = 1$.

tances. La plus grande partie de ces bromures impurs, bouillant de 120 à 180°, est transformée presque entièrement, il est vrai, en propylène bromé par la potasse alcoolique. Cependant j'ai trouvé plus avantageux d'abandonner la méthode indiquée plus haut, et de préparer le propylène en faisant passer, dans un tube chauffé au rouge, soit de l'acide oléique, soit du pétrole ou de l'alcool amylique. Ce dernier corps donne plus de propylène que les deux autres. On retire des bromures qu'il fournit le tiers à peu près, qui bout de 135 à 146°. Plus de la moitié de cette quantité consiste en un mélange intime de bromures de propylène et d'éthylène, qu'on ne peut séparer que par la méthode indiquée par M. Bauer, et qui consiste à traiter ces bromures avec une solution alcoolique d'acétate de potasse. Au bout de 3 ou 4 jours le bromure d'éthylène est transformé en acétate, tandis que le bromure de propylène passe à la distillation avec les vapeurs d'alcool.

Le bromure de propylène a été transformé en propylène bromé. Ce dernier enfermé, avec de l'éthylate de soude dans des matras ou dans un digesteur semblable à celui qu'a construit M. Frankland pour la préparation du zinc éthyle, a été chauffé à 100° pendant 10 heures.

Après le refroidissement, on ouvre avec précaution la pointe du matras scellé ou le robinet du digesteur, et on recueille le gaz dans des flacons remplis d'une solution concentrée de sel marin. Pour obtenir tout l'allylène formé, on doit chauffer le vase qui a servi à sa préparation jusqu'à l'ébullition de l'alcool, qui en dissout des quantités considérables. L'allylène est aussi assez soluble dans l'eau. Obtenu avec du propylène bromé, préparé de l'une ou de l'autre manière, l'allylène se combine au brome et au cuivre d'une solution de chlorure cuivreux dans l'ammoniaque. On n'a pas trouvé de différences entre les combinaisons allyléniques provenant de ces deux sources différentes.

Si l'on fait tomber goutte à goutte, ou si on fait passer lentement la vapeur de brome dans un flacon rempli d'allylène, à l'ombre, il se forme immédiatement un mélange limpide et transparent de deux bromures différents. Si l'on opère au soleil, la première goutte de brome qu'on fait tomber dans l'allylène dégage de l'acide bromhydrique et l'on obtient un liquide noir en partie carbonisé, renfermant des produits bromés non encore isolés. Les deux bromures qui se forment à l'ombre peuvent être obtenus à l'état de pureté par la distillation dans le vide.

Le premier, le *bibromure d'allylène*, $C^3H^4Br^2$, est un liquide incolore d'une saveur douceâtre, et dont les vapeurs irritent considérablement les yeux. Sa densité est de 2,05 à 0°. Il bout à l'air sans se décomposer. La plus grande partie passe à la distillation à 132° environ mais le liquide qui passe de 126° (point où il commence à bouillir) à 132°, et celui qui passe de 132 à 138°, constituent encore du bibromure d'allylène pur. Son point d'ébullition le distingue nettement de ses deux isomères, le glycide dibromhydrique bouillant de 151 à 152° (Reboul), et le propylène bibromé bouillant à 120° (Cahours). Il se combine au brome à l'ombre sans dégagement d'acide bromhydrique. Les analyses suivantes prouveront les faits avancés plus haut :

	Calculé.	Portion bouillant de 132 à 140° I.	Portion bouillant de 125 à 132° II.	Portion bouillant de 130 à 150° III.	Portion bouillant de 132 à 134° IV.	Portion bouillant de 128 à 155° V.
C^3	18,00	18,16	17,92	17,80	17,43	» »
H^4	2,00	2,09	2,03	1,74	1,74	» »
Br^2	80,00	» »	» »	» »	» »	79,94

Le *tétrabromure d'allylène* $C^3H^4Br^4$ forme la plus grande portion du produit de l'action du brome sur l'allylène. C'est un liquide incolore d'une odeur camphrée prononcée ; sa densité est de 2,94 à 0°. Sous la pression d'un centimètre, il passe presque entièrement entre 110 et 130°. Distillé à l'air, il dégage de l'acide bromhydrique. Son point d'ébullition est situé entre 225 et 230° environ, et est inférieur, par conséquent, à celui du bromure du glycide dibromhydrique, 250 à 252° (Reboul) et rapproché de celui du bromure de propylène bibromé, 226° (Cahours). Le mercure n'agit pas sur le tétrabromure d'allylène à 100°; à 130° il le carbonise complétement.

	Calculé.	Analyses I.	II.	III.
C^3	10,00	9,88	10,28	» »
H^4	1,14	1,22	1,20	» »
Br^4	88,88	» »	» »	87,57

L'iode se combine difficilement à l'allylène. Un flacon, bouché à l'émeri, contenant un litre d'allylène et deux équivalents d'iode, après avoir été exposé au soleil pendant quinze jours, contenait encore de l'allylène et de l'iode libre. On a trouvé au fond quelques gouttes de biiodure d'allylène. On ne facilite pas d'une manière appréciable la formation de ce composé en chauffant au bain-marie ; mais il y a avantage à remplacer l'iode sec par une solution d'iode soit dans le sulfure de carbone, soit dans l'iodure de potassium.

Le biiodure d'allylène $C^3H^4I^2$ est un liquide incolore, qui se décompose par la distillation. Si on ajoute du brome, le liquide s'échauffe considérablement ; l'iode est mis en liberté, et on obtient du tétrabromure d'allylène.

	Calculé.	Trouvé.
C^3	12,31	11,66
H^4	1,36	» »
I^2	86,33	86,43

Tétrabromure formé avec l'iodure d'allylène :

	Calculé.	Trouvé.
C^3	10,00	9,81
H^4	1,01	0,75
Br^4	88,88	» »

Sur le dimorphisme des acides arsénieux et antimonieux,
par M. H. DEBRAY.

On sait que les acides arsénieux, AsO^3, et antimonieux, Sb^2O^3, sont *isodimorphes*. Ils peuvent, en effet, suivant les circonstances où ils sont placés, cristalliser en octaèdres réguliers ou en prismes rhomboïdaux droits. J'indiquerai rapidement comment l'acide antimonieux peut être obtenu sous l'une ou sous l'autre des deux formes.

En oxydant l'antimoine au rouge, on obtient l'acide antimonieux prismatique (fleurs argentines d'antimoine). Si l'on verse goutte à goutte, dans une dissolution bouillante de carbonate de soude, une dissolution chlorhydrique de protochlorure d'antimoine (Sb^2Cl^3), le précipité qui se produit, examiné au microscope, est, d'après Mitscherlich, entièrement composé de cristaux prismatiques. On obtiendra l'acide en octaèdres, en dissolvant l'hydrate d'oxyde d'antimoine dans une dissolution bouillante de potasse; la liqueur, en refroidissant, laisse déposer de petits cristaux d'autant plus gros que le refroidissement a été plus lent. Mitscherlich l'a également préparé sous cette forme, en ajoutant à une dissolution bouillante de chlorure d'antimoine dans l'acide chlorhydrique, de l'eau chaude, jusqu'au moment où le précipité cessait de se redissoudre. La liqueur refroidie fournissait des cristaux plus volumineux que ceux obtenus par toute autre méthode. Plus tard, M. Pasteur a constaté la transformation spontanée de la poudre d'algaroth humide (oxychlorure d'antimoine) en octaèdres réguliers.

En effectuant la décomposition de la poudre d'algaroth par l'eau à la température de 150° environ, j'ai constaté que la matière se transformait intégralement en lamelles prismatiques, aussi volumineuses que les fleurs argentines obtenues par le grillage direct du métal.

Cette expérience, rapprochée des précédentes, met bien en évidence l'influence de la température sur la forme cristalline de l'acide antimonieux. On voit, en effet, que ce corps, préparé à froid, ou tout au moins au-dessous de 100° dans des liqueurs alcalines ou acides, est toujours octaédrique, tandis que l'acide, préparé, au-dessus de 100°, dans les mêmes circonstances ou par l'oxydation directe, est toujours prismatique.

J'ai pensé que la température aurait la même influence sur la cristallisation de l'acide arsénieux. Comme les cristaux obtenus en faisant cristalliser ce corps dans l'eau pure, ou dans l'eau contenant de l'acide chlorhydrique, ou de l'ammoniaque à une température peu élevée, sont toujours octaédriques, j'ai chauffé en vase clos, vers 250°, une grande quantité de cet acide avec une petite quantité d'eau ; par refroidissement, il s'est d'abord produit des cristaux prismatiques très-petits, puis des octaèdres très-volumineux; l'eau, à cette température, dissout au moins son poids d'acide arsénieux. Ce procédé ne fournit qu'une très-petite quantité d'acide prismatique ; mais on l'obtient plus facilement, et en cristaux assez volumineux, en opérant de la manière suivante. On introduit de l'acide arsénieux (vitreux ou octaédrique) dans un long tube de verre, que l'on ferme ensuite à la lampe ; on place ce tube verticalement dans l'axe d'un long tube en terre fermé à une extrémité par un bouchon de terre luté ; l'intervalle étant rempli de sable, on place le tube de terre verticalement sur un fourneau à gaz et on l'entoure d'un manchon de terre pour empêcher son refroidissement. On le chauffe alors en maintenant le gaz allumé pendant 8 ou 10 heures. La partie inférieure du tube de verre est portée bientôt à la température de 400° environ, mais l'extrémité supérieure atteint tout au plus 200° à la fin de l'expérience. Quand l'appareil est refroidi, on trouve au fond du tube de l'acide arsénieux vitreux, dans la partie moyenne des prismes très-appréciables à l'œil nu, et vers le haut de beaux octaèdres sans mélange de prismes. Les vapeurs d'acide arsénieux produites dans le tube se sont condensées à diverses hauteurs en donnant des octaèdres dans les parties les plus froides, et des prismes dans celles où la température était supérieure à 200° environ. Plus tard, quand l'appareil s'est refroidi, quelques octaèdres se sont formés dans la partie moyenne du tube, mais il est facile de constater qu'ils se sont déposés sur les prismes.

Je rappellerai que c'est à M. Wöhler qu'est due la découverte de l'acide arsénieux prismatique ; il le trouva dans les produits de sublimation obtenus dans le grillage des minerais de cobalt et de nickel ; l'expérience précédente me paraît préciser les conditions dans lesquelles cet acide a dû se former. Ordinairement l'acide arsénieux se dépose en octaèdres sur les parois peu chaudes des chambres de condensation; si par une cause quelconque leur température vient à s'élever d'une manière notable, il doit nécessairement s'y déposer des cristaux prismatiques.

L'acide arsénieux prismatique n'avait d'ailleurs été reproduit jusqu'ici que dans une seule circonstance indiquée par M. Pasteur. L'arsénite de potasse dissout à chaud de l'acide arsénieux, qu'il laisse déposer, en refroidissant, sous forme de cristaux prismatiques microscopiques. Cette expérience montre que la température à laquelle la cristallisation en prismes peut avoir lieu, dépend de la nature du liquide; car on n'obtiendrait vers 100° que des cristaux octaédriques avec l'eau pure ou acidulée; mais il n'en résulte pas moins que la température a sur la forme cristalline une influence incontestable et le plus souvent prédominante. C'est ce que j'ai fait voir pour le soufre, que l'on peut faire cristalliser en prismes dans le sulfure de carbone vers 110°, quoique à la température ordinaire ce liquide transforme instantanément les prismes en octaèdres rhomboïdaux.

Il existe donc pour les acides antimonieux et arsénieux, comme pour le soufre et le carbonate de chaux, deux états moléculaires particulièrement stables à deux températures différentes et correspondant à deux formes cristallines incompatibles; mais il y a entre les acides antimonieux, arsénieux, le carbonate de chaux, d'une part, et le soufre, de l'autre, une différence importante. Le soufre prismatique, préparé à 110°, n'est stable que dans le voisinage de cette température, tandis que les prismes d'acide antimonieux et arsénieux, et les rhomboèdres de carbonate de chaux qui se forment à une température plus ou moins élevée, sont stables même à la température ordinaire, quoique les acides antimonieux et arsénieux, et le carbonate de chaux formés à cette température, soient les premiers octaédriques, le dernier prismatique (arragonite).

Mais on peut toujours passer, pour ces divers corps comme pour le soufre, de la forme stable, à la température ordinaire, à la forme qui prend naissance à une température plus élevée par l'action de la chaleur.

Sur la production de phosphates et d'arséniates cristallisés, par M. H. DEBRAY.

Les phosphates, obtenus par voie de double décomposition en versant du phosphate de soude ou d'ammoniaque ordinaires dans les dissolutions métalliques, sont généralement gélatineux ou tout au moins amorphes. On sait cependant que le phosphate d'ammoniaque détermine, dans les sels de magnésie ou de cobalt, des précipités qui se transforment rapidement en poudre cristalline formée de petits cristaux de phosphate ammoniaco-magnésien ou cobaltique. Le premier sel est connu depuis longtemps; le second a été découvert et étudié par M. Chancel. Cette transformation est bien plus commune pour les phosphates qu'on ne pourrait le croire, et presque tous les précipités amorphes que l'on obtient d'habitude, placés dans des conditions convenables de température et de milieu, finissent par se convertir en matières bien définies et souvent remarquables par la beauté de leurs formes cristallines.

Je me bornerai, dans cette note, à indiquer les principaux sels du groupe magnésien que j'ai déjà obtenus et étudiés.

1° Action du phosphate d'ammoniaque ordinaire en excès sur les sels du groupe magnésien.

Quand on laisse le précipité formé à froid avec un excès de phosphate d'ammoniaque on produit les sels suivants :

Phosphate	ammoniaco-magnésien	$2MgO,AzH^4O,PhO^5 + 12HO$
—	ammoniaco-cobaltique	$2CoO,AzH^4O,PhO^5 + 12HO$
—	ammoniaco-nickélique	$2NiO,AzH^4O,PhO^5 + 12HO$
—	ammoniaco-zincique	$2ZnO,AzH^4O,PhO^5 + 2HO$
—	ammoniaco-manganique	$2MnO,AzH^4O,PhO^5 + 2HO$
—	ammoniaco-ferreux	$2FeO,AzH^4O,PhO^5 + 2HO$

A la température de 80° ou au-dessus, si le phosphate d'ammoniaque est en excès, il se produit, avec les sels de magnésie, de cobalt, de nickel, de manganèse et de fer, un phosphate ammoniacal à 2 équivalents d'eau :

$$2RO,AzH^4O,PhO^5 + 2HO.$$

Les sels de zinc font seuls exception; ils donnent un phosphate anhydre

$$2ZnO,AzH^4O,PhO^5.$$

Les phosphates à 12 équivalents d'eau sont bien différents par leur constitution des sels de même formule contenant 2 équivalents d'eau d'hydratation; ces derniers sont indécomposables par l'eau bouillante; les premiers, au contraire, se comportent comme des phosphates doubles que l'eau séparerait en phosphate métallique tribasique, et en phosphate d'ammoniaque tribasique, décomposable par l'eau en phosphate acide avec dégagement d'ammoniaque.

$$3(2CoO,AzH^4O,PhO^5 + 12HO) = 2(3CoO,PhO^5) + 3AzH^4O,PhO^5 + 36HO.$$

Ce fait a été déjà signalé pour le sel de cobalt par M. Chancel, mais je ne crois pas qu'il ait été constaté pour le sel de magnésie et de nickel.

Comme les phosphates tribasiques formés dans cette circonstance, bouillis avec un excès de phosphate d'ammoniaque, se transforment bientôt en phosphates ammoniacaux de la forme

$$2RO,AzH^4O,PhO^5,2HO,$$

il est évident qu'on ne peut obtenir de phosphates tribasiques bien purs par ce procédé; le phosphate d'ammoniaque mis en liberté reproduit une certaine quantité du phosphate précédent, mais cette quantité sera d'autant plus petite qu'on emploiera plus d'eau bouillante pour décomposer les phosphates à 12 équivalents d'eau. En ce qui concerne le phosphate ammoniaco-magnésien, utilisé dans le dosage de l'acide phosphorique et de la magnésie, on voit combien il importe à l'exactitude du résultat de ne pas laver le précipité avec de l'eau chaude.

Le contact prolongé des précipités formés à froid avec le phosphate d'ammoniaque en grand excès, donne des sels différents de ceux que je viens d'indiquer, du moins pour le cobalt et le fer, pour lesquels j'ai étudié plus particulièrement cette transformation.

Ainsi le phosphate de M. Chancel, $2CoO,AzH^4O,PhO^5 + 12HO$, qui a séjourné pendant sept ou huit jours avec une dissolution un peu acide de phosphate d'ammoniaque, est complétement transformé en cristaux roses, très-nets et assez volumineux, dont la composition se représente par la formule :

$$CoO,AzH^4O,HO,PhO^5 + 4HO.$$

Le fer fournit un produit correspondant.

Enfin, si les liqueurs métalliques et le phosphate d'ammoniaque sont fortement acides, il n'y a pas d'abord de précipité, mais peu à peu l'évaporation spontanée fournit des cristaux insolubles dans l'eau. Le chlorure de zinc fournit ainsi de magnifiques cristaux d'un phosphate double dont la composition se représente par la formule :

$$2ZnO,HO,PhO^5 + AzH^4O,2HO,PhO^5 + 2HO.$$

2° Action du phosphate et de l'arséniate d'ammoniaque sur les sels métalliques en excès.

La composition des phosphates obtenus dépend de la température à laquelle le précipité amorphe a été transformé. Ainsi les sels de manganèse et de magnésie donnent à la température ordinaire de beaux octaèdres rhomboïdaux de phosphates de la composition suivante :

$$2MnO,HO,PhO^5 + 6HO$$
$$2MgO,HO,PhO^5 + 6HO$$

à 100°, les sels de manganèse donnent un phosphate contenant 3 équivalents d'oxyde de manganèse :

$$3MnO,PhO^5 + 3HO.$$

Les cristaux de ce sel dérivent du prisme oblique de l'*huréaulite ;* on doit le considérer comme une variété de cette espèce minérale. On sait que celle-ci contient toujours une certaine quantité de protoxyde de fer qui y remplace une quantité équivalente d'oxyde de manganèse. J'avais déjà obtenu ces trois sels par d'autres méthodes, mais en cristaux beaucoup moins nets (1).

L'arséniate d'ammoniaque donne dans les sels de zinc et de manganèse un précipité gélatineux transformable seulement vers 100°, et quand on le maintient pendant longtemps à cette température (8 à 15 jours pour le zinc) en arséniates bien cristallisés, mais de forme plus difficile à mesurer, qui ont pour formule :

$$2MnO,HO,AsO^5 + 2HO$$
$$2ZnO,HO,AsO^5 + 2HO.$$

3° *Action du phosphate de soude en excès.*

Avec les sels de magnésie, on peut opérer le mélange des liqueurs sans précipitation, mais bientôt il s'y dépose de beaux cristaux très-efflorescents de phosphate simple de magnésie

$$2MgO,HO,PhO^5 + 14HO.$$

L'arséniate de soude paraît fournir un sel correspondant.

Avec les sels de zinc, le précipité se transforme, vers 60 ou 80° en quelques jours, en phosphate à 3 équivalents de zinc :

$$3ZnO,PhO^5 + 4HO.$$

Le sulfate et le chlorure ferreux donnent un précipité blanc entièrement transformable, après 7 ou 8 jours, surtout vers 50 ou 60°, en *vivianite,* en petits cristaux peu colorés, mais qui bleuissent rapidement à l'air. Ces cristaux, trop petits pour être mesurés, sont exacte-

(1) Mémoire sur la production de phosphates et d'arséniates cristallisés (*Ann. de Chimie et de Phys.*, 3e sér., t. LXI, et *Répertoire de Chimie pure*, t. III, p. 129, 1861).

ment groupés comme ceux de Commentry; ils ont, du reste, la composition de la *vivianite* naturelle :

$$3FeO,PhO^5 + 8HO.$$

Le précipité obtenu dans les sels de nickel se transforme à la température ordinaire, en quelques jours, en un sel double représenté par la formule :

$$2NiO,NaO,PhO^5 + 14HO.$$

Mais les sels de cobalt donnent un précipité transformable, à froid, avec tant de lenteur en un sel rose, que je n'ai pu encore obtenir, depuis six ou sept mois, assez de matière cristallisée pour en faire l'analyse. En maintenant le précipité à 80°, pendant 15 ou 20 jours, au contact d'un grand excès de phosphate de soude, on le voit se dissoudre peu à peu en donnant une liqueur bleue dans laquelle il se transforme en phosphate double insoluble, qui cristallise en petits cristaux aplatis d'une couleur bleue magnifique. La formule suivante représente la composition de ce phosphate :

$$(3CoO,PhO^5 + 2NaO,HO,PhO^5) + 8HO.$$

Recherches sur l'isomérie dans la série benzoïque,
par M. BEILSTEIN.

Dans le travail que j'ai l'honneur de présenter à la Société chimique, j'ai eu successivement pour collaborateurs MM. Wilbrand et Reichenbach. Le Bulletin de la Société ayant déjà publié la première partie de nos recherches, je n'en citerai, pour mémoire, que les principaux faits.

Lorsqu'on fait bouillir pendant quelques jours du toluène nitré avec de l'acide azotique fumant, on obtient un acide cristallisé qui possède la composition de l'acide nitrobenzoïque, mais qui en diffère par toutes ses propriétés. Nous avons conservé pour cet acide le nom d'acide *nitrodracylique*, proposé déjà par MM. Glénard et Boudault. L'acide brut est purifié par quelques cristallisations dans l'eau, ou en le dissolvant dans de l'ammoniaque, et le précipitant de la solution fortement étendue par de l'acide azotique. La dernière opération doit être répétée trois ou quatre fois.

L'acide nitrodracylique pur se distingue de son isomère, l'acide nitrobenzoïque, par son point de fusion plus élevé (240°), par une solubilité bien moindre dans l'eau, ainsi que par les caractères de ses sels. Le *nitrodracylate de chaux* contient 4 molécules (H^2O) d'eau de cristallisation; le nitrobenzoate n'en contient *qu'une;* le *nitrodracylate de baryte* contient 2 1/2 molécules d'eau, et le nitrobenzoate seulement 2. Les éthers méthyliques et éthyliques de l'acide nitrodracylique se distinguent également de leurs isomères par leur forme cristalline et par leur point de fusion.

Les grandes quantités d'eaux-mères que nous avons obtenues par la purification de l'acide nitrodracylique brut ont été évaporées et ont fourni une portion assez considérable d'un mélange de deux acides, dont l'un est assez soluble dans l'eau chaude, l'autre bien moins. On a séparé ce mélange par une série de cristallisations fractionnées dans l'eau bouillante. L'analyse des différentes cristallisations a donné des nombres correspondant à de l'*acide nitrobenzoïque.*

	Théorie.		Expériences.			
Ɵ	50,3	50,1	50,6	50,2	50,1	50,3
H	3,0	3,2	2,9	3,3	3,3	3,5

On voit donc que l'oxydation du toluène nitré n'avait donné naissance qu'à des acides de la composition de l'acide nitrobenzoïque. L'acide peu soluble, mentionné ci-dessus, était de l'acide *nitrodracylique,* tandis que l'acide plus soluble, extrait des eaux-mères de la préparation de l'acide nitrodracylique, avait toutes les propriétés de l'acide *nitrobenzoïque.* Il possédait notamment la propriété de celui-ci, de fondre dans l'eau chaude, propriété qui permet de distinguer aisément les deux modifications de l'acide nitrobenzoïque. On a donc :

$$\text{Ɵ}^7H^7(Az\Theta^2) + \Theta^3 = \underset{\text{Ac. nitrodracylique et nitrobenzoïque.}}{\text{Ɵ}^7H^5(Az\Theta^2)\Theta^2} + H^2\Theta.$$

La formation de l'acide nitrobenzoïque est facile à concevoir, si l'on se rappelle que M. Fittig a obtenu de l'acide benzoïque en traitant le toluène par de l'acide azotique étendu.

Nous devons une grande partie de l'acide nitrodracylique, employé dans le cours de ces recherches, à l'obligeance de M. Vogt, à Luisburg, qui l'obtient comme produit accessoire dans la préparation de la benzine nitrée du commerce. On sait, depuis la remarquable découverte de M. Hofmann, que ce n'est pas l'aniline pure qui fournit les matières colorantes, mais bien le mélange de cette base avec son homologue, la toluidine. Les fabricants d'aniline emploient, par conséquent, pour la préparation d'une nitrobenzine convenable, un mélange de benzine avec plus ou moins de toluène. C'est surtout en traitant une benzine d'un point d'ébullition élevé, et riche par là même

en toluène, par l'acide azotique fumant, qu'on obtient des quantités notables d'acide nitrodracylique. Ce dernier est alors contenu, pour la plus grande partie, dans la benzine nitrée, d'où on peut l'extraire en agitant celle-ci avec du carbonate de soude, et précipitant la solution alcaline par l'acide azotique. Nous avons eu à notre disposition l'acide extrait de 150 kilos de benzine nitrée brute. Cet acide nitrodracylique est fortement coloré en jaune, et on ne parvient à le débarrasser de la matière colorante qu'après plusieurs cristallisations dans l'eau avec du noir animal.

Dans l'acide azotique qui a servi à transformer la benzine en nitrobenzine, il se forme peu à peu un précipité presque blanc qui, par quelques cristallisations dans l'eau, fournit également de l'acide nidracylique à un état de pureté remarquable. C'est la matière la plus avantageuse pour la préparation de cet acide.

Nitrodracylamide, amidodracylamide.

M. Chancel a obtenu, par la réduction de la *nitrobenzamide*, l'*amidobenzamide*, isomère de l'urée phénylique et confondue quelquefois avec cette dernière. En faisant bouillir l'amidobenzamide (*carbanilamide*, suivant M. Chancel) avec de la potasse caustique, M. Chancel a constaté un dégagement d'ammoniaque et la formation d'un acide *carbanilique*, reconnu plus tard par M. Gerland comme identique avec l'acide amidobenzoïque. Les formules suivantes font clairement voir la connexion des corps ci-dessus mentionnés, ainsi que l'isomérie de l'amidobenzamide avec la phénylurée.

$$\underset{\text{Nitrobenzamide.}}{Az\left\{\begin{matrix} Ꞓ^7H^4(AzꝊ^2)Ꝋ \\ H \\ H \end{matrix}\right.} + 3H^2Ꞩ = \underset{\text{Amidobenzamide.}}{Az\left\{\begin{matrix} Ꞓ^7H^4(AzH^2)Ꝋ \\ H \\ H \end{matrix}\right.} + 2H^2Ꝋ + 3Ꞩ$$

$$\underset{\text{Phénylurée.}}{Az^2\left\{\begin{matrix} ꞒꝊ \\ Ꞓ^6H^5 \\ H^3 \end{matrix}\right.}$$

$$\underset{\text{Amidobenzamide.}}{Az\left\{\begin{matrix} Ꞓ^7H^4(AzH^2)Ꝋ \\ H \\ H \end{matrix}\right.} + H^2Ꝋ = \underset{\text{Acide amidobenzoïque.}}{Ꞓ^7H^5(AzH^2)Ꝋ^2} + AzH^3.$$

Il était évident qu'en partant de la nitrodracylamide on devait obtenir une série de corps isomères qui se dédoubleraient finalement en ammoniaque et acide amidodracylique. L'expérience n'a pas fait défaut à cette attente.

La *nitrodracylamide* s'obtient par l'action de l'ammoniaque sur l'éther nitrodracylique, mais il est bien plus facile de préparer l'amide en décomposant le chlorure nitrodracylique par l'ammoniaque. On chauffe 4 parties d'acide nitrodracylique avec 5 parties de perchlorure de phosphore dans une cornue, jusqu'à décomposition complète. On chasse alors l'oxychlorure de phosphore en distillant la liqueur jusqu'à 140°, après quoi on introduit le chlorure nitrodracylique brut dans de petits flacons remplis d'ammoniaque concentrée. Le contenu de ces flacons se prend presque aussitôt en une masse cristalline, qu'on lave à l'eau froide pour la débarrasser des sels ammoniacaux. Le résidu, cristallisé une seconde fois dans l'eau bouillante, fournit la *nitrodracylamide* pure. Ce corps se distingue de son isomère, la nitrobenzamide, par une solubilité bien plus faible, ainsi que par son point de fusion élevé, 197 à 198°. L'analyse de la nitrodracylamide correspond à la formule $\text{G}^7\text{H}^6\text{Az}^2\text{O}^3$.

	Théorie.	Expériences.
C	50,6	50,5
H	3,6	4,0

La nitrodracylamide, traitée par le sulfhydrate d'ammoniaque, selon le procédé de M. Chancel, fournit l'*amidodracylamide*.

L'amidodracylamide se distingue de son isomère par une moindre solubilité dans l'eau, par son point de fusion 178-179° et son eau de cristallisation, qui n'est que 1/4 de molécule.

L'analyse de l'amidodracylamide, séchée à l'air, correspond à la formule $\text{G}^7\text{H}^8\text{Az}^2\text{O} + 1/4\ \text{H}^2\text{O}$.

	Théorie.	Expériences.	
C	59,8	59,3	59,3
H	6,0	6,4	6,1

L'amide perd à 170° son eau de cristallisation. (Théorie = 3,2 %; expérience = 3,3 %.)

L'amide amidodracylique, bouillie avec de la potasse caustique, se dédouble en ammoniaque et en acide amidodracylique, identique en tous points avec l'acide amidodracylique, obtenu par la réduction de l'acide nitrodracylique.

Acides azodracylique et hydrazodracylique.

Si l'on traite une solution de nitrodracylate de soude par l'amalgame de sodium, on obtient aisément l'acide azodracylique, isomère de l'acide azobenzoïque, découvert récemment par M. Strecker. Après la réduction complète de l'acide nitrodracylique, on ajoute de l'acide sulfurique à la liqueur, qui précipite l'acide azodracylique en volumineux flocons rougeâtres qu'on lave à l'eau chaude. Après la dessiccation, l'acide azodracylique présente une poudre amorphe rougeâtre, insoluble dans l'eau l'alcool et l'éther. L'acide, séché à 140°, retient encore 1/2 H^2O. Les analyses conduisent à la formule

$$C^{14}H^{10}Az^2O^4 + 1/2\ H^2O$$

identique avec celle proposée, par M. Strecker, pour l'acide azobenzoïque.

	Théorie.	Expériences.					
C	60,2	60,7	60,0	—	60,0	60,0	60,7
H	3,9	3,8	3,8	—	3,9	3,9	3,8
Az	10,0	—	—	9,7			

L'*azodracylate d'ammoniaque*, $C^{14}H^8(AzH^4)^2Az^2O^4 + 1/2\ H^2O$, s'obtient aisément en petites aiguilles oranges d'un grand éclat.

L'*azodracylate de baryte*, $C^{14}H^8Ba^2Az^2O^4$, forme un précipité rosâtre, amorphe et insoluble dans l'eau. Le sel desséché ressemble beaucoup à l'acide libre; il est anhydre et se distingue par cela de l'azobenzoate de baryte, qui contient, selon M. Strecker, $5H^2O$.

L'*azodracylate de chaux*, $C^{14}H^8Ca^2Az^2O^4 + 3H^2O$, s'obtient par la précipitation d'une solution d'azodracylate d'ammoniaque avec du chlorure de calcium. Il ressemble au sel de baryte.

L'*azodracylate d'argent*, $C^{14}H^8Ag^2Az^2O^4$, précipité insoluble dans l'eau.

L'*éther azodracylique* ne peut être préparé par l'action du gaz chlorhydrique sur un mélange d'acide azodracylique et d'alcool. On l'obtient au moyen de la réduction de l'éther nitrodracylique par l'amalgame de sodium en solution alcoolique.

Si l'on ajoute à une solution bouillante d'azodracylate de soude, dans un excès de soude caustique, une solution de sulfate de fer, il se dépose au commencement du sesquioxyde de fer. Mais bientôt on voit apparaître un précipité noir de protoxyde de fer. On filtre alors la liqueur, autant que possible à l'abri de l'air, dans de l'acide sulfurique dilué. On obtient un précipité blanc d'acide *hydrazodracylique*, qu'on lave à l'eau bouillante et qu'on purifie par une cristallisation dans l'alcool. L'acide *hydrazodracylique* forme de petites aiguilles brillantes dont la composition est exprimée par la formule $C^{14}H^{12}Az^2O^4$.

$$\underset{\text{Ac. azodracylique.}}{C^{14}H^{10}Az^2O^4} + H^2 = \underset{\text{Ac. hydrazodracylique.}}{C^{14}H^{12}Az^2O^4}$$

L'acide hydrazodracylique a une grande tendance à passer à l'état d'acide azodracylique. En solution alcaline, il absorbe l'oxygène de l'air; chauffé en solution ammoniacale avec de l'azotate d'argent, l'argent est immédiatement réduit.

L'acide chlorhydrique concentré et bouillant décompose l'acide hydrazodracylique avec production d'acide azodracylique, probablement d'une manière analogue à l'acide hydrazobenzoïque.

$$\underset{\text{Acide hydrazodracylique.}}{2C^{14}H^{12}AzO^4} = \underset{\text{Acide azodracylique.}}{C^{14}H^{10}Az^2O^4} + \underset{\text{Acide amidodracylique.}}{2C^7H^7AzO^2}$$

D'après leurs formules, les acides azodracylique et hydrazodracylique peuvent être regardés comme des produits de réduction intermédiaires entre l'acide nitrodracylique et l'acide amidodracylique. On pouvait dès lors espérer de les transformer, par une réduction complète en acide amidodracylique, mais nous n'avons pas réussi à effectuer cette transformation.

En solution ammoniacale, l'acide azodracylique est réduit par le zinc, ainsi que par l'hydrogène sulfuré; mais l'action s'arrête à la formation de l'acide hydrazodracylique. Le mélange, si puissamment réducteur d'étain et d'acide chlorhydrique, est sans action sur l'acide azodracylique.

Transformation de l'acide nitrodracylique en acide benzoïque.

L'acide nitrodracylique se transforme, par l'hydrogène sulfuré ou le mélange d'étain et d'acide chlorhydrique, en acide *amidodracylique.* Ce dernier, traité en solution alcoolique avec de l'éther *azoteux* (et non *azotique*, comme il est dit par erreur dans le *Bulletin de la Société chimique*, 1864, nouv. série. t. I, p. 193), fournit l'acide *azoamidodracylique*, qui, mis en suspension dans de l'alcool bouillant et traité par un courant d'acide azoteux, se dissout avec production d'un acide de même-composition que l'acide *benzoïque.*

$$\underset{\text{Ac. nitrodracylique.}}{C^7H^5(AzO^2)O^2} + 6H = \underset{\text{Ac. amidodracylique.}}{C^7H^5(AzH^2)O^2} + 2H^2O$$

$$\underset{\text{Ac. amidodracylique.}}{2[C^7H^5(AzH^2)O^2]} + AzO^2H = \underset{\text{Ac. azoamidodracylique.}}{C^{14}H^{11}Az^3O^4} + 2H^2O$$

$$\underset{\text{Acide azoamidodracylique.}}{C^{14}H^{11}Az^3O^4} + \underset{\text{Alcool.}}{2C^2H^6O} + \underset{\text{Acide azoteux.}}{AzO^2H}$$

$$= \underset{\text{Acide dracylique.}}{2C^7H^6O^2} + \underset{\text{Aldéhyde.}}{2C^2H^4O} + 2H^2O + Az^4$$

On sait que, par une suite de réactions analogues, M. Griess a transformé l'acide nitrobenzoïque en acide *salylique* isomérique avec l'acide benzoïque. Le produit, dérivé de l'acide nitrodracylique, ne présente cependant pas une nouvelle modification de l'acide benzoïque; il est en tous points identique avec ce dernier. Il a le même point de fusion que cet acide, la même solubilité dans l'eau, et ses sels contiennent la même quantité d'eau de cristallisation que les benzoates.

Le *dracylate de chaux* cristallise en aiguilles d'un grand éclat. Sa composition est $\text{G}^7H^5CaO^2 + 1\ 1/2\ H^2O$, comme celle du benzoate.

Le *dracylate de baryte* renferme, comme le benzoate,

$$\text{G}^7H^7BaO^2 + H^2O.$$

Enfin, nous avons transformé notre acide en acide *nitrobenzoïque*, et nous avons trouvé que le produit obtenu était en tous points identique avec l'acide nitrobenzoïque ordinaire.

La transformation de petites quantités d'acide benzoïque en acide nitrobenzoïque réussit parfaitement d'après le procédé de M. Voit (1). On traite 1 partie d'acide benzoïque par un mélange d'une partie d'acide azotique fumant et de 2 parties d'acide sulfurique concentré On jette, après une demi-heure, le mélange dans de l'eau froide et on purifie l'acide nitrobenzoïque obtenu par deux cristallisations dans l'eau. En partant de l'acide dracylique, nous avons obtenu un acide qui avait la même forme cristalline, même solubilité dans l'eau et même point de fusion que l'acide nitrobenzoïque. Comme ce dernier, il fondait dans l'eau chaude. Le sel *de baryte* avait la composition et toutes les propriétés du nitrobenzoate de baryte

$$\text{G}^7H^4(AzO^2)BaO^2 + 2H^2O,$$

De même le sel *de chaux* ne se distinguait en rien du nitrobenzoate. Arrivé à ce terme, l'isomérie cesse; les produits obtenus par des transformations ultérieures ne se distinguent plus par aucune propriété des dérivés de l'acide benzoïque.

Recherches sur l'action exercée par la lumière sur la santonine et notions sommaires sur l'acide photosantonique,

par **M. Fausto SESTINI**, professeur de chimie à l'Institut technique de Forli.

La santonine, par l'action directe des rayons solaires et même à la lumière diffuse, se colore en jaune. Ce fait fut, pour la première fois, observé par Hahler et par Alms, qui, à la même époque, mais sans

(1) *Annalen der Chemie und Pharmacie*, t. CXXIX, p. 101.

que l'un connût les recherches de l'autre, découvrirent la santonine. Toutefois, la cause de ce singulier phénomène n'est pas connue, ou pour mieux dire, elle est mal interprétée par les chimistes.

Heldt, qui fit une étude attentive de la santonine (1), trouva que « les rayons solaires colorent en rouge les cristaux de santonine par suite de la formation d'une résine à leur surface. L'oxygène ne paraît être pour rien dans ce changement, car il a lieu tout aussi bien dans une atmosphère d'hydrogène. » Berzelius parle plus au long que tous ceux qui ont traité cette matière de l'action qu'exerce la lumière sur la santonine et de ses effets, et il dit que la coloration en jaune de cette matière a lieu dans l'eau, dans l'alcool, dans l'éther, dans les huiles, etc., etc., et même dans le vide. Il dit ensuite que le rayon violet (et c'est très-naturel) du spectre solaire agit avec plus d'intensité que le rayon rouge, et, quant à la cause, il se borne à écrire le peu de mots que je rapporte textuellement : « elle consiste apparemment en une transposition des éléments (2). »

Gerhardt se contente d'écrire : « la santonine cristallise en prismes hexagonaux et aplatis, ou en houppes entrelacées incolores qui jaunissent au contact de la lumière sans changer de composition (3). »

Zantedeschi qui, le premier (1843), avait démontré que la présence de l'air n'a aucune part à l'altération que subit la santonine lorsqu'elle est frappée directement par les rayons solaires (4), trouve « que la santonine se colore constamment par l'action de la lumière, mais non par l'influence du calorique (5). »

L'explication, donnée par Berzelius en 1849, de la coloration de la santonine par l'action de la lumière, répétée plus tard par Gerhardt, et consignée depuis dans tous les traités de chimie moderne, ne pouvant nullement me satisfaire, je me mis à étudier le phénomène, et je viens aujourd'hui publier dans un premier essai les résultats que j'ai obtenus jusqu'ici.

1° Après avoir d'abord vérifié que la santonine se colore en jaune sous l'eau, sous l'alcool et l'éther ; j'ai voulu voir si la même chose arrivait aussi dans une atmosphère totalement privée d'oxygène, et cela ne me parut pas inutile, quoique Berzelius eût assuré que le jaunissement de la santonine a aussi lieu dans le vide. Après avoir mis la san-

(1) *Annuaire de Chimie*, par MM. Millon et Reiset, 1848, p. 307.
(2) *Traité de Chimie*, t. v, p. 495. Paris, 1849.
(3) *Traité classique de chimie organique*, t. III, p. 843. Paris, 1854.
(4) *Annuario italiano di Chimica*, del professore F. Sestini. Reggio, 1844.
(5) Zantedeschi e Berlucotto, *Actes de l'Acad. impér. de Vienne*. Juillet 1856.

tonine pulvérisée dans un récipient de cristal plein d'acide carbonique pur et fermé hermétiquement, j'observai que la coloration se produisait comme dans l'atmosphère ordinaire.

2° Afin d'établir le mode d'action de la lumière solaire privée de ses rayons actiniques sur la santonine, je mis dans deux petits tubes de verre de la santonine cristallisée, et j'introduisis l'un dans un récipient de verre plein d'une solution saturée d'azotate d'urane, et l'autre dans un récipient semblable au premier, mais rempli d'eau, et je les exposai tous les deux au soleil, en couvrant seulement le haut d'un papier noir pour les défendre contre la lumière diffuse. La santonine, contenue dans le petit tube plongé dans la solution du sel d'urane, ne jaunit point, même après quelques heures d'exposition au soleil; l'autre, en moins d'un quart d'heure, était très-bien colorée. Cela prouve certainement que la lumière agit seulement par action chimique; car, après avoir traversé la solution d'azotate d'urane qui lui enlève, comme l'on dit aujourd'hui, tous les rayons actiniques, elle n'est plus susceptible de colorer en jaune la santonine.

3° Quand on expose à la lumière la santonine cristallisée, réduite en poudre, outre le changement de couleur, on remarque le développement d'une odeur quelque peu résineuse et d'une saveur très-amère.

L'été dernier, j'exposai au soleil de la santonine dans une fiole fermée avec un bouchon de liége, pendant plus de trois mois, et, après ce temps, je la traitai avec de l'eau, qui, bien qu'elle n'eût dissous qu'une petite quantité de matière, acquit une couleur jaunâtre semblable à la santonine jaunie par le soleil; de plus, elle présentait une réaction acide bien prononcée, une saveur très-amère, et réduisait à froid, en 8 ou 10 heures, le réactif de Barreswil. En distillant l'eau avec laquelle je l'avais tenue en contact pendant 24 heures, j'obtins un liquide qui avait une réaction acide; il réduisait l'azotate d'argent et le bichlorure de mercure, et précipitait en blanc par l'acétate de plomb. Le résidu de la distillation, évaporé à sec au bain-marie, était rouge foncé, d'un aspect résineux, mais ne réduisait pas le réactif cupro-potassique. Je conclus que la substance volatile produite dans le jaunissement de la santonine était de l'acide formique.

La santonine jaunie au soleil, traitée par l'eau, avait perdu presque entièrement son odeur, et, mise dans l'alcool rectifié, elle le colora en jaune en se dissolvant en quantité assez forte. En faisant évaporer jusqu'à siccité l'alcool coloré par la santonine jaunie, j'obtins un résidu jaune rougeâtre, d'une saveur amère, peu soluble dans l'eau, à laquelle elle communiquait une réaction légèrement acide. La matière obtenue par l'évaporation du traitement alcoolique fut reprise par l'éther, qui la dissolvit en grande partie en se colorant, et laissa une certaine quantité de santonine non altérée. L'éther, par l'évaporation spontanée, donna un résidu incristallisable, lequel, desséché à 100°, avait une couleur d'ambre, une cassure résineuse et une saveur amère au plus haut degré.

En résumé, les expériences que je viens de relater me portèrent à établir que, sous l'influence de l'action solaire, la santonine, en jaunissant, produisait de l'acide formique et une matière résineuse.

4° Ayant appris, par l'expérience précédente, que seulement une partie, et pas même la moitié de la santonine, avait été altérée par la lumière dans l'espace de trois mois d'été, je pensai que le phénomène pouvait être accéléré en plaçant la santonine sous l'eau ; c'est ce que je fis, en ayant soin de soustraire tout à fait la matière au contact de l'air.

20 grammes de santonine et 200 grammes d'eau distillée furent mis dans un flacon rempli d'acide carbonique, lequel, fermé hermétiquement, fut exposé (2 août 1863) sur une terrasse découverte durant 7 mois. La santonine, pendant ce temps, se teignit fortement en jaune et communiqua une couleur jaunâtre à l'eau. Après avoir ouvert le récipient (12 février 1864), je séparai par la filtration le liquide de la santonine jaunie et je lavai à plusieurs reprises avec de l'eau distillée.

Le liquide où devaient se trouver les corps solubles dans l'eau, formés dans le jaunissement ou la résinification de la santonine, avait une couleur jaunâtre, une odeur aromatico-résineuse, une réaction acide bien prononcée; par la distillation, continuée jusqu'à ce qu'il ne restât dans la cornue qu'un vingtième environ du liquide, on obtint une matière incolore, odorante, un peu acide et douée de la propriété de réduire à froid, en quelques heures, le réactif cupro-potassique; à chaud elle réduisait promptement l'azotate d'argent.

La petite dose de matière volatile qui se trouvait en solution dans cette matière ne me permit pas de me procurer des preuves plus positives de la présence de l'acide formique.

Le peu de liquide qui était dans la cornue, réduit à siccité, laissa une petite quantité d'une matière résineuse, semblable à celle que j'avais obtenue dans l'expérience précédente.

Les 20 grammes de santonine, que j'avais lavés avec de l'eau, furent traités avec 100 grammes d'alcool à 90° centigrades, et ce liquide se colora en jaune rougeâtre : par l'évaporation au bain-marie, j'en séparai de 1 à 2 gr. d'une matière résineuse, rougeâtre, très-amère, soluble dans 10 centimètres cubes d'alcool, qui se colora. La dissolution alcoolique abandonna un faible résidu de matière blanche dans laquelle se trouvait de la santonine non altérée. La santonine jaunie, qui avait été traitée par l'alcool, fut soumise pour la seconde fois au même traitement, et l'alcool en sépara une matière semblable à celle obtenue dans le premier traitement, mais d'une couleur un peu différente, qui était d'un jaune ambré. Par un troisième traitement, j'obtins une autre petite portion de substance jaune citron, mais mêlée à de la santonine non altérée.

Cette expérience, répétée trois fois avec le même résultat, montre que la santonine, par l'action de la lumière solaire, produit un acide volatil (acide formique), et se change principalement en une substance incristallisable, bien plus soluble dans l'alcool et dans l'éther que la santonine elle-même, et en une matière résineuse colorée en rouge.

J'ai désigné provisoirement sous le nom d'acide *photosantonique* la matière incristallisable, de couleur citrine tant qu'elle est humide, mais qui devient couleur d'ambre par la dessiccation.

5° Dans 180 parties d'alcool rectifié, je fis dissoudre 5 parties de santonine et la solution fut mise dans un flacon en verre, qui en fut presque entièrement rempli; puis je fis, durant une demi-heure, traverser la solution alcoolique par un courant d'acide carbonique afin de chasser tout l'air du liquide et du récipient. A peine le courant de gaz était-il interrompu, que je bouchai le flacon hermétiquement et l'exposai pendant 36 jours à l'action de la lumière du soleil. L'alcool se colora faiblement en jaune, et après en avoir mis une petite quantité (1/20°) à évaporer spontanément, il laissa un résidu sirupeux jaunâtre très-amer, en un mot doué de toutes les propriétés de l'acide photosantonique que j'avais déjà obtenu par l'action de la lumière sur la santonine soit à l'air, soit en contact avec l'eau.

A la plus grande partie de la solution alcoolique de l'acide photosantonique j'ajoutai trois fois son volume d'eau distillée; le mélange devint laiteux, et après quelques heures on vit nager à la surface du liquide, qui resta toujours laiteux, des gouttelettes d'apparence huileuse, tandis que sur les parois et au fond du récipient il s'en était amassé de plus grandes; les unes et les autres avaient l'apparence de l'acide photosantonique. En distillant le liquide laiteux j'obtins de l'alcool légèrement acidulé par la matière ordinaire volatile, capable de réduire l'azotate d'argent, et qui m'a semblé être de l'acide formique.

Je répétai l'expérience précédente en agissant sur 15 grammes de santonine dissoute dans 1 litre d'alcool pur, en variant le mode de séparation de l'acide photosantonique. Après un mois d'exposition au soleil, la solution alcoolique fut distillée au bain-marie, jusqu'à ce que tout l'alcool fut chassé de la cornue, dans laquelle resta tout l'acide photosantonique. On ajouta au liquide distillé, qui était légèrement acide, une dissolution aqueuse de baryte caustique en léger excès, et on soumit de nouveau à la distillation. La distillation fut interrompue quand il resta dans la cornue de 50 à 60 centimètres cubes de liquide, à travers lequel on fit barboter de l'acide carbonique; ensuite il fut chauffé pour lui faire entièrement déposer le carbonate barytique, enfin filtré et évaporé au bain-marie. Le résidu constituait un sel barytique d'un blanc jaunâtre dans lequel je constatai, avec la plus grande évidence et certitude, la présence de l'acide formique.

Après avoir démontré, comme je viens de le faire, que la santonine dissoute dans l'alcool se tranforme en acide photosantonique par l'action de la lumière solaire, je crus devoir déterminer la composition centésimale de cette nouvelle matière.

6° Pour purifier l'acide photosantonique obtenu dans la précédente opération, je le desséchai à 100° centigr., je le dissolus de nouveau dans l'alcool, je filtrai et évaporai la solution; le résidu fut repris avec de l'éther, et la solution éthérée filtrée et évaporée. C'est ainsi que j'obtins l'acide photosantonique pur, que je soumis à l'analyse élémentaire en exécutant la combustion au moyen de l'oxyde de cuivre et en la terminant dans un courant d'oxygène.

Les résultats furent les suivants :

II. 0,337 de matière séchée à 110° produisit 0,2235 d'eau et 0,837 d'acide carbonique.

IV. 0,3575 de matière séchée à 110° produisit 0,254 d'eau et 0,882 d'acide carbonique.

VI. 0,326 de matière séchée à 110° produisit 0,2085 d'eau et 0,807 d'acide carbonique.

VII. 0,123 de matière séchée à 120°, provenant d'une autre préparation, produisit 0,0855 d'eau et 0,3095 d'acide carbonique.

En traduisant ces résultats en centièmes, on a :

	Matière séchée à 110°			Matière séchée à 120°.
	I.	II.	III.	
Carbone	67,70	67,3	67,5	68,6
Hydrogène	7,4	7,9	7,1	7,7
Oxygène	24,9	24,8	25,4	23,7

La formule brute $C^{11}H^{14}O^3$ exigerait :

Carbone	=	68,0
Hydrogène	=	7,2
Oxygène	=	24,8

Il résulte donc de ces recherches que, par l'action de la lumière prolongée pendant l'espace d'un mois sur la solution alcoolique de santonine, il se produit une substance d'un aspect résineux, incristallisable, dont la formule brute est $C^{11}H^{14}O^3$, fusible environ à la température de l'eau bouillante, peu soluble dans l'eau froide, davantage dans l'eau bouillante, à laquelle elle communique une réaction acide, peu soluble dans le sulfure de carbone, plus soluble dans l'alcool et plus encore dans l'éther. Comme produit secondaire on trouve l'acide formique, qui se forme presque toujours dans les résinifications.

Les propriétés chimiques de cette matière, que je définirai mieux dans un autre mémoire, m'autorisent à la désigner sous le nom d'acide photosantonique, qui rappelle en même temps la substance d'où il provient et l'agent de sa formation.

Je ne puis encore dire si l'acide photosantonique est identique ou non avec la matière résineuse qui se produit en petite quantité par l'action directe de la lumière sur la santonine cristallisée ou sèche; mais si je ne craignais pas de devancer les résultats de l'expérience, je me déclarerais pour la négative.

L'étude des photosantonates métalliques et celle des métamorphoses de l'acide photosantonique s'exécutent en ce moment dans le laboratoire chimique de l'Institut royal technique de Forli, où ont été effectuées les recherches décrites dans ce mémoire.

ANALYSE DES MÉMOIRES DE CHIMIE PURE ET APPLIQUÉE

PUBLIÉS EN FRANCE ET A L'ÉTRANGER.

CHIMIE GÉNÉRALE.

Sur le pouvoir rotatoire des liquides actifs et de leurs vapeurs, par M. GERNEZ, préparateur à l'École normale (1).

L'auteur commence par rappeler les recherches de M. Biot sur le pouvoir rotatoire dans les liquides, et l'expérience par laquelle cet illustre physicien a pu constater le pouvoir rotatoire moléculaire dans l'essence de térébenthine réduite en vapeur. Une explosion et un incendie ayant détruit les appareils employés par M. Biot pour étudier l'action des corps en vapeur sur la lumière polarisée, ces expériences ne furent pas reprises depuis 1818.

M. Gernez s'est proposé de rechercher si le pouvoir rotatoire moléculaire est le même en grandeur et en direction dans la vapeur et dans le liquide qui l'a fournie, et de déterminer la loi de dispersion des plans de polarisation des rayons diversement colorés sous les deux états.

En opérant sur des liquides doués d'un pouvoir rotatoire considérable, l'auteur a reconnu que les pouvoirs rotatoires moléculaires des vapeurs, tout en conservant le même sens que pour les liquides correspondants, fournissent des nombres bien plus faibles que ceux qui correspondent aux liquides condensés à la température ordinaire.

Il fut ainsi conduit à rechercher si le pouvoir rotatoire moléculaire de ces essences ne variait pas avec la température.

Les essences suivantes ont été étudiées, à diverses températures, à l'aide d'appareils spéciaux pour la description desquels nous renvoyons au mémoire original : *Essence d'orange, essence de bigarade, essence de térébenthine*. La température maximum a été de 160°.

Il résulte des nombres inscrits dans le mémoire de l'auteur, que le pouvoir rotatoire moléculaire $[\alpha]$ peut être exprimé en fonction de la température t, par la formule parabolique $a - bt - ct^2$, c étant très-faible pour les essences d'orange et de bigarade, et sensiblement nul

(1) *Annales de l'Ecole normale*, t. I, p. 1 (1er fascicule 1864) et *Comptes rendus*, t. LVIII, p. 1108.

pour l'essence de térébenthine. Les valeurs de $[\alpha]$ ont été prises pour les raies C, D, E, F, G, du spectre. Si l'on compare ces valeurs du pouvoir rotatoire moléculaire pour une même température et pour les divers rayons du spectre, on reconnaît que les essences d'orange et de bigarade s'éloignent bien plus que l'essence de térébenthine de la loi de la raison inverse du carré de la longueur d'ondulation. Le produit $[\alpha]\ \lambda^2$ varie, en effet, de la raie C à la raie G, d'environ 1/7 de sa valeur pour les essences d'orange et de bigarade, tandis que la variation, dans le même cas, n'est que de 1/15 pour l'essence de térébenthine.

Si l'on prend le rapport des pouvoirs rotatoires pour un même rayon à deux températures quelconques, on trouve qu'il est le même, quel que soit le rayon du spectre que l'on considère. On en déduit aisément que la loi des dispersions des plans de polarisation des rayons de diverses couleurs se conserve la même pour toutes les températures.

Les liquides précédents, ainsi que le camphre, ont été amenés à l'état de vapeur dans un tube de 4 mètres de longueur, entouré d'un manchon contenant de l'huile que l'on pouvait porter à des températures variables, au moyen de becs de gaz.

L'auteur a mesuré les rotations produites par cette colonne de vapeur et les a comparées à celles que produisait une certaine longueur du liquide provenant de la condensation de la vapeur. L'observation a montré que, pour chaque raie, le rapport des rotations, à l'état liquide et à l'état de vapeur, est le même, les différences étant inférieures aux erreurs d'observation possibles; d'où il suit que la loi de dispersion est à la fois indépendante de la température et de l'état du corps.

Pour suivre la variation du pouvoir rotatoire moléculaire après le changement d'état, l'auteur a eu recours à des dispositions expérimentales que nous ne pouvons décrire ici; il a eu recours à l'observation de la *teinte sensible,* dont l'emploi se trouve justifié par le résultat précédent.

Pour l'essence de térébenthine et le camphre, M. Gernez a trouvé que le pouvoir rotatoire moléculaire de la vapeur était presque rigoureusement égal à celui du liquide supposé à la même température.

Pour les essences d'orange et de bigarade, il est un peu plus faible, et la courbe qui le représente continue à se rapprocher de l'axe des températures dans la partie qui correspond à l'état de vapeur.

En résumé :

Le pouvoir rotatoire des substances étudiées pour un rayon déterminé du spectre, n'est pas une constante ; il varie régulièrement avec la température et ne change ni de sens, ni sensiblement d'intensité quand le liquide passe à l'état de vapeur.

Pour les rayons de diverses couleurs, la loi de dispersion des plans de polarisation est indépendante de la température et de l'état de la substance.

Si donc on admet que le pouvoir rotatoire des substances dépend de leur structure moléculaire, on peut conclure de ce qui précède que les molécules liquides se vaporisent sans qu'il y ait dans leur forme aucune modification.

Ces recherches ont été faites au laboratoire de l'Ecole normale supérieure.

CHIMIE MINÉRALE.

Anomalie dans la manifestation des propriétés de l'air atmosphérique, par M. Aug. HOUZEAU (1).

M. Houzeau prépare des papiers réactifs de tournesol bleu et de tournesol vineux iodurés, avec lesquels il se propose d'étudier *la variabilité normale des propriétés de l'air atmosphérique.*

Si je comprends bien, il arrive que son papier de tournesol *ioduré*, exposé en pleine campagne, bleuit dans un temps plus ou moins long, et qu'il ne bleuit pas du tout dans une chambre habitée située dans le même lieu; qu'il ne bleuit pas non plus dans Paris, même à l'air libre.

L'essai a été fait dans la cour du Conservatoire des Arts et Métiers, rue de Varenne et rue du Temple.

Il me paraît que le phénomène négatif tient à la présence dans l'air de quelques principes tels que l'*hydrogène sulfuré* ou de matériaux putrides réducteurs qui existent dans une atmosphère limitée et dans l'air des villes, et qui entravent, par leur action chimique, l'action propre de l'air atmosphérique non vicié.

M. Houzeau ayant mis dans une éprouvette à pied une règle mince de bois sur laquelle il avait piqué avec une épingle une série de ses papiers réactifs, tandis que de semblables papiers étaient disposés en dehors de l'appareil, a vu ceux-ci bleuir en 6, 12 ou 24 heures, tandis que les premiers, *ceux qui étaient placés dans l'air confiné ou entravé* de l'éprouvette ne subissaient aucune coloration.

(1) *Comptes rendus*, t. LVIII, p. 798. — Voir les précédentes communications, *Comptes rendus*, t. LII, p. 809 et 1021 (1861.)

Les mêmes résultats se sont produits, lorsque, au moyen d'un aspirateur, on a renouvelé *lentement* l'air de l'éprouvette.

Ce résultat me paraît très-simple et très-explicable; cette règle et ce papier ont été touchés avec les doigts, l'éprouvette est béante, l'air non renouvelé devient *infect* (relativement à la sensibilité du réactif).

Si l'air est vicié et si on ne le renouvelle pas, il n'agit pas visiblement sur le papier; il le décolorerait s'il était coloré, en conséquence, il l'empêche de se colorer.

L'éprouvette est dans le cas d'une bouteille vide, mais ayant contenu un parfum, et qui garde indéfiniment son odeur, tandis qu'une assiette sur laquelle on aurait vidé ce parfum, même en quantité considérable, devient inodore par le renouvellement de l'air.

Les chambres habitées sont infectes et pourtant l'air s'y renouvelle par les huis; on n'en chasse l'infection qu'en ouvrant les fenêtres. Serait-ce que je ne comprends pas le mémoire de M. Houzeau? mais je n'y vois rien *d'inattendu* après les expériences de M. Pasteur. Bw.

Production d'oxygène ozoné par l'action mécanique des appareils de ventilation, par **M. SAINT-PIERRE** (1).

I. Dans le tuyau de sortie d'une machine soufflante destinée à alimenter le fourneau d'une fonderie, j'ai disposé plusieurs bandelettes du papier ioduro-amidonné de Schœnbein. Une heure avant de mettre le ventilateur en mouvement, je disposai pareillement dans l'atelier et en dehors plusieurs papiers semblables. Je constatai, par plusieurs expériences successives, qui donnèrent toutes des résultats concordants, que, tandis que les papiers placés dans l'atelier n'avaient point changé de couleur, même après 5 ou 6 heures, les papiers baignés par l'air sortant du ventilateur prenaient, après 10 minutes d'exposition, une légère teinte violacée, rendue plus sensible, on le sait, par l'immersion de la bandelette de papier dans l'eau.

L'air extérieur n'était pas capable de modifier le papier réactif, même après 9 ou 10 heures; le temps était beau, point d'orage; l'air de l'atelier n'agissait pas davantage. Or, la machine s'alimentant d'air non ozoné pris à la fois à l'extérieur et à l'intérieur, il fallait admettre que la modification de l'oxygène était due tout entière à la compression de l'air.

II. Voulant m'assurer que ce n'était pas au simple renouvellement de l'air autour du papier qu'était dû le changement de teinte, je dis-

(1) *Montpellier Médical*. Avril 1864.

posai à plusieurs reprises des bandelettes de Schœnbein sur le volant et sur les boules du régulateur d'une machine à vapeur destinée à mettre en mouvement une scierie de planches. Les résultats furent absolument négatifs, même après 5 ou 6 heures.

Je puis donc conclure de ces faits que, par l'action mécanique qui s'exerce dans les machines soufflantes, dans les ventilateurs, peut-être aussi dans les bains d'air comprimé, l'air s'ozonise. Comme j'ai opéré sur de l'air plus ou moins humide, on m'objectera peut-être que la présence de la vapeur d'eau joue un rôle, et que mes expériences trouveraient leur explication dans les faits nouveaux annoncés par M. le général Morin. Je ne repousse nullement cette conclusion. Mais, quoi qu'il en soit, au point de vue de l'hygiène, je n'hésite pas à attribuer à cette faible production d'ozone une certaine importance dans l'assainissement des locaux par l'action de puissants appareils de ventilation.

Sur les siliciures et les silicio-arséniures métalliques, par M. Cl. WINKLER (1).

Préparation du silicium. L'auteur prépare le silicium en chauffant au rouge blanc pendant une demi-heure ou une heure, dans un creuset d'argile, un mélange intime de 10 parties de cryolithe avec 6 parties de quartz finement pulvérisé, alternant par couches avec 2 parties d'aluminium et recouvert d'une couche de sel marin. Après la rupture du creuset, on y trouve des masses métalliques sphériques qui renferment dans leur intérieur des cristaux de silicium, quelquefois longs de plusieurs millimètres. L'acide chlorhydrique débarrasse facilement le silicium de sa gangue d'aluminium. La densité de ce silicium est de 2,1942 à 2,197 (la densité du silicium de M. H. Deville est de 2,490 à 2,493); il est brillant, raye le verre, mais est très-cassant.

Le silicium présente quelquefois un phénomène d'incandescence particulier lorsqu'on le chauffe brusquement sur une surface plane; cette incandescence ne le fait pas changer de poids.

La litharge fondue attaque le silicium. Lorsque l'on fond du plomb dans une coupelle avec du silicium, celui-ci nage à la surface du plomb; mais aussitôt que celui-ci s'oxyde, le silicium disparaît et il se forme du silicate de plomb.

(1) *Journal für praktische Chemie*, t. XCI, p. 193, 1864, n° 4.

Siliciures. Les siliciures métalliques ressemblent aux arséniures; ils sont gris, cassants, cristallins et fusibles. L'auteur n'a pas obtenu ces cristaux bien déterminés.

Siliciures alcalins. Le silicium ne se combine directement ni au potassium, ni au sodium. Berzelius avait annoncé le contraire.

Siliciure d'aluminium. On sait que l'aluminium fondu peut dissoudre une grande quantité de silicium qu'il abandonne en grande partie par le refroidissement, comme la fonte percarburée abandonne du graphite. L'auteur a analysé de l'aluminium saturé de silicium et a trouvé pour sa composition la formule Al^2Si^3.

Le siliciure d'aluminium, chauffé au blanc et trempé dans l'eau, produit un phénomène d'incandescence, et si l'on traite par l'acide chlorhydrique la partie non attaquée par l'eau, il reste du silicium graphitoïde et non du silicium adamantoïde; sa densité s'est abaissée à 2,044. Il faut donc avoir soin, lorsque l'on veut extraire le silicium cristallisé de sa combinaison avec l'aluminium, de ne pas chauffer au blanc avant la trempe dans l'eau, mais seulement au rouge.

Silicium et plomb. L'auteur n'a pas pu combiner le silicium au plomb.

Silicium et zinc. Pour que ces deux corps puissent se combiner, il faut que le silicium rencontre le zinc à l'état naissant. Dans ce cas le zinc peut dissoudre le silicium et le déposer en grande partie à l'état cristallisé par le refroidissement.

Silicium et antimoine. Ces deux corps s'allient très-facilement; l'alliage ressemble à l'antimoine et est cristallin. Lorsqu'on le fond, une partie de l'antimoine se sépare et il reste un alliage moins fusible, plus riche en silicium, mais retenant encore de l'antimoine libre. Un à 5 0/0 de silicium ne modifient pas sensiblement les propriétés de l'antimoine.

Le bismuth se comporte comme l'antimoine.

Silicium et étain. Le silicium fait perdre à l'étain sa ductilité et sa couleur blanche. Un pareil alliage cède à l'acide chlorhydrique tout son étain et laisse du silicium cristallisé et pur; néanmoins, une partie de celui-ci se transforme en silice.

Silicium et cuivre. MM. H. Deville et Caron ont déjà étudié quelques-uns de ces alliages. L'auteur a reconnu qu'une proportion de 2,5 0/0 de silicium n'altère pas les propriétés du cuivre; sa couleur est seulement un peu plus pâle. Une proportion de 10 à 12 0/0 le rend un peu plus dur et plus jaune. Enfin, une proportion de 50 0/0 le rend dur comme de l'acier, mais en même temps très-friable.

Silicium et mercure. Ces deux corps n'ont aucune tendance à s'unir; l'aluminium, au contraire, s'unit facilement au mercure en présence d'une liqueur alcaline. L'auteur profite de ces propriétés pour séparer par amalgamation l'aluminium du silicium dans la préparation de ce dernier. Le silicium dans ce cas reste intact et ses cristaux viennent nager sur le mercure.

Silicium et argent. Le silicium fait perdre à l'argent une partie de son éclat, le rend cassant, lamelleux et cristallin. Par la coupellation de cet alliage, tout le silicium est enlevé et il reste de l'argent pur.

Silicium et or. Une proportion de 10 °/₀ de silicium communique à l'or une couleur d'un gris jaunâtre et le rend cassant; une proportion de 20 °/₀ le rend plus cassant encore et plus gris.

Silicium et platine. Le silicium, chauffé dans un creuset de platine, provoque la fusion de ce métal à la surface et lui donne une texture cristalline. Si l'on chauffe au blanc, le platine devient friable. Un alliage renfermant 10 °/₀ de silicium est dur, cassant, fusible au rouge blanc.

Si l'on fond du platine avec un excès de silicium, en présence de la cryolithe, on obtient un alliage blanc, d'une cassure grise et cristalline et il reste des paillettes de silicium dans la scorie. La composition de cet alliage correspond à la formule $PtSi^8$ (Pt = 97,8 — Si = 21).

L'auteur a tenté d'obtenir des siliciures de fer, de cobalt et de nickel en réduisant le quartz par l'aluminium et la cryolithe en présence de ces métaux. Ces alliages renfermaient tous, outre le silicium, 12 à 15 °/₀ d'aluminium.

M. Wöhler a décrit un siliciure de chrome et M. Brunner un siliciure de manganèse.

Silicio-arséniures métalliques. — Le silicium se combine facilement aux arséniures. L'auteur pensait en conséquence qu'il devait exister un arséniure de silicium. Des essais directs n'ayant pas abouti, il a pris un moyen détourné. Il a fondu du zinc grenaillé, mêlé de silicium et d'un excès d'arsenic, sous une couche de cryolithe et de chlorure de sodium; il est resté un culot d'arsenio-siliciure de zinc. Celui-ci, traité par de l'acide chlorhydrique, dégage de l'hydrogène arsénié, et il se forme de l'hydrure solide AsH^2 et une poudre cristalline grise. Celle-ci, calcinée dans un courant d'hydrogène, puis lavée à l'acide chlorhydrique, à l'acide azotique et à la potasse, possède un faible éclat noirâtre et est formée de petites aiguilles microscopiques.

Ce composé, outre des traces de fer et de zinc, renferme 64,1 °/₀ de silicium et 35,3 °/₀ d'arsenic, ce qui correspond à la formule Si^6As.

Silicio-arséniure de zinc. Ce composé, obtenu dans la préparation précédente, est gris, grenu, friable et décomposable par l'acide chlorhydrique comme on l'a vu plus haut.

Silicio-arséniure de cuivre. Ce corps, obtenu comme le précédent, en remplaçant le zinc par le cuivre, est cristallin et cassant; il renferme

$$Cu^4As + Si^6As.$$

Silicio-arséniure de fer. Ce composé, qui a pour formule

$$FeSi^3As = FeAs + Si^6As,$$

s'obtient comme les précédents; il est gris, cristallin et cassant.

Silicio-arséniures de cobalt et de nickel. Ils ressemblent beaucoup au composé correspondant du fer; leur composition répond à :

$$Co^2As + Si^6As;$$
$$Ni^2As + Si^6As.$$

L'auteur a obtenu les combinaisons correspondantes de l'étain, de l'argent, de l'or et du platine; elles sont toutes grises et cassantes; la dernière est presque blanche et inattaquable par l'acide azotique.

Sur l'acide cobaltique, par M. Cl. WINKLER (1).

Lorsqu'on fait bouillir de l'éponge de cobalt avec une solution très-concentrée de potasse caustique, on obtient une solution d'un bleu très-foncé, qu'on laisse reposer un instant pour permettre au dépôt de se former, et qu'on filtre encore chaude sur de l'amiante; le dépôt, bouilli avec une nouvelle quantité de potasse, fournit une nouvelle quantité de la liqueur bleue.

Cette solution renferme du cobaltate de potasse. Il est à remarquer que ce sel ne se produit qu'en très-petite quantité lorsque l'on emploie un oxyde de cobalt au lieu de cobalt métallique.

L'auteur prépare son éponge de cobalt en chauffant du protoxyde de cobalt avec 10 parties d'amidon dans un creuset luté, ou bien encore par la réduction du protoxyde par l'hydrogène, ou par la calcination de l'oxalate de cobalt.

Le cobaltate de potasse n'est stable qu'en présence d'un grand excès d'alcali; cette solution peut être concentrée, mais vers la fin de l'évaporation il se forme de l'oxyde noir de cobalt; par l'addition d'une grande quantité d'eau, la solution se décolore et dépose de l'hydrate cobalteux, tandis que la liqueur surnageante renferme de l'oxygène

(1) *Journal für praktische Chemie*, t. XCI, p. 213. 1864, n° 4.

libre. La même décomposition a lieu spontanément au bout de quelques heures.

Par l'addition d'un acide, il se forme dans la solution de cobaltate de potasse un précipité gélatineux d'hydrate cobalteux et de l'eau oxygénée. Lorsqu'on sature la dissolution par l'acide chlorhydrique, il se dégage du chlore et il se forme du sesquichlorure de cobalt.

Les propriétés oxydantes du cobaltate de potasse, telles que décomposition de l'iodure de potassium, décoloration de l'indigo, etc., ne se manifestent qu'en présence d'un acide; ce dernier a pour but de saturer le grand excès de potasse que renferme la solution.

Le chlore provoque dans la solution de cobaltate de potasse la formation d'un précipité d'hydrate cobaltique et un dégagement tumultueux d'oxygène.

L'acide sulfureux décompose le cobaltate de potasse et donne du sulfate de protoxyde de cobalt. L'auteur s'est basé sur cette réaction pour déterminer le rapport qui existe entre l'oxygène et le cobalt, dans l'acide cobaltique. Pour cela, il a chassé par l'acide chlorhydrique l'acide sulfureux combiné à de la potasse, puis précipité, par le chlorure de barium, tout l'acide sulfurique formé, ce qui lui a donné la quantité d'oxygène cédée par la solution; le cobalt a été dosé par la méthode ordinaire. D'après cette analyse, l'auteur assigne à l'acide cobaltique la formule CoO^5.

Recherches sur les combinaisons sulfurées de l'uranium, par M. REMÈLÉ (1).

Lorsqu'on verse du sulfhydrate d'ammoniaque en excès dans une solution aqueuse d'azotate d'urane, on obtient un précipité brun qui est du sulfure d'*uranyle* $(Ur^2O^2)S + Aq$, et non pas du sulfure d'uranium ou un mélange de protoxyde d'uranium et de soufre, comme on l'a cru jusqu'à présent; mais on ne peut pas isoler ce sulfure, parce qu'il s'altère par les lavages et se transforme finalement en sesquioxyde d'uranium hydraté.

On y arrive, au contraire, en dissolvant l'azotate de sesquioxyde d'uranium dans l'alcool et en opérant la précipitation dans la liqueur alcoolique. Dans ces circonstances la liqueur reste claire et le précipité ne s'altère pas par le lavage. On le purifie en le lavant avec de l'alcool étendu, et on le sèche dans le vide.

Ce produit est un mélange; la matière qui a servi à la plupart des

(1) *Comptes rendus*, t. LVIII, p. 716.

analyses contient 1,7 de sulfure d'ammonium, 18 d'eau et 80,3 d'un composé qui renferme 2 équivalents d'uranium, 2 équivalents d'oxygène et 1 équivalent de soufre.

Les réactions suivantes prouvent que ce corps n'est pas un oxysulfure mais bien un sulfure d'*uranyle*. Lorsqu'on le précipite dans une solution aqueuse et qu'on le porte à 40 ou 50° en présence du sulfure d'ammonium, il se décompose en un mélange de protoxyde d'uranium et de soufre. Quand on le fait bouillir avec de l'eau, il se forme peu à peu un mélange d'hydrate de protoxyde d'uranium et de soufre; enfin, par l'acide chlorhydrique à l'abri de l'air, on obtient une dissolution verte, qui donne avec l'ammoniaque un précipité brun de protoxyde hydraté.

Si ce composé était l'oxysulfure $2(Ur^2O^3), Ur^2S^3$, on devrait obtenir dans ces réactions du sesquioxyde d'uranium.

Le sulfure d'uranyle est partiellement soluble dans l'eau froide, qu'il colore en brun; peu à peu la dissolution se décompose et l'uranium se précipite à l'état de sesquioxyde hydraté ou d'uranate d'ammoniaque. Tous les acides énergiques, même étendus, le décomposent avec facilité. La majeure partie du soufre se dépose à l'état libre. Le sulfure d'uranyle s'unit aux divers sulfures alcalins pour donner des composés peu stables.

Ces faits viennent à l'appui de la théorie de l'*uranyle* proposée par M. Péligot.

Sur quelques combinaisons du sulfocyanure de mercure avec d'autres sulfocyanures, par M. P. T. CLEVE (1).

Sulfocyanure double de mercure et de cobalt. Lorsqu'on mélange des solutions de cyanure de mercure et de sulfocyanure de cobalt, il se forme, outre la combinaison jaune $2HgCy + CoCyS^2 + 4HO$, un sulfocyanure double de cobalt et de mercure. Ce dernier se produit aussi par l'union directe des deux sulfocyanures, et, si le sulfocyanure de mercure est en quantité suffisante, la partie supérieure de la solution est incolore. Si l'on ajoute du cyanure de mercure à une solution de sulfocyanure de cobalt, avec excès d'acide sulfocyanhydrique, il se sépare de petits prismes quadrangulaires bleus; en même temps il se dégage de l'acide cyanhydrique. Ces prismes, ainsi que le sulfocyanure double obtenu par les précédentes méthodes, ont pour composition

$$HgCyS^2 + CoCyS^2.$$

(1) *Oefvers. af Akad. Foerhandl.*, t. xx, p. 9 (1863).— *Journal für praktische Chemie*, t. xci, p. 227, 1864, n° 4.

Cette combinaison est peu soluble dans l'eau et dans l'acide chlorhydrique étendu, mais soluble dans l'acide azotique. L'acide sulfurique la décompose; l'ammoniaque la transforme en une poudre d'un jaune sale. Elle est anhydre une température de 120° ne l'altère pas.

La combinaison correspondante du nickel est beaucoup plus soluble dans l'eau.

Sulfocyanure double de mercure et de fer. Lorsqu'on abandonne dans le vide une solution de sulfocyanure de mercure et de protochlorure de fer, il se forme une poudre cristalline soluble dans l'eau, qui renferme

$$HgCyS^2 + FeCyS^2.$$

Sulfocyanure de mercure et de zinc. Lorsqu'on ajoute une solution de sulfocyanure de mercure à un sel de zinc, il se forme un précipité volumineux cristallin, insoluble dans l'eau froide, soluble dans l'acide chlorhydrique et dans le sulfocyanure de potassium; il renferme.

$$HgCyS^2 + ZnCyS^2.$$

Sulfocyanure de mercure et de nickel, $HgCyS^2 + NiCyS^2 + 2HO$. Ce sel s'obtient directement par l'union des deux sulfocyanures; il cristallise en petites aiguilles d'un bleu de ciel, solubles dans l'eau bouillante, et qui perdent leur eau à 120°.

Recherches sur les métaux qui accompagnent le platine, par M. WOLCOTT GIBBS (1).

L'auteur se fonde, pour séparer les métaux qui accompagnent le platine, sur l'action qu'exerce sur eux l'azotite de potasse, et sur la différence de solubilité des chlorures doubles qu'ils forment avec la potasse.

Osmium. L'acide osmique se transforme, sous l'influence de l'azotite de potasse, en osmite de potasse, qui se sépare en cristaux d'un rouge grenat. On peut évaporer la solution à sec sans craindre de pertes dues à la volatilité de l'acide osmique; il faut seulement éviter la présence des matières organiques, qui donneraient naissance à du sesquioxyde d'osmium. L'azotite de potasse ne paraît pas agir sur le chlorure double d'osmium et de potassium.

Ruthénium. Le sesquichlorure de ruthénium, ou les chlorures doubles de ruthénium traités par l'azotite de potasse, se colorent en rouge, mais sans donner de précipité; si, à cette solution on ajoute un sulfure

(1) *American Journal of Science and Arts*, t. XXXIV, p. 341. — *Journal für praktische Chemie*, T. XCI, p. 171, 1864, n° 3.

alcalin, après avoir rendu la liqueur alcaline, on obtient une coloration cramoisie très-intense, qui ne se produit avec aucun des autres métaux du platine; si ces derniers dominent, on évapore à sec et l'on reprend le résidu par l'alcool, qui dissout l'azotite double de ruthénium et de potasse.

Iridium. Les chlorures doubles d'iridium, traités par l'azotite de potasse, se colorent en vert olive, surtout à chaud, et il se forme par le refroidissement des cristaux de sesquichlorures doubles combinés à de l'azotite de potasse

$$2(KCl,Ir^2Cl^3) + KO,AzO^3.$$

Si l'on ajoute un excès d'azotite de potasse, la liqueur devient jaune et l'iridium se dépose à l'état d'une poudre blanche très-dense, presque insoluble dans l'eau bouillante, inattaquable par l'acide chlorhydrique bouillant. L'azotite de soude donne un sel double soluble, non précipitable par les sulfures alcalins. Les sels correspondants de platine sont solubles dans l'eau et dans les acides.

Platine. Le chloroplatinate de potassium ou d'ammonium n'est pas modifié profondément par l'action des azotites.

Palladium. On sait, d'après M. Fischer, que les chlorures de palladium donnent avec l'azotite de potasse deux sels doubles, précipitables par l'alcool de leur solution aqueuse.

Rhodium. Le sesquichlorure de rhodium, traité par l'azotite de potasse, donne une poudre cristalline jaune orangé, fort peu soluble dans l'eau, mais soluble dans l'acide chlorhydrique; ce qui reste en dissolution, dans la liqueur primitive, peut être précipité par l'alcool. Les sulfures alcalins précipitent ces sels en brun foncé; le précipité est soluble dans un excès de sulfure.

Séparation du platine et de l'iridium. Les deux métaux, ramenés à l'état de chlorures doubles, sont traités par une solution étendue d'azotite de potasse jusqu'à ce que la liqueur devienne d'un vert foncé; on décante, et on traite ce résidu de même, jusqu'à ce que la coloration verte cesse de se produire. La liqueur verte étant évaporée, donne des cristaux représentés par la formule $3KCl + Ir^2Cl^3 + 6HO$. Il vaut mieux employer l'azotite de soude que l'azotite de potasse; dans ce cas, après avoir neutralisé par du carbonate de soude, on obtient le chlorure double

$$3NaCl + Ir^2Cl^3 + 24HO.$$

Le résidu, formé de chloroplatinate de potassium, contient à la vérité encore un peu d'iridium, mais le sel d'iridium, que l'on a séparé, est exempt de platine, s'il n'y a pas dans le mélange d'autres métaux du même genre.

Dans ce dernier cas, on opère de même, pour séparer la plus grande partie du platine; puis on fait bouillir, avec un excès d'azotite de soude, la liqueur filtrée renfermant le chlorure double d'iridium, jusqu'à ce que cette liqueur soit devenue jaune, puis on précipite le platine par du sulfure de sodium ; on cesse d'en ajouter lorsqu'il commence à se dissoudre un peu de précipité; on acidifie alors la liqueur, et on filtre. Le sulfure de platine reste sur le filtre, tandis que l'iridium n'est pas précipité.

Platine et ruthénium. Ces deux métaux, ramenés à l'état de chlorosels de potassium, se séparent à peu près complétement en traitant ces sels par une solution concentrée de chlorure de potassium; le sel de ruthénium se dissout, tandis que le chloroplatinate reste insoluble. Pour enlever tout le platine à la solution de ruthénium, on traite celle-ci par de l'azotite de potasse, on évapore à sec et on reprend le résidu par de l'alcool absolu; celui-ci ne dissout que le ruthénium, et une trace de platine qu'on enlève en évaporant la solution alcoolique, reprenant par l'acide chlorhydrique, ajoutant un excès de sel ammoniac et traitant le chlorure double, ainsi obtenu, par le bichlorure de mercure; il se forme ainsi un précipité cristallin $2AzH^3,RuCl + HgCl$ exempt de platine.

Iridium et ruthénium. Pour séparer ces deux métaux, on traite leur solution par l'azotite de soude additionné de carbonate, jusqu'à ce qu'elle soit devenue d'un jaune orangé; on y ajoute ensuite peu à peu du sulfure de sodium, jusqu'à ce que le sulfure de ruthénium formé se soit redissous, puis on acidifie la liqueur.

On lave le sulfure de ruthénium à l'eau bouillante, et l'on transforme la liqueur filtrée, qui renferme l'iridium, en sel double ammoniacal. Quant au sulfure de ruthénium, on le transforme en chlorure double ammoniomercurique, et on calcine celui-ci dans un courant d'hydrogène.

On peut séparer complétement le chlorure de ruthénium du chlorure d'iridium, en faisant bouillir leur solution avec un excès d'azotite et de carbonate de potasse, évaporant à sec et reprenant le résidu par de l'alcool absolu, qui dissout l'azotite double de ruthénium et de potasse; le sel d'iridium, qui reste insoluble, peut être transformé en chlorure double. Cette méthode est rigoureuse.

Iridium et rhodium. Ces deux métaux peuvent être séparés comme les deux précédents, en les précipitant par le sulfure de sodium; on traite le sulfure de rhodium, et on le sépare de l'iridium ainsi qu'on le fait pour le sulfure de ruthénium.

Rhodium et ruthénium. On opère comme pour la séparation du platine et du ruthénium; l'azotite de potasse et de rhodium est insoluble dans l'alcool absolu, et on le sépare de cette manière du sel correspondant de ruthénium. L'azotite double de rhodium étant transformé en chlorure double, on le traite une seconde fois par l'azotite de potasse, pour lui enlever les dernières traces de ruthénium.

L'*osmium* peut être facilement séparé des autres métaux du platine par volatilisation.

Le *palladium* se sépare facilement en vertu de la solubilité de son chlorure double potassique, dans le chlorure de potassium.

Séparation de tous les métaux du platine, sauf l'osmium et le palladium. Tous ces métaux, amenés à l'état de chlorures, doivent être traités par l'eau bouillante renfermant du carbonate de soude et la moitié environ de leur poids d'azotite de soude; on répète ce traitement jusqu'à ce que l'eau ne se colore plus en vert; le résidu est formé presque entièrement d'oxyde ferrique; la liqueur filtrée renferme les sesquichlorures de rhodium et d'iridium, du chlorure platinique et du protochlorure, ainsi que du bichlorure de ruthénium. Le chlorure de platine se sépare presque entièrement par le refroidissement, à l'état de chloroplatinate de potassium renfermant un peu de $KCl,IrCl^2$.

On fait bouillir la liqueur filtrée avec un excès d'azotite de soude jusqu'à ce qu'elle soit devenue orangée, puis on y ajoute du sulfure de sodium, et, enfin, on l'acidule par l'acide chlorhydrique. On filtre les sulfures, et la liqueur filtrée ne renferme plus que l'iridium; cependant il faut quelquefois lui faire subir un second traitement au sulfure de sodium.

On dissout dans l'eau régale les sulfures de platine, de rhodium et de ruthénium ainsi obtenus, on évapore à sec et l'on reprend par l'eau. On précipite, dans la liqueur filtrée, les métaux par le zinc, puis on les chauffe dans un courant de chlore, en présence du chlorure de potassium. Les chlorures doubles ainsi obtenus sont ensuite transformés en azotites doubles qu'on reprend par l'alcool absolu qui dissout l'azotite double de ruthénium.

Enfin, on sépare le platine du rhodium par la méthode indiquée plus haut.

S'il y avait eu de l'iridium précipité avec les sulfures, ce qui ne doit pas arriver, il faudrait, après avoir séparé le ruthénium, traiter de nouveau le reste par de l'azotite de soude et du sulfure de sodium, afin d'amener l'iridium à l'état de dissolution, à l'exclusion du platine et du rhodium.

CHIMIE MINÉRALOGIQUE.

Sur la cérine de Bastnæs, par M. P. T. CLEVE (1).

L'échantillon examiné par l'auteur était noir, lamelleux et cristallin, de 4,108 à 4,103 de densité. Il y a trouvé 12,94 d'oxyde ferreux, en fondant le minéral avec du borax, dans une atmosphère d'acide carbonique, dissolvant dans l'acide chlorhydrique et titrant la solution par le permanganate de potasse. Pour le dosage du cérium, il s'est fondé sur l'action oxydante qu'exercent les sels céroso-cériques sur les sels ferreux; il a précipité la solution par l'acide oxalique, calciné le précipité, dissous le résidu dans l'acide sulfurique, et ajouté une quantité déterminée de chlorure ferreux; la partie de ce dernier, qui n'avait pas subi d'oxydation, a été dosée par le permanganate de potasse.

L'auteur déduit de ses analyses la formule

$$4(2RO,SiO^2) + 2R^2O^3,3SiO^2$$

qui est identique avec celle de l'orthite de New-York, analysée par MM. Bergemann et Genth, et avec laquelle la cérine est isomorphe. M. Scherer avait attribué à la cérine la formule

$$3(2RO,SiO^2) + 2R^2O^3,3SiO^2.$$

La cérine renferme, comme sesquioxydes, de l'alumine et du sesquioxyde de fer; et, comme protoxydes, les oxydes de cérium, de lanthane, de didyme, de chaux et de magnésie.

Sur la boussingaultite de Travalle, en Toscane, par M. E. BECHI (2).

L'auteur a trouvé dans les *soffioni* boracifères de Travalle, une matière blanche qui est un sulfate d'ammoniaque hydraté, dans lequel cette base serait en partie remplacée par la magnésie et le protoxyde de fer. Il a donné à cette matière le nom de *boussingaultite*.

(1) *Journal für praktische Chemie*, t. XCI, p. 223, 1864, n° 4.

(2) *Comptes rendus*, t. LVIII, p. 583.

Analyse de l'aérolithe de Tourinnes-la-Grosse, près Louvain, tombé le 7 décembre 1863, par M. F. PISANI (1).

La densité de cet aérolithe est 3,52. On voit, disséminés dans sa masse, des grains de fer météorique et de pyrite (non magnétique).

Il est attaqué en partie par l'acide chlorhydrique en dégageant de l'hydrogène sulfuré. Son analyse totale donne :

Fer	11,05
Nickel	1,30
Etain	0,17
Soufre	2,21
Fer chromé	0,71
Silice	37,47
Alumine	3,65
Oxyde ferreux	13,89
Oxyde manganeux	traces.
Magnésie	24,40
Chaux	2,61
Soude avec potasse	2,26

Ces éléments sont répartis de la manière suivante :

Fer avec nickel, étain et traces de phosphore	8,67
Pyrite	6,06
Fer chromé	0,71
Silicates	84,28

La partie attaquable par l'acide chlorhydrique est de 48,90 $^0/_0$. Voici sa composition :

		Oxygène.		Rapport.
Silice	17,10	9,12		1
Alumine	0,73	»		»
Oxyde ferreux	10,35	2,29	10,21	1
Magnésie	19,80	7,92		
Chaux	0,64			
Soude et potasse	0,03			
	48,65			

Les rapports de l'oxygène dans cette partie sont, comme toujours, ceux du péridot.

Composition de la partie non attaquable (51,10 $^0/_0$) :

		Oxygène.		Rapport.
Silice	27,20	14,49		2
Alumine	3,59	1,67		
Oxyde ferreux	6,10	1,35		
Magnésie	9,12	3,65	8,05	1
Chaux	2,45	0,70		
Soude et potasse	2,65	0,68		
	51,11			

(1) *Comptes rendus*, t. LVIII, p. 169.

On, a dans cette partie, presque le rapport 2 : 1 de l'augite; il est probable qu'il s'y trouve en même temps du feldspath.

Sur la densité des zircons, par **M. A. DAMOUR** (1).

Il existe un assez grand écart entre la densité des divers échantillons de zircon, car elle oscille entre les nombres 4,04 et 4,67. L'auteur s'est proposé de déterminer si ces variations tiennent à des différences dans la composition ou dans l'état moléculaire.

Les analyses de deux zircons, l'un ayant une densité exprimée par le nombre 4,183, et l'autre ayant une densité s'élevant à 4,667, ont donné des nombres suffisamment concordants pour que la différence entre les densités ne puisse pas être attribuée à la composition.

Il restait à examiner si ces variations tiennent à un état moléculaire différent. M. Damour a essayé de modifier l'état moléculaire des zircons en les exposant à une température élevée, et il a constaté qu'au rouge sombre ces minéraux n'éprouvaient de changement ni dans leur poids ni dans leur densité, mais qu'au rouge blanc naissant, leur poids ne variant pas sensiblement, leur densité augmentait de 1/12 à 1/16. La fusion des zircons au chalumeau à gaz oxygène et hydrogène diminue leur densité.

Il y avait lieu d'examiner comparativement l'indice de réfraction pour chacune des variétés qui se distinguent par l'écart de leurs densités. De Senarmont avait pris l'indice de réfraction d'un zircon de Ceylan dont la densité était égale à 4,636, et il avait trouvé :

Rayon ordinaire $\omega = 1,92$
Rayon extraordinaire $\epsilon = 1,97$ } pour les rayons rouges.

M. Damour a fait la même détermination sur un zircon dont la densité n'était que de 4,210; son indice de réfraction est représenté comme il suit :

Rayon ordinaire $\omega = 1,85$
Rayon extraordinaire $\epsilon = 1,86$ } pour les rayons rouges.

L'auteur pense que c'est à l'état allotropique de la zircone qu'il faut attribuer la diversité de ces propriétés physiques. On sait en effet que la zircone hydratée présente une vive incandescence au rouge sombre et qu'à la suite de cette calcination, ses caractères physiques sont notablement modifiés. Si l'on désigne par $\ddot{Zr}$ (α) et par $\ddot{Zr}$ (β) les deux états allotropiques de la zircone, on conçoit que leur mélange, en propor-

(1) *Comptes rendus*, t. LVIII, p. 154.

tions variables, détermine de nombreuses variations dans les caractères physiques des composés dont cette matière est partie constituante.

L'auteur donne ensuite un tableau renfermant les densités d'un grand nombre de zircons avant et après la calcination et la fusion, et il fait remarquer que les caractères essentiels, c'est-à-dire ceux que l'on tire de la composition et de la forme cristalline restant les mêmes dans toutes les variétés, les différences relatives à la densité et à l'indice de réfraction ne sont pas suffisantes pour motiver une séparation dans la classification minéralogique.

CHIMIE ANALYTIQUE.

Sur la sulfhydrométrie, par **M. FILHOL.**

Dans un travail lu, en 1864, à l'Académie de médecine, M. Filhol s'est proposé de signaler une cause d'erreur qui paraît avoir échappé jusqu'à ce jour aux chimistes, et qu'il a reconnue dernièrement en examinant les eaux minérales des Graus d'Olette. Il fut surpris tout d'abord de voir que la solution alcoolique d'iode accusait toujours une richesse en sulfure très-supérieure à celle qu'indiquait la solution aqueuse; il n'a pas tardé à s'apercevoir que l'eau analysée, au moyen de la liqueur alcoolique, exhalait une odeur manifeste d'iodoforme. Il a été dès lors évident pour lui qu'il fallait renoncer à l'emploi des liqueurs alcooliques, surtout lorsqu'il s'agit d'analyser des eaux très-chaudes; car l'action de l'iode sur l'alcool en présence d'un milieu rendu alcalin par le carbonate, le silicate de soude et même le sulfure de sodium, détermine la production d'une certaine quantité d'iodoforme, et fausse complétement les résultats de l'analyse.

Sur la purification de l'acide sulfurique arsénifère, par **M. A. BUCHNER** (1).

L'auteur, qui a indiqué, il y a neuf ans, la purification de l'acide sulfurique arsénifère par un courant d'acide chlorhydrique qui chasse l'arsenic à l'état de chlorure, revient sur les communications faites sur ce même sujet par MM. Bussy et Buignet (2) ainsi que par M. Bloxam (3).

(1) *Annalen der Chemie und Pharmacie*, t. CXXX, p. 240.

(2) *Répertoire de Chimie appliquée*, 1863, p. 425.

(3) *Répertoire de Chimie appliquée*, 1863, p. 154.

Il reconnaît avec ces chimistes que la purification par l'acide chlorhydrique ne peut avoir lieu que lorsque l'acide sulfurique est exempt de vapeurs nitreuses, et que l'arsenic s'y trouve à l'état d'acide arsénieux; mais, dans ce cas, elle est complète.

Pour purifier l'acide sulfurique contenant de l'acide arsénique, par la méthode de l'auteur, il faut préalablement réduire cet acide en acide arsénieux; ce but est facile à atteindre, en projetant, dans l'acide souillé d'arsenic, quelques débris de charbon de bois; l'acide sulfureux, qui se forme par l'action de la chaleur, réduit instantanément l'acide arsénique. On peut faire agir simultanément l'acide chlorhydrique et le charbon. De l'acide sulfurique, dans lequel on avait dissous de l'acide arsénique, s'est trouvé complétement exempt d'arsenic après ce traitement.

Sur le procédé de M. Pelouze pour le dosage du soufre dans les pyrites, par **M. BOTTOMLEY** (1).

D'après une notice lue le 5 avril à la Société littéraire et philosophique de Manchester, par M. Bottomley, les résultats obtenus par le procédé de M. Pelouze ne s'approchent pas autant de la réalité qu'on l'admet généralement.

Pour les essais, on a mélangé 20 grains ($1^{gr},3$) de pyrite finement pulvérisée avec 100 grains ($6^{gr},5$) de carbonate de soude, autant de chlorate de potasse et 140 grains ($9^{gr},1$) de sel marin. Le carbonate de soude et le sel marin étaient préalablement calcinés pour les obtenir anhydres. Le tout était ensuite bien mélangé par trituration dans un mortier en porcelaine.

Dans toutes les expériences, le mélange déflagrait tranquillement sans la moindre projection hors du creuset de platine.

Les résultats furent les suivants :

Numéros des essais.	Quantité réelle de soufre.	Quantité trouvée.
1	36,98	33,20
2	40,75	36,95
3	38,44	38,80
4	39,04	42,11
5	36,87	41,70

Dans les essais 1 et 2, les matières avaient été maintenues fondues à la température du rouge sombre pendant quelque temps après la déflagration; dans les essais 3, 4, 5, au contraire, on enlevait le feu aussitôt après la déflagration.

(1) *Chemical News*, 23 avril 1864, p. 200.

De l'arséniate de soude fut trouvé dans la solution filtrée provenant du premier essai. Dans les expériences 4 et 5, on rencontra également de l'arsenic, mais non en quantité assez considérable pour rendre compte de la différence des résultats.

L'auteur pense que ces différences proviennent de ce que le chlorate de potasse n'agit pas seulement comme corps oxydant, cédant uniquement de l'oxygène, mais qu'il perd également du chlore.

Dans tous les essais on avait observé le dégagement d'un composé oxydé du chlore simultanément avec l'acide carbonique. Déjà Vauquelin (1) avait fait voir que le résidu de la calcination de chlorate de potasse est sensiblement alcalin.

Les observations de M. Bottomley ont été confirmées par des expériences semblables, faites par M. Bocheroff, dans le laboratoire de M. Rumney.

Analyse de l'eau minérale de Harlow Car, près Harrogate, par M. le docteur SHERIDAN MUSPRATT (2).

La température moyenne de la source est de 46° (3).

Un litre d'eau remferme	I. gr.	II. gr.
Carbonate de chaux	0,1500	0,1500
Carbonate de magnésie	0,0143	0,0192
Carbonate de soude	0,2156	0,2197
Carbonates de potasse, de fer et de manganèse	traces.	traces.
Sulfure de sodium	0,0407	0,0506
Sulfate de magnésie	0,0656	0,0547
Chlorure de magnésium	0,0820	0,0742
Chlorure de sodium	0,0144	0,0502
Chlorure de potassium	trace.	trace.
Ammoniaque	trace.	trace.
Silice, etc.	0,0120	0,0101
Totaux	0,5946	0,6288

On admet généralement que l'eau de Harrogate renferme de l'hydrogène sulfuré libre ; mais M. Muspratt soupçonne qu'il n'en est point ainsi, et que ces eaux sulfureuses célèbres ne renferment, de même que l'eau minérale de Harlow Car, que du sulfure alcalin et une très-petite quantité d'acide carbonique libre.

L'eau de Harlow Car, exposée à l'air, répand bien une légère odeur hépatique, mais qui est due à la décomposition du sulfure de sodium.

(1) *Annales de Chimie*, t. XCV, p. 101.

(2) *Chemical News*, 16 avril 1864, p. 181. N° 228.

(3) Environ 8° centigrades si ce sont des degrés Fahrenheit.

Sur l'analyse des silicates, par M. G. WERTHER (1).

L'auteur ayant analysé, depuis quelques années, un grand nombre de silicates (2), communique les observations pratiques que ses travaux lui ont permis de faire. Les silicates analysés contenaient ordinairement des bases alcalines, du fer, du manganèse, de la chaux et de l'alumine, quelquefois de l'acide titanique. On les attaquait soit par les carbonates alcalins, soit par l'acide fluorhydrique ou le fluorure d'ammonium, soit par le carbonate de baryte.

En se servant des carbonates alcalins, il suffit, même pour les silicates les plus riches en silice, de prendre 2 1/2 à 3 fois le poids du silicate. Avec le fluorure d'ammonium il faut éviter de calciner à une température dépassant le rouge sombre, afin de ne pas rendre le fer insoluble. Le fluorure d'ammonium du commerce contient généralement des quantités appréciables de résidus fixes. L'auteur prépare ce sel en calcinant un mélange de fluorure de calcium et de sulfate d'ammoniaque; l'opération se fait dans une cornue en platine à col court, garni d'une feuille de platine roulée en spirale. Le sel obtenu contient du sulfite d'ammoniaque et ne peut, pour cette raison, servir que dans certains cas.

Dosage des bases alcalines. On sait qu'en attaquant les silicates par le carbonate de baryte, la précipitation de la baryte, puis de l'acide sulfurique, exige beaucoup de temps et de soins; l'auteur a modifié cette méthode de la manière suivante, qui est plus expéditive et fournit, selon lui, des résultats aussi exacts. On mélange le minéral finement porphyrisé avec 6 fois son poids de carbonate de baryte, et on le chauffe pendant 35 à 45 minutes au rouge blanc sur un bec de gaz à soufflet. Le contenu du creuset est mis en digestion avec de l'eau (sous laquelle on l'écrase), de l'ammoniaque et du carbonate d'ammoniaque; lorsqu'il ne se produit plus d'effervescence avec ce dernier sel, on évapore la masse au bain-marie dans une capsule de platine; après l'évaporation, on ajoute de nouvelles quantités d'ammoniaque et de carbonate, et on répète successivement 2 à 3 fois cette opération suivie de l'évaporation; il ne reste plus alors qu'une poudre blanche ne contenant plus de grains. Cette poudre abandonne à l'eau les carbonates alcalins

(1) *Journal für praktische Chemie*, t. XCI, p. 321 (1864). N° 6.

(2) L'excellent *Traité d'analyse* de M. Rivot renferme des détails nombreux et précieux sur l'analyse des silicates. Néanmoins le travail de M. Werther contient des observations nouvelles qui complètent celles de M. Rivot, notamment pour le traitement des silicates par le carbonate de baryte. A. S. K.

d'une manière si complète que le résidu insoluble, examiné au spectroscope, ne fournit plus les raies des bases alcalines. La dissolution ne renferme pas de traces ni de chaux, ni de baryte, mais quelquefois de petites quantités d'alumine, qui se séparent par une simple évaporation, avec ou sans addition de carbonate d'ammoniaque.

Lorsque les bases alcalines ne sont qu'au nombre de deux, on se sert avec avantage de l'analyse indirecte à l'aide de l'acide sulfurique titré. La dissolution, neutralisée par cet acide et évaporée, fournit les sulfates dont on détermine le poids. En appelant ce poids G, A celui des deux bases, α le coëfficient de x, quantité cherchée pour une partie de la combinaison, et β celui de y pour l'autre partie, on a les deux équations :

$$x = \frac{G - \beta A}{\alpha - \beta}$$

$$y = A - x$$

lorsqu'on a affaire à la potasse (y) et à la soude (x), α et β deviennent :

$$\alpha = \frac{71}{31} = 2{,}29 \text{ et } \beta = \frac{87}{47} = 1{,}852\,;$$

cependant cette méthode ne peut être employée que lorsque le poids des deux sulfates est au minimum de $0^{gr},600$.

En employant une quantité de carbonate de baryte suffisante pour éviter toute fusion, on pourrait craindre une volatilisation partielle des bases alcalines; mais, d'après l'auteur, cette crainte n'est pas fondée; il s'est assuré qu'on n'éprouve aucune perte en opérant ainsi.

Séparation des acides silicique et titanique. — L'acide silicique obtenu est généralement souillé de matières étrangères dont il faut déterminer le poids. Cette détermination n'offre pas de difficultés lorsqu'il est exempt d'acide titanique et de baryte. Pour séparer la silice du mélange barytique ci-dessus, l'auteur s'est toujours servi de l'acide chlorhydrique, mais en desséchant le mélange acide à 115 ou 120°; il est vrai que la silice retient plus de baryte et d'autres bases que lorsque la température ne dépasse pas 100°; mais comme elle n'est pas non plus pure dans ce dernier cas, cette augmentation de matières étrangères n'a pas d'inconvénient, et on y trouve l'avantage d'éviter le passage de l'acide titanique à travers le filtre, à l'état de très-grande division. L'acide silicique pesé a été traité dans un creuset de platine et au bain-marie par l'acide sulfurique à 1,7 de densité, et de l'acide fluorhydrique étendu d'eau, ajouté par petites portions; puis, en dernier lieu, par une nouvelle quantité d'acide sulfurique. Le mélange est évaporé de manière à chasser la plus grande partie de cet acide ajouté en excès.

On jette le tout dans l'eau, et on filtre pour séparer le sulfate de baryte; la dissolution filtrée et suffisamment étendue abandonne l'acide titanique par une ébullition prolongée; on en précipite la chaux et l'alumine comme d'habitude; le premier de ces deux corps ne se rencontre pas toujours et le second rarement; mais le liquide contient de la magnésie si on a affaire à des silicates magnésifères.

Il peut se présenter un inconvénient lorsqu'on se sert de cette méthode, dans le cas où de l'oxyde de fer se précipite combiné à l'acide titanique, en même temps que le sulfate de baryte, ce qui n'a lieu que lorsque le fer s'y trouve en grandes quantités; pour le séparer, l'auteur fond avec du carbonate de soude, et extrait le fer par l'acide chlorhydrique.

Séparation de l'alumine et de l'oxyde ferrique. L'auteur recommande l'emploi de l'hyposulfite de soude; il faut, pour obtenir de bons résultats, attendre pendant un temps suffisamment long avant de faire bouillir la liqueur, et continuer l'ébullition jusqu'à disparition complète de toute odeur d'acide sulfureux.

Dosage des oxydes ferreux et ferrique. On introduit le minéral réduit en poudre dans un creuset de platine ayant 5 centimètres de hauteur et 3 de largeur, avec de l'acide sulfurique à 1,6 ou 1,7 de densité et de l'acide fluorhydrique concentré; on applique une douce chaleur jusqu'à ce qu'il ne se dégage plus de vapeurs denses entre le creuset et son couvercle. De cette manière, le silicate se trouve décomposé, et on y ajoute quelques cristaux de spath-fluor. Pendant le refroidissement, il se dégage un peu d'acide carbonique, et on ajoute au mélange la moitié de son volume d'eau pour titrer par le permanganate. Le résidu insoluble provenant de ce traitement est absolument exempt de fer, et les résultats sont très-exacts et concordants.

Sur les essais alcalimétriques, par **M. E. J. MAUMENÉ** (1).

Gay-Lussac, dans son travail sur les essais de potasse du commerce a dit : « *Descroizilles, dont le nom est cher aux arts, ayant introduit dans le commerce, pour acide d'épreuve, l'acide sulfurique affaibli par l'eau renfermant* 100 *grammes d'acide sulfurique concentré par litre, il est convenable de l'adopter!* » Gay-Lussac, en rendant cet hommage à l'inventeur, a aussi sacrifié à l'esprit de routine. Il l'a souvent regretté, et je lui ai entendu dire qu'il aurait dû adopter résolûment les liqueurs *équivalentes.*

(1) *Journal de Pharmacie*, t. v, p. 243.

M. Maumené revient aujourd'hui sur ce sujet et propose de préparer l'acide sulfurique normal avec 98 grammes d'acide au lieu de 100, soit 2 fois l'équivalent de l'acide sulfurique SO^3,HO. Il énumère les avantages de ce poids équivalent, qui n'avaient pas échappé à Gay-Lussac.

Il propose, pour rendre plus parfait l'essai alcalimétrique, d'opérer à chaud, de dépasser la saturation avec l'acide et de revenir avec une liqueur titrée de potasse caustique; le changement de couleur est selon l'auteur bien plus sensible, par ce moyen, que par la pratique ordinaire. Bw.

Emploi du zinc comme réducteur, par **M. POUMARÈDE** (1).

L'auteur avait déjà appliqué les vapeurs réductrices du zinc à l'obtention du fer; il a depuis obtenu le nickel et le cobalt réduits par les mêmes vapeurs.

Le chlorure métallique est placé dans un petit creuset suspendu dans un creuset plus grand, où se trouve le zinc.

Le petit creuset est muni de son couvercle, sur lequel s'applique une grille formant une cloison dans le grand creuset; cette grille est couverte de menu charbon.

L'appareil, ainsi monté et fermé, est soumis à une température rouge; le zinc fond, se volatilise, et sa vapeur réduit le chlorure métallique. Bw.

CHIMIE ORGANIQUE.

Préparation facile du zinc-éthyle. — Synthèse du propylène, par **MM. P. ALEXEYEFF** et **F. BEILSTEIN** (2).

La préparation du zinc-éthyle a déjà été simplifiée d'une façon très-avantageuse (3) par l'emploi d'un alliage de zinc et de sodium, parce qu'alors la réaction peut se produire dans de simples ballons en verre à la pression ordinaire. Ce procédé n'a qu'un inconvénient, celui d'exiger la préparation fréquente de l'alliage; les auteurs diminuent de beaucoup cet inconvénient en se servant de tournure de zinc mélangée seulement à une très-petite quantité de l'alliage. La tour-

(1) *Comptes rendus*, t. LVIII, p. 590.

(2) *Comptes rendus*, t. LVIII, p. 171.

(3) *Bulletin de la Société chimique.* Mai 1863, p. 242.

nure de zinc n'agit pas seule, mais si l'on ajoute au mélange de zinc et d'iodure d'éthyle quelques grammes de l'alliage zinco-sodique pulvérisé, la réaction commence avec facilité, et une fois qu'elle est établie, le zinc s'attaque aussi facilement que l'alliage, et l'iodure d'éthyle réagit en totalité. Les doses les plus convenables sont : 100 grammes d'iodure d'éthyle, 70 à 80 grammes de zinc et 7 à 8 grammes d'alliage.

Action du bromoforme sur le zinc-éthyle. L'action est très-vive; chaque goutte de bromoforme qui tombe sur le zinc-éthyle produit une vive ébullition. Les produits dégagés ont été dirigés dans un tube refroidi, puis dans un appareil à boules contenant du brome. Il s'est condensé du bromure d'éthyle dans le premier tube, et le brome a absorbé un produit. En mélangeant ce brome avec une solution de soude, on a obtenu un liquide bouillant vers 142°, ayant la composition et les propriétés du bromure de propylène; il s'était formé en même temps une petite quantité de bromure d'éthylène. La réaction a donc lieu suivant l'équation :

$$\text{ƏHBr}^3 + 2\text{ZnƏ}^2\text{H}^5 = \text{Ə}^3\text{H}^6 + \text{Ə}^2\text{H}^5\text{Br} + 2\text{ZnBr}.$$

Le bromure de propylène obtenu a été traité par de l'éthylate de soude et le gaz a été dirigé dans une solution ammonicale de souschlorure de cuivre. On a obtenu le dépôt *jaune*, caractéristique de l'allylure de cuivre; par conséquent ce propylène, formé synthétiquement par l'addition des deux radicaux $(\text{ƏH})'''$ et $(\text{Ə}^2\text{H}^5)'$, est identique avec le propylène préparé par les moyens ordinaires.

L'iodoforme réagit également avec une grande violence sur le zinc-éthyle; cependant on n'a pas observé qu'il y eût dégagement de produit volatil; il y a probablement formation d'une combinaison directe.

Action de l'acide azotique sur le camphre, les huiles essentielles et les résines, par M. H. SCHWANERT (1).

L'auteur s'étant proposé de rechercher si l'acide camphorique est le seul produit de l'action de l'acide azotique sur le camphre, a soumis de grandes quantités de cette substance à l'ébullition avec de l'acide azotique à 1,34 de densité. Il a reconnu qu'il y a production d'acide carbonique, ce qui avait été nié. Il a obtenu, outre l'acide camphorique, une masse résineuse, incristallisable, ressemblant, même par l'odeur, à la térébenthine de Venise. La formation de ce produit

(1) *Annalen der Chemie und Pharmacie*, 2e série, t. CXXVIII, p. 77. [Nouv. sér., t. LII.] Octobre 1863.

avait été déjà signalée par Laurent (1) et par M. Blumenau (2). D'après l'auteur, ce produit est formé en grande partie d'un acide tribasique nouveau $\text{-G-}^{10}H^{14}\text{-O-}^{7}$, qu'il appelle acide *camphorésinique,* et qui peut être préparé non-seulement avec le camphre, mais aussi avec les huiles essentielles et avec les résines.

L'acide camphorésinique est contenu dans les eaux-mères de l'acide camphorique, accompagné quelquefois de camphre, mais toujours d'acide azotique, de petites quantités d'acide camphorique et d'une huile jaunâtre qui jouit aussi de propriétés acides.

Pour l'isoler, on évapore les eaux-mères, débarrassées autant que possible d'acide camphorique, jusqu'à ce qu'elles ne dégagent plus que peu de vapeurs acides ou rutilantes. On ajoute au résidu visqueux environ 10 parties d'eau froide, et l'on obtient une liqueur trouble qui se sépare bientôt en une solution jaunâtre limpide, surnageant une couche huileuse. Cette couche est l'huile mentionnée plus haut.

On filtre la solution, on l'évapore, et on répète les dissolutions et les évaporations jusqu'à ce que le résidu se dissolve complétement dans l'eau froide.

Lorsqu'on abandonne la solution à elle-même, elle dépose des croûtes cristallines d'un acide signalé par M. Blumenau. Après la séparation de cet acide, la liqueur évaporée fournit l'acide camphorésinique pur.

On peut aussi enlever à la solution aqueuse l'acide camphorique, et en même temps l'acide cristallisable de M. Blumenau, par une précipitation partielle au moyen de l'acétate de plomb.

L'acide camphorésinique est jaunâtre, visqueux; il s'étire en fils; il est plus dense que l'eau, inodore, d'une saveur acide et amère à la fois, soluble en toutes proportions dans l'eau, dans l'alcool et dans l'éther. Les solutions présentent une forte réaction acide.

Il peut être obtenu sous forme d'une masse grenue blanche, par l'évaporation lente d'une solution très-étendue, sous une cloche en présence de l'acide sulfurique. Mais solide ou liquide, il présente la même composition qui répond à la formule $\text{-G-}^{10}H^{14}\text{-O-}^{7}$. On s'est assuré que cet acide ne contient pas d'azote.

Lorsqu'on le chauffe, il brunit en perdant de l'eau. Distillé à l'abri de l'air, dans une cornue, il fournit de l'*acide acétique,* de l'*acétone,* une matière huileuse bouillant entre 206 et 210°, qui constitue un nouvel acide, l'*acide pyrocamphorésinique* $\text{-G-}^{10}H^{14}\text{-O-}^{4}$, des cristaux qui

(1) *Annales de Chimie et de Physique* 2e série, t. LXIII, p. 207.

(2) *Annalen der Chemie und Pharmacie*, t. LXVII, p. 119.

sont mélangés avec l'acide huileux précédent et qui constituent un acide tribasique $C^{10}H^{10}O^5$, l'*acide métacamphorésinique*, et enfin, entre 210 et 270°, des cristaux d'acide camphorique anhydre.

L'acide pyrocamphorésinique ne se solidifie pas même à 0°; il est insoluble dans l'eau, et plus dense que ce liquide. L'alcool et l'éther le dissolvent. Sa solution alcoolique est fortement acide. On a préparé les sels de barium et de plomb, tous deux amorphes. Le dernier renferme

$$C^{10}H^{11}Pb^3O^4.$$

Quant à l'acide *métacamphorésinique* cristallisable, il fond à 89° et se solidifie à 66°. Il est peu soluble dans l'eau à froid et plus soluble à chaud. Les solutions alcoolique et aqueuse sont acides et ne précipitent pas les chlorures de barium et de calcium, même lorsqu'on les a préalablement neutralisées par la soude.

Le sel de plomb est blanc, amorphe, et renferme $C^{10}H^7Pb^3O^5$. On l'obtient en précipitant une dissolution d'acide métacamphorésinique dans l'alcool faible, par l'acétate de plomb.

L'auteur a examiné l'action du perchlorure de phosphore, de l'acide sulfurique hydraté et anhydre, de l'acide iodhydrique, et du brome sur l'acide camphorésinique, et n'a pas obtenu de résultats bien nets ou bien complets. Avec l'acide sulfurique, il a constaté la production d'acide camphorique anhydre et d'un acide contenant du soufre. Avec le brome, il a obtenu une certaine quantité de bromoforme.

Il décrit ensuite un assez grand nombre de sels de l'acide camphorésinique, tous incristallisables; les sels neutres sont généralement solides, les sels acides sont visqueux.

Par la distillation sèche du camphorésinate de chaux, $C^{10}H^{11}Ca^3O^7$, on obtient des liquides huileux bouillant depuis 100 jusqu'à 250°. La partie recueillie entre 110 et 112° présente une composition répondant à la formule $C^8H^{14}O$, ce qui en ferait un homologue de la métacétone. La partie bouillant à 208° est de la *phorone*.

Le *camphorésinate d'éthyle* s'obtient en chauffant le camphorésinate d'argent, en vase clos, à 100°, pendant 20 heures, avec 3 molécules d'iodure d'éthyle. On peut également le préparer en faisant bouillir une solution alcoolique d'acide camphorésinique avec de l'acide sulfurique dans un appareil disposé de manière à faire refluer les vapeurs d'alcool, ou bien encore en traitant par l'acide chlorhydrique la solution alcoolique d'acide camphorésinique.

L'éther camphorésinique reste, après l'évaporation de sa solution éthérée, sous forme d'un liquide incolore, limpide, assez visqueux, d'une densité de 1,0775 à 13°, d'une odeur aromatique ressemblant à celle de l'anis, et d'une saveur amère. Il est assez soluble dans l'alcool et dans l'éther, peu soluble dans l'eau. Il renferme

$$C^{10}H^{11}(C^2H^5)^3O^7.$$

En même temps que le camphorésinate d'éthyle, on obtient l'*acide biéthylcamphorésinique* $C^{10}H^{12}(C^2H^5)^2O^7$; il est soluble dans une solution étendue de soude, et précipitable par l'acide chlorhydrique. La réaction est franchement acide. Les solutions sont précipitées par l'acétate de plomb.

Par l'ébullition de 1 partie d'acide camphorésinique avec 2 parties d'alcool absolu, on obtient un mélange d'acide *éthylcamphorésinique* et d'acide *biéthylcamphorésinique*.

Le *camphorésinate de méthyle* ressemble beaucoup à celui d'éthyle.

Acide cristallisé de Blumenau. Cet acide se sépare des eaux-mères de l'acide camphorique en petits grains cristallins, qu'on ne peut pas confondre avec l'acide camphorésinique amorphe. L'auteur a constaté qu'il possède les propriétés indiquées par Blumenau. Les nombres trouvés dans les analyses ne conduisent, d'une manière décisive, à aucune formule rationnelle. Celle dont ils se rapprocheraient le plus est

$$C^{10}H^{16}O^5.$$

Il en est de même de l'acide huileux que l'eau précipite des eaux-mères de l'acide camphorique, et qui devient cristallin dans l'air sec. Sa composition n'est pas très-éloignée de celle qui répond à la formule $C^{10}H^{16}O^6$.

Par l'action de l'acide azotique sur 40 grammes de camphre, on a obtenu 10 grammes d'acide camphorique et 20 grammes d'acide camphorésinique. La moitié du carbone du camphre s'est dégagée à l'état d'acide carbonique.

L'acide camphorique peut être transformé en acide camphorésinique par l'ébullition avec l'acide azotique.

Beaucoup de résines et d'huiles essentielles, traitées par l'acide azotique, fournissent, comme le camphre, de l'acide camphorésinique.

Le *camphrol* $C^{10}H^{16}O$, qui, d'après Macfarlane (1), peut être transformé en camphre, donne également de l'acide camphorésinique, après une réaction très-vive. Il en est de même de l'*essence d'absinthe* $C^{16}H^{16}O$, du *bornéol* $C^{10}H^{18}O$, de l'*essence de cajeput*, $C^{10}H^{18}O$, bouillant entre 173 et 175°, du *camphre de menthe* $C^{10}H^{20}O$. L'*essence de téré-*

(1) *Annalen der Chemie und Pharmacie*, t. XXXI, p. 72.

benthine, traitée avec précaution et par petites portions par l'acide azotique concentré, a donné une petite quantité d'une substance résineuse jaunâtre qui s'est trouvée être de l'*acide insolinique* (1). En même temps on a obtenu un liquide d'un jaune clair, qui, traité convenablement, a fourni du camphorésinate de chaux.

L'acide camphorésinique, dérivé de la térébenthine, a donné à la distillation sèche les mêmes produits que celui du camphre.

L'*essence de citron*, l'*ozokérite* (résine fossile) d'Obera, le *succin*, la *gomme ammoniaque*, le *galbanum*, le *caoutchouc*, l'*élémi*, l'*oliban*, le *mastic*, le *gutta-percha*, ont aussi fourni de l'acide camphorésinique. Pour les quatre dernières substances, l'acide obtenu n'était pas pur et n'a pas pu être purifié.

Note sur la présence de l'acide caproïque dans les fleurs du Satyrium Hircinum, par **M. CHAUTARD** (2).

25 à 30 kilos de fleurs de cette plante ont été distillés avec de l'eau; le liquide possédait une réaction sensiblement acide; il a été saturé par la potasse, puis concentré. On a réuni le produit ainsi obtenu pendant plusieurs années.

Le sel de potasse desséché a été traité par l'acide sulfurique étendu et soumis à la distillation. La méthode indiquée par M. Liebig a permis de constater, dans le produit, la présence des acides butyrique et valérique, mais c'est l'acide caproïque qui domine dans le mélange, et l'auteur en a isolé une quantité suffisante pour former les sels d'argent et de baryte.

Sur l'existence de plusieurs acides gras odorants et homologues dans le fruit du Gingko biloba, par **M. A. BÉCHAMP** (3).

Ce fruit est de la grosseur d'une petite prune et se compose d'une enveloppe charnue assez épaisse, d'un noyau et d'une amande contenant un endosperme farineux. L'enveloppe charnue fournit une pulpe d'où l'on extrait un suc à peine coloré, franchement acide et doué d'une odeur pénétrante.

L'auteur, en appliquant la méthode des distillations fractionnées, combinée à celle de M. Chevreul, est parvenu à retirer du jus de ce fruit les acide formique, acétique, butyrique et caproïque, qui sont

(1) Mémoire de M. Hofmann, *Ann. der Chem. und Pharm.*, t. xcvii, p. 197.

(2) *Comptes rendus*, t. lviii, p. 639.

(3) *Comptes rendus*, t. lviii, p. 135.

les acides dominants; il y a reconnu l'acide valérique et a de plus isolé un acide qui possède les propriétés de l'acide propionique.

Il a fait agir l'acide caproïque, retiré de ce jus, sur le protochlorure de phosphore et il a obtenu le chlorure de caproïle. C'est un liquide incolore, très-mobile, d'une odeur désagréable, fumant un peu à l'air, d'une densité très-peu supérieure à celle de l'eau. Son point d'ébullition est situé entre 136 et 140°; mais à chaque rectification une petite quantité se décompose, et ce qui reste dans la cornue répand une odeur suave et éthérée.

Sur la conhydrine, par **M. Th. WERTHEIM** (1).

La conhydrine qui accompagne la conîine dans la ciguë (*conium maculatum*) est solide et cristallisable; elle fond à 120°,65 et bout à 226°,3.

Si l'on représente la formule de la conîine par $\left.\begin{matrix}(\mathrm{C^8H^{14}})'' \\ \mathrm{H}\end{matrix}\right\}\mathrm{Az}$, c'est-à-dire qu'on l'envisage comme une ammoniaque renfermant le radical diatomique *conylène* $\mathrm{C^8H^{14}}$ (2), la conhydrine sera représentée par

$$\left.\begin{matrix}(\mathrm{C^8H^{16}O^2})'' \\ \mathrm{H}\end{matrix}\right\}\mathrm{Az}.$$

Le *sulfate de conhydrine* cristallise d'une solution sirupeuse en gros prismes incolores et transparents, solubles dans l'eau et dans l'alcool.

L'*azotate* est moins soluble que le sel précédent, mais ne cristallise aussi que lorsque la solution est sirupeuse.

Le *chlorhydrate* et l'*acétate* forment des masses sirupeuses incristallisables.

Lorsqu'on chauffe ensemble, au bain-marie, équivalents égaux de conhydrine et d'iodure d'éthyle, il y a d'abord dissolution de la conhydrine, mais bientôt le mélange se prend en une bouillie cristalline. Les cristaux ainsi obtenus sont incolores, solubles dans l'eau, l'alcool et l'éther, et se colorent par la dessiccation, même dans le vide; ils constituent *l'iodhydrate d'éthylconhydrine*.

L'éthylconhydrine elle-même forme un liquide oléagineux jaune, qui se prend lentement en cristaux. Traitée à son tour par l'iodure d'éthyle, elle donne *l'iodhydrate de diéthylconhydrine*, en petits cristaux durs. Ce sel cristallise dans le système rhombique; traitée par l'oxyde d'argent, sa solution aqueuse donne de l'iodure d'argent et devient très-

(1) *Journal für praktische Chemie*, t. XCI, p. 257, 1864, n° 5.

(2) Voy. *Bulletin de la Société chimique*, 1863, t. V, p. 45.

caustique; évaporée ensuite dans le vide, elle laisse un résidu sirupeux, très-avide d'acide carbonique.

Le chlorhydrate de cette base forme de fines aiguilles très-solubles; le chloroplatinate constitue un précipité jaune, soluble dans l'eau bouillante et cristallisable en cristaux quadrangulaires, d'un rouge orangé.

Lorsqu'on dissout la conhydrine dans l'acide azotique concentré, en évitant l'échauffement, et qu'on y fait passer des vapeurs nitreuses, il n'y a pas de réaction, car, par l'évaporation dans le vide, on obtient des cristaux d'azotate de conhydrine.

Mais si l'on fait arriver de l'acide azoteux sec sur de la conhydrine pulvérisée, le gaz est absorbé, et il se forme un liquide sirupeux vert; si l'on chasse l'excès d'acide azoteux par un courant d'acide carbonique, la masse se fluidifie et devient jaune, mais la potasse sépare de nouveau de la conhydrine inaltérée. La grande stabilité de cette base est encore prouvée par d'autres faits : chauffée avec un excès de baryte anhydre, à 240°, elle se sublime inaltérée; elle n'est attaquée ni par la potasse caustique, ni par l'acide sulfurique étendu, lorsqu'on la chauffe à 200° en vases clos, ni même par la potasse fondue.

Le sodium et l'acide phosphorique anhydre transforment la conhydrine en coniine; dans le cas du sodium, l'excès de celui-ci paraît rester combiné avec la coniine formée.

Si l'on chauffe, pendant 24 heures, en vase clos à 100°, la conhydrine en solution aqueuse avec 5 équivalents d'oxyde mercurique, celui-ci est réduit en partie à l'état métallique, en partie à l'état d'oxyde mercureux, et l'on trouve dans le tube une masse résineuse recouverte d'une couche aqueuse colorée en brun. La résine formée se dissout dans l'alcool; cette solution, qui est très-amère, est précipitée par l'éther.

Sur l'azoconhydrine, par M. WERTHEIM (1).

Dans le numéro de mai 1864, du *Bullet. de la Société chim.* (2), nous avons mentionné un travail de M. Wertheim sur l'azoconhydrine, contenant une rectification au sujet de la formule de ce corps; nous nous empressons de compléter aujourd'hui l'indication des résultats remarquables auxquels l'auteur est parvenu, et que le défaut de place nous avait seul empêchés de présenter.

La densité de vapeur de l'azoconhydrine avait d'abord conduit l'au-

(1) *Journal für praktische Chemie*, t. XCI, p. 264, 1864, n° 5.

(2) Nouv. sér., t. I, p. 386.

teur à attribuer à ce composé la formule $C^{32}H^{64}Az^{8}O^{4}$; mais de nouvelles déterminations, opérées dans de meilleures conditions, lui ont fait adopter définitivement la formule $C^{8}H^{16}Az^{2}O$.

L'amalgame de sodium transforme l'azoconhydrine en coniine.

$$\underset{\text{Azoconhydrine.}}{C^{8}H^{16}Az^{2}O} + 4H = \underset{\text{Coniine.}}{C^{8}H^{15}Az} + H^{2}O + AzH^{3}.$$

La même transformation a lieu par l'action du sodium, à une température de 180° environ.

L'acide acétique et l'acide formique monohydratés dissolvent l'azoconhydrine, mais l'eau en précipite de nouveau celle-ci.

L'azoconhydrine absorbe l'acide cyanhydrique en s'échauffant; l'eau met de nouveau la base en liberté.

L'acide sulfureux est absorbé de même par l'azoconhydrine; mais si l'on chauffe le mélange, l'acide sulfureux se dégage et il reste de l'azoconhydrine inaltérée.

Conylène et dérivés. — Le conylène, préparé suivant la méthode indiquée précédemment par l'auteur (1), est mélangé d'un corps moins volatil qu'on en sépare facilement par des distillations fractionnées.

L'action toxique du conylène est infiniment plus faible que celle de la coniine; il y a prostration, mais pas de spasmes ou de convulsions comme cela a lieu pour la coniine.

Le bromure de conylène, mélangé avec deux équivalents d'acétate d'argent, s'échauffe immédiatement, et produit du bromure d'argent; on achève la réaction en chauffant à 120 ou 140°; soumis à la distillation, le produit formé passe en grande partie vers 225°; le liquide ainsi obtenu a une réaction acide et une odeur poivrée; sa densité à 18° est égale à 0,98866; sa composition est celle du *diacétate de conylène*.

Le diacétate de conylène, mis en présence de son poids de potasse caustique en poudre, s'échauffe; on achève la décomposition en chauffant vers 140°. Soumis ensuite à la distillation, le produit de la réaction commence à passer à 230 ou 240°; il passe d'abord un liquide oléagineux d'un jaune pâle, puis une quantité beaucoup plus petite d'un liquide jaune très-épais. Ce dernier présente la composition de l'alcool conylénique $\left.\begin{matrix}(C^{8}H^{14})'' \\ H^{2}\end{matrix}\right\} O^{2}$, il est plus léger que l'eau, presque insoluble dans ce liquide, mais soluble dans l'alcool et dans l'éther; son odeur est faiblement aromatique.

Le liquide oléagineux distillant avant cet alcool présente la composi-

(1) Voy. *Bulletin de la Société chimique*, 1863, t. v, p. 46.

tion de l'alcool diconylénique, mais il est probable que ce n'est qu'un mélange d'alcool et d'éther conylénique

$$\left.\begin{matrix}(C^8H^{14})\\ H^2\end{matrix}\right\}O^2 + C^8H^{14}O = C^{16}H^{30}O^3,$$

car l'alcool diconylénique devrait évidemment posséder un point d'ébullition plus élevé que l'alcool conylénique.

L'auteur a tenté d'obtenir l'oxyde de conylène par l'action de la potasse sur le bromure de conylène, mais la réaction ne s'est pas produite; le manque de matière l'a empêché de tenter une voie plus détournée. L'action de l'ammoniaque sur le bromure de conylène ne lui a pas donné d'ammoniaque composée, comme on aurait pu s'y attendre.

Sur la combinaison du sucre de raisin avec le bromure de sodium, par M. J. STENHOUSE (1).

L'évaporation lente d'une solution de 2 molécules de glucose (préparée avec l'amidon et l'acide sulfurique) et d'une molécule de bromure de sodium, a fourni des cristaux qui, cristallisés deux fois dans l'alcool bouillant et séchés dans le vide, ne perdaient plus d'eau à 100°. Ils renfermaient $C^{24}H^{24}O^{24}$,NaBr.

D'après M. W. H. Miller, ces cristaux sont des rhomboèdres dont l'angle est de 76°,40'. Le sommet du rhomboèdre est surmonté d'une base arrondie. Ils possèdent la double réfraction à un axe.

M. Miller ajoute qu'ils sont isomorphes avec la combinaison

$$C^{24}H^{24}O^{24},NaCl + 2HO,$$

qui pourtant renferme 2HO de plus (2).

CHIMIE ANIMALE ET CHIMIE PHYSIOLOGIQUE.

Sur la fermentation alcoolique, par M. DUCLAUX (3).

M. Millon a objecté à l'explication si ingénieuse de M. Pasteur du rôle de l'ammoniaque dans la fermentation, que la disparition de l'ammo-

(1) *Journal of the Chemical Society* [2], t. I, p. 297. — *Annalen der Chemie und Pharmacie*, t. CXXIX, p. 286. [Nouv. sér., t. LIII.] Mars 1864.

(2) Il a été admis jusqu'ici que le glucosate de sel marin cristallisait dans le type du prisme rhomboïdal droit et jouissait de la double réfraction à deux axes. S'il en est ainsi, on ne peut pas admettre l'isomorphisme de cette combinaison avec le glucosate de bromure de sodium de M. Stenhouse, au moins dans le sens ordinaire. C. F.

(3) *Comptes rendus*, t. LVIII, p. 1114.

niaque dans un liquide en fermentation tient à l'entraînement de ce composé par l'acide carbonique.

M. Duclaux déclare qu'il n'a pas trouvé d'ammoniaque dans le gaz acide carbonique produit par la fermentation régulière du sucre; conséquemment il confirme les conclusions de M. Pasteur, que la levure s'assimile l'ammoniaque utile à son développement; la critique de M. Millon se trouve donc infirmée. Bw.

Sur la fermentation ammoniacale, par **M. van TIEGHEM** (1).

Dans son mémoire sur les générations *dites spontanées*, M. Pasteur a signalé la présence, parmi les productions organisées de l'urine, d'une torulacée en chapelets à très-petits grains, toutes les fois que la liqueur est devenue ammoniacale par suite de la transformation de l'urée. M. van Tieghem a continué l'étude de ce sujet.

La transformation de l'urée en carbonate d'ammoniaque est corrélative du développement d'un ferment végétal organisé. Si cette torulacée se développe seule, la transformation est prompte; si la torulacée n'est accompagnée que d'infusoires, la fermentation est encore facile; mais s'il apparaît d'autres productions végétales, la torulacée se développe péniblement et alors le liquide peut rester acide ou neutre pendant des mois entiers. Enfin, si l'on place l'urine dans un flacon bouché, avec une trace du dépôt d'une bonne fermentation, les variations accidentelles cessent et le phénomène devient régulier. Un ou deux jours suffisent pour que l'urée disparaisse et alors la torulacée se développe seule; elle s'accumule au fond du vase en un dépôt blanchâtre, constitué par des chapelets ou de petits amas de globules sphériques, se développant par bourgeonnement, dont le diamètre est de $0^{mm},0015$ environ. Si l'on dissout 25 grammes d'urée dans un litre d'eau de levûre, et qu'après y avoir semé le ferment on place le liquide à l'étuve dans un flacon bouché, l'urée a complétement disparu au bout de 36 heures; le dépôt de torulacée recueilli au bout de ce temps pèse $0^{gr},11$.

Quand on a réalisé une première expérience avec de l'eau de levûre, on peut accomplir dans le même milieu une série de fermentations sans recourir à l'urine, en retirant à chaque fois la semence du dépôt de la fermentation précédente. La rapidité du phénomène ne diminue pas tant que le ferment reste homogène; il ne s'épuise donc pas. Augmente-t-on la proportion d'urée contenue dans l'eau de le-

(1) *Comptes rendus*, t. LVIII, p. 210.

vûre, on voit le ferment résister à une forte alcalinité, bien qu'il commence en général à se développer dans les liqueurs acides.

La fermentation ne s'arrête dans une eau de levûre contenant 10 % d'urée que quand 8 % ont disparu; le liquide contient alors plus de 13 % de carbonate d'ammoniaque. Passé cette limite, non-seulement l'action du ferment s'arrête, mais il devient impropre à servir de semence.

La transformation de l'urée peut se réaliser sous l'influence de ce ferment en dehors de toute matière albuminoïde. Si à une dissolution d'urée dans l'eau pure on ajoute une trace de ferment, la fermentation commence; elle continue lentement, puis elle s'arrête. Ajoute-t-on à l'urée du sucre et des phosphates, la fermentation marche plus lentement qu'avec l'eau de levûre, mais d'une manière continue jusqu'à son entier achèvement.

L'auteur s'est assuré aussi, comme M. Pasteur l'avait déjà fait, que l'urée ne se dédouble nullement pendant la fermentation alcoolique.

L'étude microscopique des productions organisées de l'urine des herbivores, exposée à l'air, a prouvé à l'auteur que la torulacée de l'urée y est seule constante et qu'elle y prend un développement considérable; il était donc probable que le ferment de l'urée opérerait un dédoublement analogue sur l'acide hippurique. Il a vérifié ce fait avec l'hippurate d'ammoniaque placé dans l'eau de levûre. Ainsi le dédoublement de l'acide hippurique en acide benzoïque et en glycolamine est une vraie fermentation s'accomplissant parallèlement au développement du végétal qui provoque le dédoublement de l'urée en acide carbonique et en ammoniaque.

Sur la question des générations dites spontanées, par M. G. D'AUVRAY (1).

L'auteur s'est proposé de trier, par ordre de grosseur, tous les corpuscules microscopiques en suspension dans un liquide, au moyen d'un appareil qu'il appelle *bi-analyseur.*

Recherches expérimentales sur la cause de la coloration rouge dans l'inflammation, par MM. A. ESTOR et C. SAINTPIERRE (2).

Les auteurs ont opéré sur des chiens. Ils déterminaient sur l'un des membres postérieurs de l'animal une inflammation vive à l'aide de

(1) *Comptes rendus* (1863).

(2) *Comptes rendus*, t. LVIII, p. 625.

cautérisations transcurrentes énergiques ou de l'action de l'eau bouillante. Ils recueillaient ensuite le sang, et ils étudiaient comparativement le sang vermeil pris sur la même veine du membre sain et du membre malade.

15 centimètres cubes de sang étaient introduits dans une cloche renversée sur le mercure et contenant 20 à 25 centimètres cubes d'oxyde de carbone, puis le tout était placé dans une étuve dont la température était maintenue pendant 2 heures environ entre 30 et 40°. M. Bernard a montré que, dans ces conditions, l'oxyde de carbone déplace, volume à volume, l'oxygène du sang. L'oxygène a été dosé par l'acide pyrogallique et par le phosphore.

Voici les conclusions des auteurs :

1° A la simple vue, quand l'inflammation est vive, le sang veineux, du côté enflammé, est plus rouge que celui du côté sain ;

2° Le sang veineux du côté enflammé renferme constamment une proportion plus grande d'oxygène, qui, étant égale à 1 pour le membre sain, varie de 1,50 à 2,50 pour le nombre enflammé ;

3° Le sang veineux du côté enflammé contient aussi plus d'acide carbonique ;

4° Comme à une plus grande quantité d'oxygène correspond une coloration plus ou moins rutilante du sang veineux, nous concluons que c'est à l'état rutilant du sang veineux qu'il faut attribuer la couleur rouge des parties enflammées.

Action toxique de l'essence d'absinthe, par M. MARCÉ (1).

Les buveurs d'absinthe arrivent avec une grande rapidité à l'affaiblissement intellectuel, et l'absinthe est à juste titre reconnue comme un poison.

M. Marcé a voulu connaître les phénomènes que provoquerait sur l'économie l'essence d'absinthe en dehors de l'action simultanée de l'alcool : il a vu qu'à la dose de 2 à 3 grammes, elle produisait chez les animaux des phénomènes très-marqués, l'insensibilité et les apparences de la terreur ; de 3 à 8 grammes, elle amène les convulsions, etc.

L'auteur continue ses intéressantes recherches ; il serait bon qu'il employât l'essence d'absinthe à l'état de dilution où elle se trouve dans la liqueur troublée par l'eau ; qu'il la donnât, à l'état de lait,

(1) *Comptes rendus*, t. LVIII, p. 628.

ou d'émulsion pour reproduire des conditions aussi voisines que possible de celles que présente l'absinthe offerte au buveur. Bw.

Variation des proportions d'oxygène dans la vessie natatoire des poissons par **M. E. MOREAU** (1).

L'auteur a soumis un poisson du genre labre à la ponction de la vessie natatoire. Le gaz extrait contenait 16 % d'oxygène. Le lendemain, une seconde ponction fournit un gaz contenant 41 % d'oxygène. Les ponctions suivantes donnèrent 51, 71, puis 75 % du même gaz. Le poisson fut alors sacrifié; on trouva dans sa vessie une certaine quantité d'un liquide coagulable par la chaleur et par l'acide azotique; la surface interne de l'organe était revêtue de productions pseudomembraneuses. Ces phénomènes caractérisent un état de maladie dans lequel les circonstances relatives à la formation de l'oxygène se sont modifiées.

CHIMIE TECHNOLOGIQUE ET PHARMACEUTIQUE.

Fraude du sel marin.

M. Reveil a fait connaître une fraude qui consisterait à ajouter au sel, en certaines proportions, du carbonate de soude et de l'acide sulfurique. On porterait ainsi la proportion de l'eau d'interposition de 25 à 30 % (2).

Régénération du soufre et de l'ammoniaque contenu dans les produits des épurateurs du gaz, par **M. H. ELELAND** (3).

L'auteur, directeur de l'usine à gaz de Liverpool, fait connaître le procédé suivant pour retrouver l'oxyde de fer, ainsi que le soufre et l'ammoniaque contenus dans les produits des épurateurs du gaz.

On les chauffe, vers 600°, dans une cornue de fonte. Une partie du soufre se combine au fer, tandis qu'une autre partie passe à la distillation. Lorsque la volatilisation du soufre s'arrête, on retire la matière et on la soumet à l'action de l'air en l'humectant. L'oxydation se fait

(1) *Comptes rendus*, t. LVIII, p. 219.

(2) J'avoue ne pas comprendre cette fraude à laquelle se livreraient les intermédiaires. Certainement, les producteurs l'éviteraient en vendant leur sel en barils ou en sacoches ou bien en paquets (scellés) selon les quantités. Bw.

(3) *Polytechnisches Centralblatt*, 1864, p. 348.

promptement, et la masse prend feu si on n'a pas soin de la maintenir humide. Au bout de quelques semaines, on obtient de cette manière du sulfate de fer, que l'on traite par l'eau ammoniacale produite dans l'usine; il se forme du sulfate d'ammoniaque et un précipité qui, par l'oxydation à l'air, reproduit l'oxyde ferrique; cet oxyde est employé à l'épuration comme précédemment. Plus de 100 tonnes de soufre ont été produites de cette manière dans l'usine de Liverpool.

Faits pour servir à l'histoire du sous-azotate de bismuth, par M. RITTER (1).

L'auteur arrive aux conclusions suivantes, relativement à l'action de ce sel dans l'économie :

1° *Innocuité du sous-azotate de bismuth pur.* Les expériences sont nombreuses; elles ont été faites sur les animaux et sur l'homme; elles démontrent que le composé pur n'est pas toxique. Le composé arsenical et l'arséniate de bismuth lui-même ne sont toxiques qu'en présence des acides, circonstance qui se présente accidentellement dans les formules du médecin et normalement par le fait du contact du suc gastrique dans l'économie.

2° *Elimination par les urines même après l'ingestion de faibles doses.* L'auteur signale ce fait intéressant que l'acidité de l'urine augmenterait notablement pendant l'emploi du sous-azotate.

3° *Localisation prolongée de ce produit dans le foie.*

M. Ritter a retrouvé de l'arsenic dans le foie d'un homme, 9 mois après l'ingestion du médicament. L'arsenic se localisant dans le foie comme le bismuth, la présence simultanée des deux substances peut être un indice important pour la médecine légale.

4° *Le procédé du Codex légèrement modifié fournit un composé défini*

$$Bi^2O^3,AzO^5 + Aq.$$

M. Ritter propose de suivre le procédé du Codex; toutefois dans ce procédé, le second produit obtenu par l'ammoniaque différant du sous-azotate précipité par l'eau, l'auteur pense qu'il vaut mieux précipiter par le carbonate de soude le bismuth restant dans les eaux-mères, et faire servir ce carbonate de bismuth à la préparation de nouvelles quantités d'azotate, au lieu de le mélanger au premier produit.

L'auteur insiste pour que le bismuth arsénifère soit banni des pharmacies.

Dix-huit analyses de produits pris dans divers pays ont montré que

(1) Brochure. Strasbourg, 1864, imprimerie de T. Ch. Heitz.

les sous-azotates plus purs étaient ceux d'Allemagne. M. Ritter a trouvé dans certains produits, de la craie, de l'oxychlorure d'antimoine, etc.

Sur la conservation du bois, par **M. DELIGNY, M. PAYEN**, et **M.** le général **MORIN** (1).

La roue offerte par M. Deligny au Conservatoire des arts et métiers est le doyen des appareils d'épuisement figurant dans une collection: elle date au moins de 412 ans après Jésus-Christ; elle a donc 1450 ans d'existence (2). Elle a $6^{m},66$ de diamètre. Les couronnes et les bras sont en *pin;* l'axe et ses supports en *chêne vert* (*encina*); il n' ya aucune pièce métallique. Plusieurs de ces roues ont été trouvées dans un parfait état de conservation due à leur immersion dans des eaux chargées de sels de fer et de cuivre.

La roue du Conservatoire est couverte d'une sorte d'incrustation déposée sur le bois au sein du liquide. M. Payen a fait l'examen de cette incrustation et du bois de sapin de cette roue.

La matière incrustante est composée de débris organiques et de principes minéraux, elle a donné pour 100 parties 10,4 de sesquioxyde de fer et 0,8 d'oxyde de cuivre.

Un copeau ayant été mis dans l'eau, celle-ci a manifesté, au bout de quelque temps, une réaction acide, et l'on a pu y reconnaître la présence du sesquioxyde de fer, de l'oxyde de cuivre et de l'acide sulfurique.

Après avoir épuisé l'action de l'eau, on a employé l'acide chlorhydrique, et les réactifs ont indiqué la présence de l'oxyde de fer et de l'acide sulfurique. Il a été ainsi démontré que ce bois contenait du sulfate de cuivre, du sulfate et du *sous-sulfate de sesquioxyde de fer*.

(1) Note sur l'origine d'une roue ancienne employée pour l'épuisement des mines et présentée au Conservatoire impérial des arts et métiers par M. Deligny (*Comptes rendus*, t. LVIII, p. 899). — Note sur le bois d'une roue très-anciennement employée en Portugal pour l'épuisement des mines de cuivre de San-Domingo en Portugal, par M. Payen (*loc. cit.*, p. 1034). — Renseignements de M. le général Morin à l'appui de l'idée émise par M. Payen sur l'une des causes qui ont contribué à la merveilleuse conservation de ce bois (*loc. cit.*, p. 1035).

(2) Les mines de cuivre de San-Domingo, province d'Alemtejo, à 16 kilomètres du Guadiana, font partie d'un district métallifère qui s'étend sur plus de 200 kilomètres entre le Guadalquivir et le côté ouest du Portugal.

L'importance de l'exploitation ancienne est manifestée par des amas de scories qui permettent d'évaluer à 800,000 tonnes le cuivre que ces mines ont livré à la consommation. Il y a eu deux époques dans l'histoire de ces travaux : l'époque phénicienne et celle de l'exploitation romaine. Les premières tentatives ont dû commencer après la pacification sous César, comme paraissent le prouver des monnaies de César et d'Auguste trouvées dans les mines. L'exploitation a dû se continuer jusqu'à l'invasion des Barbares sous le règne d'Honorius; elle aurait ainsi duré plus de 400 ans.

Une analyse quantitative a permis d'établir que le cuivre trouvé dans ce bois représente 4 kil. de sulfate de cuivre par mètre cube. Or la dose de ce sel pour la conservation des poteaux télégraphiques est fixée aujourd'hui à 5 ou 6 kilos par mètre cube.

De plus le bois de la roue contient, par mètre cube, 12^{k},701 de sesquioxyde de fer.

Il résulte de ces expériences que le tissu ligneux a absorbé des dissolutions salines, et qu'il a fixé une partie métallique devenue insoluble dans l'eau.

Sans doute, dit M. Payen, l'immersion continuelle ou l'humidité constante ont dû contribuer à cette longue conservation qui peut-être n'aurait pas été aussi bien garantie sous les influences toujours défavorables des alternatives de sécheresse et d'humidité extrêmes.

M. le général Morin signale ce fait que 7 à 8 roues s'étant trouvées, par suite des épuisements, hors des eaux salines et exposées dans les galeries d'exploitation de San-Domingo, à toutes les alternatives de sécheresse et d'humidité de l'atmosphère intérieure, se sont promptement détériorées, et qu'ainsi l'hypothèse émise par M. Payen s'est trouvée complétement justifiée.

Note sur la distillation des varechs, par M. KRAFFT, Réponse à M. Stanford.

Ayant parcouru récemment le numéro de mai 1862 (1) du *Répertoire de Chimie*, j'y trouve une notice de M. Stanford sur la préparation et le traitement des cendres de varechs.

La méthode qu'il indique comme nouvelle est connue en France depuis longtemps. Elle résultait pour moi de recherches entreprises en 1852 sur le *fucus vesiculosus*, de concert avec M. Laurot, qui, depuis, a dirigé la fabrique d'iode de Granville. Ce qui alors nous a empêchés de donner suite à l'application des nouveaux procédés, c'est que nous avions été devancés par M. Tissier, l'habile fabricant d'iode du Conquet, qui les avait fait breveter bien antérieurement à nous.

Les choses ainsi rétablies dans leur ordre, voici, tout en confirmant les faits techniques avancés par M. Stanford, ce que je puis ajouter sur cette intéressante question.

Le fucus vésiculosus, abandonné à l'air à 25 ou 30°, perd 68° % de son poids.

(1) *Répertoire de Chimie appliquée*, t. IV, p. 167 (1862).

Si à l'état frais, on le soumet à la distillation à feu nu, et que, recueillant tous les produits condensables, on les traite par la potasse caustique, on n'y trouve aucune trace d'iode. Il est donc bien démontré que les varechs ne perdent rien de leur iode à la distillation. C'est un point capital qui, à lui seul, devrait assurer le succès de la nouvelle méthode, s'il était vrai, comme on le prétend, que par l'incinération les varechs perdent la moitié de l'iode qu'ils contiennent.

Outre cet avantage, on peut encore, à l'aide de la distillation, retirer de 1000 parties de fucus vésiculosus frais, de 685 à 725 parties d'eau ammoniacale, 40 parties de goudron, 70 à 75 parties de charbon, et de 200 à 205 parties de produits gazeux. Ceux-ci, enflammés, brûlent pendant une heure en donnant une flamme qui, par un orifice d'échappement d'un diamètre de 0m,005, fournit, pendant près d'une demi-heure, un jet de 0m,25 à 0m,33 de hauteur.

En opérant sur 1000 parties de fucus desséchés spontanément à 30°, on a obtenu à la distillation sèche 365 parties de goudron et eaux ammoniacales, et 295 parties de charbon. On a recueilli en même temps 125 litres de gaz, qui ont brûlé pendant une heure et demie avec flamme de 0m,33, l'orifice étant de même que ci-dessus. D'où il résulte que si le fucus produit à peu près moitié moins de gaz que la bonne houille, il en donne assez cependant pour suffire à sa propre distillation. Ceci admis, il devenait inutile d'utiliser comme combustible le charbon restant dans les cornues, et nous en avons trouvé l'emploi dans la décoloration des sucres. En effet, ce charbon, après avoir abandonné à l'eau bouillante tous les sels qu'il renferme, iodures, bromures, chlorures, sulfates et même sulfures alcalins, ce charbon, dis-je, desséché, bien aéré et pulvérisé, a un pouvoir décolorant qui est à celui du noir animal comme 3 est à 2, c'est-à-dire qu'il en faut 3 parties contre 2 de l'autre pour obtenir le même résultat.

Le charbon de fucus renferme à l'état normal environ 33 % de son poids de carbone. Le reste consiste en sels alcalins et terreux.

Les eaux ammoniacales de 1000 parties de fucus, dans l'état de siccité déjà mentionné, donnent de 17 à 20 de sel ammoniac. On sait que MM. Payen et Boussingault ont trouvé dans 1000 parties de *fucus digitatus* frais de 8,6 à 9,5 d'azote, et de 5,4 à 13,8 dans le *fucus saccharinus* analysé frais et séché à l'air.

Le goudron de fucus, soumis à la distillation, abandonne d'abord de l'eau, puis à 150° un peu d'huile, et entre 190 et 200° il dégage des vapeurs blanches légèrement citrines qui se condensent en un liquide jaune ambré. La partie plus concrète restante, traitée par l'acide sulfurique dégage à froid des vapeurs blanches à odeur particulière, très-pénétrante qui, d'après ce qui est arrivé à plusieurs personnes, semblent exercer une action sur le cerveau et les intestins. Ce mélange d'acide et de goudron, chauffé jusqu'à dégagement d'acide sulfureux, a été repris par l'eau, et celle-ci traitée par le carbonate de soude et distillée. On a recueilli ainsi un liquide sur lequel surnageait une huile odorante alcaline. Comme on n'a pu y déceler la présence de l'ammoniaque, nul doute que l'on eût affaire à un alcaloïde. Ce n'était pas du kyanol, car on n'a pas obtenu de coloration au moyen de l'hypochlorite calcique, mais bien un précipité blanc accompagné d'un dégagement de bulles gazeuses d'une odeur particulière.

Le goudron acide restant, bien purgé de tout l'acide sulfurique auquel il était uni, puis lavé à l'eau, dissous ensuite dans l'alcool et l'éther, abandonne par l'évaporation de ces véhicules une masse blanche cireuse, fusible à 60°, semblable à de la paraffine.

Ce qui précède permet d'établir :

1° Que la distillation des varechs, au lieu de leur incinération, était connue en France avant les travaux de M. Stanford; 2° qu'elle peut donner lieu à une industrie très-lucrative, surtout si on l'applique en même temps à l'éclairage d'une de nos villes du littoral; 3° enfin, qu'au point de vue scientifique il y a une étude intéressante à faire du goudron de fucus. Cette étude, d'après les progrès accomplis récemment dans ce genre de recherches, non-seulement pourrait être suivie de résultats importants en médecine et en teinture, mais pourrait encore éclairer certains horizons géologiques en nous fixant sur l'origine des schistes, des pétroles et autres bitumes naturels riches en paraffine, comme semblent l'être plus particulièrement les produits de la distillation des végétaux aquatiques.

CHIMIE APPLIQUÉE A L'AGRICULTURE.

Sur les proportions comparées d'acide dans le raisin et dans le vin, et sur la variation progressive de la crème de tartre, par MM. BERTHELOT et DE FLEURIEU (1).

Les auteurs font connaître diverses expériences qu'ils ont faites sur le vin à l'époque des dernières vendanges, dans les conditions de la fabrication en grand. D'après ces expériences :

(1) *Comptes rendus*, 1er semestre 1864, p. 720 et suiv.

1° L'acidité du jus de raisin (pour les vins examinés) est plus grande que celle du vin.

(I) Un litre de moût du raisin noir de Givry renfermait :

Acide total (1)	10gr,0
Après 15 jours de fermentation dans les cuves, le vin contenait (2)	5gr,8
Perte d'acidité	4gr,2

(II) Un litre de moût du raisin de Formichon renfermait	10gr,1
Après 6 jours de fermentation dans les cuves, le vin contenait	8gr,1
Perte d'acidité	2gr,0

(III) Un litre de moût du raisin de Montmelas renfermait	8gr,7
Après 7 jours de fermentation en cuve	7gr,2
Après 4 mois de conservation	6gr,3
Perte d'acidité	2gr,4

Les auteurs se sont demandé si cette diminution d'acidité portait sur l'acide tartrique ou sur les autres acides contenus dans le vin.

2° Parlons d'abord de l'acide tartrique.

(I) Dans le vin de Givry, l'acide tartrique avait diminué, en 15 jours, de 7gr,0 à 4gr,5 par litre; mais ce résultat n'implique pas nécessairement une destruction d'acide tartrique. En effet, au début, le moût renfermait des quantités d'acide tartrique et de potasse (3) capables de former 8gr,8 de bitartrate de potasse; au bout de quinze jours de fermentation, le vin renfermait des quantités d'acide tartrique et de potasse, capables de former 5gr,8 de bitartrate. Or, ces chiffres sont compris dans les limites de solubilité de la crème de tartre, d'une part dans l'eau pure, d'autre part dans l'eau alcoolisée au même degré que le vin de Givry (9cc,2 d'alcool par litre), à la température des expériences. La diminution de l'acide tartrique, quoiqu'elle puisse être due aussi à d'autres causes, s'explique donc suffisamment par la diminution de solubilité de la crème de tartre, diminution qui résulte de la formation de l'alcool.

(1) Évalué comme acide tartrique et sans tenir compte de l'acide carbonique.

(2) On néglige les petites variations de volume dues à la transformation des sucres en alcool et acide carbonique.

(3) On ne doit pas dire que le vin renfermait une quantité de crème de tartre égale à 8gr,8, parce qu'il y a d'autres acides qui partagent la potasse avec l'acide tartrique.

(II) *Vin de Formichon.* L'acide tartrique, égal à 5gr,0 environ par litre, au début, ne change pas dans le cours de la première fermentation, qui dure six jours. Au bout de ce temps, la plus grande quantité de l'alcool est formée (9cc,0); mais les proportions d'acide et de potasse sont, de même qu'au début, capables de former 6gr,3 de crème de tartre. Cette absence de variation s'accorde fort bien avec le résultat fourni par le vin de Givry, car l'acide tartrique s'est trouvé ici, dès le début, dans les limites de solubilité de la crème de tartre dans l'eau alcoolisée, à la température des expériences.

(III) Le vin de Montmelas donne lieu à des résultats susceptibles d'une interprétation analogue à ceux des vins précédents.

En résumé, durant la première période de la fermentation vineuse, dans les vins examinés, l'acide tartrique ne paraît pas se détruire. Sa diminution, quand elle a lieu, n'est qu'apparente et peut s'expliquer par la diminution de solubilité de la crème de tartre qui résulte de la formation de l'alcool. Telle est du moins la signification des faits que nous venons de décrire; mais il pourrait se trouver telle autre condition où l'acide tartrique lui-même disparaîtrait. On reviendra sur ce point.

3° Venons aux autres acides.

Ces acides diminuent dans une proportion non douteuse. En effet :

(I) *Vin de Givry.* L'acidité totale a diminué de 4gr2, l'acide tartrique a diminué de 2gr,5; mais cette dernière diminution, étant due à la séparation du bitartrate de potasse, comme il résulte des faits ci-dessus, représente seulement une perte d'acidité équivalant à la moitié de l'acide tartrique, c'est-à-dire à 1gr,25. Il y a donc une diminution d'acidité équivalant à 3gr,0 qui doit être reportée sur les autres acides. Cette diminution résulte-t-elle de la destruction de ces acides, de leur neutralisation, ou de leur transformation en quelque composé insoluble? Nous reviendrons bientôt sur cette discussion.

(II) *Vin de Formichon.* L'acidité totale a diminué de 2gr,0. L'acide tartrique n'a pas varié sensiblement. La conclusion précédente subsiste donc avec plus de netteté encore, s'il est possible.

(III) *Vin de Montmelas.* L'acidité totale a diminué de 1gr,5 dans les sept premiers jours; l'acide tartrique a diminué de 2gr,3; ce qui répond à une diminution réelle d'acidité égale à 1gr,1, si l'on admet que cet acide s'est séparé sous forme de bitartrate. Les autres acides ont donc diminué de 0gr,4, résultat qui a la même signification que les précédents, quoique à un degré moins marqué. Cette diversité dans le degré des phénomènes répond d'ailleurs à celle des vins eux-mêmes.

Voilà donc une circonstance nouvelle et imprévue, propre à la fermentation vineuse dans les vins examinés, savoir : la diminution des acides libres contenus dans le jus du raisin.

Parmi les causes capables de produire une telle diminution, trois surtout peuvent être signalées, savoir :

(a) La saturation des acides libres contenus dans le vin, par quelque réaction développée durant le cours de la fermentation ;

(b) La séparation de ces acides sous la forme de quelque combinaison insoluble dans les conditions de l'expérience ;

(c) La destruction des acides eux-mêmes.

Examinons ces trois ordres de causes, afin d'en préciser la signification.

(a) Les acides du moût pourraient être saturés, 1° par l'intervention d'un alcali non saturé contenu dans les matières étrangères au moût, telles que pellicules, rafles, pepins, etc., introduites dans la cuve, ou par la présence d'un sel insoluble à base alcaline contenu dans ces mêmes matières et susceptible d'être décomposé par les acides du moût. Mais nous nous arrêterons peu à ces deux hypothèses, qui ne paraissent pas en harmonie avec la composition des pellicules, rafles et pepins, comme nous le montrerons ailleurs.

2° Ils pourraient encore être saturés par de l'ammoniaque, résultant du dédoublement de quelque matière azotée contenue dans le moût. Mais cette hypothèse est peu vraisemblable, la fermentation alcoolique tendant à faire disparaître les sels ammoniacaux tout formés, loin de déterminer leur production.

3° Enfin les acides du moût peuvent être saturés par suite de leur union avec l'alcool et de la formation d'éthers. Un effet de ce genre doit en effet se produire, bien qu'il ait lieu seulement à la longue et dans l'espace de plusieurs mois ou même de plusieurs années, lorsqu'on opère sur un simple mélange d'acides organiques, d'eau et d'alcool. Il est d'ailleurs possible que l'action commence avec plus de vitesse dans les conditions de la fermentation vineuse, c'est-à-dire que ce genre de saturation soit déjà en partie accompli au bout des sept et quatorze jours qui représentent la durée de nos expériences précédemment citées.

Mais cet effet ne peut produire qu'une diminution d'acidité égale tout au plus au huitième de la quantité totale d'acide contenue dans les liqueurs que nous envisageons, d'après la théorie générale de l'éthérification établie par l'un de nous. Cette saturation maximum est trop faible pour expliquer la diminution d'acidité du vin de Givry (un tiers en dehors de la crème de tartre précipitée), ou celle du vin de Formichon (un cinquième); tout au plus pourrait-elle être invoquée pour le vin de Montmelas ($0^{gr},4$ sur $5^{gr},7$ en dehors de la crème de tartre).

(*b*) La séparation des acides libres sous la forme de quelque combinaison insoluble dans les conditions de l'expérience peut être invoquée à juste titre pour la crème de tartre. Hors de là c'est une pure hypothèse que nulle expérience réalisée ne conduit à discuter.

(*c*) La destruction des acides eux-mêmes, par le fait de la fermentation, représente un phénomène possible; c'est même l'explication la plus probable. Il existe, en effet, divers phénomènes de ce genre dans les fermentations. Dans la fermentation lactique, par exemple, deux équivalents d'acide lactique $2C^6H^6O^6$, fournissent au plus un équivalent d'acide butyrique $C^8H^8O^4$.

Cette discussion montre combien la fermentation vineuse présente encore de points obscurs et dignes d'une étude approfondie.

4° Signalons maintenant quelques variations plus faciles à prévoir dans les proportions de l'acide tartrique, pendant le cours de la fabrication et de la conservation du vin.

L'acide tartrique, nous venons de le voir, diminue fréquemment dans la liqueur vineuse, et, dès la première quinzaine, par le fait de la précipitation du bitartrate de potasse, moins soluble dans une liqueur alcoolique que dans une liqueur aqueuse : cette diminution a eu lieu, dans nos expériences, toutes les fois que le moût renfermait des quantités d'acide tartrique et de potasse capables de former plus de 5 ou 6 grammes de bitartrate. Mais cette proportion de 5 à 6 grammes qui peut subsister d'abord en dissolution, ne représente pas l'état final des vins.

En effet, ce poids répond à une solubilité supérieure à celle que la crème de tartre présente dans l'eau alcoolisée à la température des caves. La différence paraît due principalement à l'excès de température du vin récent (car la fermentation alcoolique produit de la chaleur) et peut-être aussi à une sursaturation.

Cet excès de crème de tartre se précipite peu à peu. En effet, la proportion d'acide tartrique, depuis la fin de la première période de fermentation jusqu'à celle du second mois de conservation, est tombée de $5^{gr},0$ à $2^{gr},4$ dans le vin de Formichon ; jusqu'à la fin du quatrième mois, elle est tombée de $3^{gr},7$ à $2^{gr},7$ dans le vin de Montmelas, et la potasse a diminué dans ces deux vins suivant une proportion équivalente. Au bout de deux mois, le vin de Formichon renfermait des quantités d'acide tartrique et de potasse capables de former 3^{gr},1 de bitartrate, et le vin de Montmelas 3^{gr},4 au bout de quatre mois.

La proportion d'alcool était d'ailleurs peu différente (9^{cc},5 par litre, Formichon; 10^{cc},0, Montmelas) dans ces deux vins.

Ces nombres correspondent au refroidissement graduel des vins, qui se mettent peu à peu en équilibre avec la température des caves. Ils ne diffèrent pas d'une manière notable de la solubilité de la crème de tartre dans l'eau pure, additionnée de la même quantité d'alcool et à la température des caves : ce qui, pour le dire en passant, fournit un contrôle de l'exactitude des méthodes de dosage que nous employons.

Lorsque la crème de tartre, possible dans un vin, est ainsi ramenée à un chiffre voisin de 3^{gr},0 par litre, elle a atteint le maximum que nous ayons trouvé dans tous les vins d'un an et plus dont nous avons publié les analyses l'année dernière. Le Formichon de 1862, par exemple, renfermait 2^{gr},9 ; le même vin de 1857, analysé au bout de cinq ans, contenait 2^{gr},2 par litre.

Amenée à ce terme de 3^{gr}0, la crème de tartre, ou plutôt l'acide tartrique, ne diminue plus que très-lentement dans les vins et sous l'influence de conditions que nous avons signalées ailleurs, telles que la formation d'une laque insoluble avec les produits oxydés et la matière colorante, etc., toutes conditions qui paraissent étrangères à la solubilité de ce sel pur dans l'eau alcoolisée.

Mais ceci n'est vrai pour les vins que dans les conditions normales de leur conservation. Si le vin devenait malade, c'est-à-dire s'il s'y développait de nouveaux ferments, l'acide tartrique pourrait être détruit, comme on l'a observé il y a longtemps. Nous avons eu entre les mains des vins de ce genre où l'acide tartrique avait disparu d'une manière à peu près complète, sans que le bouquet fût cependant détruit ou devenu désagréable.

CHIMIE TOXICOLOGIQUE.

Recherche de la digitaline, par **M. GRANDEAU** (1).

M. Grandeau ayant appliqué la dialyse à la recherche de la digitaline, a montré la précision que pouvait atteindre ce procédé analy-

(1) *Comptes rendus*, t. LVIII, p. 1048.

tique, et a donné, pour caractériser la digitaline, un ensemble de caractères nouveaux.

Au contact de l'acide sulfurique concentré, la digitaline pure se colore en brun *terre de sienne*. Cette coloration passe au rouge vineux au bout de quelque temps; l'addition d'eau la fait virer immédiatement au vert sale. Si, au lieu d'opérer sur la digitaline ordinaire en poudre, on emploie le résidu laissé par l'évaporation de l'eau qui tient de la digitaline en dissolution, la coloration est rose, couleur fleur de digitale.

Lorsqu'on expose aux vapeurs de brome la digitaline, humectée d'acide sulfurique, le mélange se colore immédiatement en *violet*, dont la teinte varie du violet pensée le plus foncé, au violet mauve, selon le plus ou moins de digitaline.

M. Grandeau a pu produire ce caractère avec $0^{gr},0005$ de la substance vénéneuse.

La réaction indiquée par M. Grandeau est bien plus certaine que celle employée jusqu'ici, et qui consiste dans l'emploi de l'acide chlorhydrique concentré.

Plusieurs chimistes ont eu, comme M. Grandeau (1), la pensée d'employer la dialyse pour rechercher les poisons végétaux, et notamment la digitaline, sur laquelle l'attention a été appelée par un procès récent.

M. Grandeau a indiqué les conditions dans lesquelles on doit se placer pour faire cette recherche.

1° *Dialyse de la digitaline.* On place dans le dialyseur 100 centimètres cubes d'eau distillée tenant en dissolution $0^{gr},01$ de digitaline pure. Après 24 heures, on suspend la dialyse; le liquide, contenu dans le vase extérieur, est évaporé avec précaution, à siccité, dans une capsule de platine tarée. Il laisse un résidu pesant exactement $0^{gr},01$ (?) doué

(1) M. Graham a le premier fait voir qu'on peut, à l'aide de la dialyse, déceler de très-petites quantités de certains poisons, notamment d'acide arsénieux et de *strychnine* mélangés à des matières organiques de diverses natures.

M. Gaultier de Claubry écrit à l'Académie des sciences (*Comptes rendus*, t. LVIII, p. 1156) qu'il s'occupe depuis 1862 de semblables recherches, et renvoie à son *Traité de Chimie légale*, 7e édit., 1863, p. 716-717. Ce chimiste pense que le caractère indiqué pour la constatation de la digitaline (emploi de l'acide chlorhydrique) est insuffisant; il fait remarquer que la dialyse (ou osmose) opère une filtration incomplète et non une séparation absolue; il espère qu'il y a lieu d'en attendre davantage.

M. Lefort avait déjà rappelé qu'il avait déposé un paquet cacheté concernant l'emploi de la dialyse pour la recherche de la digitaline.

M. Reveil revendique aussi sa part et renvoie à une de ses notes sur l'hygiène et la toxicologie (*Archives générales de médecine*, octobre 1862) et à son *Annuaire pharmaceutique*, 1863, p. 193. Il cite aussi le travail de M. Alfonso Corsa.

Bw.

d'une saveur amère et présentant les caractères de la digitaline, caractères sur lesquels je reviendrai tout à l'heure.

La liqueur, restant dans le dialyseur, est également évaporée à siccité dans un vase de platine taré ; elle se volatilise sans laisser de résidu ; toute la digitaline a donc passé dans le liquide dialysé (?)

2° *Dialyse d'urine, contenant* 0gr,50 *de digitaline*. Dans 45 centimètres cubes d'urine normale, fraîche, on verse 2 centimètres cubes d'une solution contenant 0gr,50 de digitaline pour 100 centimètres cubes d'eau. Après 18 heures, on suspend la dialyse et l'on évapore à siccité le liquide du vase extérieur (environ 300 centimètres cubes). Le résidu, à peine coloré, est repris par l'alcool ; la solution alcoolique, évaporée à sec, présente tous les caractères de la digitaline avec autant de netteté que le résidu de 2 centimètres cubes de la dissolution normale de digitaline. Le contenu du dialyseur est évaporé à part ; le résidu est brun, on le reprend par l'alcool à 95° ; la solution verdâtre ainsi obtenue fournit des réactions qui décèlent la présence de traces de digitaline. La dialyse n'avait donc pas été complète.

3° *Dialyse de morphine, brucine et digitaline, mélangées à des matières animales*. On prend l'estomac et les intestins d'un chien (quelques heures après la mort) ; on les fait macérer dans de l'eau à 25 ou 30° pendant 2 heures environ ; on filtre sur une toile le liquide jaunâtre, très-odorant, résultant de ce traitement. On en fait quatre parts de 250 centimètres cubes chacune : à la première, on ajoute 0gr,04 de digitaline ; à la deuxième, 0gr,02 de brucine ; à la troisième, 0gr,02 de chlorhydrate de morphine ; on laisse la quatrième intacte ; on soumet séparément à la dialyse ces quatre liqueurs. Après 24 heures, on évapore avec soin les liquides contenus dans les vases extérieurs ; les résidus obtenus sont repris respectivement par l'alcool pour séparer les sels minéraux (sels de soude, de chaux, etc.) qui ont été dialysés. Les réactifs ordinaires de la brucine (acide azotique) et de la morphine (acide azotique, perchlorure de fer) décèlent de la façon la plus nette la présence de ces alcaloïdes dans les résidus des liqueurs alcooliques. La digitaline se retrouve également bien dans l'eau du premier vase. Quant au résidu de l'évaporation de la partie du liquide à laquelle on n'avait ajouté aucun alcali végétal, il est séparé en plusieurs parts et essayé avec les réactifs employés pour reconnaître la brucine, la morphine et la digitaline. Cette expérience avait pour but de s'assurer que les matières animales auxquelles on avait ajouté les substances vénéneuses ne fournissaient pas par elles-mêmes avec les réactifs des colorations propres à induire en erreur ; le résultat de ce contrôle ne laisse aucun doute sur la valeur de la dialyse appliquée aux recherches de ce genre.

CHIMIE PHOTOGRAPHIQUE.

Épreuves positives sans sels d'argent, par **M. OBERNETTER** (1).

M. Obernetter emploie du papier positif ordinaire, non salé, et le fait flotter sur le bain suivant :

Eau	1000	parties.
Solution de sesquichlorure de fer	13	—
Bichlorure de cuivre cristallisé	100	—
Acide chlorhydrique pur et concentré	12	—

Le papier reste 2 minutes en contact avec cette solution, puis il est suspendu pour sécher.

Cette opération peut, sans inconvénient, se faire à la lumière diffuse.

Ce papier se conserve très-longtemps; l'auteur a obtenu, sur deux feuilles préparées depuis deux ans, des épreuves en tout point semblables à celles données par du papier nouvellement préparé. Il est en outre 3 fois plus sensible que le papier albuminé.

Au sortir du châssis positif, et dans un délai de rigueur de 2 heures au plus (24 heures après l'exposition, la feuille pourrait servir de nouveau comme si elle n'avait jamais subi l'action de la lumière), il faut faire nager l'épreuve sur la solution suivante, le côté impressionné en dessous :

Eau	10,000 parties
Sulfocyanure de potassium	8 ou 12
Acide sulfurique concentré	1
Solution sensibilisatrice	10 à 20

Au bout de 3 à 4 minutes, la feuille est immergée dans le liquide, et remplacée par une seconde feuille, et ainsi de suite, jusqu'à ce que les épreuves soient épuisées, ou que le bain n'en puisse contenir davantage. Pendant cette opération, il faut, de temps en temps, ajouter quelques gouttes de la solution sensibilisatrice.

Le sulfocyanure de cuivre, se précipite sur les parties insolées, et l'abondance du précipité est exactement proportionnelle à l'intensité de l'action photogénique.

(1) *Photographisches Archiv.*

La durée de l'immersion est illimitée, c'est à l'opérateur d'apprécier. En tout cas, une immersion d'une heure est toujours suffisante.

Si l'épreuve reste trop longtemps dans le bain, 24 heures par exemple, l'image est en relief.

L'épreuve sortie du bain est lavée pendant 1 heure environ, et peut attendre indéfiniment qu'on la termine.

M. Obernetter décrit différents procédés pour donner à l'image le ton désirable; nous nous contenterons de reproduire celui qu'il recommande comme le meilleur.

Les épreuves sont plongées dans une solution de ferrocyanure de potassium, à 6 ou 12 %. Elles y rougissent, et au bout de 12 heures d'immersion, elles sont d'un rouge magnifique, tout en en conservant leurs blancs intacts.

Pour obtenir des épreuves semblables à celles que l'on obtient avec les sels d'argent, il faut, au bout d'une heure, sortir les feuilles du bain et les laver jusqu'à ce que les eaux ne gardent plus aucune coloration jaune.

On les immerge alors dans le bain suivant :

Eau	200 à 300	parties.	
Protosulfate de fer	100	»	—
Sesquichlorure de fer	40	»	—
Acide chlorhydrique	80	»	—

L'épreuve devient successivement rouge, violette, pourpre, bleu violet, noir et noir verdâtre.

Lorsqu'elle a atteint le ton voulu, on la lave dans de l'eau acidulée, et on la sèche.

Les plus beaux tons s'obtiennent en laissant l'épreuve dans le bain de fer jusqu'au noir verdâtre, et en la faisant flotter un instant sur une solution diluée de sous-acétate de plomb.

On peut donner à ces épreuves l'apparence d'épreuves au chlorure d'argent, sur papier albuminé, en les faisant flotter après dessiccation sur un bain d'albumine que l'on coagule par la chaleur.

M. Obernetter explique, comme il suit, les réactions chimiques :

Le papier sert de support à :

$Fe^2Cl^3 + CuCl$ (sesquichlorure de fer et chlorure de cuivre en excès.)

Après l'exposition à la lumière la formule est ainsi modifiée :

$FeCl + CuCl$ (protochlorure de fer et chlorure de cuivre).

A l'air humide FeCl passe en partie à l'état de Fe^2Cl^3 et il se fait du Cu^2Cl. Si à ce moment l'épreuve est portée dans une dissolution de sulfocyanure de potassium, il y a immédiatement précipitation de sulfocyanure de cuivre sur les parties insolées, tandis qu'il se forme du sulfocyanide de cuivre sur les parties non insolées; ce dernier se dissout dans le sulfocyanure de potassium en excès; puis l'eau en excès le décompose et forme du sulfocyanure de cuivre insoluble, qui se dépose sur les parties de l'image déjà couvertes de ce sel.

La coloration rouge de l'image est due à la formation du ferrocyanure de cuivre; sa coloration violette tient à une formation partielle de bleu de Turnbull.

Bains sensibilisateurs à l'oxyéthylate d'argent, par M. Francisco DE SELGAS (1).

L'auteur emploie, pour la sensibilisation des glaces et des papiers, l'oxyéthylate d'argent (mélange d'azotate d'argent, d'acétate de plomb et d'oxalate de plomb).

Collodion humide.

Le collodion ne doit contenir que 0,8 d'iodure pour 100 grammes de collodion normal. On développe à l'acide gallique.

Collodion sec.

On lave la couche sensibilisée et on la fait sécher. Pour développer, on plonge la glace dans un bain d'oxyéthylate à 5 %, et on la traite à l'acide gallique.

Papier albuminé.

Le papier est albuminé sur le bain suivant :

Chlorure d'ammonium ou de barium	25gr
Chlorure de cuivre	3
Chlorure d'or	1
Eau distillée	200
Albumine	800

et pour sensibiliser, on le fait nager pendant 10 minutes sur un bain d'oxyéthylate d'argent à 20 %.

Collodion humide, nouveau procédé, par M. Thomas SUTTON (2).

La glace, en sortant du bain d'argent, est plongée dans de l'eau distillée, où elle reste jusqu'au moment où l'on en a besoin. Le même bain

(1) *Eco de la Fotografia.*

(2) *Photographic Notes*, 15 mars 1854, t. IX, n° 191, p. 72.

peut servir pour un grand nombre de glaces, et il est bon d'employer une cuvette à rainures qui contient plusieurs glaces à la fois.

Lorsqu'on veut faire une épreuve, après avoir retiré la glace de l'eau distillée, et l'avoir lavée sous un filet d'eau de pluie, on passe dessus une solution de tannin à 3 %; on la fait égoutter et on la met dans le châssis.

Après l'exposition, dont la durée est à peu près la même que pour une positive sur verre, on développe comme il suit :

La glace étant lavée pour enlever le tannin, on verse dessus le mélange suivant, qu'on ne fait qu'au moment :

Eau	1gr
Solution de carbonate de soude à 2,3 %	1gr
Solution d'acide pyrogallique dans l'alcool absolu à 2,3 %	1cc

Par l'action de ce réactif, l'épreuve se développe plus ou moins rapidement, selon la durée de l'exposition; mais elle ne prendra pas d'intensité. Dès que les détails apparaîtront dans les ombres, il faudra bien laver la glace et la couvrir d'une solution d'acide pyrogallique, puis ajouter quelques gouttes d'azotate d'argent à la solution d'acide pyrogallique et renforcer le cliché comme à l'ordinaire.

Après avoir exposé son procédé, M. Thomas Sutton en énumère les avantages :

1° Les plaques peuvent être préparées longtemps à l'avance;

2° L'opérateur a toute latitude quant à la durée de l'exposition, un cliché est tout aussi bon avec 2 qu'avec 20 secondes de pose; la seule différence est dans la durée du développement par le bain alcalin;

3° Plus de voiles, de marbrures, de stries, etc.;

4° Enfin, on peut appliquer ce procédé au collodion sec, en laissant sécher spontanément la glace préparée et en exposant, aussi longtemps que pour une épreuve ordinaire, au collodion humide. Quant au rôle des deux agents qu'il emploie, l'auteur a soin de l'indiquer; le tannin n'est pour rien dans la sensibilité de la glace; son rôle se borne à empêcher l'image de se salir pendant le développement, et à permettre de renforcer autant qu'il est nécessaire; c'est seulement le développement alcalin qui permet de diminuer ainsi le temps de pose, tout en donnant au cliché des qualités au moins égales à celles des épreuves obtenues par les procédés ordinaires.

BULLETIN DE LA SOCIÉTÉ CHIMIQUE DE PARIS

EXTRAIT DES PROCÈS-VERBAUX

SÉANCE DU 8 JUILLET 1864.

Présidence de M. Wurtz.

M. ROUSSILLE est nommé membre résident.

M. Aimé GIRARD, tant en son nom qu'en celui de M. DAVANNE, fait hommage à la Société d'un mémoire imprimé, intitulé : *Recherches théoriques et pratiques sur la formation des épreuves photographiques positives* (1).

M. DEHÉRAIN fait une communication sur la décomposition des gaz par les plantes submergées.

M. MENCHUTKINE expose les résultats de ses recherches relatives à l'action du chlorure d'acétyle sur l'acide phosphoreux : en traitant le produit par l'eau, puis par le carbonate de potasse, on obtient un sel cristallisé en prismes rhomboïdaux obliques dont la formule est

$$Ph^2\left\{\begin{matrix}(C^2H^3O)\\ H\\ K^2\end{matrix}\right\}O^5$$

et qui contient un acide nouveau, l'acide *acétyl-pyrophosphoreux.*

M. MENCHUTKINE a analysé également le sel de baryte et le sel de plomb de cet acide, dont les formules sont semblables à celle du composé potassique.

M. WURTZ présente, de la part de M. DE CLERMONT, la suite de ses recherches sur le glycol octylique. L'auteur a obtenu la chlorhydrine de ce glycol par la synthèse, au moyen de l'acide hypochloreux hydraté et de l'octylène.

M. WURTZ expose les recherches qui l'amènent à établir l'isomérie du *dihydrate de diallyle* avec le glycol hexylique.

M. FRIEDEL fait remarquer qu'il existe un second glycol isomérique

(1) Un extrait de ce mémoire a été publié dans ce *Bulletin*, nouv. sér., t. I, p. 394.

avec les deux corps précédents, celui qu'il a obtenu en faisant réagir l'amalgame de sodium sur l'acétone.

M. Willm continue l'exposé de ses recherches sur les composés du thallium.

M. Friedel annonce que M. Michaelson, en distillant un mélange de formiate et de butyrate de chaux, a obtenu l'aldéhyde butylique et probablement aussi de l'aldéhyde ordinaire.

M. Friedel indique ensuite un procédé simple pour obtenir l'allylène en faisant réagir à 120° l'alcool sodé sur le propylène chloré dérivé de l'acétone.

M. Maumené, en invoquant sa théorie générale de l'exercice de l'affinité, indique des produits qui, suivant lui, doivent accompagner les chlorosulfures de phosphore dans la réaction signalée par M. E. Baudrimont, et l'iodhydrate de butylène dans la réaction dont M. de Luynes a entretenu récemment la Société.

M. E. Baudrimont combat la théorie de M. Maumené.

SÉANCE DU 22 JUILLET 1864.

Présidence de M. Wurtz.

M. Wurtz, au nom de M. Weltzien, expose les résultats de ses recherches sur le dosage des azotates dans quelques eaux de Carlsruhe.

M. Grimaux adresse une note sur le *gallate mono-éthylique.*

M. Boutlerow adresse un mémoire sur l'alcool *pseudobutylique,* nouvel isomère de l'alcool butylique ordinaire.

M. Schaller adresse une note sur la composition du ferricyanure ammoniopotassique.

M. Hugo Mueller adresse une note sur la préparation des acides mono- et bichloracétique.

M. Maurice Galletti adresse une note sur un nouveau procédé volumétrique du dosage du zinc dans les minerais.

M. F. Le Blanc présente, au nom de M. Cannizzaro, une note sur les *ammines* de l'alcool benzylique.

M. Oppenheim expose la suite de ses recherches sur les dérivés bromés et iodés de l'allylène.

M. Friedel expose les résultats de ses recherches relatives à l'action du perchlorure de phosphore sur la *pinakone.*

M. Alexeyeff, qui avait, antérieurement et en commun avec M. Erlenmeyer, signalé l'existence de l'acide *hydrocinnamique,* a repris l'étude de cet acide; l'auteur a obtenu l'éther hydrocinnamique et l'acide hydrocinnamique nitré; il ne pense pas que l'acide hydrocinnamique

$$C^9H^{10}O^2$$

puisse être considéré comme un véritable homologue de l'acide benzoïque.

Cette séance est la dernière précédant les vacances. La séance de rentrée aura lieu le 11 novembre de l'année courante.

MÉMOIRES PRÉSENTÉS A LA SOCIÉTÉ CHIMIQUE.

Détermination volumétrique du zinc dans ses minerais,

par **M. Maurice GALLETTI**, essayeur en chef au bureau de garantie de Gênes.

En 1856, époque à laquelle on entreprit, avec la plus grande activité, dans les Apennins de la Ligurie, des recherches de dépôts métallifères, et spécialement de cuivre pyriteux, que des indices faisaient supposer abondant dans les roches serpentineuses, j'ai eu l'occasion de m'occuper de la recherche d'un procédé d'essai pour déterminer le cuivre contenu dans ces minerais, procédé qui pût concilier la précision des résultats avec la rapidité et la facilité de l'exécution.

J'ai cru trouver ces avantages dans l'emploi du ferrocyanure de potassium, réactif de la plus grande sensibilité pour le cuivre, attendu qu'une partie de ce métal, à l'état de chlorure ammoniacal acide, étendu de 500,000 parties d'eau distillée, peut être instantanément décelée, ainsi que je l'ai constaté (1).

Lorsqu'il s'agit d'un cuivre gris, j'ai démontré que le ferrocyanure de potassium se comporte d'une manière parfaitement identique avec le cuivre et avec le zinc, et comment avec une solution normale appropriée du réactif susnommé, on peut déterminer aussi le zinc contenu dans les minerais cuivreux.

La découverte faite dernièrement de dépôts de calamine et de filons de blende dans la *Valsassina*, province de *Como*, près de *Lecco*, et quelques échantillons qui m'ont été présentés par M. Meyer, pour en déterminer le contenu, m'ont fourni l'occasion de revenir à l'étude des procédés de dosage volumétrique du zinc.

(1) *Emploi du ferrocyanure de potassium pour la détermination du cuivre dans ses minerais*, mémoire présenté à l'Académie royale des sciences de Turin (1863).

Avant d'entreprendre les opérations sur lesquelles devait s'appuyer la méthode que je m'étais proposée, j'ai cherché jusqu'à quel point la réaction était sensible, en mettant en contact le réactif avec la dissolution de zinc très-étendue; je pus observer qu'en introduisant une goutte de solution de ferrocyanure de potassium dans une solution azotique d'un milligramme de zinc traitée ensuite par l'ammoniaque, puis acidifiée, et enfin étendue de 300 grammes d'eau distillée, le précipité devenait immédiatement visible. Ainsi 1 partie de zinc contenue dans 300,000 parties d'eau distillée étant immédiatement accusable par le réactif, j'ai conclu à l'utilité de son emploi pour l'essai volumétrique du zinc. J'ai préparé une solution normale de ferrocyanure de potassium, telle qu'un décilitre précipitât 1 gramme de zinc pur à l'état de ferrocyanure zincique, et j'ai opéré de la manière suivante :

Deux équivalents de zinc pur, $2 \times 406,50 = 813,00$, sont précipités à l'état de ferrocyanure zincique par un équivalent de ferrocyanure de potassium cristallisé 2641,1,

$$FeCy^3,K^2 + 2ZnCl = 2KCl + FeCy^3,Zn^2.$$

On a la proportion :

$$813,00 : 2641,1 :: 100 : x = 324,85.$$

J'ai donc fait ma solution normale en faisant dissoudre $32^{gr},485$ de ferrocyanure de potassium dans l'eau distillée, et j'ai étendu de manière à obtenir un litre de liqueur. Le réactif se trouve difficilement dans un état de pureté telle, qu'on puisse obtenir tout d'abord une solution normale parfaitement exacte : en effet, elle s'est trouvée faible, ainsi qu'il est résulté de l'expérience faite avec 1 centilitre introduit dans une solution de 100 milligrammes de zinc pur à l'état de chlorure ammoniacal, acidifiée ensuite avec de l'acide acétique et étendue de 100 grammes environ d'eau distillée. Cependant, ayant fait la correction en y ajoutant la quantité de réactif que le calcul m'avait indiqué, je passais à une autre expérience, et je pus reconnaître que le même volume de solution normale précipitait complétement 100 milligrammes de zinc pur; en effet, en examinant le liquide après une décantation parfaite, il ne manifestait plus ni la présence du zinc avec la solution normale, ni celle du ferrocyanure avec le chlorure ammoniacal de zinc, ce qui démontrait l'exactitude de cette même solution.

Ayant obtenu de cette manière la solution normale, j'ai procédé à quelques essais comparatifs sur différents échantillons de minerais dont la teneur en zinc avait été préalablement déterminée par le dosage à l'état d'oxyde. Les résultats obtenus ont été identiques. L'essai des minerais de zinc doit s'exécuter sur un 1/2 gramme de minerai finement pulvérisé pour les minéraux riches. On prend 1 gramme lorsque le contenu en zinc ne dépasse pas 25 %.

On attaque par l'eau régale (1), et on prolonge la réaction jusqu'à ce qu'on ait chassé tout l'acide azotique. On étend avec de l'eau distillée, et on sature par un excès d'ammoniaque caustique, afin de séparer le fer à l'état de Fe^2O^3; on fait bouillir ensuite pendant quelques minutes et on filtre en recueillant le liquide dans un flacon de la capacité de 3 décilitres environ; on lave, avec le plus grand soin, à l'eau ammoniacale, l'oxyde de fer resté sur le filtre.

Ayant obtenu par ce moyen la solution ammoniacale de chlorure de zinc, on l'acidifie avec de l'acide acétique (2) et on passe alors à la précipitation du zinc avec la solution normale de ferrocyanure de potassium.

La solution normale est mesurée dans une pipette graduée; je me sers habituellement de pipettes de la capacité de 1 ou de 2 centilitres pour les minerais riches, et je termine ensuite l'opération en ajoutant la solution avec des pipettes de moindre capacité jusqu'au volume d'un centimètre cube. Or, 1 centimètre cube de solution normale de ferrocyanure de potassium correspondant à 0gr,01 de zinc, si pour précipiter tout le zinc contenu dans la solution de chlorure ammonio-zincique acide provenant de 1 gramme de minerai, il faut, par exemple, 10 centimètres cubes de solution normale : le minerai contiendra 10 % de zinc, et ainsi de suite. Lorsqu'à la fin de l'opération le précipité devient moins volumineux, on procède alors par quart de centimètre cube, lequel se compose habituellement de seize gouttes, et de cette manière on aura aussi les fractions. A chaque addition de solution normale, il est nécessaire d'agiter le mélange, et on favorise aussi

(1) Quand on opère sur la blende, il faut attaquer d'abord par l'acide azotique concentré seul. On n'ajoute l'acide chlorhydrique qu'alors que le soufre mis à nu est complétement dépouillé des particules zinciques qu'il entraîne, ce qui a lieu lorsque ce soufre se présente en globules d'une couleur jaune citron.

(2) Afin d'éviter la perte en zinc qui pourrait être occasionnée par l'immersion répétée du papier réactif pour s'assurer de l'acidité de la solution, j'ai trouvé convenable d'introduire dans le liquide quelques gouttes de teinture de tournesol, ce qui produit une légère coloration bleue qui passe au rouge lorsque le liquide devient acide. Il faut toujours éviter l'emploi des acides minéraux libres, parce que l'expérience a démontré que l'acidification obtenue par le moyen de ces acides, pour peu qu'elle dépasse la limite strictement nécessaire, a le grave inconvénient de paralyser la réaction, ce que l'on peut découvrir par la couleur citron que l'introduction de la solution normale communique au liquide. Cet effet est dû à une partie de ferrocyanure de potassium qui n'est pas entrée en combinaison avec le zinc. J'ai employé avec avantage l'acide acétique avec lequel l'acidification du liquide peut être poussée très-loin sans que la réaction en soit aucunement troublée.

par là le dépôt du précipité de ferrocyanure zincique. Le moyen le plus convenable consiste à imprimer au flacon un mouvement circulaire, le flacon reposant sur un plan horizontal.

La solution de chlorure de zinc doit être portée à environ 40°. Le précipité se rassemble beaucoup mieux, et l'essai peut être terminé en moins d'une heure.

L'aspect laiteux que prend le mélange, alors que la solution normale se trouve même en léger excès, indique que l'opération est terminée (1).

Dans la blende, on rencontre souvent de la galène. Dans l'attaque, le sulfure de plomb est, pour la plus grande partie, amené à l'état de sulfate par l'acide azotique; mais pour obtenir la totalité du plomb à cet état, il faut ajouter de l'acide sulfurique, et évaporer jusqu'à expulsion complète de l'acide azotique, qui rendrait sans cela le sulfate de plomb un peu soluble.

Dans ces dosages volumétriques du zinc, il est bon de faire deux expériences : dans la première on introduit la solution normale par doses successives, ayant soin autant que possible de ne point en mettre en excès; dans la seconde, qui doit servir de contrôle, on introduit tout d'un coup la presque totalité de la solution normale nécessaire, en se tenant cependant un peu au-dessous du titre obtenu dans la première expérience.

Le plus souvent, les résultats sont identiques; mais dans le cas de différences, le titre du minerai soumis à l'essai doit être établi d'après le résultat de la seconde opération.

Le zinc est habituellement déterminé dans les laboratoires à l'état d'oxyde, en le précipitant d'abord de ses dissolutions à l'état de carbonate. Cette méthode de détermination offre quelques difficultés, spécialement lorsqu'il s'agit des calamines qui sont accompagnées de carbonates de chaux et de magnésie. Or, il est important d'éliminer ces bases avant la précipitation par le carbonate de soude, ce qui réclame

(1) Le trouble produit par l'excès de la solution normale doit être attribué à une action simplement mécanique. En effet, si, dans une solution dont tout le zinc a été précipité, on ajoute 1 centimètre cube de solution normale, l'aspect laiteux ne tardera pas à se manifester; mais si l'on ajoute un égal volume d'une solution titrée de zinc contenant 10 milligrammes de métal, le mélange reviendra à sa limpidité primitive, et si l'on examine ensuite le liquide éclairci, on verra qu'il n'y a plus excès ni du réactif, ni du sel de zinc, ce qui prouve que la solution normale mise en excès s'y trouvait parfaitement libre.

Le réactif en excès se découvre encore manifestement quand on l'essaie au moyen d'un sel de cuivre dans une solution qui ne se serait éclaircie qu'au bout de 24 heures de repos.

On peut se servir d'une solution titrée de zinc lorsqu'on a dépassé le terme et versé un excès du réactif.

beaucoup de temps et de précautions. La méthode que je propose, en même temps qu'elle est simple et rapide, a l'avantage de pouvoir être employée en présence de métaux alcalino-terreux contenus dans la dissolution zincique.

J'ose soumettre avec confiance au jugement des chimistes cette méthode de dosage du zinc, comme je l'ai fait pour le procédé de dosage du cuivre.

Sur le dosage de l'acide azotique dans les eaux, par M. C. WELTZIEN.

L'auteur, à l'occasion d'une nouvelle conduite d'eau dans la ville de Carlsruhe, a été chargé d'effectuer dans son laboratoire, à l'Ecole polytechnique du grand duché de Bade, une série d'analyses des eaux de puits. Quelques-unes de ces eaux contiennent des quantités notables d'azotates.

Le dosage de ces azotates par les méthodes habituelles n'ayant pas fourni à M. Weltzien des résultats bien concordants, il a eu recours au procédé suivant, qui lui paraît mériter la préférence, en raison de son exactitude. Sa méthode consiste à doser l'acide azotique des azotates par le volume d'azote gazeux qu'on peut en dégager.

Les eaux analysées au point de vue des azotates ont été concentrées avec précaution et additionnées ensuite de carbonate de soude, qui a précipité les azotates de chaux et de magnésie avec formation d'une quantité équivalente d'azotate de soude. La dissolution filtrée a été évaporée à sec après lavages; la masse sèche a été mélangée avec du cuivre divisé, obtenu par la réduction de l'oxyde de cuivre par l'hydrogène. Le mélange a été introduit dans un long tube à combustion avec les précautions usitées pour le dosage de l'azote en volume; l'air du tube a été balayé préalablement à l'aide d'un courant d'acide carbonique.

Pour contrôler l'exactitude de la méthode, on a opéré d'abord avec une quantité connue d'azotate de soude pur et sec.

I. $0^{gr},613$ $NaAzO^3$ pur ont donné 88^{cc} d'azote humide à $14°$ et à $0^{m},755$.

II. $0^{gr},5405$ même sel ont donné 79^{cc} azote humide à $17°$ et $0^{m},733$, d'où

	Trouvé.		
	I.	II.	Calculé.
Azote	17,05	16,7	16,5

Voici maintenant les résultats des analyses de diverses eaux de Carlsruhe. Les volumes évaporés ont varié de 2 1/2 à 5 litres.

L'auteur calcule ses résultats pour AzO^2 qui est le radical de l'acide azotique.

Les résultats qui suivent sont rapportés à 1 litre d'eau (1) :

		(a)	(b)	(c)
I.	AzO^2 =	0gr,095	0gr,093	0gr,097
II.	»	0gr,214	0gr,197	»
III.	»	0gr,207	0gr,204	0gr,204
IV.	»	0gr,155	»	»
V.	»	0gr,105	»	»
VI.	»	0gr,435	»	»

Toutes ces eaux fournissent aussi les réactions des azotites, mais la proportion de ceux-ci est trop minime pour en permettre le dosage.

Les eaux examinées auraient pu contenir une partie de l'azote à l'état de sels ammoniacaux ou de matières organiques. L'auteur a tenu d'autant plus à s'en assurer que les eaux I et II pouvaient recevoir des infiltrations de latrines, mais il n'a pu y constater des quantités dosables de matières organiques : 6 litres d'eau ont été évaporés au bain-marie après addition d'acide sulfurique. Le résidu a été mêlé avec de l'oxyde de cuivre et introduit dans le tube à combustion des matières organiques, en plaçant de l'oxyde pur de plomb dans l'une des branches du tube à chlorure de calcium. On a obtenu 0gr,0066 d'acide carbonique, ce qui ne correspond qu'à 0gr,003 de carbone pour 1 litre d'eau. L'azote des azotates, pour ce même volume d'eau, pesait 0gr,063.

Ces expériences conduisent à des conclusions d'un intérêt général :

1° Elles montrent l'influence des lieux habités sur la composition des eaux et leur teneur en azotates; car les eaux de source dans la montagne, à 1/2 mille de Carlsruhe, lesquelles sortent du Muschelkalk, ne contiennent pas trace d'azotates. Les eaux des puits de la cour de l'Ecole polytechnique contiennent 3 et 7 fois plus d'azotates que l'eau du puits n° 6, distant de 1/3 de mille des premiers et situé dans un quartier peu habité, tandis que le sol sur lequel repose l'Ecole polytechnique est un terrain remanié. Ce quartier est d'ailleurs le plus anciennement habité de la ville. Près de l'Ecole polytechnique se trouve une caserne de cavalerie avec de nombreuses latrines.

(1) I. Puits de la cour de l'Ecole polytechnique et puits de l'ancien laboratoire.
II. Puits à l'entrée de l'Ecole polytechnique (côté ouest).
III. Puits devant le cabinet de minéralogie.
IV. Puits devant l'habitation du secrétaire.
V. Puits du nouveau laboratoire de l'Ecole polytechnique.
VI. Puits de la maison habitée par M. Weltzien.

Recherches sur le thallium, par M. Ed. WILLM (1).

Bromures de thallium. Le protobromure, déjà décrit par M. Lamy, est un composé presque insoluble dans l'eau froide et fort peu soluble dans l'eau bouillante. Sa solubilité à froid est intermédiaire entre celle du protochlorure de thallium et celle du proto-iodure.

Lorsqu'on ajoute du brome à du protobromure de thallium en bouillie épaisse, la masse s'échauffe, et le bromure se dissout peu à peu entièrement dans la petite quantité d'eau en présence de laquelle il se trouve; par le refroidissement, la masse reste liquide, et ne se prend en cristaux que par l'évaporation dans le vide. On obtient ainsi une masse cristalline jaune, déliquescente, possédant une odeur très-irritante. Cette masse est formée de perbromure de thallium impur, c'est-à-dire renfermant une proportion plus ou moins grande de bromure inférieur; je n'ai pas réussi à obtenir le perbromure de thallium à l'état de pureté, car il paraît être peu stable; en solution aqueuse, il se conserve néanmoins assez bien.

Lorsqu'à une solution de perbromure de thallium on ajoute, en quantité convenable, du protobromure de thallium, ou qu'on lui fait subir une réduction incomplète, on obtient un composé beaucoup moins soluble que le perbromure et qui se dépose de la solution bouillante en longues aiguilles brillantes, d'un jaune serin. Ces cristaux sont très-homogènes; ils se présentent sous le microscope en longs prismes carrés, bien définis. Ils sont anhydres et décomposables par l'eau en perbromure, qui reste dissous, et en un bromure rouge formant des lamelles hexagonales.

Pour faire l'analyse de ces cristaux, je les ai traités par l'acide sulfureux en présence d'une petite quantité d'eau; j'ai recueilli sur un petit filtre taré le protobromure blanc qui s'est formé, je l'ai lavé avec un peu d'eau froide et d'alcool, puis pesé; l'acide bromhydrique qui se forme dans cette réduction a ensuite été dosé par l'azotate d'argent.

D'après mes analyses, la composition du bromure jaune de thallium correspond à un bibromure; mais ce bromure doit être envisagé comme une combinaison de perbromure et de protobromure de thallium

$$TlBr^3,TlBr = Tl^2Br^4.$$

(1) Voir la première partie, *Bulletin de la Société chimique*, t. v, p. 354 (1863).

Voici les résultats de l'analyse :

		Théorie.
$TlBr$	= 77,28	77,76
Br	= 21,78	22,24
	99,06	100,00

Les cristaux d'un rouge orangé que l'on obtient en traitant le bibromure jaune précédent par l'eau correspondent par leur composition au sesquibromure, mais on doit les envisager comme une combinaison de perbromure avec 3 équivalents de protobromure

$$TlBr^3,3TlBr = Tl^4Br^6.$$

Ces cristaux, vus au microscope, se présentent en lames hexagonales transparentes, et présentent comme le bromure précédent les caractères d'une combinaison définie.

L'analyse de ce sesquibromure a été faite comme celle du bibromure; voici les résultats :

	I.	II.	III.	IV.	Théorie.
$TlBr$	= 86,00	86,47	84,89	85,99	87,65
Br	= 12.60	12,52	15,24	14,52	12,35
	98,60	99,02	100,13	100,51	100,00

Le numéro I a été obtenu en précipitant un sel de peroxyde de thallium mélangé de protoxyde par du bromure de potassium; il se présentait sous la forme d'un précipité cristallin rouge; il a été lavé à l'alcool faible.

Le numéro II se présentait en paillettes cristallines, à reflets mordorés. Il a été préparé en ajoutant du protobromure à une solution de perbromure de thallium en proportions convenables. C'est celui qui se rapproche le plus de la théorie.

Les numéros III et IV, qui s'éloignent le plus de la théorie, ont été obtenus en décomposant les aiguilles jaunes de bibromure de thallium par l'eau.

Le sesquibromure de thallium, traité par l'eau, se décompose lui-même, en déposant du protobromure; aussi ne peut-on pas le faire cristalliser de nouveau.

Le perbromure de thallium forme avec le bromure d'ammonium une combinaison bien définie, correspondant au bibromure de thallium, et ayant, par conséquent, pour composition $TlBr^3,AzH^4Br$. C'est un sel cristallisant en longues aiguilles jaunes, translucides, efflorescentes, et qui deviennent alors opaques. Il cristallise avec 10 équivalents d'eau, qu'il perd avec la plus grande facilité par une exposition dans le vide sec; chauffé ensuite à 100°, il ne perd plus de son poids.

J'ai obtenu ce sel accidentellement en saturant par l'ammoniaque une solution de perbromure de thallium préparée en traitant par le brome du protobromure de thallium en suspension dans l'alcool; il s'était sans doute formé de l'acide bromhydrique.

Ce sel, soumis à l'analyse, a donné les résultats suivants :

	Théorie.	I.	II.
Tl	32,28	»	»
Br^4	50,63	50,20	50,36
AzH^4	2,84	»	2.28
10HO	14,24	14,20	14,16

Des circonstances particulières m'ont empêché de doser le thallium dans ce sel, mais la concordance des autres nombres est suffisante pour admettre la formule ci-dessus.

Je n'ai pas encore obtenu le bromothallate d'ammonium

$$TlBr^3,3AzH^4Br$$

correspondant au chlorothallate que j'ai décrit antérieurement.

Bromamidure de thallium. J'ai déjà fait connaître, dans une communication précédente (1), une combinaison ammoniée du perchlorure de thallium; j'ai obtenu de même la combinaison correspondante du perbromure, en ajoutant à une solution alcoolique concentrée de ce sel une solution alcoolique d'ammoniaque; il se forme un précipité blanc abondant, qu'on lave à l'alcool et qu'on sèche.

Le bromamidure de thallium récemment préparé est incolore, mais il jaunit promptement; néanmoins, ce commencement de décomposition s'arrête bientôt si le corps est sec. L'eau le décompose instantanément en mettant en liberté du peroxyde de thallium noir (anhydre). Soumis à l'analyse, ce corps a donné les résultats suivants, qui s'accordent assez bien avec la formule $TlBr^3,3AzH^3$ qui peut s'écrire :

$$Az^3\left\{\begin{matrix}Tl'''\\H^3\\H^3\\H^3\end{matrix}\right.\\Br^3$$

	Théorie.	Trouvé.	
		I.	II.
Thallium	41,21	40,12	»
Brome	48,48	48,57	48,00
Ammoniaque	10,30	»	9,60

(1) *Bulletin de la Société chimique*, t. v, p. 354 (1863).

Les nombres obtenus pour le brome sont moins forts lorsqu'on soumet d'abord le corps à une température de 100; dans ce cas, il devient visqueux, jaunit très-fortement et perd 11 à 12 % de son poids.

Iodothallate de potassium. Ce sel a été obtenu en traitant le protoiodure de thallium TlI par une solution d'iodure ioduré de potassium, prise en quantité telle, qu'elle contienne 2 équivalents d'iode libre pour 1 d'iodure de thallium employé, de manière à former le periodure TlI^3; la solution alcoolique, soumise à l'évaporation, abandonne des cristaux assez volumineux, presque noirs et d'un rouge grenat par transparence; ces cristaux donnent une poudre d'un rouge très-vif. Une température de 50 à 60° suffit pour les décomposer, en mettant de l'iode en liberté; une température de 100° les décompose complétement, en laissant un résidu d'iodure de thallium jaune et d'iodure de potassium. C'est cette décomposition qui a servi à analyser le sel.

Ce sel est décomposé par l'eau, qui met de l'iode en liberté. Ses cristaux ne perdent rien dans le vide; toute la perte qu'ils éprouvent par la chaleur est due à de l'iode.

Voici les résulats de l'analyse :

		Après nouvelle cristallisation.			Théorie TlI^3,KI.	
Perdu à 100°	I	35,80	35,8	34,95	I^2	33,8
Iodure de thallium	TlI	44,02	40,3	40,68	TlI	44,1
	KI	19,90	21,0	»	KI	22,1
		99,70	99,8			100,0

Je n'ai pas pu obtenir le periodure de thallium isolé; j'ai obtenu une poudre noire qui exhale une très-forte odeur d'iode et que je n'ai, par conséquent, pas pu soumettre à l'analyse. Je suis porté à croire que c'est plutôt un iodure intermédiaire, analogue aux bromures intermédiaires signalés plus haut.

L'existence de ces différentes combinaisons fait voir que les perchlorure, perbromure et periodure de thallium sont susceptibles de se combiner, d'une manière définie, soit avec 1, soit avec 3 équivalents d'un chlorure, bromure ou iodure alcalin (y compris ceux de thallium). Parmi les combinaisons avec 1 équivalent, j'ai fait connaître l'iodothallate de potassium, le bromothallate de thallium (bibromure), le bromothallate d'ammonium. M. Lamy a déjà fait connaître un chlorure de thallium ayant la composition d'un bichlorure. Parmi les combinaisons du second ordre, je citerai le sesquichlorure et le sesquibromure de thallium, le chlorothallate d'ammonium $TlCl^3,3Az^2H^4Cl$ et un chlorathallate de potassium. Je poursuis l'étude de ces combinaisons.

Préparation du ferricyanure double d'ammonium et de potassium. Emploi de la silice dans les analyses organiques,

par **M. C. SCHALLER.**

Dans la livraison du mois d'avril de l'année courante (1) se trouve mentionné le procédé *industriel* que j'avais indiqué pour la préparation du ferricyanure d'ammonium, employé à cette époque pour le noir d'aniline. Pressé par le temps, j'ai envoyé ma note, ainsi qu'un échantillon de mon produit, à la Société industrielle de Mulhouse avant d'en avoir fait l'analyse. Mon procédé consistant à substituer, par double décomposition, l'ammonium au potassium : j'avais conclu à un échange complet des deux corps, d'après l'analyse que j'avais faite du sulfate d'ammoniaque produit.

D'après les analyses que j'ai faites depuis de mon ferricyanure d'ammonium, j'ai reconnu qu'il contenait :

Fe	19,51
AzH^4	12,54
K	13,25
Cy	54,70

ce qui correspond à la formule

$$Cy^6Fe^2,K(AzH^4)^2.$$

La difficulté de doser le carbone, en présence de la potasse qui se trouve dans ce composé, m'a suggéré l'idée de mêler à ma matière de la silice pure et calcinée, obtenue par la décomposition d'un silicate alcalin par un acide.

Ce procédé m'a parfaitement réussi.

La formule du ferricyanure double d'ammonium et de potassium exige

25,24 pour 100 de carbone.

Dans 3 analyses que j'ai faites, j'ai trouvé

24,49 pour 100 de carbone.
25,05 —
25,15 —

Pour contrôler ce procédé, j'ai fait l'analyse du ferricyanure de potassium, qui, théoriquement, renferme

21,88 pour 100 de carbone.

J'ai trouvé

20,95 pour 100 de carbone.

(1) *Bulletin de la Société chimique*, nouv. sér., t. I, p. 275.

L'analyse du bitartrate de potasse, où j'ai pu doser en même temps l'hydrogène, m'a donné

25,29 de carbone au lieu de
25,23 (théorie)
2,90 d'hydrogène au lieu de
2,65 (théorie).

Nombres très-voisins de la vérité.

Ce procédé d'analyse n'offre, d'ailleurs, aucune difficulté. On charge son tube à combustion, à la manière ordinaire, pour le dosage du carbone et de l'hydrogène, seulement, au lieu de mêler la matière à analyser avec de l'oxyde de cuivre, on la mêle dans un mortier avec son poids de silice à peu près. Le mortier est rincé avec de l'oxyde de cuivre que l'on verse ensuite dans le tube.

Quand on établit par quelques secousses une petite rigole dans le tube à combustion, la matière se mêle suffisamment à l'oxyde ; il n'est, d'ailleurs, pas avantageux qu'elle soit trop mêlée (1).

Sur le gallate monoéthylique, par **M. GRIMAUX**.

Pour obtenir le gallate mono-éthylique, on dissout l'acide gallique dans 4 fois son poids d'alcool à 86°, et l'on y fait passer, jusqu'à refus, un courant de gaz chlorhydrique lavé et desséché. Le liquide est évaporé au bain-marie, à siccité; et le résidu ayant été repris par 5 ou 6 fois son poids d'eau bouillante, on y projette du carbonate de chaux jusqu'à cessation d'effervescence. Le liquide, filtré, abandonne par refroidissement de longues aiguilles de gallate mono-éthylique, qui sont purifiées par compression et par une ou deux cristallisations dans l'eau. Quant aux eaux-mères, elles sont concentrées et déposent de nouveaux cristaux; dès que ceux-ci commencent à être mêlés de croûtes cristallines de gallate de chaux, on évapore à siccité, et le résidu est traité par l'alcool ou l'éther, qui sont sans action sur le sel de chaux.

Le gallate mono-éthylique se présente sous la forme de prismes obliques à base rhombe; humides, ils sont jaunes, brillants, transparents ; en se desséchant, ils deviennent opaques, blancs, souvent jaunes, car leur solution se décompose au contact de l'air, et les pris-

(1) Dans leurs analyses de tartrates renfermant des alcalis, MM. Dumas et Piria ont indiqué l'emploi de l'acide antimonieux pour arriver à obtenir tout le carbone du sel. (Cinquième mémoire sur les types chimiques, *Annales de Chimie et de Physique*, 3e sér. (1842), t. v, p. 353 et 365.) Récemment M. Cloëz s'est servi avec avantage, dans le même but, d'acide tungstique. (*Bulletin de la Soc. chim.*, nouv. série, t. I, p. 250.) F. L.

mes, même secs, jaunissent sous l'influence de la lumière solaire; ils sont peu solubles dans l'eau froide, très-solubles dans l'eau bouillante, l'alcool et l'éther.

Leur composition a été établie d'après les analyses suivantes (le produit avait été séché à 100° dans un courant d'air sec) :

I. 0gr,2695 de matière ont donné 0,5410 d'acide carbonique et 0,1335 d'eau.

II. 0,290 de matière ont donné 0,582 d'acide carbonique et 0,1430 d'eau.

III. 0,4625 de matière ont donné 0,9160 d'acide carbonique et 0,2310 d'eau.

	I.	II.	III.	Théorie : $C^9H^{10}O^5$
Carbone	54,74	54,72	54,00	54,54
Hydrogène	5,50	5,47	5,55	5,05
Oxygène	»	»	»	40,41
				100,00

Ce corps peut être représenté par la formule rationnelle

$$\left.\begin{matrix}(C^7H^2O^2)^{IV}\\ C^2H^5\\ H^3\end{matrix}\right\}O^4.$$

Le gallate mono-éthylique est sans action sur le papier de tournesol; avec la potasse, la soude, l'ammoniaque, les sels de fer, il présente les mêmes réactions que l'acide gallique. Lorsqu'on verse une solution de cet acide dans de l'eau de chaux, on a immédiatement une coloration bleue, virant rapidement au vert, qui disparaît par l'addition d'un excès d'acide gallique. Le gallate d'éthyle se colore de même par l'eau de chaux, mais sa coloration subsiste en présence d'un excès d'éther gallique. Il ne précipite pas l'émétique.

Il fond vers 158°, et commence à se décomposer vers 225° en émettant des vapeurs qui se condensent en aiguilles très-blanches, légères, donnant avec l'eau de chaux la coloration violet-pensée caractéristique de l'acide pyrogallique; néanmoins ce pourrait être du pyrogallate monoéthylique. Le manque de matière ne m'a pas permis d'en faire l'analyse.

Je compte reprendre l'étude de ce dérivé, et tâcher d'obtenir les autres gallates éthyliques que fait prévoir la formule

$$\left.\begin{matrix}(C^7H^2O)^{IV}\\ H^4\end{matrix}\right\}O^4,$$

qui me paraît devoir être adoptée pour l'acide gallique.

Sur un nouveau procédé de préparation de l'allylène, par M. C. FRIEDEL.

J'ai fait connaître, en 1857, deux chlorures qui s'obtiennent par l'action du perchlorure de phosphore sur l'acétone (1) : l'un de ces corps est identique avec le propylène chloré Ɵ^3H^5Cl (2); l'autre, le méthylchloracétol, est isomérique avec le chlorure de propylène $\text{Ɵ}^3H^6Cl^2$. J'ai pensé que le propylène chloré pourrait servir avantageusement à la préparation de l'allylène, gaz qui a été obtenu, comme on sait, par feu Sawitsch, en faisant réagir le propylène bromé sur l'alcoolate de soude en vase clos (3). Le propylène bromé pur est d'une préparation longue et coûteuse, tandis que le propylène chloré ne coûte guère plus que la quantité de perchlorure de phosphore nécessaire pour l'obtenir.

Ayant scellé dans un tube refroidi à zéro quelques grammes de propylène chloré avec un excès d'éthylate de soude, puis ayant chauffé le mélange à 120° pendant 16 heures environ, j'ai constaté la formation d'une quantité notable de chlorure de sodium. Le tube, qui avait été soigneusement effilé, ayant été ouvert à la lampe, et l'extrémité ayant été rapidement engagée dans un tube en caoutchouc communiquant avec un appareil propre à recueillir les gaz, j'ai obtenu 1 litre environ d'un gaz fortement odorant, qui a réagi sur le protochlorure de cuivre ammoniacal en donnant le précipité jaune serin caractéristique fourni par l'allylène, et sur l'azotate d'argent ammoniacal en donnant un précipité blanc, devenant rose à la lumière, au sein même de la solution.

L'allylène a été recueilli sur une solution de chlorure de sodium qui le dissout bien moins que l'eau pure.

Le propylène chloré s'obtient facilement en versant goutte à goutte de l'acétone dans un ballon muni d'un tube qui plonge dans un matras à long col bien refroidi. Le ballon lui-même doit être refroidi pendant les premiers moments de la réaction, puis chauffé doucement à la fin. Le produit condensé dans le matras est du propylène chloré, mélangé d'un peu d'acétone, d'oxychlorure de phosphore, de méthylchloracétol et d'acide chlorhydrique. On le lave dans le matras une ou deux fois avec de l'eau, et l'on sépare celle-ci du propylène chloré surnageant, à l'aide d'une longue pipette. Puis on dessèche le propy-

(1) *Comptes rendus*, t. XLV, p. 1015.

(2) *Bulletin de la Société chimique*, p. 27 (1860).

(3) *Comptes rendus*, t. LII, p. 399.

lène chloré sur du chlorure de calcium fondu et on scelle le matras. Le produit peut être employé tel quel sans distillation.

Le méthylchloracétol est resté en grande partie dans le ballon, mélangé avec l'oxychlorure de phosphore. On l'en sépare en versant le contenu du ballon, par petites parties, dans une fiole contenant beaucoup d'eau. Lorsque la décomposition de l'oxychlorure est complète, on décante le méthylchloracétol ; on le lave à plusieurs reprises avec de l'eau et on le dessèche.

Il peut servir à préparer l'allylène, car la potasse alcoolique le transforme en propylène chloré en lui enlevant HCl ; en employant une quantité suffisante d'alcoolate de soude, il donne directement de l'allylène.

Sur le trichlorure d'allyle, par M. OPPENHEIM.

Le tribromure d'allyle, isomère du bromure de propylène monobromé, ne fournit point d'allylène sous l'influence de l'éthylate de soude ou de la potasse alcoolique. M. Wurtz a déjà remarqué que cette dernière réaction engendre un bromure de la formule $C^3H^4Br^2$. D'après le point d'ébullition qu'il a trouvé pour ce corps (134°), celui-ci paraît être identique avec le bibromure d'allylène dont j'ai déjà parlé à la Société (1).

Il m'a paru désirable de préparer le trichlorure d'allyle pour comparer ses réactions avec celles du tribromure.

On obtient facilement ce trichlorure en soumettant l'iodure d'allyle à un courant de chlore. Pour empêcher que le chlorure d'iode, qui prend naissance dans cette réaction, n'obstrue les tubes, il est bon de recouvrir l'iodure d'allyle d'une couche d'eau. Bientôt cette eau devient tellement saturée d'acide, que le chlorure formé surnage. On interrompt la réaction lorsque ce corps a pris une teinte d'un vert jaunâtre, qui provient d'une petite quantité de chlore en dissolution. Il devient incolore par un lavage avec une solution étendue de potasse.

On peut également obtenir ce chlorure en faisant digérer de l'iodure d'allyle avec du bichromate de potasse et de l'acide chlorhydrique, en ayant soin de faire retomber dans la fiole les vapeurs condensées dans un réfrigérant de Liebig.

Le trichlorure d'allyle est un liquide incolore dont l'odeur ressemble à celle du chloral.

(1) *Bulletin de la Société chimique*, nouv. sér., t. II, p. 4.

Il ne se solidifie pas encore à — 10°. Sa densité à 0° est de 1,41. Tandis que le tribromure d'allyle bout à une température supérieure de 30° au point d'ébullition de son isomère, la tribromhydrine de la glycérine, le point d'ébullition du trichlorure d'allyle est sensiblement le même, que celui de la trichlorhydrine. Il distille entre 154 et 157°. Or, comme le tribromure d'allyle ne diffère de la tribromhydrine que par cette propriété physique, on est fondé à admettre que le trichlorure d'allyle et la trichlorhydrine sont identiques.

La composition du trichlorure a été déterminée par les analyses suivantes :

I. 0gr,375 de substance ont donné 0,334 d'acide carbonique et 0,113 d'eau;

II. 0gr,317 de substance ont donné 0,905 de chlorure d'argent :

	Calculé.	Trouvé.
C^3	24,57	24,27
H^5	3,41	3,33
Cl^3	72,01	70,66

Soumis à l'action de la potasse ou de l'éthylate de soude, le trichlorure d'allyle ne donne point d'allylène. J'espère revenir sur ces réactions dans une prochaine communication.

Sur le glycol octylique, par M. P. DE CLERMONT.

Je vais résumer brièvement les faits que j'ai constatés en étudiant les propriétés du glycol octylique. Ce travail, commencé au laboratoire de M. Wurtz, n'est pas encore complet; mais comme je me propose de le reprendre dans quelque temps, je n'hésite pas à en publier les premiers résultats.

Lorsqu'on fait réagir l'acétate d'argent sur le bromure d'octylène, on obtient l'acétate d'octylglycol. Pour se placer dans les meilleures conditions de réussite, il convient de bien dessécher le bromure d'octylène et l'acétate d'argent, de les mettre en contact dans un matras en prenant 1 équivalent de bromure pour 2 d'acétate, et d'ajouter une quantité d'acide acétique cristallisable égale environ à la moitié du bromure d'octylène employé; l'addition d'acide acétique a pour objet de mélanger intimement le sel d'argent et le bromure en produisant une bouillie assez fluide. Le mélange ainsi préparé, est chauffé d'abord au bain-marie; la réaction ne tarde pas à avoir lieu, et pour être bien sûr qu'elle est entièrement accomplie, on peut élever la température du matras jusqu'à 120°.

Il se forme dans ces circonstances du bromure d'argent et de l'acétate d'octylglycol, qu'on sépare l'un de l'autre en épuisant le mélange par l'éther et filtrant.

La solution éthérée qui renferme l'acétate d'octylglycol et l'acide acétique en excès est soumise à la distillation; il passe d'abord de l'éther, puis de l'acide acétique avec de l'eau; on recueille à part les portions de liquide qui passent à une température plus élevée et qui renferment l'acétate d'octylglycol. Ce composé, convenablement purifié, au moyen de distillations fractionnées, bout de 245 à 250°. Il se présente sous la forme d'un liquide oléagineux, incolore; soumis à la saponification par la potasse caustique, il fournit le glycol. On ajoute à cet effet de la potasse récemment calcinée et finement pulvérisée, par petites portions, jusqu'à ce que le papier de tournesol accuse la réaction alcaline; on sépare ensuite l'octylglycol de l'acétate de potasse par la distillation au bain d'huile. Toutefois, une première saponification ne suffisant jamais, on recommence plusieurs fois la même opération.

On purifie l'octylglycol par la distillation fractionnée; on l'obtient ainsi sous la forme d'un liquide oléagineux, incolore, inodore, d'une saveur brûlante, aromatique, insoluble dans l'eau, soluble dans l'alcool et l'éther, d'une densité de 0,932 à 0° et de 0,920 à 29°, et bouillant entre 235 et 240°.

0gr,531 de matière ont donné 1,278 d'acide carbonique et 0,577 d'eau, ce qui fait en centièmes :

Expérience.		Théorie.	
Carbone	65,63	C^8	65,75
Hydrogène	12,07	H^{18}	12,32
Oxygène	»	O^2	21,93

Ce nombres s'accordent avec la formule $\text{C}^8\text{H}^{18}\text{O}^2$

Bien que les essais institués à l'effet de préparer le chlorhydrate d'oxyde d'octylène n'aient pas encore donné de résultats bien satisfaisants, je décrirai les expériences qui, lorsqu'elles seront répétées, me fourniront ce composé à l'état de pureté.

Pour obtenir la chlorhydrine, on a d'abord fait réagir l'acide chlorhydrique concentré sur le glycol dans un tube scellé à la lampe et chauffé au bain-marie pendant plusieurs jours. Le glycol s'était coloré au bout de ce temps sans se mélanger à l'acide chlorhydrique audessus duquel il formait une couche huileuse. Ce liquide ne présentait pas un point d'ébullition constant; on l'a fractionné en plusieurs portions, et le chlore a été dosé dans chacune d'elles; toutes renfermaient trop peu de chlore. La formule $\text{C}^8\text{H}^{17}\text{ClO}$ exigeant 21,58 % de chlore et les dosages n'ayant donné que des nombres ne dépassant pas 13,50 % de chlore, on a pensé qu'il était inutile de continuer des recherches dans cette direction, et on a eu recours au procédé publié l'année dernière par M. Carius au moyen duquel ce chimiste a préparé plusieurs chlorhydrates à l'état de pureté. Cette méthode consiste, on le sait, à faire réagir une solution aqueuse d'acide hypochloreux sur l'hydrogène carboné, qui forme le radical du chlorhydrate.

On a ajouté de l'octylène pur à une solution renfermant de 2 à 3 % d'acide hypochloreux, préparé d'après les indications de M. Carius; on a obtenu un mélange d'oxychlorure de mercure, d'eau et de chlorhydrate d'oxyde d'octylène. On a dissous le chlorhydrate dans l'éther, précipité le mercure par l'hydrogène sulfuré, et neutralisé l'excès d'acide par du carbonate de soude; on a isolé par la distillation fractionnée un liquide visqueux, d'une teinte jaunâtre, d'une odeur aromatique et bouillant de 204 à 208°. L'analyse a montré que ce liquide renfermait 56,59 de carbone et 9,87 d'hydrogène. La formule $\text{Ꞓ}^8H^{17}Cl\text{Ꝋ}$ exigeant 58,37 de carbone et 10,33 d'hydrogène, il en résulte une différence de 1,76 en moins pour le carbone et de 0,46 en moins pour l'hydrogène. Il serait difficile pour le moment d'expliquer cet écart que signale l'analyse pour un corps qui semblerait devoir être pur; il se forme sans doute, par suite d'une action oxydante secondaire, un produit qui renferme moins de carbone et d'hydrogène que n'en contient le chlorhydrate et qui s'y ajoute en petite proportion. C'est ce que je me propose d'éclaircir.

Action des alcools sur les éthers composés (suite), par MM. C. FRIEDEL et J. R. CRAFTS.

Dans notre précédente communication (1), nous avions annoncé à la Société qu'en chauffant ensemble de l'iodure d'éthyle et de l'alcool amylique, on obtenait probablement, entre autres produits, de l'éther mixte éthylamylique. Il nous a semblé que la formation de ce corps présentait un certain intérêt théorique, et qu'il valait la peine d'être recherché au milieu des nombreuses substances qui prennent naissance dans cette réaction compliquée.

Pour isoler l'oxyde mixte éthylamylique qui, d'après M. Williamson, bout à 112°, nous avons pris dans les produits de l'action de l'alcool amylique sur l'iodure d'éthyle, les portions bouillant de 100° à 120°. Elles renfermaient beaucoup d'iodures. Nous les avons chauffées, avec

(1) *Bulletin de la Société chimique*, t. v, p. 597 (1863).

du sodium, dans un ballon surmonté d'un réfrigérant destiné à faire refluer les vapeurs. Lorsque le sodium est resté sans action sur le liquide, nous avons soumis ce dernier à la distillation fractionnée, et après deux ou trois opérations, nous avons obtenu une certaine quantité d'un liquide limpide, d'une odeur éthérée agréable, bouillant entre 110 et 113°. Ce produit a donné à l'analyse les nombres suivants :

Matière employée	0gr,237
Acide carbonique	0gr,6305
Eau	0gr,3035

Soit en centièmes :

	Trouvé.	Théorie $\left.\begin{matrix} C^2H^5 \\ C^5H^{11} \end{matrix}\right\} O$.
Carbone	72,55	72,41
Hydrogène	14,22	13,73

Nous avons fait subir les mêmes opérations aux portions correspondantes des produits de l'action de l'alcool ordinaire sur l'iodure d'amyle. Nous y avons trouvé également l'oxyde mixte :

Matière employée	0,186
Acide carbonique	0,5015
Eau	0,2395

En centièmes :

	Trouvé.	Théorie $C^7H^{16}O$.
Carbone	73,53	72,41
Hydrogène	14,30	13,79

L'excès de carbone s'explique facilement par la présence d'une plus forte proportion d'iodure d'amyle dans le mélange traité par le sodium et par la formation d'une certaine quantité d'amyle. Des traces de cet hydrocarbure ont suffi pour élever sensiblement la proportion de carbone de la matière analysée.

On pouvait objecter à la méthode de purification précédente la possibilité qu'une partie au moins de l'oxyde mixte employé provînt de la réaction du sodium sur une petite quantité d'alcool amylique contenue dans le mélange, et ensuite de l'action de l'iodure d'éthyle sur l'amylate de sodium formé.

Pour lever cette objection, à laquelle la quantité d'éther mixte aurait d'ailleurs ôté toute importance, nous avons, dans d'autres opérations, procédé ainsi qu'il suit : Après avoir décanté la petite quantité d'eau qui se trouve toujours à la surface du mélange, on a traité ce dernier par 2 ou 3 parties d'acide sulfurique concentré en ayant soin d'empêcher un échauffement trop considérable. Les iodures se sont séparés à la surface; on les a décantés et on les a lavés encore une fois avec de l'acide sulfurique. Ils ne sont pas solubles dans ce liquide. L'acide sulfurique décanté a été étendu d'eau; l'éther mixte s'est alors séparé en formant une couche plus légère que l'acide aqueux, dans lequel l'alcool amylique est resté dissous.

En distillant la couche huileuse, après l'avoir lavée avec du carbonate de potasse puis desséchée, on reconnaît qu'elle est formée en grande partie d'éther mixte; mais elle retient encore une trace d'iodure d'éthyle et d'alcool amylique qu'on peut décomposer par le sodium.

Ainsi, dans l'action de l'iodure d'éthyle sur l'alcool amylique et dans celle de l'iodure d'amyle sur l'alcool vinique, il se forme de l'oxyde mixte éthylamylique.

La production de ce corps est d'ailleurs facile à comprendre. L'iodure d'éthyle et l'alcool amylique réagissent l'un sur l'autre, comme l'iodure d'éthyle sur l'éthylate de soude dans la belle expérience de M. Williamson; en même temps, il y a de l'acide iodhydrique mis en liberté.

$$\left.\begin{matrix}C^5H^{11}\\H\end{matrix}\right\}O + C^2H^5I = \left.\begin{matrix}C^2H^5\\C^5H^{11}\end{matrix}\right\}O + HI.$$

L'acide iodhydrique agit sur l'alcool amylique en excès et forme de l'iodure d'amyle et de l'eau. L'eau, à son tour, peut décomposer les iodures d'éthyle et d'amyle en régénérant les alcools éthylique et amylique. Il se produit ainsi une sorte de rotation dans les décompositions où les mêmes éléments entrent un certain nombre de fois et le mélange tend vers un état d'équilibre résultant de ce qu'à chaque instant, pour chaque corps, les quantités décomposées et régénérées sont égales.

L'existence de cet état d'équilibre peut être conçue *a priori*, et d'ailleurs MM. Berthelot et Péan de Saint-Gilles, dans leurs belles recherches sur les affinités, l'ont démontrée par l'expérience. Quant à la production simultanée de réactions inverses, beaucoup de faits obligent les chimistes à les admettre, et nous y voyons le moyen le plus naturel de nous expliquer l'action des masses, si difficile à interpréter autrement.

La mise en liberté de l'acide iodhydrique et de l'eau n'est pas hypothétique. Nous avons déjà signalé la séparation d'une certaine quantité d'eau à la surface des mélanges liquides après la réaction, et nous nous sommes assurés que cette eau renfermait une proportion notable d'acide iodhydrique libre.

Voici maintenant pourquoi nous avons insisté sur cette réaction. Elle nous paraît donner un appui expérimental à certaines idées émises sur l'éthérification de l'alcool vinique.

On sait que le chlorure, le bromure et l'iodure d'éthyle jouissent de la propriété de transformer en éther une quantité d'alcool à peu près indéfinie, par une action que l'on a placée dans cette catégorie de phénomènes mystérieux désignés sous le nom d'*actions de présence*. Certains chimistes pourtant, entre autres M. Alvaro Reynoso, dans son mémoire sur l'éthérification (1), ont émis l'idée que cette transformation pouvait être attribuée à une décomposition et à une reconstitution successives de l'iodure d'éthyle.

La formation de l'éther mixte éthyl-amylique nous semble faire toucher du doigt cette réaction réciproque et successive.

Ce n'est pas seulement aux chlorures, aux bromures, aux iodures organiques que cette explication peut être appliquée; elle convient parfaitement aux chlorures, aux bromures, aux sulfates métalliques, qui éthérifient l'alcool comme les éthers des hydracides, et dont on peut admettre aussi la décomposition passagère.

M. Pasteur a montré, dans ses belles recherches sur la fermentation, que l'action de présence du ferment n'est autre chose qu'une action physiologique s'exerçant successivement sur des proportions de matière très-considérables par rapport à la masse du ferment lui-même. Il nous semble que nous avons ici quelque chose d'analogue : une quantité très-faible d'iodure, par exemple, peut, par sa décomposition et sa reconstitution successives, faire passer à l'état d'éther une masse considérable d'alcool, l'iodure se retrouvant à la fin de l'opération, sans que sa quantité ait sensiblement diminué. L'action de présence, dans ce cas, est donc une véritable action chimique s'exerçant d'une manière successive.

La mise en liberté d'acide iodhydrique, dans la réaction que nous venons d'étudier, nous a fait concevoir quelques doutes sur l'interprétation que nous avons donnée précédemment des faits de remplacement d'un radical alcoolique par un autre dans un éther composé. En effet, rien ne prouve que l'iodure d'éthyle échange directement son radical éthyle contre le radical amyle de l'alcool amylique. L'iodure d'amyle, dont nous avons constaté la production, provient, en partie certainement, et peut-être en totalité, de l'action de l'acide iodhydrique, mis en liberté, sur l'alcool amylique. Il importait de savoir si la réaction d'un alcool sur l'éther d'un acide organique pouvait s'expliquer de la même manière, et pour cela il fallait constater s'il y avait production d'eau et mise en liberté d'acide.

(1) *Annales de Chimie et de Physique*, 3e sér., t. XLVIII, p. 385 (1856).

C'est ce qui n'a pas lieu; il n'y a pas non plus éthérification de l'alcool ajouté.

Ayant chauffé pendant 40 heures à 240°, un mélange d'acétate d'amyle sec et neutre (1) et d'alcool ordinaire distillé sur du sodium, on a constaté, après l'ouverture du tube, que le mélange était resté neutre. On a séparé par distillation fractionnée la partie bouillant de 75 à 90°. On l'a lavée plusieurs fois avec une dissolution saturée de chlorure de sodium; on l'a desséchée sur du chlorure de calcium fondu, et on l'a distillée en fractionnant les produits. Entre 74 et 76° on a recueilli une quantité notable d'un liquide qui possédait l'odeur de l'éther acétique, et qui a donné à l'analyse les résultats suivants :

Matière employée	0gr,204
Acide carbonique	0gr,4025
Eau	0gr,1745

Soit :

	Trouvé.	Théorie $\left(\begin{matrix} C^2H^3O \\ C^2H^5 \end{matrix}\right\} O\Big)$
Carbone	53,81	4,54
Hydrogène	9,50	9,09

Du benzoate d'éthyle bouillant de 209 à 210°, ayant été chauffé avec de l'alcool amylique pendant 60 heures, à une température qui a varié de 210 à 240°, on a constaté que le mélange était resté parfaitement neutre. Après trois ou quatre distillations fractionnées, on a analysé un produit passant de 251 à 253°.

Matière employée	0gr,2375
Acide carbonique	0gr,6485
Eau	0gr,1765

	Trouvé.	Théorie $\left(\begin{matrix} C^7H^5O \\ C^5H^{11} \end{matrix}\right\} O\Big)$
Carbone	74,47	75,00
Hydrogène	8,25	8,33

(1) L'acétate d'amyle employé bouillait de 136 à 138°. Le point d'ébullition indiqué par Gerhardt (125°) étant très-éloigné du nombre précédent, nous avons analysé notre produit :

Matière employée	0gr,215
Acide carbonique	0gr,606
Eau	0gr,254

	Trouvé.	Théorie.
Carbone	64,81	64,62
Hydrogène	11,06	10,78

Ayant chauffé à deux reprises de l'alcool amylique avec un grand excès d'acide acétique cristallisable, à 200° environ, nous avons obtenu un liquide qui, lavé avec une dissolution de carbonate de soude et desséché, entrait en ébullition à 138°. M. H. Kopp fixe à 133° la température d'ébullition de l'acétate d'amyle.

Il s'est formé dans la première expérience de l'acétate d'éthyle et dans la seconde du benzoate d'amyle sans qu'il ait été possible de constater la mise en liberté d'acide, ni la production d'eau. Ces faits tendent à nous faire admettre que pour les éthers des acides organiques, il y a remplacement direct d'un radical alcoolique par un autre.

L'expérience suivante conduit à la même conclusion :

Du benzoate d'éthyle et de l'acétate d'amyle en proportions équivalentes, ayant été chauffés ensemble, pendant 60 heures, à une température de 200 à 240°, on a pu constater qu'il y avait formation de benzoate d'amyle, mais en quantité assez faible pour rendre très-difficile la séparation des produits. On a enfermé de nouveau le mélange dans un tube scellé, et la température s'étant élevée jusqu'à 300° pendant quelques heures, on a obtenu, en distillant le contenu du tube, un liquide bouillant vers 74°, un autre bouillant vers 250°, et des produits intermédiaires.

Le premier a donné à l'analyse les nombres suivants :

I. Matière	0,1255
Acide carbonique	0,257
Eau	0,114

Le second :

II. Matière	0,2285
Acide carbonique	0,6205
Eau	0,1675

On a redistillé ce dernier sans parvenir à le purifier davantage, car une deuxième analyse a donné :

III. Matière	0,2065
Acide carbonique	0,5585
Eau	0,154

Soit :

	I.	II.	III.
Carbone	55,84	74,06	73,76
Hydrogène	10,09	8,14	8,27

Ces analyses suffisent pour montrer qu'il y a eu production d'acétate d'éthyle et de benzoate d'amyle. Il y a donc eu double échange, car on ne saurait concevoir un autre mode de décomposition et dans lequel ces deux éthers ne seraient que des produits de réactions secondaires.

Nous nous croyons donc autorisés à admettre que dans la réaction d'un alcool sur l'éther d'un acide organique, de même que dans la réaction mutuelle de deux éthers, il y a simplement échange des radicaux alcooliques entre l'éther et l'alcool, ou entre les deux éthers, de la même manière qu'il y a échange de métal entre une base libre et un sel, ou entre deux sels. Cet échange se produit en sens inverse, de sorte que celui des deux radicaux alcooliques qui a l'équivalent le plus élevé, déplace l'autre et en est déplacé à son tour. Il est probable que, dans le cas de l'action d'un alcool sur l'éther d'un hydracide, l'échange se produit aussi, en même temps que l'action secondaire de l'hydracide sur l'alcool.

Dans notre premier travail, nous avions signalé le benzoate comme se décomposant très-difficilement. Les expériences dont nous rendons compte aujourd'hui montrent que ce n'est qu'une question de température et de temps.

Après avoir étudié l'action d'un alcool sur un éther, et celle de deux éthers composés l'un sur l'autre, nous nous sommes demandé si les oxydes de deux radicaux alcooliques ne pourraient pas réagir à leur tour et donner un oxyde mixte. Nous avons chauffé ensemble pendant 75 heures, de 200 à 250°, poids égaux d'oxyde d'éthyle et d'oxyde d'amyle. Après deux ou trois distillations fractionnées, nous avons séparé un produit bouillant de 35 à 40° et un autre bouillant de 168 à 173°. Quelques gouttes de liquide seulement ont passé aux températures intermédiaires S'il y a décomposition réciproque, ce ne peut être qu'à une température encore plus élevée. Ce résultat n'a pas lieu de surprendre, en raison de la grande stabilité des oxydes des radicaux alcooliques.

Sur l'alcool pseudobutylique tertiaire ou alcool méthylique triméthylé, par M. A. BOUTLEROW.

Les expériences, dont j'ai eu l'honneur de présenter les résultats à la Société chimique il y a quelque temps (1), ont démontré que dans la réaction mutelle du zinc-méthyle et du chloroxyde de carbone il se forme un corps cristallisé qui, traité par l'eau, donne naissance à un liquide alcoolique. Les particularités de cette réaction et la véritable nature des produits formés m'étaient restées inconnues. J'ai entrepris plus tard de nouvelles recherches pour éclaircir ces questions et j'ai été assez heureux pour atteindre le but que je m'étais proposé. Ce sont les résultats de ces derniers travaux que je soumets maintenant à l'attention de la Société. Ils démontrent d'abord que le liquide alcoolique mentionné plus haut, n'est pas un mélange des deux alcools $Ꞓ^3H^8Ꝋ$ et $Ꞓ^4H^{10}Ꝋ$, comme je l'avais supposé d'abord, mais bien

(1) *Bulletin de la Société chimique*, t. V, p. 587 (1863).

un second alcool isomère de l'alcool butylique qu'on peut appeler *alcool méthylique triméthylé* et dont l'existence a déjà été prévue depuis longtemps par M. Kolbe.

Convaincu que le produit immédiat de l'action du zinc-méthyle sur le chloroxyde de carbone devait être l'un de ceux que la théorie indique, c'est-à-dire l'acétone ou le chlorure d'acétyle, j'ai commencé par essayer l'action du zinc-méthyle sur ces deux substances.

Les expériences de M. Freund (1) ont démontré que le zinc-méthyle en réagissant sur le chlorure d'acétyle fournit de l'acétone, et d'après cela on pouvait supposer que c'est plutôt ce dernier corps qui, sous l'action du zinc-méthyle, donne naissance à la substance alcoolique. Cette supposition n'a pas été confirmée par l'expérience. Le zinc-méthyle et l'acétone réagissent lentement à la température ordinaire, plus rapidement lorsqu'on chauffe. Les produits de cette réaction sont : un gaz, une masse amorphe et translucide (probablement de l'oxyde de zinc hydraté) et une substance huileuse douée d'une odeur désagréable et qui paraît être un carbure d'hydrogène. D'après cela, il est probable que la réaction consiste ici en une simple soustraction des éléments de l'eau à la molécule de l'acétone.

La formation de la substance alcoolique, en partant de l'acétone, n'ayant pas réussi, je me suis décidé à répéter l'expérience de M. Freund en modifiant les conditions. Ainsi, j'ai commencé par faire réagir le chlorure d'acétyle, non sur une solution éthérée de zinc-méthyle, comme M. Freund l'avait fait, mais sur du zinc-méthyle pur. La réaction a été très-énergique et il s'est formé un liquide visqueux d'un brun rougeâtre; j'ai traité par l'eau et j'ai séparé la partie la plus volatile en distillant. En traitant ensuite par du carbonate de potasse le produit de cette dernière opération, j'ai vu surnager un liquide éthéré possédant l'odeur et le point d'ébullition de l'acétone. Avec une solution concentrée de bisulfite de soude, ce produit a fourni, en s'échauffant, la combinaison cristalline caractéristique de l'acétone. Ces expériences confirment donc complétement les observations de M. Freund.

Dans le but de rendre la réaction moins énergique et de lui imprimer peut-être une direction nouvelle, j'ai fait réagir les vapeurs de zinc-méthyle et de chlorure d'acétyle. A cet effet un tube contenant du chlorure d'acétyle, a été placé dans un ballon rempli d'acide carbonique et contenant un peu de zinc-méthyle. Dans l'espace de quel-

(1) *Répertoire de Chimie pure*, t. III, p. 11 (1861).

ques jours, on a constaté sur les parois du ballon un dépôt cristallin constitué par de fines aiguilles, mais la quantité de ces cristaux n'a pas augmenté plus tard; elle est restée très-minime; dans le tube il s'est formé le liquide visqueux, brun rougeâtre, dont j'ai parlé plus haut. En exécutant à plusieurs reprises (et en variant les conditions) des expériences analogues, j'ai réussi enfin à obtenir une quantité un peu notable du produit cristallin. Celui-ci présentait toutes les propriétés des cristaux qui se forment dans la réaction du zinc-méthyle et du chloroxyde de carbone. Traité par l'eau, il a donné naissance à un gaz, à de l'oxyde de zinc et à quelques gouttes du liquide alcoolique possédant la propriété caractéristique de se prendre en une masse cristalline par le refroidissement. C'est donc bien le chlorure d'acétyle qui, en présence du zinc-méthyle donne naissance au corps cristallisé qui se forme dans la réaction du zinc-méthyle et du chloroxyde de carbone. D'après cela, il est démontré que le produit immédiat de cette dernière réaction est le chlorure d'acétyle, comme la théorie le faisait prévoir. Il ne restait plus qu'à préciser les conditions dans lesquelles le corps cristallisé devient le produit principal de la réaction entre le zinc-méthyle et le chlorure d'acétyle. C'est ce qui m'a réussi complétement, après plusieurs tentatives infructueuses.

Lorsqu'on fait arriver très-lentement du chlorure d'acétyle (à peu près 1 volume) dans un excès de zinc-méthyle (environ 4 volumes), placé dans une éprouvette entourée d'eau à 0°, les deux corps réagissent vivement, mais le mélange se colore peu et ne devient pas visqueux. Ce mélange a déposé au bout de quelque temps de grands cristaux transparents, et au bout de deux jours environ cette cristallisation était achevée.

Pour conduire l'opération d'une manière lente et régulière et pour obtenir le composé cristallin à l'état de pureté, j'ai opéré de la manière suivante :

L'ouverture A d'un tube en verre d'une forme particulière (voir la figure) a été, au moyen d'un bouchon de liége percé de trois trous, mis en communication avec le bout inférieur d'un réfrigérant de Liebig R et avec un appareil fournissant de l'acide carbonique. Le troisième trou portait un tube *h* muni d'un bouchon; c'est ce dernier tube qui servait à l'introduction du zinc-méthyle. L'appareil étant rempli d'acide carbonique, on a fermé à la lampe le bout effilé B; on a introduit le zinc-méthyle par le tube *h* et l'on a mis le tube *t* en communication avec le réfrigérant de Liebig. A l'autre extrémité du réfrigérant était adaptée une cornue contenant du chlorure d'acétylo. Le ube contourné a été entouré d'un mélange d'eau et de glace; dans le manchon du réfrigérant on a fait circuler un courant d'eau froide, puis on a fait arriver, en distillant lentement, le chlorure d'acétyle, qui s'est condensé au contact du zinc-méthyle; on a eu soin d'éviter une action trop vive.

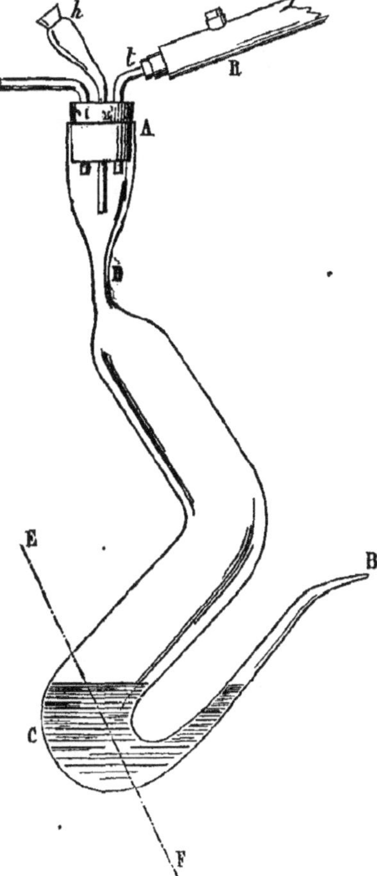

Le mélange ainsi effectué, on a fermé à la lampe la partie étranglée en D, et l'on a abandonné l'appareil à lui-même pendant deux ou trois jours dans une position telle que la surface de niveau du mélange liquide se trouvait dans la position E F. La cristallisation s'est opérée; on a alors incliné l'appareil avec précaution; les eaux-mères se sont rassemblées dans la partie du tube opposée à celle qui contenait les cristaux, puis en refroidissant ce dernier bout, et en chauffant l'autre au bain-marie, on est parvenu à faire passer un peu de zinc-méthyle pur sur les cristaux, fin de les laver. Après avoir répété plusieurs fois cette dernière opération, on a fait égoutter la masse cristalline et l'on a brisé la pointe B du tube; on l'a mise en communication avec une source d'acide carbonique, et en ouvrant le bout D, on a fait écouler le zinc-méthyle. Le courant d'acide carbonique a passé à travers l'appareil, d'abord à la température ordinaire; ensuite on a chauffé graduellement au bain-marie la partie du tube contenant les cristaux. On a réussi de cette manière à obtenir ces cristaux à un état de pureté suffisante.

Ainsi préparée, la substance se présente en gros prismes rhombiques qui sont aplatis en raison d'une forte troncature de leurs arêtes. L'angle des autres arêtes est d'environ 108°, et la forme générale des cristaux ressemble assez à celle de l'arragonite, de la baryte sulfatée ou de la strontiane sulfatée.

Tant que les cristaux restent enfermés dans l'appareil, ils sont tout à fait incolores et transparents, mais leur surface se ternit et devient opalescente pendant la dessiccation dans le courant d'acide carbonique. Traités par l'eau, les cristaux s'échauffent et fournissent un alcool liquide en dégageant du gaz des marais et en donnant naissance à de l'oxyde et à du chlorure de zinc.

Les cristaux ont donné à l'analyse les résultats suivants :

I. 0gr,4835 de substance brûlée par un mélange d'oxyde de cuivre et d'oxyde de plomb ont donné 0,4795 d'acide carbonique et 0,2415 d'eau.

II. 0gr,4770 ont donné 0,2910 d'oxyde de zinc.

III. 0gr,5435 ont fourni 0,2885 de chlorure d'argent.

IV. 0gr,3233 ont donné 0,1723 de chlorure d'argent.

Ce qui donne en centièmes :

	Expérience				
	I.	II.	III.	IV.	Théorie.
Carbone	27,05	»	»	»	26,71
Hydrogène	5,54	»	»	»	5,56
Zinc	»	49,07	»	»	48,61
Chlore	»	»	13,12	13,17	13,17
Oxygène	»	»	»	»	5,95
					100,00

Ces nombres conduisent à la formule :

$$\text{Ɵ}^6H^{15}\text{Zn}^2Cl\text{Ɵ}.$$

Le corps cristallisé renferme donc les éléments de 1 molécule de chlorure d'acétyle et de 2 molécules de zinc-méthyle,

$$\text{Ɵ}^2H^3\text{Ɵ}Cl + 2\left(\begin{matrix}\text{Ɵ}H^3\\ \text{Ɵ}H^3\end{matrix}\right\}\text{Zn}\Big) = \text{Ɵ}^6H^{15}\text{Zn}^2Cl\text{Ɵ};$$

mais on ne peut admettre que ces deux composés s'unissent purement et simplement; cette manière de voir n'expliquerait pas la métamorphose que les cristaux subissent par l'action de l'eau. En ayant égard à cette dernière réaction, on est conduit à admettre que le chlorure d'acétyle échange son atome d'oxygène contre 1 atome du radical méthyle et forme ainsi le radical $(\text{Ɵ}^4H^9)'$ et que les produits de cet échange demeurent combinés. Dans cette hypothèse, deux équations sont possibles pour représenter la réaction :

$$(I)\quad \left\{\begin{matrix} CH^3 \\ COCl \end{matrix}\right. + 2\left(\begin{matrix} CH^3 \\ CH^3 \end{matrix}\right\} Zn\Big) = C^4H^9Cl + \left.\begin{matrix} (CH^3,\overset{''}{Zn})' \\ (CH^3,\overset{''}{Zn})' \end{matrix}\right\} O.$$

$$(II)\quad \left\{\begin{matrix} CH^3 \\ COCl \end{matrix}\right. + 2\left(\begin{matrix} CH^3 \\ CH^3 \end{matrix}\right\} Zn\Big) = \left.\begin{matrix} C^4H^9 \\ (CH^3,Zn)' \end{matrix}\right\} O + (CH^3,Zn)'Cl.$$

La première de ces équations conduit à admettre que le corps C^4H^9Cl, sous l'influence de l'eau, échange son chlore contre le résidu $(HO)'$, ce qui n'est pas vraisemblable. Cette circonstance et l'existence, à l'état séparé, du corps $\left.\begin{matrix} C^4H^9 \\ (CH^3,Zn)' \end{matrix}\right\} O$ admises dans la seconde équation (1) me font accepter celle-ci comme la véritable expression des faits. Il est presque inutile de faire observer que les deux molécules saturées $\left.\begin{matrix} C^4H^9 \\ (CH^3Zn)' \end{matrix}\right\} O$ et $(CH^3Zn)'Cl$ ne peuvent être combinées qu'à la façon de l'eau de cristallisation avec les diverses molécules saturées.

La réaction que la substance éprouve au contact de l'eau serait donc représentée par l'équation :

$$2\left[\left.\begin{matrix} C^4H^9 \\ (CH^3Zn)' \end{matrix}\right\} O + (CH^3Zn)'Cl\right] + 6H^2O = 2\left[\left.\begin{matrix} C^4H^9 \\ H \end{matrix}\right\} O\right] + 4\,CH^4$$
$$+\ 3\left(\left.\begin{matrix} Zn \\ H^2 \end{matrix}\right\} O^2\right) + \overset{''}{Zn}Cl^2.$$

J'ai déterminé approximativement la quantité de gaz des marais qui se dégage et la quantité d'alcool *pseudobutylique* qui se forme dans cette réaction, et je suis arrivé aux résultats suivants :

$0^{gr},2325$ de substance, décomposée par l'eau, ont donné $32^{c.c}$ (réduits à $0°$ et à $0^m,760$) d'un gaz dont la nature a été établie par l'analyse eudiométrique ; l'équation ci-dessus exige $38^{c.c}$ d'hydrure de méthyle.

$0^{gr},7240$ de substance ont produit $0^{gr},1735$ du nouvel alcool, ce qui correspond à 24 %, tandis que la quantité théorique correspondrait à 27,4 %.

En songeant aux difficultés que l'on rencontre pour préserver les cristaux du contact de l'humidité atmosphérique et pour recueillir sans perte l'alcool produit dans la réaction, on pourra considérer les nombres obtenus comme présentant un accord suffisant avec la théorie.

Le produit immédiat de la réaction du zinc-méthyle sur le gaz

(1) Voir plus bas la note intitulée : *Nouveaux faits pour servir à l'histoire des composés organo-métalliques*, p. 116.

chloroxycarbonique étant sans doute du chlorure d'acétyle, il faut admettre que ce dernier corps réagit au moment de sa formation sur le zinc-méthyle pour donner naissance au composé cristallin. Une certaine quantité de chlorure d'acétyle paraît rester en même temps à l'état de liberté; on sait en effet, d'après mes expériences antérieures, qu'il y a toujours production d'une certaine quantité d'acide acétique lorsqu'on traite par l'eau la masse qui résulte de l'action du zinc-méthyle sur le chloroxyde de carbone. On peut croire, d'après cela, qu'il ne serait pas impossible de rencontrer des conditions telles que la réaction s'arrêterait à sa première phase; cependant, malgré de nombreux essais que j'ai tentés, je n'ai pu jusqu'à présent atteindre ce but.

La formation du radical $(\mathrm{C^4H^9})'$, dans l'action du zinc méthyle sur le chlorure d'acétyle, résulte de l'échange de l'atome d'oxygène du dernier corps contre $2(\mathrm{CH^3})'$. Or, l'acétyle lui-même contient déjà le groupe $\mathrm{CH^3}$, combiné par son affinité carbonique au carbone du groupe CO. Il faut donc admettre que l'alcool pseudobutylique qui se forme, renferme trois fois le radical méthyle, et que sa structure chimique est telle qu'on peut l'exprimer par la formule :

$$\left.\begin{matrix}\left(\mathrm{C}\left\{\begin{matrix}\mathrm{CH^3}\\\mathrm{CH^3}\\\mathrm{CH^3}\end{matrix}\right.\right)'\\\mathrm{H}\end{matrix}\right\}\mathrm{O} \text{ ou par } \left.\begin{matrix}\mathrm{C(CH^3)^3}\\\mathrm{H}\end{matrix}\right\}\mathrm{O}.$$

C'est donc un nouvel alcool possédant la même composition que l'alcool butylique ordinaire, et que j'appelle *alcool pseudobutylique tertiaire* ou *alcool méthylique triméthylé*. Les quatre atomes de carbone sont ici, comme dans l'alcool butylique normal, combinés directement entre eux, mais les atomes d'hydrogène sont distribués d'une manière différente et caractéristique entre les atomes de carbone. La marche des métamorphoses donnant naissance au produit alcoolique, au moyen du zinc méthyle et du gaz chloroxycarbonique, ou du zinc méthyle et du chlorure d'acétyle, et la véritable nature de ce produit étant établies, il m'a paru douteux que, dans le premier de ces cas, il pût y avoir aussi formation d'un alcool propylique, ce que j'avais d'abord supposé d'après les résultats de mes analyses. En effet, ayant remarqué que la substance alcoolique, obtenue dans la réaction du zinc-méthyle et du chloroxyde de carbone, retient obstinément de l'eau, et en me basant sur l'observation faite par M. Erlenmeyer à l'égard de l'alcool propylique, j'étais arrivé à penser que l'alcool pseudobutylique, analysé dans le cours de mes recherches antérieures, contenait une certaine proportion d'eau, qui n'avait pu être éliminée par le carbonate de potasse fondu, et que cette circonstance pouvait expliquer l'infériorité des nombres obtenus pour le carbone et l'hydrogène. Les expériences faites depuis sont venues vérifier complétement cette supposition.

J'ai soumis à l'analyse (I) un échantillon d'alcool préparé, en décomposant par l'eau le produit cristallisé pur, obtenu par la réaction du zinc méthyle sur le chlorure d'acétyle, après l'avoir desséché sur du carbonate de potasse fondu ; (II) une autre partie de la même matière, d'abord desséchée sur du carbonate de potasse fondu, puis traitée par du sodium métallique ; (III) la partie la plus volatile (bouillant environ à 80°) de l'alcool obtenu par l'action du zinc méthyle sur le chloroxyde de carbone après dessiccation sur du carbonate de potasse fondu.

(I) 0gr,1503 de substance ont donné 0gr,3472 d'acide carbonique et 0gr,1808 d'eau.

(II) 0gr,1240 de substance ont donné 0gr,2920 d'acide carbonique et 0gr,1470 d'eau.

(III) 0gr,1880 de substance ont donné 0gr,4295 d'acide carbonique et 0gr,2165 d'eau.

En centièmes :

	Expériences.			Calculé d'après
	I.	II.	III.	$C^4H^{10}O$.
Carbone	63,00	64,19	62,29	64,86
Hydrogène	13,37	13,14	12,76	13,51

On voit que la partie traitée par le sodium métallique a seule présenté la composition qui se rapproche de la théorie, tandis que la partie (I) qui, d'après son mode de préparation, ne devait contenir que de l'alcool pseudobutylique, a fourni des nombres inférieurs à la théorie. De plus, en traitant par le perchlorure de phosphore la partie (III), c'est-à-dire celle qui a fourni les nombres les plus éloignés de la théorie, et en déterminant la quantité de chlore contenue dans la partie du chlorure qui a passé la première à la distillation, j'ai obtenu des nombres qui s'accordent parfaitement avec ceux déduits de la formule

$$C^4H^9Cl.$$

0gr,1472 de substance chlorée ont fourni 0,2295 de chlorure d'argent, ce qui correspond à 38,58 % de chlore; la théorie exige 38,37 %.

Une autre partie du chlorure préparé avec l'alcool obtenu par la réaction du zinc méthyle sur le chlorure d'acétyle a fourni les mêmes résultats :

0gr,1842 de substance ont donné 0,2858 de chlorure d'argent, soit 38,38 % de chlore.

La formation du chlorure de *pseudobutyle* a lieu facilement et d'après l'équation :

$$\left.\begin{matrix}C^4H^9\\H\end{matrix}\right\}O + PhCl^5 = C^4H^9Cl + PhCl^3O + HCl.$$

On l'obtient rapidement en ajoutant peu à peu du perchlorure de phosphore à une quantité équivalente d'alcool pseudobutylique refroidi. La réaction, très-énergique, est accompagnée d'un dégagement considérable de gaz chlorhydrique. Lorsqu'elle est terminée, on sépare le produit organique de l'oxychlorure de phosphore, et on l'obtient à l'état de pureté en distillant au bain-marie, agitant le liquide distillé avec de l'eau froide, desséchant sur du chlorure de calcium et rectifiant avec le thermomètre. Le chlorure de pseudobutyle ou de méthyle triméthylé, est liquide, incolore, plus léger que l'eau, bouillant de 50 à 51°, doué d'une odeur analogue à celle du chlorure d'éthylène.

Quant aux propriétés de l'alcool *méthylique triméthylé*, on remarque qu'il se solidifie (lorsqu'il a été bien desséché) entre $+20°$ et $+25°$ en formant de volumineux cristaux transparents; c'est ainsi qu'à la température ordinaire cet alcool, desséché sur le sodium, passe en totalité à l'état solide; lorsqu'il n'a été traité que par le carbonate de potasse fondu, il ne se solidifie que partiellement. Cette propriété, qui rapproche l'alcool pseudo-butylique tertiaire des phénols, rend probable que ces derniers sont aussi des alcools tertiaires. Le mode de formation de l'alcool méthylique triméthylé semble promettre un moyen général de production des alcools méthyliques *trisubstitués*. En effet, si la réaction entre les chlorures de différents acides monatomiques et les combinaisons organo-métalliques du zinc était, dans d'autres cas, analogue à celle que j'ai observée pour le chlorure d'acétyle et le zinc méthyle, on obtiendrait, par exemple, dans la réaction du zinc méthyle et du chlorure de butyryle, de l'alcool méthylique *diméthyl-propylé*, l'un des alcools pseudo-caproïques tertiaires (voir plus bas). Dans la réaction du zinc méthyle et du chlorure de benzoyle, on obtiendrait de l'alcool méthylique *diméthyl-phénylé*

$$C^9H^{12}O = \left.\begin{matrix}C(CH^3)^2(C^6H^5)\\H\end{matrix}\right\}O, \text{ etc.}$$

L'action du zinc-éthyle et celle du zinc-amyle sur le chlorure de valéryle pourrait produire aussi des pseudo-alcools tertiaires à molécule élevées, notamment de l'alcool méthylique *diéthylbutylé*

$$C^9H^{20}O = \left.\begin{matrix}C(C^2H^5)^2(C^4H^9)\\H\end{matrix}\right\}O$$

et de l'alcool méthylique *diamylobutylé*

$$C^{15}H^{32}O = \left.\begin{matrix} C(C^5H^{11})^2(C^4H^9) \\ H \end{matrix}\right\} O$$

et ainsi de suite. Cependant il n'est pas impossible que les chlorures à molécules compliquées se comportent, à l'égard des composés organométalliques de zinc, d'une manière différente de celle qui vient d'être exposée. J'espère éclaircir ces questions par de nouvelles expériences. En comparant mes résultats à ceux que M. Frankland a obtenus en faisant réagir le zinc éthyle sur l'éther oxalique, on voit que la substitution des radicaux alcooliques à l'oxygène, dans l'action des composés organométalliques du zinc sur des corps contenant du carbone oxydé, paraît être une action générale, promettant une foule de résultats intéressants.

Les faits qui sont maintenant acquis à la science permettent de prévoir l'existence d'une foule d'alcools isomères, et je ferai remarquer que, malgré leur grand nombre, la nomenclature de ces alcools ne paraît pas présenter de difficultés. D'abord, on aura à distinguer ici (*d'après le nombre des atomes d'hydrogène combinés directement à l'atome de carbone uni au résidu* HO) des alcools *primaires*, *secondaires* et *tertiaires*; puis, en envisageant, avec M. Kolbe, chaque alcool comme dérivant d'un alcool plus simple par l'échange de l'hydrogène de ce dernier contre des radicaux alcooliques $(C^nH^{2n+1})'$, on trouvera facilement pour chaque alcool un nom rationnel. Il est aisé de voir, en procédant ainsi, que, dans les séries élevées, quant au nombre d'atomes de carbone, il doit y avoir plusieurs alcools isomères primaires. Ces derniers corps, dont les propriétés ne présenteront probablement que très-peu de différences, comprendront les alcools primaires normaux. Ainsi, on aura, par exemple :

Première série :

$$\left.\begin{matrix} CH^3 \\ H \end{matrix}\right\} O$$

Alcool primaire et normal (alcool méthylique).

Deuxième série :

$$\left.\begin{matrix} CH^2(CH^3) \\ H \end{matrix}\right\} O$$

Alcool primaire et normal, alcool éthylique ou méthylique méthylé.

Troisième série :

1.

$$\left.\begin{matrix} CH^2\left(CH^2(CH^3)\right) \\ H \end{matrix}\right\} O$$

Alcool primaire et normal, alcool propylique ou éthylique méthylé.

2.

$$\left.\begin{matrix} \left[CH(CH^3)(CH^3)\right] \\ H \end{matrix}\right\} O$$

Alcool secondaire, pseudo-alcool propylique ou méthylique diméthylé.

Quatrième série :

Alcools primaires.

1.

$$\left.\mathrm{CH^2\left[\begin{matrix}CH^2\,[CH^2(CH^3)]\\ H\end{matrix}\right]}\right\}\mathrm{O}$$

Alcool normal butylique ou méthylique propylé, ou éthylique éthylé, ou bien propylique méthylé.

2.

$$\left.\mathrm{CH^2\left[\begin{matrix}CH(CH^3)\,(CH^3)\\ H\end{matrix}\right]}\right\}\mathrm{O}$$

Alcool éthylique diméthylé, ou méthylique pseudopropylé.

3.

$$\left.\mathrm{CH\left[CH^2\,(CH^3)\right]\left[\begin{matrix}CH^3\\ H\end{matrix}\right]}\right\}\mathrm{O}$$

Alcool pseudo butylique secondaire, alcool méthylique méthyléthylé.

4.

$$\left.\begin{matrix}\mathrm{C(CH^3)\,(CH^3)(CH^3)}\\ \mathrm{H}\end{matrix}\right\}\mathrm{O}$$

Alcool pseudo butylique tertiaire, alcool méthylique triméthylé.

Cinquième série :

Alcools primaires.

1.

$$\left.\mathrm{CH^2\left\{CH^2\left[\begin{matrix}CH^2[CH^2(CH^3)]\\ H\end{matrix}\right]\right\}}\right\}\mathrm{O}$$

Alcool amylique normal, alcool méthylique butylé, ou éthylique propylé, etc.

2.

$$\left.\mathrm{CH^2\left[\begin{matrix}CH^2\,[CH(CH^3)(CH^3)]\\ H\end{matrix}\right]}\right\}\mathrm{O}$$

Alcool propylique diméthylé.

3.

$$\left.\mathrm{CH^2\left[\begin{matrix}CH[CH^2(CH^3)][CH^3]\\ H\end{matrix}\right]}\right\}\mathrm{O}$$

Alcool éthylique méthyléthylé.

4.

$$\left.\mathrm{CH^2\left[\begin{matrix}C\,(CH^3)\,(CH^3)\,(CH^3)\\ H\end{matrix}\right]}\right\}\mathrm{O}$$

Alcool éthylique triméthylé.

Alcools secondaires.

5.

$$\left.\mathrm{CH\left[CH^2(CH^3)\right]\left[\begin{matrix}CH^2\,(CH^3)\\ H\end{matrix}\right]}\right\}\mathrm{O}$$

Alcool pseudométhylique diéthylé.

6.

$$\left.\mathrm{CH\left[CH^2[CH^2(CH^3)]\right]\left[\begin{matrix}CH^3\\ H\end{matrix}\right]}\right\}\mathrm{O}$$

Alcool pseudométhylique méthylpropylé.

7.

$$\left.\mathrm{C\left[CH^2\,(CH^3)\right]\left[CH^3\right]\left[\begin{matrix}CH^3\\ H\end{matrix}\right]}\right\}\mathrm{O}$$

Alcool pseudoamylique tertiaire, alcool méthylique diméthyléthylé.

et ainsi de suite.

La théorie va donc ici beaucoup plus loin que les faits ; il reste à savoir si tous les alcools isomères peuvent réellement exister.

Nouveaux faits pour servir à l'histoire des composés organo-métalliques, par M. A. BOUTTLEROW.

D'après M. Frankland, le zinc éthyle, en s'oxydant lentement, fournit de l'éthylate de zinc

$$\left.\begin{matrix}\mathrm{2(C^2H^5)}\\ \mathrm{Zn}\end{matrix}\right\}\mathrm{O^2}.$$

On pouvait dès lors s'attendre à obtenir avec le zinc méthyle, dans des circonstances analogues, le composé correspondant

$$\left.\begin{matrix}2(\mathrm{CH^3})\\ \mathrm{Zn}\end{matrix}\right\}\mathrm{O^2}.$$

Dans le cours de mes expériences sur le zinc méthyle, j'ai eu plusieurs fois l'occasion d'observer que la masse blanche qui se forme par l'oxydation lente du zinc méthyle possède la propriété, lorsqu'on la met en contact avec l'eau, de dégager une quantité considérable de gaz des marais. La formule

$$\left.\begin{matrix}2(\mathrm{CH^3})\\ \mathrm{Zn}\end{matrix}\right\}\mathrm{O^2}$$

n'explique pas ce dernier fait; elle conduirait plutôt à supposer que le zinc méthyle oxydé se décomposerait au contact de l'eau, d'après l'équation :

$$\left.\begin{matrix}2(\mathrm{CH^3})\\ \mathrm{Zn}\end{matrix}\right\}\mathrm{O^2} + 2\mathrm{H^2O} = 2\left(\left.\begin{matrix}\mathrm{CH^3}\\ \mathrm{H}\end{matrix}\right\}\mathrm{O}\right) + \left.\begin{matrix}\mathrm{Zn}\\ \mathrm{H^2}\end{matrix}\right\}\mathrm{O^2}.$$

Les faits qui se rapportent aux composés organométalliques sont, je crois, de nature à prouver que, lorsqu'il y a dégagement de gaz, par suite de l'action de l'eau ou d'autres agents, c'est toujours le radical alcoolique, directement combiné au métal par son affinité carbonique, qui est éliminé à l'état d'hydrure. On sait aussi que les équivalents du radical alcoolique, unis au métal dans la molécule des combinaisons organométalliques saturées des métaux polyatomiques, sont éliminés par l'action de différents réactifs, non pas simultanément, mais équivalent par équivalent, de sorte que les résidus composés de l'atome du métal incomplétement saturé par le radical ou les radicaux hydrocarbonés, entrent dans la composition des nouveaux produits. C'est ainsi que le stannotétréthyle donne naissance à des dérivés renfermant le radical $(\mathrm{SnAc^3})'$ ou $(\mathrm{SnAc^2})''$. La triméthylarsine peut engendrer des combinaisons cacodyliques, etc. En conséquence, j'ai eu l'idée que le produit de l'oxydation du zinc méthyle, au lieu d'être du méthylalcoolate de zinc, pouvait renfermer le groupe $(\overset{''}{\mathrm{Zn}}\overset{'}{\mathrm{Me}})'$, fonctionnant comme un radical monatomique (1). L'expérience est venue confirmer cette prévision. J'ai pensé d'abord que le zinc méthyle oxydé était :

$$\left.\begin{matrix}(\mathrm{CH^3Zn})'\\ (\mathrm{CH^3Zn})'\end{matrix}\right\}\mathrm{O},$$

(1) M. Morkownikoff a déjà accepté l'existence de ce radical et lui a fait jouer un certain rôle dans l'une des réactions qu'il a étudiées, *Zeitschrift für Chemie und Pharmacie*, p. 71 (1864).

formule qui suppose que la moitié du méthyle se dégage pendant l'oxydation, à l'état d'éther méthylique; mais l'expérience a prouvé que l'oxygène est simplement absorbé par le zinc méthyle sans que rien ne se dégage. Dès lors, il n'y avait que deux substances de formation possible, savoir : le méthylalcoolate de zinc

$$\left.\begin{matrix} 2\mathrm{CH^3} \\ \mathrm{Zn} \end{matrix}\right\}\Theta^2, \text{ ou le corps } \left.\begin{matrix} (\mathrm{CH^3Zn})' \\ \mathrm{CH^3} \end{matrix}\right\}\Theta.$$

En soumettant du zinc méthyle (mélangé, pour éviter l'enflammation, avec de l'iodure de méthyle) à l'action d'un courant d'air sec, on a obtenu une masse blanche légère, à texture cristalline, possédant une odeur camphrée particulière et jouissant de la propriété de dégager beaucoup d'hydrure de méthyle au contact de l'eau. Soumis à l'analyse, ce corps a fourni les résultats suivants :

0gr,3945 ont donné 0gr,2870 d'acide carbonique et 0gr,1783 d'eau; 0gr,5310 de substance ont donné 0gr,3768 d'oxyde de zinc. En centièmes :

	Expérience.	Calculé d'après la formule $\left.\begin{matrix} 2\mathrm{CH^3} \\ \mathrm{Zn} \end{matrix}\right\}\Theta^2$	Calculé d'après la formule $\left.\begin{matrix} (\mathrm{CH^3Zn})' \\ \mathrm{CH^3} \end{matrix}\right\}\Theta$
Carbone	19,84	18,82	21,52
Hydrogène	5,02	4,70	5,38
Zinc	57,03	51,38	58,74

La substance analysée était donc le corps

$$\left.\begin{matrix} (\mathrm{CH^3Zn})' \\ \mathrm{CH^3} \end{matrix}\right\}\Theta$$

mélangé probablement d'une certaine quantité d'alcoolate

$$\left.\begin{matrix} 2\mathrm{CH^3} \\ \mathrm{Zn} \end{matrix}\right\}\Theta^2.$$

La manière dont elle se comporte en présence de l'eau vient à l'appui de la première formule; on aurait donc l'équation :

$$\left.\begin{matrix} (\mathrm{CH^3Zn})' \\ \mathrm{CH^3} \end{matrix}\right\}\Theta + 2\mathrm{H^3}\Theta = \mathrm{CH^4} + \left.\begin{matrix} \mathrm{CH^3} \\ \mathrm{H} \end{matrix}\right\}\Theta + \left.\begin{matrix} \mathrm{Zn} \\ \mathrm{H^2} \end{matrix}\right\}\Theta^2.$$

0gr,1393 de substance ont donné 21 centimètres cubes (réduits) de gaz des marais, tandis que l'équation exige 27 centimètres cubes; en même temps il s'est formé de l'alcool méthylique, qu'on a isolé par la distillation et dont on a établi la nature en le convertissant en éther oxalique.

Il a été facile de prévoir qu'en faisant réagir de l'alcool méthylique sur le zinc méthyle, on obtiendrait un produit identique au zinc méthyle oxydé :

$$\left.\begin{matrix}CH^3\\ H\end{matrix}\right\}O + \left.\begin{matrix}CH^3\\ CH^3\end{matrix}\right\}Zn = \left.\begin{matrix}(CH^3Zn)'\\ CH^3\end{matrix}\right\}O + CH^4.$$

La réaction s'est produite, en effet, dans le sens indiqué par cette équation, en employant un excès de zinc méthyle. Le produit obtenu, presque insoluble dans le zinc méthyle et identique par ses propriétés à celui qui se forme par l'oxydation de ce dernier corps, a donné à l'analyse les résultats suivants :

0gr,4205 de substance ont fourni 0gr,3082 d'oxyde de zinc, ou en centièmes :

	Expérience.	Calculé d'après la formule. $\left.\begin{matrix}(CH^3Zn)'\\ CH^3\end{matrix}\right\}O$
Zinc	58,90	58,74

0gr,2042 de substance traitée par l'eau ont fourni de l'alcool méthylique en dégageant 34 centimètres cubes (réduits) d'hydrure de méthyle; la théorie exige 41 centimètres cubes.

En faisant réagir, d'autre part, du zinc méthyle sur un excès d'alcool méthylique, on obtient une substance possédant les caractères extérieurs du zinc méthyle oxydé, mais presque dénuée d'odeur. Traité par l'eau, ce composé ne dégage que très-peu de gaz des marais, mais fournit une quantité relativement considérable d'alcool méthylique.

0gr,3820 de cette substance ont donné 0gr,2470 d'oxyde de zinc, ce qui correspond à 51,96 % de zinc; la formule

$$\left.\begin{matrix}2CH^3\\ Zn\end{matrix}\right\}O^2$$

exige, comme on l'a vu plus haut, 51,38 de zinc. C'était du méthylalcoolate de zinc, contenant un peu du composé

$$\left.\begin{matrix}(CH^3Zn)'\\ CH^3\end{matrix}\right\}O.$$

En employant un excès d'alcool méthylique on a donc la réaction suivante :

$$2\left(\left.\begin{matrix}CH^3\\ H\end{matrix}\right\}O\right) + \left.\begin{matrix}CH^3\\ CH^3\end{matrix}\right\}Zn = 2CH^4 + \left.\begin{matrix}2(CH^3)\\ Zn\end{matrix}\right\}O^2.$$

Dès lors il est certain que l'éthylate de zinc $2\left.\begin{matrix}(C^2H^5\\ Zn\end{matrix}\right\}O^2$ que M. Frankland pense avoir obtenu par l'oxydation du zinc-éthyle, pourra être produit en soumettant ce corps à l'action d'un excès d'alcool éthylique, tandis que l'oxydation du zinc-éthyle produit sans aucun doute le composé $\left.\begin{matrix}(C^2H^5Zn)' \\ C^2H^5\end{matrix}\right\} O$ analogue au zinc-méthyle oxydé.

Le dérivé $\left.\begin{matrix}C^4H^9 \\ (CH^3Zn)'\end{matrix}\right\} O$, analogue à la substance qui vient d'être nommée, mais renfermant au lieu de méthyle le pseudobutyle tertiaire (méthyle tryméthylé) $[C(CH^3)^3]'$ (corps dont j'admets la présence dans les cristaux obtenus par l'action du zinc-méthyle sur le chlorure d'acétyle ou sur le gaz chloroxycarbonique) avait pour moi un intérêt tout particulier. J'ai réussi facilement à l'obtenir en faisant réagir un excès de zinc-méthyle sur l'alcool pseudobutylique tertiaire.

$$\left.\begin{matrix}C^4H^9 \\ H\end{matrix}\right\} O + \left.\begin{matrix}CH^3 \\ CH^3\end{matrix}\right\} Zn = \left.\begin{matrix}C^4H^9 \\ (CH^3Zn)'\end{matrix}\right\} O + CH^4.$$

Ce composé est assez soluble dans le zinc-méthyle, surtout à chaud, et se dépose par le refroidissement de cette dissolution sous la forme d'une masse blanche composée de petits cristaux prismatiques.

0gr,1665 de cette substance ont donné à l'analyse 0gr,0960 d'oxyde de zinc, ce qui correspond à 46,31 %; la formule $C^5H^{12}ZnO$ exige 42,67 %.

Le corps analysé contenait donc un excès de zinc, ce qui s'explique par la difficulté de l'obtenir à l'état de pureté; cependant sa formation, la manière dont il se comporte en présence de l'eau, enfin les nombres obtenus à l'analyse, ne laissent aucun doute sur sa composition et sa *structure chimique*. L'eau le décompose d'après l'équation :

$$\left.\begin{matrix}C^4H^9 \\ (CH^3Zn)'\end{matrix}\right\} O + 2H^2O = \left.\begin{matrix}C^4H^9 \\ H\end{matrix}\right\} O + CH^4 + \left.\begin{matrix}Zn^2 \\ H^2\end{matrix}\right\} O^2.$$

mais le corps n'étant que difficilement mouillé par l'eau ne se décompose que lentement.

L'alcool pseudobutylique tertiaire, formé dans cette réaction, a été séparé; 0gr,0795 de substance ont fourni 10c.c,5 (réduits) d'hydrure de méthyle; la théorie exige 11c.c,6.

La manière dont le zinc-méthyle se comporte dans toutes ces réactions présente de l'analogie avec les autres composés organo-métalliques des métaux polygènes. La molécule saturée $(CH^3)^2Zn$, en perdant 1 équivalent de méthyle donne naissance au résidu $[(CH^3)'\text{-}Z''n]'$ qui fonctionne comme un radical monoatomique, et c'est la présence de ce dernier groupe qui explique le dégagement d'hydrure de méthyle par l'action de l'eau sur le zinc-méthyle oxydé et sur ses congénères.

Les résultats consignés dans cette note semblent infirmer les vues de MM. Kolbe et Frankland (1) sur la nature du produit immédiat de l'action du zinc-méthyle sur l'oxalate d'éthyle. Ce produit, traité par l'eau, donne lieu, d'après l'observation de M. Frankland lui-même, à un dégagement abondant d'hydrure d'éthyle. Or, ce dégagement ne peut être expliqué qu'en admettant dans le produit en question la présence du radical éthyle *combiné directement au zinc.*

MM. Frankland et Kolbe pensent que l'hydrogène de l'oxyde (HO) est remplacé ici par du zinc; je préfère admettre que c'est le groupe $(\mathrm{C^2H^5Zn})'$ qui remplace cet hydrogène. En acceptant cette dernière manière de voir, il est facile de comprendre la formation d'un produit contenant du zinc dans la réaction du zinc-éthyle sur l'oxalate d'éthyle et d'expliquer le dégagement d'hydrure d'éthyle lors de sa décomposition par l'eau.

On a, en effet :

$$\left\{\begin{matrix}\left.\begin{matrix}\mathrm{C^2H^5}\\\mathrm{CO}\end{matrix}\right\}\mathrm{O}\\\left.\begin{matrix}\mathrm{CO}\\\mathrm{C^2H^5}\end{matrix}\right\}\mathrm{O}\end{matrix}\right. + 2\left(\left.\begin{matrix}\mathrm{C^2H^5}\\\mathrm{C^2H^4}\end{matrix}\right\}\mathrm{Zn}\right) = \left\{\begin{matrix}\left.\begin{matrix}(\mathrm{C^2H^5Zn})'\\\mathrm{C(C^2H^5)^2}\end{matrix}\right\}\mathrm{O}\\\left.\begin{matrix}\mathrm{CO}\\\mathrm{C^2H^5}\end{matrix}\right\}\mathrm{O}.\end{matrix}\right. + \left.\begin{matrix}(\mathrm{C^2H^5Zn})'\\\mathrm{C^2H^5}\end{matrix}\right\}\mathrm{O},$$

et ensuite :

$$\left\{\begin{matrix}\left.\begin{matrix}(\mathrm{C^2H^5Zn})'\\\mathrm{C(C^2H^5)^2}\end{matrix}\right\}\mathrm{O}\\\left.\begin{matrix}\mathrm{CO}\\\mathrm{C^2H^5}\end{matrix}\right\}\mathrm{O}\end{matrix}\right. + 2\,\mathrm{H^2O} = \left\{\begin{matrix}\left.\begin{matrix}\mathrm{H}\\\mathrm{C(C^2H^5)^2}\end{matrix}\right\}\mathrm{O}\\\left.\begin{matrix}\mathrm{CO}\\\mathrm{C^2H^5}\end{matrix}\right\}\mathrm{O}\end{matrix}\right. + \left.\begin{matrix}\mathrm{Zn}\\\mathrm{H^2}\end{matrix}\right\}\mathrm{O^2} + \mathrm{C^2H^6}.$$

En soumettant l'oxalate de méthyle à l'action du zinc-éthyle, on obtiendrait probablement la réaction suivante :

$$\left\{\begin{matrix}\left.\begin{matrix}\mathrm{CH^3}\\\mathrm{CO}\end{matrix}\right\}\mathrm{O}\\\left.\begin{matrix}\mathrm{CO}\\\mathrm{CH^3}\end{matrix}\right\}\mathrm{O}\end{matrix}\right. + 2\left(\left.\begin{matrix}\mathrm{C^2H^5}\\\mathrm{C^2H^5}\end{matrix}\right\}\mathrm{Zn}\right) = \left\{\begin{matrix}\left.\begin{matrix}(\mathrm{C^2H^5Zn})'\\\mathrm{C(C^2H^5)^2}\end{matrix}\right\}\mathrm{O}\\\left.\begin{matrix}\mathrm{CO}\\\mathrm{CH^3}\end{matrix}\right\}\mathrm{O}\end{matrix}\right. + \left.\begin{matrix}(\mathrm{C^2H^5Zn})'\\\mathrm{CH^3}\end{matrix}\right\}\mathrm{O};$$

tandis que le zinc-méthyle et l'oxalate d'éthyle devraient donner :

$$\left\{\begin{matrix}\left.\begin{matrix}\mathrm{C^2H^5}\\\mathrm{CO}\end{matrix}\right\}\mathrm{O}\\\left.\begin{matrix}\mathrm{CO}\\\mathrm{C^2H^5}\end{matrix}\right\}\mathrm{O}\end{matrix}\right. + 2\left(\left.\begin{matrix}\mathrm{CH^3}\\\mathrm{CH^3}\end{matrix}\right\}\mathrm{Zn}\right) = \left\{\begin{matrix}\left.\begin{matrix}\mathrm{C^2H^5}\\\mathrm{CO}\end{matrix}\right\}\mathrm{O}\\\left.\begin{matrix}\mathrm{C(CH^3)^2}\\(\mathrm{CH^3Zn})'\end{matrix}\right\}\mathrm{O}\end{matrix}\right. + \left.\begin{matrix}(\mathrm{CH^3Zn})'\\\mathrm{C^2H^5}\end{matrix}\right\}\mathrm{O}.$$

(1) *Bulletin de la Société chimique*, t. V, p. 70 (1863). — *Zeitschrift. für Chemie und Pharmacie*, 1864, 1er cahier.

Sur l'action du chlorure d'acétyle sur l'acide phosphoreux,
par M. MENCHUTKINE.

Si l'on considère les sels neutres et les éthers neutres de l'acide phosphoreux, on trouve entre ces deux classes de corps une différence notable; tandis que dans les sels, les métaux ne peuvent remplacer que 2 atomes d'hydrogène, pour former des sels neutres $PhHM^2\text{Ө}^3$; dans les éthers, les radicaux alcooliques remplacent les 3 atomes d'hydrogène pour former des éthers neutres tels que $PhMe^3\text{Ө}^3$. Plusieurs acides organiques sont dans le même cas. Les recherches faites sur l'acide lactique et sur d'autres acides analogues, ont mis en évidence la notion d'un hydrogène non remplaçable par les métaux, mais pouvant être remplacé par les radicaux d'alcools ou d'acides. On devait être porté à admettre que l'acide phosphoreux pouvait contenir cet hydrogène, désigné, dans les acides organiques, sous le nom d'hydrogène alcoolique. Ayant en vue de remplacer cet hydrogène, s'il existait, en effet, dans l'acide phosphoreux, par l'acétyle, j'ai essayé de faire réagir le chlorure d'acétyle sur l'acide phosphoreux.

Pour cela j'ai mis en présence des quantités équivalentes de chlorure d'acétyle et d'acide phosphoreux dans des tubes fermés, qui ont été chauffés pendant 50 à 55 heures à 120°. Il est indispensable d'ouvrir les tubes 2 ou 3 fois pendant le cours de l'opération. Chaque fois il se dégage des quantités considérables d'acide chlorhydrique. Lorsque la réaction est achevée, tout le chlorure d'acétyle a disparu, et on trouve dans le tube un corps tout à fait blanc. Pour chasser complétement l'acide chlorhydrique, on dessèche le produit à 100° dans un courant d'acide carbonique. Ainsi desséché, sa composition varie à chaque opération ainsi que le montrent les analyses suivantes :

	I.	II.
Phosphore	40,68	33,9
Carbone	5,09	8,04
Hydrogène	2,37	3,62

La seconde analyse correspondrait à la formule :

$$2(PhH^3\text{Ө}^3) + Ph(\text{Ͼ}^2H^3\text{Ө})H^2)\text{Ө}^3 - H^2\text{Ө} = Ph^3\text{Ͼ}^2H^9\text{Ө}^9.$$

On a en effet :

Ph^3	34,4
Ͼ^2	8,1
H^9	3,3
Ө^9	54,4

Lorsqu'on dissout ce corps blanc dans l'eau, qu'on le sature presque complétement par la potasse et qu'on évapore la dissolution, on voit se déposer de beaux cristaux d'un sel de potasse. Après une seconde cristallisation, on peut reconnaître que ce sont des prismes rhomboïdaux obliques. Le sel de potasse donne avec un sel soluble de baryte, un précipité blanc du sel de baryte. En traitant le sel de plomb, qui forme aussi un précipité blanc, par l'hydrogène sulfuré, on obtient l'acide lui-même en dissolution dans l'eau. La solution évaporée jusqu'à consistance sirupeuse, donne, sous la cloche de la machine pneumatique, une masse tout à fait cristalline.

Les nombres obtenus dans l'analyse de ces corps, me portent à croire que ce sont les sels de l'acide, dont la formule est donnée plus haut. Dans une prochaine communication à la Société, je reviendrai sur les propriétés de ces corps et sur leurs formules définitives.

Sur les aldéhydes butylique et propylique, par M. MICHAELSON.

M. Piria (1) et M. Limpricht (2) ont donné une méthode générale pour transformer un acide dans l'aldéhyde correspondante, Ils ont observé qu'il se forme une aldéhyde quand on distille un mélange de formiate de chaux avec le sel de chaux de l'acide. M. Piria a obtenu de cette manière l'hydrure de benzoyle avec le formiate et le benzoate de chaux, l'hydrure de cinnamyle avec le cinnamate de chaux et l'hydrure d'anisyle avec l'acide anisique.

M. Limpricht a montré que les acides gras se comportent d'une manière analogue. Le formiate et l'acétate de chaux donnent de l'aldéhyde ordinaire, et d'après la même méthode, le propionate de baryte a donné naissance à l'aldéhyde propylique et l'acide valérique à l'aldéhyde amylique.

On pouvait s'attendre d'après cela à obtenir l'aldéhyde butylique par la distillation du formiate et du butyrate de chaux mélangés. C'est ce qui a lieu en effet; mais l'expérience a prouvé qu'il se forme en même temps de l'aldéhyde propylique.

Un mélange d'équivalents égaux de formiate et de butyrate de chaux a été dissous dans l'eau et évaporé jusqu'à siccité. Cette opération avait pour but de rendre plus intime le contact entre les deux sels. Le mélange sec a été introduit dans de petites cornues qui communiquaient avec un appareil réfrigérant. On a distillé chaque fois environ 80 grammes de sels.

(1) *Annalen der Chemie und Pharmacie*, t. C, p. 104.

(2) *Ibid.*, t. XCVII, p. 368.

A une température assez basse un liquide a déjà commencé à passer; la température a été portée très-lentement jusqu'au rouge; à ce moment la distillation a cessé. Il se dégage pendant l'opération beaucoup de gaz. Le produit recueilli, après un traitement par l'oxyde de plomb destiné à fixer les acides et avec le chlorure de calcium pour dessécher le produit, a commencé à bouillir à 62° et les deux tiers environ du produit total restaient encore dans le ballon à 90°.

Aldéhyde propylique $\left.\begin{matrix} C^3H^5O \\ H \end{matrix}\right\}$. Le liquide, qui avait passé à la première distillation de 62 à 70°, fut soumis à des rectifications répétées. On isola ainsi, après un nouveau traitement par l'oxyde de plomb et par le chlorure de calcium, un liquide distillant entre 54° et 63° et dont l'analyse a donné les nombres suivants :

0gr,2284 ont donné 0,5225 d'acide carbonique et 0,220 d'eau. En centièmes :

	Trouvé.	Calculé d'après la formule C^3H^6O.
Carbone	62,34	62,07
Hydrogène	10,68	10,37

L'analyse a été confirmée par la détermination de la densité de vapeur prise par le procédé de Gay-Lussac. Voici les données de cette expérience :

Poids du liquide	0gr,1617
Volume de la vapeur	114c.c.
Température de la vapeur	101°
Hauteur du mercure	197°
Baromètre	760mm
Température de l'air	21°,5

La densité trouvée est de 2,03. Elle ne s'écarte pas sensiblement de la densité théorique qui est 2,01.

Ces déterminations ne suffiraient pas pour distinguer le produit obtenu de l'acétone, qui se rapproche beaucoup de l'aldéhyde propylique par son mode de formation et par ses propriétés, ces deux corps étant isomériques et ayant à peu près le même point d'ébullition.

J'ai mis, pour constater une différence caractéristique, l'aldéhyde en contact avec l'oxyde d'argent récemment précipité et avec une petite quantité d'eau dans un tube qui a été fermé à la lampe. Le mélange s'échauffe un peu et les parois du verre se couvrent d'un miroir d'argent métallique. Après avoir chauffé pendant quelques heures le tube au bain-marie, j'ai repris le contenu par l'eau bouillante, filtré et évaporé à siccité. L'analyse a montré que le sel ainsi obtenu était du propionate d'argent.

0gr,2271 ont donné 0,1351 d'argent métallique = 59,48 % Ag.

Le propionate d'argent exige 59,66.

L'action de l'oxyde d'argent sur l'aldéhyde peut être exprimée par l'équation suivante :

$$2\text{Є}^3\text{H}^6\text{Θ} + 3\text{Ag}^2\text{Θ} = 2\text{Є}^3\text{H}^5\text{AgΘ}^2 + \text{H}^2\text{Θ} + 4\text{Ag}.$$

L'aldéhyde propylique est soluble dans l'eau et acquiert rapidement à l'air une réaction acide. Sa densité à 0° est de 0,8284.

La même aldéhyde, obtenue par M. Limpricht avec le formiate de chaux et le propionate de baryte, n'avait pu être assez purifiée, faute de matière. Il paraît qu'elle était mélangée d'aldéhyde ordinaire, car son point d'ébullition était situé trop bas (48° à 55°). Les analyses du produit avaient donné trop peu de carbone, ce qui s'accorde avec cette supposition.

J'ai recueilli aussi une petite quantité d'un liquide passant à la distillation de 48 à 53° et dont l'analyse a donné moins de carbone que n'en exige l'aldéhyde propylique, mais la quantité de matière était trop faible pour qu'il fût possible d'étudier suffisamment ce liquide.

Aldéhyde butylique $\left.\begin{matrix}\text{Є}^4\text{H}^7\text{Θ}\\ \text{H}\end{matrix}\right\}$. Tous les produits obtenus dans les distillations précédentes entre 55 et 90° ont été traités par l'oxyde de plomb et par le chlorure de calcium. Après plusieurs rectifications, la plus grande partie passait de 73 à 77°.

L'analyse de la portion recueillie entre ces limites de température a donné les nombres suivants :

0gr,3428 ont donné 0,8345 d'acide carbonique et 0,3505 d'eau. D'où :

	Trouvé.	Calculé d'après la formule $\text{Є}^4\text{H}^8\text{Θ}$.
Carbone	66,36	66,66
Hydrogène	11,05	11,11

Cette formule a été confirmée par la densité de vapeur. L'expérience a donné les nombres suivants :

Poids du liquide	0gr,188
Volume de la vapeur	113c.c
Température de la vapeur	125°
Hauteur du mercure	194mm
Baromètre	756mm
Température de l'air	22°

La densité trouvée est de 2,53. La théorie exige 2,49.

L'aldéhyde butylique n'est pas très-soluble dans l'eau; elle l'est beaucoup moins que l'aldéhyde propylique. Elle se transforme à l'air en acide butyrique. Sa densité à 0° est 0,8341.

La distillation sèche d'un mélange de butyrate et de formiate de chaux, fournit donc les aldéhydes propylique et butylique, et probablement un peu d'aldéhyde vinique.

Ces recherches ont été faites au laboratoire de M. Wurtz.

Sur les amines de l'alcool benzylique, par M. CANNIZZARO.

On considère assez généralement la toluidine Ȼ^7H^8Az comme étant la *benzylamine* primaire. J'ai obtenu des résultats qui ne s'accordent pas avec ce point de vue.

La benzylamine primaire préparée, soit par le cyanate de benzyle, soit par le chlorure et l'ammoniaque, est un alcaloïde liquide des plus énergiques, soluble dans l'eau en toutes proportions et capable d'absorber l'acide carbonique de l'air en formant un composé cristallisé; cet alcaloïde se rapproche par ses propriétés de l'éthylamine et de l'amylamine. L'action de l'ammoniaque sur le chlorure de benzyle fournit les trois alcaloïdes : primaire, secondaire et tertiaire. Ce dernier a déjà été décrit par moi depuis plusieurs années. Les deux autres font l'objet d'un travail qui m'occupe en ce moment.

Sur la préparation des acides mono- et bichloracétique, par M. Hugo MUELLER.

Dans un mémoire que j'ai publié il y a déjà quelques années (1) j'ai décrit la préparation de divers produits de substitution, et à l'occasion de l'action du chlore sur l'acide acétique, j'ai indiqué qu'en présence de l'iode, le courant de chlore agit sur l'acide acétique en produisant de l'acide *monochloracétique*, qu'à son tour celui-ci se transforme ensuite en un acide liquide que j'ai considéré comme étant l'acide *bichloracétique*.

En poursuivant mes recherches sur les acides malonique et succinique dont j'ai fait connaître récemment les principaux résultats (2), je m'étais proposé d'étendre mes observations à l'acide bichloracétique lui-même. M. Maumené venant de faire à la Société chimique de Paris une communication sur l'acide bichloracétique (3), je viens porter à la connaissance des chimistes les observations que j'ai été à même de faire sur les acides mono et bichloracétique.

(1) *Chemic. Soc. Journ.*, t. xv, p. 41, et *Zeitschr. für Chem. und Pharmacie*, p. 99 (1862).

(2) *Bulletin de la Société chimique*, nouv. sér., t. I, p. 167 (1864).

(3) *Ibid.*, nouv. sér., t. I, p. 417 (1864).

L'action du chlore sec sur l'acide acétique cristallisable est singulièrement favorisée par la présence de l'iode, à tel point que l'influence de la lumière solaire n'est plus nécessaire. Je me suis servi de l'acide monochloracétique préparé par cette méthode pour opérer la conversion de l'acide acétique en acide malonique. J'ai reconnu bientôt qu'il y avait avantage à substituer à l'acide acétique cristallisable un acide additionné d'une quantité d'eau telle que la solidification n'ait plus lieu vers zéro.

C'est une observation que M. Maumené a également faite.

J'emploie pour cette préparation un *matras-cornue* à très-long col, dans lequel j'introduis 1/2 litre d'acide acétique et 40 à 60 grammes d'iode. Un tube plongeant dans l'intérieur de la cornue amène le chlore sec, et l'acide chlorhydrique formé se dégage par un col latéral à la partie supérieure de l'appareil. L'acide qui se forme lorsqu'on chauffe, se condense dans le col de l'appareil et l'emploi d'un réfrigérant n'est pas nécessaire.

L'action du chlore ne devient énergique qu'au moment où l'iode est passé à l'état de perchlorure.

Lorsque le courant est modéré, la totalité du chlore est absorbée, et dans une opération bien conduite, il ne se dégage que de l'acide chlorhydrique.

Lorsque le courant est trop lent, on constate bientôt la mise en liberté d'une partie de l'iode qui se sublime dans le col de l'appareil. En accélérant le dégagement, cet iode passe à l'état de protochlorure qui s'écoule et retombe dans le matras où il repasse bientôt à l'état de perchlorure, et l'action sur l'acétique recommence. Ces phénomènes donnent le moyen de régulariser l'opération. Après avoir prolongé l'action du chlore pendant plusieurs jours, on interrompt le courant et l'on prolonge l'ébullition du liquide jusqu'à ce que les vapeurs présentent une coloration violette due à l'iode libre. On laisse refroidir, on décante et on distille. Lorsque la température a atteint 180°, la majeure partie de l'iode se trouve éliminée avec l'acide acétique non altéré; cette partie condensée peut être de nouveau soumise à l'action du chlore. La partie qui distille entre 180 et 188° cristallise par le refroidissement et par des distillations et cristallisations répétées, on obtient l'acide monochloracétique pur.

Il se forme toujours dans la réaction une certaine quantité d'acide iodacétique, et cet acide étant décomposable par la chaleur, on observe la formation de vapeurs d'iode durant la distillation. La production de l'acide iodacétique constitue le seul inconvénient de cette méthode de préparation, mais cette circonstance ne nuit pas pour la plupart des emplois de l'acide monochloracétique.

On peut, au surplus, se débarrasser de l'acide iodacétique, soit par des distillations répétées, soit en mettant à profit la réaction signalée par M. Kekulé, c'est-à-dire en décomposant l'acide iodacétique, par une petite quantité d'acide iodhydrique concentré. Suivant la durée de la réaction, la partie qui reste après avoir élevé la température à 188°, est plus ou moins considérable; dans le cas le plus favorable, elle est égale à la quantité d'acide monochloracétique obtenue. Le chlore paraissant agir plus facilement sur l'acide monochloracétique que sur l'acide acétique lui-même, il est convenable d'arrêter l'opération au bout de 60 heures au plus, lorsqu'on ne veut obtenir que de l'acide monochloracétique.

La partie qui n'a pas distillé à 188° consiste principalement en acide bichloracétique et contient aussi des produits acétiques iodés qu'on peut éliminer comme on l'a fait pour la purification de l'acide monochloracétique.

A l'aide de distillations fractionnées on extrait facilement du résidu de l'acide bichloracétique possédant un point d'ébullition constant, bien qu'il se dégage toujours un peu d'acide chlorhydrique par suite d'une décomposition; mais la fraction d'acide bichloracétique décomposée est insignifiante.

L'acide bichloracétique bout à 195°. J'en ai distillé jusqu'à 500 gr. sans constater plus de 2° de variation dans le point d'ébullition pendant toute la durée de la distillation. L'acide bichloracétique est un acide éminemment corrosif; à chaud, son odeur est suffocante et caractéristique.

Je n'ai pas réussi à solidifier l'acide bichloracétique par le froid, mais je n'ai pas essayé l'emploi du moyen indiqué par M. Maumené.

L'acide bichloracétique paraît se décomposer facilement au contact de l'eau; on observe bientôt une formation d'acide chlorhydrique, et la liqueur acide, neutralisée par l'ammoniaque, précipite alors par le chlorure de calcium.

Les bichloracétates sont en général très-solubles dans l'eau : les bichloracétates alcalins cristallisent difficilement; il en est de même des sels de plomb et de baryte. L'évaporation à siccité du sel de plomb fournit une masse résineuse incolore et transparente, soluble dans l'eau, insoluble dans l'alcool.

Le sel d'argent présente de petits cristaux blancs, confus et peu déterminables. La dissolution de ces cristaux brunit bientôt, et il se sépare du chlorure d'argent et de l'argent métallique. Ce phénomène ayant été constaté sur des eaux-mères abandonnées à elles-mêmes pendant assez longtemps, pourrait bien tenir à la présence d'un peu de trichloracétate.

Le bichloracétate éthylique s'obtient en faisant passer un courant d'acide chlorhydrique sec dans de l'alcool absolu tenant en dissolution de l'acide bichloracétique. Cet éther constitue un liquide dense, bouillant, à 156°, mais en se décomposant toujours en petite quantité. L'eau le décompose complétement. L'ammoniaque concentrée ou même les alcalis étendus le décomposent avec dégagement de chaleur.

Le bichloracétate méthylique s'obtient comme la combinaison éthylique. Ces deux éthers se ressemblent beaucoup; ils possèdent une odeur agréable aromatique et une saveur sucrée.

Le liquide qui reste dans la cornue et qui ne passe à la distillation qu'entre 195 et 210° paraît contenir de l'acide trichloracétique; chauffé avec de l'ammoniaque concentrée, il fournit, entre autres produits, un liquide huileux qui possède tous les caractères du chloroforme, mais je n'ai pu extraire de ce résidu l'acide trichloracétique cristallisé.

Je ferai remarquer en terminant que dans la préparation ordinaire de l'acide monochloracétique il se forme en même temps une petite quantité d'acide bichloracétique, ainsi que le prouve l'analyse des combinaisons éthérées obtenues par M. Foster.

Observations sur l'utilité de la théorie générale de l'exercice de l'affinité, par M. E. J. MAUMENÉ.

M. de Luynes a communiqué récemment un très-bon travail sur l'iodhydrate et l'hydrate de butylène (1).

Toutes les réactions indiquées dans ce travail peuvent être indiquées, et leurs détails calculés, *a priori*, en se fondant sur ma théorie.

Je ne citerai qu'un exemple :

L'hydrate de butylène soumis à l'action du brome est attaqué énergiquement, et donne un mélange complexe qui bout d'abord à 130°, puis à 158°.

Cette dernière température est celle de l'ébullition du bromure de butylène, et l'auteur n'en dit pas davantage : mais il paraît avoir cité la température de 158° comme une forte présomption de la présence de $C^8H^8Br^2$.

(1) *Comptes rendus*, t. LVIII, p. 1089 (1864), et *Bulletin de la Soc. chimique* nouv. série, t. II, p. 3 (1864).

Ma théorie permet de reconnaître d'avance les limites entre lesquelles s'exerce l'action chimique et (en examinant les conditions de l'expérience) le nombre et la nature des corps qui prendront naissance.

La densité de l'hydrate de butylène, d'après M. de Luynes = 0,85. L'équivalent est $C^8H^8,2HO = 74$. On a d'ailleurs $Br = 80$. La densité du brome liquide est 2,98.

Ces nombres donnent la proportion :

$$0,85 : 2,98 :: 74 : M' = 25,94$$

$$\text{et} \quad \frac{80,00}{25,94} = 3,08.$$

D'après cela l'action *réelle* du brome sur l'hydrate de butylène est

$$31(C^8H^{10}O^2) + 10Br.$$

Je n'écris pas le second membre. Je tiens à faire observer d'abord que mes prétentions ne vont pas jusqu'à présent au delà de ce premier point. Etablir *avec certitude* et SANS AUCUNE HYPOTHÈSE les vraies masses qui concourent à l'action chimique. Ce sont celles du premier membre.

Maintenant il faut trouver le second membre. Je n'ai pas encore établi la règle qui permettra de fixer ce second membre immédiatement, et par un simple calcul. Si je connaissais cette règle, j'aurais pu appeler ma théorie : *Théorie de l'affinité.* C'est un but que j'espère atteindre, mais que je n'ai pas encore atteint. Toutefois, qu'on me permette de faire ressortir l'utilité déjà immense de cette connaissance exacte du premier membre des égalités, par lesquelles toute action chimique peut être représentée.

Jusqu'à présent l'obscurité la plus profonde régnait dans la science sur cet objet. Qui pourrait dire, sans ma théorie, combien d'équivalents de *chacun des corps* employés dans une réaction peuvent être mis à même de produire l'action chimique? Personne. — Ma théorie fixe, d'un seul coup et d'une manière simple, ce nombre d'équivalents *mis à même d'être utiles*, puisqu'elle nous montre que LES MASSES CHIMIQUES EN PRÉSENCE SONT PROPORTIONNELLES AUX DENSITÉS.

Aujourd'hui je désire montrer, en outre, que le second membre de l'égalité n'est pas complétement indéterminé. Loin de là, dans quelques cas, il n'est même pas indéterminé du tout. Dans un très-grand nombre d'autres cas, son indétermination peut cesser en examinant, comme je le disais tout à l'heure, les conditions de l'expérience et en leur appliquant l'une des règles bien connues.

Notre exemple va le montrer clairement :

L'action réelle du brome sur l'hydrate de butylène est exercée par

$$31(C^8H^{10}O^2) + 10Br$$

et il s'agit de connaître les produits *à obtenir*.

Ce qu'il y a de plus probable, c'est que chaque équivalent de brome enlèvera 1 équivalent d'hydrogène dans l'hydrate, et qu'un deuxième équivalent de brome se mettra à la place de l'équivalent d'hydrogène enlevé. C'est une règle qui reçoit de si nombreuses applications qu'on doit d'abord en faire usage.

Les 10 équivalents de brome doivent ainsi enlever 5 équivalents d'hydrogène seulement.

Mais une autre question se présente. Les 5 équivalents d'hydrogène seront-ils enlevés tous dans un seul des 31 équivalents d'hydrate, tandis que les 30 autres demeureront intacts? La réponse me paraît bien facile et bien sûre; ou l'opérateur verse le brome dans l'hydrate, ou bien il verse, au contraire, l'hydrate dans le brome.

Si l'on verse le brome dans l'hydrate, c'est-à-dire, si c'est l'hydrate qui est en excès, il est évident que le brome produira sa moindre action, et qui peut douter alors :

1° Que l'action complète ne différera en rien de celle qu'exprime la formule, puisque la quantité d'hydrate qu'elle indique est un grand excès;

2° Que les 5 équivalents d'hydrogène enlevés ne le seront pas tous dans un seul et même équivalent d'hydrate, mais bien dans plusieurs équivalents de ce corps.

Si l'on considère en outre un détail de l'expérience, l'existence du composé $C^8H^8Br^2$ est rendue certaine par la limite 158° de l'élévation de la température dans la distillation et par les caractères propres de ce composé, on pourra fixer complétement le second membre.

Il résulte, en effet, de ces considérations si simples et si évidentes que le second membre de notre égalité sera :

$$31(C^8H^{10}O^2) + 10Br = 2(C^8H^8Br^2) + C^8H^8,HBr + C^8H^8O^2 + C^8H^8O^4$$
$$+ 5HBr + 4HO$$
$$+ 26(C^8H^{10}O^2) \text{ qui restent inactifs.}$$

Ai-je besoin de prolonger cette discussion davantage? N'est-il pas évident pour tout le monde que le champ de l'action chimique est circonscrit dans des limites que ma théorie assigne, et que l'indétermination du second membre n'est pas aussi complète qu'on pourrait le supposer?

Lorsque cette indétermination *partielle* (si je puis ainsi parler) cessera, lorsque l'on connaîtra la règle des mouvements moléculaires produits dans les actions chimiques, les fondements mêmes de la chimie seront connus. Pour aujourd'hui, nous connaissons une base certaine. Nous savons entre quelles masses l'action réelle peut s'exercer, et au delà desquelles rien de chimique ne peut avoir lieu. C'est, je le répète, mon unique prétention.

Je citerai un deuxième exemple :

M. E. Baudrimont, dans son excellent mémoire sur les chlorures et bromures de phosphore (1), a donné une méthode pour préparer le chlorosulfure de phosphore. Cette méthode consiste à traiter le sulfure d'antimoine par le perchlorure de phosphore.

La formule serait très-simple; d'après l'auteur on aurait :

$$3PhCl^5 + 2Sb^2S^3 = 3PhCl^3S^2 + 2Sb^2Cl^3.$$

Suivant moi, cette formule n'est pas vraie, et la véritable formule est celle que je vais indiquer.

Le sulfure d'antimoine a pour équivalent 170, pour densité 4,334.

Le perchlorure de phosphore a pour équivalent 209,5, pour densité 1,51. Cette densité est obtenue par le calcul, je dois le faire remarquer très-expressément. Celle du $PhCl^3$ étant 1,616 (I. Pierre), on trouve, en admettant que le chlore ajouté Cl^2 entre dans la combinaison $PhCl^5$ avec sa densité à l'état liquide 1,33 (Faraday), la densité théorique 1,506, soit 1,51.

Je n'ai pas hésité à employer cette densité, parce que plusieurs densités calculées dans ces conditions ont présenté avec les densités données par l'expérience des différences moindres que les écarts de plusieurs déterminations directes, et, en outre, parce qu'une différence assez forte sur les densités ne donne pas de différence sensible dans les nombres d'équivalents indiqués par la formule.

On a ainsi la proportion :

$$1,51 : 4,334 :: 209,5 : M' = 601,3$$

$$\text{et} \quad \frac{601,3}{170} = 3,537$$

Par conséquent, l'action réelle a lieu entre

$$35Sb^2S^3 \text{ et } 10PhCl^5.$$

(1) *Répertoire de Chimie pure*, t. IV, p. 6, 58 et 60 et *Annales de Chimie et de Physique*, IVe série, t. II, p. 5.

Avant d'écrire le second membre, remarquons que les conditions de l'expérience étaient conformes à celles que la formule indique pour l'action chimique réelle. Le perchlorure devait agir sur un excès de

$$Sb^2S^3.$$

Par conséquent, nous pouvons ne pas nous préoccuper des actions secondaires, et écrire :

$$35(Sb^2S^3) + 10(PhCl^5) = 10(PhCl^3S^2) + 6Sb^2Cl^3 + Sb^2Cl^2S$$
$$+ 28Sb^2S^3 \text{ restés inactifs.}$$

Ces 28 équivalents de Sb^2S^3 produiront, dans des temps successifs, une réaction toute semblable, et, par conséquent, le chlorosulfure d'antimoine Sb^2Cl^2S doit être un produit de la réaction qui a échappé à l'habile auteur du mémoire.

On voit dans ces deux exemples que ma théorie peut indiquer avec *une vraisemblance qui sera souvent une certitude* des détails d'expérience que rien, dans les idées actuelles, ne peut faire prévoir.

Me dira-t-on que j'aurais dû constater moi-même, par l'expérience, les faits que ma théorie indique? On voudra bien comprendre mon embarras. Toute la chimie se dresse ainsi devant moi, et j'espère que les auteurs m'éviteront de faire moi-même des expériences auxquelles ils prendront, je l'espère, au moins autant d'intérêt que moi-même. Je n'ai pas, enfin, les ressources nécessaires.

Remarques sur un mémoire de M. Maumené, intitulé : *Théorie générale de l'exercice de l'affinité*, par M. Ern. BAUDRIMONT.

Dans les *Comptes rendus de l'Académie des sciences*, t. LVIII, p. 1013 (1864), ainsi que dans plusieurs séances de la Société chimique de Paris, M. Maumené a développé des idées nouvelles et qui lui sont propres, sur la manière dont s'exerce l'affinité dans les réactions chimiques. La conséquence immédiate qu'il en tire est celle-ci : « La théorie des types chimiques, l'idée de substitution qui se confond avec l'idée des types, est une *absurdité*. « *Jamais un voile plus épais n'a été tendu sur l'intelligence humaine* (1). »

Le principe sur lequel se fonde ce savant chimiste pour attaquer la *théorie des types* est celui-ci :

« Les masses qui agissent réellement pour produire l'action chimique sont déterminées par les densités; elles leur sont proportionnelles. »

(1) *Moniteur scientifique*, p. 564 (1864).

Ce principe se déduit lui-même des considérations suivantes que M. Maumené considère comme autant d'axiomes : de ce que l'action chimique ne s'exerce qu'au contact, et de ce que toute réaction est égale à l'action, il en résulte que « l'action d'un métal M sur l'acide sulfurique SO^3,HO est parfaitement égale à la réaction de l'acide sulfurique sur le métal. Par conséquent, la distance infiniment petite α, jusqu'à laquelle s'étend l'action des molécules de métal sur les molécules de l'acide, est rigoureusement égale et identique à la distance à laquelle les molécules de l'acide peuvent atteindre celles du métal. Par conséquent, cette distance α *est exactement la même des deux côtés de la surface* qui sépare les molécules vraiment capables d'exercer l'action chimique. Ce ne sont donc pas les masses entières des deux corps logés dans la cornue qui exercent immédiatement cette action, *ce sont deux couches infiniment minces et d'égale épaisseur.* »

« Maintenant (continue l'auteur), rien de plus facile que de connaître les véritables poids de matière entre lesquels l'affinité s'exerce, car *ces deux couches d'égale épaisseur ont des poids proportionnels à leurs densités.* Si donc nous appelons M le poids du métal (ou autre corps), dont la densité est D, et M' le poids de l'acide (ou autre corps), dont la densité est D', nous aurons la proportion : $M : M' :: D : D'$. »

Appliquant cette formule au zinc et à l'acide sulfurique, M. Maumené trouve que les masses réagissantes seront

$$59Zn \text{ et } 10(SO^3,HO), \text{ etc., etc.}$$

Les propositions soulignées plus haut et sur lesquelles l'auteur fonde sa théorie me paraissent *inexactes.* En effet, il faudrait pour qu'elles fussent vraies que les molécules du métal et celles de l'acide eussent le *même volume atomique.* Or, cela n'est pas!... Le volume atomique de la molécule d'acide sulfurique n'est nullement égal à celui de la molécule du métal. S'il en est ainsi, les deux couches réagissantes de ces corps en contact, ne sauraient être considérées comme *infiniment minces et d'égale épaisseur.* Par conséquent encore, tous les calculs de M. Maumené pèchent par la base; le point de départ étant faux, tout le reste doit être inexact.

Cette note pourrait se terminer là : comme réfutation, elle est suffisante. Cependant je la ferai suivre de quelques réflexions pour achever de réfuter les principes que M. Maumené a voulu établir aux dépens de la théorie des types.

L'une des équations de ce chimiste est celle-ci :

$$59Zn + 10(SO^3HO) = 10(SO^3,ZnO) + 49Zn + 10H.$$

Que signifient ces 59 équiv. de zinc, si 49 de ceux-ci doivent rester inactifs? Que font-ils là? Évidemment cette équation et toutes celles que M. Maumené nous donne comme dérivant de sa théorie prouvent le néant du principe qu'il invoque!

M. Maumené nous donne ensuite la réaction suivante :

$$80Zn + 10(SO^3,8HO) = 10(ZnO,SO^3) + 80H + 70ZnO.$$

Pourrait-il la prouver expérimentalement?

D'après ce chimiste, et comme l'avait vu M. De la Rive, c'est l'acide à 1,328 de densité $= SO^3,8HO$, qui agit le mieux sur le zinc, ce qui s'accorderait avec sa théorie. Mais si cet acide est le plus actif, c'est parce qu'il contient assez d'eau pour permettre la formation du *sulfate de zinc cristallisé*, $SO^3,ZnO,7HO$, qui tend toujours à se former dans ces circonstances.

En signalant l'action de l'acide sulfurique sur le cuivre, action pendant laquelle on voit se former un certain nombre de produits autres que le sulfate de cuivre, M. Maumené nous paraît s'attacher aux exceptions et négliger la règle. Il va trop loin quand il prétend établir celle-ci sur ce qu'il nomme les accidents d'une réaction, car il le fait aux dépens de la réaction principale et dominante. C'est comme si quelqu'un niait la valeur d'une équation algébrique, par exemple celle qui a trait au problème des deux courriers, parce que cette équation ne tient pas compte des diverses chances que les chevaux ont de se déferrer en courant, ou les postillons de se griser en buvant; ces deux circonstances devant apporter évidemment une perturbation dans la marche des courriers, et troubler, par conséquent, les résultats que donne l'équation.

Au reste, les produits accidentels d'une réaction sont très-probablement dus à une influence de masses, exercée consécutivement par les réactifs sur le produit principal formé, influence aidée encore par des variations de température, etc. Quelle signification aurait aujourd'hui la production des acides pyrogénés, si M. Pelouze, dans son beau travail, n'avait su rattacher ces derniers à leurs générateurs, en découvrant la loi de leur formation sous l'influence d'une température constante?

Quelle que soit l'explication qu'on puisse donner des accidents d'une réaction, en quoi, d'ailleurs, cela peut-il porter atteinte à la théorie des types? Alors même que le chimiste ne saurait reproduire aucun des composés qu'il analyse, la théorie des types se déduirait encore de leur composition. En effet, quel est l'esprit qui ne resterait frappé de la constitution générale des feldspaths, des grenats, des aluns, etc. Et de plus, est-ce que les formules de ces brillantes séries homologues, qui simplifient si admirablement aujourd'hui l'étude de la chimie organique, ont besoin des secours de la synthèse pour être établies?

Les types nous sont donnés par la nature elle-même. Chacun d'eux représente une progression dont on connaît la raison. Il est certain que l'on doit voir aujourd'hui, dans l'ensemble des phénomènes naturels, de quelque ordre qu'ils soient, non une dualité antagoniste, mais bien un principe de sériation qui les régit et les commande.

Nous croyons donc que M. Maumené, en cherchant à établir une *nouvelle* théorie *de l'exercice de l'affinité*, a eu grand tort de malmener la théorie des types. Une théorie qui exprime avec tant de clarté les principales réactions des corps, qui établit d'une façon si remarquable les relations qui existent entre eux, une théorie qui nous permet de prévoir tant de réactions, une théorie enfin, qui a pu annoncer l'existence des anhydrides monobasiques et des glycols, et qui a guidé les expériences qui leur ont donné naissance; une semblable théorie n'est pas une conception absurde qu'on peut tout d'un coup renverser et ensevelir par l'interprétation de quelques réactions exceptionnelles.

Sur la végétation des plantes aquatiques dans l'obscurité, par M. P. P. DEHÉRAIN.

Quand on conserve pendant quelques jours, dans un lieu médiocrement éclairé, des plantes aquatiques submergées, telles que l'*Elodea*, on ne tarde pas à les voir noircir, et l'eau présente bientôt une odeur infecte; sa surface se recouvre de moisissures où fourmillent une nombreuse population d'infusoires variés. En cherchant à quelle cause on peut attribuer cette altération rapide des plante submergées, conservées dans un lieu médiocrement éclairé, je reconnus bien que l'eau, dans laquelle avaient vécu les végétaux, était très-chargée d'acide carbonique, et je pensai qu'il était possible, sans doute, de tirer de cette observation une nouvelle démonstration des faits découverts au siècle dernier, sur l'action qu'exercent sur l'atmosphère ambiante les plantes placées dans l'obscurité, faits qui depuis ont été étudiés avec tant de soin par Th. de Saussure et plus récemment par M. Boussingault.

Je résolus donc d'analyser l'atmosphère de l'eau dans laquelle les plantes avaient vécu à la lumière et dans l'obscurité, afin de reconnaître si l'on pouvait attribuer à l'absence de la lumière l'abondance de l'acide carbonique dans l'eau et l'altération des tissus de la plante que j'avais observés d'abord.

En examinant l'eau dans laquelle les plantes aquatiques vivent et prospèrent au Muséum d'histoire naturelle, j'y reconnus une quantité assez notable d'oxygène; l'*Elodea*, transportée au Conservatoire, fut placée dans l'eau ordinaire, préalablement chargée d'acide carbonique, puis exposée au soleil de façon à reconnaître si ses fonctions respiratoires s'accomplissaient normalement. Le vase contenant l'*Elodea*, étant rempli de l'eau légèrement gazeuse, on y fixa un bouchon portant un tube de dégagement également rempli d'eau, et on recueillit les gaz sur l'eau. Aussitôt que les rayons du soleil frappent la plante, on voit se dégager une multitude de bulles de gaz; c'est un mélange d'acide carbonique d'oxygène et d'azote qui, traité par la potasse, laisse un résidu assez riche en oxygène pour rallumer une allumette. Cette expérience démontrait que les plantes, au commencement de l'observation, étaient en bonne santé; elles furent alors placées dans de l'eau ordinaire renfermant, sur 100 parties de gaz dissous, 26 d'oxygène. Quelques-uns des flacons furent conservés dans l'obscurité, les autres abandonnés à la lumière diffuse; après un ou deux jours, on fit l'analyse de l'atmosphère dissoute. Pour recueillir ces gaz à l'état de pureté, j'ai employé une méthode recommandée par M. Péligot dans ses nombreux travaux sur les eaux; le ballon dans lequel devait avoir lieu l'ébullition de l'eau à étudier était rempli d'azote; l'eau y fut introduite à l'aide d'un syphon, de façon à être peu de temps en contact avec l'air de l'atmosphère et à ne pas dissoudre les gaz qui la composent.

On a obtenu ainsi les résultats suivants, dans lesquels on n'a pas cru devoir inscrire l'azote puisque les appareils étaient remplis de ce gaz avant l'expérience.

Végétation des plantes aquatiques dans l'obscurité.

Durée de l'expérience.	Oxygène contenu dans l'eau avant l'expérience.	Oxygène contenu dans l'eau où la plante a vécu.	Ac. carbonique contenu dans l'eau où la plante a vécu.	Observations.
48 heures.	26	0	Non dosé.	On avait fait passer de l'oxygène dans l'eau, expérience faite en plein air au Muséum d'histoire naturelle.
48 —	26	0	Non dosé.	
24 —	26	0	45,0	
48 —	26	0	61,7	
24 —	37	2,5	68	
48 —	Inconnu.	0	36	

Toutes ces expériences ont porté sur l'*Elodea;* répétées sur plusieurs autres plantes marécageuses qui, comme les précédentes, avaient été prises dans les bassins du Muséum et mises à ma disposition par M. Decaisne, elles ont donné des résultats semblables. La dernière observation a été faite au Muséum même, de façon à laisser la plante dans ses conditions normales, mais en la privant seulement de lumière. L'*Elodea* était dans un bassin de grès, dans l'eau qui sert à arroser les plantes du Muséum; mais le bassin lui-même était couvert de planches de façon à empêcher l'accès des rayons solaires. La plante, recueillie après un séjour de 48 heures dans l'obscurité, était noire, en lambeaux; mise dans de l'eau légèrement chargée d'acide carbonique et au soleil, elle ne dégagea plus d'oxygène; elle était morte.

Dans toutes ces expériences nous voyons la plante périr par asphyxie, pour ainsi dire, aussitôt qu'elle a consommé tout l'oxygène que l'eau tient en dissolution, et cependant elle végétait à l'air libre, et par conséquent de l'oxygène devait se dissoudre constamment dans l'eau qui en était privé; il faut donc que la force d'absorption de la plante pour ce gaz, soit réellement assez considérable.

Aussitôt que la plante a consommé tout l'oxygène qu'elle trouvait en dissolution, qu'elle ne peut plus respirer, ses tissus commencent à se désorganiser; une pellicule de moisissures blanches apparaît à la surface et bientôt de nombreux infusoires prennent naissance, l'eau présente une odeur infecte.

Dans leur remarquable travail sur la *statique des êtres organisés*, MM. Dumas et Boussingault ont insisté sur la curieuse métamorphose qui, dans l'obscurité, fait de la plante un animal qui respire et qui absorbe de l'oxygène pour dégager de l'acide carbonique. Les expériences précédentes viennent apporter une nouvelle démonstration de ce fait capital. Quand elle n'est plus vivifiée par les rayons solaires, la plante marécageuse est comme un poisson; elle consomme l'oxygène que l'eau tient en dissolution, puis, quand elle l'a épuisé jusqu'à la dernière bulle, elle meurt asphyxiée, ses tissus se désorganisent et la corruption est bientôt accompagnée de l'odeur infecte qui suit la putréfaction des tissus animaux.

On voit donc que si les plantes aquatiques peuvent charger l'eau d'oxygène quand cette eau est bien éclairée et si, dans ce cas, elles sont une cause de salubrité, elles deviennent, au contraire, une source d'infection lorsque, plongées dans des lieux obscurs, elles se désorganisent, meurent et se putréfient.

ANALYSE DES MÉMOIRES DE CHIMIE PURE ET APPLIQUÉE

PUBLIÉS EN FRANCE ET A L'ÉTRANGER.

CHIMIE MINÉRALE.

Carburation du fer par contact ou cémentation,
par **M. Fréd. MARGUERITTE** (1).

La théorie de l'aciération laissait encore quelques doutes dans l'esprit de plusieurs chimistes.

M. Chevreul a dit dernièrement :

Il importe de savoir s'il est vrai, comme Guyton-Morveau l'a dit, qu'on peut aciérer le fer avec du diamant en poudre; 2° dans le cas où cela serait, si l'aciération a lieu sans l'intervention de l'azote.

Aujourd'hui la question se trouve entièrement résolue par les expériences de M. Margueritte.

Ce chimiste s'est entouré de toutes les précautions indiquées par la science.

Averti par les expériences de M. H. Saint-Claire Deville, des effets de la porosité, renseigné par les beaux travaux de MM. Dumas et Boussingault sur le moyen de se procurer du gaz hydrogène pur, par les ingénieuses recherches de M. Peligot sur le procédé à suivre pour se procurer du fer pur, disposant de toutes les ressources que peut fournir une grande fortune mise largement au service de la science, M. Margueritte vient de prouver que :

1° Des diamants placés sur une lame de fer et soumis à l'action de la chaleur dans une atmosphère d'hydrogène perforent cette lame; à côté du diamant on trouve un globule de fonte formé par l'union du carbone avec le fer.

2° Qu'un fil de fer dont une moitié plonge dans la poudre de diamant (le tout étant soumis à l'action de la chaleur dans un courant d'hydrogène) se transforme en *acier* dans la portion immergée, l'autre moitié restant *à l'état de fer*.

Les mêmes expériences ont été faites avec le graphite et avec le charbon de sucre; elles ont donné les mêmes résultats.

(1) *Comptes rendus*, t. LIX, p. 141.

M. Margueritte adressera prochainement une communication sur la carburation du fer par l'oxyde de carbone. Bw.

Perméabilité du fer pour l'hydrogène à haute température, par M. L. CAILLETET (1).

Un tube de fer *aplati*, dont les parois avaient une épaisseur de 2 millimètres, chauffé dans un feu de charbon de bois et isolé du foyer par un tube de fer, a repris sa forme première sous une pression de $0^m,34$ de mercure ; le gaz qui pénètre dans ce tube est de l'hydrogène.

Un tube dont les parois avaient une épaisseur de 24 millimètres, traité de la même manière, n'a pas été modifié dans sa forme.

L'auteur a vu que sous une pression de 0,68 de mercure, l'absorption de l'hydrogène cessait de se produire.

A froid et même à 210 degrés, l'hydrogène ne traverse pas une lame de fer dont l'épaisseur n'est que de 1/3 de millimètre. (L'auteur ne dit pas si un tube de fer mince dans lequel l'hydrogène s'est introduit à chaud est encore imperméable à froid). Bw.

Sur une nouvelle combinaison de cobalt, par M. C. D. BRAUN (2).

Lorsqu'on ajoute à une solution d'un sel de protoxyde de cobalt du cyanure de potassium, jusqu'à produire la dissolution complète du précipité d'abord formé, puis qu'on y verse de l'azotite de potasse, on obtient une liqueur d'un rouge orangé foncé. Cette solution renferme probablement du nitrocyanure de cobalt, et possède un pouvoir colorant considérable.

Le cyanure de nickel ne paraît donner rien de semblable avec l'azotite de potasse ; aussi cette réaction permet-elle de reconnaître ces métaux en présence l'un de l'autre.

La chaleur décompose la combinaison de cobalt ; il en est de même des acides et de l'ammoniaque ; les alcalis fixes, au contraire, ne la détruisent pas.

Coloration des émeraudes, par MM. WOEHLER et G. ROSE (3).

Feu Lewy avait attribué la coloration des émeraudes de la Nouvelle-Grenade à une matière organique ; il ne pouvait admettre que la

(1) *Comptes rendus*, t. LVIII, p. 1057.

(2) *Journal für praktische Chemie*, t. XCI, p. 107, 1864, n° 2.

(3) *Comptes rendus*, t. LVIII, p. 1180.

faible proportion d'oxyde de chrome trouvée par l'analyse pût donner une coloration aussi intense.

MM. Wœhler et G. Rose opposent à cette assertion ce fait : que 13 parties d'oxyde de chrome ont pu colorer 7000 parties d'un silicate, en couleur émeraude, aussi foncée que celle de la pierre naturelle qu'ils prennent pour type.

MM. Wœhler et G. Rose n'ont pas vu non plus la décoloration de l'émeraude se produire sous l'influence de la flamme réductrice du chalumeau, suivant les indications de Lewy. L'échantillon est devenu opaque; cependant il a perdu 1,62 0/0, ce qui concorde à peu près avec les nombres donnés par Lewy. Les éminents chimistes allemands ne contestent pas cependant la présence d'une matière organique dans l'émeraude.

CHIMIE ANALYTIQUE.

Mémoire sur le dosage des gaz dans les eaux potables, par M. ROBINET (1).

L'auteur a tenté de ramener le dosage brut des gaz renfermés dans une eau potable, et l'analyse qualitative de ces gaz à des procédés d'une extrême simplicité.

Il opère sur 200 centimètres cubes d'eau seulement, qu'il renferme dans un eudiomètre, lequel n'est autre qu'un simple tube fermé, renflé à la moitié de sa hauteur, ce qui lui donne l'aspect d'une pipette. L'un des bouts est fermé et gradué.

Ce tube, préalablement rempli de mercure, est porté sur l'eau dont on veut doser les gaz; en ouvrant avec ménagement l'ouverture du tube, on donne issue au mercure que l'eau remplace; on introduit ainsi la quantité précise de ce liquide sur laquelle on veut opérer.

Pour chasser les gaz de l'eau, on incline légèrement l'eudiomètre et on chauffe le liquide à la surface de contact avec le mercure, ou généralement, au quart de la hauteur totale de l'eudiomètre.

L'ébullition ayant chassé le gaz, on laisse refroidir et on intercepte la communication entre l'eau et le gaz produit, au moyen d'une petite quantité d'huile lourde de pétrole, que l'on introduit dans l'eudio-

(1) *Comptes rendus*, t. LIX, p. 71 (1863).

mètre. On laisse refroidir complétement; puis on détermine le volume par les moyens ordinaires.

Lorsqu'on a obtenu le volume total des gaz dissous, on recommence l'expérience en absorbant l'acide carbonique par un alcali, puis l'oxygène par le pyrogallate alcalin ou tout autre moyen.

Cette méthode est destinée, suivant l'auteur, à former le complément de l'hydrotimétrie pour l'essai des eaux de la France. Bw.

Dosage de l'étain dans les minerais d'étain oxydé, par M. CLEMENS WINKLER (1).

Le minerai d'étain, finement pulvérisé, est grillé à plusieurs reprises, d'abord seul, puis avec addition de charbon ou de coke pour chasser le soufre, l'arsenic et l'antimoine. Le résidu est ensuite fondu avec du bisulfate de potasse, et la masse traitée par l'acide chlorhydrique et bien lavée à l'eau. On enlève ainsi le fer, le manganèse et le cuivre.

Le résidu, mis en digestion avec de la potasse ou de l'ammoniaque caustique, cède l'acide tungstique.

Le nouveau résidu, lavé et séché, et consistant principalement en oxyde stannique, silice, etc., est ensuite mélangé avec poids égal d'oxyde cuivrique noir, et avec 2 à 3 fois son poids d'un fondant, composé de 2 parties de carbonate sodique anhydre, 1 partie de fécule et 1/4 de borax fondu. Ce mélange, introduit dans un creuset, y est recouvert d'une couche de sel marin sur laquelle on place un morceau de charbon de bois.

On chauffe le tout d'abord au rouge, puis au blanc naissant pendant une heure; après le refroidissement, on trouve un bouton bien formé contenant tout l'étain et le cuivre. La proportion d'étain est donnée en défalquant le poids du cuivre ajouté, du poids du bouton. Sans l'addition du cuivre, on éprouve toujours des pertes notables d'étain.

(1) *Berg. und Hüttenm. Zeitung*, t. III (1864).

CHIMIE ORGANIQUE.

Sur la diglycolimide, l'acide diglycolamique et les produits de la distillation sèche de l'acide diglycolique, par M. W. HEINTZ (1).

L'auteur a annoncé précédemment (2) la production d'un acide amidé dans la distillation sèche du diglycolate d'ammoniaque et signalé la relation probable de cet acide avec le produit de la distillation de l'acide diglycolique.

Ayant étudié d'abord cette dernière réaction, il a reconnu qu'il ne se forme pas d'acide pyrogéné nouveau. L'acide diglycolique, privé de son eau de cristallisation, fond à 148° et commence, vers 250 ou 270°, à dégager de l'acide carbonique et un gaz brûlant avec une flamme bleue. En même temps on voit passer à la distillation un liquide huileux. Plus tard, on recueille un autre liquide qui cristallise par le refroidissement. Dans ces produits on n'a trouvé que de l'acide diglycolique et de l'acide glycolique ayant passé à la distillation à l'état hydraté, ou peut-être à l'état anhydre. Il ne se forme donc pas d'acide pyrogéné comme M. Wurtz l'avait supposé.

Quant au corps azoté provenant de la distillation sèche du diglycolate d'ammoniaque et que l'auteur appelle *diglycolimide*, on le purifie facilement par cristallisation dans la solution alcoolique bouillante. Il forme alors des prismes minces, soyeux, incolores. Il est peu soluble à froid dans l'eau, dans l'alcool et dans l'éther.

Sa composition répond à la formule $\text{G}^4H^5Az\text{O}^3$. L'acide chlorhydrique ne le décompose pas et ne s'y combine pas non plus. La solution alcoolique, saturée d'acide chlorhydrique et additionnée de chlorure de platine, ne fournit pas de chloro-platinate d'ammoniaque.

La potasse en solution concentrée l'attaque avec dégagement d'ammoniaque; il en est de même de l'hydrate de baryte.

En saturant avec précaution la solution de diglycolimide par l'hydrate de baryte, et éliminant l'excès de baryte à l'aide d'un courant d'acide carbonique, on obtient une combinaison cristallisable renfermant du baryum et dégageant de l'ammoniaque lorsqu'on la chauffe avec de la chaux sodée. La combinaison barytique ne renferme pas la diglycolimide inaltérée, mais bien l'acide diglycolamique.

(1) *Annalen der Chemie und Pharmacie*, t. CXXVIII, p. 129. [Nouv. sér., t. LII.] Novembre 1863.

(2) *Bulletin de la Société chimique*, t. V, p. 42 (1863).

En chauffant la diglycolimide avec un excès d'hydrate de chaux, on a obtenu du diglycolate de chaux.

La diglycolimide, quoique n'étant pas un véritable acide, forme pourtant une combinaison argentique analogue à la combinaison de succinimide et d'oxyde d'argent. On l'obtient en additionnant d'ammoniaque, avec précaution, un mélange de solutions concentrées de diglycolimide et d'azotate d'argent. Il se produit un précipité blanc, cristallin qui renferme $\mathrm{Az}\left\{\begin{matrix}\mathrm{C^4H^4O^3}\\ \mathrm{Ag}\end{matrix}\right.$ et dans lequel la diglycolimide existe inaltérée. On peut l'en extraire par l'hydrogène sulfuré.

Le sel de baryte assez soluble dont il a été question plus haut, se présente, après l'évaporation de sa solution aqueuse, comme une masse gommeuse soluble sans résidu. Pour le purifier, on le réduit en poudre fine et on le traite par l'alcool bouillant. La liqueur alcoolique ne renferme pas de baryum, mais dépose, par l'évaporation, de la glycolimide, puis de grands cristaux de *diglycolamate d'ammoniaque.*

Quant au diglycolamate de baryte, il s'obtient en cristaux lorsqu'on verse une certaine quantité d'alcool à la surface de la solution aqueuse du sel.

Ces cristaux ne s'altèrent pas lorsqu'on les chauffe à 130°. Dissous et maintenus en dissolution bouillante, ils se décomposent en diglycolate de baryte avec dégagement d'ammoniaque. Ils renferment :

$$2\left[\left.\begin{matrix}\mathrm{Az(C^4H^4O^3,H^2)}\\ \mathrm{Ba}\end{matrix}\right\}\mathrm{O}\right] + \mathrm{H^2O}.$$

La molécule d'eau de cristallisation ne peut être chassée qu'à une température qui décompose le sel.

Le diglycolamate de baryte ne précipite pas l'azotate d'argent. Lorsqu'on ajoute au mélange une certaine quantité d'ammoniaque, on voit se produire un précipité cristallin soluble dans un excès d'ammoniaque et ne noircissant pas à la lumière.

Pour isoler l'acide diglycolamique, on traite la solution par un peu moins que la quantité d'acide sulfurique nécessaire pour précipiter la baryte, on évapore à siccité et on reprend par l'alcool absolu bouillant. En évaporant la solution alcoolique, on obtient un résidu très-soluble dans l'eau chaude et cristallisant par le refroidissement en prismes rhomboïdaux sous l'angle de 84°,15, modifiés par les faces g^1 et h^1 et par quatre faces d'un octaèdre rhomboïdal hémiédrique dont l'une des arêtes mesure 155°,35'.

Les cristaux d'acide diglycolamique, chauffés à 110°, ne s'altèrent pas. Ils sont anhydres. Ils fondent vers 150° en un liquide qui reste longtemps sirupeux avant de se solidifier. Sa composition répond à la formule :

$$\left.\begin{matrix}Az(C^4H^4O^3,H,H)\\ H\end{matrix}\right\}O \quad \text{ou} \quad Az\left\{\begin{matrix}C^4H^4O^3,OH\\ H,H\end{matrix}\right.$$

L'acide diglycolamique est isomérique avec l'acide diglycolamidique et présente même avec ce dernier ce que M. Boutlerow a appelé une *isomérie absolue,* puisque les deux corps renferment les mêmes radicaux et en même nombre. M. Heintz présente ensuite les formules par lesquelles il exprime la différence de constitution de ces deux acides. L'acide diglycolamique est pour lui de l'ammoniaque dans laquelle H est remplacé par le résidu monoatomique $C^4H^5O^4$ qui reste lorsqu'on enlève HO à l'acide diglycolique.

L'acide diglycolamidique, au contraire, peut être considéré comme de l'ammoniaque dans laquelle 2H sont remplacés par deux fois le résidu monoatomique $C^2H^3O^2$ qui reste lorsqu'on enlève HO à l'acide glycolique. Il décompose ses formules de la manière suivante, ce qui ne contribue pas à les rendre plus claires et plus commodes :

Ac. diglycolamique.

$$Az\left\{\begin{matrix}CO\\ CH^2\\ CH^2\\ CO\\ H\\ H\\ H\end{matrix}\right. \quad \left.\begin{matrix}CO\\ CH^2\end{matrix}\right\}O \quad \left.\begin{matrix}CO\\ H\end{matrix}\right\}O$$

Ac. diglycolamidique.

$$Az\left\{\begin{matrix}CH^2\\ CO\\ H\\ CH^2\\ CO\\ H\\ H\end{matrix}\right. \quad \left.\begin{matrix}CO\\ H\end{matrix}\right\}O \quad \left.\begin{matrix}CO\\ H\end{matrix}\right\}O$$

Ces deux acides sont isomériques, mais non identiques avec l'acide aspartique.

Sur un nouveau principe contenu dans le lichen des murailles, par M. W. STEIN (1).

Le lichen des murailles (*Parmelia parietina*) renferme un principe amer, que l'auteur nomme *chrysopicrine,* dont la composition se rapproche beaucoup de celle de l'acide chrysophanique, mais qui a des propriétés très-différentes.

Ce principe est très-peu soluble dans l'eau, soluble dans l'éther, l'alcool et le sulfure de carbone; ce dernier peut servir à l'extraire du lichen sans presque toucher aux principes secondaires. Sa saveur est très-amère lorsqu'il est humecté d'alcool; il a la couleur du bichromate de potasse.

(1) *Journal für praktische Chemie*, t. XCI, p. 100, n° 2. Mars 1864.

La chrysopicrine commence à fondre à 105°, et la fusion est complète à 140°; si l'on chauffe plus fort, elle se sublime partiellement en longues aiguilles. Elle est soluble dans les alcalis, et donne une dissolution jaune.

L'acide sulfurique la dissout sans l'altérer sensiblement. La solution alcoolique ne précipite ni l'acétate neutre de plomb, ni les sels de cuivre; le sous-acétate de plomb y forme un précipité jaune, et le perchlorure de fer la colore d'une manière plus intense.

L'eau de baryte, à l'ébullition, en dégage de l'acide carbonique et de l'eau, et l'on obtient un sel de baryte jaune cristallisé.

L'amalgame de sodium décolore les solutions alcalines de chrysopicrine, d'où l'acide chlorhydrique précipite un corps verdâtre soluble dans l'alcool; ce dérivé présente les caractères d'un tannin.

Traitée par le chlorure de chaux, la chloropicrine donne une huile éthérée d'une odeur d'essence d'amandes amères, et une résine rouge amorphe, fusible à 100°. L'acide chromique donne des produits analogues lorsque l'on opère dans des tubes scellés.

Les cristaux de chrysopicrine appartiennent soit au type rhombique, soit à celui du prisme à base carrée.

L'auteur représente sa composition par la formule $C^{30}H^{11}O^{8}$, qui correspond à celle de la molécule d'acide chrysophanique ($C^{10}H^{4}O^{3}$) triplée, moins de l'eau.

CHIMIE APPLIQUÉE A LA BOTANIQUE.

Recherches sur la respiration des fleurs, par **M. Aug. CAHOURS** (1).

Tandis que les parties vertes des plantes opèrent, sous l'influence de la lumière, la décomposition de l'acide carbonique dont elles s'assimilent le carbone en rejetant l'oxygène dans l'atmosphère, les parties colorées, à l'encontre, consomment de l'oxygène pour engendrer de l'acide carbonique. De telle sorte que, par l'une des plus admirables harmonies de la nature, la composition de l'atmosphère qui nous entoure ne se trouve pas sensiblement modifiée dans une longue période de temps.

Mais si l'expérience a démontré depuis longtemps que toute fleur

(1) *Comptes rendus*, t. LVIII, p. 1206 (1864). — Voir la 1re partie : Respiration des fruits, *Bulletin de la Société chimique*, nouv. série, t. I, p. 254 (1864).

abandonnée dans l'air atmosphérique développe de l'acide carbonique aux dépens de l'oxygène qu'il renferme, il n'y en avait pas moins un certain intérêt à déterminer les modifications que présente ce phénomène lorsqu'on fait varier les circonstances dans lesquelles il se produit.

Or, toutes les fleurs à poids égaux ou à surfaces égales consomment-elles dans des circonstances identiques la même quantité d'oxygène et produisent-elles la même proportion d'acide carbonique? Les fleurs odorantes se comportent-elles de la même manière que celles qui sont dépourvues d'odeur? Une même fleur agit-elle plus énergiquement sur une atmosphère déterminée sous l'influence d'une lumière plus ou moins vive que dans une profonde obscurité? La consommation d'oxygène est-elle proportionnelle à la température du milieu dans lequel la fleur respire? Une fleur à toutes les époques de son développement consomme-t-elle la même quantité d'oxygène? Enfin, quel est le rôle que remplissent les diverses parties de la fleur, calice, corolle, pistil, étamines?

Tels sont les divers problèmes que l'auteur s'est proposé de résoudre.

Si l'on expérimente sur diverses fleurs parvenues à la même période de leur développement et dont les poids soient très-sensiblement égaux, il est facile de se convaincre, alors qu'on se place dans des conditions parfaitement identiques, que la proportion d'oxygène consommé dans des temps égaux est fort loin d'être la même. Quant à l'odeur plus ou moins forte qu'exhale la fleur, elle ne paraît jouer qu'un rôle assez médiocre dans la production du phénomène; il est, en effet, telle fleur entièrement inodore, ou ne possédant qu'une odeur des plus faibles, qui consomme dans un temps donné de plus grandes quantités d'oxygène que telle autre dont l'odeur est étourdissante. Des résultats obtenus au début de ces recherches avaient conduit à penser tout d'abord que les fleurs odorantes absorbaient plus rapidement l'oxygène de l'air que celles dont l'odeur est très-faible ou nulle, mais les expériences multipliées que l'auteur a exécutées sur les fleurs les plus diverses lui ont appris qu'on ne saurait établir cette conclusion d'une manière générale.

M. Cahours s'est assuré, d'autre part, que si, toutes choses égales d'ailleurs, la proportion d'acide carbonique formé est généralement un peu plus forte lorsque la fleur est exposée à la lumière que lorsqu'elle est placée dans une profonde obscurité, la différence est bien loin d'être aussi grande qu'on serait porté à le supposer. Cette différence devient beaucoup plus manifeste lorsqu'on remplace l'air normal par de l'oxygène pur.

Il arrive même assez fréquemment, lorsque le phénomène s'accomplit au sein de l'air ordinaire, que les choses se passent exactement de la même manière dans l'obscurité que sous l'influence d'une vive lumière. Ce résultat est bien différent de celui qu'on observe avec la plupart des substances organiques qui, enfermées à poids égal dans des tubes contenant des volumes égaux d'air atmosphérique, éprouvent une combustion bien plus active de la part de l'oxygène lorsqu'elles sont frappées par la lumière que lorsqu'elles sont maintenues dans l'obscurité. Les différences qu'on observe dans ces circonstances tiennent très-probablement à ce que, dans le premier cas, les réactions s'accomplissent à l'égard de corps doués d'une vitalité plus ou moins énergique, tandis que dans l'autre cas on agit sur des substances entièrement inertes.

Lorsqu'on opère sur une même fleur, soit dans une obscurité complète, soit à la lumière, on constate qu'à mesure que la température s'élève, la proportion d'acide carbonique produit dans le même temps augmente d'une manière très-appréciable. Ce résultat, qu'il était facile de prévoir, s'observe sur les fleurs de natures les plus diverses. Lorsque la température extérieure varie de + 15 à + 25°, la transformation de l'oxygène en acide carbonique est assez rapide; elle est au contraire assez lente pour des températures comprises entre + 5 et + 10°.

Aux diverses époques de son développement, la fleur ne consomme pas la même quantité d'oxygène, ne produit pas la même proportion d'acide carbonique. C'est ce qui résulte d'un assez grand nombre d'expériences comparatives. Néanmoins les différences observées sont généralement très-peu considérables. Qu'on cueille sur le même arbuste des fleurs en boutons et des fleurs très-épanouies, possédant des poids rigoureusement égaux et qu'on les abandonne dans des volumes égaux d'air normal dans des conditions identiques de lumière et de température, et l'on pourra constater que la consommation d'oxygène est presque toujours un peu plus forte avec le bouton qu'avec la fleur très-épanouie, résultat qui ne doit pas surprendre lorsqu'on songe que, dans le premier cas, la force de vitalité est plus grande que dans le second. Néanmoins, les différences observées sont toujours très-faibles.

Or, toute fleur se composant de plusieurs parties distinctes, on peut se demander quelle est la part que prend chacune d'elles à la production du phénomène total. Pour atteindre ce but, il est nécessaire de faire l'anatomie de la fleur, d'en isoler les divers éléments, d'étudier le rôle de chacun d'eux en les mettant en rapport avec des volumes déterminés d'air normal, et de comparer les résultats fournis par ces divers éléments, ainsi que par la fleur entière, en tenant compte de leurs poids respectifs, l'expérience étant en outre effectuée dans des circonstances parfaitement identiques.

En opérant de la sorte sur des fleurs qui présentent un pistil et des étamines suffisamment développés, et dont le poids ne soit pas une fraction trop faible de celui de la fleur entière et de la corolle, tels que le pavot d'Orient, le coquelicot des champs, le coquelicot à grandes bractées, le lis, des nymphéas, etc., l'auteur a reconnu que, lorsqu'on compare la proportion d'acide carbonique fournie par la corolle à celle que donnent dans les mêmes conditions le pistil et les étamines, on observe une grande différence en faveur de ces dernières, résultat auquel on devait s'attendre et que le plus simple raisonnement faisait prévoir.

Enfin, indépendamment de l'acide carbonique formé par la combustion des éléments de la fleur aux dépens de l'oxygène atmosphérique, celle-ci, de même que le fruit, dégage une certaine proportion de ce gaz, ainsi qu'on peut s'en convaincre en abandonnant ces fleurs dans des appareils renfermant des gaz inertes tels que l'hydrogène ou l'azote. En résumé, nous voyons :

1° Que toute fleur, abandonnée dans une atmosphère limitée d'air normal, consomme de l'oxygène et produit de l'acide carbonique, en proportions variables, que cette fleur possède de l'odeur ou qu'elle en soit dépourvue;

2° Que, les circonstances dans lesquelles s'accomplit le phénomène étant identiques, cette proportion d'acide carbonique augmente à mesure que la température s'élève;

3° Que généralement, pour des fleurs cueillies sur le même arbuste et dont les poids sont sensiblement égaux, la quantité d'acide carbonique produit est un peu plus considérable lorsque l'appareil dans lequel s'exécute l'expérience est frappé par la lumière que lorsqu'il est placé dans une profonde obscurité; que néanmoins, dans quelques cas, cette proportion est sensiblement la même dans ces deux circonstances;

4° Que lorsqu'on remplace l'air normal par de l'oxygène pur, les différences observées deviennent bien plus marquées;

5° Que la fleur qui commence à se développer dégage un peu plus d'acide carbonique que celle qui a atteint son complet développement, ce qui peut s'expliquer par une action vitale plus puissante;

6° Que toute fleur abandonnée dans un gaz inerte dégage de petites quantités d'acide carbonique ;

7° Enfin, nous voyons que des divers éléments qui constituent la fleur, ce sont le pistil et les étamines, en qui réside la plus grande puissance de vitalité, qui consomment la plus grande quantité d'oxygène et produisent la plus forte proportion d'acide carbonique.

CHIMIE TECHNOLOGIQUE.

Préparation de briques et de ciments réfractaires, par M. Edwin BIBLY (1).

L'auteur prépare un mélange de stéatite, de sulfate de chaux, de talc et de silice, auquel il ajoute une solution de sulfate d'alumine ou d'alun, de gomme adraganthe, de tungstate de soude et de colle-forte. Les proportions varient suivant le but à atteindre.

Pour la préparation d'un ciment réfractaire, il emploie les proportions suivantes : sulfate de chaux, 45; stéatite ou talc, 15; silex, 25. On calcine préalablement le sulfate de chaux, et après l'avoir laissé séjourner dans la solution ci-dessus, on procède à une nouvelle calcination. La stéatite est débarrassée du fer par les méthodes usuelles. On applique le mélange en gâchant avec de l'eau comme pour les ciments ordinaires.

L'auteur emploie les proportions suivantes pour la préparation des briques : talc, 15; stéatite, 25; alumine, 40; silex, 20. Il faut que ces matières soient d'abord débarrassées de fer; les proportions peuvent varier et dépendent de la nature du produit qui doit se trouver en contact avec les briques; lorsque celles-ci doivent servir à la fusion des substances alcalines, on augmente les quantités de silice et d'alumine (2).

(1) *Newton's London Journal*, t. XIII, p. 280.

(2) L'emploi de l'alumine rend ce mélange très-coûteux. Il est permis de douter qu'on parvienne, par des moyens artificiels, à remplacer les matériaux que fournit la nature et qu'il suffit de savoir chercher. Nous n'y verrions aucun avantage. A. S. K.

Sur les matières colorantes artificielles, par **M. E. KOPP** (1).

— Suite. —

Préparation industrielle de l'aniline commerciale. Le procédé de réduction de la nitrobenzine le plus généralement pratiqué est celui de M. Béchamp, par l'acide acétique et le fer.

Ce procédé est trop connu pour qu'il soit nécessaire de le décrire; quelques précautions doivent cependant être observées pour obtenir le rendement le plus considérable. Théoriquement 100 de nitrobenzine doivent fournir 75,5 % d'aniline; mais dans la pratique ce chiffre n'est jamais atteint, déjà par la raison qu'on n'opère pas en grand sur de la nitrobenzine chimiquement pure.

La réduction de la nitrobenzine doit s'effectuer à une température assez modérée; la réaction ayant lieu avec dégagement de chaleur, on a rarement recours au chauffage direct des appareils; on se contente en hiver de chauffer le local dans lequel sont disposés les vases à réduction.

Pour mieux pouvoir régulariser l'opération, un certain nombre de fabricants préfèrent n'opérer à la fois que sur des quantités assez restreintes de nitrobenzine, et de multiplier le nombre des vases réducteurs, qui, dans ce cas, sont souvent en terre.

Lorsqu'on opère sur de plus fortes proportions de matières, les vases, de forme cylindrique ou hémisphérique, sont généralement en fonte; on y introduit toute la nitrobenzine et l'acide acétique, et l'on ajoute ensuite le fer (limaille, rognures de tôle, tournure de fer ou de fonte) graduellement, par petites portions à la fois, de manière à éviter une réaction trop vive et un trop fort développement de chaleur.

Il faut également éviter d'employer un excès de fer; en effet, il résulte des expériences de M. Hofmann d'une part, et d'autre part de M. A. Noble, qu'en présence d'un fort excès de fer, la nitrobenzine donne naissance, non-seulement à de l'aniline, mais en même temps à une proportion considérable d'azobenzol (azobenzide) Ɵ^6H^5Az, qui constitue une perte pour le fabricant.

Pour la réduction de 100 parties de nitrobenzine, on emploie ordinairement 90 à 100 d'acide acétique et 140 à 150 de fer, et on remue le tout de temps à autre. Lorsque la transformation est complète (ce qu'on reconnaît lorsqu'une petite quantité du magma produit, traitée

(1) Voyez pour la première partie, *Bulletin de la Société chimique*, nouv. sér., t. I, p. 205 (1864).

par un acide un peu étendu, ne laisse plus de globules oléagineux de nitrobenzine), on procède à la distillation.

L'appareil distillatoire se compose d'une cornue ou d'un cylindre en fer ou fonte, disposé de manière à offrir un écoulement large et facile aux gaz et vapeurs, qui doivent ensuite descendre dans un bon appareil refrigérant.

On ajoute quelquefois au magma à distiller, composé d'aniline, d'acétates ferreux et ferrique, d'oxyde ferrique, une certaine quantité de chaux hydratée, pour éviter la distillation d'acétate d'aniline. On chauffe d'abord graduellement, et vers la fin très-fortement, même jusqu'au rouge naissant. C'est une véritable distillation sèche. Les acétates se décomposent en dégageant une quantité notable d'acétone et des gaz. La distillation de l'aniline est singulièrement facilitée par ce dégagement de produits gazeux et très-volatils qui l'entraînent.

Le produit condensé est surtout formé d'aniline et d'acétone.

On le rectifie : l'acétone distille en premier, et l'on recueille comme aniline commerciale tout ce qui passe entre 180° et 250° centig.

On doit obtenir avec 100 de nitrobenzine de 65 à 67 °/₀ d'aniline commerciale. Vers la fin de la distillation il passe des quantités notables de toluidine et de toluylène-diamine.

Rappelons que dans les résidus de la rectification de l'aniline brute, constituant ce qu'on appelle les queues d'aniline et dont le point d'ébullition est à 300° et au-dessus, M. Hofmann a rencontré la paraniline ou dianiline $\text{Ɵ}^{12}H^{14}Az^2$ et la xénylamine $\text{Ɵ}^{12}H^{11}Az$ (1).

Il est bien évident que la composition et la nature de l'aniline commerciale seront variables et dépendront de la composition et de la nature de la nitrobenzine (nitrobenzol) employée. Plus le nitrobenzol aura renfermé de nitrotoluol, de nitrocumol, de binitrobenzol, binitrotoluol, etc., plus l'aniline sera accompagnée de toluidine, cumidine, etc., indépendamment des autres composés formés pendant la distillation, et résultant soit de la condensation des molécules, soit de la réaction des hydrocarbures sur les bases produites, ou enfin de la réaction pendant la distillation de ces bases les unes sur les autres.

Rouge d'aniline. Fuchsine. Sels de rosaniline. C'est au moyen de l'acide arsénique que se fabrique la majeure partie du rouge d'aniline actuellement employé en teinture et impression des tissus.

L'acide arsénique est préparé généralement d'après le procédé que

(1) *Bulletin de la Société chimique.* Février 1863, p. 93 et 97.

nous avons introduit dans l'industrie et décrit dans notre mémoire sur les différents hydrates de l'acide arsénique (1).

En oxydant l'acide arsénieux par l'acide azotique, il est difficile de transformer les dernières traces du premier en acide arsénique, même en employant un excès d'acide azotique. Aussi l'acide arsénique servant à la préparation du rouge d'aniline contient-il presque toujours à la fois un peu d'acide arsénieux et un léger excès d'acide azotique. Leur présence n'offre d'ailleurs aucun inconvénient, puisque l'acide azotique est lui-même capable de transformer l'aniline en fuchsine.

L'acide arsénique commercial, dont on consomme maintenant d'énormes quantités, constitue un liquide presque sirupeux, d'une densité à peu près égale à celle de l'acide sulfurique, et renferme de 75 à 76 % d'acide arsénique solide.

Préparation du rouge d'aniline par l'acide arsénique. On mélange avec précaution 20 parties d'acide arsénique sirupeux avec 12 parties d'aniline du commerce, en ayant soin de remuer constamment. On obtient ainsi une pâte cristalline rose ou rougeâtre, qu'on introduit dans de grands vases en fonte, placés au-dessus de la voûte d'un fourneau et chauffés dans un bain d'air, de manière à pouvoir bien régulariser la température, qui ne doit pas dépasser 150 à 170° centig.

La masse mousse et se boursouffle en se colorant en rouge brun de plus en plus foncé. De temps en temps on essaye le produit, en y plongeant une baguette à laquelle la matière adhère; lorsque l'opération touche à sa fin, le produit adhérent à la baguette doit présenter, après refroidissement, une couleur bronzée et une cassure nette et brillante.

Au bout de quelques heures (3 à 5 heures) la masse est homogène, liquide au-dessus de 100°, mais devient solide et très-dure par le refroidissement.

On la verse encore très-chaude sur des plaques en fonte et, après solidification, on l'en détache et on la concasse.

Ce produit constitue l'ancienne fuchsine brute.

Traité par l'eau bouillante, il fournit une dissolution qui, filtrée à travers du sable (auquel reste adhérent la matière résineuse), présente une couleur très-riche et très-belle; par l'addition d'un léger excès de soude caustique ou carbonatée, on en précipite la matière colorante, tandis que la majeure partie de l'acide arsénique reste en solution à l'état d'arséniate et d'arsénite de soude. Le précipité, lavé avec un peu d'eau froide et redissous dans l'acide acétique, fournit une solution

(1) *Annales de Chimie et de Physique*, 3e sér., t. XLVIII, p. 106.

concentrée et d'une grande richesse tinctoriale de rouge d'aniline.

Pendant très-longtemps l'on procédait ainsi dans les teintureries et dans les fabriques d'indienne pour la préparation des bains de teinture. Aujourd'hui la fuchsine brute ne se rencontre plus que rarement dans le commerce, ayant été remplacée presque partout par le rouge d'aniline déjà purifié et cristallisé, préparé dans les fabriques de couleurs d'aniline.

Dans ces fabriques, l'extraction de la fuchsine brute par l'eau bouillante a été bien vite abandonnée pour être remplacée par un traitement par l'acide chlorhydrique ou par l'acide sulfurique étendu.

La raison de ce nouveau mode d'extraction est facile à comprendre; les sels neutres de rosaniline sont à peu près tous très-peu solubles dans l'eau, même bouillante; il fallait donc des quantités d'eau extrêmement considérables et des ébullitions souvent répétées pour épuiser complétement la fuchsine brute; la nature résineuse de cette dernière venait encore augmenter les difficultés de l'extraction.

Les sels acides de rosaniline sont au contraire comparativement très-solubles; sous l'influence de l'eau acidulée bouillante, la matière résineuse se délite, devient poreuse, perméable et abandonne facilement la matière colorante. Les substances résineuses étant en outre à peu près insolubles dans les acides étendus, leur séparation par filtration n'est nullement difficile à effectuer.

On opère de la manière suivante : la fuchsine brute concassée est introduite dans de grandes cuves avec deux fois son poids d'acide chlorhydrique, quelquefois concentré, d'autrefois étendu d'une certaine quantité d'eau. On chauffe le tout à l'ébullition qu'on entretient pendant 2 à 3 heures au moyen d'un jet de vapeur. Les biarséniate et bichlorhydrate de rosaniline se dissolvent en colorant la liqueur en brun orangé foncé, tandis que les matières résineuses et étrangères se délitent et deviennent peu à peu pulvérulentes. On jette alors le tout sur un filtre en laine, sur lequel restent les impuretés, tandis que les sels acides de rosaniline passent à travers le filtre et sont recueillis pour être neutralisés et même sursaturés par du carbonate de soude.

On laisse souvent tomber le liquide filtré directement dans une grande chaudière en fonte renfermant un excès de solution de sel de soude. La matière colorante se précipite en grains ou en flocons, consistant principalement en chlorhydrate de rosaniline, mélangé encore d'un peu de matière résineuse et renfermant peut-être aussi un peu de rosaniline libre, à cause de l'excès d'alcali; il y a en même temps un violent dégagement d'acide carbonique.

Le chlorhydrate de rosaniline étant moins soluble que l'arséniate, surtout dans une solution de sels neutres ou alcalins, on comprend qu'il se précipite de préférence, tandis que l'acide arsénique reste en solution à l'état d'arséniate ou d'arsénite sodiques, conjointement avec une quantité considérable de chlorure sodique. Les eaux-mères sont jetées.

Même s'il s'était précipité de l'arséniate de rosaniline, celui-ci ne tarderait pas à se convertir par double décomposition avec le chlorure sodique en chlorhydrate de rosaniline, puisqu'on chauffe ordinairement à l'ébullition la liqueur résultant de la neutralisation de la solution acide par le carbonate de soude.

Le précipité de rouge d'aniline, au lieu de tomber au fond de la liqueur bouillante, se rend à la surface (par suite du dégagement d'acide carbonique, dont les bulles restent adhérentes au précipité) et y est enlevé avec une écumoire.

On introduit ensuite cette matière dans de grands vases en fonte renfermant de l'eau chauffée à l'ébullition au moyen de la vapeur.

La matière colorante se dissout en grande partie. La solution, séparée par filtration d'un nouveau dépôt, se rend dans de grandes cuves en tôle où on la laisse refroidir. Elle y dépose des cristaux verts à reflets métalliques consistant principalement en chlorhydrate de rosaniline.

Par des cristallisations répétées qui ont pour effet d'éliminer une petite quantité de matière brunâtre, on parvient à obtenir ce sel à peu près chimiquement pur. Cette épuration paraît être facilitée en employant, comme dissolvant, de l'eau chargée d'une petite quantité de sel ammoniac.

En traitant le chlorhydrate de rosaniline par les alcalis caustiques ou plus économiquement par un lait de chaux pure et bouillante, on obtient la rosaniline libre hydratée $C^{20}H^{19}Az^3,H^2O$, qui est extrêmement peu soluble dans l'eau froide.

En dissolvant la rosaniline dans l'acide acétique, l'acide sulfurique étendu, etc., on prépare ensuite facilement les acétate, sulfate et autres sels de rosaniline.

Dans ces différentes préparations, il reste souvent des eaux-mères ou solutions, soit neutres, soit acides ou alcalines, plus ou moins chargées de rouge d'aniline dont il faut savoir tirer parti.

Si les solutions sont assez riches, on utilise la propriété des sels neutres de rosaniline d'être à peu près insolubles dans une solution concentrée de sel marin. On neutralise les liqueurs si elles ne le sont pas déjà, et on y dissout du sel presque jusqu'à saturation. La matière colorante (chlorhydrate de rosaniline) se précipite alors presque complétement et peut être recueillie pour rentrer dans le cours normal de la fabrication.

Si, au contraire, les solutions sont très-pauvres en matière colorante, il est plus économique de les utiliser pour la préparation de laques de rosaniline. A cet effet, on neutralise également les liqueurs et on y verse une solution de tannin récemment préparée. Il se précipite du tannate de rosaniline sous forme de laque carminée magnifique, complétement insoluble.

Rien n'empêche d'opérer cette précipitation en présence d'alumine ou d'oxyde d'étain et de préparer ainsi des laques, à la vérité moins riches et moins belles, mais aussi extrêmement économiques.

C'est ainsi, par exemple, qu'on peut commencer par dissoudre de l'alun dans la solution faible de rouge d'aniline (surtout si elle est naturellement un peu alcaline, comme cela a lieu pour les eaux-mères de la préparation de la rosaniline), puis décomposer l'alun par du carbonate de soude, en évitant de rendre la solution alcaline, et y ajouter enfin la quantité de tannin nécessaire.

L'alumine en gelée ou le sous-sel d'alumine insoluble se trouvent alors si intimement mélangés avec le tannate de rosaniline, qu'ils se précipitent ensemble en une laque homogène, plus ou moins richement colorée suivant qu'il y avait plus ou moins de rouge d'aniline en dissolution.

Les résidus de la fabrication du rouge d'aniline par l'acide arsénique sont, d'une part, la soi-disant matière résineuse, laquelle, ainsi que M. Bolley (1) l'a prouvé, ne possède aucune des propriétés d'une résine et constitue une matière colorante violette d'une nuance trop impure pour être utilisée pour la teinture, et, d'autre part, la solution alcaline, très-chargée de sel marin, d'arséniate de soude, d'arsénite de soude et d'un peu de carbonate de soude.

Cette liqueur est généralement jetée et s'écoule dans les ruisseaux et rivières, certainement dans beaucoup de cas au détriment de la salubrité publique.

L'arséniate de soude étant un sel employé en quantité assez considérable dans l'industrie des toiles peintes, soit pour la préparation de certaines couleurs et réserves, soit comme sel à bouser, et pouvant être utilisé dans la fabrication du verre, comme oxydant et décolorant, on

(1) *Répertoire de Chimie appliquée.* 1863, p. 122.

pourrait tirer parti de ces résidus en les évaporant et oxydant l'arsénite par de l'azotate sodique, si la présence d'une si grande quantité de sel marin et l'impossibilité de s'en débarrasser économiquement n'étaient un obstacle sérieux à cette opération.

Il n'en est plus de même lorsqu'on suit le procédé suivant, très-rationnel, indiqué par M. Habedank (1), pour la préparation du rouge d'aniline cristallisé.

Procédé du docteur Habedank pour la purification de la fuchsine brute. La fuchsine brute concassée est additionnée d'une quantité de sel marin correspondant à l'acide arsénique employé, et le tout mis en ébullition avec une quantité limitée d'eau (5 fois son poids).

Pendant cette ébullition, il s'opère une double décomposition entre les arsénite et arséniate de rosaniline et le chlorure sodique, d'où résultent de l'arsénite et arséniate sodiques et du chlorure rosanilique. Ces réactions s'opèrent d'une manière très-nette et la séparation est très-facile, le chlorure rosanilique étant presque insoluble dans la solution concentrée d'arsénite et d'arséniate sodique.

Pendant cette ébullition, les fragments de fuchsine brute fondent et se convertissent dans la liqueur bouillante en une masse huileuse qui se solidifie par le refroidissement et se dépose rapidement.

On laisse refroidir pendant plusieurs heures et l'on décante les sels sodiques. Par l'addition d'un peu de sel marin (2), on peut encore précipiter la petite quantité de matière colorante renfermée dans la solution d'arsénite et d'arséniate sodiques. On recueille le précipité et on l'ajoute à la masse principale de chlorure rosanilique, obtenue par l'opération précédente sous forme résineuse.

On épuise le tout par l'eau bouillante : la première solution est encore impure, et on en précipite la matière colorante par l'addition de sel marin.

La seconde et la troisième solution fournissent des cristallisations suffisamment pures. Les eaux-mères servent au lieu d'eau pure pour épuiser de nouvelles quantités de chlorhydrate de rosaniline brut.

Dans ce procédé on n'opère qu'avec des liqueurs neutres, dont le maniement est très-facile. On évite l'extraction au moyen d'acide chlorhydrique, gênante à cause de la nature des vases à employer et en outre nullement exempte de dangers pour les ouvriers, à cause des émanations arsenicales (à l'état de chlorure d'arsenic volatil) et des plaies profon-

(1) Dingler, *Polytechnisches Journal*, 1864, t. CLXXI, p. 73.

(2) L'azotate de soude produirait probablement le même effet. E. K.

des et difficiles à guérir que le contact de la liqueur acide arsenicale occasionne très-facilement.

Mais, en outre, le procédé Habedank permet de tirer un parti avantageux des premières eaux-mères formées principalement d'arsénite et d'arséniate sodiques. Ces eaux-mères, évaporées à siccité et chauffées au rouge avec une addition convenable d'azotate sodique, qui, non-seulement oxyde l'arsénite en arséniate, mais brûle encore toute matière organique en présence, donneront un résidu salin constitué presque uniquement d'arséniate sodique, peut-être un peu alcalin (par suite de la formation d'un peu de carbonate par la combustion de la matière organique) et qui pourra être facilement utilisé soit pour la préparation de sels à bouser, soit pour celle d'arséniate sodique cristallisé et purifié, susceptible d'emploi dans les verreries ou dans les fabriques de toiles peintes.

Sur la fabrication du savon, par **M. MÈGE MOURIÈS** (1).

M. Mège-Mouriès déclare qu'il se propose de modifier profondément l'art du savonnier et celui du stéarinier.

Pour préparer le savon, l'auteur commence par émulsionner le corps gras au moyen d'un peu de savon ou d'un peu d'alcali. La saponification en devient plus facile; elle s'opère à une température basse. Le savon, décomposé par les alcalis, lui donne des acides gras d'un point de fusion élevé, et des acides liquides blancs produisant des savons blancs.

Dans les indications que présente M. Mège-Mouriès, je ne vois rien qui ne soit parfaitement connu. Jamais, que je sache, on n'a eu la pensée d'incorporer les lessives dans la graisse sans mélanger ces liquides; jamais on n'a pensé que cette incorporation pût se faire sans agitation, et toujours on a employé, pour commencer l'empâtage, les rognures de savon et les additions successives de petites quantités de lessive, un excès rendant, on le sait, le savon insoluble.

On sait obtenir de l'acide oléique blanc; on sait produire des saponifications parfaites, et les conditions économiques des industries de la stéarinerie et de la savonnerie guident dans le choix des procédés, selon qu'on a intérêt à ménager le temps, la force, le combustible ou les produits chimiques. L'étude attentive des données de M. Chevreul, conduit, par les sentiers connus de la science et de la pratique industrielle, à des résultats qui se rapprochent plus ou moins de ceux que promet la théorie, selon que le fabricant suit plus ou moins exactement les préceptes classiques et sans qu'il ait rien à innover. Bw.

(1) *Comptes rendus*, t. LVIII, p. 864.

Sur la saponification, par **M. PELOUZE** (1).

M. Pelouze propose de remplacer les alcalis caustiques, employés par la fabrication du savon, par les sulfures alcalins.

Ceux-ci sont, on le sait, décomposables, sous la plus légère influence, en alcali et en sulfhydrate de sulfure.

Lorsqu'on met un corps gras, à froid, en présence de l'eau et du sulfure de sodium, on obtient du savon de soude et du sulfhydrate de sulfure de sodium. Si on opère à chaud, le sulfure, en entier, sert à la saponification; on obtient avec le savon de l'acide sulfhydrique.

M. Pelouze appelle sur ce fait l'attention des savonniers, au point de vue de l'économie que pourrait apporter l'emploi du sulfure de sodium, substitué à celui de la soude.

Il y a, en effet, économie de la craie destinée à faire le sulfure de calcium dans le procédé Leblanc, et de celle destinée à fournir la base nécessaire à la production de la lessive caustique. Seulement, pour que cette économie de chaux soit réelle, il faut admettre que la saponification se fasse avec dégagement de l'acide sulfhydrique, ce qui serait peut-être un inconvénient dans la pratique, au point de vue de l'hygiène et de la responsabilité civile.

Il y a bien aussi une économie dans le chauffage, le four n'ayant pas à admettre la craie faisant partie du mélange dans le procédé de Leblanc; mais cette économie est aussi subordonnée à la considération que je viens de faire valoir. En outre, il me semble que le mélange de sulfate et de charbon, qui doit être riche en charbon, doit être plus dur à chauffer que le mélange de Leblanc.

Si l'on voulait opérer la saponification à froid, l'économie disparaîtrait pour la moitié, attendu qu'il faudrait de la chaux pour ramener le sulfhydrate de sulfure de lessive à l'état de monosulfure. Cette réaction que j'indique serait pourtant déjà un perfectionnement, car je ne sais autrement ce que l'on pourrait faire du sulfhydrate de sulfure.

Mais outre que la saponification à froid serait difficile à conduire, il arriverait, à cause de l'emploi du sel ou des lessives fortes, nécessaires pour *relarguer* le savon, que la lessive sulfureuse se trouverait mêlée de sels étrangers, qui rendraient son application difficile pour une saponification ultérieure.

La vieille industrie marseillaise va mettre à l'épreuve le procédé de M. Mège-Mouriès et celui de M. Pelouze: je tiendrai le lecteur au courant.

Bw.

(1) *Comptes rendus*, t. LIX, p. 22 (1864).

CHIMIE PHOTOGRAPHIQUE.

Collodion sec au tannin, procédé de **M. VERNIER fils**, de Belfort (1).

Dans deux flacons contenant chacun 50 centigrammes d'alcool, on fait dissoudre séparément 6 grammes de tannin et 6 grammes de bromure de cadmium. On agite, et après dissolution complète dans 100 centimètres cubes de bon collodion, dense et jaune foncé, on ajoute 5 grammes de la solution de tannin et 10 gouttes de celle de bromure de cadmium.

Le lendemain, on recouvre une glace de ce collodion et on la sensibilise dans le bain ordinaire, où elle devra rester jusqu'à ce qu'elle soit entièrement dégraissée. Au sortir de ce bain, on la plonge dans une cuvette contenant 2 litres d'eau et 24 grammes d'acide sulfurique, et on la lave dans ce bain pendant 2 ou 3 minutes, sans craindre de détacher la couche de collodion, qui est très-adhérente. Après ce lavage, on laisse sécher la glace spontanément dans une boîte à rainures garnie au fond de papier buvard.

Après dessiccation complète, c'est-à-dire au bout de 2 à 3 jours, les glaces sont prêtes à servir; l'exposition doit être un peu plus longue que par la voie humide; les parties les plus éclairées se montreront sur la couche sensible.

Au sortir du châssis, on plonge la glace dans le bain spécial qui a servi à la laver après la sensibilisation, et on développe l'image comme à l'ordinaire, soit à l'acide gallique, soit à l'acide pyrogallique ou au sulfate de fer; tous ces bains doivent être acidulés et contenir de l'alcool.

L'auteur de ce procédé assure en avoir obtenu d'excellents résultats, mais il ne peut savoir encore si les glaces ainsi préparées se conservent longtemps; il en a employé qui, 15 jours après leur préparation, étaient encore très-bonnes. M. Vernier pense qu'en les lavant au sortir du bain spécial, pour éliminer l'excès d'acide sulfurique, on les conserverait bien plus longtemps.

(1) *Moniteur universel*, 30 mars 1864.

BULLETIN DE LA SOCIÉTÉ CHIMIQUE DE PARIS

MÉMOIRES PRÉSENTÉS A LA SOCIÉTÉ CHIMIQUE.

Recherches sur les combinaisons diallyliques, par M. Ad. WURTZ.

On sait qu'en traitant l'iodure d'allyle G^3H^5I par le sodium, MM. Berthelot et De Luca ont obtenu, en 1856, un carbure d'hydrogène qu'ils ont désigné sous le nom d'allyle. Il convient de représenter la composition de ce corps par la formule $(G^3H^5)^2 = G^6H^{10}$ et de le nommer diallyle pour le distinguer du groupe allyle, dont on peut admettre l'existence dans les combinaisons allyliques.

Les recherches qui suivent démontrent, en effet, que le diallyle résulte de la combinaison de deux groupes allyle, soudés d'une manière indissoluble par le carbone, de telle sorte que ces deux groupes entrent en combinaison comme un tout, et sans qu'il soit possible de les séparer de nouveau.

Le diallyle se comporte comme un hydrocarbure de la série G^nH^{2n-2}, dont le premier terme est l'acétylène. Je ne veux point dire qu'il constitue le vrai homologue de l'acétylène et de l'allylène, et qu'il soit à l'hexylène ce que le valérylène est à l'amylène. En effet, s'il dérivait de l'hexylène, comme le valérylène dérive de l'amylène, il est probable que son point d'ébullition serait situé à quelques degrés au-dessus de celui de l'hexylène, conclusion légitimée par la règle des points d'ébullition.

Nous savons, en effet, que le crotonylène, que M. Caventou a dérivé du butylène, et le valérylène, que M. Reboul vient de préparer avec l'amylène, possèdent un point d'ébullition un peu supérieur à ceux des carbures d'hydrogène dont ils dérivent.

Or, c'est le contraire qui arrive pour le diallyle. Son point d'ébullition (59°) est situé à 10° au-dessous de celui de l'hexylène (69°). Il est donc à présumer qu'il y a ici une question d'isomérie qu'il faut réserver. Mais il n'en est pas moins vrai de dire que, par l'ensemble de ses réactions et par la nature des composés qu'il peut former, le diallyle se comporte comme un hydrocarbure non saturé de la série G^nH^{2n-2}. Pour arriver à l'état de saturation, il a besoin de fixer 4 atomes monoatomiques ou leur équivalent. En effet, le bromure solide, découvert par MM. Berthelot et De Luca, doit être envisagé non comme un bibromure $\text{C}^3\text{H}^5\text{Br}^2$, mais comme un tétrabromure $\text{C}^6\text{H}^{10}\text{Br}^4$.

Je vais décrire, d'un autre côté, les composés suivants :

Un diiodhydrate	$\text{C}^6\text{H}^{10}.\text{H}^2\text{I}^2$
Un dichlorhydrate	$\text{C}^6\text{H}^{10},\text{H}^2\text{Cl}^2$
Un diacétate	$\text{C}^6\text{H}^{10},\text{H}^2(\text{C}^2\text{H}^3\text{O}^2)$
Un dihydrate	$\text{C}^6\text{H}^{10},\text{H}^2(\text{HO})^2$

dans lesquels la somme des éléments ou groupes monoatomiques combinés avec le diallyle représente 4 unités de combinaison et équivaut par conséquent à H^4 ou Br^4.

Préparation du diallyle. Le meilleur procédé de préparation du diallyle consiste à chauffer l'iodure d'allyle avec un alliage de sodium et d'étain riche en sodium (1).

On pulvérise rapidement cet alliage et on l'introduit, par petites portions, dans un ballon dans lequel on a placé de l'iodure d'allyle. Le ballon est en communication avec un réfrigérant de Liebig ascendant.

L'action de l'alliage sur l'iodure d'allyle commence à froid et donne lieu à un dégagement de chaleur. Il se forme de l'iodure de sodium et de l'iodure d'étain jaune. On continue à ajouter, par portions, de l'alliage par un tube large qui plonge dans le ballon et dont on peut fermer l'extrémité ouverte, jusqu'à ce que cet alliage ne semble plus attaqué. Pour terminer, on chauffe à l'aide d'un bain de sable, ou mieux encore d'un bain d'huile. On incline ensuite le réfrigérant de Liebig dans l'autre sens (en descendant) et l'on distille. Généralement, le produit distillé renferme encore de l'iode. Pour l'en débarrasser, on le chauffe avec du sodium, dans un appareil semblable à celui qui vient d'être décrit, ou bien on l'enferme dans un matras très-fort et l'on chauffe celui-ci pendant quelques heures au bain-marie. Finalement, on distille le diallyle mis en liberté avec un thermomètre et l'on recueille ce qui passe entre 58 et 61°.

En employant ce procédé avec les précautions convenables, on obtient une quantité de diallyle peu éloignée de la proportion théorique.

Diiodhydrate de diallyle. Pour préparer ce composé, on chauffe

(1) Pour préparer cet alliage, M. Leclanché qui s'en est d'abord servi, fond dans un creuset 2 parties d'étain et y ajoute peu à peu 1 partie de sodium. La combinaison s'accomplit tranquillement et l'on obtient, après le refroidissement, un alliage lamelleux, cassant, à surface brillante, mais qui se ternit rapidement à l'air.

le diallyle avec un grand excès d'acide iodhydrique très-concentré. L'opération se fait dans un grand matras en verre vert très-fort, qu'on soude à la lampe, après y avoir introduit les liquides, et qu'on chauffe au bain-marie pendant 5 à 6 heures. On laisse ensuite refroidir; on sépare l'excès d'acide iodhydrique aqueux et on lave le produit insoluble avec de l'eau alcalisée par la potasse caustique. On obtient un liquide oléagineux presque incolore, plus dense que l'eau. On le dessèche sur le chlorure de calcium et on le chauffe dans le vide jusqu'à 130 ou 140°. On a soin de recueillir les produits qui passent au-dessous de cette température et qui renferment du monoiodhydrate de diallyle. Le résidu constitue le diiodhydrate de diallyle pur.

C'est un liquide transparent, d'un jaune d'ambre, quelquefois un peu plus coloré par une trace d'iode mise en liberté, mais qu'on peut lui enlever très-facilement par un lavage avec de l'eau alcalisée. Quoique remarquablement stable, il émet des vapeurs d'iode lorsqu'on le porte à une haute température. Sa densité à 0° est égale à 2,024.

Il est insoluble dans l'eau.

Sa composition est exprimée par la formule :

$$\text{Ɵ}^6H^{12}I^2 = \text{Ɵ}^6H^{10},H^2I^2.$$

Lorsqu'on met le diiodhydrate de diallyle en contact avec une solution alcoolique de potasse, on observe une réaction immédiate : le liquide s'échauffe et il se forme un dépôt blanc d'iodure de potassium. Si l'on ajoute de l'eau au liquide alcoolique et qu'on distille, il passe avec les vapeurs aqueuses et alcooliques un liquide oléagineux incolore, insoluble dans l'eau et plus dense qu'elle. Soumis à la distillation, ce liquide laisse d'abord dégager du diallyle régénéré, il passe ensuite du monoiodhydrate de diallyle, et il reste à 180° une petite quantité d'un liquide iodé, probablement du diiodhydrate inaltéré et entraîné La potasse alcoolique enlève donc à froid une ou deux molécules d'acide iodhydrique au diiodhydrate de diallyle et le dédouble selon les équations suivantes :

$$\text{Ɵ}^6H^{10},H^2I^2 + KH\text{Ɵ} = H^2\text{Ɵ} + KI + \text{Ɵ}^6H^{10}HI,$$
$$\text{Ɵ}^6H^{10},H^2I^2 + 2KH\text{Ɵ} = 2H^2\text{Ɵ} + 2KI + \text{Ɵ}^6H^{10}.$$

L'oxyde d'argent humide décompose le diiodhydrate de diallyle. L'action a lieu à froid mais lentement. Le mélange étant bien agité, le diiodhydrate et l'oxyde forment une masse épaisse qui se sépare de l'eau et qui durcit au bout de quelques jours. Lorsqu'on chauffe avant que la réaction ne soit achevée à froid, on donne lieu à une décomposition violente.

Le principal produit de cette réaction est le monohydrate de diallyle qui sera décrit plus loin.

Lorsqu'on chauffe le diiodhydrate avec du sodium ou mieux avec un alliage d'étain et de sodium riche en sodium, il se dégage de l'hydrogène, et l'on obtient, la réaction terminée, un mélange d'hydrocarbures parmi lesquels prédomine l'hexylène. Ce n'est point ici le lieu de décrire ces carbures d'hydrogène. J'ajoute seulement que les réactions principales qui s'accomplissent dans cette circonstance me paraissent être les suivantes :

$$\text{Ɵ}^6H^{10},H^2I^2 + Na^2 = 2NaI + \underset{\text{Hexylène.}}{\text{Ɵ}^6H^{12}},$$

$$2(\text{Ɵ}^6H^{10},H^2I^2) + Na^2 = 2NaI + \underset{\text{Monoiodhydrate de diallyle.}}{2(\text{Ɵ}^6H^{10}HI)} + H^2,$$

$$2(\text{Ɵ}^6H^{10},HI) + Na^2 = 2NaI + \text{Ɵ}^{12}H^{22} \text{ Nouvel hydrocarbure bouillant vers } 200^\circ.$$

Dans une opération, la réaction ayant été interrompue à dessein, on a recueilli, en distillant le tout, un liquide bouillant à 165° et qui présentait à peu près la composition du monoiodhydrate de diallyle (1).

Enfin, le diiodhydrate de diallyle réagit à la température ordinaire sur l'acétate d'argent délayé dans l'éther. Il se forme immédiatement de l'iodure d'argent jaune et des acétates de diallyle.

Ainsi, le mode de formation de ce diiodhydrate et la manière dont il réagit sur les sels d'argent le rapprochent de l'iodhydrate d'amylène que j'ai précédemment décrit. Il occupe dans la série diatomique une place analogue à celle que ce dernier iodhydrate occupe dans la série monoatomique.

Dichlorhydrate de diallyle. Ce corps se forme avec le monochlorhydrate de diallyle, lorsqu'on chauffe le diallyle avec de l'acide chlorhydrique très-concentré. La digestion au bain-marie ayant été prolongée pendant 6 à 8 heures, on décante le liquide qui surnage l'acide chlorhydrique, et on le soumet à la distillation fractionnée.

Le monochlorhydrate passe de 130 à 140°, et le dichlorhydrate entre 170 et 180°. Je ne les ai obtenus purs ni l'un ni l'autre, le premier entraînant une petite quantité du second, et le second retenant une petite quantité du premier.

Le dichlorhydrate de diallyle constitue un liquide incolore, plus dense que l'eau et insoluble dans ce liquide. Il prend aussi naissance

(1) Il a pourtant donné à l'analyse un excès de carbone et d'hydrogène : C = 37,3 et H = 6,0.

lorsqu'on chauffe le monohydrate et le dihydrate de diallyle avec de l'acide chlorhydrique concentré.

Sa composition est exprimée par la formule :

$$C^6H^{10},H^2Cl^2.$$

Diacétate de diallyle. On délaye dans l'éther de l'acétate d'argent, en poudre fine, et l'on ajoute une quantité de diiodhydrate de diallyle équivalant au sel d'argent.

On place le matras dans lequel on a introduit le mélange dans l'eau froide et on l'abandonne à lui-même pendant 24 heures. Au bout de ce temps la réaction est terminée; on ajoute alors de l'éther, on filtre et on lave avec de l'éther le dépôt d'iodure d'argent. Finalement on exprime le filtre et son contenu dans un nouet de linge ; on réunit les liqueurs éthérées, et on les distille. L'éther passe d'abord, mélangé sans doute à une certaine quantité de diallyle régénéré, mais qu'on ne peut en séparer par la distillation. On recueille à part ce qui passe de 110° à 180°. Cette portion renferme de l'acide acétique et un monoacétate de diallyle. Au-dessus de 190° et surtout au-dessus de 200°, il passe du diacétate de diallyle.

A la fin de la distillation, le thermomètre s'élève jusqu'à 230°.

On purifie ce produit par des distillations fractionnées: le diacétate de diallyle passe de 220 à 230°. Ce qui passe vers 210° présente la composition d'un acétohydrate de diallyle. Les formules suivantes expriment les relations de ces deux acétates et de l'hydrate correspondant avec le diiodhydrate de diallyle.

$C^6H^{10}\left\{\begin{matrix}H^2\\I^2\end{matrix}\right.$	$C^6H^{10}\left\{\begin{matrix}H^2\\(C^2H^3O^2)\end{matrix}\right.$ (1)	$C^6H^{10}\left\{\begin{matrix}H^2\\(HO)',(C^2H^3O^2)'\end{matrix}\right.$	$C^6H^{10}\left\{\begin{matrix}H^2\\(HO)^2\end{matrix}\right.$
Diiodhydrate de diallyle.	Diacétate de diallyle.	Acétohydrate de diallyle.	Dihydrate de diallyle.

L'acétate diallylénique est un liquide incolore, épais, doué d'une odeur aromatique, distillant sans altération entre 225 et 230°. Il ne se décompose pas sensiblement lorsqu'on le maintient longtemps à 250°. Sa densité à 0° est égale à 1,009. Il est insoluble dans l'eau. Mis en contact avec de l'hydrate de potasse en poudre, il s'échauffe en formant de l'acétate alcalin et du dihydrate de diallyle.

Dihydrate de diallyle, pseudoglycol hexylique. Pour le préparer, on emploie le mélange d'acétates diallyléniques bouillant entre 200 et 230° ou même entre 190 et 230°. On introduit ce liquide

(1) Le groupe $C^2H^3O^2$ — $C^2H^4O^2$ — H est monoatomique et équivaut à H ou à I. Pour ne pas compliquer inutilement les formules, je n'ai pas voulu le résoudre.

dans un ballon et l'on y ajoute peu, à peu et en agitant continuellement, de l'hydrate de potasse récemment calciné et réduit en poudre fine. Il est important de mettre la quantité d'hydrate de potasse exactement suffisante pour opérer la saponification. Pour cela, on divise l'opération en deux parties. Après avoir ajouté peu à peu au liquide la moitié de la potasse nécessaire pour saponifier l'acétate dans la supposition que celui-ci soit un diacétate, on chauffe pendant quelques moments; en agitant, pour rendre le mélange homogène; puis on distille au bain d'huile. Lorsque rien ne passe plus, la température du bain d'huile étant voisine de 300°, on rectifie le produit de la distillation en ayant soin de rejeter tout ce qui passe au-dessous de 180°. On ajoute ensuite au résidu de la potasse en poudre fine par petites portions, en agitant avec soin et en chauffant le liquide après chaque addition. On essaie chaque fois la réaction de ce dernier, à l'aide d'un papier de tournesol rouge, et lorsque, après l'addition d'une petite quantité de potasse et l'application de la chaleur, cette réaction est devenue franchement alcaline, on distille au bain d'huile. Le liquide qui a passé est additionné de nouveau d'une très-petite quantité de potasse qui doit s'y dissoudre à chaud et le rendre alcalin; puis il est rectifié. Le pseudoglycol passe entre 210 et 220°.

Sa composition est exprimée par la formule:

$$\text{Ɵ}^6\text{H}^{14}\text{Ɵ}^2.$$

Le dihydrate de diallyle ou pseudoglycol hexylique se présente sous forme d'un liquide parfaitement incolore, doué de la consistance d'un sirop épais. Sa densité à 0° est égale à 0,9638. Il se dilate notablement de 0° à 65°. A cette dernière température, sa densité rapportée à celle de l'eau à 0° est égale à 0,9202. Il bout de 212 à 215°. Il se dissout dans l'eau, dans l'alcool et dans l'éther. Il est remarquablement stable, car on peut le chauffer dans la vapeur de mercure sans qu'il se décompose.

Lorsqu'on fait passer un courant de gaz chlorhydrique à travers le dihydrate de diallyle, le liquide épais s'échauffe, en se colorant légèrement, mais sans donner lieu à la séparation immédiate d'un nouveau produit. Mais lorsqu'on chauffe le dihydrate en vase clos avec une solution très-concentrée d'acide chlorhydrique, la liqueur se colore légèrement et il se sépare un liquide qui constitue le dichlorhydrate de diallyle. Ce corps se forme en vertu de la réaction suivante :

$$\underset{\text{Dihydrate de diallyle.}}{\text{Ɵ}^6\text{H}^{10},\text{H}^2(\text{HƟ})^2} + \text{H}^2\text{Cl}^2 = \underset{\text{Dichlorhydrate de diallyle.}}{\text{Ɵ}^6\text{H}^{10},\text{H}^2\text{Cl}^2} + 2\text{H}^2\text{Ɵ}.$$

Lorsqu'on mêle le dihydrate de diallyle avec une solution concentrée d'acide iodhydrique, le mélange s'échauffe, se trouble au bout de quelque temps sans se colorer sensiblement et laisse déposer un liquide iodé très-dense qui constitue le diiodhydrate de diallyle. En effet, ce liquide ne s'est ni altéré ni volatilisé lorsqu'on l'a chauffé dans le vide à 140° et s'est comporté en tous points comme le diiodhydrate qui a été décrit précédemment.

Les deux réactions qui viennent d'être décrites font ressortir les liens de parenté qui existent entre le dihydrate de diallyle et l'hydrate d'amylène. On sait, en effet, que l'hydrate d'amylène est instantanément décomposé par l'acide iodhydrique avec formation d'iodhydrate d'amylène. Au reste la similitude du mode de formation des deux corps met en relief, d'un autre côté, cette analogie que j'ai voulu exprimer et par les noms et par les formules.

Combinaisons monoatomiques du diallyle.

Indépendamment de la série de combinaisons diatomiques du diallyle qu'on vient de décrire, il existe une série monoatomique. Nous avons déjà fait remarquer que le diiodhydrate de diallyle peut perdre les éléments de HI pour se convertir en monoiodhydrate de diallyle. Il existe entre celui-ci et le diiodhydrate la même relation qu'entre l'amylène et l'iodhydrate d'amylène.

$$\text{C}^6\text{H}^{12}\text{I}^2 - \text{HI} = \text{C}^6\text{H}^{11}\text{I},$$
$$\text{C}^5\text{H}^{11}\text{I} - \text{HI} = \text{C}^5\text{H}^{10}.$$

Mais, tandis que ce dernier n'a besoin que de perdre HI pour se convertir en un hydrogène carboné, le diiodhydrate ne peut se convertir en diallyle que par la perte de 2HI.

$$\text{C}^6\text{H}^{12}\text{I}^2 - 2\text{HI} = \text{C}^6\text{H}^{10}.$$

Cette transformation peut s'accomplir en deux phases distinctes et le monoiodhydrate de diallyle est le produit de la première phase. A ce monoiodhydrate correspond un groupe de composés analogues, savoir : un monochlorhydrate, un monoacétate, un monohydrate. C'est ce groupe de composés que nous allons décrire.

Monoiodhydrate de diallyle. Il se forme en même temps que le diiodhydrate de diallyle par l'action de l'acide iodhydrique sur le diallyle. Il prend naissance en quantité d'autant plus grande qu'on a employé moins d'acide iodhydrique dans la préparation. On le sépare du diiodhydrate par la distillation dans le vide à 130°. Le monoiodhydrate passe avec une certaine quantité de produits bouillant à une température plus basse (notamment du diallyle non combiné). On le purifie par distillation fractionnée en recueillant ce qui passe de 160 à 170° et, dans une seconde distillation, de 165 à 168°. La composition de ce produit est exprimée par la formule

$$\text{Ɵ}^6H^{11}I = \text{Ɵ}^6H^{10},HI.$$

Le monoiodhydrate de diallyle constitue un liquide incolore (1) d'une densité de 1,497 à 0°. Il bout vers 165°.

On a fait réagir le monoiodhydrate de diallyle bouillant de 160° à 170°, sur une quantité équivalente d'oxyde d'argent humide. Au bout de 24 heures, on a distillé et l'on a décanté le liquide léger qui surnageait l'eau condensée dans le récipient. Ce liquide déshydraté par le chlorure de calcium a passé à la distillation de 60 à 180°.

On en a séparé trois produits :

1° Un liquide bouillant de 60 à 70° et qui paraissait être, d'après sa composition un mélange de diallyle et d'hexylène. La partie soumise à l'analyse a passé de 65 à 70° et renfermait C = 85,9, H = 14,3. La formule Ɵ^6H^{12} exige C = 85,7, H = 14,3.

2° Un liquide, bouillant de 130° à 140° et qui offrait la composition

$$\text{Ɵ}^6H^{12}\text{Θ}.$$

Ce corps est probablement identique avec le pseudoalcool qui résulte de l'action de la potasse sur le monoacétate allylénique et qui sera décrit plus loin.

3° Un liquide, bouillant à 180° et qui pouvait être l'éther du pseudoalcool $\text{Ɵ}^6H^{12}\text{Θ}$. Toutefois je n'ai obtenu ce corps qu'en très-petite quantité et les analyses que j'en ai faites ont donné un excès d'hydrogène.

Les équations suivantes représentent les réactions qui donneraient naissance à ces produits.

$$\text{Ɵ}^6H^{11}I + AgH\text{Θ}\ (2) = \text{Ɵ}^6H^{10} + H^2\text{Θ} + AgI.$$
$$\text{Ɵ}^6H^{11}I + AgH\text{Θ} = \text{Ɵ}^6H^{12}\text{Θ} + AgI.$$
$$2\text{Ɵ}^6H^{11}I + Ag^2\text{Θ} = (\text{Ɵ}^6H^{11})^2\text{Θ} + 2AgI.$$

Il est difficile de rendre compte de la formation de l'hexylène. Il est possible que le monoiodhydrate de diallyle employé ait renfermé une certaine quantité d'iodhydrate d'hexylène $\text{Ɵ}^6H^{13}I$. Ce dernier pour-

(1) J'ai observé à plusieurs reprises qu'un produit qui s'était coloré pendant la distillation s'est ensuite décoloré du jour au lendemain.

(2) Au lieu de $Ag^2\text{Θ} + H^2\text{Θ}$.

rait se former par suite d'une action réductrice du diallyle sur l'acide iodhydrique (1).

$$C^6H^{10} + 3HI = C^6H^{13}I + I^2.$$

S'il en est ainsi, il est probable que les autres produits formés dans cette réaction étaient mélangés d'une certaine quantité de produits hexyliques correspondants (2).

Monoacétate diallylénique. J'ai dit, en indiquant la préparation du diacétate diallylénique, qu'il convenait de recueillir à part le liquide bouillant de 110 à 180° lorsqu'on distille le produit de la réaction du diiodhydrate de diallyle sur l'acétate d'argent. Ce liquide distillé renferme beaucoup d'acide acétique et du monoacétate de diallyle; on le lave avec une solution de carbonate de soude, et, après l'avoir séché sur du chlorure de calcium, on le distille et l'on recueille ce qui passe entre 150° et 160°. Ce produit constitue le monoacétate allylénique. Sa composition est représentée par la formule.

$$\left.\begin{matrix}[C^6H^{10},H]' \\ C^2H^3O\end{matrix}\right\} O.$$

Le monoacétate diallylénique est un liquide incolore, doué d'une odeur aromatique, insoluble dans l'eau. Sa densité à 0° est égale à 0,912.

Il est très-lentement attaqué par une solution de potasse caustique à 100°. Après l'avoir chauffé pendant plusieurs jours au bain-marie avec une lessive alcaline très-concentrée, on a pu en retrouver la plus grande partie par la distillation. On parvient à le saponifier facilement en le distillant sur la potasse récemment calcinée et réduite en poudre fine. Il se forme alors de l'acétate de potasse, et le point d'ébullition s'abaisse, mais pas au-dessous de 135°.

J'ai vainement essayé de convertir le monoacétate allylénique en diacétate en le chauffant avec de l'acide acétique pendant plusieurs jours à 140°. Le monoacétate a pu être séparé de l'acide acétique à

(1) J'ai observé, en effet, dans une opération où j'avais employé de l'acide iodhydrique incolore, que ce liquide s'était coloré en rouge brun. Mais la quantité d'iode mise en liberté m'a paru insignifiante, et l'iodhydrate, bouillant vers 168°, a présenté exactement la composition

$$C^6H^{10},HI.$$

(2) J'ai remarqué que, dans certains cas, le diallyle a donné, en se combinant avec l'acide iodhydrique, un liquide qui s'est coloré en brun noir à 140° dans le vide. Une petite portion du produit se serait-elle charbonnée dans cette circonstance et aurait-elle cédé de l'hydrogène à une autre portion, de manière à former

$$C^6H^{13}I\ ?$$

l'aide d'une faible solution de carbonate de soude. Il a passé tout entier à la distillation au-dessous de 160°.

Pseudoalcool diallylénique. J'ai isolé l'alcool ou plutôt le pseudoalcool monoatomique correspondant à l'acétate qui vient d'être décrit, en traitant ce dernier par une quantité suffisante de potasse caustique solide. C'est un liquide très-stable, doué d'une odeur aromatique, insoluble dans l'eau. Sa densité à 0° a été trouvée égale à 0,8604 — 0,8621. Il bout vers 140°. Il prend aussi naissance par l'action de l'oxyde d'argent humide sur le monoiodhydrate et sur le diiodhydrate de diallyle.

J'ai nommé provisoirement le corps que je viens de décrire pseudoalcool diallylénique pour marquer son origine et son mode de formation.

Il constitue un des pseudoalcools (il est possible qu'il en existe plusieurs) qui se distinguent de l'hydrate d'hexylène au pseudoalcool hexylique par 2 atomes d'hydrogène qu'ils renferment en moins. Il est évident qu'il est au monoiodhydrate de diallyle ce que l'hydrate d'amylène est à l'iodhydrate d'amylène, et je l'aurais nommé monohydrate de diallyle si je ne croyais pas devoir réserver ce nom au principal produit de l'action de l'oxyde d'argent sur le diiodhydrate de diallyle, produit que je vais décrire.

Monohydrate de diallyle. Ce corps se forme par l'action de l'oxyde d'argent sur le diiodhydrate de diallyle, action que j'ai déjà décrite page 163. Je l'ai étudiée à plusieurs reprises et en opérant sur plus de 200 grammes de diiodhydrate. J'ai pu séparer quatre produits différents du liquide éthéré qui a passé à la distillation, la réaction du diiodhydrate sur l'oxyde d'argent humide étant terminée. Ces produits sont :

1° Du diallyle régénéré, bouillant vers 60°;

2° Du monohydrate bouillant de 90 à 100°; c'est le produit principal de la réaction;

3° Une petite quantité d'un liquide bouillant de 130 à 140°, et qui possédait le point d'ébullition et la composition pseudo-alcool diallylénique;

4° Un liquide bouillant vers 180° et qui constitue probablement l'éther $(\text{Ɵ}^6H^{10},H)^2\text{Ɵ}$.

La réaction de l'oxyde d'argent humide sur le diiodhydrate de diallyle est donc complexe. Le diallyle est régénéré par la séparation de 2 molécules d'acide iodhydrique du diiodhydrate de diallyle. Mais ce diiodhydrate peut perdre une seule molécule d'acide iodhydrique pour se transformer en monoiodhydrate, lequel, au contact de l'oxyde d'argent humide, donne le pseudoalcool correspondant

$$C^6H^{10},H^2I^2 - HI = C^6H^{10},HI.$$
$$C^6H^{10},HI + AgHO = (C^6H^{10},H)HO.$$

Quant au monohydrate de diallyle, je pense qu'il se forme par la substitution pure et simple de l'oxygène à 2 atomes d'iode du diiodhydrate :

$$C^6H^{10},H^2I^2 + Ag^2O = C^6H^{10},H^2O + 2\ AgI.$$

Le monohydrate de diallyle est un liquide incolore, mobile, doué d'une odeur aromatique très-pénétrante. Convenablement purifié, il bout de 93 à 95°. Sa densité à 0° est égale à 0,830.

La formule $C^6H^{12}O$ a été contrôlée par une détermination de la densité de vapeur qui a été trouvée égale à 3,60. Le chiffre théorique est 3,46.

Le monohydrate de diallyle est insoluble dans l'eau. Lorsqu'on le mêle à une solution concentrée et incolore d'acide iodhydrique, une réaction très-violente s'accomplit aussitôt. Le mélange s'échauffe, se colore fortement. L'action est tellement énergique qu'une partie du liquide est projetée hors du vase si l'on opère le mélange brusquement. Si l'on a employé un excès d'acide iodhydrique, on trouve le lendemain un liquide noir et très-dense rassemblé sous la couche d'acide. Décoloré par la potasse et chauffé dans le vide à 140°, ce produit a laissé un liquide épais fortement coloré en brun, et qui ne présente pas exactement la composition du diiodhydrate de diallyle.

On a chauffé pendant quatre jours à 120° un mélange de 1 volume de monohydrate de diallyle avec 2 volumes d'acide acétique anhydre. Le liquide ayant été traité par l'eau et par le carbonate de soude, il s'est séparé une couche d'un produit insoluble qui a été soumis à la distillation fractionnée. Il a passé d'abord de l'hydrate non altéré, puis le thermomètre s'est élevé jusqu'à 200°. Les dernières gouttes qui ont passé présentaient sensiblement la composition du diacétate de diallyle.

On voit par ces expériences que le monohydrate de diallyle peut régénérer des combinaisons diatomiques du diallyle. Il se comporte avec l'acide acétique comme l'oxyde ou l'anhydride (l'éther) du dihydrate de diallyle. Il est à ce corps ce que l'oxyde d'hexylène est au glycol hexylique, et on pourrait le nommer pseudoxyde hexylique.

Le monohydrate de diallyle et le corps que nous venons de décrire sous le nom de pseudoalcool diallylénique sont isomériques.

Le mode de formation de ces deux corps et leurs réactions semblent répandre une lumière suffisante sur les relations d'isomérie qui les unissent.

Le monoiodhydrate de diallyle et l'hydrate correspondant ou le pseudoalcool diallylique sont évidemment les analogues de l'iodhydrate d'amylène et de l'hydrate d'amylène; seulement les premiers sont plus stables que les seconds, circonstance qu'on s'explique aisément en considérant que le diallyle, plus éloigné de l'état de saturation que l'amylène, doit retenir plus fortement l'acide iodhydrique et l'eau. Nous n'admettons point que celle-ci soit toute formée dans le pseudoalcool diallylique; et, appliquant à ce corps et à l'iodhydrate correspondant l'hypothèse que nous avons développée sur l'hydrate d'amylène, nous représenterons leur constitution par les formules :

$$[(\text{Ɵ}^6H^{10})''H]'I,$$

Monoiodhydrate de diallyle.

$$[(\text{Ɵ}^6H^{10})''H]'(H\Theta) \text{ ou } \left.\begin{matrix}[(\text{Ɵ}^6H^{10})''H]' \\ H\end{matrix}\right\}\Theta$$

Pseudo-monohydrate de diallyle.

On voit que dans ce dernier composé 1 atome d'hydrogène, celui qui provient de l'acide iodhydrique, est rivé au groupe diallyle

$$(\text{Ɵ}^3H^5)^2 = \text{Ɵ}^6H^{10}$$

et que le second atome d'hydrogène (provenant de l'acide iodhydrique) est uni à l'oxygène typique dans le groupe (HΘ).

Dans le monohydrate de diallyle, au contraire, les 2 atomes d'hydrogène (provenant de l'acide iodhydrique) sont unis au groupe

$$(\text{Ɵ}^3H^5)^2 = (\text{Ɵ}^6H^{10})^{iv},$$

et nous pouvons représenter leurs rapports avec ce groupe par les formules :

$$[(\text{Ɵ}^6H^{10})^{iv}H^2]''I^2,$$

Diiodhydrate d'allyle.

$$[(\text{Ɵ}^6H^{10})^{iv}H^2]''\Theta.$$

Monohydrate de diallyle ou pseudoxyde hexylique.

Dans le diiodhydrate, les 2 atomes d'hydrogène et les 2 atomes d'iode saturent les affinités de certains atomes de carbone du groupe diallyle; mais comme les 2 atomes d'hydrogène ont été ajoutés par l'acide iodhydrique, ils ne sont point rivés si fortement que le seraient les 2 atomes d'hydrogène correspondants dans le diiodure ou dans le dibromure d'hexylène $\text{Ɵ}^6H^{12}I^2$.

L'oxygène remplace les 2 atomes d'iode. Ce n'est point de l'oxygène

typique, en ce sens qu'il n'est point saturé en partie par 1 atome d'hydrogène, de manière à former un résidu HO et qu'il ne lie point cet hydrogène au radical; comme l'iode de l'iodhydrate, il est en rapport avec le carbone par ses deux affinités. Il joue le même rôle que l'atome d'oxygène dans l'oxyde d'hexylène $C^6H^{12}O$.
Seulement il est moins fortement rivé au carbone et, au moindre choc, il va rejoindre les 2 atomes d'hydrogène, qui sont dans le même cas que lui, pour former de l'eau.

L'hypothèse qui vient d'être développée peut s'appliquer au dihydrate de diallyle. Il nous suffira, pour faire comprendre notre pensée, de représenter la constitution de ce corps par la formule typique :

$$\left.\begin{matrix}[(C^6H^{10})^{iv}H^2]'' \\ H^2\end{matrix}\right\}O^2 \text{ analogue à la formule } (C^6H^{10})^{iv}\left\{\begin{matrix}H^2\\(HO)^2\end{matrix}\right.$$

que nous avons donnée plus haut.

Ici les 2 atomes d'oxygène sont typiques, car l'une de leurs affinités est saturée par 1 atome d'hydrogène dans le groupe (HO).

Réponse aux Remarques de M. E. Baudrimont sur la théorie de l'exercice de l'affinité, par M. E. J. MAUMENÉ.

J'avais répondu en séance à mon excellent confrère. — Voici ma réponse :

Le volume atomique n'a *rien* à faire dans la détermination des masses qui sont *mises en présence chimique*. Si les corps n'agissaient que par 1 volume atomique sur 1 volume, l'immense majorité des faits connus ne se produiraient pas.

M. Baudrimont s'étonne que 59 équivalents de Zn en laissent 49 inactifs; c'est comme s'il s'étonnait que 3 équivalents d'acide SO^3,HO, mis en présence de KO, laissent 1 équivalent de SO^3,HO inactif.

Mon honorable collègue me demande de prouver expérimentalement que $8Zn + SO^3,HO = ZnO,SO^3 + 8H + 7ZnO$.

Ce sera facile quand il voudra bien m'indiquer le moyen d'empêcher ZnO de se combiner avec l'acide sulfurique *environnant*. Lorsque la théorie indique un corps inactif sur SO^3, comme PbS, par exemple, on le recueille TOUJOURS.

M. Baudrimont dit que l'action s'explique par la formation de

$$ZnO,SO^3,7HO.$$

Comment voit-il là une explication? Comment ne sent-il pas le rude coup qu'il porte à la théorie des types? L'acide sulfurique a-t-il donc pour type ($SO^3,8HO$)?...

M. Baudrimont me reproche de m'attacher aux exceptions et de négliger la règle quand j'explique la formation du sulfure de cuivre. Je cherche la règle, au contraire, en *prouvant* que l'acide SO^2 et le CuO,SO^3 sont accidentels. Les produits réels de l'action du Cu sur SO^3,HO sont Cu^2S,Cu^2O,CuO,HO. Quand M. Baudrimont compare mes idées à celles d'une personne qui reprocherait à l'équation des courriers de ne pas tenir compte du déferrage, etc., il fait une plaisanterie à laquelle il m'excusera de ne pas répondre.

M. Baudrimont insiste sur le peu d'importance des produits qu'il appelle accidentels. Y a-t-il donc, à ses yeux, des affinités de 1re, de 2e et de 3e classe? et ne trouve-t-il dignes de lui que les premières?

J'arrive à la théorie des types. Pour être le plus bref possible, je répète à mon estimable collègue :

1° La théorie des types, « *loin d'exprimer avec clarté les principales réactions des corps,* » n'explique AUCUNE réaction. Le chlore, en agissant sur l'acide acétique, donne du même coup de l'acide trichloracétique, du chloroforme, de l'acide oxalique et de l'oxyde de carbone. La théorie des types ne dit pas un mot de ces derniers. *Elle cache leur formation et retarde la science.*

2° La théorie des types « *n'établit pas d'une façon si remarquable les relations qui existent entre les corps,* » elle annonce que la potasse transforme l'alcool en acide acétique, et l'esprit de bois en acide formique, *ce qui est inexact.* On obtient avec ce dernier alcool de l'acide oxalique seul.

3° La théorie des types ne permet pas de « *prévoir tant de réactions,* » chaque jour elle se trouve infirmée. Que M. Baudrimont veuille bien relire la leçon faite en séance publique, en Angleterre, par M. Hofmann sur les couleurs d'aniline. M. Hofmann a cru bon d'initier le public à la théorie des types pour expliquer la formation des couleurs, et, *de son propre aveu,* aucune formation ne peut être prévue ni expliquée par cette théorie.

4° La théorie des types n'a annoncé ni « *l'existence des anhydrides monobasiques, ni celle des glycols.* » C'est par hasard et *malgré cette théorie* que ces corps ont été obtenus. Je le prouverai dans un prochain travail, la place qui m'est accordée ne me le permettant pas aujourd'hui.

J'ai le droit le plus clair de qualifier d'absurde une théorie basée sur l'idée de substitution, l'idée la plus fausse qui fut jamais, *le voile le plus épais qui ait été tendu sur l'intelligence humaine.* Toute démonstration commencée pour prouver que les trois angles d'un triangle valent plus ou moins de deux droits conduit à l'absurde et est absurde.

La théorie des types qui ne voit dans l'action du chlore sur l'acide acétique que l'acide chloracétique, et laisse le chloroforme, l'acide oxalique et l'oxyde de carbone, CONDUIT A L'ABSURDE et est absurde.

ANALYSE DES MÉMOIRES DE CHIMIE PURE ET APPLIQUÉE

PUBLIÉS EN FRANCE ET A L'ÉTRANGER.

CHIMIE GÉNÉRALE.

Remarques sur la formation des cristaux, par **M. H. SAINTE-CLAIRE DEVILLE** (1).

Supposons deux cristaux d'une même substance de poids P et P' différant seulement par les dimensions et pouvant être considérés à très-peu près comme des polyèdres semblables : ils sont placés dans une solution saturée de leur propre substance dont la masse est indéfinie et dont la température s'accroît graduellement. Si la solubilité de la matière augmente avec la température, comme nous l'admettrons, ces deux cristaux vont, dans un temps très-court, perdre des poids p et p', qui ne seront plus les mêmes lorsqu'ils s'accroîtront au moment où la dissolution reprendra sa température primitive. C'est la loi d'accroissement et de décroissement de ces cristaux qu'il s'agit d'établir.

1° Les proportions de matières dissoutes seront pour les deux cristaux $\frac{p}{P}$ et $\frac{p'}{P'}$. Or, les poids de ces cristaux sont proportionnels aux cubes de leurs dimensions homologues r^3 et r'^3; d'un autre côté, les quantités p et p', dissoutes, seront d'autant plus grandes que la surface des cristaux sera plus grande, par conséquent seront proportionnelles aux carrés des dimensions homologues r^2 et r'^2; les rapports $\frac{p}{P}$ et $\frac{p'}{P'}$ pourront être remplacés par $\frac{r^2}{r^3}$ et $\frac{r'^2}{r'^3}$ ou simplement $\frac{1}{r}$ et $\frac{1}{r'}$. Les quantités dissoutes seront donc inversement proportionnelles aux dimensions linéaires des cristaux, c'est-à-dire que, quand deux cristaux

(1) *Comptes rendus*, t. LIX, p. 44 (1864).

se dissoudront, le plus petit perdra de sa substance une fraction d'autant plus grande que ses arêtes deviendront plus petites.

2° Quand le refroidissement aura lieu, la loi d'accroissement sera pour les mêmes raisons tout à fait inverse, et le cristal augmentera d'autant plus plus qu'il sera plus volumineux.

Il suit de là que toutes les fois qu'on soumettra des cristaux baignant dans un liquide saturé à des alternatives de température, les cristaux tendront à se réduire en général à un seul pourvu que le mouvement continuel du liquide maintienne une composition constante dans toutes ses tranches. C'est là ce qui explique les expériences de Leblanc confirmées par les observations de tous les jours faites dans nos laboratoires lorsque les cristaux grossissent en vases fermés.

L'auteur a pensé que des matières insolubles, ou plutôt considérées comme telles, pourraient être transformées en gros cristaux par l'action prolongée du temps et des changements de température, et il a réussi à faire cristalliser ainsi du chlorure d'argent dans une liqueur qui en dissout à 100° les 0,0059 de son poids, c'est-à-dire dans l'acide chlorhydrique faible.

Une grande quantité de chlorure d'argent amorphe a été mise depuis deux ans en digestion dans un tube fermé avec de l'acide chlorhydrique privé par l'ébullition de tout le gaz qu'il peut perdre par la chaleur. On a chauffé à 100° et laissé refroidir le tube, puis on l'a abandonné à lui-même dans un lieu dont la température est variable. D'abord le chlorure d'argent est devenu cristallin, puis le nombre des cristaux a diminué en même temps que leurs dimensions ont augmenté, si bien que cette action continuant dans le même sens, on n'aura bientôt plus qu'un seul cristal ou un petit nombre de cristaux qui auront la même surface.

On conçoit que ce système d'explications puisse s'appliquer à faire concevoir le développement des masses cristallisées que déposent les eaux minérales ou les émanations diverses servant ou ayant servi au remplissage des filons. Toute variation de température doit, en effet, déterminer le transport de la matière des petits cristaux ou même de la matière amorphe sur les gros cristaux ou sur les cristaux déjà formés.

C'est la conclusion à laquelle peuvent conduire aussi les résultats si intéressants de M. Debray (1). M. H. Deville se propose de continuer ces recherches, de concert avec M. Debray, en appliquant la méthode

(1) Sur la formation de phosphates et d'arséniates cristallisés, *Bulletin de la Société chimique*, nouv. sér., t. II, p. 11.

qui vient d'être décrite aux matières les plus insolubles dans la nature et dans les laboratoires.

Sur la température d'ébullition de quelques mélanges binaires de liquides miscibles en toutes proportions, par **M. ALLUARD** (1).

Ces expériences, entreprises dans un but différent de celui que s'était proposé M. Berthelot, et commencées depuis longtemps, confirment la conclusion du travail de ce savant, qui a la priorité de publication (2).

M. Alluard a opéré sur des mélanges soit d'éther et de sulfure de carbone purs, soit sur des mélanges de sulfure de carbone et d'alcool également purs. Il s'est servi d'un appareil semblable à celui que M. Regnault a employé pour déterminer la tension d'une vapeur par la méthode dynamique, seulement il y a adapté un réfrigérant plus énergique.

L'auteur a opéré sur 6 mélanges différents d'éther et de sulfure de carbone, et sur 9 mélanges d'alcool et de sulfure de carbone. Le point d'ébullition est resté constant pendant la distillation de chaque mélange. L'emploi de ces mélanges peut donc permettre d'obtenir toutes sortes de températures entre 35 et 80° environ, et de maintenir la température invariable à 1/4, ou même à 1/10e de degré près, aussi longtemps qu'on le désirera.

L'auteur ayant mêlé à l'éther pur 1/10e de son poids de sulfure de carbone, a été surpris de voir que le point d'ébullition, qui s'est maintenu constant, était le même que celui de l'éther.

L'éther pur bout à 35°,5 à la pression de $0^m,760$.

Le sulfure de carbone seul à 47°,7 à la pression de $0^m,760$.

L'auteur conclut, ainsi que M. Berthelot, que la constance dans le point d'ébullition d'un liquide peut être un caractère insuffisant pour reconnaître sa pureté. Il faut, en pareil cas, recourir au procédé indiqué par M. Regnault (3), procédé qui consiste à déterminer la force élastique de la vapeur engendrée par le liquide supposé pur, en employant successivement la méthode statique et la méthode dynamique.

Cette méthode a permis à M. Regnault de reconnaître ainsi 1/1000e de substance volatile ajoutée à l'alcool ou au sulfure de carbone.

(1) *Comptes rendus*, t. LVIII, p. 82 (1864).

(2) *Bulletin de la Société chimique*, t. V, p. 464 (1863).

(3) *Mémoires de l'Académie des sciences*, t. XXVI, p. 644.

Sur les propriétés de l'acide silicique et d'autres acides colloïdes, par M. T. GRAHAM (1).

Les notions usuelles sur la solubilité des corps reposent principalement sur l'observation des sels cristallins, et s'appliquent très-imparfaitement à la classe des substances *colloïdes*. L'acide silicique hydraté, par exemple, à l'état soluble, est, à parler justement, un corps liquide, comme l'alcool, se mélangeant à l'eau en toutes proportions. Nous ne pouvons donc parler des degrés de solubilité de cet acide, comme des degrés de solubilité d'un sel, à moins qu'il ne s'agisse de l'acide silicique gélatineux. La gelée d'acide silicique au moment de sa préparation peut contenir plus ou moins d'eau combinée, et paraît être soluble en raison de son degré d'hydratation. Une gelée contenant 1 % d'acide silicique donne avec l'eau froide une solution contenant environ 1 partie d'acide silicique pour 5000 parties d'eau; une gelée contenant 5 % d'acide silicique fournit une solution contenant à peu près 1 partie d'acide pour 10000 parties d'eau. Une gelée moins hydratée est encore moins soluble; enfin la gelée rendue anhydre se présente sous la forme de masses blanches gommeuses qui paraissent absolument insolubles, comme la poudre légère d'acide silicique qu'on obtient en desséchant une gelée chargée de sels, dans une analyse ordinaire d'un silicate.

La liquidité de l'acide silicique n'est affectée que par un changement permanent (coagulation ou *pectisation*), par lequel l'acide passe à l'état gélatineux ou *pecteux*, et perd la faculté de se mélanger avec l'eau. La liquidité est permanente suivant le degré de dilution de l'acide silicique, et paraît être favorisée par une basse température. Un acide silicique liquide à 10 ou 12 % se pectise spontanément en quelques heures à la température ordinaire, et immédiatement quand on le chauffe. Un liquide à 5 % peut se conserver cinq ou six jours; un liquide à 2 % deux ou trois mois, et 1 liquide à 1 % ne s'est pas *pectisé* au bout de deux ans. Il est probable que les solutions étendues à 0,1 % et au-dessous sont presque inaltérables par le temps, d'où l'on déduit la possibilité de l'existence de l'acide silicique soluble dans la nature. Il faut ajouter cependant qu'aucune solution, faible ou concentrée, de l'acide silicique dans l'eau n'a montré une tendance à déposer des cristaux, mais fournit toujours par la dessiccation un hyalite colloïde vitreux. La formation, si fréquente dans la nature, des cris-

(1) *Comptes rendus*, t. LIX, p. 174 (1864).

taux de quartz à une basse température reste donc encore un mystère. Je ne puis que supposer que ces cristaux se déposent avec une lenteur excessive de solutions extrêmement étendues d'acide silicique. La dilution affaiblit sans contredit le caractère *colloïdal* des substances, et peut, par conséquent, favoriser le développement de leur tendance à cristalliser, surtout dans le cas où le cristal une fois formé est complétement insoluble comme celui du quartz.

La pectisation de l'acide silicique liquide est favorisée par le contact avec des corps solides en poudre. En présence du graphite pulvérisé, qui n'exerce aucune action chimique, la pectisation de l'acide silicique à 5 $^0/_0$ s'effectue en une heure ou deux, et celle de l'acide à 2 $^0/_0$ en deux jours. On a observé pendant la formation de la gelée à 5 $^0/_0$ une élévation de température de 1°,1 (centigrade).

La pectisation définitive de l'acide silicique est précédée d'un épaississement graduel du liquide lui-même. Le passage des liquides colloïdes à travers un tube capillaire est toujours lent, comparativement au passage des solutions *cristalloïdes*, de sorte qu'on peut employer un tube capillaire comme *colloïdoscope*. Avec un liquide colloïde de viscosité croissante, tel que l'acide silicique, on peut constater de jour en jour la difficulté de plus en plus grande qu'il éprouve à traverser le colloïdoscope. Au moment de se gélatiniser, l'acide silicique coule à la manière d'une huile.

Un caractère dominant des colloïdes, c'est la tendance de leurs particules à adhérer les unes aux autres, à s'agréger et à se contracter. Cette *idio-attraction* est démontrée par l'épaississement graduel du liquide et aboutit à la pectisation. Dans la gelée elle-même, cette contraction particulière ou *synæresis* se continue en amenant la séparation de l'eau et la division de la masse en caillot et en sérum; elle se termine par la production d'une masse dure pierreuse, de structure vitrée et qui peut être anhydre ou presque anhydre, quand on permet à l'eau de se dégager par évaporation. La *synæresis* intense de la colle de poisson, desséchée dans une capsule en verre au-dessus de l'acide sulfurique dans le vide, fait que la gélatine, en se contractant, déchire et emporte avec elle la surface du verre. Le verre lui-même est un colloïde et l'adhésion des colloïdes entre eux paraît plus puissante qu'entre colloïde et cristalloïde. La gélatine desséchée, ainsi qu'il vient d'être dit, sur des plaques de spath d'Islande ou de mica, n'a pas adhéré à la surface cristalline, mais s'est détachée par la dessiccation. On sait qu'il est imprudent de laisser en contact immédiat des plaques de verre poli, à cause du danger d'une adhérence permanente entre les surfaces.

L'adhérence mutuelle bien connue de fragments d'acide phosphorique vitreux est un exemple de *synœresis* colloïdale.

Quand on songe que l'état colloïdal des corps est le résultat d'une attraction et d'une agrégation particulières de leurs molécules, propriétés dont la matière n'est jamais entièrement dépourvue, mais qui sont beaucoup plus marquées dans certaines substances que dans d'autres, on n'est pas surpris de voir les caractères colloïdaux s'étendre en sens opposé d'une part jusqu'aux liquides, d'autre part jusqu'aux solides. Ces caractères se manifestent par la viscosité des liquides et par la mollesse et l'adhérence de certains corps cristallins. Le métaphosphate de soude, après sa fusion par la chaleur, est un véritable verre ou colloïde; mais quand on maintient ce verre pendant quelques minutes à quelques degrés au-dessous de son point de fusion, il prend une structure cristalline sans perdre sa transparence. Malgré ce changement, le sel a conservé sa faible diffusibilité, ainsi que d'autres caractères d'un colloïde. L'eau à l'état de glace a déjà été citée comme exemple d'une semblable forme intermédiaire, à la fois colloïde et cristalline et susceptible, comme colloïde, d'adhésion entre ses parties, et de réunion ou de « *regélation.* »

Il est inutile de revenir ici sur la pectisation si facile de l'acide silicique liquide au moyen des sels alcalins, y compris quelques-uns d'une très-faible solubilité, tels que le carbonate de chaux. Il suffit de mentionner que la présence du carbonate de chaux dans l'eau a été trouvée incompatible avec la coexistence de l'acide silicique soluble, jusqu'à ce que la proportion de ce dernier se trouve réduite à près de 1 pour 10000 parties d'eau.

Certains liquides diffèrent des sels en ce qu'ils n'exercent que peu ou point d'influence *pectisante* sur l'acide silicique liquide. Mais d'un autre côté aucun des liquides auxquels nous faisons allusion ne paraît favoriser la conservation de la fluidité d'un colloïde, pas plus, en tout cas, que ne le ferait l'addition de l'eau. Parmi ces substances inactives se trouvent les acides chlorhydrique, azotique, acétique et tartrique, le sirop de sucre, la glycérine et l'alcool. Mais tous ces liquides et beaucoup d'autres montrent une relation importante avec l'acide silicique, et qui n'a aucune analogie avec l'action pectisante des sels. Ils sont susceptibles de déplacer l'eau de combinaison de l'acide silicique hydraté, que cet hydrate soit à l'état liquide ou qu'il soit à l'état gélatineux, et de donner ainsi de nouveaux produits de substitution.

On obtient un composé liquide d'alcool avec l'acide silicique en ajoutant de l'alcool à de l'acide silicique aqueux, et en employant ensuite des moyens convenables pour éliminer l'eau du mélange. A cet effet, on peut placer le mélange renfermé dans une capsule au-dessus du carbonate de potasse sec ou de la chaux vive, sous le récipient d'une machine pneumatique, ou bien on peut suspendre dans un vase rempli d'alcool un sac dialyseur de papier parchemin contenant le mélange d'alcool, d'eau et d'acide silicique : l'eau se diffuse en laissant dans le sac un liquide composé uniquement d'alcool et d'acide silicique. Une précaution à prendre, c'est de ne pas laisser la proportion d'acide silicique dépasser 1 % de la solution alcoolique, autrement il pourrait se gélatiniser pendant l'expérience. S'il m'est permis de distinguer les hydrates liquides et gélatineux d'acide silicique par des termes nouveaux, je les appellerai *hydrosol* et *hydrogel* d'acide silicique; les deux substances alcooliques correspondantes qui viennent d'être mentionnées pourront être désignées par les noms d'*alcosol* et d'*alcogel*, de l'acide silicique.

L'alcosol de l'acide silicique, contenant 1 % de ce dernier, est un liquide incolore qui ne donne aucun précipité par l'addition de l'eau ou des sels, ni par le contact des poudres insolubles, probablement à cause de la faible proportion d'acide silicique contenue dans la solution. On peut le faire bouillir et l'évaporer sans l'altérer, mais il se gélatinise par une légère concentration. L'alcool est retenu avec moins de force dans l'alcosol de l'acide silicique, que l'eau n'est retenue dans l'hydrosol, mais avec une énergie variable; une petite portion de l'alcool se trouve si fortement combinée, que la matière se charbonne lorsqu'on distille rapidement à une haute température la gelée provenant de l'alcosol. On ne trouve pas trace d'éther silicique dans aucun des composés de cette classe. La gelée brûle aisément à l'air en laissant tout l'acide silicique sous forme de cendre blanche.

On prépare facilement l'alcogel, ou composé solide, en plaçant des masses d'acide silicique gélatineux, contenant 8 et 10 % d'acide sec, dans l'alcool absolu et en changeant plusieurs fois celui-ci jusqu'à ce que l'eau de l'hydrogel soit complétement remplacée par l'alcool. L'alcogel est en général un peu opalin, et a la même apparence que l'hydrogel, dont il conserve à peu près le volume primitif. Voici la composition d'un alcogel préparé avec soin en partant d'un hydrogel renfermant 9,35 % d'acide silicique :

Alcool	88,13
Eau	0,23
Acide silicique	11,64
	100,00

En contact avec l'eau, l'alcogel se décompose peu à peu; l'alcool se sépare par diffusion, et est remplacé par l'eau, de sorte qu'il se reproduit un hydrogel.

De plus, l'alcogel peut devenir le point de départ de la préparation d'un grand nombre d'autres gelées obtenues par substitution et ayant une constitution analogue; la seule condition qui paraisse indispensable, c'est que le nouveau liquide puisse se mélanger avec l'acool, c'est-à-dire que ces deux corps soient diffusibles entre eux. On a ainsi préparé des combinaisons d'acide silicique avec l'éther, la benzine et le sulfure de carbone. De même, en partant de l'*éthérogel*, on peut obtenir une nouvelle série de gelées siliciques, contenant des liquides solubles dans l'éther, comme par exemple les huiles fixes.

La préparation du composé de glycérine avec l'acide silicique est facilitée par la fixité de cette substance. Lorsqu'on plonge de l'acide silicique hydraté dans la glycérine et qu'on chauffe ensuite dans le même liquide, il passe de l'eau à la distillation sans qu'il y ait aucun changement dans l'apparence de la gelée, si ce n'est que, de légèrement opaline qu'elle était, elle devient complétement limpide, et cesse d'être visible tant qu'elle est couverte par le liquide. Mais une portion de l'acide silicique se dissout, et il se forme un *glycérosol* en même temps qu'une gelée glycérique. Le *glycérogel*, préparé au moyen d'un hydrate à 9,35 % d'acide silicique, fournit par la combustion les nombres suivants :

Glycérine	87,44
Eau	3,78
Acide silicique	8,95
	100,17

Le glycérogel est un peu moins volumineux que l'hydrogel primitif. Quand on soumet une gelée glycérique à l'action de la chaleur, elle n'entre pas en fusion, mais la totalité de la glycérine distille et une légère décomposition a lieu vers la fin de l'expérience.

La combinaison avec l'acide sulfurique, le *sulfogel*, est également intéressante à cause de la facilité de sa formation, et de la complète substitution de l'eau contenue dans l'hydrogel primitif. Il n'est pas nécessaire de subdiviser la masse d'acide silicique hydraté, pourvu qu'on la place d'abord dans de l'acide sulfurique étendu de deux ou trois fois son volume d'eau, puis qu'on la traite peu à peu par des acides plus forts, et qu'enfin on la mette en contact avec l'acide sulfurique concentré. Le sulfogel est plus dense que celui-ci, et on peut le distiller avec un excès d'acide pendant des heures entières, sans qu'il perde sa transparence et son caractère gélatineux. Il est toujours un peu moins volumineux que l'hydrogel correspondant, mais il paraît ne pas perdre plus de 1/5 ou 1/6 du volume primitif. Ce sulfogel est transparent et incolore. Quand on chauffe fortement un sulfogel dans un vase ouvert, on observe que la dernière portion de l'acide sulfurique monohydraté en combinaison exige, pour son expulsion, une température plus élevée que celle du point d'ébullition de l'acide. Tout l'acide silicique reste alors à l'état d'une masse blanche, opaque, poreuse, semblable à la pierre ponce. Un sulfogel mis en contact avec l'eau se décompose rapidement, en reproduisant l'hydrogel primitif. Il ne paraît pas qu'aucune combinaison permanente d'acide sulfurique et silicique se forme dans ces circonstances. Un sulfogel placé dans de l'alcool donne naissance au bout de quelque temps à un alcogel pur. Des gelées analogues d'acide silicique se forment aisément avec les monohydrates des acides azotique, acétique et formique ; elles sont toutes parfaitement transparentes.

La production des combinaisons d'acide silicique qu'on vient de décrire indique dans les colloïdes une puissance d'affinité plus étendue qu'on ne serait porté a le croire. Les colloïdes organiques sont probablement doués de pouvoirs aussi étendus de combinaison ; ce qui peut présenter quelque intérêt au point de vue physiologique. La faculté que possède une masse d'acide silicique gélatineux d'admettre l'alcool et même l'oléine à la place de l'eau de combinaison, sans désagrégation et sans changement de forme, expliquera peut-être la pénétration de la matière albuminoïde des membranes par les corps gras et autres substances insolubles, qui paraît avoir lieu pendant la digestion des aliments. Les composés liquides de l'acide silicique sont plus remarquables encore et suggèrent encore plus d'idées nouvelles. Le composé alcoolique liquide rend plus probable l'existence d'une combinaison du colloïde albumine avec l'oléine, soluble aussi et capable de circuler dans le sang.

La faiblesse de l'attraction qui unit deux substances appartenant à des classes physiques différentes, telles qu'un colloïde et un cristalloïde, est un sujet digne d'attention. Quand on place une semblable combinaison dans un liquide, la plus grande puissance de diffusion propre au cristalloïde peut le séparer du colloïde. Prenons par exemple l'acide silicique ; l'eau de combinaison (un cristalloïde) abandonne l'acide (un colloïde) pour se diffuser dans l'alcool ; et si l'on change plusieurs fois l'alcool, la totalité de l'eau se sépare, tandis que l'alcool (autre cristalloïde) se substitue à l'eau de combinaison de l'acide silicique. Le liquide en excès (l'alcool dans le cas actuel) prend possession entière de l'acide silicique. L'expérience se trouve renversée quand on met un alcogel en contact avec un volume considérable d'eau. L'alcool se sépare du composé en raison de sa facilité à se diffuser dans l'eau, et l'eau, qui est maintenant le liquide en excès, reste en possession de l'acide silicique. De pareils changements sont des exemples frappants de l'influence prédominante de la masse.

Les combinaisons de l'acide silicique avec les alcalis cèdent elles-mêmes à la force décomposante de la diffusion. La combinaison d'acide silicique avec 1 ou 2 % de soude est une solution colloïdale, qui, placée dans un dialyseur au-dessus de l'eau dans le vide, pour éviter l'acide carbonique, subit une décomposition graduelle. La soude se diffuse lentement à l'état caustique, et donne le précipité ordinaire d'oxyde brun d'argent quand on ajoute l'azotate de cette base à la solution.

La pectisation de l'acide silicique liquide et de beaucoup d'autres colloïdes s'effectue par le contact de quantités minimes de sels, d'une manière qu'on ne s'explique pas clairement. En revanche, l'acide gélatineux peut de nouveau se liquéfier et recouvrer toute son énergie par le contact d'une assez faible quantité d'alcali. Ce dernier changement est graduel; une partie de soude caustique, dissoute dans 10000 parties d'eau, liquéfie 200 parties d'acide silicique (supposé sec) en soixante minutes à 100 degrés centigrades. L'acide stannique gélatineux se liquéfie aussi très-aisément, même à la température ordinaire, sous l'influence d'une petite quantité d'alcali. On peut aussi, après avoir liquéfié le colloïde gélatineux, en séparer de nouveau l'alcali par la diffusion dans l'eau sur le dialyseur. Dans ces circonstances on peut envisager la dissolution de ces colloïdes comme analogue à la dissolution des colloïdes organiques insolubles qu'on observe dans la digestion animale, avec cette différence que dans le cas actuel le dissolvant n'est pas acide, mais alcalin. On peut représenter l'acide silicique liquide comme la *peptone* de l'acide silicique gélatineux; de même on peut désigner la liquéfaction de celui-ci par une trace d'alcali comme la *peptisation* de la gélée. Les gelées pures d'alumine, de peroxyde de fer et d'acide titanique, préparées par la dialyse, se rapprochent davantage de l'albumine, puisqu'elles se *peptisent* au moyen de quantités minimes d'acide chlorhydrique.

Acides stannique et métastannique liquides. L'acide stannique liquide se prépare en dialysant le bichlorure d'étain additionné d'alcali, ou en dialysant le stannate de soude, auquel on ajoute de l'acide chlorhydrique. Dans les deux cas il se forme d'abord une gelée sur le dialyseur; mais à mesure que les sels se diffusent, la gelée se peptise de nouveau, grâce à la petite quantité d'alcali libre en présence; celui-ci peut à son tour être séparé par une diffusion prolongée, qu'on facilite par quelques gouttes de teinture d'iode. L'acide stannique liquide se convertit par l'action de la chaleur en acide métastannique liquide. Ces deux acides se distinguent par la facilité avec laquelle ils se laissent pectiser par une quantité minime d'acide chlorhydrique aussi bien que par les sels.

L'*acide titanique liquide* se prépare en dissolvant, à froid, l'acide titanique gélatineux dans une petite quantité d'acide chlorhydrique et en maintenant le liquide pendant plusieurs jours sur le dialyseur. Le liquide ne doit pas contenir plus de 1 % d'acide titanique, autrement il se gélatinise spontanément, mais il paraît plus stable quand il est étendu. L'acide titanique et les acides stannique et métastannique gélatineux fournissent la même série de composés avec l'alcool, etc., que ceux qu'on obtient avec l'acide silicique.

Acide tungstique liquide. — L'obscurité qui a régné si longtemps sur la nature de l'acide tungstique s'est dissipée par l'examen dialytique. C'est, en effet, un colloïde remarquable qu'on ne connaissait jusqu'ici que sous la forme *pecteuse*. On prépare l'acide tungstique liquide en ajoutant avec précaution à une solution de tungstate de soude à 5 % une quantité suffisante d'acide chlorhydrique étendu pour neutraliser l'alcali, et en plaçant le liquide qui en résulte sur le dialyseur. Au bout de trois jours environ on a l'acide pur, avec une perte d'environ 20 %, tandis que les sels se sont entièrement séparés par diffusion. Il est remarquable que l'acide *purifié* ne se *pectise* pas sous l'influence des acides ou des sels, même à la température de l'ébullition. Évaporé à sec, il se présente, comme la gomme ou la gélatine, sous la forme d'écailles vitreuses et transparentes, qui adhèrent quelquefois assez fortement à la surface de la capsule pour en détacher des portions. On peut le chauffer jusqu'à 200 degrés centigrades sans qu'il perde sa solubilité ou qu'il passe à l'état pecteux; mais à une température voisine du rouge, il subit un changement moléculaire en perdant 2,42 % d'eau. Quand on ajoute de l'eau à l'acide tungstique non altéré, il devient pâteux et adhésif comme la gomme, et il forme avec un quart de son poids d'eau un liquide tellement dense, que le verre nage à sa surface. La solution fait effervescence avec le carbonate de soude et donne un sel blanc cristallin. La saveur de l'acide tungstique dissous dans l'eau n'est ni métallique ni acide, mais plutôt amère et astringente. Des solutions tungstiques contenant 5, 20, 50, 66,5 et 79,8 %

d'acide sec possèdent les densités suivantes à 19 degrés : 1,0475, 1,2168, 1,8001, 2,396 et 3,243. La solution étendue d'acide tungstique paraît incolore, mais elle devient verdâtre par la concentration. L'acide silicique liquide n'est plus susceptible de se pectiser après avoir été mélangé à de l'acide tungstique, phénomène qui se relie sans doute à la formation des composés doubles de ces acides décrits dernièrement par M. Marignac (1).

L'*acide molybdique* n'a été connu jusqu'ici, de même que l'acide tungstique, que sous la forme insoluble. Le molybdate de soude cristallisé, dissous dans l'eau, se décompose sur le dialyseur par une addition d'un grand excès d'acide chlorhydrique sans qu'il y ait précipitation. Après une diffusion de plusieurs jours, à peu près 60 % de l'acide molybdique restent à l'état pur. Cette solution pure est jaune, astringente au goût, acide aux papiers réactifs et fait effervescence avec les carbonates.

CHIMIE MINÉRALE.

Sur le thallium, par M. CROOKES.

M. Crookes vient de publier dans le *Journal de la Société chimique de Londres* une monographie complète du thallium, dont nous devons signaler l'apparition. Il ne nous a pas paru nécessaire d'analyser ce travail, car la plupart, sinon la totalité des résultats qui s'y trouvent rapportés sont déjà connus de nos lecteurs, et font partie des communications antérieures de M. Crookes lui-même, de M. Lamy et des autres chimistes qui, dans les deux dernières années, ont porté leur attention sur ce métal. La monographie rédigée par M. Crookes figure dans les numéros d'avril et de mai du *Journal of the Chemical Society* pour 1864, série 2, vol. II.

Action de l'acide sulfureux sur le soufre, par M. M. BERTHELOT (2).

D'après une observation récente et très-curieuse faite par M. Geitner, élève de M. Woehler, l'acide sulfureux en solution aqueuse, chauffé à 200° en vase clos, se décompose en soufre et en acide sulfurique.

En prolongeant l'expérience de M. Geitner pendant 64 heures,

(1) Voir page 188.

(2) *Annales de Chimie et de Physique*, 4e sér., t. I, p. 392.

M. Berthelot a pu réaliser la décomposition à une température comprise entre 160 et 180°. Il a jugé intéressant d'examiner la nature du soufre ainsi obtenu.

Traité par le sulfure de carbone, ce soufre se sépare en deux parties; un noyau soluble et cristallisable et une enveloppe insoluble dont le poids est beaucoup plus faible que celui du noyau. La formation du soufre insoluble, dans cette circonstance, a tout d'abord lieu de surprendre; car il s'est formé sous l'influence d'un refroidissement très-lent, et l'on sait que dans ces conditions le soufre insoluble se transforme en soufre soluble et cristallisable.

M. Berthelot s'est assuré que cette propriété est communiquée au soufre par le contact de l'acide sulfureux (1).

Cet acide, en dissolution, possède, en effet, la faculté de transformer en quelques heures, même à 110°, le soufre octaédrique en soufre insoluble. Mais la transformation n'est que partielle et superficielle; le globule de soufre fondu que l'on obtient contient un noyau de soufre soluble et cristallisable. A cette température, le soufre octaédrique, chauffé au contact de l'eau pure et d'ailleurs dans les conditions de l'expérience précédente, ne fournit pas trace de soufre insoluble. Il y a plus, le soufre insoluble, chauffé à 110° au contact de l'eau, dans ces conditions, se transforme en soufre cristallisable et soluble.

Le même soufre insoluble, chauffé entre 110 et 115° avec une solution aqueuse d'acide sulfureux, fond et fournit un globule dont l'enveloppe est formée par du soufre insoluble et le noyau par du soufre cristallisable.

Enfin, le soufre octaédrique, chauffé à 120° sous une couche d'acide sulfurique concentré, demeure soufre cristallisable.

Ces expériences rendent incontestable l'influence de l'acide sulfureux. M. Berthelot rappelle qu'il avait établi que l'action de la trempe seule était insuffisante pour expliquer la transformation moléculaire en soufre insoluble, puisque la trempe ne donne lieu à cette production que lorsque la température du soufre fondu a été portée à 150 ou 160°. La transformation moléculaire du soufre devait donc être attribuée à des influences antérieures au refroidissement brusque, celui-ci ne faisant qu'assurer la permanence d'un état spécial produit avant ce refroidissement et sous l'influence de la chaleur.

C'est l'acide sulfureux, d'après M. Berthelot, qui détermine cet état moléculaire nouveau, propriété que cet acide partage avec l'acide azo-

(1) Dans les conditions où M. Berthelot a opéré, la décomposition d'une solution renfermant 20 volumes d'acide sulfureux n'est pas complète.

tique, ainsi que l'auteur l'avait déjà reconnu pour ce dernier corps.

Pour que la réaction de l'acide sulfureux s'opère et pour que le soufre se transforme moléculairement, il faut que le soufre ait pu atteindre la température de sa fusion; au-dessous de cette température, le soufre reste cristallisable au contact de la dissolution d'acide sulfureux.

L'acide sulfureux gazeux, à la pression ordinaire, ou l'acide sulfureux anhydre et liquide, opèrent à 115°, comme l'acide sulfureux dissous.

En résumé, l'auteur conclut que dans toutes les réactions où le soufre mis à nu prendra l'état solide au contact de l'acide sulfureux, il contiendra plus ou moins de soufre insoluble. Dans toutes les circonstances, au contraire, où le soufre prendra l'état solide, en présence de l'acide sulfhydrique, le soufre sera entièrement soluble et cristallisable.

Sur la nature du tungstène, par MM. PERSOZ père et fils (1).

Les auteurs ont poursuivi les recherches que l'un d'eux avait entreprises, il y a plusieurs années, dans le but de dissocier les éléments qui, dans son opinion, constituaient le radical tungstique. Sans rien préciser encore d'une manière absolue, les auteurs croient pouvoir signaler plusieurs radicaux donnant lieu à des acides dont l'un est parfaitement blanc et qui contiennent des proportions d'oxygène fort différentes. Un seul de ces éléments forme avec l'oxygène deux composés ayant des propriétés basiques caractérisées et fournissant des sels au minimum incolores et des sels au maximum jaunes.

Recherches sur les acides silico-tungstiques, par M. C. MARIGNAC (2).

Lorsqu'on fait bouillir avec de la silice gélatineuse la dissolution d'un tungstate acide de potasse ou de soude, il se dissout une certaine quantité de silice, et la liqueur renferme un acide que l'auteur nomme *silico-tungstique*, dont la formule est $SiO^2,12WO^3$. Cet acide est énergique, très-stable, forme des sels très-solubles, cristallisant bien, et fournit deux hydrates en magnifiques cristaux.

Le tungstate acide d'ammoniaque donne, dans les mêmes conditions, un autre acide que l'auteur nomme *silico-décitungstique* ($SiO^2,10WO^3$).

(1) *Comptes rendus*, t. LVIII, p. 1196 (1864).

(2) Voir le 1er mémoire *Bulletin de la Société chimique*, t. V, p. 83 (1863). — *Comptes rendus*, t. LVIII, p. 809. Mai 1864.

Celui-ci est peu stable, difficile à extraire de ses sels, qui sont très-solubles et incristallisables; il donne un hydrate qui est incristallisable, vitreux et déliquescent. Quand on essaie de dessécher ce second acide, il se sépare de la silice, et l'on obtient un acide qui a la composition de l'acides ilico-tungstique, mais qui, différant de ce corps par ses propriétés, est désigné par l'auteur sous le nom d'acide *tungsto-silicique*. Ce dernier acide forme un hydrate très-soluble qu'on peut obtenir, cependant, en cristaux volumineux. Il donne des sels isomères avec les silico-tungstates, mais qui en diffèrent par leurs formes cristallines, par les proportions d'eau de cristallisation, et par une plus grande solubilité.

Ces trois acides sont quadribasiques, si l'on considère comme sels neutres les sels à 4 équivalents de base qui se forment toujours par l'action de ces acides sur les carbonates. Les sels les plus fréquents sont ceux à 2 et à 4 équivalents de base. Les premiers cristallisent, en général, plus facilement.

Ces acides ont une grande tendance à former des sels doubles, comme leur nature polybasique permettait d'ailleurs de le prévoir. L'alcool, l'éther dissolvent ces acides.

Leurs sels, très-solubles et renfermant une proportion considérable d'acide tungstique, sont très-denses : ainsi la densité du silico-tungstate neutre de soude est de 3,05, en sorte que le verre, le quartz et la plupart des pierres flottent sur ce liquide, d'ailleurs très-fluide.

L'acide silico-tungstique cristallise, à la température ordinaire, en gros octaèdres carrés dont les angles diffèrent peu de ceux d'un octaèdre régulier. La formule de ces cristaux est :

$$SiO^2,12WO^3,4HO + 29Aq.$$

Il commence à fondre vers 36°; il est complétement liquéfié à 53°. Lorsqu'il cristallise à une température un peu plus élevée ou à la température ordinaire en présence de l'alcool, des acides chlorhydrique ou sulfurique, il contient 18 équivalents d'eau de cristallisation, et il se présente en cristaux qui ont l'apparence de cubo-octaèdres, mais qui proviennent réellement de la combinaison de deux rhomboèdres basés.

Desséché à 100°, cet acide retient, outre l'eau combinée, 4 équivalents d'eau de cristallisation. Chauffé à 220°, il ne conserve plus que 2 équivalents d'eau basique qui paraissent seuls nécessaires à sa constitution; il les retient encore au delà de 350°. Dans cet état, il s'échauffe fortement au contact de l'eau, se redissout et cristallise sans avoir subi de changement dans sa composition. Ce n'est qu'au rouge que l'eau se dégage et que l'acide jaunit en devenant insoluble, en se décomposant probablement en un mélange de SiO^2 et de WO^3.

L'acide tungsto-silicique cristallisé a pour formule :

$$[12WO^3,SiO^2,4HO + 20Aq].$$

Ses cristaux appartiennent au système du prisme oblique non symétrique ; ils tombent en déliquescence quand l'air est humide. Cet acide est aussi stable que le précédent : l'ébullition avec les acides, l'évaporation à siccité avec de l'eau régale ne déterminent pas sa décomposition.

L'étude cristallographique des sels de ces acides montre qu'il existe une grande analogie de forme entre des composés dont il est cependant difficile d'admettre l'isomorphisme.

Ainsi les silico-tungstates acides de baryte et de chaux offrent précisément les mêmes formes que l'acide silico-tungstique libre, cristallisé à chaud ; l'auteur ne peut cependant admettre cet isomorphisme, parce que la baryte et la chaux sont des bases à un seul atome de métal, tandis que l'eau renferme 2 atomes d'hydrogène.

Ces coïncidences de formes font croire à l'auteur que de tels faits doivent être attribués à l'intervention d'une cause générale, et à une extension nécessaire du principe fondamental de l'isomorphisme qu'il croit pouvoir résumer ainsi :

Lorsque deux corps composés renferment un élément ou un groupe d'éléments communs qui forment la plus grande partie de leur poids, ils peuvent être, par cela seul, isomorphes, quand bien même le reste des éléments, par lequel ils diffèrent, ne constituerait pas un groupement atomique semblable ou isomorphe dans ces deux composés.

Le beau mémoire de M. Scheibler sur les métatungstates a déjà fourni, suivant M. Marignac, un exemple remarquable de ce principe, car cet auteur a constaté que la plupart des sels de ce genre sont isomorphes, bien qu'ils renferment des proportions d'eau très-différentes quant aux nombres d'atomes qu'elles représentent, mais varient seulement entre 12 et 15 °/₀ du poids total de ces sels. M. Marignac croit aussi qu'une grande partie des coïncidences de formes observées pour certains minéraux, dont la constitution atomique ne semble pas justifier l'isomorphisme, peut s'expliquer par cette simple cause, sans recourir à aucun des systèmes plus ou moins compliqués qu'ont imaginés dans ce but quelques minéralogistes.

Si ce principe est vrai, on voit qu'il faut garder une grande réserve quand on veut déduire l'isomorphisme de deux corps de celui des composés complexes dans lesquels ils peuvent entrer. Il prouverait aussi combien sont vains les essais tentés par quelques auteurs pour déduire la forme cristalline d'un composé de la seule considération du nombre des atomes des divers éléments qui entrent dans sa composition.

En terminant, l'auteur annonce qu'il lui est impossible d'adhérer aux vues nouvelles récemment énoncées par M. Persoz (1) et au changement de formule qu'il propose pour l'acide tungstique. Il abordera bientôt, dans un nouveau mémoire, cette discussion, qui, d'ailleurs, ne roulerait sur aucun fait nouveau, mais seulement sur la valeur relative des analyses faites jusqu'à ce jour de composés parfaitement connus.

Sur quelques amalgames, par M. JOULE (2).

Amalgame de fer. L'amalgamation du fer se produit aisément de la manière suivante :

On place dans un verre un globule de mercure que l'on recouvre d'une solution de sulfate ou de chlorure de fer; et l'on plonge dans le mercure un fil de fer correspondant au pôle zinc d'une pile de Daniell, un fil de fer correspondant au pôle cuivre plongeant dans la solution. Celle-ci dissout ce dernier fil, tandis qu'une égale portion de fer s'amalgame au mercure. On obtient ainsi un amalgame dans lequel les proportions de fer peuvent varier depuis 0,143 jusqu'à 127,6 pour 100 parties de mercure. Cet amalgame est liquide lorsque la proportion de fer est peu considérable; soumis à la pression, et enrichi par ce moyen, il devient solide et d'un blanc grisâtre. Il se décompose spontanément en ses deux éléments; une forte agitation rend cette décomposition plus rapide, le fer se séparant sous forme d'une poudre noire.

Amalgame de cuivre. Cet amalgame prend naissance de même sous influence d'un courant électrique, au contact du mercure métallique avec une solution de sulfate de cuivre. Il cristallise; le cuivre et le mercure semblent intervenir, dans sa composition normale, équivalent à équivalent; en effet, après avoir été soumis à une pression modérée, il renferme environ 32 de cuivre pour 100 de mercure.

Amalgame d'argent. L'auteur l'a préparé en traitant du mercure par

(1) *Bulletin de la Société chimique*, nouv. sér., t. I, p. 331 (1864).

(2) *Journal of the Chemical Society*, 2e série, t. I. Novembre 1863, p. 378.

des solutions tantôt froides, tantôt chaudes d'azotate d'argent; sa formation est accompagnée d'une diminution notable de volume; l'amalgame normal paraît formé d'équivalents égaux. Cependant, la compression fournit un autre amalgame dont la composition est assez constante, et qui renferme 2 équivalents de mercure pour 1 d'argent.

Amalgame de platine. Il a été obtenu par l'électrolyse d'une solution de bichlorure de platine mise en contact avec du mercure. Par la pression, il se résout en un amalgame gris foncé, renfermant 43,2 parties de platine, pour 100 de mercure. En tenant compte du mercure interposé, on peut conclure qu'il renfermait 1 équivalent de platine pour 2 de mercure.

Amalgame de zinc. Obtenues par le même moyen, puis soumis à la pression, les combinaisons du mercure et du zinc semblent se rapprocher de la composition suivante : 1 équivalent de mercure pour 3 de zinc.

Amalgame de plomb. En plaçant du mercure dans une solution d'acétate de plomb et le rendant négatif, on voit se former peu à peu un amalgame cristallisé renfermant 69,83 de plomb pour 100 de mercure. Soumis à la pression, cet amalgame subit une décomposition partielle; il prend l'aspect de cristaux brillants, et renferme 194 de plomb pour 100 de mercure.

Amalgame d'étain. Cet amalgame paraît être formé d'équivalents égaux, au moment où il vient d'être obtenu par la méthode électrolytique, mais il se décompose sous l'influence d'une pression énergique.

Amalgame d'hydrogène. L'auteur a cherché à produire par le même procédé l'amalgamation de l'hydrogène, en opérant à basse température (4° Fahr.), mais il n'a nullement réussi; il compte reprendre ses expériences sur ce sujet.

Sur la combustion du fer dans l'oxygène comprimé, par M. FRANKLAND (1).

Le fer, en masse, brûle dans l'oxygène comprimé avec autant de facilité et de rapidité qu'une feuille de papier dans l'air atmosphérique. Un accident survenu récemment à M. Frankland en fournit la preuve. Ce savant était occupé à comprimer de l'oxygène dans un appareil de Natterer, et la pression était arrivée à 25 atmosphères, lorsque tout d'un coup une vive explosion se fit entendre et un jet d'étincelles bril-

(1) *Journal of the Chemical Society*. 2e série, t. II. Février 1864, p. 52.

lantes sortit du récipient pendant plusieurs secondes; un tube d'acier qui établissait la communication entre la pompe et le récipient fut trouvé, après l'accident, revêtu d'une couche intérieure d'oxyde de fer fondu. M. Frankland pense que, sous l'influence de la compression, l'huile dont le piston était enduit s'est d'abord enflammée, et que l'inflammation s'est ensuite communiquée au fer dont la combustion, au contact de l'oxygène comprimé, s'est produite avec une extrême énergie.

Sur la température d'inflammation du gaz de la houille, par M. FRANKLAND (1).

Le travail entrepris par M. Frankland sur cette question peut se résumer de la manière suivante :

1° Le gaz de la houille, même dans les circonstances les plus favorables, ne peut prendre feu, si la température à laquelle on l'expose est inférieure à celle nécessaire pour communiquer au fer une couleur rouge aisément perceptible dans une pièce bien éclairée. Mais Cette température est bien inférieure à celle du rouge visible en plein air, par un jour sombre.

2° Cette haute température qu'exige, en tout cas, le gaz de la houille pour son inflammation, est due en grande partie à la présence du gaz oléfiant et des autres carbures éclairants.

3° La température d'inflammation des mélanges explosifs dus aux gaz des mines de houille est beaucoup plus élevée que celle de semblables mélanges formés avec le gaz de la houille. Par conséquent, une température qui ne présente aucun danger dans les mines, suffit à l'inflammation du gaz d'éclairage; il résulte de là que les lampes de sûreté présentent moins de garanties au milieu de ce gaz que dans les mines.

4° Les mélanges explosibles de gaz d'éclairage peuvent être enflammés par les étincelles jaillissant d'un morceau de fer. Ainsi, une explosion peut être due au choc d'un outil contre le fer ou la pierre, au frottement du fer d'un cheval contre le pavé, etc.

5° Ces mélanges peuvent également être enflammés par des corps d'une température comparativement peu élevée, par l'intermédiaire d'autres substances dont le point d'inflammation est inférieur à celui du gaz d'éclairage. Ainsi le soufre et les substances qui en contiennent peuvent prendre feu au-dessous du rouge; de même le contact du fer,

(1) *Journal of the Chemical Society*. Novembre et Décembre 1863, p 398.

porté à une température inférieure au rouge, avec des substances très-inflammables, telles que des chiffons de coton, produit une inflammation qui peut ensuite se communiquer au mélange gazeux.

CHIMIE MINÉRALOGIQUE.

Sur la production artificielle de la pyrite de cuivre, par M. F. de MARIGNY (1).

L'auteur annonce avoir reproduit artificiellement le cuivre pyriteux panaché (*Buntkupfererz*) par voie sèche, en fondant dans un creuset, à la température des essais de cuivre, un mélange de 20 parties de pyrite de fer, 45 de tournure de cuivre et 20 de soufre en petits fragments. Le creuset, retiré du feu, a été abandonné à un refroidissement lent. M. de Marigny a obtenu de la galène cristallisée en chauffant un mélange de pyrite de fer, de litharge et d'amidon.

L'auteur est porté à conclure de ses expériences que la pyrite de fer a dû concourir à la formation de divers minerais sulfurés constituant des gîtes métallifères. On trouve, en effet, ces sulfures fréquemment associés et intimement mélangés.

L'auteur se prononce en faveur de l'origine plutonique des principaux gîtes métallifères.

Production artificielle de l'anatase, de la brookite et du rutile, par M. P. HAUTEFEUILLE (2).

L'auteur a perfectionné la méthode qu'il avait donnée antérieurement (3), en faisant réagir la vapeur d'eau directement sur le fluorure de titane gazeux dans une atmosphère oxydante ou réductrice.

Les expériences faites dans cette direction ont permis d'établir le trimorphisme de l'acide titanique par la production artificielle des trois formes naturelles de cet acide.

Anatase. Le fluorure de titane est conduit par un tube en platine jusque vers le milieu de la longueur d'un second tube en platine dans lequel on fait arriver un gaz humide. Le tube est chauffé au point où

(1) *Comptes rendus*, t. LVIII, p. 967 (1863).
(2) *Comptes rendus*, t. LIX, p. 188 (1864).
(3) *Bulletin de la Société chimique*, t. V, p. 558 (1863).

s'opère le mélange à une température un peu inférieure à celle de la volatilisation du cadmium.

Les cristaux qui se forment à cette température dans une atmosphère d'acide fluorhydrique, sont remarquables par leur éclat; leur forme dominante est l'octaèdre b' de l'anatase naturelle; quelques cristaux sont terminés par la base p de la forme primitive, et se présentent sous l'aspect de tables à base carrée. L'incidence b' sur b est aux arêtes culminantes de 97°,40', et à l'endroit des arêtes horizontales de 136°,30' comme pour l'anatase de la nature. Leur densité oscille, comme pour l'anatase naturelle, entre 3, 7 et 3, 9.

Les colorations sont variées : avec l'air humide, on obtient, au rouge sombre, de l'anatase violette; l'hydrogène, légèrement humide, donne des cristaux bleu violacé; l'hydrogène saturé de vapeur d'eau fournit à 50° des cristaux d'un bleu indigo.

La nuance violette est due à de petites quantités d'un composé fluoré rouge pourpre, soluble dans l'eau, et qu'on obtient en faisant passer de l'hydrogène mélangé à de l'acide chlorhydrique sur du fluotitanate de potasse chauffé dans un appareil en platine. Le dosage direct du fluor montre que ce corps est le sesquifluorure de titane.

Brookite. L'acide titanique prend, en présence de l'acide fluorhydrique, la forme du titane brookite, lorsque la température à laquelle il se forme par décomposition est comprise entre celle de la volatilisation du cadmium et celle de la volatilisation du zinc.

Les cristaux obtenus dans ces conditions sont des prismes rhombiques identiques, d'après les mesures de l'auteur, avec ceux de la brookite naturelle. Leur densité est comprise entre 4, 1 et 4, 2. Par leur couleur grise ils rappellent les cristaux naturels de l'Arkansas et par la prédominance des faces prismatiques la brookite de l'Oural.

Rutile. Enfin le fluorure de titane et la vapeur d'eau mélangés au rouge vif donnent des prismes à base carrée terminés par un pointement octaédrique. La densité de ce rutile aciculaire est 4, 3.

Dans ces expériences, l'acide fluorhydrique joue le même rôle que l'acide chlorhydrique dans les belles reproductions de minéraux réalisées par M. H. Sainte-Claire Deville : c'est un agent minéralisateur, un dissolvant éphémère de l'acide titanique.

L'acide chlorhydrique, ordinairement si puissant pour faire cristalliser les oxydes, ne jouissant de son énergie qu'à une température très-élevée, est un agent minéralisateur qui ne donne que du rutile. En effet, l'acide titanique amorphe cristallise sous la forme du rutile, lorsqu'on le chauffe au rouge vif dans l'acide chlorhydrique. L'auteur a fait arriver, dans un tube en terre chauffé au rouge vif, deux courants, l'un de chlorure de titane mélangé à de l'acide chlorhydrique, l'autre, d'air humide. Le mélange des gaz s'effectuait en un point du tube où la température n'a pas dépassé le rouge simple. L'acide titanique n'a cristallisé que sur les parois chauffées au rouge vif, et la zone du tube où les gaz se mélangeaient n'a pas présenté un seul cristal.

La même expérience, faite en présence d'une petite quantité d'acide fluorhydrique, a donné de nombreux cristaux de brookite dans la zone comprise entre le rouge vif et le rouge sombre.

L'auteur annonce une communication prochaine sur un procédé de production artificielle des sphènes et de quelques autres substances minérales.

Analyse chimique de la pierre météorique d'Orgueil, par M. S. CLOEZ (1).

Voici les résultats de l'analyse de cette pierre dans son état naturel et après dessiccation à 110° :

	Météorite à l'état naturel.	Météorite desséchée à 110°.
Eau hygroscopique	5,975	»
Eau combinée	7,345	7,812
Acide silicique	24,475	26,0310
Acide sulfurique	2,195	2,3345
Soufre	4,369	4,6466
Chlore	0,073	0,0776
Phosphore	traces.	traces.
Alumine	1,175	1,2498
Oxyde de chrome	0,225	0,2392
Peroxyde de fer	13,324	14,2360
Protoxyde de fer	17,924	19,0630
Oxyde de nickel	2,450	2,6057
Oxyde de cobalt	0,085	0,0904
Oxyde de manganèse	1,815	1,9302
Magnésie	8,163	8,6711
Chaux	2,183	2,3220
Soude	1,244	0,3230
Potasse	0,307	0,3265
Ammoniaque	0,098	6,1042
Substance humique	6,027	7,4100
	96,442	99,472

Après sa dessiccation à 110°, la matière *humique*, qui contribue à colorer la pierre en noir, renferme pour 100 parties :

(1) *Comptes rendus*, t. LIX, p. 37 (1864).

Carbone	63,45
Hydrogène	5,98
Oxygène	30,57
	100,00

On obtient cette matière, mélangée de silice, en attaquant la pierre par l'acide chlorhydrique bouillant, qui dissout les autres éléments. On évapore la silice par une lessive faible de potasse qui ne paraît pas altérer sensiblement la matière charbonneuse.

Il y a une grande analogie entre la composition de ce produit charbonneux et celle des tourbes de la Somme, des lignites de Cassel, ou encore de la matière noire retirée du sable des Landes. Le fer se trouve, en général, dans les météorites à l'état de protoxyde; dans la pierre d'Orgueil il existe en partie à l'état d'oxyde magnétique.

L'eau enlève à la pierre supposée sèche 6,414 % de sels solubles formés de chlorures, de sulfates et de sulfures; ces derniers se changent rapidement au contact de l'air en hyposulfites.

On peut admettre que la partie insoluble est constituée de la manière suivante :

Oxyde ferroso-ferrique Fe^3O^4	20,627
Sulfure de fer magnétique	7,974
Sulfure de nickel	3,169
Silicates multiples	45,127

Le complément résulte de l'eau combinée = 7,812 et de la partie soluble dans l'eau = 6,414.

L'oxygène de l'acide silicique est sensiblement le double de l'oxygène des bases réunies. Ce rapport paraît exclure la présence du péridot. On ne trouve dans cette pierre aucun globule cristallin, ainsi que cela a lieu pour les météorites de Kaba et du Cap.

Étude chimique et analyse de l'aérolithe d'Orgueil, par M. PISANI (1).

Cette pierre est extrêmement poreuse et très-avide d'eau. En raison de cette circonstance la pyrite qu'elle contient a dû s'altérer dans notre atmosphère pour former des sulfates et des hyposulfites et pour condenser non-seulement beaucoup d'eau, mais peut-être aussi le peu d'ammoniaque qu'on y trouve.

Analyse de la partie soluble sur $1^{gr},1$ *de matière non desséchée.*

Partie soluble	3,35 %

(1) *Comptes rendus*, t. LIX, p. 132 (1864).

Elle contient :

Acide hyposulfureux	0,48
Acide sulfurique	1,40
Chlore	0,08
Magnésie	0,30
Chaux	0,16
Potasse	0,16
Soude, ammoniaque, etc., perte	0,77
	3,35

L'alcool enlève à la matière épuisée par l'eau une substance d'un blanc jaunâtre dont la quantité a été trouvée de 0,37 % et qui consiste principalement en soufre.

Analyse faite sur la matière séchée à 110°.

Silice	26,08
Magnésie	17,00
Protoxyde de fer	21,60
Peroxyde de fer	8,30
Chaux	1,85
Soude	2,26
Potasse	0,19
Oxyde de manganèse	0,36
Alumine	0,90
Fer chromé	0,49
Oxyde de nickel (avec cobalt)	2,26
Acide sulfurique	1,54
Acide hyposulfureux	0,53
Chlore	0,08
Soufre	5,75

Nombres qu'on peut grouper de la manière suivante :

		Oxygène.		Rapports.
Silice	26,08	12,90		4
Magnésie	17,00	6,80	10,17	3
Protoxyde de fer	7,78	1,73		
Chaux	1,85	0,53		
Soude	2,26	0,58		
Potasse	0,19	0,03		
Oxyde de manganèse	0,36	0,08		
Alumine	0,90	0,42		
Fer chromé	0,49			
Fer oxydulé (1)	15,77			
Sulf. de fer nickélifère	13,43			
Eau et matières supposées organiques	13,89			
	100,00			

(1) L'auteur fait remarquer que si le fer oxydulé se trouvait primitivement à l'état de protoxyde dans le silicate, on aurait alors exactement les rapports d'un péridot.

CHIMIE ANALYTIQUE.

Sur le dosage du soufre, par M. PRICE (1).

L'auteur fait remarquer que, dans le dosage du soufre par fusion de la matière sulfurée avec le nitre, il est indispensable d'éviter tout contact entre la matière fondue et la flamme du gaz destinée à chauffer le creuset. Le gaz de l'éclairage, en effet, renferme toujours du sulfure de carbone qui brûle en fournissant de l'acide sulfureux que le nitre fait passer à l'état d'acide sulfurique.

Dans une expérience directe, l'auteur a vu un simple bec de Bunsen introduire ainsi dans du nitre fondu une quantité d'acide sulfurique correspondant à $0^{gr},012$ de soufre, quantité supérieure à celle que fournit l'attaque de 5 grammes d'une fonte ordinaire. L'oxydation des matières sulfurées par le nitre fondu doit donc être conduite sur la lampe à alcool.

Procédé pour reconnaître l'acide azotique, par M. Hermann SPRENGEL (2).

Ce procédé est fondé sur la transformation de l'acide phénique en acide picrique par l'action de l'acide azotique et sur la coloration jaune, quelquefois rougeâtre, qui se produit en cette circonstance.

On fait une solution d'une partie d'acide phénique dans 4 parties d'acide sulfurique concentré et on y ajoute 2 parties d'eau. D'un autre côté, on évapore à siccité la solution dans laquelle on recherche la présence de l'acide azotique, on y laisse tomber une ou deux gouttes de la liqueur phényl-sulfurique et l'on chauffe à 100°. La plus petite trace d'acide azotique s'accuse alors par la production d'une couleur jaune, quelquefois rougeâtre. Si la matière renferme des composés organiques susceptibles de se carboniser ou des iodures et bromures, il faut terminer par l'addition de quelques gouttes d'ammoniaque, qui dissolvent l'iode et le brome, et laissent le carbone en suspension sous forme de parcelles très-fines au milieu de la solution jaune de nitrophénylate d'ammoniaque.

Ce procédé est d'une sensibilité telle, d'après l'auteur, qu'on a réussi à découvrir l'acide azotique dans le résidu de l'évaporation d'une

(1) *Journal of the Chemical Society*, 2e sér., t. II, p. 51. Février 1864.

(2) *Journal of the Chemical Society*, 2e sér., t. I, p. 396. Novembre 1863.

goutte d'eau qui n'en renfermait que $0^{grain},000006$ ($0^{gr},0000003$ ou $0^{mlgr},0003$).

Analyse de l'eau minérale de Fideris dans le canton des Grisons (Suisse), par MM. BOLLEY et KINKELIN (1).

Un litre de cette eau renferme :

Sulfate potassique	$0^{gr},0203$
Sulfate sodique	$0^{gr},0660$
Chlorure de sodium	$0^{gr},0083$
Carbonate sodique	$0^{gr},7733$
Carbonate calcique	$0^{gr},6861$
Carbonate magnésique	$0^{gr},0756$
Carbonate ferreux	$0^{gr},0116$
Silice	$0^{gr},0101$
Alumine	$0^{gr},0062$
Total des principes fixes	$1^{gr},6575$

Acide carbonique libre, déterminé à deux époques différentes :

1° $2^{gr},3624$; 2° $2^{gr},4821$;

ce qui correspond à 0° et 760 millimètres de hauteur barométriques : 1° 1200,099, et 2° 1260,9068 centimètres cubes.

Analyse de l'eau minérale de Knutwyll dans le canton de Lucerne (Suisse), par MM. BOLLEY et MEISTER (2).

litre de cette eau renferme :

Chlorure de potassium	$0^{gr},0043$
Chlorure de sodium	$0^{gr},0017$
Carbonate sodique	$0^{gr},0343$
Carbonate ferreux	$0^{gr},0029$
Carbonate calcique	$0^{gr},1660$
Carbonate magnésique	$0^{gr},0770$
Silice	$0^{gr},0150$
Alumine	$0^{gr},0090$
Total des principes fixes	$0^{gr},3109$

Acide carbonique libre $0^{gr},293$, ou en volumes à 0°, et 760 millimètres de pression atmosphérique 134,4 centimètres cubes.

(1) Schweiz. *Polyt. Zeitschr.*, 1864, t. IX, p. 24.

(2) Schweiz. *Polyt. Zeitschr.*, 1864, t. IX, p. 23.

CHIMIE ORGANIQUE.

Sur l'électrolyse de l'alcool vinique, par M. P. JAILLARD (1).

L'alcool vinique, rendu conducteur par l'addition de 1/100e d'acide sulfurique monohydraté, ou par la même quantité d'hydrate de potasse, soumis à l'électrolyse en employant dix éléments de Bunsen (grand modèle), fournit de l'hydrogène pur à l'électrode négative; le pôle positif semble rester inactif, mais le liquide électrolysé contient de l'aldéhyde que l'auteur a pu extraire en portant la température à 35 ou 40°.

Sous l'influence du courant, l'alcool se scinde donc de la manière suivante :

$$C^4H^6O^2 = C^4H^4O^2 + H^2.$$

Sur quelques dérivés de l'éthylidène, par M. HUGO SCHIFF (2).

Quand on ajoute de l'aldéhyde à de l'aniline, le mélange s'échauffe et se colore; la coloration n'a pas lieu si l'on agit dans un mélange réfrigérant. Le produit de la réaction est très-dense et surnagé par une couche d'eau. Si l'on sépare celle-ci et qu'on lave la masse huileuse avec de l'acide acétique pour enlever l'excès d'aniline, on obtient une masse visqueuse renfermant deux nouvelles bases isomères avec les bases formées par l'action du bromure d'éthylène sur l'aniline. On sépare ces bases par l'alcool, qui dissout la base diéthylidénique

$$Az^2 \left\{ \begin{matrix} \text{C}\!\!\!-^2H^4 \\ \text{C}\!\!\!-^2H^4 \\ 2\text{C}\!\!\!-^6H^5 \end{matrix} \right.$$

C'est une masse résineuse, rougeâtre, se colorant à l'air et à la lumière. Le résidu, cristallisé plusieurs fois dans l'alcool bouillant, donne des agrégats sphériques de la base monéthylidénique

$$Az^2 \left\{ \begin{matrix} \text{C}\!\!\!-^2H^4 \\ 2\text{C}\!\!\!-^6H^5 \\ H^2 \end{matrix} \right.$$

Ces bases ne se combinent pas avec les acides faibles, mais elles forment avec les acides azotique, chlorhydrique et sulfurique des combinaisons très-solubles dans l'eau et dans l'alcool. L'auteur a analysé les

(1) *Comptes rendus*, t. LVIII, p. 1203 (1864).

(2) *Comptes rendus*, t. LVIII, p. 1023 (1864).

chloroplatinates de ces bases et les chlorures doubles qu'elles donnent avec le mercure ; elles se combinent avec les éthers iodhydriques.

Action de l'iode et de l'acide iodhydrique sur l'acétylène, par M. BERTHELOT (1).

1. Quand on chauffe à 100° l'iode et l'acétylène dans un ballon scellé pendant 15 à 20 heures, on obtient un iodure cristallisé $C^4H^2I^2$.

2. L'acide iodhydrique en solution saturée absorbe l'acétylène et forme un diiodhydrate liquide $C^4H^4I^2$, volatil vers 182° sans décomposition notable. Ce corps est l'isomère de l'iodure d'éthylène et plus stable que lui.

3. Les deux composés précédents, traités par la potasse alcoolique, reproduisent l'acétylène.

4. L'acétylène, chauffé à 100° avec l'acide bromhydrique concentré, donne naissance à un composé bromé gazeux ou très-volatil, qui est probablement le monobromhydrate C^4H^3Br.

5. Ces corps rappellent les divers chlorhydrates d'essence de térébenthine et les dérivés de l'allyle récemment découverts par M. Wurtz.

6. L'acétylène, chauffé à 240° avec le chlorure de zinc, se transforme en un corps polymère ressemblant au goudron du gaz.

Sur quelques corps non saturés appartenant au groupe des éthers mixtes, par M. E. REBOUL (2).

Lorsqu'on rectifie l'amylène monobromé brut, ce corps passe pur au-dessous de 130°. Si l'on continue la distillation, le thermomètre monte rapidement jusqu'à 170°, puis il s'élève lentement jusqu'à 195°. En recueillant à part ce produit, le purifiant par une ébullition de 10 minutes avec une solution alcoolique de potasse, précipitant par l'eau et distillant le produit lavé et séché, on le voit se résoudre en une huile bromée bouillant de 177 à 180°, dont la formule est :

$$C^{14}H^{13}BrO^2 = \left.\begin{matrix} C^{10}H^8Br \\ C^4H^5 \end{matrix}\right\} O^2.$$

Ce composé résulte de l'action de la potasse sur la petite quantité de bromure d'amylène bromé $C^{10}H^9Br^3$ qui accompagne le bromure d'amylène employé pour la préparation de l'amylène bromé. Une portion seulement du bromure subit cette transformation, car l'auteur

(1) *Comptes rendus*, t. LVIII, p. 977.

(2) *Comptes rendus*, t. LVIII, p. 1058 (1864).

s'est assuré qu'une certaine quantité de ce corps perdait Br^2 en donnant de l'amylène bromé

$$C^{10}H^9Br^3 - Br^2 = C^{10}H^9Br.$$

Le composé $\left\{ \begin{matrix} C^{10}H^8Br \\ C^4H^5 \end{matrix} \right\} O^2$ est une sorte d'éther mixte. Le brome, projeté goutte à goutte dans ce corps, bien refroidi, le décolore en dégageant de la chaleur, et l'on obtient un liquide très-dense dont la formule est :

$$\left. \begin{matrix} C^{10}H^8Br^3 \\ C^4H^5 \end{matrix} \right\} O^2$$

et qui est isomérique ou identique avec l'éther éthylamylique tribromé encore inconnu.

Cet éther mixte, soumis à l'action de la potasse alcoolique en vase clos entre 150 et 160°, perd son brome à l'état d'acide bromhydrique et se change en un nouvel éther mixte $\left. \begin{matrix} C^{10}H^5 \\ C^4H^5 \end{matrix} \right\} O^2$ encore plus incomplet que son générateur, se présentant sous la forme d'un liquide mobile plus léger que l'eau, d'une odeur éthérée et suave, bouillant de 125 à 130°, se combinant avec chaleur aux hydracides concentrés, au brome et même à l'iode.

Bromhydrates et bromures de valérylène, par **M. E. REBOUL** (1).

Bromhydrates de valérylène. Lorsqu'on agite à plusieurs reprises du valérylène $C^{10}H^8$ avec de l'acide bromhydrique en solution concentrée, le mélange s'échauffe fortement. L'eau en sépare une huile lourde qui, soumise à la distillation fractionnée, fournit deux produits. Le premier, le plus abondant, est le monobromhydrate $C^{10}H^8HBr$. Il bout à 112°, tandis que son isomère, l'amylène bromé C^8H^9Br, bout à 115°; il s'en distingue d'ailleurs nettement parce qu'il est susceptible de fixer 2 équivalents de brome pour donner un liquide $C^{10}H^8 \left\{ \begin{matrix} HBr \\ Br^2 \end{matrix} \right.$, tandis que l'amylène bromé fournit dans les mêmes conditions un corps cristallisé isomère $C^{10}H^9Br,Br^2$. Le second produit bout vers 172°; c'est un dibromhydrate $C^{10}H^8 \left\{ \begin{matrix} HBr \\ HBr \end{matrix} \right.$ liquide et isomérique avec le bromure d'amylène $C^{10}H^{10}Br^2$.

Bromures de valérylène. Si l'on fait tomber goutte à goutte du brome dans du valérylène refroidi par un mélange réfrigérant, on obtient une huile très-lourde qui est un mélange de di- et de tétrabromure.

(1) *Comptes rendus*, t. LVIII, p. 974 (1864).

Le premier de ces corps domine, si l'on s'arrête dès que la décoloration n'est plus immédiate, tandis qu'au bout d'un temps suffisamment long, au contraire, et à l'ombre, on n'obtient que du tétrabromure. Au soleil, l'action est plus rapide, mais on obtient aussi une petite quantité de cristaux qui sont formés par le dérivé $(C^{10}H^7Br)''''Br^4$.

Le tétrabromure $(C^{10}H^8)''''Br^4$ est liquide même à — 10°, très-dense, isomérique avec le bromure d'amylène bibromé $C^{10}H^8Br^2,Br^2$ qui doit être solide puisque le bromure d'amylène monobromé l'est déjà.

Le tétrabromure bromé $(C^{10}H^7Br)''''$,Br^4 se présente en cristaux mamelonnés formés de lamelles rhomboïdales fusibles, volatiles, assez solubles dans l'éther.

Pour obtenir le dibromure $C^{10}H^8Br^2$ on prend le bromure de valérylène aussi peu chargé que possible de tétrabromure, et on le distille en recueillant ce qui passe avant 200°. Cette portion, convenablement rectifiée, fournit un liquide bouillant vers 168°, qui est le dibromure. Ce corps s'unit directement au brome pour donner un tétrabromure liquide et des cristaux d'un tétrabromure bromé qui diffèrent des cristaux du tétrabromure bromé dont il a été parlé plus haut. Sa forme cristalline, l'action de la chaleur, sa solubilité dans l'éther établissent nettement l'isomérie de ces deux composés. Il en résulte qu'il doit y avoir également deux tétrabromures isomères entre eux et probablement avec le bromure d'amylène bibromé.

Sur un nouveau procédé de purification des huiles lourdes de goudron de houille et sur un nouveau carbure d'hydrogène, par M. A. BÉCHAMP (1).

Le nouveau procédé de purification repose sur ce double fait : le bichlorure d'étain anhydre est soluble dans les hydrocarbures de la houille; il forme avec les alcaloïdes des combinaisons insolubles.

Par un essai préalable, on détermine la quantité de bichlorure d'étain nécessaire pour précipiter les composés basiques, et l'on verse alors dans l'huile la quantité du composé stannique convenable.

Le précipité qui se forme est pulvérulent ou visqueux, et se réunit au fond des vases. On le sépare et l'on distille le liquide surnageant; cette opération laisse dans la cornue une plus ou moins grande quantité de produits fétides.

Après cette première distillation, on agite les hydrocarbures avec de l'eau alcalisée par le carbonate de soude, afin d'enlever les traces excé-

(1) *Comptes rendus*, t. LIX, p. 47 (1864).

dantes de chlorure stannique, et on les soumet à la distillation fractionnée.

Par ce procédé, le point d'ébullition se trouve notablement abaissé, si bien qu'on retire encore une quantité notable de benzine de ces huiles, qui n'en fournissaient plus.

L'auteur annonce, en outre, qu'en rectifiant avec soin les produits passés entre 130° et 150°, il a plusieurs fois observé que le thermomètre restait longtemps stationnaire aux environs de 140°, nombre moyen entre les points d'ébullition du xylène et du cumène. Il a purifié ce produit, et il a obtenu 900 centimètres cubes d'un hydrocarbure bouillant du commencement à la fin entre 139 et 140° et dont l'étude l'occupe en ce moment.

Sur un nouvel hydrocarbure de goudron de houille, par M. A. NAQUET (1).

L'auteur ayant distillé de grandes quantités d'huile de houille, annonce, de son côté, qu'il a réussi à en extraire 2 litres environ d'hydrocarbure liquide bouillant de 139°,5 à 140°,5.

Il a déjà commencé l'étude de cet hydrocarbure signalé par M. Béchamp. Ce corps fournit à l'analyse des nombres qui sont intermédiaires entre ceux auxquels conduit la formule C^8H^{10} et ceux que donne la formule C^9H^{12}. Mais comme il a trouvé pour sa densité de vapeur le nombre 4,00, et que la densité de vapeur théorique du composé C^9H^{12} est 4,14, et celle du composé C^8H^{10} 3,66, M. Naquet admet que le nouvel hydrocarbure a pour formule C^9H^{12}.

Il donne naissance à un produit nitré dont on peut dériver un alcaloïde cristallisé.

Ce carbure est attaqué par le chlore; l'auteur, après un examen rapide des produits formés, est porté à croire que le chlore a d'abord agi par voie d'addition comme avec la benzine.

Sur les composés bromés de la benzine et de ses homologues, par MM. A. RICHE et P. BÉRARD (2).

L'étude de ces composés bromés présente de l'intérêt en raison des nombreux dérivés qu'ils donnent.

Dans ce premier travail, les auteurs s'occupent seulement de la pré-

(1) *Comptes rendus*, t. LIX, p. 199 (1864).

(2) *Comptes rendus*, t. LIX, p. 141 (1864.)

paration et des propriétés des dérivés bromés et nitrés de la benzine et de ses homologues.

1° *Benzine*. Lorsqu'on traite la benzine par un grand excès de brome dans un matras à long col pour ne pas perdre de brome, on obtient la *dibromobenzine*, et l'action s'arrête à ce terme.

Si l'on chauffe ce corps dans des tubes scellés vers 150° avec du brome tant qu'il se dégage de l'acide bromhydrique, on obtient un nouveau composé la *quadribromobenzine* $G^6H^2Br^4$ qui forme de beaux cristaux soyeux, légers, blancs, se solidifiant vers 160° et susceptibles de se volatiliser sans se détruire. Ce corps est attaqué par l'acide azotique fumant et fournit le composé :

$$G^6H(Az\Theta^2)Br^4.$$

La benzine bibromée est attaquée par l'acide azotique fumant et donne un produit cristallisé $G^6H^3(Az\Theta^2)Br^2$ qui, soumis aux agents réducteurs, fournit la bibromaniline.

Suivant les uns, la benzine tribromée est un corps cristallisé ; suivant d'autres, c'est une huile odorante. Les auteurs ont préparé ce corps et l'ont obtenu sous la forme de petits cristaux semblables à ceux qu'a décrits Laurent.

2° *Xylène*. Cet hydrocarbure fournit un composé nitré et bromé bien cristallisé

$$G^8H^6(Az\Theta^2)Br^3.$$

3° *Cumène*. Les auteurs ont obtenu le composé $G^9H^9Br^3$ en cristaux soyeux nacrés, ainsi que le dérivé nitré d'un autre bromure dont la formule est :

$$G^9H^8(Az\Theta^2)^2Br^2.$$

Ce corps est bien cristallisé et s'attaque par le sulfhydrate d'ammoniaque.

Cymène. Le cymène, obtenu avec le camphre et le chlorure de zinc, est attaqué avec énergie par le brome et donne des cristaux nacrés abondants lorsqu'on fait intervenir 4 équivalents de brome. Ce composé a pour formule :

$$G^{10}H^{12}Br^2.$$

Les auteurs ne sont pas parvenus à préparer ce bromure avec le cymène de l'essence de cumin ; mais, en augmentant la proportion de brome, ils ont vu se former un produit cristallisé beaucoup plus bromé, dont ils n'ont obtenu que de trop petites quantités pour en faire l'analyse.

Production directe de la formamide, par M. LORIN (1).

Cette amide peut s'obtenir par la distillation du formiate d'ammoniaque. Ce sel entre en fusion à 110°, en ébullition à 140°. Vers 150° l'oxyde de carbone apparaît et son dégagement continue jusqu'à la fin de la distillation. Ce gaz est pur jusqu'au moment où la température atteint 210°; il paraît alors mélangé d'une petite quantité d'hydrogène.

On recueille le liquide bouillant de 160 à 200° et on le laisse séjourner sur l'acide sulfurique bouilli. Il reste une liqueur presque incolore ayant les propriétés de la formamide; en effet, elle est inodore, douée d'une grande avidité pour l'eau, et elle bout vers 190° à la pression ordinaire en se scindant en oxyde de carbone et en ammoniaque, et en produisant aussi de l'acide cyanhydrique.

Sur la préparation de l'acétanilide, par M. GREVILLE WILLIAMS (2).

On obtient l'acétanilide très-simplement et en très-grande quantité, en faisant bouillir l'aniline avec l'acide acétique cristallisable. La formation de ce corps est due, dans ce cas, à une simple déshydratation de l'acétate d'aniline.

$$\underset{\text{Acétate d'aniline.}}{\mathrm{C^8H^{11}AzO^2}} = \mathrm{C^8H^9AzO} + \mathrm{H^2O}.$$

En faisant bouillir équivalents égaux d'aniline et d'acide, cohobant de manière à prolonger l'action pendant une heure environ, puis distillant jusqu'à ce que le produit commence à se solidifier dans le col de la cornue, et changeant alors de récipient, on obtient, par sublimation, un poids d'acétanilide à peu près égal à celui de l'acide employé.

L'acétanilide ainsi obtenue se présente en masses blanches analogues à la paraffine, ou en plaques incolores. Elle fond à 101° (3). Elle bout sans décomposition à 295° sous la pression de 755mm. Sa densité est = 1,099 à 10°,5. Sa densité de vapeur, prise dans une atmosphère de mercure, a été trouvée égale à 4,847; la théorie exige 4,671. Elle se dissout aisément dans l'alcool, l'éther, la benzine et les huiles essentielles.

(1) *Comptes rendus*, t. LIX, p. 51.

(2) *Journal of the Chemical Society*, nouv. sér., t. II, p. 106. Mars 1864.

(3) Gerhardt indique 100°.

Faits pour servir à l'histoire des matières colorantes dérivées du goudron de houille, par **M. A. W. HOFMANN** (1).

L'auteur, après s'être assuré par de nouvelles expériences que le bleu d'aniline est, comme il l'avait annoncé, de la rosaniline triphénylique, a été conduit à diverses observations nouvelles.

La rosaniline, soumise à la distillation sèche, dégage de l'ammoniaque et un produit huileux formé surtout d'aniline.

L'éthylrosaniline ou violet d'aniline commercial se comporte de la même façon et donne beaucoup d'éthylaniline.

Quand on distille le bleu d'aniline on obtient un liquide brun visqueux, bouillant de 270 à 320°. Le liquide jaune passant de 280 à 300° se solidifie par l'addition de l'acide chlorhydrique; le chlorure obtenu, purifié par des cristallisations dans l'alcool, puis traité par l'ammoniaque, fournit des gouttes huileuses qui cristallisent au bout de quelques instants. Ces cristaux ont une odeur de fleurs, une saveur d'abord aromatique et ensuite brûlante. Ils fondent à 45° en donnant une huile qui distille à 300° sans se détruire.

Cette substance est peu soluble dans l'eau, très-soluble dans l'alcool et l'éther; elle ne présente aucune réaction alcaline et donne des sels extrêmement instables. Sa formule est :

$$C^{12}H^{11}Az \quad (2).$$

La composition de son chlorure est :

$$C^{12}H^{11}Az,HCl.$$

L'auteur croit que ce corps est la diphénylamine. En effet,

$$C^{12}H^{11}Az = \left.\begin{matrix} C^6H^5 \\ C^6H^5 \\ H \end{matrix}\right\} Az,$$

mais il n'est pas encore parvenu à l'éthyler.

Cette base, ainsi que ses sels, en contact avec l'acide azotique concentré, prend immédiatement une magnifique coloration bleue. Cette réaction réussit mieux lorsqu'on verse de l'acide chlorhydrique sur un cristal de la base et qu'on ajoute ensuite goutte à goutte de l'acide azotique; elle est extrêmement sensible.

La substance qui possède la couleur bleue se forme également par l'action d'autres oxydants. Quand on ajoute au chlorure de cette base

(1) *Comptes rendus*, t. LVIII, p. 1131 (1863).

(2) $C = 12 - Az = 14 - O = 16 - H = 1$.

du chlorure de platine, la coloration apparaît aussitôt. Un mélange de ce corps et de toluidine, soumis à l'un des procédés qui, appliqué à un mélange d'aniline et de toluidine donnerait la rosaniline, fournit une matière qui se dissout dans l'alcool avec une magnifique coloration bleue.

Une solution alcoolique de diphénylamine fournit, par l'addition du brome, un précipité jaune cristallisé, soluble dans l'alcool bouillant, dont la formule est :

$$C^{12}H^7Br^4Az.$$

Cette formule rend probable le groupement :

$$\left.\begin{matrix} C^6H^3Br^2 \\ C^6H^3Br^2 \\ H \end{matrix}\right\} Az.$$

Quand on chauffe un mélange de diphénylamine et de chlorure de benzoyle, on obtient une huile épaisse qui se solidifie par le refroidissement. Ce corps, qui cristallise dans l'alcool bouillant en belles aiguilles blanches, a pour composition :

$$C^{19}H^{15}AzO = \left.\begin{matrix} C^6H^5 \\ C^6H^5 \\ C^7H^5O \end{matrix}\right\} Az.$$

Ce composé benzoïque se liquéfie en présence de l'acide azotique et finit par se dissoudre. L'eau précipite de cette solution une substance d'un jaune pâle cristallisable,

$$C^{19}H^{14}Az^2O^3 = \left\{\begin{matrix} C^6H^5 \\ C^6H^4(AzO^2) \\ C^7H^5O \end{matrix}\right\} Az,$$

qui se dissout dans la soude alcoolique avec une coloration écarlate, et se scinde en même temps en acide benzoïque et en un corps neutre cristallisé en aiguilles d'un jaune rougeâtre,

$$C^{12}H^{10}Az^2O^2 = \left.\begin{matrix} C^6H^5 \\ C^6H^4(AzO^2) \\ H \end{matrix}\right\} Az.$$

Si l'on emploie l'acide azotique fumant en grand excès, la solution laisse déposer, par l'addition de l'eau, un corps cristallin d'un jaune plus foncé contenant probablement :

$$C^{19}H^{13}Az^3O^5 = \left\{\begin{matrix} C^6H^4(AzO^2) \\ C^6H^4(AzO^2) \\ C^7H^5O \end{matrix}\right\} Az.$$

Cette substance se dissout dans la soude alcoolique avec une magnifique coloration cramoisie. L'addition de l'eau au liquide bouillant fournit un dépôt jaune, cristallin et laisse en solution du nitrobenzoate de soude (?). La poudre jaune est la dinitrophénylamine

$$C^{12}H^9Az^3O^4 = \left.\begin{cases} C^6H^4(AzO^2) \\ C^6H^4(AzO^2) \\ H \end{cases}\right\} Az.$$

La distillation du bleu de toluidine fournit une série de corps analogues.

Sur les séries quinolique et leukolique,
par M. GREVILLE WILLIAMS (1).

Il y a quelques années, M. Greville Williams a obtenu, en faisant réagir l'iodure d'amyle sur la lépidine, une substance bleue remarquable, cristallisée en prismes richement colorés. Cette substance, à laquelle on a donné en France le nom de cyanine, a été récemment l'objet d'un travail de M. Hofmann, qui a établi sa véritable constitution et démontré qu'elle devait être considérée comme l'iodure d'une base organique.

En reprenant l'étude de cette question, M. Greville Williams est arrivé aux mêmes résultats que M. Hofmann, et il propose, pour la matière qu'il a découverte, le nom d'iodure de pélamine; il repousse d'ailleurs complétement le nom de cyanine.

Cette substance n'est pas la seule qui se produise dans la réaction que nous avons rappelée. Par l'action prolongée de l'iodure d'amyle sur la lépidine, on obtient une masse brune sirupeuse qui se prend par le refroidissement en une masse de cristaux. Lorsqu'on fait plusieurs fois bouillir cette masse avec l'eau, les iodures des bases ammoniées (parmi lesquels se trouve l'iodure de pélamine ou d'amyl-lépidylammonium) se dissolvent et l'on obtient, malgré des traitements répétés, un résidu insoluble. Celui-ci, soumis à une ébullition prolongée avec les alcalis caustiques, fournit par la distillation une huile alcaline, soluble dans l'acide chlorhydrique et formant avec lui un sel solide dont l'aspect rappelle celui de la paraffine. Chauffé au contact de la potasse, ce chlorhydrate fournit un alcali liquide, volatil à 275°, incolore et dont l'odeur rappelle les amines amyliques.

Soumis à l'analyse, cet alcaloïde fournit des nombres correspondant à la formule

$$\mathrm{C\!\!\!-}^{20}H^{32}Az^2$$

(1) *Journal of the Chemical Society*, nouv. sér., t. II, p. 375. Novembre 1863.

qui, suivant M. Greville Williams, doit s'écrire

$$\left.\begin{matrix}\text{Є}^{10}H^{23}Az\\ \text{Є}^{10}H^{9}Az\end{matrix}\right\} \text{(1)}$$

et représente, par conséquent, de la diamylamine copulée avec de la lépidine.

La densité de vapeur (déterminée une seule fois) a été trouvée égale à 10,40; la théorie exige 10,38.

Le chlorhydrate de cette base, pour laquelle M. Greville Williams propose le nom de lépamine, a été analysé; il en est de même du chloroplatinate

$$\text{Є}^{20}H^{32}Az^{2},2HCl,PtCl^{2}$$

qui est entièrement soluble dans l'alcool, ce qui le distingue du chloroplatinate de lépidine.

Traitée par l'iodure d'éthyle dans un tube scellé, la lépamine fournit une base nouvelle, dont l'étude n'est point encore achevée.

En terminant son mémoire, M. Greville Williams fait remarquer que les différences essentielles qui existent entre les bases provenant de la houille et celle que fournit la cinchonine rendent nécessaire une légère modification de leur nomenclature. Il propose pour la base

$$(\text{Є}^{10}H^{9})'''Az$$

isomère de la lépidine, le nom d'iridoline, et pour la base cinchonique isomère de la cryptidine, le nom de dispoline. Les deux séries deviennent alors :

Série de la houille.		Série de la cinchonine.	
Leukoline	$(\text{Є}^{9}H^{7})'''Az$	Quinoléine	$(\text{Є}^{9}H^{7})'''Az$
Iridoline	$(\text{Є}^{10}H^{9})'''Az$	Lépidine	$(\text{Є}^{10}H^{9})'''Az$
Cryptidine	$(\text{Є}^{11}H^{11})'''Az$	Dispoline	$(\text{Є}^{11}H^{11})'''Az$

Transformation de l'acétone en acide oxalique, par M. MULDER (2).

En ajoutant peu à peu 20 centimètres cubes d'acétone à 30 centimètres cubes d'acide azotique fumant, une vive réaction a lieu. Le liquide fournit au bout de quelques heures une grande quantité de cristaux incolores d'acide oxalique. Cet acide se forme d'après l'équation suivante :

$$\text{Є}^{3}H^{6}\text{Θ} + \text{Θ}^{7} = \text{Є}^{2}H^{2}\text{Θ}^{4} + \text{Є}\text{Θ}^{2} + 2H^{2}\text{Θ}.$$

(1) Ou plus vraisemblablement

$$\left.\begin{matrix}(\text{Є}^{5}H^{11})^{2}\\ (\text{Є}^{10}H^{8})''\\ H^{2}\end{matrix}\right\} Az^{2}.$$

A. W.

(2) *Journal für praktische Chemie*, t. XCI, p. 479.

Rouge d'acétone, par M. MULDER (1).

Un mélange de 30 centim. cubes d'acétone et de 10 centim. cubes d'acide azotique fumant ne s'échauffe que lentement. Lorsque la réaction est devenue intense, on ajoute une grande quantité d'eau et il se précipite un corps huileux, insoluble dans l'eau, soluble dans l'alcool et dans l'éther. Une dissolution d'acide sulfhydrique en décompose une partie, tandis que l'autre partie devient soluble; le sulfhydrate d'ammoniaque le rend complétement soluble. Ce corps, peu stable, dissous dans le sulfhydrate, fournit après évaporation une masse saline qu'on lave avec de l'alcool pur; le résidu dissous dans l'alcool affaibli fournit après évaporation une substance brune, azotée, soluble dans l'eau, avec une coloration en rouge foncé. Ce corps est soluble dans les acides chlorhydrique et sulfurique; en projetant dans ces dissolutions des morceaux de zinc, la coloration disparaît et ne peut plus être reproduite par des corps oxydants.

Sur une nouvelle classe de composés sulfurés, par M. Adolphe von ŒFELE (2).

L'auteur a fait connaître déjà (3) un composé cristallisé obtenu en traitant le monosulfure d'éthyle par l'acide nitrique fumant; c'est la diéthylsulphone $(C^4H^5)^2S^2O^4$ analogue à la sulfobenzide $(C^{12}H^5)^2S^2O^4$.

En poursuivant ses expériences, il a reconnu que le monosulfure d'éthyle s'unit directement à l'iodure de ce radical pour former un produit cristallisé, aisément soluble dans l'eau et l'alcool. Ce corps est l'iodure d'un nouveau radical $(C^4H^5)^3S^2$ et correspond à la formule $(C^4H^5)^3[S^{2''''}]I$. Le soufre doit, suivant l'auteur, être considéré comme étant tétratomique dans cette combinaison.

Traité par le nitrate d'argent, cet iodure est décomposé, et l'on obtient le nitrate de triéthylsulphyle. L'action de l'oxyde d'argent le convertit en hydrate d'oxyde de triéthylsulphyle, $(C^4H^5)^3(S^{2''''})O,HO$, qui, desséché dans le vide, fournit des cristaux transparents et déliquescents. Cette base n'est pas volatile, elle est très-énergique; sa solution possède une réaction alcaline très-prononcée, et, comme la potasse, elle précipite les oxydes métalliques de leurs solutions salines; son sulfate, son chlorhydrate sont cristallins, mais déliquescents; le chloroplati-

(1) *Journal für praktische Chemie*, t. XCI, p. 479.

(2) *Journal of the Chemical Society*, nouv. sér., t. II, p. 105. Mars 1864.

(3) *Annalen der Chemie und Pharmacie.* Septembre 1863.

nate peut être obtenu cristallisé en longs prismes du système du prisme à base carrée.

Des expériences qu'il continue en ce moment font espérer à M. Œfele que cette base, qui renferme du soufre *tétratomique* peut, sous l'influence de l'acide azotique fumant, fournir une base nouvelle

$$(C^4H^5)^3[S^2O^2]O,HO$$

renfermant du soufre *hexatomique*.

Nouvelle méthode pour la préparation des composés mercuriques des radicaux alcooliques, par **MM. FRANKLAND** et **DUPPA** (1).

La méthode découverte par MM. Frankland et Duppa consiste à faire réagir l'amalgame de sodium sur l'iodure du radical organique en présence d'une petite quantité d'éther acétique, qui n'exerce aucune action chimique et ne joue qu'un rôle de contact, car il demeure inaltéré après la réaction.

Méthide mercurique. L'iodure de méthyle et l'amalgame de sodium n'agissent pas l'un sur l'autre à la température ordinaire, mais si l'on ajoute au mélange quelques gouttes d'éther acétique, l'amalgame est attaqué immédiatement. L'expérience est conduite de la manière suivante : on mêle 10 parties d'iodure de méthyle avec 1 partie d'éther acétique, on verse le liquide dans une fiole et l'on ajoute l'amalgame. On agite de temps en temps pour activer la réaction, puis, après chaque agitation, on plonge la fiole dans l'eau froide pour empêcher l'élévation de la température. L'appareil doit être muni d'un condensateur de Liebig pour faire retomber dans la fiole les portions distillées d'iodure de méthyle. Lorsque la quantité d'iodure de sodium formée est devenue assez considérable pour rendre le liquide pâteux, on distille au bain-marie et l'on recueille les portions volatiles pour les mettre en contact avec de nouvelles quantités d'amalgame. La réaction terminée, on mêle le résidu des fioles avec de l'eau, on distille au bain d'huile vers 110°, on sépare le liquide éthéré de l'eau qui l'accompagne et on lave à la potasse alcoolique d'abord, puis à l'eau. Ce produit offre la composition et possède toutes les propriétés du méthide mercurique

$$\left.\begin{matrix}\text{Є}H^3\\ \text{Є}H^3\end{matrix}\right\}\text{Hg}.$$

Une portion de ce produit a été dissoute dans l'alcool et traitée par

(1) *Journal of the Chemical Society*, nouv. sér., t. II, p. 415. Décembre 1863.

l'iode : on a obtenu un magma cristallin d'iodométhide mercurique

$$\left.\begin{matrix} CH^3 \\ I \end{matrix}\right\} Hg.$$

Ethide mercurique. Dans les mêmes conditions et en présence d'une petite quantité d'éther acétique, l'iodure d'éthyle attaque l'amalgame de sodium, et l'on obtient de même l'éthide mercurique bouillant à 159°,

$$\left.\begin{matrix} C^2H^5 \\ C^2H^5 \end{matrix}\right\} Hg \quad (1).$$

La réaction qui donne naissance à l'éthide mercurique est exprimée par l'équation suivante :

$$2\,C^2H^5I + Na^2 + Hg = Hg\left\{\begin{matrix} C^2H^5 \\ C^2H^5 \end{matrix}\right. + 2\,NaI.$$

Amylide mercurique. On mélange 5 parties d'iodure d'amyle avec 1 partie d'éther acétique et on ajoute l'amalgame de sodium ; la réaction commence immédiatement avec assez de vivacité pour qu'il soit nécessaire de la modérer par l'eau froide. Lorsqu'elle est achevée, on distille au bain-marie pour chasser l'éther acétique, puis on fait passer sur le résidu un courant de vapeur d'eau jusqu'à ce que la moitié de ce résidu ait distillé mécaniquement. Le produit liquide ainsi obtenu correspond à la formule $\left.\begin{matrix} C^5H^{11} \\ C^5H^{11} \end{matrix}\right\} Hg$. C'est l'amylide mercurique, que l'on peut, de cette façon, obtenir en grande quantité.

L'amylide mercurique se présente sous la forme d'un liquide incolore, transparent, mobile, qu'on ne peut distiller, même dans le vide, sans qu'il éprouve une décomposition partielle. C'est seulement par l'action mécanique d'un courant de vapeur d'eau que l'on peut opérer sa distillation. Ce corps est insoluble dans l'eau, très-peu soluble dans l'alcool et soluble dans l'éther. Sa densité à 0° est égale à 1,6663. Le chlore et l'iode l'attaquent énergiquement ; avec le brome, la réaction est d'une grande violence.

Traité par une solution alcoolique d'iode, il donne un iodure répondant à la formule $\left.\begin{matrix} C^5H^{11} \\ I \end{matrix}\right\} Hg$, cristallisable en écailles brillantes, résistant à la température de 122° où il fond, et susceptible même d'être sublimé dans un courant d'air.

On prépare aisément le chloro-amylide mercurique (comme le chloro-éthide correspondant) en traitant l'amylide mercurique par un excès de bichlorure de mercure en solution alcoolique. Ce chlorure res-

(1) Hg = 200.

semble beaucoup à l'iodure précédent. Il est insoluble dans l'eau, mais peut être obtenu cristallisé par une dissolution dans l'alcool et dans l'éther. Il fond à 86°. La purification de ce corps est assez difficile, car il retient avec énergie les dernières traces de bichlorure de mercure.

Action de l'amalgame de sodium sur l'iodure d'hexyle. L'iodure d'hexyle préparé par l'action de l'acide iodhydrique sur la mannite est aisément attaqué par l'amalgame de sodium en présence de l'éther acétique; mais parmi les produits de la réaction on ne retrouve pas traces de composés mercurico-organiques.

Action de l'amalgame de sodium sur l'acide iodhydrique. L'extrême facilité avec laquelle le méthyle, l'éthyle et l'amyle se combinent avec le mercure en présence de l'éther acétique, avait fait espérer à MM. Frankland et Duppa que l'hydrogène, dans des circonstances analogues, pourrait également se combiner avec ce métal. Mais le succès n'a pas répondu à leurs espérances et les expériences tentées par eux pour préparer de cette façon l'hydride mercurique ont échoué jusqu'ici.

En terminant l'exposé de ces recherches, MM. Frankland et Duppa recommandent de faire usage d'un amalgame riche en mercure et pauvre en sodium. Les proportions relatives qu'ils conseillent sont les suivantes : 1 partie de sodium pour 500 parties de mercure.

Sur les principes cristallisés contenus dans le marron d'Inde, par M. Fr. ROCHLEDER (1).

L'écorce des marrons d'Inde (*Æsculus hypocastanum L.*), outre un tanin $C^{26}H^{12}O^{12}$, renferme divers principes amorphes et cristallisables.

I. *Paviine* ou *Fraxine.*—Le précipité, produit par l'acétate de plomb dans la décoction aqueuse de l'écorce de marrons d'Inde, renferme de la fraxine, principe découvert par le prince de Salm-Horstmar dans l'écorce du frêne (*Fraxinus excelsior*). La fraxine, purifiée par une nouvelle cristallisation dans l'eau bouillante, a pour composition

$$2(C^{32}H^{18}O^{20}) + HO;$$

l'eau se dégage très-difficilement, néanmoins on peut la chasser en chauffant le corps à 150° dans un courant d'acide carbonique sec. La composition de la fraxine correspond alors exactement à la formule $C^{32}H^{18}O^{20}$; mais même maintenue en fusion à 199°, elle offre la première composition. Lorsque l'on purifie la fraxine par cristallisation

(1) *Sitzungsberichte der K. Akademie der Wissenschaften zu Wien*, t. XLVIII. — *Journal für praktische Chemie*, t. XC, p. 433, 1863, n° 23.

dans l'alcool, elle est entièrement blanche et devient anhydre déjà à 117°.

La fraxine du marron d'Inde, comme celle du frêne, se dédouble en sucre et fraxétine $C^{20}H^{8}O^{10}$, sous l'influence d'acides étendus; ce dédoublement est exprimé par l'équation

$$C^{32}H^{18}O^{20} + 2HO = C^{12}H^{12}O^{12} + C^{20}H^{8}O^{10}.$$

La fraxétine, qu'on ferait mieux de nommer *acide fraxétinique*, possède une réaction acide, et se combine avec les bases. Elle offre la même composition que l'acide mélanique, elle renferme 4 équivalents d'oxygène de moins que l'acide chrysophanique $C^{26}H^{8}O^{8}$ et 2 d'hydrogène de moins que l'acide opianique; enfin, elle ne diffère de l'acide hémipinique $C^{20}H^{10}O^{12}$ que par deux équivalents d'eau en moins.

II. *Esculétine.* — Ce principe, qui provient du dédoublement de l'esculine, se rencontre aussi tout formé, quoique en très-petite quantité, dans l'écorce de marrons d'Inde.

L'esculétine $C^{18}H^{6}O^{8}$, se comporte comme une aldéhyde; traitée par une solution bouillante d'un bisulfite alcalin, elle se dissout, et cette solution, additionnée de potasse, absorbe l'oxygène de l'air et se colore en rouge; l'ammoniaque y produit une coloration rouge passagère qui devient bientôt d'un beau bleu d'azur; cette solution bleue, par le contact prolongé de l'air devient d'un rouge de sang, et possède alors une fluorescence très-prononcée.

La combinaison que forme l'esculétine avec le bisulfite de soude a pour composition :

$$C^{18}H^{6}O^{8} + NaOHO,S^{2}O^{4} + HO.$$

L'esculétine, traitée par le perchlorure d'antimoine, se transforme en beaux cristaux d'une substance chlorée. Lorsque l'on traite l'esculétine, en présence de l'eau, par de l'amalgame de sodium, elle forme une dissolution incolore, très-avide d'oxygène et qui, exposée à l'air, devient d'un rouge foncé.

III. *Hydrate d'esculétine.* — Cette substance qui est contenue dans l'écorce de marrons d'Inde en plus grande quantité que l'esculétine, offre beaucoup d'analogie avec la daphnétine, et offre la même composition; elle s'en distingue en ce que, traitée par les bisulfites, puis par l'ammoniaque, elle donne une liqueur bleue en absorbant l'oxygène de l'air, ce qui n'a pas lieu pour la daphnétine.

L'hydrate d'esculétine se dépose, de sa solution aqueuse bouillante, en petits cristaux grenus; il est moins soluble dans l'eau que l'esculétine elle-même. Les acides sulfurique et chlorhydrique le dissolvent;

l'eau le précipite de sa solution sulfurique à l'état d'esculétine anhydre, et l'acide chlorhydrique le dépose en aiguilles par le refroidissement. Les alcalis le dissolvent, comme la daphnétine, avec une coloration jaune. Il précipite les sels de baryte et l'acétate de plomb; il réduit les sels d'argent, se colore en rouge foncé par l'acide nitrique, comme l'esculine et la daphnétine, le chlorure ferrique; le colore en vert, et l'acide chlorhydrique fait disparaître cette coloration.

L'hydrate d'esculétine fond à 250° et commence déjà à se sublimer à 203°. Il réduit le tartrate cupro-potassique; ses solutions sont fluorescentes, ce qui n'a pas lieu pour la daphnétine. La composition correspond à la formule

$$C^{36}H^{13}O^{17} = 2(C^{18}H^{6}O^{8}) + HO.$$

Chauffé à 200° dans un courant d'acide carbonique, il perd de l'eau et se transforme en esculétine $C^{18}H^{6}O^{8}$.

Dissous dans l'alcool absolu, et traité par l'acide chlorhydrique concentré, au bain-marie, il se transforme en esculétine. La même transformation a lieu lorsque l'on précipite, par l'alcide acétique, la solution ammoniacale de l'hydrate d'esculétine.

IV. *Esculine.* — L'esculine se trouve dans le précipité formé par le sousacétate de plomb dans la liqueur séparée du précipité par l'acétate neutre; néanmoins, ce dernier en contient toujours une petite quantité qui accompagne la fraxine; on sépare ces deux substances en mettant à profit leur différence de solubilité dans l'eau chaude. L'esculine a pour composition :

$$C^{60}H^{33}O^{37} = 2(C^{30}H^{16}O^{18}) + HO.$$

V. Enfin, l'écorce des marrons d'Inde renferme une dernière substance, en très-petite quantité, qui se présente sous la forme de cristaux microscopiques jaune citron. Cette substance, qui a pour composition $C^{44}H^{28}O^{30}$, se dédouble, sous l'influence des acides, en sucre et en fraxétine ou paviétine.

$$C^{44}H^{28}O^{30} + 4HO = C^{20}H^{8}O^{10} + 2C^{12}H^{12}O^{12}.$$

L'auteur pense que la daphnine et la daphnétine sont des isomères ou des polymères de l'esculine et de l'esculétine. M. Zwenger était arrivé à des résultats différents. Il retire la daphnine de l'écorce de garou, espèce de *daphné*, en modifiant un peu le procédé de M. Rochleder.

On épuise l'écorce par l'alcool, et on reprend l'extrait alcoolique par l'eau, pour séparer une résine; la décoction aqueuse est alors précipitée par l'acétate neutre, puis par le sousacétate de plomb; ce dernier précipité renferme la daphnine; on décompose ce précipité, en suspension dans l'eau, par l'hydrogène sulfuré, on évapore la liqueur à consistance sirupeuse et on sépare encore par l'eau une petite quantité de résine; après une nouvelle évaporation, on reprend le résidu par de l'éther qui enlève encore une substance résineuse jaune; enfin, après quelque temps, le résidu aqueux se prend en une bouillie cristalline de daphnine, qu'on recueille sur un filtre et qu'on exprime.

CHIMIE TECHNOLOGIQUE.

Recherches sur les matières colorantes de la garance d'Alsace, par MM. BOLLEY, P. SCHUTZENBERGER, H. SCHIFFERT et E. KOPP.

M. Barreswil (1), dans son rapport présenté à la Société d'Encouragement, a donné des détails sur les procédés de fabrication et les produits de MM. Schaaff et Lauth, manufacturiers à Wasselonne (Bas-Rhin), qui ont réalisé industriellement le nouveau mode de traitement de la garance d'Alsace et de Hollande, décrit par M. E. Kopp (2).

Les opérations sont exécutées de la manière suivante :

On commence par préparer l'eau chargée d'acide sulfureux; à cet effet, les produits de la combustion du soufre sont dirigés de bas en haut dans une colonne en bois, dont la capacité intérieure est divisée en compartiments, garnis de copeaux de sapin, par des planchettes perforées, disposées en chicane; de l'eau de rivière, coulant de haut en bas, absorbe en passant l'acide sulfureux; l'appel est produit par un jet de vapeur vertical. 20 kilogrammes de soufre suffisent pour saturer convenablement 100 hectolitres d'eau.

Ayant fait couler 40 hectolitres d'eau sulfureuse dans une cuve de trempe, munie d'un double fond de lattes couvert de toile de laine, on y délaie rapidement et en mélangeant avec soin 300 kilogrammes de garance moulue; on couvre la cuve et on laisse tremper pendant 12 heures.

Au bout de ce temps, un gros robinet, adapté au fond de la cuve, est ouvert, et la liqueur de trempe qui s'écoule est reçue dans une cuve de 90 hectolitres, faisant fonction de réservoir.

(1) Barreswill, *Bull. Soc. d'encouragem.* Février 1864, nº 134, p. 78.

(2) Kopp, *Répertoire de Chimie appliquée*, t. III, p. 85 (1861).

Lorsque la garance a suffisamment drainé, on la tasse et on la lave par déplacement avec 6 à 700 litres de nouvelle eau sulfureuse, que l'on fait écouler dans le même réservoir après quelques heures de macération. Du réservoir, les liqueurs de trempe qui marquent ordinairement 3° B., sont pompées dans les cuves à purpurine de 50 hectolitres de capacité, munies de robinets à différentes hauteurs et d'un serpentin en cuivre communiquant avec une chaudière à vapeur.

La cuve étant remplie aux 4/5es, on ajoute en mélangeant 3 % du liquide en acide sulfurique à 50° B., et l'on chauffe à 35-40° centigr. La purpurine apparaît bientôt en gros flocons qui se déposent.

Au bout de 12 heures, on ouvre les robinets on laisse écouler les eaux, colorées en orange, mais limpides, vers la cuve sous-jacente à alizarine, qui présente une disposition semblable à celle de la cuve à purpurine.

La purpurine, séparée des eaux-mères, est mise à déposer de nouveau dans des cuves hautes et étroites de 2 hectolitres environ ; après un nouveau repos, on soutire et on verse sur des filtres le dépôt épais de purpurine; celle-ci est lavée, égouttée et mise à sécher.

Dans les cuves à alizarine, les eaux-mères de purpurine sont portées à l'ébullition, qu'on entretient pendant plusieurs heures. Il se dégage de l'acide sulfureux, qui, s'échappant par une ouverture pratiquée dans le couvercle de la cuve, est conduit à une cheminée d'appel qui le porte en dehors de l'atelier.

L'alizarine verte se dépose rapidement. On la recueille de la même manière que la purpurine.

Les résidus de garance, épuisés par l'eau sulfureuse, sont convertis en garancine; à cet effet, on les extrait de la cuve de trempe et on les jette dans la cuve à garancine, dans laquelle s'écoulent les eaux-mères acides de l'alizarine verte, on porte le tout à l'ébullition et l'on procède du reste comme pour la fabrication de la garancine ordinaire.

100 kilogrammes de garance d'Alsace, traités de cette manière, fournissent en moyenne 2/3 % de purpurine, d'une force tinctoriale 60 fois plus grande que celle de la garance; 2 ½ à 3 % d'alizarine verte teignant comme 20 fois le même poids de garance; enfin 32 % de garancine, teignant en belles et solides couleurs et valant, comme teinture, la moitié de leur poids de garancine forte, type de Rouen.

Propriétés de la purpurine. La purpurine commerciale présente, d'après M. Kopp, les caractères suivants : c'est une matière colorante, presque pure, d'un beau rouge virant tantôt vers l'orange, tantôt vers le brun, elle est peu soluble dans une eau acidulée, assez soluble dans l'eau pure bouillante, facilement soluble à chaud dans des sels d'alumine neutres, qui supportent l'ébullition sans se troubler, tels que l'alun, l'hydrochlorate et l'acétate d'alumine; ces solutions présentent une teinte rouge orangée très-riche, avec un chatoiement particulier et caractéristique.

La purpurine se dissout avec une extrême facilité dans de l'eau très-légèrement alcaline; la solution est d'un rouge cramoisi superbe, presque semblable à une solution de rouge d'aniline. Si l'on ajoute à la solution un excès de carbonates alcalins, la majeure partie de la purpurine se précipite en combinaison avec l'alcali.

La grande solubilité de la purpurine dans les alcalis caustiques ou carbonatés peut être utilisée pour la préparation d'une purpurine purifiée, exempte de toutes matières minérales.

A cet effet, on dissout à chaud la purpurine commerciale dans de l'eau distillée renfermant environ 2 à 3 % de carbonates sodiques ou potassiques. (Il faut éviter l'emploi d'ammoniaque ou de carbonate d'ammoniaque pour des raisons qui seront indiquées plus tard.) On filtre, on laisse refroidir et, dans la liqueur filtrée, on sursature l'alcali légèrement par de l'acide chlorhydrique ou sulfurique.

La purpurine se précipite immédiatement en flocons brun rouge, très-volumineux, de consistance gélatineuse, et paraît constituer dans cet état un hydrate particulier.

On chauffe le tout au bain-marie. Lorsque la température s'approche de 80 à 90°, on voit les flocons se contracter, devenir plus lourds et se transformer en une matière pulvérulente qui se dépose très-facilement et sous un petit volume. En même temps la masse brune se change en rouge vermillon d'un ton un peu foncé. Dans cet état la purpurine, après refroidissement de la liqueur, peut être très-facilement séparée par décantation des eaux-mères, recueillie sur un filtre, lavée à l'eau froide et séchée à 100°.

En traitant la purpurine par de l'acide nitrique exempt d'acide chlorhydrique et étendu de son volume d'eau, il n'y a point de réaction à froid; elle ne commence que vers 40 à 50°, et devient bientôt assez vive. Il y a dégagement de beaucoup d'acide carbonique mélangé de vapeurs nitreuses.

La couleur rouge de la purpurine paraît d'abord devenir plus vive et d'une nuance vermillon plus pure (effet dû, sans doute, à la formation d'une liqueur d'un beau jaune, dont la nuance masque la teinte un peu brunâtre de la purpurine), elle se convertit ensuite en orange et finalement en jaune pur semblable au chromate de plomb; après avoir fait bouillir pendant environ 1/2 à 3/4 d'heure, on laisse refroidir, on filtre et on lave à l'eau froide le produit jaune qui y est presque insoluble. Les eaux-mères concentrées fournissent des croûtes cristallisées renfermant une nouvelle quantité de matière jaune et, en outre, un mélange d'acide oxalique et phtalique, qu'on peut séparer en les transformant en sels de chaux.

Le produit jaune est inodore, insipide, peu soluble dans l'eau, même bouillante, plus soluble dans l'alcool et l'éther. Il se dissout à froid dans l'acide sulfurique concentré, par l'addition d'eau à la solution jaune orangée, la matière jaune se précipite de nouveau, en apparence, sans altération. Chauffé sur une lame de platine, le corps jaune fond, puis se boursouffle et brûle avec une flamme fuligineuse. Dans un tube fermé, il fournit des vapeurs jaunes, qui se condensent en un liquide empyreumatique jaune brun, se solidifiant en partie en masse demi-cristalline par le refroidissement, et il reste un charbon volumineux.

Les solutions alcalines dissolvent très-facilement le produit jaune; les solutions présentent une teinte rouge rose un peu orangée. La solution aqueuse bouillante du produit jaune teint la laine et la soie en jaune orangé peu vif. Les alcalis font virer la teinte au rouge.

La purpurine commerciale sèche, broyée à froid avec de l'acide sulfurique concentré, s'y dissout en partie. En abandonnant le mélange pendant plusieurs jours, ajoutant ensuite de l'eau, filtrant et lavant la purpurine précipitée, qui présente maintenant une teinte brune, on trouve qu'elle se dissout dans les alcalis en rouge, comme le fait la purpurine ordinaire, et qu'elle fournit également à la teinture les mêmes nuances.

MM. P. Schützenberger et H. Schiffert (1) ont publié un travail analytique très-intéressant sur la purpurine commerciale.

Ils y ont constaté la présence de 4 matières colorantes distinctes, toutes différentes de l'alizarine, savoir : deux matières rouges, auxquelles ils ont donné les noms de purpurine et pseudo-purpurine; une matière rouge orange foncé; une matière jaune clair; cette dernière a été également signalée par M. Ch. Lauth.

Le procédé suivi pour isoler ces quatre matières colorantes est le suivant :

La purpurine commerciale sèche (il serait peut-être préférable d'opérer sur de la purpurine déjà purifiée, comme nous l'avons indiqué plus haut) est digérée à 50-60° avec de la benzine rectifiée; on filtre

(1) *Bullet. de la Soc. industr. de Mulhouse*, t. XXXIV, p. 70. Février 1864.

chaud, et le liquide refroidi, qui laisse déposer une petite quantité de matière rouge, ne retient plus guère que le principe jaune.

La dissolution est évaporée à siccité, et le résidu traité par l'alcool froid qui dissout la matière jaune en laissant encore un peu de purpurine. Le liquide alcoolique concentré par distillation est précipité par de l'eau chargée d'un peu d'acide hydrochlorique. L'addition de ce dernier est nécessaire pour que la matière jaune se sépare en flocons, susceptibles de se déposer, puisque l'eau seule ne produit qu'un liquide trouble et laiteux. Les flocons, recueillis sur un filtre, constituent après dessication une matière d'un jaune clair très-franc, susceptible de cristalliser dans la benzine, par évaporation spontanée, en fines aiguilles jaunes.

La partie insoluble dans la benzine, qui forme la presque totalité du produit, après avoir été chauffée pour chasser la benzine, est traitée par de l'alcool à 86 % et à 50° de température.

Après une heure de digestion, on filtre chaud et on laisse refroidir; il se sépare des cristaux (purpurine) qu'on recueille sur un filtre. L'eau-mère alcoolique d'un rouge brun foncé est fortement concentrée; elle se prend alors par le refroidissement en une masse cristalline caséeuse, formée de grumeaux mous et d'un orange rougeâtre très-clair. Ces cristaux sont purifiés par plusieurs dissolutions dans l'alcool tiède et par recristallisation; on les obtient toujours avec la même apparence. Ils sont très-solubles à chaud (plus qu'aucune autre des matières colorantes de la garance). Par la dessiccation à 100°, ils se contractent beaucoup et se changent en une poudre rouge orange foncé.

La purpurine commerciale renferme environ 2 ½ % de cette matière orange sèche.

Le résidu très-abondant de ces traitements est encore un mélange de deux matières rouges.

Par un traitement à la benzine bouillante, répété un grand nombre de fois, on parvient à le dissoudre complétement. La benzine en refroidissant laisse déposer un lacis assez volumineux de fines aiguilles rouges, dont le volume se réduit beaucoup par l'expression.

Les cristaux des premiers traitements sont surtout formés de purpurine; les derniers sont uniquement constitués par la pseudo-purpurine. Il est du reste très-facile de les séparer. La purpurine est assez soluble dans l'alcool bouillant, d'où elle se sépare par le refroidissement en belles aiguilles d'un rouge foncé; la pseudo-purpurine, au contraire, est presque insoluble dans l'alcool à chaud et à froid.

Pour obtenir la purpurine pure, on n'a donc qu'à faire recristalliser dans l'alcool les dépôts obtenus pendant les premiers épuisements par la benzine, tandis que le produit cristallin, fourni par les derniers épuisements, n'a qu'à être lavé plusieurs fois avec de l'alcool bouillant, pour constituer la pseudo-purpurine à peu près pure.

Lorsqu'on n'a en vue que la préparation de la purpurine pure, on y arrive facilement en lavant la purpurine commerciale avec de l'alcool tiède pour enlever le jaune et l'orange très-solubles dans ce liquide et en chauffant le résidu en vases clos à 200° avec de l'alcool; dans ces circonstances, on dissout non-seulement la purpurine que renferme naturellement la matière première, mais la pseudo-purpurine elle-même paraît se transformer en purpurine, qui cristallise en belles houpes de longues aiguilles; il se forme en même temps une matière noire qui se rassemble au fond du tube. Il ne reste plus qu'à redissoudre les aiguilles dans l'alcool bouillant, à filtrer pour séparer un peu de matière noire et à laisser cristalliser.

Les belles aiguilles rouges groupées en barbe de plume, que l'on obtient par la sublimation du produit commercial, sont également de la purpurine, facile à purifier par recristallisation dans l'alcool.

1° *Matière jaune.* $C^{20}H^{12}O^{6}$ (1) (isomère de l'alizarine?) séchée à 150°.

Elle est très-soluble dans l'alcool et la benzine, se dissout en rouge orangé dans l'ammoniaque, et, d'après M. Ch. Lauth, teint les mordants d'alumine sur calicot en jaune assez vif et solide.

Elle se produit artificiellement par l'action de l'iodure de phosphore en présence de l'eau et à 200° sur la purpurine et la pseudopurpurine; l'effet très-probable de ce réducteur est de désoxyder la purpurine, et cette réaction semble confirmer la formule adoptée.

La purpurine commerciale renferme à peine quelques millièmes de matière jaune.

2° *Purpurine ou oxyalizarine.* $C^{20}H^{12}O^{7}$, séchée à 150°.

La purpurine est d'un beau rouge éclatant, lorsque ses cristaux, qui sont anhydres, sont petits. Les grandes aiguilles présentent après dessiccation un éclat rouge très-foncé. Elle est très-peu soluble dans l'alcool et la benzine à froid, mais beaucoup plus soluble dans les liquides bouillants.

L'ammoniaque la dissout en rouge pourpré magnifique. Elle teint les mordants avec des teintes semblables à celles de l'alizarine.

3° *Pseudopurpurine ou trioxyalizarine.* $C^{20}H^{12}O^{9}$, séchée à 150°.

La pseudopurpurine est peu soluble dans la benzine, plus à chaud

(1) $C = 12$; $H = 1$; $O = 16$.

qu'à froid; elle est peu soluble dans l'alcool, même chaud. Elle cristallise sous forme de petites aiguilles d'un rouge brique. Avec l'ammoniaque et les mordants, elle se comporte comme la purpurine.

4° *Principe rouge orangé. Hydrate d'oxyalizarine.*

$$C^{20}H^{16}O^{9} = C^{20}H^{12}O^{7} + H^{4}O^{2}, \text{ séchée à } 150°.$$

Très-soluble dans l'alcool, insoluble ou très-peu soluble dans la benzine. Ses cristaux perdent beaucoup d'eau par la dessiccation à 145°. A 150°, il fond. L'ammoniaque le dissout en rouge foncé virant un peu à l'orange. Il teint les mordants d'alumine en rouge orangé.

Applications de la purpurine (1). La purpurine commerciale teint avec une extrême facilité, tout aussi bien au bouillon que dans un bain dont la température est moins élevée, toute espèce de tissus mordancés, coton, laine ou soie. Les teintes sont les mêmes que celles de la garancine, à l'exception des mordants faibles de fer qui, au lieu de violet, ne présentent que des nuances brunes grisâtres plus ou moins foncées; aussi la purpurine n'est-elle pas applicable aux genres lilas. Mais elle fournit par contre les autres teintes très-vives déjà au sortir du bain de teinture, et il suffit d'un passage en eau de son ou de savon faible pour les aviver complétement et rétablir le blanc.

Il suffit de 1 à 2 gr. de purpurine pour teindre 1 mètre carré de toile mordancée, même à dessins très-chargés. Pour l'article foulard rouge et noir, on associe à la purpurine 2/3 à 3 fois son poids de sumac.

Les teintures en purpurine résistent très-longtemps à l'action décolorante de la lumière, même lorsqu'on les expose aux rayons directs du soleil.

Sur la laine, en la mordançant, comme d'habitude, avec alun et tartre, ou avec solution physique d'étain (nitromuriate) et tartre, on obtient, dans le premier cas, un rouge cramoisi très-vif, dans le second, un beau rouge un peu écarlate.

La meilleure solution d'étain pour la purpurine paraît être la suivante :

Acide nitrique	300
Eau	100
Sel ammoniac	50
Etain ajouté peu à peu	60

3 à 4 grammes de purpurine suffisent pour 1 mètre carré de mérinos.

La purpurine peut servir à la préparation des rouges et roses vapeurs. Pour calicots non mordancés, on la dissout à chaud dans un

(1) Barreswill, *Bulletin de la Soc. d'encouragement.* Fév. 1864, n° 134, p. 82.

mélange d'hydrochlorate et d'acétate d'alumine, on épaissit à l'amidon ou à la gomme, on imprime, on sèche et on vaporise.

Sur calicot aluminé, on emploie une solution de purpurine alcaline, convenablement épaissie.

La purpurine se prête admirablement à la fabrication de laques rouges et roses à base d'alumine, et laques rouge cramoisi à base de chrome. Si l'on veut obtenir des teintes foncées, on neutralise la solution d'alun et on la mélange avec la solution alcaline de purpurine; en faisant bouillir, la laque se précipite. Pour obtenir de très-belles laques d'une nuance très-pure, il est bon de laver d'abord la purpurine avec une solution saturée et froide d'alun, qui enlève une matière colorante jaune. On dissout ensuite le résidu dans une solution bouillante d'alun, on filtre et on sature immédiatement par du carbonate de soude ou de magnésie, jusqu'à l'apparition de flocons rouges; il se précipite une laque rouge rose très-riche et brillante. Les eaux-mères, chauffées de nouveau à 80° et neutralisées davantage, fournissent une nouvelle quantité de laque rose très-pure.

On peut reprendre plusieurs fois le résidu non dissous de purpurine par des solutions bouillantes d'alun et obtenir une série de laques roses de nuances de plus en plus claires. Le dernier résidu, à peu près insoluble dans l'eau, constitue lui-même une laque d'une teinte foncée, dont la nuance un peu terne tire sur le cramoisi brunâtre. D'après M. E. Kopp, les laques de garance les plus recherchées du commerce, qui portent quelquefois le nom de laques alizariques et qu'on prépare soit avec la fleur de garance, soit avec la garancine ou même avec le charbon sulfurique, ne sont en réalité, pour la majeure partie, que des laques de purpurine. La raison en est très-simple : c'est que l'alizarine pure est à peu près insoluble dans une solution d'alun même bouillante et reste presque entièrement dans les résidus. Aussi ces résidus, traités à plusieurs reprises par les acides sulfurique et chlorhydrique bouillants, et lavés ensuite avec soin, sont de nouveau propres à la teinture et fournissent sur calicot mordancé des nuances aussi belles que solides.

Propriétés de l'alizarine verte commerciale. L'alizarine verte contient, outre l'alizarine jaune et pure, une ou deux autres matières colorantes analogues et une forte proportion d'une matière verte noirâtre, qui est le résultat de l'action de l'acide bouillant sur la chlorogénine de M. Schunk.

Par l'ébullition avec de l'alcool, de l'esprit de bois, du sulfure de carbone, de l'acétone, de la benzine, des essences de schiste, de goudron ou de pétrole, et même par l'acide acétique, on peut séparer les principes colorants solubles, de la matière verte qui est insoluble dans ces liquides.

En extrayant l'alizarine verte par l'alcool bouillant, la liqueur laisse déposer par refroidissement une matière cristalline rouge orangée ; les eaux-mères, concentrées par distillation, en fournissent une nouvelle quantité ; il reste des eaux-mères jaunâtres, qui, évaporées, laissent un résidu jaune, teignant la toile mordancée en nuances ternes dans lesquelles prédomine une teinte jaune orangée.

En épuisant l'alizarine verte par des solutions bouillantes d'alun, on obtient, après filtration, une liqueur jaune orangée qui laisse déposer des flocons cristallins. Les eaux-mères restent colorées en jaune foncé ; saturées par du carbonate de soude, elles fournissent des laques de nuances ternes. Le résidu noir, lavé avec une solution d'alun bouillante jusqu'à ce que celle-ci ne se colore plus, puis avec de l'eau et bouilli finalement avec de l'acide sulfurique étendu, teint de nouveau la toile mordancée en nuances belles et solides. Séché et calciné dans un tube, il fournit un abondant sublimé jaune orangé d'alizarine jaune. Les alcalis ne peuvent être utilisés par la séparation des principes constituants de l'alizarine verte ; la matière verte noirâtre s'y gonfle et y prend une apparence mucilagineuse à la manière d'une résine. En filtrant, on obtient des liqueurs violacées sales, qui, sursaturées par un acide, laissent déposer des flocons jaunes brunâtres. Lorsqu'on fait usage de solutions d'alcali caustique ou carbonaté concentrées, l'alizarine reste presque insoluble sur le filtre avec la majeure partie de la matière verte noirâtre ; la liqueur filtrée est jaune rougeâtre et ne fournit, par sursaturation par un acide, qu'une substance floconneuse d'un pouvoir colorant très-faible ; le résidu sur le filtre, lavé à l'eau bouillante, donne une solution d'un brun violacé très-foncé, qui, sursaturée par un acide, fournit une matière colorante brune jaunâtre d'une force colorante très-intense et renfermant beaucoup d'alizarine jaune. Le résidu noir sur le filtre, insoluble dans l'eau, ne présente plus qu'un pouvoir tinctorial très-faible.

On peut traiter l'alizarine verte à froid par les acides sulfurique et hydrochlorique très-concentrés, abandonner le mélange pendant plusieurs jours, puis étendre d'eau, filtrer et laver, sans que le produit final ait perdu de sa force tinctoriale. Au contraire, la matière ainsi traitée fournit des nuances extrêmement vives et pures, et surtout des violets d'une grande vivacité.

Mais si, au lieu de faire agir l'acide sulfurique à froid, l'on chauffe au bain-marie, on détruit une grande partie de l'alizarine. Il faut que l'acide soit étendu au moins de 10 fois son volume d'eau pour pouvoir porter le tout à l'ébullition, sans risque d'altération de l'alizarine.

L'alizarine verte, traitée par l'acide nitrique, éprouve une altération profonde. Une matière colorante jaune (qui devient rouge vineux par les alcalis), peu soluble dans l'eau et dans les acides, prend naissance, et dans les eaux-mères fortement concentrées on trouve beaucoup d'acide phtalique avec de l'acide oxalique.

Applications de l'alizarine verte. L'alizarine verte participe de toutes les propriétés de la fleur de garance, donnant des couleurs aussi belles, tout en les surpassant en solidité. Les articles double et triple violet, les simples et doubles roses, le rouge d'Andrinople, se font aussi bien avec ce produit qu'avec n'importe quelle autre préparation de garance ou de garancine. Les teintures à l'alizarine verte doivent se faire à une température assez élevée, si l'on veut teindre rapidement ; elles présentent le grand avantage de pouvoir être attaquées vigoureusement par le savon, les alcalis, les solutions d'étain sans perdre de leur intensité, tout en gagnant en vivacité. Par cette raison, il est important de diminuer de 1/8 à 1/10 la force des mordants, pour ne pas produire des nuances plus foncées que celles que donne la fleur de garance.

Les blancs sont très-peu salis et se rétablissent avec une grande facilité.

On peut utiliser l'alizarine verte pour la préparation de couleurs d'application, surtout des couleurs rouges et roses, aussi belles et aussi solides que celles produites par la teinture en garance.

La préparation d'extraits alcooliques ou autres de garance, qui est une opération très-difficile et presque impraticable en grand, lorsqu'on opère sur la fleur de garance ou la garancine, devient très-réalisable et pratique, lorsque c'est l'alizarine verte qui constitue la matière première sur laquelle on opère. On obtient environ 20 % d'extrait jaune sec.

M. Bolley (1) a publié des recherches sur la composition de la purpurine et de l'alizarine, leur relation avec la série naphtylique et la possibilité de les transformer l'une dans l'autre. Il commence par discuter les raisons qui ont fait adopter assez généralement la formule $C^{20}H^{12}O^{6}$, établie par MM. Wolff et Strecker (2), pour l'alizarine, de préférence à la formule $C^{14}H^{10}O^{4}$, admise par M. Schunk (3), ou

(1) Bolley. Schweiz. *Polyt. Zeitschr.*, 1864, t. IX, p. 18.

(2) Wolff et Strecker, *Annalen der Chemie und Pharmacie* t. LXXV, p. 1.

(3) Schunk (E.), *Annalen der Chemie und Pharmacie*, t. LXVI, p. 174.

$C^{30}H^{20}O^{9}$, adoptée par M. Debus (1), et quoique M. Schunk (2) ait protesté plus tard contre l'exactitude de la formule $C^{20}H^{12}O^{6}$.

Les meilleurs analyses d'alizarine ayant toujours donné un excès d'hydrogène sur l'oxygène, rien ne justifie, d'après M. Bolley, l'admission de l'alizarine dans la série des hydrates de carbone.

L'adoption de 20 atomes de carbone, dans la formule de l'alizarine, repose surtout sur l'identité de l'acide alizarique (découvert par Schunk) avec l'acide phtalique, identité reconnue d'abord par Laurent et Gerhardt, et constatée de nouveau par MM. Wolff et Strecker; elle fut appuyée, en outre, par les relations signalées par M. Strecker, entre l'alizarine et les acides chloroxynaphtaliques

$$C^{20}[H^{10}Cl^{2}]O^{6} \text{ et } C^{20}[Cl^{10}H^{2}]O^{6}.$$

La naphtazarine ($C^{18}H^{8}O^{8}$) de M. Roussin montre cependant qu'un corps d'une composition très-différente de celle de l'alizarine peut néanmoins présenter des propriétés ayant une certaine analogie avec elle. En définitive, c'est donc principalement parce que l'alizarine fournit, par le traitement avec l'acide nitrique, de l'acide phtalique, qu'on a choisi une formule faisant rentrer l'alizarine dans la série naphtylique, puisque jusqu'à présent c'est seulement la naphtaline ou ses dérivés qui donnent naissance dans les mêmes conditions à l'acide phtalique.

MM. Laurent et Gerhardt n'ayant opéré que sur de la garancine, ce fut M. Schunk, en oxydant par l'acide nitrique de l'alizarine et de la purpurine pures, qui établit qu'il se formait en même temps de l'acide oxalique.

M. Strecker a représenté la réaction par les équations suivantes :

$$\underset{\text{Alizarine.}}{C^{20}H^{12}O^{6}} + 2H^{2}O + O^{8} = \underset{\text{Ac. phtalique.}}{C^{16}H^{12}O^{8}} + \underset{\text{Ac. oxalique.}}{C^{4}H^{4}O^{8}};$$

$$\underset{\text{Purpurine.}}{C^{18}H^{12}O^{6}} + H^{2}O + O^{5} = \underset{\text{Ac. phtalique.}}{C^{16}H^{12}O^{8}} + \underset{\text{Ac. oxalique.}}{C^{2}H^{2}O^{4}}.$$

M. Bolley, pensant que c'est une inconséquence de n'admettre dans la formule de la purpurine que 18 atomes de carbone, puisque cette substance donne également naissance à de l'acide phtalique, résolut de vérifier expérimentalement ces équations, d'après lesquelles 1 équivalent d'alizarine doit fournir 2 équivalents d'acide oxalique (correspondant aux 4/20es de son carbone = 20 %), et 1 équivalent de purpu-

(1) Debus, *Annalen der Chemie und Pharmacie*, t. LXVI, p. 356.

(2) Schunck (E), *Annalen der Chemie und Pharmacie*, t. LXXXI, p. 336.

rine seulement 1 équivalent d'acide oxalique (correspondant aux 2/18es de son carbone = 11,11 %).

A cet effet, de la purpurine et de l'alizarine purifiées furent préparées avec la purpurine et l'alizarine verte commerciales, par traitement par l'alcool, et recristallisations des produits dissous et déposés par concentration et refroidissement des solutions alcooliques.

Des portions presque égales de ces produits purifiés furent traités dans des conditions identiques de temps et de température par de l'acide nitrique, de 1,2 pesanteur spécifique au bain-marie.

L'acide oxalique formé fut dosé à l'état d'oxalate de chaux, converti par calcination en carbonate de chaux.

0gr,847 d'alizarine ont fourni 0gr,1195 de carbonate calcique.

0gr,839 de purpurine ont fourni 0gr,113 de carbonate calcique.

Dans l'alizarine, ce sont donc en moyenne 4,93 % de carbone qui ont été convertis en acide oxalique (suivant qu'on adopte l'une ou l'autre des formules proposées, c'est exactement 4,90 ou 4,96 %), et dans la purpurine 4,83 % (exactement 4,81 et 4,85 %, suivant les formules). Le rapport 4,93 à 4,83 est beaucoup trop éloigné de celui de 20 à 11,11, et les nombres beaucoup trop rapprochés pour qu'on ne soit autorisé à admettre que l'alizarine et la purpurine possèdent le même nombre d'équivalents de carbone.

Des analyses de purpurine, desséchée à 110°, ont donné les résultats suivants :

	I.	II.	Moyenne.
Carbone	67,97	68,11	68,01
Hydrogène	3,55	3,62	3,58

Ces résultats, comparés à ceux des chimistes cités plus haut, permettent, d'après M. Bolley, deux interprétations.

D'après la première, en conservant à l'alizarine la formule $C^{20}H^{12}O^{6}$, on admettrait pour la purpurine la même composition, et les deux matières colorantes seront isomères.

D'après la seconde, on admettrait pour l'alizarine la formule $C^{20}H^{14}O^{6}$, et elle serait à la purpurine $C^{20}H^{12}O^{6}$ ce que l'indigo blanc est à l'indigo bleu.

M. Bolley n'a pas dosé l'acide phtalique, puisque par l'action de l'acide nitrique il se forme en même temps un corps jaune, dont la solution alcoolique rougit par l'addition d'alcalis, brunit ensuite par l'ébullition et que l'auteur soupçonne appartenir à la classe des combinaisons naphtyliques nitrées.

MM. Wolff et Strecker ont mentionné dans leur mémoire la possibilité de transformer l'alizarine en purpurine, soit par oxydation (courant de chlore agissant sur de l'alizarine délayée dans l'eau), soit par fermentation.

M. Bolley a essayé l'action d'un courant de chlore et celle de l'hypermanganate de potasse sur l'alizarine délayée dans l'eau; mais tant que la matière colorante n'était pas complétement détruite, elle présentait constamment les réactions de l'alizarine et nullement celles de la purpurine. De même, en faisant fermenter du sucre en présence d'alizarine, il ne parvint point à produire de la purpurine, et dans la fleur de garance, obtenue par la fermentation de la garance, il trouve également beaucoup d'alizarine; en outre, la digestion de l'alizarine en solution alcoolique acidulée ou rendue alcaline au bain-marie pendant une huitaine de jours, ne produisit non plus aucune transformation en purpurine.

Garancine faible des résidus. La garancine faible, préparée avec la garance qui reste pour résidu après le traitement par l'eau sulfureuse, s'emploie comme la garancine ordinaire. Si, d'un côté, elle est plus faible, de l'autre, surtout lorsqu'elle a été convenablement traitée pour lui enlever toute réaction acide, elle fournit des nuances très-belles et est appliquée avec avantage à la teinture des genres lilas et violets. Les couleurs produites avec cette garancine faible se distinguent par leur grande solidité.

Il est évident que la garancine faible des résidus est redevable, en grande partie, des qualités qui la caractérisent, à l'absence de purpurine. En effet, comme cela a été mentionné plus haut, la purpurine ne donne pas de lilas ou violet avec les mordants faibles de fer, et ses teintes ne résistent point aussi bien aux bains de savon bouillants que celles produites par l'alizarine.

La teinture en rouge d'Andrinople en fournit une preuve frappante. Les toiles huilées et mordancées, lorsqu'elles sont teintes avec la garance, se chargent à la fois d'alizarine et de purpurine.

Mais dans les bains d'avivage et surtout de rosage, où les toiles sont soumises à l'action de solutions de savon à des températures élevées, la majeure partie de la purpurine est de nouveau enlevée au tissu et entre en dissolution; aussi les bains de savon de rosage sont-ils fortement colorés en rouge.

En y ajoutant une solution d'alun, il se précipite une laque grasse d'un rouge foncé, laquelle, traitée à chaud par de l'acide hydrochlorique, fournit une solution d'hydrochlorate d'alumine très-chargée de matière colorante rouge rose, qui n'est autre chose que de la purpurine. Une pareille solution peut être utilisée pour l'impression et pour la teinture, et fournit des nuances d'un brillant et d'une pureté extraordinaires. Des quantités considérables de toiles teintes en rouge d'Andrinople étant teintes, non avec de la garance mais avec de la garancine, il serait rationnel de préparer la garancine destinée à un pareil usage, en traitant la garance préalablement par de l'eau sulfureuse, précipitant la purpurine de la liqueur de trempe par l'addition d'acide et chauffage à 35-40°, et faisant ensuite bouillir le résidu de garance avec les eaux-mères de la purpurine. La garancine ainsi préparée renfermerait évidemment toute l'alizarine, qui seule constitue la coloration des toiles huilées après les opérations d'avivage et de rosage, et la purpurine, au lieu d'être perdue comme cela a lieu avec la garancine ordinaire, pourrait être affectée pour des usages spéciaux.

La même observation s'applique à la fabrication de la garancine, destinée spécialement à la teinture des violets, doubles et triples. Dans ce cas aussi, la purpurine, loin d'être utile, est gênante, puisqu'elle tend à donner aux nuances lilas une teinte rousse ou grisâtre.

Quelques fabricants de garancine pour violets ont trouvé avantageux, après lavage de la garancine, d'y ajouter un peu d'ammoniaque jusqu'à rendre la garancine alcaline, et de chasser l'excès d'ammoniaque par une nouvelle ébullition et la dessiccation subséquente. Par ce traitement, la purpurine éprouve évidemment une modification qui la rend impropre à teindre les mordants de fer pour violets. Il est bien possible que le procédé de Pincoff, qui fait subir à la garancine pour lilas (nommée pincoffine) un traitement particulier, dont l'une des phases consiste à la soumettre à de la vapeur à une haute température, ait également pour effet de dénaturer la purpurine et de ne laisser intacte que l'alizarine, qui seule fournit à la teinture de beaux violets.

Sur l'extraction de l'alizarine jaune, de l'alizarine verte commermerciale, par M. E. KOPP.

La préparation de l'alizarine jaune en quantités un peu considérables a toujours rencontré dans la pratique des difficultés presque insurmontables. On avait reconnu, dès le principe, qu'il était impossible de faire usage, comme matière première, de la racine de garance, à cause de la très-grande quantité de matières étrangères qu'elle renferme, et qu'il fallait avoir recours à des préparations de garance, telles que fleur de garance, garancine forte et mieux encore le charbon sulfurique, dans lesquelles la matière colorante se trouve déjà, non-seulement concentrée, mais encore purifiée le plus possible.

Le traitement de ces produits par des solutions aqueuses et bouillantes d'alun ou d'un autre sel aluminique soluble, filtration et précipitation de la liqueur filtrée par l'addition d'acide sulfurique chlorhydrique, est non-seulement dispendieux, mais aussi très-peu avantageux par les raisons : que l'alizarine est très-peu soluble, même à chaud, dans les solutions aluminiques (on ne dissolvait principalement que de la purpurine), et que la matière colorante, qui reste en quantité notable dans les résidus, est impropre à la teinture et par conséquent perdue, à moins de soumettre ces résidus à des traitements prolongés et coûteux par les acides.

L'extraction par les solutions d'alcalis caustiques ou carbonatés, filtration et précipitation de la liqueur filtrée par l'addition d'acides, ne donne que des extraits très-impurs, résineux, teignant mal et en couleurs trop ternes; en outre, les alcalis laissent également une portion considérable de matière colorante dans le résidu.

Le procédé, qui jusqu'ici avait paru le plus avantageux, est celui de MM. Gerber et Kocchlin, de Mulhouse, qui consiste à épuiser la fleur de garance ou la garancine par l'alcool, ou mieux encore par l'esprit de bois bouillant. Mais l'extrait jaune brun, ainsi obtenu et qui a reçu le nom d'*azale*, est un mélange de purpurine, d'alizarine, de matières résineuses, etc., et présente l'inconvénient d'une réaction plus ou moins fortement acide, due à la présence d'acide formique en quantités très-variables. L'acide formique prend naissance pendant le traitement, par suite de l'oxydation de l'esprit de bois, par l'oxygène de l'atmosphère; cette oxydation est extrêmement favorisée par la nature ligneuse et poreuse de la fleur de garance ou de la garancine.

Ces difficultés disparaissent, lorsqu'on applique le procédé de MM. Gerber et Koechlin au traitement de l'alizarine verte commerciale : en effet, l'alizarine verte est exempte de purpurine, pulvérulente, non poreuse; elle est riche en alizarine pure (près de 20 $^0/_0$) et ne renferme guère de matières résineuses solubles dans les alcools éthylique et méthylique.

En épuisant méthodiquement l'alizarine verte par l'alcool ou l'esprit de bois bouillant, filtrant et distillant, on obtient facilement un extrait jaune ou jaune brunâtre, constitué presque entièrement par de l'alizarine pure et parfaitement adapté à la préparation de laques ou de couleurs d'application.

L'emploi des alcools présente cependant plusieurs inconvénients : ils sont relativement assez dispendieux, et il est difficile d'éviter les nombreuses chances de pertes que présentent toujours l'ébullition, la filtration, la distillation et la dessiccation ou la substitution finale de l'eau à l'alcool dans l'extrait pâteux.

Le procédé suivant, fondé sur l'emploi des huiles légères de schiste et de goudron ou des essences de pétrole, est beaucoup plus économique, et en même temps plus simple, puisqu'il permet de se passer à la fois de la filtration et de la distillation du liquide extracteur. On opère de la manière suivante :

On fait choix d'une huile légère ou essence dont le point d'ébullition se rapproche de 150° centigrades. La plupart des huiles de schiste, servant à l'éclairage, sont dans ce cas.

Si l'essence n'était pas parfaitement purifiée, il serait bon de l'agiter avec une solution concentrée de soude caustique, de décanter et de rectifier ou de la redistiller simplement sur de la chaux vive.

On fait bouillir 1 partie d'alizarine verte sèche avec 15 à 20 fois son poids d'essence, en opérant dans un vase cylindrique en tôle ou en fonte, dont la hauteur égale 3 à 4 fois le diamètre.

Le cylindre ne doit être rempli qu'aux 2/3 ou 3/4 de sa hauteur. Il est fermé par un couvercle concave, de manière à pouvoir y verser une petite quantité d'eau destinée à le refroidir, et à opérer la condensation des vapeurs d'huile de schiste en ébullition.

A environ 10 centimètres du bord supérieur du cylindre se trouve, convenablement soudé, un petit tube cylindrique, terminé en bec, qui est fermé ordinairement par un bouchon, et par lequel on décante l'huile en inclinant le vase cylindrique.

Après avoir entretenu l'ébullition pendant 10-15 minutes, on enlève le vase du feu et on laisse un peu refroidir, en donnant, de temps à autre, quelques légers coups secs contre les parois, pour faciliter le dépôt d'alizarine verte. Ce dépôt s'effectue très-rapidement, l'alizarine verte paraissant se contracter et devenir plus lourde par l'effet de la température de l'ébullition. Quelques minutes après que la liqueur a cessé de bouillir, elle est parfaitement claire, limpide et d'un brun jaunâtre doré. Lorsqu'on décante l'huile ou l'essence de schiste encore très-chaude, dans un autre vase en tôle ou en fonte, elle laisse déposer par le refroidissement une quantité notable d'alizarine jaune, sous forme de très-petits cristaux, qu'on n'a qu'à recueillir sur une toile serrée, exprimer très-fortement et laisser exposés quelque temps à l'air pour avoir un produit presque chimiquement pur.

Dans la pratique, il vaut cependant mieux ne pas tenir compte de cette cristallisation.

Lorsque la température de la solution décantée s'est abaissée jusqu'à environ 100° centigrades, on verse dans l'huile de schiste, chargée d'alizarine, environ 10-15 % de son volume d'une solution aqueuse faible de soude caustique (renfermant à peu près 5-8 % de son poids d'hydrate sodique), et l'on agite le tout très-vivement.

La soude caustique s'empare presque instantanément de toute l'alizarine donnant naissance à une solution d'un bleu pourpre splendide, tout à fait comparable à une solution de bleu d'aniline violacé.

Au bout de quelques instants de repos, il se forme deux couches de liquides nettement séparées; l'inférieure est la solution alcaline alizarique; la supérieure est l'huile de schiste, qui retient à peine des traces d'alizarine et qui, décantée avec précaution, peut immédiatement servir pour le traitement d'une nouvelle quantité d'alizarine verte; par un robinet placé près du fond, on fait écouler la solution alcaline bleue violacée chargée d'alizarine.

En opérant dans un vase cylindrique un peu étroit et très-haut et en ayant soin de n'enlever ni toute l'huile de schiste, ni toute la liqueur alcaline, il est très-facile de les obtenir toujours parfaitement pures et exemptes l'une de l'autre. C'est pour cette raison qu'il est utile de décanter d'abord l'huile de schiste alizarifère encore presque bouillante dans un vase séparé, dans lequel on la laisse refroidir jusqu'à 100°, pour la verser seulement ensuite dans le vase où elle est traitée par la solution de soude caustique. Cette dernière, chargée d'alizarine, étant ensuite versée dans de l'acide sulfurique étendu d'eau, l'alizarine jaune se précipite sous forme de magma un peu cristallin, qu'on recueille sur un filtre et qu'on lave jusqu'à disparition de toute réaction acide; on peut aussi neutraliser les dernières traces d'acide par l'addition d'une très-petite quantité de solution alizarique alcaline.

L'alizarine jaune, destinée aux usages industriels, est le plus convenablement conservée à l'état de pâte; même si elle renfermait accidentellement encore quelques traces d'huile de schiste, cette dernière ne serait guère nuisible dans la plupart des applications.

Trois à quatre traitements par l'huile de schiste bouillante suffisent pour épuiser presque complétement l'alizarine verte; après refroidissement, on jette le résidu dans des sacs en toile serrée, on laisse égoutter, puis on exprime fortement, mais graduellement. On retire ainsi les 9/10es environ de l'huile de schiste qui imprégnait le résidu, et on la fait servir directement à de nouvelles extractions, même si elle était encore un peu noirâtre, par suite d'une faible quantité de matière noire en suspension.

Le résidu exprimé se présente sous forme de gâteaux noirs presque secs, qui, par une exposition de 48 heures à l'air ou dans une étuve, perdent à peu près complétement le peu d'huile de schiste qu'ils renfermaient encore.

En place d'huile de schiste, on peut également employer de la benzine plus ou moins pure ; mais son emploi est moins favorable à cause de son point d'ébullition trop peu élevé.

Le résidu noir verdâtre peut être utilisé pour la préparation d'une matière colorante jaune ou jaune orangée brunâtre, possédant des propriétés assez curieuses.

A cet effet, on verse dans une grande capsule en porcelaine ou dans un vase en grès de l'acide nitrique étendu de 10 fois son poids d'eau, et l'on chauffe à 100°, soit à feu nu, soit au bain-marie. On y introduit ensuite graduellement et avec précaution, de manière à éviter une effervescence trop vive, de la matière verte noirâtre en quantité équivalente aux 3/4 ou 4/5es du poids de l'acide nitrique. La masse se boursouffle fortement, et il se dégage en abondance des gaz renfermant peu de vapeurs nitreuses et paraissant être principalement de l'acide carbonique.

La couleur noirâtre disparaît peu à peu pour faire place à une coloration jaune, un peu brunâtre ou orangée. On entretient la chaleur pendant 1 heure 1/2 à 2 heures, c'est-à-dire jusqu'à ce que la réaction ne soit plus que très-faible. On laisse refroidir, et l'on jette sur un filtre, pour recueillir la nouvelle matière colorante, qui est extrêmement peu soluble et qu'on lave à l'eau froide jusqu'à disparition de réaction acide. En la laissant drainer et sécher à l'air, elle se présente sous forme de poudre volumineuse, très-légère, d'un jaune un peu brunâtre.

Le liquide acide filtré, lorsqu'on le concentre un peu fortement, fournit, par le refroidissement, un nouveau dépôt d'un jaune vif, comparativement peu abondant, et il reste finalement un liquide sirupeux acide renfermant, entre autres substances, de l'acide phtalique.

Mais l'emploi le plus avantageux des eaux de lavage consiste à s'en servir au lieu d'eau pure, pour étendre convenablement l'acide nitrique exigé pour une nouvelle opération de transformation de matière noire en matière colorante jaune.

Cette dernière, qu'on pourrait appeler *xanthazarine* pour rappeler son apparence et son origine, est un peu soluble dans l'eau bouillante, très-soluble dans l'alcool et l'éther, qu'elle colore en jaune brunâtre foncé, ainsi que dans les solutions alcalines caustiques ou carbonatées auxquelles elle communique une teinte rouge jaunâtre très-riche.

Chauffée, elle commence par fondre, et se décompose ensuite en émettant quelques vapeurs jaunes et laissant un résidu considérable de charbon.

La xanthazarine teint très-facilement la laine et la soie, mordancées ou non mordancées. La laine prend une teinte d'un jaune d'or très-intense, en teignant simplement avec addition d'un peu de tartre. Le coton mordancé se teint également avec la xanthazarine à l'ébullition : le mordant d'alumine prend la nuance jaune orangé ; le mordant de fer, la nuance olive noirâtre.

Mais la propriété la plus intéressante de la xanthazarine, c'est sa facile réduction, en présence des corps réducteurs, comme l'hydrogène naissant, l'hydrogène sulfuré, les hyposulfites, les chlorures stanneux et ferreux, etc. La matière colorante jaune, en se désoxydant, donne naissance à une matière colorante rouge, qui teint la laine, la soie et le coton mordancé en nuances se rapprochant un peu de celles de la purpurine impure.

L'expérience suivante montre d'une manière bien frappante cette réaction : en ajoutant à froid du chlorure stanneux à la xanthazarine délayée dans l'eau, ou dissoute dans une trace d'alcali, on obtient une laque jaune. En portant le tout à l'ébullition, la laque change de suite de nuance et se transforme en une laque rouge un peu cramoisie.

Un tissu de laine, teint en jaune doré avec la xanthazarine, devient rouge cramoisi lorsqu'on le plonge dans de l'eau bouillante tenant une petite quantité de chlorure stanneux en dissolution. La matière colorante rouge, provenant de la réduction de la xanthazarine, est presque insoluble dans l'eau froide, et les nuances qu'elle fournit à la teinture paraissent être plus solides que celles obtenues avec la matière colorante jaune.

Les évorateurs, appareils d'évaporation et de distillation à effets simples ou multiples, par M. L. KESSLER.

Ces appareils sont caractérisés par l'usage que l'on y fait du couvercle même du vase contenant le liquide à évaporer, pour opérer la condensation des vapeurs et en même temps l'élimination des liquides distillés.

Soit un premier vase cylindrique renfermant de l'eau, placé sur le feu et ayant à son bord supérieur une rigole déversant par un tube à l'extérieur.

Si, sur ce premier vase, on met un couvercle conique dont le bord inférieur plonge dans la rigole et dont le pourtour soit muni de rebords verticaux permettant d'y placer un nouveau liquide, on aura un érorateur à simple effet.

L'eau contenue dans la chaudière émettra des vapeurs qui, au contact du couvercle conique refroidi, se condenseront en gouttelettes liquides; celles-ci glisseront à la partie inférieure, tomberont dans la rigole et viendront couler à l'extérieur par le petit tube. L'eau reposant sur le couvercle s'échauffera bientôt par la chaleur latente de la vapeur condensée, et émettra elle-même des vapeurs; mais se refroidissant par cette émission, elle pourra continuer à condenser les vapeurs du premier vase.

Si maintenant on garnit les bords du couvercle d'une autre rigole semblable à celle qui couronne le vase inférieur, et si on lui superpose un second couvercle semblable, on aura un appareil à multiple effet.

La vapeur émise par le liquide contenu dans le premier couvercle, qui constitue un véritable bain-marie, se condensera à son tour en touchant le couvercle supérieur, et produira une nouvelle quantité d'eau distillée, que l'on recueillera à l'extérieur; elle échauffera l'eau contenue dans ce couvercle supérieur, et celui-ci, à son tour, se transformera en nouveau bain-marie produisant un nouvel effet de plus avec la même chaleur, et ainsi de suite.

Pour compléter l'appareil, un tube de trop plein, placé dans chaque case, permettra de les alimenter constamment, chacun en cascades, par le plateau supérieur. M. Kessler a déterminé par expérience la puissance condensante du couvercle.

Dans l'appareil à simple effet à l'air libre, en échangeant l'eau à 35-40°, 1 décimètre carré de cuivre de 1 millimètre d'épaisseur condense 1 kilogramme de vapeur par heure, et en échangeant l'eau à 50-55°, il fallait 2 décimètres carrés pour en condenser dans le même temps 3 kilogrammes.

Dans un érorateur à quatre cases, dont chacune présentait une surface évaporante de 13 décimètres carrés, M. Kessler put vaporiser 7,575 grammes d'eau en brûlant 750 grammes de combustible (alcool térébenthiné).

Un érorateur à simple effet, avec une bassine à feu nu et un couvercle réfrigérant, constitue donc un alambic des plus simples et dont les organes réfrigérants sont faciles à nettoyer. Un érorateur multiple ou à plusieurs cases permet de préparer économiquement une grande quantité d'eau distillée par émanation, exempte par conséquent de gouttelettes projetées par l'ébullition.

Les cases supérieures peuvent servir à évaporer à basse température les solutions altérables par la chaleur, comme, par exemple, celles d'atropine, etc.

Un érorateur exécuté en porcelaine permet d'évaporer et de distiller à l'abri des poussières atmosphériques avec ou sans ébullition, toutes les dissolutions salines, alcalines ou acides, sans action sur la porcelaine ; de faire au-dessus d'un bec de gaz des cristallisations continues à des températures fixes, de créer ainsi de nouvelles formes cristallines et parfois de nouvelles combinaisons.

M. Kessler cite comme exemple la cristallisation du sel marin, qui, dans l'atmosphère en partie saturée de vapeur d'eau de l'appareil, a lieu non plus à la surface et en trémies, mais au fond et en cristaux cubiques transparents.

L'évaporation du carbonate de soude donne lieu à une combinaison nouvelle en beaux cristaux, de la formule $CO^2,Na^2O + H^2O$.

La calcination au rouge les rend opaques et anhydres, mais sans altérer leur forme cristalline.

Par ses érorateurs, M. Kessler a enrichi les laboratoires d'un nouvel appareil bien utile, très-commode et à applications très-variées. Nul doute que l'industrie ne puisse également les employer avantageusement là où il s'agit d'évaporer économiquement de grandes masses de liquides, ou d'obtenir des cristallisations très-régulières et à combinaisons bien définies.

Sur la non-identité des acides rufimorique et carminique, par MM. BOLLEY et MEISTER (1).

Dans son mémoire sur la matière colorante du bois jaune, M. R. Wagner (2) a montré que l'acide morintannique, dissous à froid dans l'acide sulfurique concentré et abandonnant pendant quelque temps la solution, ou soumis à l'ébullition avec l'acide chlorhydrique étendu, se transforme en une matière colorante rouge, l'acide rufimorique, très-soluble dans l'alcool, moins soluble dans l'eau. Cet acide se dissout dans les alcalis caustiques ou carbonatés avec une couleur rouge cramoisi, qui s'altère peu à peu à l'air; lorsqu'on fait bouillir cette solution, on régénère l'acide morintannique.

La composition de l'acide rufimorique (moyenne de trois analyses : $C = 54{,}43 - H = 4{,}45$ °/₀) étant très-rapprochée de celle assignée par

(1) Schweiz. *Polyt. Zeitschr.*, 1864, t. IX, p. 23.

(2) *Journal für praktische Chemie*, t. LI, p. 82, et t. LII, p. 450.

M. Warren de la Rue, au principe colorant de la cochenille, l'acide carminique (moyenne des analyses : C = 54,13, H = 4,62 %). M. Wagner avait pensé pouvoir conclure à l'identité de ces deux matières colorantes acides.

Mais les propriétés de l'acide rufimorique, qui viennent d'être citées et que ne présente pas l'acide carminique, permettent déjà *a priori* de révoquer en doute cette identité.

M. Bolley ayant fait préparer ces deux acides par M. Meister, d'après les indications publiées par MM. Wagner et de la Rue, put, en effet, constater que cette identité n'existe pas.

M. Wagner avait pensé que la solubilité plus grande de l'acide carminique dans l'eau pouvait être occasionnée par la présence d'une petite quantité d'ammoniaque, qui favorise extrêmement la dissolution de l'acide rufimorique dans l'eau. Cette supposition est réfutée par ce fait que l'acide carminique reste soluble même après l'addition dans la solution aqueuse de quelques gouttes d'acide chlorhydrique.

D'ailleurs l'ammoniaque nuance en violet la solution aqueuse de l'acide carminique, tandis que celle de l'acide rufimorique reste rouge pur.

Les réactifs donnent avec les solutions aqueuses des deux acides les réactions suivantes :

	Acide carminique.	Acide rufimorique.
	—	—
Eau de baryte.	Précipité violet rougeâtre.	Précipité rouge sale.
Acétate plombique.	Idem.	Idem.
Chlorure stannique.	Précipité rouge ponceau.	Précipité brun rouge.
Acétate d'alumine.	Précipité rouge carmin.	Précipité brun sale.
Bichromate potassique.	Coloration brunâtre.	Précipité rouge brun.

D'après M. Bolley, ni la teinture, ni l'impression ne pourraient utiliser les couleurs fournies par l'acide rufimorique, parce qu'elles présentent toutes des teintes ternes, peu agréables.

Nous croyons cependant devoir mentionner que, d'après M. Wagner, la solution de l'acide rufimorique dans l'eau, additionnée d'une très-minime quantité d'ammoniaque, ne précipite point l'alun, mais que, par l'addition d'une plus grande quantité d'ammoniaque, il se précipite une laque rouge foncé ; les chlorures stanneux et barytiques se comportent de même. L'acétate de plomb donne naissance à un précipité rouge foncé ; l'acétate cuivrique, un précipité floconneux brun rouge ; le sulfate de zinc et le nitrate argentique ne sont point précipités. Le nitrate de plomb fournit un précipité rouge cerise, le nitrate mercureux un précipité brun rouge, le nitrate mercurique un précipité rougeâtre.

Le chlorure ferrique produit une coloration brun foncé sans précipité.

Préparation du jaune de naphtaline (1).

On fait bouillir 100 parties de naphtaline avec 20 parties d'acide azotique à 34° Baumé, étendu de 10 fois son poids d'eau. On remue constamment, tant pendant l'ébullition que pendant le refroidissement. Il se forme des cristaux bruns, dont on décante les eaux-mères et qu'on lave ensuite avec de l'eau froide, pour enlever les dernières traces d'acide.

Pour obtenir la solution jaune, on traite le produit cristallin par de l'eau bouillante renfermant 5 parties d'ammoniaque liquide.

On filtre la solution et on la concentre; après concentration, on filtre de nouveau, et la solution refroidie est alors prête à recevoir les fils et tissus.

Préparation du brun d'aniline, par M. Georges DE LAIRE (2)

Pour obtenir le brun d'aniline on traite le violet ou le bleu d'aniline par un sel d'aniline, de préférence par le chlorhydrate d'aniline.

On opère de la manière suivante :

1 partie de violet ou de bleu d'aniline sec est fondue, et on y ajoute immédiatement 4 parties de chlorhydrate d'aniline anhydre. Le violet ou le bleu s'étant dissous, on élève rapidement le mélange au point d'ébullition du chlorhydrate d'aniline, qui est d'environ 240° centig. La masse est entretenue à cette température jusqu'à ce que la coloration, qui d'abord ne paraît subir aucune altération, passe subitement au brun.

Toute l'opération dure de 1 à 2 heures, et sa terminaison est indiquée par le dégagement des vapeurs jaunes qui se condensent sur les parois de l'appareil; il se dégage en même temps une odeur d'ail forte et caractéristique.

La matière colorante brune, ainsi obtenue, est soluble dans l'eau, l'alcool et les acides, et peut être employée directement à la teinture.

On peut, enfin, la purifier en la précipitant de sa solution aqueuse par l'addition de sel marin.

On obtient la même matière colorante en traitant de l'arséniate d'aniline par du chlorhydrate d'aniline.

(1) London, *Journ. of Arts.* Décembre 1863, p. 349.

(2) London, *Journ. of Arts.* Décembre 1863, p. 348.

BULLETIN DE LA SOCIÉTÉ CHIMIQUE DE PARIS

MÉMOIRES PRÉSENTÉS A LA SOCIÉTÉ CHIMIQUE.

Action du chlorure d'acétyle sur l'acide phosphoreux. — Acide acétopyrophosphoreux, par M. N. MENSCHUTKINE.

Dans une note préliminaire (1), j'ai dit qu'en traitant l'acide phosphoreux hydraté, cristallisé, par le chlorure d'acétyle dans un tube fermé à 120°, on obtient un corps blanc cristallin qui n'offre pas cependant une composition constante à chaque opération. On le sèche à 100° dans un courant d'acide carbonique pour chasser l'acide chlorhydrique et l'acide acétique, ce dernier se formant toujours dans cette réaction.

On dissout le corps blanc cristallin dans l'eau et on neutralise presque complétement la solution fortement acide par la potasse. En évaporant la liqueur, on obtient des cristaux; une seconde cristallisation donne de beaux prismes rhomboïdaux obliques qui constituent le sel de potasse d'un nouvel acide (le phosphite de potasse ne cristallise pas, l'acétate cristallise en aiguilles) que je propose de nommer *acide acétopyrophosphoreux.*

L'acide acétopyrophosphoreux a été obtenu en traitant le sel de plomb par l'hydrogène sulfuré. On évapore la liqueur filtrée, au bain-marie, jusqu'à consistance sirupeuse et on la met sous une cloche au-dessus de l'acide sulfurique; elle se prend en une masse cristalline ressemblant à un très-haut degré à l'acide phosphoreux hydraté, seulement moins déliquescente que celui-ci. L'analyse montre que sa composition correspond à la formule $Ph^2(C\!\!\!-^2H^3O\!\!\!-)H^3O\!\!\!-^5 + 2H^2O\!\!\!-$. L'eau de cristallisation s'en va à 100°.

0gr,2564 desséchés ont donné 0,0834 d'eau et 0,1119 d'ac. carbon.
0gr,3101 — — 0,3719 pyrophosphate magnésien.

		Calculé.	Trouvé.
d'où	$C\!\!\!-^2$	12,76	11,90
	H^6	3,18	3,60
	Ph^2	32,97	33,45
	$O\!\!\!-^6$	51,09	»
		100,00	

(1) *Bulletin de la Société chimique*, nouv. sér., t. II, p. 221 (1864).

0gr,4793 chauffés à 100° ont perdu 0,0772 d'eau.

	Calculé.	Trouvé.
$2H^2\text{Θ}$	16,07	16,10

L'acide acétopyrophosphoreux est très-soluble dans l'eau et dans l'alcool; il ne fond pas, mais quand la température est suffisamment élevée, il se décompose avec dégagement d'hydrogène phosphoré. La composition des sels de l'acide acétopyrophosphoreux montre que c'est un acide triatomique mais bibasique. Le sel de plomb contenant Pb^3 est un sel hyperbasique comme les sels de plomb de beaucoup d'acides polyatomiques organiques. Les sels des métaux alcalins sont solubles dans l'eau, les autres, insolubles dans l'eau, sont solubles dans les acides.

Le *sel de potasse* forme de beaux prismes rhomboïdaux obliques. Ces cristaux offrent la composition :

$$Ph^2(\text{G}^2H^3\text{Θ})HK^2\text{Θ}^5 + 2\,{}^1/_2\,H^2\text{Θ}.$$

A 110°, il se dégage 1 ${}^1/_2$ $H^2\text{Θ}$; le sel reste combiné avec $H^2\text{Θ}$, ainsi que le démontre l'analyse.

0gr,2104	ont donné	0,3652	$KPtCl^3$	=	27,74 K
0gr,3139	—	0,5412	id.	=	27,55 K
0gr,449	—	0,356	$Ph^2Mg^4\text{Θ}^7$	=	22,14 Ph
0gr,5833	—	0,1091	$H^2\text{Θ}$	=	2,07 H
	et	0,1788	GΘ^2	=	8,35 C

d'où

	Calculé.	Trouvé.	
G^2	8,51	8,35	»
H^6	2,12	2,07	»
K^2	27,65	27,74	27,55
Ph^2	21,98	22,14	»
Θ^7	39,74	»	»
	100,00		

2gr,761 cristaux, chauffés à 110°, ont perdu 0,292 eau = 10,56.

	Calculé.	Trouvé.
1 ${}^1/_2$ $H^2\text{Θ}$	9,5	10,56

A 120° le sel devient anhydre.

1gr,33 cristaux chauffés à 120°, ont donné 0,292 $H^2\text{Θ}$ = 16,31 $H^2\text{Θ}$.

0gr,3372 desséchés à 120° ont donné 0,6079 $KPtCl^3$ = 28,81 K.

La formule $Ph^2(\text{G}^2H^3\text{Θ})HK^2\text{Θ}^5$ exige 29,54 K; trouvé, 28,81 K.

2 ${}^1/_2$ $H^2\text{Θ}$ exigent 15,95; trouvé, 16,31 $H^2\text{Θ}$.

Les cristaux sont très-solubles dans l'eau; ils sont très durs, s'effleurissent très-vite et se divisent en fragments suivant un clivage très-facile. L'ébullition avec un excès de potasse décompose ce sel en acétate et en phosphite.

Le *sel de baryte* $Ph^2(C^2H^3O)HBa^2O^5$ s'obtient en précipitant le sel de potasse par un sel soluble de baryte. Le précipité devient cristallin.

0gr,4102	ont donné	0,3015	Ba^2SO^4	= 43,00 Ba
—	—	0,2845	$Ph^2Mg^4O^7$	= 19,36 Ph

	Calculé.	Trouvé.
C^2	7,42	»
H^4	1,23	»
Ba^2	42,40	43,00
P^2	19,10	19,36
O^6	29,85	»
	100,00	

Ce sel est insoluble dans l'eau, assez soluble dans les acides.

Le *sel de chaux* $Ph^2(C^2H^3O)HCa^2O^5$ s'obtient aussi par précipitation; il est blanc, soluble dans l'acide acétique à chaud. La liqueur refroidie donne de très-petits cristaux d'acétopyrophosphite de chaux.

Le *sel de cuivre* est un précipité blanc verdâtre.

Le *sel de plomb* est un précipité blanc. Il a été analysé :

0gr,4479	ont donné	0,4057	Pb^2SO^4	= 61,86 Pb
0gr,5154	—	0,4692	»	= 62,19 »
0gr,4777	—	0,4432	»	= 61,95 »
0gr,3655	—	0,032	H^2O	= 0,97 H
0gr,5936	—	0,0589		= 1,10 H
	et	0,1005	CO^2	= 4,61 C
0gr,3592	—	0,156	$Mg^4Ph^2O^7$	= 12,12 Ph

	Calculé.	Trouvé.		
C^2	4,84	4,61	»	»
H^3	0,60	0,97	1,10	»
Pb^3	62,66	62,19	61,95	61,86
Ph^2	12,51	12,12	»	»
O^6	19,39	»	»	»
	100,00			

L'azotate d'argent produit un précipité blanc avec le sel de potasse. Si l'on jette ce précipité sur un filtre, l'argent se réduit presque instantanément.

Les dosages de phosphore ont été exécutés en enfermant dans un tube scellé la substance avec de l'acide azotique concentré et chauffant à 150°. L'oxydation se produit très-lentement et exige ordinairement plus de 30 heures.

L'action du chlorure d'acétyle sur l'acide phosphoreux est représentée par l'équation svivante :

$$2PhH^3\Theta^3 + 2(C\!\!\!-^2H^3\Theta,Cl) = Ph^2(C\!\!\!-^2H^3\Theta)H^3\Theta^5 + C\!\!\!-^2H^4\Theta^2 + 2HCl.$$

La transformation du chlorure d'acétyle en acide acétique exige nécessairement le concours de l'eau. Cette eau ne peut être éliminée que par l'acide phosphoreux, dont les deux molécules se réunissent et séparent une molécule d'eau qui donne naissance à l'acide acétique. La formation de cet acide explique de plus comment il arrive que dans l'acide acétopyrophosphoreux bibasique, le second atome d'hydrogène, non remplaçable par les métaux, n'est pas remplacé par l'acétyle. J'ai voulu effectuer cette substitution en mettant dans les tubes plus de chlorure d'acétyle qu'il n'en est indiqué dans l'équation. En chauffant à 120°, il se forme comme d'ordinaire le corps blanc, et il reste dans le tube un excès de chlorure. En continuant à chauffer, on remarque une décomposition, la masse devient rouge et le tube contient de l'hydrogène phosphoré.

En tenant compte de ce que l'acide phosphoreux élimine de l'eau, on peut expliquer la constitution de l'acide acétopyrophosphoreux en considérant ce corps comme de l'acide pyrophosphoreux $Ph^2H^4\Theta^5$ dans lequel 1 atome d'hydrogène est remplacé par 1 atome d'acétyle. En effet :

$$2\left\{\begin{matrix}Ph\\H^3\end{matrix}\right\}\Theta^3 - \left.\begin{matrix}H\\H\end{matrix}\right\}\Theta = \left.\begin{matrix}Ph^2\\H^4\end{matrix}\right\}\Theta^5 \text{ (acide pyrophosphoreux).}$$

En remplaçant 1 atome d'hydrogène dans la formule de l'acide pyrophosphoreux par 1 atome d'acétyle, on a :

$$\left.\begin{matrix}Ph^2\\(C\!\!\!-^2H^3\Theta)H^3\end{matrix}\right\}\Theta^5,$$

qui est la formule typique de l'acide acétopyrophosphoreux.

L'existence de l'acide acétopyrophosphoreux tend à démontrer la présence de l'hydrogène alcoolique dans l'acide phosphoreux et rend très-probable l'existence de l'acide acétophosphoreux $Ph(C\!\!\!-^2H^3\Theta)H^2\Theta^3$, et celle de l'acide pyrophosphoreux $Ph^2H^4\Theta^5$. Je cherche, en ce moment, à vérifier ces prévisions.

Ces recherches ont été faites au laboratoire de M. Wurtz.

Sur le dosage du carbone dans le fer,

par M. le doct. **CAMPBELL MORFIT**, ancien professeur de chimie industrielle à l'Université de Maryland.

Dans le *Bulletin de la Société chimique* du mois de mars 1864 (1), il y a un article de M. Eggertz sur le dosage du carbone dans la fonte et l'acier, lequel est extrait du *Polytechnisches journal de Dingler*, 1863, p. 350. La méthode qu'on expose est, en substance, la même que celle conçue par le professeur Booth et par moi-même en 1850; pour attester ce fait, je vais citer quelques extraits de notre article original sur l'analyse de la fonte de fer pour canons, tel qu'il a été publié dans la *Chemical gazette* (Londres), 1853, p. 368, et dans le *Journal of the Franklin institute* (Philadelphie), 1853, p. 193.

« On a trouvé, après beaucoup d'expériences, que la seule manière sûre d'obtenir des échantillons de composition uniforme, était de rogner, avec un ciseau à froid et un marteau, des copeaux de 2 millimètres d'épaisseur environ.

« Il faut éviter de réduire en poudre par le pilon et de passer au tamis, parce que tous les procédés qui exigent que le métal soit en poudre sont défectueux; car la matière siliceuse et le carbone graphiteux étant des constituants mécaniques qui pénètrent la masse du fer et qui ne sont pas chimiquement combinés avec lui, forment des particules plus fines par la pulvérisation, lesquelles, en raison de leur moindre poids spécifique, s'échappent en partie sous forme de poussière. Cette perte et la difficulté de réduire les grains métalliques au même état de finesse que les constituants siliceux et carburés du métal, empêchent d'obtenir une substance de composition uniforme pour un échantillon moyen.

« On place 1 gramme de copeaux du métal dans un vase de verre mince avec la proportion équivalente d'iode; soit 5 grammes d'iode pour 1 gramme de métal; on ajoute un peu d'eau, on couvre le vase et on laisse reposer dans un endroit froid. Cinq à six heures suffisent pour compléter la dissolution, et il est bon de faire observer que l'action serait très-lente si ce liquide était trop dilué, et qu'en conséquence il faut employer seulement la quantité d'eau nécessaire pour couvrir le métal et l'iode. On reconnaît que l'attaque est complète dans le liquide brun foncé, par l'apparence floconneuse de la matière insoluble. On doit arrêter le contact aussitôt que la dissolution du métal est ac-

(1) Nouv. sér., t. I, p. 226.

complie, parce qu'une action trop prolongée change le caractère du carbone. Il faut avoir grand soin de modérer la réaction chimique; lorsquelle est très-vive, il se dégage une odeur caractéristique analogue à celle du chlorure de soufre. De petites additions d'eau sont quelquefois nécessaires, car un dégagement de chaleur, relativement trop considérable, peut déterminer la conversion d'une partie du carbone en matière soluble. Cette action est plus certaine lorsque le métal est en poudre très-fine.

« Lorsqu'il est évident qu'il ne reste plus de petites particules de métal dans le fond du vase, la dissolution est parfaite, et les matières insolubles, c'est-à-dire la totalité de carbone, la plus grande partie des matières siliceuses et quelque peu d'oxyde de fer, flottent dans le liquide. La solution doit être immédiatement diluée avec de l'eau, puis versée sur un filtre taré, et lavée avec de l'eau chaude, ensuite avec de l'acide chlorhydrique pour enlever les traces d'oxyde de fer et finalement avec de l'eau chaude. On essore alors le filtre entre des feuilles de papier buvard et ensuite on dessèche dans le vide. On pèse, et en défalquant le poids du filtre taré, on a la quantité du résidu insoluble. Comme ce dernier ne consiste pas seulement en carbone mais contient aussi de la silice et des matières siliceuses, et peut-être de l'alumine, le filtre doit être placé dans un creuset de platine, mis en ignition avec précaution jusqu'à ce que toutes les particules de carbone soient brûlées, ce que l'on reconnaît lorsque le résidu calciné ne présente plus de taches noires et donne un poids constant. La perte après grillage correspond à la quantité totale de carbone contenue dans le fer, en tenant compte du poids des cendres du filtre (1). »

(1) Nous insérons la réclamation de M. Campbell Morfit en faisant remarquer toutefois que l'emploi de l'iode dans l'analyse des fontes remonte à une époque plus ancienne que l'auteur ne pense. Il en est de même relativement à l'emploi du brome. Dès 1833, Berthier exécutait et faisait exécuter au laboratoire de l'École des Mines de Paris des dosages de carbone dans les fontes, soit par le brome, soit par l'iode. (Berthier, *Annales des Mines* (1833), 3e série, t. III, p. 209 et 215.) Ces méthodes peuvent laisser la crainte d'obtenir une partie du carbone à l'état de combinaison bromurée ou iodurée. C'est ce que confirme d'ailleurs l'examen fait par M. Eckman du résidu charbonneux, provenant d'une fonte blanche non graphiteuse qui contenait 16 °/₀ d'iode. Dans ses analyses, M. Eggertz calcule le carbone d'après le poids de la matière iodo-carburée dont il suppose la composition constante (sans doute en déduisant le graphite). Il est permis de croire que d'autres méthodes doivent être préférées, notamment celle de M. H. Deville qui consiste à traiter la fonte, au rouge blanc (sans qu'il y ait nécessité de pulvériser) par un courant d'acide chlorhydrique sec et exempt d'oxygène. Le résidu ainsi obtenu dans la nacelle, contenue dans le tube de porcelaine, renferme la totalité du carbone exempt de toute combinaison carburée. L'obligation de sécher, à une température peu élevée, le résidu de l'attaque par l'iode et l'eau, et de doser ensuite le carbone par différence après grillage, peut entraîner une légère erreur due à l'eau d'hydratation de la silice qui ne se dégage que lors de la calcination.

Sur l'atomicité des éléments, par **M. Ad. WURTZ** (1).

J'ai défini l'*atomicité* des éléments, l'*équivalence des atomes,* leur *valeur de combinaison et de substitution* (2) et je demande la permission de développer le sens que j'attache à cette définition, différente de celle qu'ont donnée d'autres chimistes, notamment M. Foster et M. Kekulé (3).

Lorsqu'on considère les combinaisons que forme un élément donné avec d'autres éléments, tels que l'hydrogène et le chlore, on reconnait :

1° Que les différents éléments ne se combinent pas avec la même quantité d'hydrogène ou de chlore, et que par conséquent ils ne sont pas équivalents sous ce rapport. Ainsi :

1 atome (1 volume) de chlore se combine avec 1 atome (1 volume) d'hydrogène ; 1 atome (1 volume) d'oxygène se combine avec 2 atomes (2 volumes) d'hydrogène ; 1 atome (1 volume) d'azote se combine avec 3 atomes (3 volumes) d'hydrogène.

2° Qu'un seul et même élément peut former avec un autre élément, tel que le chlore, différentes combinaisons plus ou moins riches en chlore. Ainsi l'affinité du phosphore et de l'iode pour le chlore n'est pas épuisée dans les protochlorures $PhCl^3$ et ICl. Ceux-ci peuvent fixer Cl^2 pour former $Ph\,Cl^5$ et ICl^3. De même l'affinité du sélénium, du tellure pour le chlore n'est pas épuisée par la formation des bichlorures ; ceux-ci peuvent fixer Cl^2 pour former $\not{S}eCl^4$ — $\not{T}eCl^4$ (4).

La première proposition nous montre que les atomes des différents corps ne sont point équivalents, eu égard à la puissance de combinaison qui réside en eux, et l'on peut dire que cette puissance est simple ou multiple si on la mesure par le nombre des atomes d'hydrogène qu'elle parvient à fixer. De là la distinction entre les éléments monoatomiques, diatomiques, ou triatomiques.

Ceci est une notion très-simple, et tous les chimistes seraient évi-

ainsi que le fait observer M. Rivot. Remarquons, de plus, que les travaux de MM. Woehler et Buff nous ont appris que le silicium du siliciure de fer peut se trouver, après l'action oxydante du liquide aqueux, en partie à l'état de protoxyde de silicium, capable de décomposer l'eau en dégageant de l'hydrogène silicié lorsqu'on chauffe la masse desséchée à froid ; c'est là une seconde source d'erreur dans le dosage du carbone par ce procédé. F. L.

(1) Voir plus loin les notes de MM. Kékulé, Naquet, Williamson, sur l'atomicité, p. 253-255 et 256.

(2) *Leçons de philosophie chimique,* p. 154 (1864).

(3) *Comptes rendus,* t. LVIII, p. 510, et dans ce volume du *Bulletin*, p. 253.

(4) Voir plus loin les remarques de M. Kekulé et de M. Naquet.

demment d'accord sur le sens qu'il faut attacher au mot *atomicité*, si les différents corps simples ne formaient qu'une seule combinaison avec l'hydrogène ou avec d'autres éléments analogues à l'hydrogène, l'atomicité serait alors mesurée par le nombre de ces éléments monoatomiques qu'ils parviennent à fixer. La puissance de combinaison (atomicité) des corps simples serait invariable et absolue, aussi absolue que le poids atomique, comme l'a fait remarquer M. Foster, comme le veut M. Kekulé.

Mais il n'en est pas ainsi. La loi de Dalton nous montre que l'affinité qu'un corps exerce sur un autre s'épuise par degrés. C'est ce qu'on remarque non-seulement pour les combinaisons des corps avec l'oxygène, mais encore pour leurs composés chlorés.

Laissons de côté les composés oxygénés (le cas est plus compliqué) et bornons-nous à considérer les combinaisons avec l'hydrogène, avec le chlore. Nous avons les composés

AzH^3	PhH^3	ICl	$SnCl^2$	$PtCl^2$
	$PhCl^3$ (1)	ICl^3	$SnCl^4$	$PtCl^4$
AzH^4Cl	PhH^4I			
	$PhCl^5$			

Dirons-nous que l'azote et le phosphore sont triatomiques d'une manière absolue? mais d'où vient que l'ammoniaque peut fixer HCl, l'hydrogène phosphoré HI, le chlorure phosphoreux Cl^2? Dirons-nous que l'iode est monoatomique; mais alors pourquoi ICl peut-il se combiner à Cl^2? Je réponds : la puissance de combinaison de l'azote et du phosphore n'est pas épuisée dans les composés renfermant 3 atomes d'éléments monoatomiques; elle ne semble arrivée à son apogée que dans les composés qui en contiennent 5. Nous dirons donc que l'azote ne manifeste ou n'exerce que 3 affinités dans l'ammoniaque, et qu'il en manifeste 5 dans le sel ammoniac; nous dirons qu'il est triatomique dans AzH^3, pentatomique dans AzH^4Cl, pour marquer le rôle qu'il joue dans ces deux combinaisons.

M. Kekulé n'admet pas qu'il en soit ainsi. Pour lui l'azote ne possède qu'une atomicité; sa puissance de combinaison est invariable : il est triatomique d'une manière absolue. Le sel ammoniac, dit-il, n'est pas une *combinaison atomique*, c'est une *combinaison moléculaire* formée par l'attraction et la juxtaposition de 2 molécules formant chacune

(1) Dans l'iodure de phosphore Ph^2I^4, le phosphore est triatomique. Les 2 atomes de phosphore échangent une affinité. Il reste 4 affinités libres qui sont saturées par I^4 :

$$[Ph''' - Ph''']^{iv}I^4.$$

2 volumes de vapeur, tandis que la combinaison moléculaire forme 4 volumes de vapeur (la densité de vapeur le prouve). Il en est de même pour le trichlorure d'iode; c'est une combinaison moléculaire ICl,Cl^2. L'iode est monoatomique, car la combinaison *atomique*, la vraie combinaison, celle qui répond à 2 volumes de vapeur, renferme ICl.

J'admets aussi l'existence de combinaisons moléculaires formées par l'action réciproque, par l'attraction de 2 molécules qui restent juxtaposées, sans se condenser en une seule molécule, en une vraie molécule chimique répondant à 2 volumes de vapeur.

Le sulfate de soude anhydre est une combinaison atomique; il répond au sulfate de méthyle $(\text{Є}H^3)^2\text{S}\text{Θ}^4 = 2$ vol. dont MM. Dumas et Péligot ont pris la densité de vapeur (1). Au contact de l'eau, ce sulfate de soude dégage de la chaleur. Les molécules d'eau s'unissent à la molécule de sulfate de soude en vertu d'une *attraction* différente de *l'affinité* qui rive les uns aux autres les atomes du sulfate anhydre. Voilà une *combinaison moléculaire;* car personne ne voudra admettre que ces molécules d'eau sont entrées en quelque sorte dans la molécule du sulfate de sodium au même titre que l'atome de sodium, l'atome de soufre ou les atomes d'oxygène. Ainsi que je l'ai dit dans une publication récente (2), il y a des degrés dans l'affinité et indépendamment de cette affinité au second degré, ou de cette *attraction* d'un sel pour son eau de cristallisation (qui s'exerce en proportions définies, comme l'affinité atomique), il faut peut-être encore distinguer une attraction moléculaire d'un ordre inférieur, qui se manifeste aussi par un dégagement de chaleur, mais qui ne s'exerce plus en proportions définies; je veux parler de cette attraction d'un sel pourvu de son eau de cristallisation pour les molécules de l'eau dans laquelle il se dissout, attraction qui donne lieu à des effets thermiques observés par M. P. A. Favre (3). Mais laissant de côté ces dernières actions moléculaires et les groupements qui en résultent, nous pouvons admettre que les combinaisons des sels avec leur eau de cristallisation résultent de l'attraction que les molécules exercent en quelque sorte à distance, et non de la condensation de ces molécules en une seule ou d'un échange entre leurs atomes.

Admettrons-nous que le sel ammoniac, que le perchlorure de phos-

(1) Le mode de condensation de ce sulfate de méthyle dérivé du sulfate d'hydrogène $H^2\text{S}\text{Θ}^4$ et qui lui correspond, prouve évidemment que la molécule de ce dernier se dissocie en prenant la forme gazeuse.

(2) *Leçons de philosophie chimique*, p. 80.

(3) *Ibid.*, p. 79.

phore, le trichlorure d'iode sont ainsi constitués? Cela me paraît difficile. Sans compter que l'affinité de l'acide chlorhydrique pour l'ammoniaque ne me paraît pas comparable à l'affinité du sulfate de soude pour l'eau, il me semblerait difficile d'admettre que la combinaison moléculaire AzH^3,HCl pût jouer exactement le même rôle que la combinaison atomique KCl, et nous savons pourtant que $PtCl^4,2AzH^4Cl$ et $PtCl^4,2KCl$ sont isomorphes. Si le sel ammoniac était formé de 2 molécules, on devrait plutôt s'attendre à ce que $AzH^3 + HCl$ fût équivalent à $KCl + KCl$.

Si le perchlorure de phosphore est une combinaison moléculaire

$$PhCl^3,Cl^2 = 4 \text{ volumes},$$

comment se fait-il qu'après avoir échangé Cl^2 contre Θ il se convertisse en une combinaison atomique $PhCl^3\Theta = 2$ vol.?

Si le trichlorure d'iode est une combinaison moléculaire ICl,Cl^2, comment se fait-il qu'en réagissant sur 3 molécules d'acétate d'argent il puisse former le composé

$$I''' \begin{cases} C^2H^3\Theta^2 \\ C^2H^3\Theta^2 \\ C^2H^3\Theta^2 \end{cases}$$

qui a été découvert par M. Schützenberger? Il est évident que si 2 atomes de clore étaient simplement *ajoutés* au composé ICl, ils s'en détacheraient au premier choc, en quelque sorte, et que ces 2 atomes de chlore agiraient sur 2 molécules d'acétate d'argent comme 2 atomes de chlore libre. Au lieu de cela, que voyons-nous? Nous voyons ces 2 atomes de chlore agir exactement comme le troisième et mettre en liberté deux restes $C^2H^3\Theta^2$, de sorte que les trois restes oxyacétyle demeurent soudés par l'atome d'iode triatomique et indivisible

$$I'''Cl^3 + 3AgC^2H^3\Theta^2 = 2AgI + I'''3(C^2H^3\Theta^2).$$

Il me semble donc difficile d'admettre que de telles combinaisons soient moléculaires, au moins tant qu'elles conservent l'état solide. Il est possible, en effet, qu'elles le deviennent au moment où elles prennent la forme de gaz et que les 2 molécules gazeuses AzH^3 et HCl, et surtout AzH^3 et HCy, qui se sont séparées au moment même où la combinaison atomique a pris la forme de gaz, exercent encore une action l'une sur l'autre, action qui expliquerait la plus grande stabilité de ces combinaisons moléculaires (1). Pour le perchlorure de phosphore, la dissociation de la molécule ne commence qu'à une température supé-

(1) *Leçons de philosophie chimique*, p. 80.

rieure à son point d'ébullition. Il résulte en effet, des belles expériences de M. Cahours, que la densité de vapeur du perchlorure à 160° *répond à 3 volumes*. Cela veut dire qu'à cette température la vapeur de ce corps est un mélange à volumes égaux de

$PhCl^5$ combinaison atomique = 2 volumes de vapeur,
et de $PhCl^3,Cl^2$ — molécul. = 4 — —

Je reviendrai prochainement sur ces faits.

Je crois donc avoir justifié la proposition dont il s'agit, savoir : que suivant les combinaisons où ils sont engagés, les éléments en question sont tantôt triatomiques, tantôt pentatomiques. De même nous dirons que certains métaux sont tantôt diatomiques, tantôt tétratomiques, suivant le rôle qu'ils jouent dans les combinaisons. Il en est ainsi de l'étain, du platine, etc. Je ne dirai pas que le platine est tétratomique, parce qu'il atteint son *atomicité maximum* dans le tétrachlorure $PtCl^4$; je l'ignore. Tout ce que je sais, c'est qu'il équivaut à H^2 dans $PtCl^2$, à H^4 dans $PtCl^4$, qu'il peut remplacer H^2 dans le sel vert de Magnus

$$\left.\begin{matrix} Pt'' \\ H^2 \\ H^2 \\ H^2 \end{matrix}\right\} Az^2,Cl^2.$$

Mais, me dira-t-on, il est bien vrai qu'il remplace H^2 dans le sel vert de Magnus, mais il n'y agit pas par la somme de ses affinités, et la preuve, c'est qu'il peut, dans cette combinaison, fixer Cl^2 pour former le chlorure

$$\left.\begin{matrix} [\overset{IV}{Pt}Cl^2]'' \\ H^2 \\ H^2 \\ H^2 \end{matrix}\right\} Az^2,Cl^2.$$

Ainsi il est en réalité tétratomique comme dans $PtCl^4$, où il atteint son atomicité maximum. C'est là sa vraie atomicité.

A cela je réponds : J'ignore, en premier lieu, si c'est là son atomicité maximum ; car enfin $PtCl^4$ peut fixer 2KCl pour former une combinaison probablement moléculaire, $PtCl^4$,2KCl. Mais, combinaison moléculaire ou non, quel est donc l'élément qui peut attirer 2KCl, si ce n'est le platine ? Il n'a pas épuisé sa force de combinaison en s'unissant à Cl^4. Il peut encore *attacher* 2KCl à la molécule $PtCl^4$ où il se trouve engagé.

En second lieu je dis : Ce qu'il importe de considérer dans les combinaisons chimiques, c'est le rôle que jouent les éléments et surtout les éléments polyatomiques qui servent de liens à la molécule, qui en unissent les différentes parties. Pour me rendre compte de la structure de ces édifices, souvent si complexes, je n'ai pas à me préoccuper du pouvoir de combinaison virtuel des éléments, de je ne sais quelle atomicité absolue ou idéale, mais du pouvoir de combinaison dont chaque élément fait preuve *actuellement*. Dans un composé donné, ce pouvoir se manifeste d'une certaine manière qu'il m'importe de connaître; il se manifeste autrement dans un autre composé. Ainsi l'atomicité des éléments varie suivant les combinaisons. Elle s'accroît par degrés comme nous le montre la loi de Dalton; elle varie aussi suivant la nature des combinaisons.

Az s'unit à H^3, mais non à H^5, tandis qu'il s'unit à $H^4 + Cl$. Fe s'unit à S^2, mais non à Cl^4. Pb s'unit à Et^4, mais non à Cl^4.

Ainsi nous définirons, l'atomicité, non la *puissance absolue* de combinaison, mais la *valeur* de *combinaison* ou de *substitution.*

D'ailleurs c'est ainsi que cette notion de l'atomicité s'est introduite dans la science. M. Odling a fait remarquer, le premier, que dans le bichlorure d'étain $\overset{''}{Sn}Cl^2$, l'étain équivaut à 2 atomes d'hydrogène, tandis que dans le protochlorure $\overset{'}{Sn}Cl$ il n'équivaut qu'à 1 atome d'hydrogène.

La théorie de l'atomicité des radicaux s'est développée avant celle des éléments et a fourni des règles à cette dernière. Or, tout le monde admet que l'atomicité des radicaux peut varier, que le groupe C^3H^5 est tantôt monoatomique, tantôt triatomique. A quoi cela tient-il, si ce n'est à ce que le carbone y est à deux états, à l'état de carbone diatomique et à l'état de carbone tétratomique. S'il fallait toujours considérer le carbone comme tétratomique, quel serait le sens de la formule

$$\left.\begin{matrix}(C^3H^5)' \\ H\end{matrix}\right\}O\,;$$

Alcool allylique.

de même quel serait le sens de la formule

$$\left.\begin{matrix}Pt'' \\ H^2 \\ H^2 \\ H^2\end{matrix}\right\}Az^2,Cl^2,$$

s'il fallait toujours envisager le platine comme tétratomique?

Je ne vois pas davantage à quoi cela nous avancerait de dire que le soufre et surtout l'oxygène sont tétratomiques. Oublie-t-on qu'il existe des combinaisons H^2O et H^2S? J'ignore ce que le talent de M. Kekulé fera sortir de cette idée d'une atomicité absolue, idéale en quelque sorte. Ce que je sais, c'est que le mot, pris dans ce sens, est détourné de son acception historique, et qu'il serait utile d'en créer un autre, si l'idée doit prévaloir et se développer. Jusqu'ici la seule notion pratique et clairement dégagée me paraît être celle qui consiste à considérer *l'équivalence des atomes* dans les différentes combinaisons. Telle est pour moi l'atomicité des éléments; il me restera à la considérer comme un moyen de classification.

ANALYSE DES MÉMOIRES DE CHIMIE PURE ET APPLIQUÉE

PUBLIÉS EN FRANCE ET A L'ÉTRANGER.

CHIMIE GÉNÉRALE.

Sur l'atomicité des éléments, par M. A. KEKULÉ (1).

M. Kekulé, qui a beaucoup contribué à introduire en chimie la notion de l'*atomicité* des éléments, précise ainsi sa manière de voir :

L'atomicité est une propriété invariable; un corps ne peut fonctionner tantôt avec une atomicité, tantôt avec une autre. Admettre qu'il en est autrement, c'est confondre la notion de l'*atomicité* avec celle de l'*équivalence;* personne ne met plus en doute qu'un même corps ne soit capable de fonctionner avec des équivalents différents.

Au lieu de choisir parmi les différentes valeurs possibles celle qui explique le mieux, c'est-à-dire de la manière la plus simple et la plus complète, l'ensemble des combinaisons, on a eu le tort de croire qu'on pouvait définir l'atomicité : *l'équivalent maximum ou la capacité de saturation maxima.*

En effet, les corps de la famille de l'azote Az,Ph,As,Sb,Bi, sont triatomiques, et on a conclu qu'ils étaient pentatomiques par suite de l'existence des corps AzH^4Cl et $PhCl^5$. De même O̶,S̶,S̶e,T̶e sont diatomiques et on les considère comme tétratomiques à cause des composés S̶Cl^4,S̶eCl^4,T̶eCl^4,T̶eBr^4,T̶eI^4. Mais alors il faudrait admettre aussi que l'iode, et par suite le chlore et le brome, sont triatomiques et non pas monoatomiques, en raison de l'existence du corps ICl^3.

Cette manière de raisonner n'est pas admissible, car la triatomicité

(1) *Comptes rendus*, t. LVIII, p. 510.

de l'iode étant établie, l'existence de la combinaison PhI^3 forcerait à admettre que le phosphore est monoatomique, et de même l'existence du composé ICl^3 prouverait que l'iode ne serait plus triatomique mais monoatomique, et ainsi de suite.

L'auteur résume ensuite les points fondamentaux de la théorie de l'atomicité.

Les éléments se combinent entre eux par une attraction spéciale qui se soustrait à nos investigations et dont nous ne pouvons qu'étudier les effets.

L'étude des rapports numériques suivant lesquels les atomes se combinent, nous conduit à admettre qu'il existe des atomes possédant, pour ainsi dire, plusieurs centres d'attraction ou plusieurs unités d'affinités. Nous pouvons donc diviser les éléments en éléments monoatomiques, biatomiques, triatomiques et tétratomiques. Peut-être trouvera-t-on un jour la nécessité d'admettre l'existence d'éléments pentatomiques.

Dans toutes ces combinaisons atomiques, les unités d'affinité d'un atome se saturent en totalité ou en partie par un nombre égal d'affinités d'un ou de plusieurs atomes.

Les atomes de nature identique peuvent tout aussi bien se combiner entre eux que les atomes de nature différente.

C'est ainsi qu'on s'explique pourquoi beaucoup d'éléments fonctionnent avec plusieurs équivalents.

Que l'on suppose par exemple que 2 atomes de mercure (Hg=200, biatomique) se combinent entre eux par une affinité, on aura le groupe biatomique $\dot{H}g^2$, c'est-à-dire le *mercurosum* dans lequel Hg est équivalent à 1 atome d'H, tandis que Hg du *mercuricum* est équivalent à 2 atomes d'H, etc.

Les combinaisons dans lesquelles tous les éléments sont tenus ensemble par les affinités des atomes qui se saturent mutuellement pourraient être nommées *combinaisons atomiques*. Ce sont *les véritables molécules chimiques et les seules qui puissent exister à l'état de vapeur.*

A côté de ces combinaisons il faut, suivant l'auteur, distinguer une seconde série de combinaisons, qu'il appelle : *combinaisons moléculaires.* L'existence et la formation de ces combinaisons s'expliquent par les considérations suivantes :

L'attraction doit se faire sentir même entre des atomes qui se trouvent appartenir à des molécules différentes. Cette attraction provoque le rapprochement et la juxtaposition des molécules, phénomène qui précède toujours les véritables décompositions chimiques. Or, il peut arriver (surtout dans les cas où la double décomposition devient impossible par la nature même des atomes) que la réaction s'arrête à ce développement; que les deux molécules se collent pour ainsi dire ensemble, formant ainsi un groupe doué d'une certaine stabilité, toujours moindre néanmoins que celle des combinaisons atomiques. Ceci nous explique pourquoi ces combinaisons moléculaires ne forment pas de vapeurs, mais se décomposent par l'action de la chaleur en régénérant les molécules moins complexes qui leur ont donné naissance.

Parmi ces sortes de combinaisons l'auteur cite :

Éléments triatomiques	$PhCl^3,Cl^2$ — AzH^3,HCl, etc.
Éléments biatomiques	$SeCl^2,Cl^2$ — $TeBr^2,Br^2$., etc.
Éléments monoatomiques	ICl,Cl^2, etc.

Le pouvoir attractif des molécules ne s'arrête pas là; mais il existe encore des substances formées par une combinaison moléculaire à laquelle se sont ajoutées encore d'autres molécules. Parmi ces combinaisons moléculaires de second et troisième degré, on peut citer les triiodure et les pentaiodure de tétréthylammonium, etc.

Observations sur l'atomicité, par **M. A. NAQUET** (1).

M. Naquet admet les principes de la théorie de M. Kekulé; seulement il se refuse à accorder que toutes les *combinaisons moléculaires* soient celles qui ne peuvent pas affecter l'état gazeux.

La propriété de se volatiliser n'est pas, suivant lui, celle qui permet de séparer les combinaisons moléculaires des combinaisons *atomiques*. A son avis, la propriété qui caractérise les combinaisons atomiques, c'est qu'elles peuvent entrer en réaction et opérer des *doubles décompositions* avec d'autres corps, tandis que les combinaisons moléculaires ne réagissent que par les composés atomiques dont elles sont formées.

Or, le perchlorure de phosphore, le chlorure d'ammonium, les perchlorures de sélénium et de tellure, etc., peuvent subir la double décomposition et se transformer en d'autres corps appartenant au même degré de combinaison.

M. Naquet est moins absolu relativement au perchlorure d'iode ICl^3, parce que ce composé ne paraît pas donner lieu à des doubles décompositions nettes.

M. Kekulé dit : Si l'iode est triatomique, le chlore l'est aussi, et il faudrait conclure de l'existence du chlorure d'iode ICl^3 que ce dernier métalloïde est non pas *tri-* mais *monoatomique*.

(1) *Comptes rendus*, t. LVIII, p. 675 (1863).

M. Naquet répond à cette objection que si les corps ont une atomicité invariable, ils peuvent entrer dans les composés qu'ils forment avec des valeurs de substitution diverses. Or, même en adoptant l'hypothèse de la triatomicité de l'iode, on est obligé d'admettre que si le chlore possède trois centres d'attraction distincts, un seul agit dans les cas connus. Qu'il soit ou non triatomique, le chlore fonctionne toujours comme s'il était monoatomique, et par suite le composé ICl^3 indiquerait, s'il indiquait quelque chose, la triatomicité et non la nonoatomicité de l'iode. On peut donc, malgré les raisons données par M. Kekulé, considérer les corps de la famille de l'azote comme pentatomiques, et les corps de la famille de l'oxygène comme tétratomiques. Quant au chlore, l'argument tiré de l'existence du chlorure ICl^3 ne paraît pas assez probant a M. Naquet pour qu'il convienne d'attribuer à ce corps une atomicité égale à 3.

Sur la classification des éléments en raison de leur atomicité, par M. WILLIAMSON (1).

L'auteur adopte le nouveau système de poids atomiques qui attribue à un certain nombre de métaux des poids atomiques doubles de ceux qu'avait adoptés Gerhardt. En doublant ces poids atomiques, comme l'a proposé M. Cannizzaro, il y a quelques années, on revient en définitive au système des poids atomiques de Berzelius, sauf cinq ou six exceptions.

M. Williamson fait remarquer que si Gerhardt avait adopté ce système, en dédoublant les poids atomiques des métaux alcalins, de l'argent et du bore, il nous eût donné immédiatement les poids atomiques qu'il convient d'adopter.

En acceptant le nouveau système de poids atomiques, on est conduit à diviser les corps simples en deux classes : celle du chlore et celle de l'oxygène. La première comprend les éléments dont 1 atome se combine avec 3 ou 5 atomes d'hydrogène ou de chlore, tandis que la seconde comprend des éléments dont chaque atome se combine avec 2, 4 ou 6 atomes de chlore ou d'une autre *monade* (élément monoatomique).

La première classe d'éléments est caractérisée par ce fait qu'elle fournit à chaque molécule un nombre pair d'atomes, tandis que la seconde classe fournit tantôt un nombre impair, tantôt un nombre pair.

(1) *Journal of the Chemical Society*, 2ᵉ sér., t. II, p. 211.

1° Classe des éléments qui fournissent un nombre pair d'atomes à chaque molécule :

H = 1	Li = 7	Az = 14
Fl = 19	Na = 23	Ph = 31
Cl = 35,5	K = 39	As = 75
Br = 80	Rb = 85	Sb = 122
I = 127	Cs = 133	Bi = 210
	Tl = 203	Bo = 11
		Au = 196

2° Classe des éléments qui fournissent un nombre impair ou pair d'atomes à une molécule :

O = 16	Gl = 9	C = 12
S = 32	Y = 64	Si = 28
Se = 79,5	Ce = 92	Sn = 118
Te = 129	La = 92	Ti = 50
Ca = 40	Di = 96	Mo = 96
St = 87,5	U = 120	V = 137
		W = 184
Ba = 137	Zr = 89,5	Pt = 197
Pb = 207	Ta = 138	Ir = 197
Hg = 200	Th = 238	Os = 199
Mg = 24		Rh = 104
Zn = 65		Ru = 104
Cd = 112		Pd = 106,5
Al = 27,5		
Fe = 56		
Cr = 52,5		
Mn = 55		
Co = 58,5		
Ni = 58,5		
Cu = 63,5		

On a, depuis longtemps, rangé dans une même famille, le chlore, le brome, l'iode, éléments monoatomiques, capables de remplacer l'hydrogène atome à atome. Le fluor, qu'on a coutume d'associer aux corps précédents, offre cependant une anomalie qui tend à le rapprocher des éléments diatomiques. Car le fluoride acide de potassium (fluorhydrate de fluorure) est un composé bien défini dont l'existence semble assigner au fluor le poids atomique 38 et à l'acide fluorhydrique la formule H^2Fl. L'acide fluorhydrique se combine avec différents fluorures, tels que ceux de bore et de silicium. Mais il est à remarquer, d'un autre côté, qu'on connaît aussi des chlorhydrates de chlorures et des chlorures doubles, sans que l'on puisse dire que le chlore soit un élément polyatomique capable de river ensemble les atomes des métaux dans les chlorures complexes.

L'auteur admet que les chlorures s'unissent entre eux en vertu d'une force de combinaison analogue à celle qui unit l'ammoniaque à l'acide chlorhydrique ou KCl à O^3.

L'oxygène, le soufre, le sélénium et le tellure sont des éléments analogues : le parallélisme des oxysels et des sulfosels fournit des preuves suffisantes en faveur de l'analogie de l'oxygène et du soufre. De plus, d'après M. H. Deville, les volumes moléculaires du soufre et du sélénium en vapeur correspondent, à de hautes températures, au volume moléculaire de l'oxygène.

Une autre famille, très-bien caractérisée, est celle qui comprend l'azote, le phosphore, l'arsenic, l'antimoine, le bismuth ; l'atome de chacun de ces corps se combine avec trois atomes d'hydrogène ou d'éthyle pour former un composé basique analogue à l'ammoniaque. Chacun de ces éléments forme un oxyde correspondant à l'acide azoteux, et un autre correspondant à l'acide azotique.

Il est à peine nécessaire d'insister sur la grande analogie qui existe entre l'acide arsénieux et l'acide antimonieux (sesquioxyde d'antimoine), les sulfures d'arsenic et les sulfures d'antimoine, l'acide phosphorique et l'acide arsénique.

La chaleur atomique des quatre derniers termes de cette série est presque la même, tandis que celle de l'azote (comme gaz) est considérablement moindre.

D'un autre côté, la molécule du phosphore et celle de l'arsenic sont formées, à l'état de vapeur, par 4 atomes, tandis que celle de l'hydrogène ne contient que 2 atomes. Cette différence dans la constitution de ces corps ne doit pas surprendre, si l'on se rappelle que ces éléments ne sont pas toujours triatomiques, mais quelquefois monoatomiques, pentatomiques, etc., de telle sorte que la molécule d'azote libre est formée de 2 atomes monoatomiques ou triatomiques, tandis que la molécule de phosphore ou d'arsenic est formée, comme l'ammoniaque, d'un atome triatomique et de 3 atomes monoatomiques.

Une autre famille comprend le carbone et le silicium, qui forment tous deux des tétrachlorures volatils, et sont tantôt diatomiques, tantôt tétratomiques.

A cette occasion l'auteur s'élève contre une opinion récemment formulée par M. Kekulé, à savoir : que l'atomicité de chaque élément doit être envisagée comme invariable.

Parmi les métaux, le lithium, le sodium, le potassium, et probablement les nouveaux métaux, rubidium, césium et thallium, possèdent de nombreux points de ressemblance et doivent être envisagés comme monoatomiques. A cette classe de métaux il faut ajouter l'argent. L'or, d'après sa chaleur spécifique et la constitution de ses deux chlorures, doit être rangé parmi les métaux qui sont monoatomiques et triatomiques. Le bore est triatomique.

Parmi les métaux fortement basiques, le calcium, le strontium, le baryum, le plomb sont liés par de fortes analogies. Mais le plomb peut former un tétréthylure $Pb(C^2H^5)^4$, qui correspond au bioxyde, dans lequel 2 atomes d'oxygène seraient remplacés par 4 atomes d'éthyle, et le composé $Pb(C^2H^5)^3Cl$ prouve la tétratomicité de ce métal.

Si l'on envisage le calcium et ses analogues comme diatomiques, les oxydes, les chlorures, les sulfates et les carbonates de ces métaux seront représentés par les anciennes formules de Berzelius RO, RCl^2, RSO^4, RCO^3.

L'azotate de potasse reçoit alors la formule (AzO^3K) analogue à celle de l'arragonite (CO^3Ca), son isomorphe; la même remarque s'applique au spath calcaire et à l'azotate sodique.

Un autre groupe de métaux analogues est la *triade* comprenant le magnésium, le zinc et le cadmium, métaux qui sont tous volatils et forment des sels très-voisins les uns des autres, et souvent isomorphes. La constitution du zinc-éthyle de M. Frankland $Zn(C^2H^5)^2$ établit le caractère diatomique du zinc. On peut étendre la même conclusion aux autres métaux de la série magnésienne, savoir : le fer, le manganèse, le nickel, le cobalt et le cuivre.

On constate une grande analogie dans les réactions de l'alumine, des sesquioxydes de fer, de chrome, de manganèse. Ce sont des bases faibles, et toutes forment des aluns. Les trois premiers oxydes sont isomorphes à l'état libre. Ainsi l'on peut étendre à l'alumine et au chrome la conclusion qui s'applique au fer et au manganèse. D'ailleurs le chrome offre aussi une certaine ressemblance, dans quelques-uns de ses composés, avec le soufre. Ainsi l'acide chlorochromique CrO^2Cl^2 est l'analogue de l'acide chlorosulfurique; l'acide sulfurique et l'acide chromique, tous deux bibasiques, offrent une grande analogie dans leurs propriétés. Ainsi la ressemblance du chrome avec le soufre, tous deux diatomiques, semble aussi établir le caractère diatomique de l'alumine, du fer et du manganèse. Au reste, le manganèse offre un point de contact avec le soufre. On a souvent fait remarquer l'isomorphisme qui existe entre le permanganate et le perchlorate de potasse, et qui semble indiquer la nécessité de représenter le permanganate par une formule renfermant un seul atome (double) de manganèse, MnO^4K.

M. Wurtz a fait valoir, il y a quelque temps, un puissant argument en faveur des poids atomiques doubles de certains métaux possèdant un caractère diatomique. Avec le poids atomique, 16 pour l'oxygène, on aurait pour un certain nombre de sels des demi-molécules d'eau

$$\frac{H^2O}{2}$$

si l'on adoptait pour ces métaux des poids atomiques moitié moindres.

D'autres métaux doivent être ajoutés à la liste de ceux qui sont diatomiques ou tétratomiques. Le mercure est diatomique. La composition de son méthylide Hg $(CH^3)^2 = 2$ vol. et de son éthylide le prouve suffisamment.

L'étain est diatomique et tétratomique dans ses deux chlorures.

Les densités de vapeur des sesquichlorures de fer, d'aluminium, de chrome, qui ont été déterminées par M. H. Deville, montrent que la molécule de chacun de ces corps contient 2 atomes de métal et 6 atomes de chlore, en fait, autant d'atomes de métal que la molécule du sesquioxyde. On a envisagé ces densités de vapeur comme une anomalie. Elles sont cependant en harmonie avec la loi déjà énoncée, savoir : que les métaux se combinent avec des nombres pairs d'atomes de la première famille. En effet, si un atome de fer qui se combine avec 2 atomes de chlore pour former le protochlorure de fer pouvait aussi se combiner avec 3 atomes de chlore, la loi prendrait cette forme étrange : le fer se combine avec un nombre pair d'atomes de la première famille, excepté quand il se combine avec un nombre impair.

Parmi les exceptions à cette loi, il faut signaler le bioxyde d'azote AzO et le calomel HgCl. Mais il est probable que la vapeur de ce dernier se dissocie au moment de sa formation, et que la molécule de calomel est réellement représentée par la formule Hg^2Cl^2 (1). Cette conclusion a été fortifiée depuis par une expérience intéressante de M. Odling, qui a prouvé que la vapeur de calomel est formée par un mélange d'une molécule de mercure et d'une molécule de sublimé. Il y démontre, en effet, la présence du mercure par son action sur une lame d'or, et trouve que cette vapeur dépose du sublimé.

Sur le mouvement moléculaire des gaz, par **M. Th. GRAHAM** (2).

Dans ce travail nous nous sommes occupé du mouvement moléculaire des gaz, surtout en vue de leur passage, sous pression, à travers

(1) Voir *Leçons de philosophie chimique*, par M. Wurtz, p. 163 (Paris, L. Hachette et Ce).

(2) *Annales de Chimie et de Physique*, 4e sér., t. 1, p. 154.

des parois minces ou des plaques poreuses, et de la séparation partielle des gaz mélangés, qu'on peut obtenir par de pareils moyens, comme nous le montrerons plus loin.

Le point de départ de ces recherches a été un examen nouveau et prolongé de la diffusion des gaz (dépendant de ce même mouvement moléculaire). Cet examen a conduit à quelques résultats nouveaux qui paraissent présenter de l'intérêt, soit pour la théorie, soit pour les applications.

Le *diffusiomètre*, tel qu'il avait d'abord été construit, se composait simplement d'un tube cylindrique en verre, ayant un peu moins de 1 pouce anglais (25^{mm},4) de diamètre et environ 10 pouces de longueur; en fermant l'une de ses extrémités par une plaque en plâtre de Paris, d'environ 1/3 de pouce d'épaisseur, on l'avait converti en une espèce d'éprouvette à gaz (1).

Nous avons trouvé depuis une matière bien préférable pour la préparation des plaques poreuses; c'est le graphite (plombagine) artificiellement comprimé de M. Brockedon, tel qu'il est employé pour la fabrication des crayons. Le graphite se vend à Londres sous la forme de petits cubes à base de 2 pouces carrés. Au moyen d'une scie faite avec un ressort d'acier, on peut facilement découper ces cubes en plaques de 1 à 2 millimètres d'épaisseur. En usant celles-ci à sec sur une plaque de grès, on peut les amincir au point de les réduire à l'épaisseur de 1/2 millimètre au plus. En découpant maintenant dans une pareille plaque de graphite un disque circulaire (qui n'est pas plus épais qu'un pain à cacheter, mais qui, malgré cela, présente encore une assez grande ténacité), et en fixant ce disque au moyen d'un ciment résineux à l'une des extrémités du tube de verre déjà mentionné, on ferme ce dernier et on le transforme en diffusiomètre.

Pendant qu'on remplit ce tube d'hydrogène, sur la cuve à mercure, on empêche les effets de la porosité du graphite en le couvrant momentanément avec une feuille mince de gutta-percha qu'on y applique bien exactement. Celle-ci étant ensuite enlevée, la diffusion gazeuse s'effectue immédiatement à travers les pores du graphite. En 40 ou 60 minutes tout l'hydrogène s'échappe du diffusiomètre et est remplacé par un volume d'air atmosphérique beaucoup moins considérable (environ 1/4), conformément à la loi de la diffusion des gaz. Pendant ce temps, le mercure, à moins qu'on n'y mette obstacle, s'élève

(1) Sur la loi de la diffusion des gaz, par M. Th. Graham (*Transactions de la Société royale d'Edimbourg*, t. XII, p. 222, et *Philosophical Magazine*, 1834, t. II, p. 175, 269 et 351).

dans le tube, à une hauteur de plusieurs pouces : ce fait constitue une démonstration des plus frappantes de l'intensité avec laquelle s'effectue la pénétration réciproque des différents gaz.

Le graphite natif, qui possède une structure lamellaire, ne paraît présenter que peu ou même point de porosité : on ne peut donc l'employer à la place du graphite artificiel, comme paroi de diffusion.

Après ce dernier, c'est la poterie non vernie qui se prête le mieux à cet usage. Les pores du graphite artificiel paraissent être réellement de dimensions si faibles, qu'il est impossible au gaz, *en masse*, de traverser la plaque. Il semble qu'il n'y a que les molécules gazeuses isolées qui puissent passer, mais cependant sans être gênées par aucun frottement ; car évidemment les pores les plus petits dont nous puissions soupçonner l'existence dans le graphite doivent être de véritables *tunnels* comparativement aux dimensions de l'atome élémentaire d'un corps gazeux. La cause motrice paraît résider uniquement dans ce mouvement intérieur des molécules, qui est maintenant admis généralement comme une des conditions essentielles de la matière à l'état gazeux.

Conformément à l'hypothèse physique actuellement adoptée (1), un gaz est considéré comme constitué par une infinité de particules ou d'atomes sphériques, solides, doués d'une élasticité parfaite, et qui se meuvent dans toutes les directions, mais avec des vitesses différentes, suivant la nature du gaz. Renfermées dans un vase non poreux, les particules en mouvement se heurtent constamment contre les parois, et occasionnellement s'entre-choquent elles-mêmes, sans qu'il puisse en résulter aucune perte de mouvement, grâce à l'élasticité parfaite de ces particules.

Si la substance du vase est poreuse, comme cela a lieu dans le diffusiomètre, alors les atomes de gaz sont projetés à travers les canaux ouverts (par suite du mouvement moléculaire signalé) et finissent par s'échapper. Mais en même temps l'air atmosphérique ou le gaz, quel qu'il soit, qui se trouve à l'extérieur du vase, est transporté, à son tour et de la même manière, à l'intérieur, et remplace le gaz qui s'échappe. Ce même mouvement moléculaire ou atomique est également la cause de la force élastique et de la faculté de réagir contre la compression que nous observons dans les gaz. Il est accéléré par la chaleur et

(1) D. Bernoulli, J. Herapath, Joule, Krœnig, Clausius, Clerk Maxwell et Cazin. Le mérite d'avoir fait revivre cette hypothèse et de l'avoir appliquée le premier à l'explication des phénomènes de diffusion doit être justement attribué à M. Herapath. Voir *Physique mathématique*, 2 vol., par John Herapath (1847).

ralenti par le froid, la tension du gaz étant augmentée dans le premier cas et diminuée dans le second.

Ce mouvement moléculaire n'éprouve aucune altération dans le cas où le même gaz se trouve à l'intérieur et à l'extérieur du vase, et conséquemment en contact avec les deux côtés de la plaque poreuse. En effet, dans ce cas, les molécules gazeuses entrent et sortent par les pores exactement dans la même proportion, et produisent ainsi un échange qui n'est rendu perceptible, ni par un changement de volume, ni par aucun autre phénomène.

Si les gaz en communication sont de nature différente, mais possèdent approximativement la même densité et la même vitesse dans leur mouvement moléculaire, comme cela a lieu, par exemple, pour l'azote et l'oxyde de carbone, il y a alors simplement échange de molécules sans changement de volume. Si au contraire les gaz, communiquant par la paroi poreuse, sont de densités et de vitesses moléculaires différentes, alors la pénétration réciproque cesse évidemment d'être égale dans les deux directions.

Nous avons commencé par ces observations préliminaires avant de passer à la considération des phénomènes que présente le passage d'un gaz à travers la plaque de graphite, dans une seule direction, soit sous pression, soit par l'effet de sa seule force élastique. Nous supposerons que le vide soit maintenu d'un côté du diaphragme poreux, tandis que de l'air ou un autre gaz, soumis à une pression constante, se trouve en contact avec l'autre côté.

Le passage du gaz dans l'espace vide peut s'effectuer de trois manières différentes, ou plutôt de deux autres manières, outre celle que nous venons d'indiquer.

1. Le gaz pénètre dans le vide en passant par une seule ouverture très-petite, percée en mince paroi, telle qu'une piqûre faite avec une pointe en acier très-fine dans une feuille de platine.

La rapidité du passage des différents gaz dépend de leur pesanteur spécifique, conformément à la loi pneumatique que M. John Robinson a déduite du théorème bien connu de Torricelli, sur la vitesse d'écoulement des fluides.

Un gaz se précipite dans le vide avec la vitesse acquise par un corps pesant, en tombant de la hauteur d'une atmosphère du gaz en question et supposée partout d'une densité uniforme.

La hauteur de cette atmosphère uniforme sera en raison inverse de la densité du gaz. L'atmosphère d'hydrogène, par exemple, serait seize fois plus haute que celle de l'oxygène.

Mais la vitesse acquise par la chute d'un corps pesant n'étant pas directement proportionnelle à la hauteur, mais à la racine carrée de la hauteur, il en résulte que la vitesse d'écoulement des différents gaz dans le vide sera en raison inverse de la racine carrée de leurs densités respectives. La vitesse d'écoulement de l'oxygène étant représentée par 1, celle de l'hydrogène sera exprimée par $4 = \sqrt{16}$.

Cette loi a été soumise à une vérification expérimentale (1). La loi d'écoulement des gaz que nous venons de citer est tout à fait analogue à celle qui règle la diffusion moléculaire, mais il importe d'observer tout de suite que les phénomènes d'écoulement ou d'*effusion* sont très-distincts et d'une nature essentiellement différente de ceux de *diffusion*.

C'est le gaz en masse qui participe aux mouvements d'effusion, tandis que ce ne sont que les molécules du gaz qui sont affectées par le mouvement de diffusion : généralement la vitesse d'écoulement d'un gaz est plusieurs milliers de fois plus grande que la vitesse de diffusion. La vitesse d'écoulement de l'air est aussi rapide que la vitesse de translation du son.

2. Si l'orifice d'écoulement est percé en parois de plus en plus épaisses et finit par constituer un véritable tube, les vitesses d'effusion sont soumises à des perturbations. On observe cependant encore un rapport constant entre les vitesses d'écoulement des différents gaz, lorsque le tube capillaire acquiert une longueur assez considérable, c'est-à-dire lorsque la longueur dépasse au moins 4,000 fois le diamètre.

Ces nouveaux rapports constituent les lois de la *transpiration capillaire* des gaz (2); elles ne varient pas, que le tube capillaire soit en cuivre ou en verre, et paraissent indépendantes de sa nature et de sa composition.

Cela provient sans doute de ce qu'une couche de gaz excessivement ténue reste adhérente à la surface interne du tube, et que le frottement a lieu en réalité entre les molécules du gaz, et ne peut être influencé par la nature de la substance du tube.

Les vitesses de transpiration ne dépendent pas de la densité et sont en réalité singulièrement différentes des vitesses d'effusion. La vitesse de transpiration de l'oxygène étant = 1, celle du chlore = 1,5, celle de l'hydrogène = 2,26; celle de la vapeur d'éther à de basses tempéra-

(1) Sur le mouvement des gaz, *Philosophical Transactions*, p. 573 (1846).

(2) Sur le mouvement des gaz, *Philosophical Transactions*. 1846, p. 591, et 1849, p. 349.

tures égale ou presque égale à la vitesse de l'hydrogène; celle de l'azote et de l'oxyde de carbone est presque la moitié de celle de l'hydrogène; celle du gaz oléfiant, de l'ammoniaque et du cyanogène = 2, c'est-à-dire le double environ de celle de l'oxygène; celle de l'acide carbonique = 1,376, et celle du gaz des marais = 1,815.

Pour le même gaz la *transpirabilité* pour des volumes égaux croît avec la densité, soit que celle-ci augmente par le froid, soit qu'elle s'accroisse par la pression.

Les rapports entre les vitesses de transpiration des différents gaz ne paraissent présenter aucune relation constante avec les autres propriétés connues de ces mêmes gaz, et constituent une classe de phénomènes extrêmement remarquables, précisément par leur isolement au milieu des faits connus concernant les gaz.

L'une des propriétés de la transpiration est immédiatement applicable à la pénétration des gaz à travers les pores de la plaque de graphite. Les tubes capillaires offrent au passage du gaz une résistance analogue à celle qui est due au frottement, en ce sens qu'elle croît proportionnellement avec la surface et augmente par conséquent à mesure que les tubes se multiplient ou diminuent de diamètre, la section totale du passage des gaz restant constante.

La résistance au passage d'un liquide dans un tube capillaire est, d'après les observations de M. Poiseuille, très-approximativement en raison directe de la quatrième puissance du diamètre du tube.

Pour les gaz, cette résistance augmente aussi très-rapidement dans les mêmes circonstances, mais la loi n'en a pas encore été déterminée.

Il en résulte cependant avec certitude cette conséquence qu'en diminuant de plus en plus, et pour ainsi dire indéfiniment, le diamètre des tubes capillaires, on ralentit aussi à peu près indéfiniment l'écoulement du fluide, au point qu'il cesse d'être appréciable. On peut donc concevoir un assemblage de tubes capillaires assez nombreux pour que leurs sections réunies constituent une large surface, chaque tube individuel étant cependant trop étroit pour permettre un écoulement sensible de gaz, même sous pression. Une masse solide et poreuse peut parfaitement présenter les mêmes conditions de résistance à la pénétration qu'une agrégation de tubes capillaires; et en effet cet état de porosité paraît être réalisé d'une manière plus ou moins approximative par toutes les masses minérales résultant d'une agrégation de particules légères et peu compactes, telles que la chaux vive, le plâtre, le stuc, la craie, l'argile calcinée, les poudres terreuses non cristallines analogues à l'hydrate de chaux ou à la magnésie qui ont été soumises à une compression énergique; mais c'est le graphite artificiel qui présente peut-être au plus haut degré cet état de porosité.

3. Une plaque de graphite artificiel, bien qu'elle paraisse pratiquement impénétrable aux gaz sous le rapport des deux genres de passage que nous venons de citer, peut être facilement traversée par l'effet du mouvement moléculaire ou de diffusion des gaz. On le démontre en comparant le temps nécessaire pour le passage de volumes égaux de différents gaz soumis à une pression constante. Déjà antérieurement on avait trouvé les nombres suivants pour le passage, dans un tube de verre capillaire, de volumes égaux d'oxygène, d'hydrogène et d'acide carbonique placés dans les mêmes conditions de pression et de température.

Temps exigé pour la transpiration capillaire.

Oxygène	1
Acide carbonique	0,72
Hydrogène	0,44

Le passage des mêmes gaz sous la pression d'une colonne de mercure de 100 millimètres de hauteur, à travers une plaque de graphite artificiel de 1/2 millimètre d'épaisseur, donne les résultats suivants :

Temps employé pour le passage moléculaire.

		Racine carrée de la densité. (Oxygène = 1.)
Oxygène	1	1
Acide carbonique	1,1886	1,1760
Hydrogène	0,2472	0,2502

Il paraît d'après cela, que la durée du passage à travers la plaque de graphite ne présente aucune relation avec le temps exigé pour la transpiration capillaire de ces mêmes gaz, temps que nous avons indiqué plus haut.

Les nombres observés se rapprochent en outre beaucoup de ceux que fournit le calcul pour les racines carrées des densités des trois gaz, comme le montre le dernier tableau, et jusque-là ils s'accordent avec les *temps de diffusion* théoriques qui sont généralement attribués à ces mêmes gaz.

Pour multiplier les expériences en les variant, on dispose la plaque de graphite de manière à faire pénétrer les gaz dans le vide de Torricelli, en les soumettant par conséquent à la pression entière de l'atmosphère.

Des volumes égaux de gaz exigèrent pour la pénétration les temps suivants :

	Temps.	Racine carrée de la densité.
Oxygène	1	1
Air atmosphérique	0,9501	0,9507
Acide carbonique	1,1860	1,1760
Hydrogène	0,2505	0,2502

Cette pénétration des gaz à travers les pores de la plaque de graphite paraît être due à leur mouvement moléculaire propre, sans que les phénomènes de transpiration y prennent la moindre part.

Elle semble offrir l'exemple le plus simple possible du mouvement moléculaire ou de diffusion. Ce résultat doit être attribué à la porosité d'une si admirable finesse que présente la plaque de graphite. Les pores ou canaux paraissent être assez petits pour empêcher complétement la transpiration et le passage en masse.

On pourrait comparer le graphite à une espèce de tamis moléculaire qui ne laisse passer que des molécules.

Avec une plaque en *stuc*, la pénétration des gaz sous pression est très-rapide, et les volumes d'air et d'hydrogène qui passent dans le même temps sont dans le rapport de 1 à 2,891. Ce dernier nombre se rapportant à l'hydrogène, est intermédiaire entre le volume de transpiration = 2,04 et celui de diffusion = 3,8, et indique que le passage des gaz à travers le stuc n'est point un résultat simple, dû à une cause unique, mais la résultante de deux causes réunies.

Avec une plaque de *biscuit* d'une épaisseur de $2^{mm},2$, le volume d'hydrogène (l'air étant = 1) atteignit 3,754, se rapprochant donc beaucoup de 3,8, nombre exprimant l'effet du mouvement moléculaire. Pour le même gaz, la rapidité de passage à travers le graphite paraît être très-approximativement proportionnelle à la pression.

On observe en outre que l'hydrogène pénètre dans le vide à travers la plaque de graphite sensiblement avec la même vitesse absolue que lorsque le même gaz se diffuse dans l'air; ce fait important démontre que la force d'impulsion est la même dans les deux cas.

La mobilité moléculaire peut donc être considérée comme identique avec le mouvement de diffusion des gaz; le passage d'un gaz dans le vide à travers une plaque poreuse, comme diffusion dans un seul sens ou une seule direction, c'est-à-dire comme diffusion simple, et la diffusion ordinaire ou le passage de deux gaz dans des directions opposées, comme diffusion double, composée ou réciproque.

Atmolyse. — Les considérations précédentes permettent de prévoir qu'on peut arriver à une séparation partielle d'un mélange de gaz et vapeurs de diffusibilités différentes, en permettant à ce mélange de se diffuser à travers une plaque de graphite dans le vide. Cette nouvelle méthode d'analyse présentant un caractère pratique et étant susceptible d'applications très-étendues, il paraît convenable de la distinguer par un nom spécial (*atmolyse*). La séparation sera d'autant plus complète que la pression sera plus grande, et elle atteint son maximum en permettant aux gaz de se diffuser dans un vide presque parfait.

Un grand nombre d'expériences ont été faites à ce point de vue ; les plus intéressantes sont sans doute celles qui ont rapport à la concentration de l'oxygène de l'air atmosphérique. Une certaine quantité d'air renfermée dans un ballon étant mise en communication avec le vide, à travers une plaque de graphite, l'azote devra passer plus rapidement que l'oxygène dans le rapport de 1,0668 à 1, et la proportion d'oxygène doit en conséquence augmenter dans l'air qui n'a pas encore quitté le ballon. En effet, l'augmentation de la proportion d'oxygène fut trouvée, (le volume initial d'air du ballon étant 1) :

Réduction de volume.		Accroissement de la proportion d'oxygène.	
0,4	volume, de	0,48	pour 100
0,25	»	0,98	»
0,125	»	1,54	»
0,0625	»	2,02	»

En d'autres termes, la quantité d'oxygène s'était accrue de 21 à 23,02 pour 100 dans le dernier seizième d'air restant dans le ballon.

Les effets de séparation les plus remarquables furent produits au moyen du *tube atmolyseur*.

Celui-ci consiste tout simplement en un tube très-étroit en porcelaine ou en poterie non vernie, tel qu'un tuyau de pipe à fumer en terre de deux pieds de longueur, fixé au moyen de bouchons dans un tube en verre plus court et plus large, de manière à figurer l'assemblage d'un réfrigérant de Liebig. Le tube en verre est mis en communication avec une machine pneumatique, de manière à maintenir le vide le plus complet possible dans l'espace annulaire compris entre les deux tubes.

On dirige ensuite un courant d'air atmosphérique ou d'un mélange quelconque de gaz dans le tuyau en terre de pipe, et on recueille les gaz à mesure qu'ils se dégagent à l'autre extrémité du tuyau. Le mélange de gaz ainsi *atmolysé* a évidemment diminué de volume, de toute la quantité de gaz qui a passé, à travers les pores du tuyau en terre, pour se rendre dans le tube en verre et de là dans le récipient de la machine pneumatique. Plus le courant de gaz est lent dans le tuyau en terre, plus la perte en volume sera considérable.

Mais par contre, dans le gaz recueilli, les éléments gazeux les plus denses auront été concentrés dans un rapport arithmétique, tandis que le volume total du mélange aura diminué dans un rapport géométrique. Dans l'une des expériences, la proportion d'oxygène dans l'air atmosphérique, qui avait traversé le tube atmolyseur, s'était élevée à 24,50 %.

En opérant avec des gaz de densité et de diffusibilité aussi différentes que celles qui existent entre l'oxygène et l'hydrogène, la séparation est évidemment beaucoup plus complète. Un mélange détonant de 2 volumes d'hydrogène et de 1 volume d'oxygène, en passant par le tube *atmolyseur*, fournit un mélange ne renfermant plus que 9,3 pour 100 d'hydrogène, dans lequel on peut faire brûler une bougie sans provoquer d'explosion; en opérant avec un mélange de volumes égaux d'oxygène et d'hydrogène, la proportion de ce dernier gaz est aisément réduite de 50 à 5 pour 100.

Inter-diffusion, double diffusion des gaz. — La construction du diffusiomètre a reçu un perfectionnement important de la part de M. le professeur Bunsen, par l'addition d'un levier disposé de manière à soulever ou à déprimer le tube dans la cuve à mercure.

Mais la masse de stuc faisant fonction de plaque poreuse dans son instrument, nous semble être trop volumineuse, et susceptible de se détacher spontanément des parois du tube, lorsqu'elle est séchée à l'aide de la chaleur.

L'illustre savant ne paraît d'ailleurs plus attacher une extrême importance au nombre 3,4 qu'il avait obtenu pour l'hydrogène. Il est certainement assez remarquable que dans mes anciennes expériences les nombres trouvés, pour l'hydrogène, dépassaient plutôt, au lieu d'en approcher seulement, le nombre théorique $\frac{1}{\sqrt{0,0926}} = 3,7994$.

En se servant de stuc comme diaphragme, les cavités de la plaque poreuse forment environ un quart du volume et affectent sensiblement le nombre en question, suivant qu'elles sont ou ne sont pas comprises dans la capacité de l'instrument.

En commençant constamment la diffusion avec ces cavités remplies d'hydrogène, les nombres actuellement obtenus en employant une plaque de stuc de 12 millimètres d'épaisseur et séchée sans l'aide de la chaleur, ont été 3,783, 3,8 et 3,739. Lorsque le volume des cavités du stuc était ajouté à la fois à l'air et à l'hydrogène, les nombres étaient 3,931 à 3,940 et 3,883, lorsque cette addition n'était point faite à ces volumes.

La plaque de graphite, au contraire, en raison de son peu d'épaisseur, et du volume trop minime de ses pores pour qu'il soit nécessaire d'en tenir compte, ne présente point une pareille cause d'incertitude. Avec une plaque de graphite de 2 millimètres d'épaisseur, le nombre pour le passage de l'hydrogène dans l'air a été trouvé = 3,876, et pour le passage de l'hydrogène dans l'oxygène = 4,124 (au lieu de 4).

En employant une plaque de graphite de 1 millimètre d'épaisseur, l'hydrogène fournit le nombre 3,993, l'air étant 1. Avec une plaque de $0^{mm},5$ d'épaisseur, les nombres exprimant le rapport de l'hydrogène à l'air s'élevèrent à 3,984, 4,068 et 4,067. Une pareille divergence entre le nombre expérimental et le nombre théorique a été observée également en diffusant de l'hydrogène dans l'oxygène ou dans l'acide carbonique, au lieu de le diffuser dans l'air. Toutes ces expériences ont été faites sur le mercure et avec des gaz desséchés.

On voit que les nombres fournis par ces expériences se rapprochent d'autant plus de ceux de la théorie que la plaque de graphite est plus épaisse, et que la diffusion se fait par suite avec une plus grande lenteur. Lorsque la diffusion est très-rapide, comme cela arrive avec des plaques très-minces, il est possible qu'il se forme quelque chose de semblable à des courants dans les canaux du graphite, courants qui suivent la direction de l'hydrogène, et qui dans leur masse font rétrograder une petite quantité d'air ou du gaz plus lent, quel qu'il soit.

On ne peut guère se rendre compte d'une autre manière de cette légère prédominance que le gaz le plus léger et le plus rapide semble toujours acquérir pendant la diffusion à travers un diaphragme poreux.

En dernier lieu, il apparaît que la mobilité moléculaire ou diffusive exerce une certaine influence sur l'échauffement des gaz par le contact avec des surfaces liquides ou solides chauffées.

C'est le contact des molécules gazeuses avec une surface possédant une température différente qui paraît être la condition du transport de la chaleur ou du mouvement calorique de l'une à l'autre.

Plus le mouvement moléculaire du gaz est rapide, plus le contact des molécules sera fréquent, plus vite aussi s'effectuera la communication de la chaleur. De là probablement le grand pouvoir refroidissant de l'hydrogène comparé à celui de l'oxygène ou de l'air. Les trois gaz possèdent à volume égal la même chaleur spécifique, mais un objet échauffé placé dans l'hydrogène est réellement touché 3,8 fois plus souvent que s'il se trouvait dans l'air, et 4 fois plus souvent que s'il était environné d'une atmosphère d'oxygène.

Dalton avait déjà attribué cette propriété refroidissante particulière de l'hydrogène à sa grande « *mobilité.* » Cette même propriété moléculaire de l'hydrogène le recommande pour l'application dans les machines à air où il s'agit de chauffer et de refroidir alternativement et rapidement des volumes enfermés de gaz.

CHIMIE MINÉRALE.

Sur les cyanures de cuivre et quelques-unes de leurs combinaisons, par M. A. LALLEMAND (1).

L'auteur a été conduit à l'examen de ces composés après avoir observé le dépôt d'un sel cristallisé d'une belle couleur violette, rappelant le violet d'aniline, dépôt qui s'était formé, à la longue, dans un bain de cuivrage obtenu en dissolvant, par le cyanure de potassium en excès, le précipité d'abord formé par ce réactif dans un sel de bioxyde de cuivre.

Il existe deux cyanures de cuivre CuCy et Cu^2Cy. Le premier est très-instable; on ne peut l'obtenir pur qu'en traitant le bioxyde de cuivre, récemment précipité, par l'acide cyanhydrique; c'est une poudre verte amorphe qui, à une température inférieure à 100°, dégage du cyanogène pur et laisse une poudre blanche qui est le protocyanure Cu^2Cy.

Ce dernier composé est d'une grande stabilité; il fond au-dessous du rouge et ne se décompose qu'au rouge blanc; il est soluble dans l'ammoniaque, et cette dissolution se colore à l'air en bleu foncé, comme celle du protochlorure de cuivre; le protocyanure de cuivre s'unit aux cyanures alcalins en donnant des cyanures doubles cristallisables, très-peu solubles à froid, plus solubles à chaud, et qui correspondent à la formule générale

$$MCy,2Cu^2Cy.$$

Les cyanures doubles résultant de l'union de Cu^2Cy, soit avec le cyanure de potassium, soit avec le cyanure d'ammonium, appartiennent au système du prisme droit rectangulaire et paraissent isomorphes; ils sont anhydres; ils précipitent en blanc les sels neutres de

(1) *Comptes rendus*, t. LVIII, p. 750 (1863).

bioxyde de mercure, en gris les sels d'argent, en échangeant le métal alcalin contre le nouveau métal en présence dans la dissolution. Avec les sels de bioxyde de cuivre on obtient un précipité vert qui renferme

$$CuCy,2Cu^2Cy.$$

On ne peut assimiler ces composés au cyanoferrure de potassium et les envisager comme des cyanocuivrures alcalins; en effet, les acides les plus faibles décomposent le cyanure alcalin et mettent le protocyanure de cuivre en liberté. Le beau sel violet qui a conduit l'auteur à ces recherches est le cyanure double de cuivre et d'ammonium qui a pour formule.

$$AzH^4Cy,2Cu^2Cy.$$

A l'état de pureté, cependant, ce sel est blanc; il devait sa couleur à une très-petite quantité de cyanoferrure de cuivre rouge qu'on en séparait aisément par l'acide azotique étendu.

Lorsqu'on verse peu à peu un sel de bioxyde de cuivre dans un cyanure alcalin exempt de carbonate, le précipité d'abord formé se redissout par l'agitation; la liqueur s'échauffe, prend une teinte rose et finit par passer au rouge vineux; en même temps il se dégage une forte odeur de cyanogène; en continuant à verser le sel de cuivre, la liqueur se décolore et on obtient un abondant précipité cristallin qui est le cyanure double $KCy,2Cu^2Cy$, si l'on a employé KCy. Ce précipité est toujours mélangé de Cu^2Cy libre et d'un peu de matière noire provenant de la décomposition du cyanogène par l'eau. Lorsque le cyanure de potassium est versé dans le sel de bioxyde de cuivre en excès, il y a encore dégagement de cyanogène, et le précipité formé contient, outre le cyanure double, une certaine quantité du cyanure de cuivre intermédiaire signalé plus haut. Avec le cyanure d'ammonium on a des réactions semblables.

Faits pour servir à l'histoire du thallium, par **M. G. WERTHER** (1).

Pour extraire le thallium des boues qui le renferment, l'auteur traite celles-ci à l'ébullition par de la soude, puis, pour éviter une longue évaporation, il précipite la solution par un excès de sulfhydrate d'ammoniaque, traite le précipité par l'acide sulfurique, additionné de quelques gouttes d'acide azotique; après cristallisation du sulfate de thallium, il le redissout dans l'eau, le précipite par l'iodure de potassium, et fond l'iodure de thallium avec du cyanure de potassium. Ce

(1) *Journal für praktische Chemie*, t. XCI, p. 385, 1864. N° 7.

moyen est préférable à la précipitation du thallium par le zinc, parce que le moment précis où cette précipitation est complète est difficile à saisir. Après avoir traité les boues par la soude, l'auteur les a reprises par l'acide sulfurique et l'acide sulfureux pour réduire le thallium à l'état de protoxyde, dans le cas où il serait dans le résidu à l'état de peroxyde; la solution a été précipitée par de l'iodure de potassium, qui y a donné un précipité d'iodure de plomb et d'iodure de thallium. Pour séparer ces deux iodures, l'auteur les fait bouillir avec de la potasse, qui dissout l'iodure de plomb, et des traces seulement d'iodure de thallium (1).

Quant aux degrés d'oxydation du thallium, l'auteur pense qu'il n'en existe que deux, le protoxyde TlO et le peroxyde TlO^3, qui se présente soit à l'état brun, soit à l'état noir.

Peroxyde de thallium. — L'oxyde brun est insoluble dans les alcalis; une température peu élevée le décompose déjà en partie; aussi lorsque l'on chauffe cet oxyde à 60 ou 70° (même à 20°?) et qu'on le lave ensuite à l'eau, on lui enlève du protoxyde de thallium; néanmoins son poids ne change pas notablement parce que le protoxyde formé se transforme en carbonate.

Le peroxyde de thallium brun se dissout facilement dans les acides chlorhydrique, sulfurique et autres, et en est de nouveau précipité entièrement par les alcalis, et lorsque l'oxyde est récemment précipité, ou lorsqu'on n'a pas soumis la liqueur à une évaporation prolongée, la liqueur alcaline filtrée ne contient pas trace de protoxyde de thallium.

Perchlorure de thallium. — $TlCl^3$. Le meilleur moyen d'obtenir ce composé est de traiter le thallium, sous l'eau, par du chlore; ce perchlorure ne se forme jamais, d'après l'auteur, par le traitement du thallium ou du protochlorure de thallium par l'eau régale; dans ce cas il ne se forme que le chlorure jaune Tl^2Cl^3 (2).

Lorsqu'on a fait passer assez de chlore dans la liqueur, ce que l'on reconnaît en ajoutant du bichlorure de platine, qui ne précipite que le protochlorure de thallium, puis un courant d'acide carbonique pour chasser l'excès de chlore et qu'on évapore ensuite dans le vide, on obtient ainsi une masse cristalline composée de prismes assez volumi-

(1) La potasse bouillante dissout d'assez grandes quantités d'iodure de thallium, mais celui-ci se dépose en entier par le refroidissement à l'état de cristaux microscopiques rouges qui reprennent au bout de quelques jours la couleur jaune ordinaire de l'iodure de thallium. Ed. W.

(2) Cette assertion n'est pas fondée; lorsqu'on prolonge, en effet, l'action de l'eau régale, on transforme *tout* le thallium en perchlorure $TlCl^3$. Ed. W.

neux. Ces cristaux retiennent encore de l'eau à 60°, et à cette température ils perdent déjà du chlore; ils ont pour composition :

$$TlCl^3 + 2HO.$$

Soumis longtemps à la température de 100°, ce chlorure se réduit en grande partie, et il reste des chlorures intermédiaires, généralement du sesquichlorure. Celui-ci est très-soluble et déliquescent, et conserve ces propriétés tant que sa réduction n'est pas très-avancée.

Lorsque l'on traite le peroxyde de thallium directement par l'acide chlorhydrique, on observe la formation d'aiguilles blanches nacrées peu solubles; celles-ci renferment 30,60 pour 100 de perchlorure et 69,30 de protochlorure.

Dosage du thallium. — Le thallium peut se présenter dans une combinaison à l'état de protoxyde ou de peroxyde, ou aux deux états à la fois.

Le dosage du protoxyde par le bichlorure de platine est difficile parce que le précipité de chloroplatinate est si ténu qu'il passe en partie à travers les filtres.

Le dosage par l'iodure de potassium, donne de meilleurs résultats, à la condition d'opérer en présence d'un excès d'ammoniaque, de filtrer à froid et de ne pas faire la précipitation dans une liqueur trop étendue. L'iodure de thallium est insoluble dans l'iodure de potassium, dans l'hyposulfite de soude et dans d'autres sels, mais il est un peu soluble dans la potasse caustique et dans les acétates alcalins en présence d'un excès d'acide acétique.

La séparation du protoxyde et du peroxyde de thallium peut se faire en précipitant d'abord le peroxyde par l'ammoniaque, puis la liqueur filtrée par l'iodure de potassium.

Les sels de peroxyde de thallium donnent avec l'iodure de potassium un précipité d'iode et de protoiodure de thallium; l'auteur a fondé sur cette propriété une méthode d'analyse volumétrique qu'il fera connaître ultérieurement.

Il a vérifié la formule du protoiodure de thallium et en même temps l'équivalent du thallium; ses résultats s'accordent avec ceux de M. Lamy.

Parmi les combinaisons du protoxyde, l'auteur a analysé un hyposulfite double de thallium et de sodium, cristallisé en longues aiguilles. Ce sel a pour composition $3(NaO,S^2O^2) + 2(TlO,S^2O^2) + 10HO$. Les autres sels qu'il a analysés sont le fluosilicate qui cristallise dans le système régulier et l'hyposulfate, mais il n'en indique pas la composition.

Recherches sur le vanadium, par **M. C. CZUDNOWICZ** (1).

On a mis en doute dans ces derniers temps la formule attribuée par Berzelius à l'acide vanadique et, en effet, l'isomorphisme de la vanadinite avec la pyromorphite devait porter les chimistes à attribuer à cet acide une constitution analogue à celle de l'acide phosphorique.

L'auteur s'est proposé de vérifier cette hypothèse.

Il passe d'abord en revue tous les minéraux vanadifères signalés jusqu'ici. Il fait remarquer que la vanadinite rhombique de Carinthie, analysée par M. Tschermak, n'est pas un vanadate monoplombique, comme l'avait dit M. Tschermak, mais bien un vanadate triplombique.

L'eusynchite de Hofsgrund, près Fribourg (densité 5,27 à 5,53), lui a donné à l'analyse :

	I.	II.
Oxyde de plomb	56,47	53,91
Oxyde de zinc	16,78	21,41
Acide vanadique (2)	25,55	19,16
Silice	3,20	5,11
Acide phosphorique		traces
	100,00	100,00

D'après cela, l'eusynchite est un vanadate de plomb et de zinc de la formule

$$3(PbO,ZnO),VO^3.$$

L'acide vanadique se sépare difficilement du zinc. Le meilleur procédé consiste à réduire l'acide vanadique et à faire digérer ensuite pendant longtemps la liqueur avec du carbonate de soude. Si la réduction de l'acide vanadique n'est pas complète, le précipité renferme du vanadium et est coloré au lieu d'être blanc. Dans ce cas, il faut le redissoudre.

L'acide vanadique, employé dans ce travail, a été extrait d'un minerai de fer oxydé hydraté de Haverlok, qui fournit 0,1 % d'acide vanadique. Le minerai, réduit en poudre fine, est chauffé au rouge pendant quelques heures avec le tiers de son poids d'azotate de soude et repris par l'eau chaude jusqu'à ce que les eaux de lavage ne donnent plus la réaction de l'acide vanadique avec l'éther ozonisé.

Il est bon de calciner le résidu une seconde fois avec de l'azotate de soude.

L'extrait aqueux est concentré, puis additionné d'acide azotique, en

(1) *Poggendorff's Annalen der Physik und Chemie*, t. CXX, p. 17. 1863. N° 9.

(2) Par différence.

ayant soin de laisser la liqueur faiblement alcaline. Il se sépare un volumineux précipité, consistant en alumine, silice et phosphates, qu'on enlève à l'aide d'un filtre. La liqueur est précipitée par un excès de chlorure de barium ; au bout d'un certain temps, le précipité est jeté sur un filtre, lavé à l'eau et mis en digestion avec de l'acide sulfurique concentré; le mélange étant étendu d'eau, est filtré. Le résidu est traité une seconde fois par l'acide sulfurique.

Les liqueurs sulfuriques renferment le vanadium et le chrome; elles sont évaporées jusqu'à siccité. Après le refroidissement, la masse pâteuse est dissoute dans l'eau et sursaturée d'ammoniaque. Il se forme un volumineux précipité, qui est séparé par filtration.

La liqueur renferme du sulfate et du vanadate d'ammoniaque; ce dernier sel s'y dépose sous forme de paillettes cristallines étoilées d'un éclat métallique.

Le précipité renferme tout le chrome combiné avec de l'acide vanadique et des oxydes inférieurs de vanadium. Il verdit à l'air, et l'ammoniaque lui enlève à la longue à l'air tout le vanadium, sauf celui qui est à l'état de vanadate de chrome. Le résidu étant fondu avec du carbonate de soude et lavé, donne l'acide vanadique.

Les liqueurs vertes évaporées, avec addition d'ammoniaque, se décolorent par oxydation. Quand le volume en a été considérablement réduit et qu'une grande partie du sel s'est séparée, on laisse refroidir on filtre et on lave le vanadate d'ammoniaque recueilli sur le filtre, avec une solution concentrée de chlorhydrate d'ammoniaque.

Les eaux de lavage donnent encore un peu de vanadate d'ammoniaque. Puis, les dernières eaux-mères sont traitées par le sulfhydrate d'ammoniaque et par l'acide sulfurique, qui précipitent le reste du vanadium à l'état de sulfure.

Le vanadate d'ammoniaque, calciné d'abord doucement, puis d'une manière plus énergique, fournit l'acide vanadique sous forme d'une masse cristalline fusible.

Il faut éviter de chauffer fortement, dès l'abord, pour ne pas réduire une partie de l'acide par l'ammoniaque.

En réduisant l'acide vanadique par l'hydrogène dans un tube de verre peu fusible, on a obtenu un oxyde inférieur du vanadium, avec une perte d'oxygène de 16,8 %. C'est ce qui avait été aussi reconnu par Berzelius, mais mis en doute par M. Schafarik (1).

L'hydrogène sulfuré transforme l'acide vanadique en sulfure de va-

(1) *Bulletin de la Société chimique*, nouv. sér., t. I, p. 23 (1864).

nadium; mais cette réaction ne peut servir à donner aucune indication sur la constitution de l'acide vanadique, le sulfure de vanadium se décomposant déjà à la température à laquelle l'hydrogène sulfuré réagit sur l'acide vanadique.

Le vanadate d'ammoniaque et le vanadate de baryte qu'on en dérive renferment des quantités de base et d'acide, telles que, l'oxygène de la base étant 1, celle de l'acide est 3. Il en est autrement pour les vanadates naturels, où l'oxygène de la base est égal à celui de l'acide. Lorsqu'on fond ensemble de l'acide vanadique et du carbonate de soude, 1 molécule d'acide vanadique élimine 3 molécules d'acide carbonique.

Lorsqu'on fait digérer ensemble de l'acide vanadique avec de l'acide chlorhydrique, il se dégage du chlore, et la liqueur verdit. L'hydrogène naissant réduit aussi la solution sulfurique d'acide vanadique et donne une liqueur verte; dans cette réaction, la réduction est complète, ce qui n'a pas lieu avec l'acide chlorhydrique. On peut réoxyder complétement la solution verte à l'aide du permanganate de potasse. En utilisant ces deux réactions inverses, et en employant une quantité pesée d'acide vanadique et une solution titrée de permanganate, on peut s'assurer que VO^3 perd $HO\,^3/_2$ pour passer à l'état d'oxyde vert. Cet oxyde est dosé à l'état de sesquioxyde V^2O^3.

Le permanganate de potasse a également servi à l'auteur pour établir la formule du protoxyde de vanadium, qui, d'après Berzelius, était VO^2.

Ayant dissous une quantité pesée d'acide vanadique dans l'acide sulfurique, et ayant fortement étendu la liqueur, on y a fait passer de l'hydrogène sulfuré jusqu'à saturation. On a chassé l'excès d'hydrogène sulfuré par l'ébullition, puis on a procédé au titrage par le permanganate.

D'après trois expériences, la quantité d'oxygène perdue par VO^3 est O^2. Le protoxyde de vanadium est donc VO, et le sulfate vanadeux, formulé par Berzelius,

$$VO^2,2SO^3 + 4HO, \text{ devient } VO,2SO^3 + 5HO;$$

cette dernière formule s'accorde bien avec l'analyse de Berzelius.

Il existe donc au moins trois oxydes bien définis de vanadium.

Le *protoxyde* VO, qui s'obtient en calcinant l'acide vanadique dans un courant d'hydrogène, ou bien en fondant du vanadate d'ammoniaque et du chlorure de sodium dans un creuset fermé. On peut difficilement préparer cet oxyde par voie humide, car il se peroxyde trop facilement. Les sels sont d'un beau bleu d'azur, solubles, difficilement cristallisables. Le carbonate de soude, en dissolution concentrée, colore les sels vanadeux en brun foncé; la couleur devient plus intense lorsqu'on chauffe la liqueur. Le ferrocyanure et le ferricyanure de potassium les précipitent en jaune verdâtre.

Le sesquioxyde V^2O^3 est d'un vert foncé sale. Ses sels ne paraissent pas cristalliser. Les solutions ne s'oxydent pas à l'air lorsqu'elles sont acides, mais bien lorsqu'elles sont alcalines. A l'air, les sels de protoxyde de vanadium se transforment en sels de sesquioxyde.

L'*acide vanadique* VO^3 forme plusieurs séries de sels : les sels neutres RO,VO^3, les bivanadates $RO,2VO^3$, les sels $3RO,5VO^3$, les trivanadates $RO,3VO^3$, et enfin les vanadates tribasiques $3RO,VO^3$. Il se combine avec les acides et forme avec eux quelques sels cristallisables.

Sur l'acide cobaltique, par M. WINKLER (1).

Dans une note précédente (2), l'auteur avait conclu de ses analyses la formule CoO^5 pour l'acide cobaltique; il avait opéré en réduisant l'acide cobaltique pour l'acide sulfureux et dosant l'acide sulfurique formé; il revient maintenant sur ses analyses dans lesquelles s'était glissée une cause d'erreur : l'acide sulfureux n'avait pas été entièrement purgé d'acide sulfurique, de sorte que la détermination de ce dernier s'était trouvée altérée en plus. De nouvelles déterminations, faites avec plus de précautions, ont conduit l'auteur à assigner à l'acide cobaltique la formule CoO^3.

La formation de l'acide cobaltique, pouvait être attribuée à trois agents : l'air atmosphérique, l'eau et la potasse. Le premier agent seul n'exerce pas d'action, car l'oxydation a lieu lorsqu'on opère dans un appareil rempli d'hydrogène, et avec de l'eau purgée d'air. Quant au second agent, son action devait être écartée, *à priori*, car le cobalt décomposant l'eau, en présence de la potasse, la production simultanée d'hydrogène est un obstacle à la formation d'un degré supérieur d'oxydation du cobalt. Une expérience directe a confirmé cette prévision.

Restait le dernier agent d'oxydation, la potasse. L'auteur n'a pas pu s'assurer d'une manière certaine si cet agent produit seul l'action oxydante; celle-ci pourrait être due à du peroxyde de potassium, si ce dernier, qui est décomposé par l'eau, pouvait exister dans l'hydrate de

(1) *Journal für praktische Chemie*, t. XCI, p. 351 (1864). N° 6.

(2) Voyez *Bulletin de la Société chimique*. Nouv. série, t. II, p. 34 (1864).

potasse; on a constaté du reste directement que cet hydrate en était exempt. L'action oxydante de la potasse pouvait aussi être provoquée par la présence de petites quantités d'azotite qui, suivant M. Schoenbein, existe toujours dans la potasse caustique. Les expériences de l'auteur qui avaient pour but de détruire l'acide azoteux qui pouvait exister dans la potasse ne l'ont pas amené à une conclusion.

Presque toutes les combinaisons cobaltiques traitées par la potasse donnent naissance à de l'acide cobaltique.

Le cobaltate de potasse, soumis à l'action d'un courant électrique, donne un dégagement d'oxygène au pôle positif, tandis qu'il se dépose du cobalt métallique au pôle négatif.

Lorsqu'on verse une couche d'éther sur une solution de cobaltate de potasse et qu'on agite, la couche inférieure se colore en brun et renferme de l'hydrate cobaltique. Cette réaction, qui est très-sensible, peut servir à reconnaître la présence de l'acide cobaltique.

CHIMIE ANALYTIQUE.

Sur le dosage de l'acide phosphorique par les sels de magnésie, par M. Robert WARINGTON (1).

On trouve continuellement dans la nature l'acide phosphorique associé à l'oxyde de fer et souvent à l'alumine. C'est à cet état qu'on le rencontre dans le sol, dans les coprolithes et autres phosphates naturels, ainsi que dans un grand nombre de produits animaux et végétaux. La détermination exacte de l'acide phosphorique en présence du fer et de l'alumine est donc un problème qui se présente fréquemment, et dont l'importance en économie rurale est considérable.

Le plus souvent on emploie un procédé qui consiste à séparer la silice par la méthode ordinaire, puis à précipiter la chaux par l'oxalate d'ammoniaque dans une solution faiblement acidulée par l'acide acétique ou oxalique. On filtre après concentration, on traite par l'acide tartrique, et enfin on ajoute un sel de magnésie et un excès d'ammoniaque. Si l'on a employé une quantité suffisante d'acide tartrique, l'oxyde de fer et l'alumine restent en totalité dans la liqueur, et tout

(1) *Annales de Chimie et de Physique*, 4e série, t. I, p. 477.

l'acide phosphorique est précipité à l'état de phosphate ammoniaco-magnésien.

A la première vue, ce procédé paraît répondre parfaitement au but proposé. En réalité, il renferme une cause d'erreur grave, car, dans certaines circonstances, ainsi que le Dr Vœlker l'a indiqué, il se précipite un tartrate de magnésie en même temps que le phosphate ammoniaco-magnésien. Suivant H. Rose, les sels de magnésie, additionnés d'acide tartrique, ne sont pas précipités par l'ammoniaque (1). L'expérience montre cependant que cela n'est vrai que lorsqu'on emploie les réactifs dans certaines proportions. Si l'on prend une solution formée de chlorure de magnésium et de chlorhydrate d'ammoniaque, qu'on la rende fortement ammoniacale (on doit mettre une quantité de sel ammoniacal juste suffisante pour empêcher la précipitation de la magnésie), si l'on ajoute ensuite une petite quantité d'acide tartrique, on obtient, au bout d'un certain temps, un abondant précipité de tartrate de magnésie. Néanmoins, si au lieu d'ajouter une petite quantité d'acide tartrique, on en emploie un grand excès, la solution, quoique rendue fortement ammoniacale, reste parfaitement claire. Au premier aspect cela peut paraître une anomalie. On explique cependant cette réaction en disant que le tartrate de magnésie d'abord formé est complétement soluble dans les sels ammoniacaux et particulièrement dans le tartrate d'ammoniaque. Voilà pourquoi, en ajoutant un grand excès de chlorhydrate d'ammoniaque à la solution magnésienne, on prévient toute formation de précipité comme par l'addition d'un excès d'acide tartrique.

Le précipité de tartrate de magnésie a le même aspect que le phosphate ammoniaco-magnésien. Il se forme lentement, il est blanc et cristallin, il est longtemps en suspension et se dépose à la longue en croûte cristalline très-dure sur les parois du vase. Il est peu soluble dans l'eau ammoniacale et se dissout aisément dans une solution bouillante de chlorure d'ammonium. L'auteur n'a pas eu l'occasion de déterminer avec précision la constitution de ce tartrate. Une détermination approximative de la magnésie contenue dans ce corps m'a appris qu'il contient 3 ou 4 équivalents de base pour 1 d'acide. Une analyse ultérieure de cette substance offrirait peut-être quelque intérêt.

La somme d'erreurs possibles, provenant de la détermination de l'acide phosphorique en présence du tartrate de magnésie, dépend d'abord de la proportion de sel ammoniacal nécessaire pour assurer la

(1) Gmelin, *Cavendish Society Edinburgh*, t. x, p. 290.

dissolution complète de ce sel. Un grand nombre d'expériences ont montré que, sur ce point, les proportions varient considérablement avec l'état de dilution de la liqueur et la quantité d'ammoniaque libre, et qu'en somme les conditions dans lesquelles un précipité de tartrate magnésien se forme ne sont pas rares à rencontrer dans la méthode ordinaire.

Ces conditions sont : 1° l'emploi d'un grand excès de sel magnésien; 2° l'état de dilution de la liqueur; 3° la présence d'une grande quantité d'ammoniaque libre. Toutes ces causes d'erreurs existent très-probablement dans la pratique actuelle.

Dans ces circonstances, l'auteur a trouvé que l'acide citrique, de même que l'acide tartrique, prévient très-bien la précipitation du fer et de l'alumine; et il m'a semblé intéressant d'étudier sa manière de se comporter avec la magnésie. Beaucoup d'expériences ont été entreprises à cette fin et avec un plein succès. On a mêlé en diverses proportions des dissolutions de chlorure de magnésium, d'acide citrique et d'ammoniaque. Dans aucun cas il ne s'est produit le plus léger précipité. C'est, on le voit, une difficulté levée, et nous ne pouvons que recommander la substitution de l'acide citrique à l'acide tartrique. De cette manière on évite les causes d'erreurs, et, sans rendre l'opération plus longue, on n'a pas à craindre la précipitation d'un sel autre que le phosphate ammoniaco-magnésien. L'acide citrique devra être employé surtout dans les analyses où les conditions favorables à la précipitation du tartrate de magnésie se rencontrent le plus souvent.

Il est à peine nécessaire d'ajouter que, lorsqu'on emploie l'acide citrique au lieu de l'acide tartrique, pour prévenir la précipitation de l'oxyde de fer, on doit en ajouter une quantité telle, que la solution rendue ammoniacale ait une légère teinte jaune verdâtre; si on a employé une quantité moindre d'acide citrique, et si la solution est jaune orangé ou rougeâtre, le phosphate ammoniaco-magnésien peut être sensiblement souillé d'oxyde de fer.

CHIMIE ORGANIQUE.

Sur un nouveau mode de préparation des composés zinciques des radicaux alcooliques, par **MM. FRANKLAND** et **DUPPA** (1).

Dans un travail récent, MM. Frankland et Duppa ont indiqué une méthode nouvelle et facile pour préparer les composés mercuriques des radicaux alcooliques, en faisant réagir l'amalgame de sodium sur les iodures de ces radicaux en présence de petites quantités d'éther acétique.

La facilité avec laquelle ces composés se forment dans ces circonstances a fait penser aux mêmes savants qu'il y aurait avantage à les employer pour préparer, par double décomposition, les composés zinciques des mêmes radicaux. L'expérience a confirmé leurs prévisions. En faisant réagir du zinc divisé sur les composés mercuriques des radicaux alcooliques, on peut préparer aisément et en grande quantité les composés zinciques correspondants. Voici la manière d'opérer :

Action du zinc sur le méthyde mercurique.—Dans des tubes capables de résister à une pression de 5 atmosphères, on introduit du zinc en poudre fine et du méthyde mercurique en quantité suffisante pour mouiller la moitié du volume qu'occupe le métal. On scelle le tube à la lampe, puis on le chauffe à 120° au bain d'huile, en le tenant dans une position presque horizontale. Au bout de 24 heures, on ouvre le tube et l'on obtient par distillation le zinc méthyle, volatil à 46° et possédant à 10°,5 une densité = 1,386.

Action du zinc sur l'éthyde mercurique.—La préparation est plus facile encore que la précédente. On prend une cornue non tubulée; on la remplit de zinc en grenailles fines, et l'on ajoute l'éthyde mercurique en ayant soin qu'il n'y ait pas plus de la moitié du zinc qui en soit mouillé; on effile à la lampe le col de la cornue, on chauffe au bain-marie et quand tout l'air est chassé, on ferme d'un coup de chalumeau. On maintient au bain-marie à 100° pendant 36 heures. Dans le cours de l'opération, il faut, 2 ou 3 fois, ouvrir la pointe de la cornue et recueillir sur un verre de montre une petite quantité du produit pour juger du point où est parvenue la réaction, et vérifier si la cornue renferme encore des composés mercuriques. Lorsque la décomposition est complète, il n'y a plus qu'à distiller. Le zinc-éthyle ainsi obtenu est pur et bout à 118°.

(1) *Journal of the Chemical Society*, 2e sér., t. II, p. 29. Janvier 1864.

Action du zinc sur l'amylide mercurique. — Le zinc-amyle n'avait pu encore être isolé; on l'obtient aisément par la méthode de MM. Frankland et Duppa. On opère comme pour le zinc méthyle, c'est-à-dire dans des tubes, et l'on chauffe 36 heures à 130° au bain d'huile. Quand la réaction est terminée, on distille : il passe d'abord vers 50° une petite quantité d'amylène et d'hydrure d'amyle, puis le thermomètre monte rapidement, et tout le reste du produit passe entre 220 et 222°.

Le produit ainsi distillé est le zinc-amyle

$$Zn'' \left\{ \begin{matrix} C^5H^{11} \\ C^5H^{11} \end{matrix} \right. ,$$

liquide, incolore, limpide, mobile, d'odeur amylique, d'une densité de 1,022 à 0°. Il bout à 220° sans altération. Vers 240° il se décompose lentement. Il ne brûle pas spontanément à l'air, mais s'enflamme au contact de l'oxygène pur. L'oxydation lente le transforme d'abord en amylamylate de zinc

$$Zn'' \left\{ \begin{matrix} C^5H^{11} \\ C^5H^{11}O \end{matrix} \right. ;$$

puis en amylate

$$Zn'' \left\{ \begin{matrix} C^5H^{11}O \\ C^5H^{11}O \end{matrix} \right. .$$

Le chlore et l'iode l'attaquent avec énergie.

Action d'autres métaux sur les composés mercuriques. — La facilité des réactions précédentes a engagé MM. Frankland et Duppa à essayer l'action d'autres métaux sur les composés mercuriques des radicaux alcooliques, mais ils n'ont obtenu dans ces expériences aucun résultat suffisamment net.

Le cadmium et le bismuth, il est vrai, décomposent aisément l'éthyle mercurique et donnent, dans les circonstances que nous avons rapportées, une certaine quantité de cadmium-éthyle et de bismuth-éthyle, mais le fer, le cuivre, l'argent et l'or n'agissent que d'une façon irrégulière. Quelquefois le métal s'amalgame, mais les produits de la réaction sont toujours complexes, et l'on n'y retrouve jamais aucun composé organique renfermant le métal soumis à l'expérience.

Sur les produits d'oxydation de l'alcool hexylique β, par MM. J. A. WANKLYN et ERLENMEYER (1).

L'alcool hexylique β donne, par l'oxydation avec le bichromate de potasse et l'acide sulfurique étendu, de l'aldéhyde hexylique β selon l'équation $\beta\, C^6H^{14}O - H^2 = \beta\, C^6H^{12}O$ (2).

(1) *Journal of the Chemical Society*, 2e sér., t. I, p. 307. Septembre 1863.

(2) $C = 12$; $H = 1$; $O = 16$.

Lorsque l'action est poussée plus loin, ce n'est point l'acide caproïque qui prend naissance. Au lieu de fixer simplement un autre atome d'oxygène, la molécule de l'aldéhyde tombe, en quelque sorte, en morceaux, et les produits de cette seconde phase de l'oxydation sont : l'acide butyrique, l'eau et l'acide carbonique.

$$\underset{\substack{\text{Aldéhyde}\\\text{hexylique }\beta.}}{C^6H^{12}O} + O^7 = \underset{\substack{\text{Acide}\\\text{butyrique.}}}{C^4H^8O^2} + 2H^2O + 2CO^2.$$

Cette décomposition remarquable fait voir que deux atomes de carbone dans l'aldéhyde β et dans l'alcool β sont moins fortement liés ensemble que les quatre autres atomes de carbone. On pourrait exprimer la différence qui existe entre la série alcoolique β et la série ordinaire α en joignant les atomes de carbone d'une manière différente dans les deux séries.

Ce dédoublement étrange de l'alcool anormal semble indiquer que la différence entre la série normale et la série anormale est plus profonde que M. Wurtz ne semble le croire. Indépendamment d'un iodure β, d'un alcool β, d'une aldéhyde β, d'un éther β, nous croyons qu'il existe un carbure β (C^nH^{2n}) et un hydrure β.

Aldéhyde hexylique β (β $C^6H^{12}O$). — Du bichromate de potasse et de l'acide sulfurique concentré sont chauffés dans une cornue, et de l'alcool hexylique β est ajouté par petites portions. Une réaction énergique se déclare, et un liquide oléagineux doué d'une odeur pénétrante distille. Ce produit est distillé de nouveau sur du bichromate de potasse et de l'acide sulfurique étendu, puis agité avec une solution aqueuse de potasse et séché sur du carbonate de potasse.

Le liquide obtenu possède l'odeur aromatique et pénétrante qui caractérise les aldéhydes. Il bout d'une manière constante à 127 degrés sous la pression de $0^m,7612$. Sa densité est de 0,8298 à 0 degré et de 0,7846 à 50 degrés. Par conséquent son coefficient de dilatation est de 0,0576 entre 0 et 50 degrés. Il forme avec le bisulfite de soude un composé solide qui dégage l'aldéhyde lorsqu'il est soumis à l'ébullition avec de l'eau.

Il ne réduit pas l'azotate d'argent ammoniacal et ne paraît posséder qu'une tendance très-faible ou nulle à absorber l'oxygène de l'air.

Il n'est point converti aisément en alcool par l'action de l'amalgame de sodium; peut-être même cette action est-elle nulle.

Enfin cette aldéhyde est anormale : car lorsqu'on la soumet à l'oxydation, elle ne donne point d'acide caproïque, mais bien de l'acide butyrique, de l'eau et de l'acide carbonique.

9cc,5 de $\beta C^6H^{14}O$ ont été ajoutés, par petites portions, à un mélange chaud de 14 grammes de bichromate de potasse, 27 grammes d'acide sulfurique et 20 grammes d'eau. La réaction a été violente. Le liquide oléagineux qui avait passé à la distillation a été agité avec une solution de potasse, et la partie oléagineuse a été distillée de nouveau avec du bichromate de potasse et de l'acide sulfurique. Cette opération ayant été répétée plusieurs fois, le liquide alcalin a été concentré au bain-marie, puis distillé avec de l'acide sulfurique. Le liquide acide qui avait passé à la distillation a été neutralisé par l'ammoniaque et la solution précipitée par l'azotate d'argent. On a obtenu un précipité qui possédait, à peu de chose près, la composition du butyrate d'argent. On s'est assuré d'ailleurs que l'acide butyrique prend aussi naissance directement par l'oxydation de l'alcool hexylique β.

Sur quelques combinaisons de l'acétone et sur quelques-uns de ses produits de substitution, par **M. E. MULDER** (1).

Phosphite de baryte et d'acétone. — M. R. Kane, en faisant agir l'iode sur l'acétone, en présence du phosphore, et neutralisant par du carbonate de baryte, avait obtenu une substance incolore à laquelle il assigna la formule $C^3H^6Ba^4PhO^2$.

L'auteur a préparé ce corps et lui a trouvé une composition différente. Pour le purifier, il faut faire digérer avec de l'eau le mélange dans lequel la réaction s'est produite, filtrer, agiter avec du mercure, puis neutraliser par du carbonate de baryte: on précipite alors la liqueur filtrée par de l'alcool, et l'on redissout et précipite plusieurs fois de même, jusqu'à ce que le précipité ne renferme plus d'iode, puis on le sèche dans le vide. Le corps ainsi purifié est soluble dans l'eau, insoluble dans l'alcool; lorsqu'on le chauffe fortement, il répand une odeur d'hydrogène phosphoré; il est combustible, et laisse comme résidu du phosphate de baryte. Sa composition est exprimée par la formule

$$C^3H^6BaPhO^3,$$

et on peut l'envisager comme du phosphite de baryte et d'acétone.

En ajoutant du carbonate de soude à la solution de ce corps, il y a double décomposition; il se précipite du carbonate de baryte, et la liqueur filtrée renferme du phosphite de soude et d'acétone qui s'obtient par évaporation, à l'état d'une masse amorphe.

(1) *Journal für praktische Chemie*, t. XCI, p. 472. 1864. N° 8.

Action de quelques acides sur l'acétone. — L'acide sulfurique, fumant ou monohydraté, agit sur l'acétone en donnant plusieurs produits, mais sans s'y combiner directement ; il en est de même des acides phosphorique anhydre, vitreux ou ordinaire.

Action de l'hydrogène phosphoré. — L'acétone absorbe près de trois fois son volume d'hydrogène phosphoré, mais il ne se forme pas de combinaison.

Action du brome sur l'acétone. — *Monobromacétone.* — On obtient ce produit de substitution en ajoutant à de l'acétone une quantité de brome théoriquement insuffisante pour la transformer totalement en acétone monobromée, lavant à l'eau, qui enlève l'acétone non attaquée, et séchant le liquide oléagineux insoluble. Celui-ci est incolore et très-instable ; il renferme G^3H^5BrO.

Acétone tétrabromée. — En ajoutant du brome à de l'acétone, et chauffant, l'auteur a obtenu une petite quantité d'une substance cristallisée qui constitue un hydrate d'acétone tétrabromée. On obtient ce corps en plus grande quantité en ajoutant peu à peu 10 parties de brome à 1 partie d'acétone entourée d'un mélange réfrigérant, abandonnant le tout pendant deux jours, lavant ensuite à l'eau, dissolvant dans l'alcool et ajoutant de l'eau ; il se sépare ainsi des cristaux d'acétone tétrabromée et pentabromée, et la liqueur filtrée dépose au bout de quelques jours des cristaux prismatiques d'hydrate d'acétone tétrabromée,

$$G^3H^2Br^4O + 4\,Aq.$$

Ce corps est insoluble dans l'eau, soluble dans l'alcool et dans l'éther, il fond à 42°, puis perd de l'eau en se liquéfiant.

L'acétone tétrabromée n'est pas sublimable. Les alcalis la dissolvent en la décomposant et en se colorant en rouge. L'acide sulfurique la décompose à chaud ainsi que l'acide azotique. L'acide azotique fumant et rougeâtre la dissout, l'eau la précipite de cette solution, et, en en ajoutant davantage, le précipité se redissout.

Acétone pentabromée. — Lorsqu'on ajoute 12 p. de brome à 1 p. d'acétone, on obtient une masse sirupeuse d'un rouge foncé ; on dissout celle-ci dans l'alcool, puis on y ajoute de l'eau qui sépare peu à peu un liquide oléagineux, tandis que la solution rougeâtre se décolore bientôt et dépose des aiguilles incolores qui ont pour composition G^3HBr^5O. Cette substance est insoluble dans l'eau, soluble dans l'alcool et dans l'éther ; elle n'est pas attaquable à froid, soit par l'acide sulfurique concentré, soit par l'acide azotique fumant ; l'auteur insiste sur ce dernier caractère, auquel il a eu recours comme moyen de purification. Elle fond vers 75°, elle se dissout dans la potasse concentrée, et se décompose à chaud en bromoforme en dégageant de l'oxyde de carbone.

Sur l'identité du bromoxaforme et de l'acétone pentabromée. — L'acétone pentabromée possède plusieurs des propriétés du bromoxaforme, que M. Cahours a obtenu en faisant agir le brome sur le citrate de potasse, et auquel ce savant assigne la formule $C^3HBr^5O^2$; l'un et l'autre cristallisent en aiguilles d'un éclat soyeux; leur point de fusion est le même; l'un et l'autre sont solubles dans la potasse, indécomposables à froid par l'acide sulfurique.

Le bromoxaforme donne, lorsqu'on le chauffe, des aiguilles incolores, et du brome libre. L'acétone pentabromée ne donne rien de semblable.

Le bromoxaforme, traité par la potasse à chaud, donne, suivant M. Cahours, du bromure de potassium, du bromoforme, et de l'oxalate de potasse, tandis que l'acétone pentabromée ne donne pas d'oxalate, mais un dégagement d'oxyde de carbone.

Malgré ces différences de composition et de propriétés, l'auteur considère comme vraisemblable l'identité de ces deux corps (1).

Transformation de l'acétone en acide oxalique. — En ajoutant peu à peu 20 centimètres cubes d'acétone à 30 centimètres cubes d'acide azotique fumant, il se produit une vive réaction, et quelques heures après que la réaction est terminée, il se dépose des cristaux d'acide oxalique. Cette formation peut s'exprimer par l'équation

$$C^3H^6O + 7O = C^2O^4H^2 + CO^2 + 2H^2O.$$

On peut admettre que le méthyle de l'acétone se transforme en eau et en acide carbonique, tandis que l'acétyle donne de l'acide oxalique; néanmoins ni les acétates, ni l'acide acétique ne donnent d'acide oxalique par leur oxydation.

Rouge d'acétone. — Si l'on ajoute peu à peu dans une capsule, 10 cen-

(1) La teneur en brome et en oxygène de l'acétone pentabromée et celle du bromoxaforme, obtenu par M. Cahours, sont notablement différentes. D'après M. Mulder lui-même, les propriétés diffèrent; il n'est donc pas admissible que les deux corps soient identiques. D'ailleurs, M. Mulder paraît ne pas avoir connaissance des recherches de M. Cloëz. (*Comptes rendus*, t. LIII, p. 1120, et *Répertoire de Chimie pure*, t. IV, p. 127, 1862.) Dans ce travail, M. Cloëz démontre l'identité de plusieurs produits chlorés et bromés dérivés par substitution, en partant soit de l'esprit de bois, soit de l'acétate de méthyle, soit des citrates, et entre autres l'identité du bromoxaforme ($C^3HBr^5O^2$) dérivé des citrates alcalins avec l'éther acétométhylique pentabromé par substitution. F. L.

timètres cubes d'acide azotique fumant à 30 centimètres cubes d'acétone, on observe, au bout de quelque temps, une réaction très-vive; si l'on ajoute de l'eau au mélange, avant que celle-ci ne soit terminée, il se sépare un produit oléagineux plus dense que l'eau, insoluble dans l'eau, soluble dans l'alcool et l'éther. Le sulfhydrate d'ammoniaque le décompose et le dissout; si l'on évapore cette solution à sec et que l'on reprenne par l'alcool faible, celui-ci laisse par l'évaporation un corps amorphe, brun, azoté, non sublimable. Ce corps est soluble dans l'eau avec une coloration rouge, peu soluble dans l'alcool, soluble dans les acides chlorhydrique et sulfurique. La solution chlorhydrique se décolore entièrement en présence du zinc.

Sur les huiles essentielles, par **M. GLADSTONE** (1).

Dans le cours d'importantes recherches sur les propriétés optiques des liquides, M. Gladstone a eu l'occasion d'étudier un grand nombre d'huiles essentielles isomères de l'essence de térébenthine. Pour les unes, dont les propriétés chimiques étaient déjà connues, il s'est contenté de fixer la densité, le point d'ébullition, l'indice de réfraction, l'action sur la lumière polarisée des essences elles-mêmes et des hydrocarbures qu'elles fournissent à la distillation; pour les autres, qui étaient moins connues, il a fixé leur composition chimique et démontré l'isomérie avec l'essence de térébenthine des hydrocarbures que donne leur distillation.

Nous ne saurions reproduire ici tous les résultats obtenus par M. Gladstone quant aux propriétés physiques de ces essences; ces résultats se trouvent, dans son mémoire, résumés en deux tableaux considérables auxquels nous renvoyons les lecteurs que ce sujet intéresse. Dans ces tableaux sont indiqués la densité, l'indice de réfraction pour les raies A, D et H, le pouvoir rotatoire et, enfin, le point d'ébullition de 60 essences environ et de leurs hydrocarbures.

Nous nous contenterons de résumer brièvement les résultats observés par M. Gladstone dans l'étude des moins connues de ces substances, et d'indiquer rapidement ses conclusions générales sur la classification des carbures isomères de la formule $C^{20}H^{16}$.

Essence d'atherosperma moschatum. Cette essence, désignée encore sous le nom de *victorian sassafras,* laisse passer à 224° une huile oxygénée dont la densité = 1,0386 à 20°.

Essence de laurier. Extraite du *laurus nobilis,* elle fournit un hydro-

(1) *Journal of the Chemical Society*, 2e sér., t. II, p. 1. Janvier 1864.

carbure volatil à 171°, et auquel l'analyse assigne la formule $C^{20}H^{16}$. A 252° environ, elle laisse distiller de l'acide eugénique.

Essence de bouleau. C'est à cette essence que le cuir de Russie doit son odeur caractéristique. On en extrait par distillation, d'abord un hydrocarbure qui, d'après M. Gladstone, n'est autre que le cymol, et qui passe à 171°, puis à une température plus élevée un autre liquide, sans doute oxygéné, odorant, et dont le point d'ébullition n'est pas fixe.

Essence de roseau. Le *calamus aromaticus* donne une essence dont l'hydrocarbure $C^{20}H^{16}$ bout à 260°; à la fin de la distillation on voit passer une petite quantité de cette huile bleue qui se rencontre dans un certain nombre d'essences.

Les essences de *carvi,* de *cascarille,* de *cassia,* n'ont fourni à M. Gladstone aucun fait nouveau.

L'essence de *bois de cèdre* distille presque entière vers 271°; elle est oxygénée. Celles de *cedrat,* de *citronelle,* de *girofle,* de *coriandre,* de *cubèbe,* sont parfaitement connues au point de vue chimique; cette dernière renferme un peu d'huile bleue.

Essence d'aneth (dill). Cette essence laisse passer à 173° une quantité considérable d'un hydrocarbure de la formule $C^{20}H^{16}$, dont la densité $= 0,8467$.

Essence de sureau. On en extrait, mais en moindre quantité, un hydrocarbure fort semblable au précédent.

Essence d'encalyptus amygdalina. L'hydrocarbure qu'elle fournit ressemble beaucoup à l'essence de térébenthine.

M. Gladstone ne signale aucun fait particulier relativement aux essences d'*encalyptus oleosa,* de *géranium,* de *lavande,* de *limon,* de *melalenca ericifolia* et *linarifolia,* de *menthe.*

Essence de myrthe. Les trois quarts distillent entre 160 et 176°; l'hydrocarbure distillé a pour formule $C^{20}H^{16}$; le résidu brun dégage de l'hydrogène sulfuré.

Essence de myrrhe. Elle commence à bouillir vers 266°; le produ distillé est oxygéné et se résinifie rapidement.

Essence de néroli. Elle peut être séparée en deux liquides; l'un est un hydrocarbure volatil à 173°, l'autre est une huile oxygénée, sans point d'ébullition fixe, et à laquelle sont dues la fluorescence et l'odeur orangée de l'essence naturelle.

Essence de muscade. Elle renferme un hydrocarbure $C^{20}H^{16}$ très-analogue à celui de l'essence de carvi, et une huile oxygénée bouillant à 224°.

Les essences d'*orange,* de *persil,* de *patchouli,* de *menthe poivrée,* de *petit grain*, dégagent de même, à la distillation, des quantités variables d'hydrocarbures isomères.

Essence de rose. Cette essence est une dissolution d'un corps solide, qu'on considère comme un hydrocarbure, dans une huile oxygénée, volatile à 216° et dont la densité = 0,881.

Essence de romarin. Elle est presque exclusivement composée d'un hydrocarbure semblable à celui de l'essence de myrthe.

Essence de bois rose. Cette essence, fournie par le bois du *convolvulus scopiarius*, est formée pour les 4/5es d'un hydrocarbure $C^{20}H^{16}$ qui ne bout qu'à 249°.

Essence de bois de santal. Elle est oxygénée et bout vers 293°.

Nous passons sous silence les essences de *thym*, de *térébenthine*, de *verveine* et de *fleurs de reine des prés*.

Essence d'absinthe. Elle peut être séparée en trois produits : un hydrocarbure semblable à l'essence de térébenthine, une huile oxygénée à laquelle M. F. Le Blanc a assigné la formule $C^{20}H^{16}O^2$ et, enfin, cette huile bleue dont nous avons déjà parlé et qui se rencontre dans plusieurs essences.

M. Gladstone s'est attaché soigneusement à l'étude de ce dernier corps singulier, mais il n'a pu cependant qu'en indiquer certaines propriétés sans en faire connaître la nature véritable. L'huile bleue des essences, purifiée autant que possible, mais renfermant encore des hydrocarbures peu volatils, ne paraît pas attaquée par le sodium; mais la distillation suffit pour la détruire partiellement; à chaque opération de ce genre, la proportion de matière bleue diminue et se trouve remplacée par une résine fixe. Elle est soluble dans l'alcool et neutre. Calcinée avec la chaux sodée, elle dégage de l'ammoniaque ou un autre alcali volatil, mais ne paraît pas renfermer de soufre. Les acides et les alcalis l'altèrent en la faisant passer au vert. Elle se dissout rapidement dans l'acide acétique cristallisable et dans le sulfure de carbone; elle n'est décolorée ni par l'acide sulfureux, ni par l'hydrogène sulfuré, ni par l'eau de brome; elle ne se fixe pas sur le charbon animal, et ne peut teindre ni la soie, ni la laine, ni le coton.

Conclusions. En résumé, le carbure $C^{20}H^{16}$, ses isomères ou ses polymères se rencontrent dans les essences d'anis, de laurier, de roseau, de carvi, de cédrat, de girofle, de cubèbe, d'aneth, de sureau, d'eucalyptus amygdalina, de limon, de myrthe, de néroli, de muscade, d'écorce d'orange, de persil, de romarin, de bois rose, de thym, de térébenthine, de fleurs de reine des prés, de cascarille, de menthe, de patchouli, de menthe poivrée et d'absinthe.

Ces différents hydrocarbures, tous plus légers que l'eau, peuvent, d'après leurs propriétés physiques, se subdiviser en un certain nombre de groupes.

Ainsi les hydrocarbures extraits des essences d'orange, de cédrat, de limon, de bergamote, de néroli, de petit grain, de carvi, d'aneth, de cascarille, de sureau et de laurier, ont, entre eux, la plus grande analogie; ils distillent entre 172 et 175°, et leurs densités ne varient que de 0,8460 à 0,8508.

De même les hydrocarbures des essences de térébenthine, de thym, de menthe, d'anis et d'absinthe ont un point d'ébullition identique = 160°, et leurs densités varient de 0,856 à 0,864.

Les essences de fleurs de reine des prés, de muscade, de carvi donnent des hydrocarbures bouillant à 166 ou 167°.

On peut rapprocher encore les unes des autres les essences de girofle, de bois rose, de cubèbe, de cascarille et de patchouli, dont les hydrocarbures ont leurs points d'ébullition compris entre 249 et 254°.

Les autres propriétés physiques, la densité, la puissance dispersive, l'indice de réfraction rapprochent également les uns des autres ces hydrocarbures, mais il n'en est pas de même du pouvoir rotatoire; celui-ci varie d'un hydrocarbure à l'autre de la façon la plus irrégulière, mais on ne saurait, jusqu'à présent du moins, attacher à ce caractère aucune valeur, car M. Gladstone a observé des variations également très-considérables entre les pouvoirs rotatoires d'échantillons différents d'une même essence.

Recherches sur les acides organiques polybasiques dont les atomes d'hydrogène typique sont remplaçables par des radicaux d'acides, par M. J. WISLICENUS (1).

Les chimistes ne sont pas encore complétement fixés sur l'atomicité et la basicité de divers acides, tels que les acides malique, tartrique, citrique, etc. M. Wislicenus s'est proposé de déterminer le nombre d'atomes d'hydrogène remplaçables par des radicaux d'acides, et pour cela il a étudié l'action du chlorure d'acétyle sur les éthers neutres de ces acides.

Acide malique. D'après M. Kekulé, l'acide malique est *triatomique* et *bibasique* et posséderait la formule :

$$\left.\begin{matrix} \text{Ꞓ}^4\text{H}^3\text{Θ}^2 \\ \text{H}^3 \end{matrix}\right\} \text{Θ}^3$$

(1) *Annalen der Chemie und Pharmacie*, t. CXXIX, p. 175. [Nouv. sér., t. LIII.] Février 1864.

Il doit donc renfermer 1 atome d'hydrogène remplaçable par un atome de radical acide. En effet, lorsqu'on met en présence l'éther malique neutre, préparé suivant les indications de M. Demondésir, avec un excès de chlorure d'acétyle, il se produit une réaction énergique avec dégagement d'acide chlorhydrique. Une seule molécule de chlorure d'acétyle entre en réaction avec 1 molécule d'éther malique. Le produit, après avoir été chauffé à 100°, a été dissous dans l'alcool, puis précipité par l'eau, et cela à plusieurs reprises, jusqu'à ce qu'il ne contînt plus trace de chlore. Séché ensuite dans le vide, et chauffé à 110° pendant longtemps, le produit a été ensuite distillé. Après deux distillations il passait d'une manière constante à 258° (265,7 avec correction).

Ainsi purifié, l'éther nouveau (*acétylomalate éthylique*) a donné à l'analyse des nombres répondant à la formule :

$$\left.\begin{array}{c} C^4H^3O^2 \\ C^2H^3O \\ 2\ C^2H^5 \end{array}\right\} O^3,$$

comme l'écrirait M. Kekulé, ou

$$\left.\begin{array}{r} \left.\begin{array}{c} C^2H^3O \\ C^2H^{3'''} \end{array}\right\} O'' \\ CO'', CO'' \\ 2C^2H^5 \end{array}\right\} O^2$$

comme l'écrit M. Wislicenus.

L'éther acétylo-malique constitue une huile incolore, plus dense que l'eau, d'une odeur éthérée faible, mais agréable, d'une saveur amère, miscible à l'alcool et à l'éther en toutes proportions, insoluble dans l'eau froide. L'eau chaude en dissout une petite quantité.

La formule indiquée a été vérifiée en saponifiant l'éther par la potasse; on a obtenu la quantité voulue d'acétate de potasse, et en même temps du malate de potasse.

Acide tartrique. M. Dessaignes a fait connaître en 1857 (1) un nouvel acide obtenu en chauffant l'acide benzoïque avec l'acide tartrique. D'après un dosage d'argent du sel de cet acide, ce serait l'acide *monobenzoyl-tartrique*. Depuis, M. Ballik (2) a indiqué, et M. Pilz (3) a étudié le produit de l'action du chorure d'acétyle sur l'acide tartrique; ce dernier chimiste a reconnu que 2 molécules de chlorure d'acétyle réagissaient sur une d'acide tartrique, mais le produit analysé et ses

(1) *Journal de Pharmacie*, t. XXXII, p. 47.

(2) *Journal für praktische Chemie*, t. LXXIV, p. 26.

(3) *Ibid.*, t. LXXXIV, p. 231.

sels ne correspondaient pas exactement à la formule de l'acide diacétylo-tartrique.

L'éther tartrique neutre de M. Demondésir a été introduit dans des tubes scellés avec 3 molécules de chlorure d'acétyle; la réaction est énergique et se termine presque entièrement à froid. En recueillant le chlorure d'acétyle restant, on reconnaît que 2 molécules seulement ont réagi. Le contenu du tube se prend, par le refroidissement, en belles aiguilles, que l'on purifie aisément en les faisant cristalliser dans l'alcool. Ces aiguilles donnent à l'analyse des nombres s'accordant avec la formule $C^{12}H^{18}O^8$, c'est-à-dire

$$\left.\begin{matrix} C^4H^2O^2 \\ 2C^2H^3O \\ 2\,C^2H^5 \end{matrix}\right\} O^4,$$

d'après les idées de M. Kekulé qui considère l'acide tartrique comme un acide tétratomique bibasique, ou d'après M. Wislicenus

$$\left.\begin{matrix} \left.\left.\begin{matrix} 2C^2H^3O \\ C^2H^{3'''} \end{matrix}\right\} O^{2''} \right)'' \\ CO'', CO'' \\ 2C^2H^5 \end{matrix}\right\} O^2.$$

On a soumis cet éther *diacétylo-tartrique* à l'action de la potasse, ce qui a fourni une vérification de ces formules et a donné la quantité d'acétate de potasse voulue et en même temps du tartrate de potasse.

L'acide tartrique renferme donc 2 atomes d'hydrogène basique et 2 atomes d'hydrogène remplaçables par des radicaux d'acide. Il est donc *tétratomique*.

Les cristaux de diacétylo-tartrate diéthylique paraissent appartenir au type du prisme doublement oblique.

Ils fondent à 63°,5 et se prennent à 54° en aiguilles rayonnées. L'éther distille sans décomposition à 288°,5.

Il est soluble dans l'alcool, dans l'éther, assez soluble dans l'eau chaude.

Acide citrique. L'éther citrique neutre, séché à 130° dans un courant d'air sec, chauffé au bain-marie avec 2 molécules de chlorure d'acétyle, fournit un produit renfermant un seul atome du radical acétyle à la place d'un atome d'hydrogène. C'est un liquide huileux, jaunâtre, insoluble dans l'eau, soluble dans l'alcool et dans l'éther, et qui ne cristallise pas encore à — 20°. Il distille en grande partie inaltéré à 288°. L'ébullition avec la potasse le décompose en donnant de l'alcool, de l'acétate et du citrate de potasse L'acide citrique tribasique est donc *tétratomique*.

La formule de *l'acétylocitrate triéthylique* est, suivant M. Wislicenus :

$$\left.\begin{array}{l}\left.\begin{array}{r}\left.\begin{array}{r} C^2H^3O \\ (C^3H^4)'''' \end{array}\right\}O''' \\ CO'',CO'',CO'' \end{array}\right\}''' \\ 3\ C^2H^5 \end{array}\right\}O^3$$

Acide mucique. L'action du chlorure d'acétyle sur l'éther mucique a été étudiée, à la demande de l'auteur, par M. A. Werigo. En mélangeant 1 molécule d'éther mucique avec plus de 4 molécules de chlorure d'acétyle, dans un tube scellé, ce chimiste a vu des cristaux prismatiques se former peu à peu. Ces cristaux, séparés de l'excès de liquide et cristallisés dans l'alcool, renfermaient $C^{18}H^{28}O^{12}$ et constituent donc le *tétracétylomucate diéthylique.*

Ils sont solubles dans l'alcool, surtout à chaud (dans 244 parties d'alcool à 95 cent., à 17° C.), moins solubles dans l'éther. L'eau en dissout une petite quantité à chaud. A 177°, ils fondent en un liquide qui cristallise par le refroidissement. Ils commencent à se sublimer à 150°. A une température plus élevée, ils entrent en ébullition en se décomposant.

L'action de la potasse a montré qu'ils renferment quatre fois l'atome du radical acétyle.

L'acide mucique bibasique est donc *hexatomique.*

CHIMIE APPLIQUÉE A LA PHYSIOLOGIE VÉGÉTALE.

Sur la végétation dans l'obscurité, par M. BOUSSINGAULT (1).

On sait que lorsqu'une graine germe, son carbone se change en acide carbonique par la fixation de l'oxygène de l'air, mais lorsque la tige est sortie de terre, les feuilles éclairées par la lumière solaire, loin de céder du carbone, en prennent à l'atmosphère. Mais cette dernière action n'a lieu que sous l'influence de la lumière, et dans l'obscurité les feuilles perdent du carbone comme en perdent l'embryon végétal et les racines. La plante est donc soumise à deux forces antagonistes pendant toute la durée de son existence. Suivant le rapport existant entre ces forces, rapport évidemment déterminé par l'intensité de la lumière et par la température, une plante produira de

(1) *Comptes rendus*, t. LVIII, p. 881 et 917 (1863).

l'oxygène ou de l'acide carbonique en proportions variables, ou même n'émettra ni l'un ni l'autre de ces deux gaz; car il peut arriver que l'organisme d'un végétal, placé dans un lieu faiblement éclairé, reste en quelque sorte stationnaire pendant des mois entiers.

Comme dans une obscurité absolue la force éliminatrice persiste seule, l'auteur s'est proposé de rechercher ce qui adviendrait si on laissait l'embryon d'une semence se développer à l'abri de la lumière. Il a constaté par de nombreuses expériences faites sur des pois, sur des graines de froment, des graines de maïs, que, dans ces conditions, les feuilles ne fonctionnent jamais comme appareil réducteur et que la plante émet incessamment de l'acide carbonique tant que les matières contenues dans la graine fournissent du carbone, ce qui revient à dire que la durée de l'existence du végétal privé de lumière dépendrait du poids de ces matières.

M. Boussingault a de plus fait une expérience, dans laquelle il a fait croître simultanément dans de la ponce calcinée deux graines de haricot, l'une dans l'obscurité, l'autre à la lumière, afin d'apprécier, dans le premier cas, la déperdition et dans le second, l'assimilation des mêmes principes élémentaires.

L'expérience a commencé le 26 juin. Le grain de haricot, mis dans la chambre obscure entre 25 et 30°, pesait 1gr,077 (ce qui correspondait à 0gr,926, à l'état sec). Le 22 juillet, la tige avait 44 centimètres, et la plante séchée à 110° pesait 0gr,566.

La graine placée à la lumière pesait 0gr,922, supposée sèche. Le 22 juillet, la plante qu'elle avait fournie, séchée à 110°, pesait 1gr,293.

Sous l'influence de l'air et de l'humidité, dans un sol privé d'engrais, pendant la végétation à la lumière, il y a eu assimilation de carbone et en même temps fixation d'hydrogène et d'oxygène dans le rapport voulu pour constituer l'eau, ainsi que le démontrent les analyses.

A l'obscurité, dans des conditions de température peu différentes et sous les mêmes influences, toutes choses étant égales d'ailleurs, il y a eu élimination de carbone et élimination d'hydrogène et d'oxygène dans les proportions voulues pour former de l'eau.

Les semences ont toutes une constitution analogue. Généralement elles renferment de l'amidon, de la dextrine, des matières protéiques, des corps gras, de la cellulose, des substances minérales.

On sait que pendant la germination, l'amidon est transformé en dextrine et en glucose. Ces deux derniers principes devaient donc se trouver et ont été trouvés, en effet, dans les plantes venues à l'obscurité. Plusieurs fois on a rencontré du *sucre* associé au glucose. Ces principes ne sont pas les seuls qui existent, soit dans les graines, soit dans les plantes examinées, mais ce sont ceux qu'il a été possible de doser avec une suffisante exactitude.

Le glucose, les substances dont la nature n'a pas été déterminée, ne représentent pas pondéralement les principes qui ont disparu, puisqu'il y a perte de matière pendant la germination et la végétation. Ce que ces résultats offrent de remarquable, c'est l'accroissement de la cellulose dans la plante développée en l'absence de la lumière.

La plante venue à l'obscurité pèse notablement moins que la graine. Il est cependant impossible d'admettre qu'un végétal s'organise et prenne un développement considérable en perdant de la matière; pour expliquer le fait révélé par la balance, il suffit de considérer que l'on a comparé le poids de la plante au poids brut de la semence, au lieu de le comparer à celui de l'embryon.

Dans certaines graines, le germe est tellement petit, qu'il serait difficile d'en apprécier le poids, mais il suffit de suivre son développement ultérieur pour s'assurer qu'il assimile réellement de la matière. L'organisme ainsi constitué est incolore, parce qu'il a été formé dans l'obscurité, mais il offre un tissu cellulaire solide, résistant, imprégné de liquide, tant que l'élément qu'il puise dans la graine ne lui fait pas défaut. C'est que la semence est ainsi constituée qu'elle porte en soi la nourriture de l'embryon, résidant dans son périsperme ou dans le cotylédon, fonctionnant comme le périsperme et formés l'un et l'autre d'amidon, se changeant en matières sucrées, d'albumine, de matières grasses.

C'est à peu près ainsi qu'est composé l'œuf et cette ressemblance n'avait pas échappé aux anciens physiologistes. Gartner l'a signalée, en nommant *albumen*, dans la graine, ce que l'on appelle aujourd'hui le périsperme, l'endosperme, l'assimilant ainsi dans sa pensée à l'albumine de l'œuf des oiseaux. Les progrès de la science ont corroboré cet aperçu; il suffit pour s'en convaincre de comparer la composition de l'œuf à celle de la graine :

Œuf.	Graine.
Albumine.	Albumine.
Matières grasses.	Matières grasses.
Sucre de lait, glucose?	Amidon, dextrine.
Soufre, phosphore entrant dans des composés organiques.	Soufre, phosphore entrant dans des composés organiques.
Phosphate de chaux.	Phosphate de chaux.
Eau en forte proportion.	Eau en faible proportion.
	Cellulose.

Dans l'œuf, on n'a pas trouvé de cellulose, peut-être parce qu'on ne l'a pas cherchée.

Le poids de l'œuf diminue pendant l'incubation, comme le poids de la graine diminue pendant la germination, et, dans les deux cas, il y a production d'acide carbonique.

Les deux phénomènes exigent pour commencer une certaine température, et il est probable que tous aussi s'accomplissent avec dégagement d'une certaine quantité de chaleur.

Une fois dégagé de la graine, l'embryon se développe dans la chambre obscure comme dans les conditions normales, avec la différence que la plante continue sans interruption à former de l'acide carbonique en brûlant du carbone. Tout organisme végétal subit cette combustion, les feuilles comme les racines; mais le phénomène n'est manifeste qu'autant qu'il n'est pas dissimulé par les feuilles fonctionnant à la lumière comme appareil réducteur.

Une plante née et continuant à vivre dans l'obscurité, se comporte donc, à beaucoup d'égards, comme certains animaux inférieurs, tels que les zoophytes qui ne possèdent aucun appareil spécial pour la respiration. La combustion a lieu dans le tissu cellulaire par l'intermédiaire de l'eau; il y a une faible production de chaleur. Cette plante subsiste tant qu'elle a du sucre, de l'albumine, de la graisse, des phosphates à consommer, et lorsque par l'épuisement de ces matériaux contenus, élaborés, dans le périsperme ou dans les cotylédons, l'aliment devient insuffisant, elle languit et meurt d'inanition (1).

L'analogie se poursuit plus loin encore. L'animal n'émet pas seulement de la chaleur, de l'eau, de l'acide carbonique; une partie de l'albumine qu'il consomme est modifiée par la combustion respiratoire en un composé azoté, cristallisé : l'urée que l'on rencontre dans les excrétions. De même une graine qui germe, un végétal qui vit dans l'obscurité, élaborent dans leurs tissus un principe immédiat, cristallisé, l'asparagine, qui se change en aspartate d'ammoniaque aussi facilement que l'urée se change en carbonate d'ammoniaque.

Une plante produit ce principe, même à la lumière, dans les premières phases de sa vie, tant que domine la force éliminatrice. D'ailleurs, dans le jeune âge, la plante possède plus de racines placées dans l'obscurité que de feuilles exposées à la lumière. Aussitôt que par

(1) « A certaines époques, dans certains organes, la plante se fait animal; elle devient, comme l'animal, appareil de combustion; elle brûle du carbone et de l'hydrogène; elle produit de la chaleur; le sucre ou l'amidon converti en sucre sont les matières premières au moyen desquelles elle développe cette chaleur. » (Dumas et Boussingault, *Statique chimique des êtres organisés*. Paris, 1841.)

l'abondance des feuilles, la force réductrice vient à dominer la force éliminatrice, lorsque la plante est sur le point de fleurir, on ne rencontre plus d'asparagine, si ce n'est dans des racines très-développées. Dans une plante venue à l'obscurité, on trouve l'asparagine dans les feuilles, les tiges, les racines, parce qu'elle n'est pas modifiée par l'action de la lumière.

L'asparagine est certainement formée pendant la combustion cellulaire qu'on peut appeler, sans trop d'exagération, une combustion respiratoire ; car les graines des plantes qui en fournissent n'en renferment pas la moindre trace, et M. Boussingault s'est assuré que des graines mises à végéter dans de la pierre ponce calcinée, et arrosées avec de l'eau pure, produisaient de l'asparagine quand leur développement avait lieu dans l'obscurité. Ainsi, le 5 juillet, il a fait développer dans ces conditions 246 graines de haricot pesant 201 grammes. Le 25 juillet, il a extrait de ces plantes 5^{gr},40 d'asparagine cristallisée.

L'auteur termine ces rapprochements en rappelant que la matière dont est formée la cellule des plantes n'appartient pas exclusivement au règne végétal. L'enveloppe des tuniciers, placés aux derniers échelons de l'organisation animale, présente, d'après MM. Loewig et Koelliker, tous les caractères et la composition de la cellulose.

CHIMIE MÉTALLURGIQUE.

Sur la présence du vanadium dans la fonte de Wiltshire, par M. RILEY (1).

M. Riley a récemment démontré la présence, en proportions importantes, du titane dans certains minerais de fer et dans les fontes que fournissent ces minerais. Dans le cours de ces recherches, M. Riley a été amené à reconnaître également dans certaines fontes la présence du vanadium. Une fonte de Wiltshire, attaquée à la manière ordinaire, lui avait fourni un résidu insoluble dans l'acide chlorhydrique faible qui, débarrassé de la silice par l'action de la potasse et du graphite par combustion, lui avait d'abord paru être de l'acide titanique, mais en examinant les choses de plus près, ce chimiste ne tarda pas à reconnaître que ce résidu était un mélange d'acide vanadique VO^3 et de

(1) *Journal of the Chemical Society*, 2e sér., t. II, p. 21. Janvier 1864.

sous-oxyde de vanadium VO. En effet, ce résidu incomplétement fondu par la calcination, traité par l'acide chlorhydrique concentré, a dégagé du chlore et a fourni, d'une part, une liqueur d'un beau vert, qui, diluée par l'eau, se colorait en bleu, en offrant tous les caractères des solutions vanadiques, d'autre part une matière noire, insoluble dans l'acide chlorhydrique, mais attaquable par le bisulfate de potasse en fusion, et se transformant ainsi en une masse soluble dans l'eau froide et dans laquelle il était facile de reconnaître la présence du nadium.

M. Riley pense que la partie soluble dans l'acide chlorhydrique était de l'acide vanadique, et la partie insoluble du sous-oxyde de vanadium. Ce chimiste a même cherché à évaluer, par différence, la quantité de ces deux composés, et il a conclu, après avoir dosé la silice, le graphite, le phosphore, etc., que la proportion de vanadium devait s'élever dans cette fonte à 0,686 p. $^0/_0$.

C'est la première fois que la présence du vanadium est signalée dans une fonte; elle l'avait été déjà par Dick dans un laitier du Staffordshire.

Sur la présence du titane dans la fonte, et sur l'emploi des minerais titanifères dans la fabrication du fer et de l'acier,
par M. RILEY (1).

On rencontre souvent dans les hauts fourneaux de petits cristaux rouges cubiques, d'un éclat métallique, dont la composition a longtemps été inconnue, mais que M. Woehler a démontré être formés de cyanure et d'azoture de titane.

Malgré la présence presque constante de ces cristaux, les chimistes n'ont guère la coutume de se préoccuper de la recherche et du dosage de l'acide titanique dans les minerais de fer. La proportion en est cependant quelquefois fort considérable comme le montrent les deux analyses suivantes faites par M. Riley sur des minerais de Norwége destinés au haut fourneau :

	I.	II.
Oxyde de fer magnétique	46,14	54,72
Acide titanique	36,88	40,80
Silice	13,32	1,58
Chaux	0,78	2,13
Pyrite	1,05	»
	100,24	99,89

(1) *Proceedings of the Chemical Society*, 2e sér., t. I, p. 387. Novembre 1863.

L'examen d'un grand nombre de minerais, poursuivi pendant onze années, a donné à M. Riley cette conviction que l'acide titanique fait constamment partie des minerais de fer silico-argileux.

On s'est beaucoup préoccupé, dans ces derniers temps, de l'addition du titane aux minerais destinés à la fabrication de l'acier. Les expériences faites jusqu'à ce jour, notamment celles de M. H. Sainte-Claire Deville, celles de M. Riley lui-même, établissent que le titane n'est point susceptible de s'allier au fer. Cependant en examinant différentes fontes obtenues soit avec des minerais de Norwége, soit avec des minerais de Belfast, qui sont également titanifères, l'auteur y a constamment reconnu la présence du titane dans des proportions fournissant de 0,470 % à 1,150 et 1,629 % d'acide titanique. Il est difficile d'établir à quel état le titane se trouve dans ces fontes, surtout si l'on considérait comme démontrée l'impossibilité de former un alliage entre le fer et le titane. Lorsqu'on traite des fontes de cette nature par l'acide chlorhydrique, il reste de l'acide titanique insoluble avec le graphite et la silice. Examiné soigneusement au microscope, ce résidu n'a fourni à M. Riley aucun renseignement; il n'y a point vu de composés cristallisés, tels que le cyano-azoture de titane. Aussi ce chimiste pense-t-il que l'acide titanique se trouve disséminé dans la masse à un état très-divisé, à moins que l'on ne veuille admettre la possibilité d'un alliage du titane avec le fer.

M. Riley estime que l'action du titane dans la fabrication du fer doit être comparée à celle du manganèse; comme celui-ci, il donne au fer une tendance manifeste à l'aciération, mais sa présence rend la production de la fonte plus difficile, et nécessite l'emploi d'une grande quantité de castine pour conserver aux laitiers la fusibilité nécessaire.

CHIMIE TECHNOLOGIQUE.

Extrait d'un rapport de M. CHANDELON sur la fabrication des produits chimiques en Belgique et en Angleterre (1).

Acide sulfurique. Les alambics en platine ont été généralement remplacés par des cornues ou ballons en verre placés dans des bains de sable en fonte. Les ballons ont 85 centimètres de hauteur et 45 centi-

(1) *Polytechnisches Centralblatt*, 1864, p. 660.

mètres de largeur. Ils contiennent 136 litres et produisent, par opération, 87 litres ou 160 kilogrammes d'acide sulfurique concentré. La partie supérieure du ballon, qui dépasse le sable, est recouverte d'un lut argileux pour la protéger contre l'action de l'air. Les vapeurs passent par un tube en verre recourbé dans un réfrigérant en plomb où l'acide de faible degré se condense.

Sulfate de soude. Le tableau suivant rend compte des résultats comparatifs de deux fabriques anglaises et de deux fabriques belges.

Pour 1000 kilogrammes sulfate de soude :

	I.	II.	III.	IV.
Pyrites à 46 % de soufre	531,5	582,0	»	»
Pyrites à *x* % de soufre	»	»	894,5	»
Pyrites à 36 % de soufre	»	»	»	912
Azotate de soude	30,3	33,5	33,5	29
Chlorure de sodium	875,5	875,5	846,0	900
Houille	575,0	325,0	1318,0	1153
Coke	»	200,0	»	»
Main-d'œuvre	8fr,00	8fr,00	15fr,25	12fr,90
Entretien	4fr,93	4fr,93	6fr,02	»

(I), (II), fabriques anglaises; (III), (IV), fabriques belges.

Carbonate de soude. Pour 1000 kilogrammes :

	I.	II.
Sulfate de soude	1500	1669
Carbonate de chaux	1550	1920
Houille	2250	4020
Charbon	37,5	»
Entretien	4fr,93	12fr,31

(I), fabrique anglaise; (II), fabrique belge.

Production du chlore. M. Shanks a remplacé le peroxyde de manganèse par le chromate de chaux, obtenu par la calcination d'un mélange de chaux et de fer chromé; on introduit le chromate dans les appareils ordinaires en y ajoutant l'acide chlorhydrique; la masse verdit et la moitié du chlore se dégage déjà à la température ordinaire; on applique la chaleur vers la fin de l'opération. Le résidu, mélangé avec de l'eau, est sursaturé par de la chaux, de manière à obtenir un précipité contenant des quantités équivalentes de chrome et de chaux. Il suffit de calciner ce précipité dans un four à réverbère pour reproduire le chromate de chaux. Il faut remarquer que l'on n'utilise de cette manière que les 3/8es du chlore contenu dans l'acide chlorhydrique, tandis qu'en employant le peroxyde de manganèse on en utilise la moitié.

Méthode d'argenture du verre à basse température,
par M. Ferd. BOTHE (1).

Le procédé de M. Petitjean pour l'argenture du verre repose, comme on sait, sur la réduction d'une dissolution d'argent ammoniacale par l'acide tartrique ou un tartrate; l'opération à lieu à la température de 60 à 90° cent. L'auteur ayant remarqué que les dissolutions tartriques contenant des moisissures, sont plus réductrices que celles récemment préparées, fut conduit par l'étude de ces dissolutions moisies à un nouveau mode d'argenture (2).

Il prépare ses dissolutions de la manière suivante :

1. Liqueur argentique. On ajoute de l'ammoniaque à une dissolution d'azotate d'argent, jusqu'à ce que le précipité brun qui se forme d'abord, ait presque complétement disparu; on filtre et on étend d'eau jusqu'à ce que le liquide ne renferme plus que 1 $^0/_0$ de sel d'argent.

2. Liqueur réductrice. On précipite une dissolution d'argent par le sel de Seignette (tartrate double de potasse et d'ammoniaque). Le précipité, recueilli sur un filtre, est dissous en l'arrosant d'eau bouillante sur le filtre même; 10 gr. de sel argentique exigent 8 gr. 29 de tartrate double et 5 litres d'eau pour former une dissolution complète. Cette dissolution abandonne un composé argentique cristallisé contenant un acide organique nouveau auquel l'auteur donne le nom d'acide *oxytartrique*.

3. Pour obtenir une couche d'argent blanche et adhérente on ajoute 50 centim. cubes de la dissolution précédente, 1 gramme de sel de Seignette.

En employant parties égales des deux liqueurs 1 et 2, la précipitation de l'argent commence immédiatement et forme sur la surface du verre une couche miroitante, très-adhérente, et d'un bleu foncé lorsqu'elle est vue par transparence. On obtient une couche plus épaisse et plus blanche en ajoutant au mélange 1 à 2 $^0/_0$ de la liqueur 3; seulement, dans ce cas, l'argent se précipite à l'état de flocons vers la fin

(1) *Journal für praktische Chemie*, t. CXII, p. 191.

(2) Outre le procédé Drayton, qui a été employé par M. Léon Foucault pour la construction des télescopes, il existe une méthode d'argenture du verre qui a été proposée par M. Martin (*Comptes rendus des séances de l'Académie des sciences*, t. LVI, p. 1044). M. Martin réduit 12 grammes d'une solution de 10 grammes d'azotate d'argent dans 100 grammes d'eau, additionnée de 8 centimètres cubes d'ammoniaque à 13° et de 20 centimètres cubes de soude caustique (20 grammes soude caustique et 500 grammes d'eau) à laquelle on ajoute 60 centimètres cubes d'eau, par 1/10e à 1/12e d'une dissolution de sucre interverti (25 grammes de sucre blanc interverti, 450 grammes d'eau et 50 centimètres cubes d'alcool).

A. S. K.

de l'opération. Trois à quatre heures sont nécessaires pour obtenir une couche suffisamment épaisse; mais il vaut mieux remplacer, au bout de deux heures, l'ancienne liqueur par une dissolution récente, après avoir lavé l'objet destiné à être recouvert d'argent.

Pour argenter une surface d'un mètre carré, il suffit d'employer 2 litres de liqueur, c'est-à-dire 10 gr. d'azotate d'argent. La dissolution qui a servi renferme encore 50 à 60 % de l'argent employé; on la revivifie en y ajoutant une nouvelle quantité de dissolution d'azotate d'argent et de liqueur réductrice.

Observations sur l'emploi de l'acide arsénieux dans la fabrication du verre, par M. BAEDEKER (1).

On pense généralement que l'emploi de l'arsenic dans les verreries ne peut pas avoir d'influence pernicieuse sur la santé des ouvriers, parce que l'acide arsénieux se trouve complétement volatilisé à la température élevée de la fusion du verre. Mais cette opinion est erronée.

Lorsqu'on prépare du verre pour glaces, on introduit dans les creusets un mélange d'une livre d'arsenic blanc et de deux livres et demie de carbonate de soude; puis on recouvre ce premier mélange avec un second formé de sable, de sulfate de soude et de charbon. Le rapport entre l'arsenic et le mélange total est :: 1 : 900; celui entre ce même corps et le verre achevé :: 1 : 700. Au moment de l'introduction de l'arsenic et du carbonate de soude dans les creusets chauds, on sent l'odeur aillacée de l'arsenic métallique provenant de la transformation de l'acide arsénieux en acide arsénique et arsenic métallique. Du verre préparé par ce procédé contenait 0,034 % d'acide arsénique; ainsi il ne renfermait que le cinquième de l'arsenic employé et les 4 cinquièmes avaient été volatilisés. Les scories renfermaient également de l'arséniate de soude. La suie de la cheminée contenait 0,425 % d'acide arsénieux, tandis que l'eau employée dans la verrerie en était exempte. L'auteur a pu constater des traces d'arsenic dans de la neige ayant séjourné pendant quinze jours autour de l'usine.

Sur le pyroxyle, par M. le général LENK et par MM. PELOUZE et MAUREY (2).

Après le travail de la commission française en 1846 sur la poudre-coton et les nombreuses publications isolées qui ont paru depuis, il semblait que l'on dût renoncer à l'emploi de cette substance comme

(1) *Vierteljahresschrift für praktische Pharmacie* von Wittstein, t. XIII, p. 276.
(2) *Comptes rendus*, T, LIX, p. 363 (1864).

matière balistique, tout au moins dans les conditions du matériel actuel de l'artillerie, lorsque M. le général Lenck, de l'armée d'Autriche, est venu affirmer que, d'après ses expériences, la poudre-coton était susceptible de remplacer la poudre ordinaire avec des qualités marquées dans ses applications au génie civil, aux mines, au génie militaire, à l'artillerie de terre et de marine, qu'indépendamment des avantages spéciaux pour chaque application particulière, l'emploi du fulmicoton présentait les avantages généraux suivants, à savoir : que *le temps*, l'humidité, l'exposition à l'air, n'altéraient en rien les qualités de ce produit, qu'il suffisait de l'humecter pour lui faire traverser même le feu et qu'il reprenait par la dessiccation ses propriétés premières ; que, mis sous forme de corde ou de tissu, il était moins dangereux que la poudre ordinaire, qu'il avait l'avantage exceptionnel d'être *à l'abri de la combustion spontanée*, qu'il était parfaitement stable et inaltérable dans sa nature.

Ces résultats, en contradiction si absolue avec ceux acceptés en France, ne pouvaient s'expliquer qu'en admettant que M. Lenck avait un pyroxyle particulier ; et comme le général avait gardé le silence le plus absolu sur ce point, on en était réduit à des conjectures, lorsque diverses publications faites à l'étranger, et celles de M. Lenck lui-même, ont permis d'établir une base à la critique des assertions du général autrichien.

Ces publications ont engagé MM. Pelouze et Maurey à comparer le produit préparé en suivant les indications du général Lenck, à celui que l'on obtenait en France ; les auteurs concluent de leur travail que le pyroxyle est un produit constant quel que soit son mode de préparation ; que le produit de la poudrerie du Bouchet notamment est identique avec celui indiqué par le général Lenck, que le rendement en pyroxyle suivant l'une ou l'autre recette est le même, que la composition élémentaire des deux produits est identique, que l'action de la chaleur sur l'un et sur l'autre ne diffère pas, que les propriétés balistiques sont, dans les deux cas, semblables ; en conséquence suivant eux, le produit de M. le général Lenck ne répond pas plus que celui du Bouchet aux objections fondamentales soulevées contre l'emploi du pyroxyle.

Voici les faits à l'appui de l'argumentation et les réflexions qu'elle m'inspire :

Procédé de préparation. Les procédés de préparation, suivis à Hirtemberg et au Bouchet, sont sensiblement différents.

A Hirtemberg, où l'on opère par le procédé Lenck, le coton est trempé par paquets de 100 grammes dans 30 kilogrammes d'un mélange de 1 partie d'acide azotique pour 3 d'acide sulfurique; il est agité dans ce bain, puis retiré et laissé au contact de l'acide qui l'imprègne pendant 48 heures; il est alors passé à l'hydro-extracteur, puis lavé, immergé dans l'eau pendant six semaines, enfin, mis à bouillir avec une solution de carbonate de potasse à 2°, encore essoré, puis séché à l'étuve à la température de 20°.

Au Bouchet, le coton était trempé dans un mélange d'acides (1 volume d'acide sulfurique pour 2 d'acide azotique) à raison de 2 litres du mélange pour 200 grammes de coton; au bout d'une heure, le coton était mis en presse et séparé ainsi des 70 % de l'acide, lavé pendant 1 heure à 1 heure et demie dans la rivière, comprimé de nouveau et mis à macérer 24 heures dans une lessive de cendres, rincé en rivière, comprimé et séché sur une claie à l'air froid.

MM. Pelouze et Maurey ont préparé des échantillons suivant ces deux procédés, et les ont soumis à un examen comparatif. Ont-ils réellement obtenu le *pyroxyle de M. le général Lenck?* cela paraît probable, car les indications données par M. le général semblent complètes, à moins qu'il ne faille attacher une importance réelle à certaines conditions dont le général Lenck n'aurait pas lui-même compris l'importance en les passant sous silence, les auteurs français les ayant ainsi ignorées (1).

On ne pourra être fixé sur ce point que par M. le général Lenck lui-même, qui, en présence des conclusions des chimistes français, ne manquera pas, si ses expériences sont réellement en contradiction avec les leurs, de compléter ses communications et même de produire des échantillons préparés par lui (2).

Rendement. Les auteurs français, opérant suivant la recette de M. Lenck et suivant celle du Bouchet, qu'ils ont d'ailleurs variée à l'infini, ont obtenu dans tous les cas un rendement à peu près constant. Ce résultat à lui seul ne saurait en rien infirmer les résultats du général

(1) En 1855, le très-regretté maître Henri Rose me fit le reproche d'avoir publié un fait inexact : il s'agissait de la production de l'acide perchromique par l'action réciproque de l'eau oxygénée et de l'acide chromique, expérience que M. Dumas a reproduite d'une manière si élégante à la Société d'encouragement. Mon honoré contradicteur a bien voulu me faire reproduire l'expérience devant lui au laboratoire du Conservatoire des arts et métiers, et il m'a dit qu'il n'avait pas réussi parce qu'il ne s'était pas placé dans des conditions identiques à celles dans lesquelles j'opérais; j'avais pourtant décrit le procédé avec la plus entière bonne foi, mais je l'avais mal décrit, à ce qu'il paraît. Bw.

(2) Un habile fabricant de produits chimiques pour la photographie prépare un fulmi-coton qui paraît se rapprocher beaucoup de celui dont le général Lenck a indiqué les propriétés essentielles. Bw.

Lenck. Le rapport allemand ne discute pas le rendement, et il ne paraît pas d'ailleurs que ce rendement doive être nécessairement différent, lors même qu'il y aurait une grande différence dans les produits obtenus, surtout s'il arrivait, par exemple, que l'altérabilité ne tînt pas à une certaine constitution du pyroxyle, mais qu'elle dût être attribuée à la présence ou à l'absence de matières étrangères.

J'ajouterai, en termes généraux, qu'une différence minime dans le rendement peut répondre à une différence considérable dans la composition chimique et qu'on ne saurait, en l'espèce, tenir grand compte d'un rendement quand on voit qu'il est variable à ce point que, dans le laboratoire il a pu être porté à 178 p. $^0/_0$, tandis qu'il n'aurait atteint au Bouchet que 165,25, en opérant sur une quantité un peu considérable.

Analyse. L'analyse de la poudre-coton du général Lenck a donné à MM. Redtenbacher, Schrötter et Schneider (chimistes dont on ne saurait contester la conscience et l'habileté), les nombres suivants :

Carbone	24,24
Hydrogène	2,36
Oxygène	59,26
Azote	14,14

L'analyse des divers pyroxyles préparés soit d'après la recette Lenck, soit d'après la recette du Bouchet, a donné aux auteurs français :

Carbone	25,00
Hydrogène	3,13
Oxygène	59,72
Azote	12,15

Ces nombres indiqueraient une composition différente pour les divers produits, et donneraient à penser que les deux analyses ont porté sur des produits effectivement différents. Il est fâcheux que les chimistes allemands, qui ont opéré sur le produit de M. Lenck, n'aient pas donné comparativement l'analyse du pyroxyle du général et celle du pyroxyle préparé par les moyens connus. Quoi qu'il en soit, l'analyse, pas plus que le rendement, ne permettent d'affirmer l'identité.

Sans que j'aie à me prononcer entre ces résultats, je crois pouvoir conclure qu'au point de vue des qualités annoncées par le général Lenck comme étant l'apanage exclusif de son produit, il n'est pas sûr que l'analyse élémentaire fournisse un renseignement suffisant dans des questions de cet ordre ; ainsi je ne sais pas si l'analyse distinguerait l'acide azotique purifié par le procédé de M. Millon du même acide légèrement nitreux; le premier pourtant est plus stable que l'autre, et ce qui établit nettement la différence entre les deux acides, c'est précisément la constatation du plus ou moins d'instabilité, et non une analyse élémentaire, ou un rendement.

Action de la chaleur sur le pyroxyle. D'après l'affirmation de M. le général Lenck, son pyroxyle serait différent de celui du Bouchet. Le général attribue les mauvaises qualités d'un pyroxyle à ce que le produit ne serait pas défini et suffisamment nitré. C'est là une hypothèse que les auteurs français ne veulent pas discuter, mais qu'ils déclarent peu admissible. C'est pourtant la seule hypothèse que permettait la comparaison de l'analyse des chimistes allemands avec l'ancienne analyse faite en France, concordant d'ailleurs aussi avec la nouvelle analyse française, mais il n'y a pas à défendre une hypothèse!

Quoi qu'il en soit de la constitution des pyroxyles, laquelle reste à établir d'une manière définitive, M. Lenck déclare que son produit fait explosion à 136°, et qu'il résiste à une température inférieure ; tandis que les auteurs françois déclarent que le produit préparé d'après la recette de M. Lenck, ne résiste pas mieux que le pyroxyle du Bouchet.

M. le général Lenck devra opposer expérience à expérience; la seule chose qu'on puisse dire, c'est qu'il y a évidemment des produits plus stables les uns que les autres, d'autant plus que MM. Pelouze et Maurey signalent un pyroxyle qui, à chaud, dans certains cas, détone, et, dans d'autres cas *en apparence identiques*, se détruit sans s'enflammer, fait qu'on ne peut expliquer qu'en admettant l'existence de pyroxyles différents.

Il semble difficile de comprendre, à moins qu'il n'y ait quelque point obscur qui s'éclaircira, que M. Lenck ait pu fixer à 136° centigrades la température de décomposition de son produit, et que la température de cette réaction chimique ait été fixée par M. Pelouze et M. Maurey à 60° et même à 55? Si les produits sont identiques, faut-il attribuer la différence à l'emploi d'échelles thermométriques différentes? (55 à 60° centigrades représentant 136° Farenheit.)

Qu'un pyroxyle se décompose à la température ordinaire ou à des températures plus ou moins élevées, c'est ce qui, depuis les premières expériences de M. Payen, a été constaté maintes et maintes fois, mais qu'il ne puisse pas y avoir une condition de plus grande stabilité pour un pyroxyle, c'est ce qu'on ne pourra savoir que lorsque M. le général Lenck aura fourni son produit.

Propriétés balistiques. Si le pyroxyle de M. Lenck et celui du Bouchet sont les mêmes, ou à peu près les mêmes quant à la composition chimique, s'ils ne diffèrent que par la résistance à la décomposition, il n'y a rien d'étonnant à ce que les propriétés balistiques des deux pyroxyles soient identiques; je croirais, *a priori*, qu'une poudre au chlorate avec le phosphore rouge et une poudre semblable avec le phosphore blanc auraient les mêmes effets balistiques, seulement je crois qu'un mélange au phosphore blanc, au contact de l'air ne se comporterait pas comme le mélange au phosphore rouge : celui-ci se maintiendrait, celui-là se détériorerait.

Il me semble résulter de ce qui précède que : si le travail de MM. Pelouze et Maurey jette des doutes sur celui du général Lenck, il ne le détruit en aucune façon, et que la réponse de M. Lenck est nécessaire pour fixer l'opinion.

Nota. Je trouve dans une communication de M. Payen, un fait qui, pour cette discussion, a sa valeur; il se pourrait que la nature du coton ou la nature des outils employés eussent une influence très-grande dans la préparation du pyroxyle.

M. Payen dit en effet (1) : « Les fibres textiles du chanvre contiennent quelquefois des granules d'amidon; c'est un fait que M. Malaguti a observé le premier ; on comprend que dans ce cas il puisse se former du *pyroxam* dans les cavités tubulaires du chanvre, ce qui expliquerait l'instabilité plus grande de ce pyroxyle. En effet, il suffirait d'*un seul filament* dans cet état pour déterminer l'explosion spontanée d'une masse plus ou moins considérable d'un pyroxyle quelconque, à plus forte raison s'il se trouvait mêlé au coton et au chanvre immergés dans les acides azotique et sulfurique *quelques parcelles de copeaux de bois renfermant de l'amidon*, etc. »

Ajouterai-je que M. De Luca prétend que la lumière modifie le coton-poudre et le rend instable, et que le pyroxyle décomposable à l'air *peut être conservé dans le vide* sans altération? Si les expériences de M. De Luca peuvent être admises, elles prouveraient que deux pyroxyles en apparence identiques peuvent se comporter d'une manière différente suivant les circonstances où ils se sont trouvés et dont on a pu ne pas tenir compte. Bw.

Sur les méthodes généralement employées pour la préparation des acides gras, par M. H. L. BUFF (2).

Les premières recherches sur la décomposition des graisses dans le but de les faire servir à la fabrication des bougies, ont été faites par

(1) *Comptes rendus*, T. IX, p 415(1864).

(2) *Polytechnisches Centralblatt*, 1864, p. 679.

M. Cambacérès, à la suite du grand travail de M. Chevreul, sur les corps gras. En 1825, M. Chevreul prit avec Gay-Lussac un brevet pour la fabrication des acides gras et leur application à la préparation des bougies. Quoique ces chimistes eussent donné dans la description de leurs procédés les principes scientifiques sur lesquels repose cette industrie, ils n'ont pas pu arriver à un résultat industriel; le procédé était incomplet; les difficultés de détail n'ont été écartées que peu à peu, et il a fallu, avant de pouvoir constituer une fabrication régulière et économique, connaître les moyens de purification des acides gras obtenus, la préparation des mèches, l'utilisation de l'acide oléique à la confection du savon, etc.

En remplaçant les alcalis par la chaux, en 1831, M. de Milly a rendu la saponification bien plus économique, et c'est de cette époque que date le grand essor pris par cette fabrication. On employait primitivement 15 parties de chaux pour 100 parties de suif; mais il a été bientôt reconnu que cette quantité peut être réduite à 8 ou 9, lorsqu'on opère dans des vaisseaux fermés et en brassant la masse au moyen d'agitateurs.

On se sert généralement, pour la saponification, de cuves en bois très-épais, chauffées au moyen d'un jet de vapeur à 130° ou 150° centigrades. Au fond de la cuve se trouve un tuyau de cuivre circulaire, percé de petites ouvertures, et auquel est joint le tuyau de vapeur. On emploie pour une partie de suif ou d'un mélange de suif et d'huile de palme, deux parties d'eau ; puis on porte le mélange à 100°. La chaux, préalablement éteinte, et à l'état de lait, y est successivement ajoutée pendant que l'on brasse le mélange; à mesure que la saponification avance, le savon durcit; en opérant en vases clos et en se servant d'agitateurs mécaniques, on peut obtenir, par le jet de vapeur, une température dépassant 100°, et dans ce cas 8 parties de chaux suffisent pour obtenir un savon sec et dur.

Lorsque la saponification est achevée, on soutire l'eau qui contient la glycérine; on broie le savon en le faisant passer par des cylindres et on l'introduit dans des cuves doublées de plomb, chauffées à la vapeur cemme les premières, et dans lesquelles on ajoute environ deux parties d'eau pour une de matière grasse. On a soin de mélanger à cette eau de l'acide sulfurique, ou chlorhydrique en quantité suffisante pour décomposer le savon par la saturation de la chaux. L'emploi de ces deux acides occasionne une dépense considérable, car les sels de chaux sont perdus; de plus, il est difficile d'éviter une perte de savon calcaire qui reste emprisonné dans le sulfate de chaux. On a, pour cette raison, cherché à diminuer les proportions de chaux; M. de Milly (1855) a trouvé qu'on peut en réduire la quantité à 4 %, et même à 2 % en opérant la saponification à une température plus élevée. Des recherches de M. Pelouze (1856) ont démontré que les savons neutres décomposent les corps gras à la température de 155° à 160°. Ainsi un mélange de savon calcaire neutre et de 40 p. % d'huile d'olive, exposé à cette température dans une marmite de Papin, a produit un savon acide qui, décomposé par l'acide chlorhydrique, a abandonné des acides gras complétement solubles dans l'alcool et dans une dissolution affaiblie de potasse. Le même résultat a été obtenu en se servant de savon de Marseille.

Lorsque M. Pelouze eut fait connaître ses expériences, l'auteur essaya d'une saponification par le savon; dans ce but, il exposa pendant 8 heures, à la température de 160°, un mélange de 50 grammes suif, de 2 grammes chaux et 25 grammes d'eau. La masse ne semblait pas homogène, et après le traitement par l'acide chlorhydrique les corps gras séparés du liquide renfermaient encore du suif non décomposé. Un second essai, fait avec une quantité d'eau double de la première, ne produisit pas de meilleur résultat. Il s'agissait de savoir si la présence d'une petite quantité d'alcali est nécessaire pour que la saponification par la chaux soit complète; 50 grammes de suif, 25 grammes d'eau et 1 gramme de soude caustique ont été maintenus pendant 3 heures à la température de 155°-160° centigrades; le résultat fut bien meilleur que les précédents, mais une partie du suif avait résisté à la saponification. En employant 2 grammes de soude et en faisant durer l'opération pendant 8 heures à 170°, la saponification se fait d'une manière complète. Ainsi on peut saponifier une graisse, comme le suif, en n'employant que 2 % d'alcali. Les résultats sont tout aussi bons en remplaçant une partie de la soude par de la chaux. 50 grammes de suif, 25 grammes d'eau, 0gr,25 de soude et 1gr,75 de chaux soumis pendant 5 heures à la température de 155-160° (6 atmosphères) ont produit une décomposition complète du corps gras. L'auteur conclut de ces expériences qu'on peut saponifier les corps gras en n'employant que 2 % d'alcali, mais que la chaux seule ne produit pas ce résultat; il suffit d'une très-petite quantité d'alcali pour donner à la chaux cette même propriété.

D'après M. Pelouze, l'eau décompose à 150°-160° le savon neutre en savons acide et basique; ce dernier saponifie les corps gras comme le ferait un alcali; mais M. Buff fait observer qu'une pareille décomposition de savon calcaire n'est pas admissible si l'on tient compte du peu de solubilité de l'hydrate de chaux dans l'eau et de l'insolubilité du savon calcaire. Les expériences de M. Buff confirment cette opinion, puisqu'il a reconnu que la présence d'une petite quantité d'alcali est nécessaire. Mais, dans ce cas, les réactions sont conformes à l'hypothèse de M. Pelouze, car les eaux qui contiennent la glycérine sont très-alcalines; c'est la petite quantité de soude qui saponifie; le savon neutre formé est décomposé par l'eau en savon acide; ce dernier se trouve alors en présence de savon calcaire neutre et le transforme en savon calcaire acide, et toute la soude reste dans le liquide à l'état de savon basique. L'auteur suppose que la chaux employée par M. de Milly contient des alcalis. Le savon acide qui s'était formé dans ces expériences contenait de 4 à 5 molécules d'acide gras pour un atome de métal.

L'auteur n'a pas examiné s'il est possible d'employer moins de 1/2 % de soude et de 50 % d'eau. Quant à l'emploi d'appareils à haute pression, il offre différents avantages. On y trouve économie de main d'œuvre, de combustible, de chaux et d'acide; la perte en acide gras résultant de la formation du sulfate de chaux, se trouve amoindrie; l'emploi d'une moins grande quantité d'eau facilite l'extraction de la glycérine. De plus, il est probable que l'on peut concentrer la glycérine dans ces liquides, en les employant dans plusieurs opérations successives. La saponification à haute pression se fait ordinairement dans des chaudières de cuivre hermétiques dont le contenu est porté à la température voulue par l'action directe de la vapeur.

M. Chevreul avait montré que certains corps gras peuvent être distillés dans le vide et que les acides gras passent à la distillation sans altération. En 1825, Gay-Lussac prit un brevet pour la distillation des acides gras, en y faisant passer un courant de vapeur d'eau. Dans un travail publié en 1837, M. Frémy, en étudiant l'action de l'acide sulfurique sur les huiles, indiqua cette réaction comme utilisable pour la préparation des bougies stéariques. Trois ans plus tard, MM. G. Gwynne et G. Delianson Clark se firent breveter pour l'application de l'acide sulfurique à la décomposition des graisses; et en 1841, M. Dubrunfaut indiqua pour le même objet l'emploi de la vapeur d'eau. Enfin MM. W. Coley Jones et G. Fergusson Wilson ont combiné en 1843 les deux procédés précédents, et ont mis en pratique la méthode générale employée aujourd'hui. Ces auteurs indiquent l'emploi d'une partie d'acide sulfurique que l'on ajoute peu à peu à trois parties de graisse préalablement fondue. Après un repos de 24 heures, on maintient le mélange pendant 36 heures à la température de 90 à 100°, au moyen d'un bain-marie. Pendant cette opération il se dégage de l'acide sulfureux, et la masse noircit. On la lave à l'eau, on la sèche et on la distille dans un courant de vapeur d'eau. Cette vapeur a pour but non-seulement de favoriser la distillation de l'acide gras, mais encore de la préserver de l'action oxydante de l'atmosphère.

D'après une nouvelle patente prise par les même auteurs, on peut réduire la quantité d'acide sulfurique et la porter entre 5 et 9 p. $^0/_0$. Ils soumettent le mélange d'abord pendant 2 heures à 100°, puis pendant 1 heure à chacune des températures suivantes : 120, 138, 154, 177°. Cette modification apporta une grande économie, et on y trouva en même temps l'avantage de la transformation d'une partie de l'acide oléique en un corps gras solide. On ne sait pas encore si cet acide se trouve transformé en acide élaïdique par l'action de l'acide sulfureux, ou en un autre acide gras, par oxydation. Dans cette même patente se trouve mentionnée la distillation des acides gras à l'aide de la vapeur d'eau surchauffée; mais il paraît que ce sont deux ingénieurs français, MM. Thomas et Laurent, qui s'en sont servis pour la première fois (1839); en même temps on s'est servi de ce mode de chauffage pour porter à la température voulue le mélange de corps gras et d'acide sulfurique. Enfin, en 1860, M. Wilson a pris un brevet dans lequel il indique l'emploi de l'acide sulfurique pour obtenir directement la solidification des graisses sans les décomposer préalablement. Pour arriver à ce résultat, il prend de 1 $^1/_2$ à 2 $^1/_2$ p. $^0/_0$ d'acide sulfurique et chauffe le mélange à 260° centig.

Le procédé, tel qu'il est mis en pratique aujourd'hui, se compose des opérations suivantes : le corps gras, fondu par un courant de vapeur d'eau et débarrassé de l'eau et des impuretés, est porté à 260° par la vapeur surchauffée; on y ajoute $^1/_2$ à 2 $^1/_2$ p. $^0/_0$ d'acide sulfurique ayant 1,8 de pesanteur spécifique, en brassant le mélange. Le mélange des deux corps doit se faire lentement; on y met ordinairement 1 $^1/_2$ à 2 heures.

Lorsque la température a atteint 177°, ou plutôt lorsqu'elle est redescendue à 100°, on y ajoute encore 4 $^1/_2$ à 6 $^1/_2$ $^0/_0$ d'acide sulfurique, en remuant la masse au moyen d'un agitateur. Pour l'huile de palme, on emploie $^1/_2$ $^0/_0$ d'acide lorsqu'on opère à haute température; cette quantité est ensuite portée à 5 $^0/_0$. La masse noire obtenue ainsi repose pendant 12 heures; on y fait barboter ensuite de la vapeur, et lorsque les matières charbonnées et l'eau s'en sont séparées, on fait arriver la graisse dans la chaudière de distillation. Cette chaudière, construite en cuivre, est munie du tuyau d'entrée par lequel la graisse y est introduite, d'un tuyau de vapeur aboutissant, dans la partie inférieure, à une conduite circulaire percée de trous servant à l'échappement de la vapeur, et d'un tuyau de vidange qui fonctionne à la faveur de la pression intérieure. Des thermomètres et une soupape de sûreté complètent l'appareil.

Cette chaudière est en communication avec un appareil de condensation disposé de manière à éviter le contact de l'air avec les liquides chauds. Le corps gras distillé passe dans des conduites chauffées au bain-marie. La distillation commence vers 293°; on maintient la température entre 293 et 295°. Les tuyaux du condensateur retiennent la matière grasse de manière que les uns renferment celle qui est la plus consistante et les autres la plus fluide. Une portion du produit est assez consistante pour être employée, sans autre opération, à la coulée des bougies. La partie la plus fluide subit l'action de la presse après avoir été lavée par un jet de vapeur.

On continue la distillation jusqu'à ce que le produit se colore; puis on l'achève dans une cornue en fonte, chauffée par la flamme d'un foyer. Les produits obtenus doivent être distillés une deuxième fois pour devenir incolores. Par l'action de l'acide sulfurique sur les graisses et par la distillation on éprouve des pertes de substance sensibles, mais ce procédé l'emporte sur les autres, parce qu'il permet l'utilisation de graisses très-impures et l'emploi de certaines parties du corps gras distillé, à la fabrication de bougies de qualité inférieure. Cependant il n'est pas sans inconvénients; la distillation à feu nu a souvent occasionné des incendies.

Décomposition des corps gras par l'eau. Nous avons vu que M. Dubrunfaut a pris, en 1841, un brevet pour le traitement des corps gras par la vapeur d'eau. M. Tilgham a fait, en 1855, un nouveau pas dans cette voie, en se servant de vapeur d'eau surchauffée. Dans ce but, M. Tilgham fait passer dans un système de tuyaux, chauffé à 334°, un mélange d'eau et de graisse. Mais la pression énorme provoquée par une température si élevée rendait cette opération impraticable. On a reconnu plus tard que la pression de 12 atmosphères suffit (190°) pour que la décomposition soit complète. Cette méthode exige des appareils puissants; on se sert de chaudières semblables à celles employées pour la saponification au moyen du savon. Cependant, les frais de combustible, de main d'œuvre nécessités par l'emploi d'une semblable pression paraissent trop considérables. MM. Wilson et Payne se servent d'un appareil dans lequel les corps gras sont traités par la vapeur d'eau surchauffée, tandis que les acides gras et la glycérine passent à la distillation au fur et à mesure de leur formation. Comme cette méthode permet d'opérer sans pression, il semblait qu'elle dût l'emporter sur toutes les autres. C'est ce qui résultait d'une communication faite à la Société des arts de Londres, par M. Wilson, directeur de la fabrique de bougies *Price's Patent Candle company*, mais il a été reconnu que ce procédé n'est pas praticable industriellement. La décomposition des graisses par la vapeur surchauffée est trop lente; les frais de main d'œuvre et de combustible sont trop considérables; enfin la température de la distillation des acides gras et de la glycérine est trop rapprochée de celle où a lieu leur décomposition.

Sur les différents produits obtenus par les divers procédés. Les acides gras obtenus par la saponification ou par la vapeur d'eau surchauffée se distinguent par leur dureté, leur transparence et le poli dont ils sont susceptibles. Ils sont incolores ou très-peu colorés. L'acide oléique obtenu en même temps, se prête fort bien à la fabrication des savons de potasse ou de soude. Les deux méthodes ne sont applicables qu'aux graisses pures qui produisent un mélange d'acides gras solides, comme le suif, ou bien encore au mélange de suif et d'huile de palme, d'huile de palme et d'huile de coco. Le procédé à l'acide sulfurique permet l'emploi de l'huile de palme pure, puisque l'acide oléique se trouve transformé en un corps gras consistant. La méthode de distillation permet l'emploi d'une matière grasse quelconque.

Les acides gras distillés sont plus cristallins, plus mous, moins transparents, plus colorés. Les bougies préparées par l'acide sulfurique et la distillation sont moins bonnes que celles qui ont été fabriquées par la saponification, mais le rendement en acides gras est plus considérable.

L'acide oléique distillé répand une odeur désagréable, et le savon de potasse est insoluble dans les dissolutions alcalines; le savon lui-même est très-odorant. Ces deux inconvénients en limitent l'emploi dans les savonneries. Cependant ce savon a trouvé un débouché considérable pour le blanchiment des toiles. L'acide oléique obtenu par la saponification, le traitement par la vapeur d'eau surchauffée ou la distillation, est transformé en acide élaïdique, par l'action des vapeurs nitreuses, tandis que celui qui provient d'un traitement à l'acide sulfurique résiste à l'action de l'acide azoteux et se comporte comme l'acide oléique oxydé.

Les acides gras obtenus par l'action de la vapeur et la distillation sont de moins bonne qualité que ceux préparés par l'acide sulfurique et la distillation. L'huile de palme fournit un produit mou qui ne peut servir à la préparation des bougies qu'à l'état de mélange avec d'autres acides gras provenant du suif ou de l'huile de coco. Par l'emploi de l'acide sulfurique, la glycérine est décomposée; celle-ci est facile à obtenir lorsqu'on a fait usage de vapeur d'eau surchauffée ou de la saponification.

Essai des huiles, par **M. DONNY** (1).

M. Donny vient d'indiquer un moyen pratique de reconnaître la pureté des huiles; ce moyen est des plus ingénieux.

On colore légèrement l'huile à comparer avec une matière colorée quelconque, de l'orcanette, de la coralline, etc.; on prend de cette huile une petite quantité avec un tube effilé, et l'on introduit ce tube dans une éprouvette contenant l'huile normale. Avec un peu d'attention on arrive à déposer une goutte de l'huile colorée au milieu de l'huile qui sert de type; on remarque alors que, si la première est la plus légère, la petite goutte monte; si elle est plus lourde, elle descend; si la densité des deux huiles est la même, la goutte reste à peu près où on l'a mise.

Ce procédé ne demande qu'une quantité d'huile tout à fait minime. Il peut d'ailleurs s'appliquer dans mille cas différents à d'autres liquides dont l'identité ou la qualité s'apprécient par la densité (2).

Préparation du rouge d'aniline, par **M. DELVAUX** (3).

L'auteur a constaté qu'en chauffant pendant 6 à 8 heures à 150° centigrades, environ, un mélange à équivalents égaux d'aniline et de chlorhydrate d'aniline du commerce (renfermant par conséquent de la toluïdine) il se forme une certaine quantité de chlorhydrate de rosaniline.

Le sulfate d'aniline sec chauffé vers 200 à 220° devient noir violacé, et, traité par l'eau, donne également du rouge à l'état de sulfate de rosaniline.

Pour obtenir une quantité considérable de rouge, l'auteur conseille d'opérer de la manière suivante :

On mélange un équivalent de chlorhydrate d'aniline sec (100 parties) avec 10 fois son poids de sable sec et un équivalent (72 parties)

(1) *Les Mondes*, journal de M. l'abbé Moigno, t. v, p. 338.

(2) M. Urbain a présenté à la Société d'encouragement un mémoire sur le même sujet, mais fondé sur une méthode différente; le travail de l'auteur n'a pas encore été publié.

(3) *Comptes rendus*, t. LVI, p. 445 (1863).

d'aniline ; on chauffe 15 heures à 110 ou 120° centigrades. On traite la masse par l'eau bouillante et l'on obtient une grande quantité de matière colorante rouge à l'état de chlorhydrate de rosaniline.

Le résidu, insoluble dans l'eau, se dissout avec coloration rouge dans l'alcool; il renferme donc une certaine proportion de matière colorante que l'on peut difficilement enlever par l'eau; mais en le traitant par un alcali caustique (ammoniaque, chaux, soude) et en saturant ensuite par un acide, la liqueur, d'abord incolore, devient rouge; ce traitement permet d'enlever complétement la matière colorante formée.

Préparation du rouge d'aniline par l'acide antimonique, (patente de R. Smith), par M. SIEBERG (1).

M. Sieberg a donné sur ce procédé les détails suivants :

L'acide antimonique est préparé en traitant 6 parties d'antimoine successivement par 29 parties d'acide azotique fumant à 1,44 poids spécifique, aussi exempt que possible d'acides sulfurique et chlorhydrique. On opère à chaud dans des vases en grès, cimentés au moyen de ciment romain dans des vases en fonte.

Les vapeurs nitreuses qui se dégagent en abondance sont utilisées dans les chambres de plomb. Pendant la réaction et pendant l'addition d'acide azotique, qu'on emploie en assez grand excès (en opérant sur 3 kilogrmmes d'antimoine, cette addition se fait dans l'espace de 1/2 à 3/4 d'heure) ; il faut remuer constamment. Le produit de la réaction est une poudre blanche humide, très-acide, qui, chauffée pendant 12 heures, devient sèche et est ensuite calcinée par parties de 50 kilogrammes au rouge sombre dans des vases en fonte, jusqu'à ce que toute trace d'acide azotique et d'eau ait disparu. L'acide antimonique ainsi préparé se présente sous la forme d'une poudre d'un beau jaune, qu'on utilise encore toute chaude à la fabrication du rouge d'aniline.

La préparation du chlorhydrate d'aniline se fait en mélangeant 8 volumes d'aniline avec 9 volumes d'acide chlorhydrique ordinaire, à 1,165 poids spécifique et évaporation du produit au bain de sable, jusqu'à dégagement de vapeurs blanches, denses et épaisses. Après le refroidissement on obtient une masse dure, cassante, qu'on réduit facilement en fragments (2).

(1) Dingler, *Polytechnisches Journal*, 1864, t. CLXXI, p. 366.

(2) Dans bien des cas, il est utile et important de neutraliser exactement l'aniline par l'acide chlorhydrique (ou par un autre acide), de manière à obtenir une solution ne renfermant ni excès d'acide, ni excès de base. Avec les papiers à

Les appareils pour la transformation du sel d'aniline en rouge d'aniline consistent en vases coniques en grès, de 80 litres de capacité, cimentés au moyen de ciment romain dans des vases en fonte de forme semblable, qui eux-mêmes sont plongés dans une chaudière en fonte remplie de paraffine brute et faisant fonction de bain d'huile. La température du bain est maintenue à 240° centigrades.

Chaque vase est fermé par un couvercle facile à enlever, mais fermant cependant assez bien, et qui communique par un chapiteau en plomb avec un serpentin réfrigérant du même métal. On fait communiquer l'extrémité de ce serpentin avec la cheminée, de manière à réaliser une aspiration qui amène toutes les vapeurs d'eau ou d'aniline dans le tuyau condensateur.

On charge avec 25 kilogrammes de chlorhydrate d'aniline sec, et lorsque le sel est complétement fondu, on ajoute 32 kilogrammes d'acide antimonique, en 4 portions, d'heure en heure. On remue fortement à chaque addition d'acide, au moyen d'une tige en fer, et on agite ensuite toutes les 10 minutes. La réaction occasionnée par l'introduction de l'acide antimonique est d'abord assez violente, mais bientôt elle devient plus tranquille et cesse au bout de 5 à 6 heures.

Le produit est alors enlevé au moyen de poches en cuivre et se présente sous la forme d'une masse fluide épaisse, possédant une belle teinte bronzée, et qui, par le refroidissement, devient dure, cassante et facile à pulvériser.

Pendant l'opération il se condense environ 2 1/2 à 3 kilogrammes d'aniline libre et 2 à 2 1/2 kilogrammes d'eau renfermant en solution un peu de chlorhydrate d'aniline.

Le rouge d'aniline brut ainsi obtenu est pulvérisé mécaniquement, mélangé avec 22 1/2 kilogrammes de cristaux de soude en poudre grossière et additionné ensuite de 30 litres d'eau. Le mélange se boursoufle par suite du dégagement d'acide carbonique; on le chauffe à la vapeur à environ 80° centigrades, température qu'on maintient pendant une heure en remuant très-fréquemment. On laisse déposer, et l'on

réactifs ordinaires, ce point est difficile à constater; mais on réussit très-facilement en se servant de papier coloré par du rouge d'aniline. Cette couleur prend immédiatement une teinte violacée et même bleuâtre dès qu'il y a le moindre excès d'acide.

On n'a donc qu'à opérer de la manière suivante :

A une quantité donnée d'aniline on ajoute graduellement l'acide chlorhydrique, jusqu'à ce que le papier de rouge d'aniline prenne une teinte violacée bleuâtre; il suffit alors d'ajouter à la solution quelques gouttes d'aniline pour neutraliser le petit excès d'acide et obtenir une solution qui n'altère pas la teinte du papier imprégné de rouge d'aniline, mais à laquelle il suffit d'ajouter une quantité minime d'acide pour que la teinte rouge passe au violet plus ou moins bleu. E. K.

jette ce dépôt sur des filtres en calicot. On laisse égoutter et on lave la matière, avec précaution, avec un peu d'eau, pour éliminer presque tout le sel sodique.

Le dépôt ainsi purifié est ensuite épuisé dans des chaudières en cuivre, chauffées à la vapeur, avec 300 litres d'eau; la solution après s'être un peu éclaircie par le repos, est filtrée; on épuise le résidu de nouveau avec 200 litres d'eau bouillante, et on filtre; les deux décoctions sont réunies et écoulées dans des cristallisoirs peu profonds en plomb.

On épuise enfin une troisième fois ce résidu par 100 litres d'eau, et l'on précipite la matière colorante de cette solution filtrée par l'addition de sel marin.

Les deux premières décoctions fournissent, au bout de 24 heures, des cristallisations, dont on décante les eaux-mères; les cristaux sont recueillis sur des filtres.

On obtient en moyenne 7 à 7 1/2 kilogrammes de rouge d'aniline humide, renfermant plus de la moitié de matière colorante sèche.

Dans le principe, on opérait sur de l'aniline très-pure, fabriquée dans l'établissement même, mais le rendement ne dépassait jamais 6 kilogrammes de matière colorante humide; plus tard, on n'employait plus que de l'aniline de fabrication française, beaucoup plus impure, mais produisant cependant plus de matière colorante; dans quelques cas exceptionnels le rendement atteignait jusqu'à 12 et 12 1/2 kilogrammes de rouge d'aniline humide (1).

Les eaux-mères sont utilisées encore 3 à 4 fois pour épuiser de nouvelles charges de rouge d'aniline brut. Mais on est alors obligé d'en précipiter la matière colorante par du sel marin.

La nuance de la matière précipitée tire un peu sur l'écarlate et est quelquefois livrée au commerce en solution. Mais la teinte n'est pas pure et belle, et pour cette raison on l'utilise depuis deux années pour la préparation du *brun d'aniline*.

En Écosse on emploie surtout la solution chlorhydrique du rouge d'aniline pour la teinture et l'impression.

Cette solution se prépare en chauffant le rouge purifié humide avec la moitié de son poids d'acide chlorhydrique du commerce, ajoutant la quantité d'eau bouillante convenable, laissant refroidir et filtrant. Lorsque le rouge d'aniline doit présenter une nuance violacée, on délaye la matière colorante humide avec la moitié de son poids d'acide

(1) Probablement parce que, dans ces cas, l'aniline brute renfermait la quantité convenable de toluidine. E. K.

acétique, on ajoute 10 parties d'eau, on remue le tout et l'on filtre; l'acide acétique et l'eau dissolvent un principe colorant plus rouge, qui adhère en petite quantité aux cristaux. La perte de poids que ce lavage fait subir au rouge d'aniline est à peine sensible.

Après la filtration de la solution chlorhydrique, il reste sur le filtre une poudre noire brunâtre : cette poudre est traitée par de l'acide sulfurique concentré; on délaye le tout dans beaucoup d'eau, on filtre et on lave avec de l'eau; le produit ainsi purifié est dissous dans l'eau bouillante, et la solution filtrée dépose par le refroidissement une poudre verte. Cette dernière, dissoute dans l'alcool, fournit une solution qui teint la laine et la soie en pourpre violacé d'une très-belle nuance.

Le résidu des chaudières en cuivre, dont le rouge d'aniline a été enlevé par les décoctions, est composé d'antimoine métallique, d'oxyde d'antimoine, et d'une matière colorante d'un rouge violacé sale, pour laquelle on n'a pas encore découvert d'application.

Par cette raison on dessèche ce résidu et on le grille jusqu'à destruction de toute matière organique; l'oxyde d'antimoine résultant de ce grillage, est mélangé de carbonate de soude, de sel marin et de charbon, et réduit dans un four spécial à l'état d'antimoine métallique. On recouvre ainsi plus des 2/3 de l'antimoine employé qu'on convertit de nouveau en acide antimonique.

La proportion d'acide antimonique nécessaire pour la fabrication du rouge d'aniline varie avec la nature de l'aniline; elle ne dépasse jamais 35 kilogrammes d'acide antimonique sur 25 kilogrammes de chlorhydrate d'aniline sec, mais, pour certaines qualités d'anilines, 25 kilogrammes sont déjà suffisants.

CHIMIE PHOTOGRAPHIQUE.

Bain de virage, par MM. DAVANNE et GIRARD (1).

Ce bain de virage au chlorure double d'or et de potassium marche avec autant de sûreté que d'économie. Jamais il ne se filtre; la craie est chargée de le purifier, jamais il n'est rejeté; il suffit de lui rendre une quantité de sels d'or et de potassium égale à celle que les feuilles

(1) Recherches sur la formation des épreuves photographiques positives. *Bulletin de la Société de photographie* (1864).

préparées lui ont enlevé pour qu'il marche comme un bain neuf. Il ne ronge pas les épreuves comme les bains à l'acétate de soude, et ménage les demi-teintes.

Sa théorie a été indiquée (*Bulletin de la Société chimique*, nouv. sér., t. I, p. 394 (1864); nous allons ici esquisser la pratique.

Les papiers doivent être préparés sur un bain d'argent *rigoureusement* neutre.

Après exposition, ils sont lavés à deux ou trois eaux et plongés dans le bain, où ils viennent promptement.

En quelques minutes, l'image acquiert un grand éclat et une grande profondeur, nous avons surtout admiré la transparence des ciels.

Les blancs restent purs, et si nous ne craignions d'être taxés d'exagération, nous dirions que ce bain fait disparaître presque totalement la coloration jaune qu'affectent certains papiers.

Les épreuves sont, comme d'ordinaire, fixées à l'hyposulfite de soude. Le fixage au sulfocyanure de potassium réussissait également bien, mais nous ne l'avons pas essayé.

Le bain se prépare comme suit :

Dans un flacon mettez :

Eau distillée	1000 grammes.
Chlorure double d'or et de potassium	1 —
Craie	

Dans un autre flacon mettez :

Eau distillée	1000 grammes.
Chlorure double d'or et de potassium	4 —
Craie.	

Par chaque grande feuille, ajoutez au bain 10 centimètres cubes de la solution numéro 2, et le bain marchera indéfiniment.

ANALYSE DES MÉMOIRES DE CHIMIE PURE ET APPLIQUÉE

PUBLIÉS EN FRANCE ET A L'ÉTRANGER.

CHIMIE GÉNÉRALE.

Idées spéculatives sur la constitution de la matière, par M. Th. GRAHAM (1).

On peut concevoir que les différentes espèces de matière, qui sont actuellement reconnues comme éléments divers, possèdent une seule et même molécule dernière ou atomique, existant dans différentes conditions de mouvement. L'unité essentielle de la matière est une hypothèse en harmonie avec l'action égale de la pesanteur sur tous les corps. Nous savons combien Newton s'était préoccupé de cette idée, et nous connaissons le soin qu'il a mis à s'assurer que chaque espèce de substance, « les métaux, les pierres, les bois, les sels, les substances animales, etc., » éprouvent la même augmentation de vitesse en tombant, et sont par conséquent également pesants.

A l'état gazeux la matière est dépourvue de nombreuses propriétés qui semblent lui appartenir lorsqu'elle se trouve sous forme liquide ou solide. Les gaz montrent quelques traits grands et simples. Ceux-ci peuvent dépendre tous de la mobilité atomique et moléculaire.

Supposons qu'il n'existe qu'une seule espèce de matière, la matière pondérable; supposons ensuite que la matière soit divisible en atomes *ultimes* (*ultimate*) égaux en volume et en poids. Nous aurons alors une substance unique et un atome commun. Avec l'atome en repos, l'uniformité de la matière serait parfaite; mais l'atome possède toujours plus ou moins de mouvement attribuable, nous devons le supposer, à une impulsion primordiale. Ce mouvement détermine le volume. Plus il est rapide, plus grand est l'espace occupé par l'atome, comme l'orbite d'une planète s'élargit avec le degré du mouvement projectile. La matière ne diffère alors que parce qu'elle est plus ou moins dense. Le mouvement spécifique d'un atome étant inaliénable, la matière légère ne saurait être convertie en matière lourde. En un mot, la matière de densité différente forme différentes substances, différents éléments qui ne sont point convertibles les uns dans les autres.

(1) Traduit du *Philosophical Magazine*, 4ᵉ sér., t. XXVII, p. 81.

Ce qui a été dit jusqu'ici ne s'applique pas aux volumes gazeux que nous avons occasion de mesurer et de manier, mais à un autre ordre, à un ordre inférieur de molécules ou d'atomes. Les atomes qui se combinent et dont on a parlé jusqu'ici ne sont pas, par conséquent, les molécules dont le mouvement est sensiblement affecté par la chaleur, action qui a pour effet l'expansion gazeuse. La molécule gazeuse doit elle-même être envisagée comme formée d'un groupe ou d'un système des atomes d'un ordre inférieur, dont on vient de parler, groupe obéissant, comme un tout, à des lois semblables à celles qui gouvernent les atomes constituants. En réalité, nous avons fait un pas en arrière et nous avons appliqué aux atomes d'un ordre inférieur les idées qui ont été suggérées par les molécules gazeuses, de même que les vues dérivées du système solaire sont étendues au système subordonné d'une planète et de ses satellites. Les progrès de la science peuvent rendre nécessaires une répétition de semblables étapes de division moléculaire. La molécule gazeuse apparaît alors comme une répétition de l'atome inférieur sur une plus grande échelle. On atteint la molécule ou le système qui est affecté par la chaleur, la molécule diffusive dont le mouvement est un sujet d'observation et de mesure. On doit supposer que les molécules diffusives sont uniformes en poids, mais varient, quant à la rapidité de leur mouvement, en concordance avec leurs atomes constituants. Il en résulte que les volumes moléculaires de différents corps simples ont entre eux les mêmes relations que les volumes atomiques des mêmes substances subordonnés aux précédents.

De plus, ces formes plus ou moins mobiles, plus ou moins légères et pesantes de matière, offrent une singulière relation, liée à l'égalité de volume. Volumes égaux de deux d'entre elles peuvent s'unir en masse (*coalesce together*), combiner leur mouvement et former un nouveau groupe atomique qui retient la totalité, la moitié ou une proportion simple du mouvement, et, par conséquent, du volume primitif.

Voilà la combinaison chimique : elle est directement afférente au volume et est liée d'une manière indirecte seulement aux poids. Les poids qui se combinent sont différents, parce que les densités atomiques et moléculaires sont différentes elles-mêmes. Le volume de combinaison est uniforme, mais les fluides mesurés varient en densité. Cette mesure fixe de combinaison, le *mètre* (*metron*) des substances simples, pèse 1 pour l'hydrogène, 16 pour l'oxygène, et ainsi de suite pour les autres éléments.

Il convient d'ajouter que l'hypothèse concernant la mobilité atomique et moléculaire admet une autre expression. De même que dans la théorie de la lumière, nous avons les deux hypothèses de l'émission et de l'ondulation, de même, on peut présumer que dans la mobilité moléculaire le mouvement réside, soit dans des atomes ou molécules séparés, soit dans un milieu fluide en état d'ondulation. Un degré particulier de vibration ou de pulsation, imprimé, dans l'origine, à une portion du milieu fluide, peut douer cette portion de matière d'une existence individuelle et la constituer comme substance distincte ou comme élément.

En ce qui concerne les différents états gazeux, liquide, solide, il faut remarquer qu'il n'y a pas incompatibilité réelle entre ces conditions physiques. On les trouve souvent réunies dans la même substance. Les états liquide et solide s'ajoutent (*supervene*) à l'état gazeux plutôt qu'ils ne s'annulent (*supersede*). Gay-Lussac a fait cette observation remarquable que les vapeurs émises par la glace et l'eau, à 0°, possèdent exactement la même tension. Le passage de l'état liquide à l'état solide n'est pas rendu apparent dans la volatilité de l'eau. Les états liquide et solide n'apparaissent pas comme l'extinction ou la suppression de l'état gazeux, mais comme quelque chose qui *s'ajoute* à ce dernier état. Les trois états (ou constitutions) de la matière coexistent probablement dans chaque substance solide ou liquide, mais l'un d'eux prédomine sur les autres. Parmi les propriétés générales de la matière nous devons encore noter : 1° cette perte remarquable d'élasticité dans les vapeurs soumises à une haute pression, ce que M. Faraday désigne sous le nom *d'état Cagniard-Latour*, d'après le nom de l'auteur de la découverte, et dont M. Andrews fait actuellement l'objet d'une étude approfondie; 2° *l'état colloïdal*, intermédiaire entre l'état liquide et l'état cristallin, empiétant en quelque sorte sur chacun d'eux, et affectant probablement toutes les espèces de matières solide et liquide, à un degré plus ou moins grand.

La prédominance d'un certain état physique dans une substance paraît constituer une différence de la même nature que celles qu'on reconnaît en histoire naturelle comme dues à un développement inégal. Il en résulte que le fait de la liquéfaction ou de la solidification n'implique point la suppression du mouvement atomique ou du mouvement moléculaire, mais seulement la diminution de son intensité. L'hypothèse du mouvement atomique a été mise en avant dans d'autres cas, indépendamment de l'état gazeux, et a été appliquée par M. Williamson à l'explication d'une classe remarquable de réactions chimiques qui se passent au sein d'un mélange de liquides.

Enfin, la mobilité moléculaire ou diffusive est dans un rapport manifeste avec l'échauffement des gaz au contact de substances liquides ou solides. Le choc de la molécule gazeuse sur une surface possédant une température différente apparaît comme la condition de la transmission de la chaleur ou du mouvement calorifique de l'un à l'autre. Plus le mouvement moléculaire du gaz est rapide, plus fréquent aussi est le contact, dont la conséquence est la communication de la chaleur. De là sans doute le grand pouvoir réfrigérant de l'hydrogène, comparé à celui de l'air ou de l'oxygène. Ces gaz possèdent la même chaleur spécifique à volume égal, mais un corps chaud placé dans l'hydrogène est réellement touché 3,8 fois plus souvent qu'il ne le serait s'il était placé dans l'air, et 4 fois plus souvent que dans une atmosphère d'oxygène.

Dalton a déjà attribué cette propriété de l'hydrogène à la grande mobilité de ce gaz. Cette même propriété moléculaire pourrait motiver l'emploi de ce gaz dans la machine à air, où il s'agit d'échauffer et de refroidir alternativement et rapidement un volume confiné de gaz.

Sur l'oxydation et la désoxydation effectuée par les peroxydes alcalins, par M. B. C. BRODIE (1).

I. Lorsqu'une solution de permanganate de potassium est mélangée avec une solution de peroxyde de baryum dans l'acide chlorhydrique faible, les deux corps se décomposent; il se dégage de l'oxygène, et l'on obtient une solution incolore renfermant un sel manganeux.

La réaction est exprimée par l'équation suivante :

$$4HCl + H^2Mn^4O^8 + 5H^2O^2 = 4MnCl + 8H^2O + 5O^2.$$

Lorsqu'une solution acide de peroxyde d'hydrogène est mélangée avec une solution acide de ferrocyanure de potassium, il y a oxydation et le ferrocyanure est converti en ferricyanure de potassium. L'action est lente dans les solutions étendues.

D'un autre côté, lorsqu'on mêle un peroxyde alcalin avec une solution neutre ou alcaline de ferricyanure de potassium, il s'accomplit une réaction inverse; il se dégage de l'oxygène et le ferricyanure est converti en ferrocyanure. On a constaté que cette réaction s'accomplit d'après l'équation suivante :

$$2(K^3Fe^2Cy^6) + Ba^2O^2 = 2(K^3BaFe^2Cy^6) + O^2.$$

(1) *Journal of the Chemical Society*, 2e sér., t. I, p. 316. Septembre 1863.

Lorsqu'on ajoute du peroxyde de baryum à la solution d'un hypochlorite alcalin, il y a dégagement d'oxygène et les deux substances sont décomposées. Ainsi quand on fait réagir le peroxyde de baryum sur une solution d'hypochlorite de baryum, il se forme du chlorure de baryum et de la baryte caustique, de telle sorte que l'oxygène qui se dégage provient en quantités égales du peroxyde et de l'hypochlorite, qui se décomposent en proportions atomiques :

$$BaClO + Ba^2O^2 = BaCl + Ba^2O + O^2.$$

Il n'en est pas ainsi lorsque le peroxyde d'hydrogène est décomposé par l'acide chromique. Cette décomposition offre en apparence un caractère exceptionnel, et ce n'est que par une étude attentive qu'on a pu se convaincre qu'elle rentre dans la même catégorie que les précédentes.

On s'est assuré d'abord qu'aussi longtemps que l'acide chromique ne manque pas, les deux substances perdent des quantités égales d'oxygène et que la décomposition est exprimée par l'équation suivante :

$$\underset{\text{Acide chromique.}}{2Cr^2O^3} + 3H^2O^2 = \underset{\text{Oxyde chromique.}}{Cr^4O^3} + 3H^2O + 3O^2,$$

Mais lorsque la proportion d'oxygène contenue dans le peroxyde d'hydrogène dépasse celle qui est contenue dans l'acide chromique, une quantité considérable de peroxyde se décompose, mais jamais la totalité de ce corps. La proportion qui est décomposée augmente jusqu'à ce que le peroxyde d'hydrogène renferme 8 $^1/_2$ fois autant d'oxygène que l'acide chromique ; au delà de ce point, la décomposition devient constante, le peroxyde perdant deux fois plus d'oxygène que l'acide chromique :

$$2Cr^2O^3 + 6H^2O^2 = Cr^4O^3 + 6H^2O + 9O.$$

Entre ces limites, la réaction n'est pas homogène, mais s'accomplit en deux phases distinctes, qui peuvent être séparées parce que leur durée est inégale. Considérons d'abord le cas où les quantités d'oxygène provenant du peroxyde et de l'acide chromique sont égales. Il apparaît d'abord une coloration bleue due à la formation de l'acide perchromique de M. Barreswil, puis, ce corps se décomposant, la couleur disparaît :

$$2Cr^2O^3 + 3H^2O^2 = \underset{\text{Acide perchromique.}}{Cr^4O^9} + 3H^2O$$

$$Cr^4O^9 = Cr^4O^3 + 3O^2.$$

Dans le cas où la quantité d'oxygène cédée par le peroxyde est double de celle cédée par l'acide chromique, le corps Cr^4O^9, formé dans la première phase de la réaction, est oxydé et se convertit en Cr^4O^{12}, suivant l'équation

$$Cr^4O^9 + 3H^2O^2 = Cr^4O^{12} + 3H^2O.$$

Le corps Cr^4O^{12} se décompose ensuite au contact d'un excès de peroxyde d'hydrogène, peut-être avec formation d'un oxyde d'hydrogène plus élevé H^2O^3 et du produit précédent Cr^4O^9 :

$$Cr^4O^{12} + 3H^2O^2 = Cr^4O^9 + 3H^2O^3.$$

Enfin, l'acide Cr^4O^9 et l'oxyde H^2O^3 se décomposent eux-mêmes, le premier plus rapidement que le second. On voit donc que la décomposition s'accomplit en différentes phases qui peuvent être exprimées par les équations suivantes :

$$\begin{aligned}
2Cr^2O^3 + 3H^2O^2 &= Cr^4O^9 + 2H^2O,\\
Cr^4O^9 + 3H^2O^2 &= Cr^4O^{12} + 3H^2O,\\
Cr^4O^{12} + 3H^2O^2 &= Cr^4O^9 + 3H^2O^3,\\
Cr^4O^9 &= Cr^4O^3 + 3O^2,\\
3H^2O^3 &= 3H^2O^2 + 3O,
\end{aligned}$$

et le résultat final est exprimé par l'équation suivante, qui résulte de l'élimination des termes semblables dans les précédentes :

$$2Cr^2O^3 + 6H^2O^2 = Cr^4O^3 + 6H^2O + 9O.$$

Comme la quantité d'oxygène se dégage probablement dans des phases successives de la réaction, il est impossible de fixer d'une manière précise le degré d'oxydation du composé bleu.

II. *Oxydations effectuées par le peroxyde d'hydrogène.* — Les peroxydes d'hydrogène, de potassium, de baryum, possèdent un certain nombre de propriétés chimiques qui n'appartiennent pas aux composés analogues du plomb et du manganèse. M. Schœnbein a cherché à expliquer ces différences de propriétés en admettant l'existence de deux variétés d'oxygène : un oxygène *positif* et un oxygène *négatif*. Le peroxyde de manganèse, qui possède des propriétés oxydantes, renferme de l'oxygène négatif, tandis que celui de baryum, qui se comporte comme un agent réducteur, renferme de l'oxygène positif. Cette hypothèse de M. Schœnbein est fondée sur une appréciation imparfaite et incorrecte des faits. En réalité, de telles différences fondamentales entre les propriétés de peroxydes n'existent pas. Ces propriétés varient avec les conditions dans lesquelles les peroxydes sont placés et suivant les substances avec lesquelles ils sont associés, et ces conditions peuvent être modifiées au point que ces peroxydes alcalins deviennent capables d'effectuer des oxydations. Les faits suivants montrent qu'il en est ainsi :

1° Une solution acide de peroxyde d'hydrogène convertit une solution de ferrocyanure en ferricyanure de potassium.

2° Une solution alcaline de peroxyde de sodium, ajoutée à la solution d'un protosel de manganèse, forme de l'hydrate de peroxyde de manganèse.

3° Une solution alcaline de peroxyde de sodium oxyde une solution alcaline de sesquioxyde de chrome avec formation de chromate de potassium.

4° Une solution concentrée d'acide chlorhydrique dégage du chlore avec du peroxyde de baryum.

On ne peut nier qu'il existe des différences importantes entre les réactions du peroxyde de baryum et celles du peroxyde de manganèse. Mais ces différences sont du même ordre que celles qui distinguent d'autres substances chimiques voisines les unes des autres, car l'expérience nous apprend que deux corps, quelque étroite que soit l'analogie qui les lie, n'offrent jamais une identité complète de propriétés.

L'acide chlorhydrique ne possède pas toutes les propriétés de l'acide iodhydrique; la soude diffère de la potasse, le chlore de l'iode, le sodium du potassium. Si donc les peroxydes dont il s'agit ne possèdent pas les mêmes propriétés, cela est dû à la différence, non pas de l'oxygène qu'ils renferment, mais bien des éléments avec lesquels cet oxygène est combiné.

Dans une série d'expériences, M. Brodie a défini la marche de la décomposition du peroxyde de baryum par l'acide chlorhydrique, décomposition qui varie suivant la concentration de l'acide, de telle sorte que la quantité de chlore dégagée diminue lorsque la quantité d'eau augmente.

III. *Décompositions catalytiques.* — Il résulte des faits précédemment exposés que les peroxydes alcalins peuvent être employés, soit comme agents d'oxydation, soit comme agents de réduction. Il est permis de supposer que parmi les formes nombreuses et variables de la décomposition chimique, il existe des cas où ces phénomènes d'oxydation et de réduction s'accomplissent simultanément. S'il en était ainsi, le résultat de ces décompositions serait ce qu'on nomme une action de contact, une décomposition catalytique, et serait dû en réalité à deux réactions distinctes parfaitement définies et superposées en quelque sorte.

Les exemples suivants montrent que la combinaison de l'action oxydante avec l'action réductrice peut produire les effets de la catalyse.

1°
$$3H^2O^2 + \underset{\text{Oxyde de chrome.}}{Cr^4O^3} = 3H^2O + \underset{\text{Acide chromique.}}{2Cr^2O^3},$$

$$\underset{\text{Acide chromique.}}{2Cr^2O^3} + 3H^2O^2 = \underset{\text{Oxyde de chrome.}}{Cr^4O^3} + 3H^2O + 3O^2,$$

d'où l'on tire par élimination

$$2H^2O^2 = 2H^2O + O^2.$$

2°
$$\underset{\text{Ferrocyanure de sodium.}}{2Na^4Fe^2Cy^6} + Na^2O^2 = 2Na^2O + \underset{\text{Ferricyanure de sodium.}}{2Na^3Fe^2Cy^6},$$

$$\underset{\text{Ferricyanure de sodium.}}{2Na^3Fe^2Cy^6} + Na^2O^2 = \underset{\text{Ferrocyanure de sodium.}}{2Na^4Fe^2Cy^6} + O^2,$$

d'où l'on tire par élimination

$$\underset{\text{Peroxyde de sodium.}}{2Na^2O^2} = 2Na^2O + O^2.$$

Lorsqu'on ajoute une solution de peroxyde de sodium à une solution de sulfate manganeux, il se forme un précipité d'hydrate de peroxyde de manganèse.

D'un autre côté, lorsqu'on ajoute quelques gouttes d'une solution très-étendue de sulfate manganeux à un excès de peroxyde de sodium, il ne se forme pas de précipité, mais la solution demeure claire, brunit, et le peroxyde de sodium subit la décomposition catalytique.

Lorqu'on ajoute un grand excès d'une solution de peroxyde de sodium à une très-petite quantité d'hydrate de peroxyde de manganèse récemment précipité, ce dernier se dissout en formant la même solution brune. Une fois oxydé et dissous, le peroxyde de manganèse décompose le peroxyde de sodium avec dégagement d'oxygène.

En troisième lieu, si l'on ajoute une solution de peroxyde de sodium à une solution alcaline de permanganate, cette dernière est d'abord réduite en manganate, et la solution devient verte; si l'on ajoute une plus grande quantité de peroxyde de sodium, la solution prend la couleur brune qui se produit par l'oxydation du protoxyde. Mais si l'on ajoute le peroxyde en petite quantité, ou si l'on ajoute du permanganate à une solution brune, il se forme un précipité de peroxyde de manganèse. C'est le composé qui forme la solution brune qui est l'agent de la décomposition du peroxyde de sodium, et le peroxyde de manganèse n'apparaît que lorsque la décomposition de l'autre peroxyde est complète ou sur le point de l'être. La solution devient alors trouble, et il se produit un précipité floconneux.

Il paraît résulter de ce qui précède :

1° Que le peroxyde de manganèse peut être oxydé par le peroxyde de sodium et transformé en un composé formant une solution brune;

2° Que l'acide permanganique peut être réduit par le peroxyde de sodium pour former la même substance brune;

3° Que lorsque la réduction a atteint ce point en présence d'un excès de peroxyde, elle s'arrête pendant quelque temps, et alors commence la décomposition catalytique; pendant cette décomposition, le composé brun demeure permanent, et c'est seulement lorsque le peroxyde de sodium est presque entièrement décomposé que la réduction commence de nouveau, et que le peroxyde de manganèse est formé.

On peut interpréter ces faits de la manière suivante :

Il y a un moment où l'action oxydante du peroxyde de sodium coïncide avec son action réductrice et la rencontre en quelque sorte; à ce moment l'action catalytique s'accomplit. Du peroxyde de manganèse est formé; mais aussi longtemps qu'il se trouve en présence d'un excès suffisant de peroxyde de sodium, il est oxydé de nouveau aussi rapidement qu'il est produit. Par cette réduction et cette oxydation continuelle, le peroxyde de sodium est graduellement éliminé. Ces réactions demandent du temps, comme d'autres actions chimiques; mais finalement, lorsqu'il ne reste plus qu'une petite quantité de peroxyde de sodium, il se précipite du peroxyde de manganèse, ce dernier étant produit plus rapidement qu'il n'est détruit.

L'auteur cite d'autres exemples de ce genre de phénomènes.

Voici, en résumé, les principaux points qui semblent ressortir des faits précédemment exposés :

1° Nous pouvons produire, avec les peroxydes alcalins, des effets de deux sortes, savoir : d'oxydation et de réduction; cette double fonction est particulière à ce groupe de peroxydes.

2° Ces peroxydes sont décomposés au contact d'un grand nombre de substances chimiques, et cette forme de décomposition caractérise particulièrement ce groupe.

3° La combinaison d'une action oxydante et d'une action réductrice est capable de produire les effets de la décomposition par contact, et nous pouvons dans certains cas imiter, en quelque sorte, l'action de contact par le moyen d'une oxydation et d'une réduction successives.

4° Il y a des cas où nous pouvons démontrer que l'action de contact déterminée par un corps est accompagnée de son oxydation et de sa réduction successives.

CHIMIE MINÉRALE.

Sur une nouvelle série d'oxydes métalliques, par M. Henri ROSE (1).

L'auteur commence par rappeler les arguments qui militent en faveur de la formule Ag^2O pour l'oxyde d'argent. Ces arguments sont tirés principalement de la loi des chaleurs spécifiques et de celle de l'isomorphisme. Il signale ensuite une objection sérieuse que l'on peut faire à cette formule. La voici : si l'oxyde d'argent est Ag^2O, il en résulte que le sous-oxyde d'argent doit être formulé Ag^4O. C'est là une constitution que l'on a quelque peine à admettre. Cependant H. Rose montre qu'il faut bien en passer par là et que le sous-oxyde d'argent n'est pas le seul représentant de cette classe singulière d'oxydes. Il présume, au contraire, que ces corps sont assez nombreux : du moins l'existence d'un sous-oxyde de cuivre de constitution analogue est démontrée par les faits que nous allons résumer.

Lorsqu'on traite une solution de sulfate de cuivre par du protochlorure d'étain additionné d'une petite quantité d'acide chlorhydrique, on obtient, comme on sait, du protochlorure de cuivre. Ce précipité introduit, encore humide, dans une solution étendue de protochlorure d'étain dans la potasse, se transforme en un corps verdâtre, qui lui-même se réduit à l'état de cuivre métallique lorsqu'on emploie une solution alcaline de protochlorure d'étain moins étendue et en excès.

Si l'on ajoute du sulfate de cuivre à un excès de solution alcaline d'étain très-étendue, on voit se séparer d'abord de l'hydrate bleu d'oxyde de cuivre; cet hydrate devient jaune en se transformant en hydrate de protoxyde, puis sa couleur passe au vert olive, et finit par devenir d'un brun rouge. Il est alors transformé en cuivre métallique.

(1) *Poggendorff's Annalen der Physik und Chemie*, t. CXX, p. 1. 1863. N° 9.

Il reste pourtant en suspension une poudre verte, qui finit, elle aussi, par se réduire. Ce corps vert est extrêmement oxydable et l'air le transforme facilement en protoxyde et en bioxyde de cuivre.

Cette circonstance rend sa préparation difficile. Pour l'obtenir aussi pur que possible, il ne faut employer que la quantité de protochlorure d'étain nécessaire pour enlever à l'oxyde de cuivre les trois quarts de son oxygène.

On prépare une solution de protochlorure d'étain dans la potasse, qui renferme par litre 50 grammes d'hydrate de potasse, et une quantité de protochlorure exigeant 30 grammes d'iode pour être transformée en bioxyde. Il faut soigneusement refroidir le vase dans lequel on fait le mélange.

A 1 litre de la solution on ajoute 300 centimètres cubes d'une solution de sulfate de cuivre renfermant 10 grammes de cuivre, et on agite, toutes les cinq minutes, dans une fiole que le mélange remplit presque entièrement, et que l'on refroidit en la plaçant dans l'eau. Au bout de vingt-quatre heures, la liqueur qui surnage le précipité ne décolore plus la solution d'iode, après avoir été saturée par l'acide chlorhydrique. On lave le précipité d'abord avec de l'eau renfermant de la potasse, puis, lorsqu'il ne se dissout plus d'oxyde d'étain, avec de l'eau pure. Lorsque toute la potasse a été enlevée par les lavages, le précipité se dépose très-lentement. Si alors on ajoute un peu d'ammoniaque, il se réunit sans être altéré, et peut ensuite être lavé plus facilement à l'eau pure. L'ammoniaque dissout les traces de protoxyde et de bioxyde de cuivre qui ont pu se former, mais elle laisse tout le sous-oxyde.

Les lavages doivent être faits avec les plus grandes précautions, avec de l'eau longtemps bouillie, et dans une atmosphère d'hydrogène, ce qui peut s'exécuter dans une fiole fermée par un bouchon de caoutchouc dans lequel passent deux tubes courbés à angle droit, allant l'un au fond de la fiole et l'autre seulement au niveau du bouchon. En se servant convenablement de cet appareil, on peut laver le sous-oxyde de cuivre et le transvaser dans des flacons plus petits, sans qu'il puisse s'oxyder. Toutefois, malgré les plus grandes précautions, la préparation du sous-oxyde ne réussit pas toujours, et souvent on obtient, au lieu de sous-oxyde, un mélange de cuivre, de protoxyde et de bioxyde. Mais une fois la préparation bien réussie, le produit se conserve sans altération dans l'eau à l'abri de l'air; à la longue, il devient un peu plus dense et, en même temps, moins altérable.

Pour analyser le nouvel oxyde, on en a fait passer une certaine quantité, mélangée avec de l'eau, dans un matras renfermant de l'acide sulfurique étendu. Immédiatement, il s'est produit un dépôt de cuivre métallique, et la liqueur s'est colorée en bleu. Lorsque le cuivre a été complétement déposé, on a chassé la solution du matras en y faisant entrer un courant d'hydrogène, et on l'a remplacée par de l'eau bouillie, jusqu'à ce que les eaux de lavage ne renfermassent plus de cuivre. La solution, de même que le précipité de cuivre, renfermait de l'étain. La solution, additionnée d'ammoniaque de manière à conserver encore une faible réaction acide, et bouillie, a laissé déposer l'oxyde d'étain. Dans la liqueur restante, on a précipité le cuivre par l'hydrogène sulfuré.

Le cuivre métallique a été dissous dans l'acide azotique, additionné d'acide sulfurique et traité comme la solution.

On a trouvé ainsi, pour le rapport du cuivre dissous à l'état d'oxyde au cuivre réduit, 1 : 2,959, ce qui prouve que le nouvel oxyde a pour formule Cu^4O.

Le précipité, supposé sec, provenant de deux préparations différentes renfermait :

Cu^4O	94,93	96,56
SnO^2	5,07	3,44
	100,00	100,00

L'acide stannique est évidemment à l'état de mélange.

H. Rose propose d'appeler le nouvel oxyde de cuivre *quadrantoxyde;* ce nom doit rappeler qu'il ne contient que $^1/_2$ d'atome d'oxygène pour 1 de métal. Il indique, à cette occasion, une nomenclature rationnelle des oxydes basiques, qui remplacerait avantageusement les noms arbitraires donnés le plus souvent à ces composés.

Voici les nouveaux noms :

M^4O	Quadrantoxyde.
M^2O	Semioxyde.
MO	Isoxyde,
M^2O^3	Sesquioxyde.
MO^2	Diploxyde.

Le quadrantoxyde de cuivre, traité par l'acide chlorhydrique étendu, donne d'abord un corps foncé, qui est peut-être le chlorure correspondant. Ce corps se réduit rapidement en cuivre métallique, avec formation de protochlorure.

L'hydrogène sulfuré transforme le quadrantoxyde de cuivre en un corps noir, qui reste longtemps en suspension. Il paraît homogène. En présence d'un excès d'hydrogène sulfuré, il se décompose peu à peu, avec dégagement d'hydrogène.

Avec l'acide cyanhydrique, il paraît aussi se former un sous-cyanure.

Ainsi, le cuivre donne un quadrantoxyde Cu^4O; on ne peut pas douter que la formule du sous-oxyde d'argent ne soit Ag^4O. L'oxyde d'argent et le protoxyde de cuivre se correspondent aussi et sont des semioxydes; enfin, le peroxyde d'argent et l'oxyde de cuivre sont des isoxydes.

On sait que M. Bunsen a obtenu par électrolyse des sous-chlorures bleus des métaux alcalins. Les mêmes sous-chlorures se produisent lorsqu'on fond ensemble, dans un courant d'hydrogène, du potassium ou du sodium avec les chlorures de ces métaux alcalins. Les oxydes des métaux alcalins étant des semioxydes, il est probable que ces sous-chlorures correspondent aux quadrantoxydes.

Sur la carburation du fer par l'oxyde de carbone, par M. Fréd. MARGUERITTE (1).

L'oxyde de carbone provenait de la décomposition de l'acide oxalique pur par l'acide sulfurique pur. Il a été séparé de l'acide carbonique en traversant plusieurs flacons remplis de lessive de potasse, à la suite desquels se trouvait une dissolution de baryte qui ne devait pas se troubler.

L'oxyde de carbone cheminait ensuite à travers des tubes renfermant de la potasse, puis de la pierre ponce imbibée d'acide sulfurique, puis arrivait dans un tube de porcelaine, vernie à l'intérieur et à l'extérieur, contenant du fil de fer bien décapé.

Au bout de deux heures l'aciération était complète; pendant toute la durée de l'opération, il s'est dégagé de l'acide carbonique; le fer avait donc décomposé l'oxyde de carbone.

M. Caron a constaté que le silicium décompose l'oxyde de carbone en donnant de la silice et du carbone qui se combine au fer. L'auteur a fait le dosage du silicium contenu dans le fer employé, et il s'est assuré que la quantité de carbone, fixée sur le fer, est beaucoup plus considérable que celle qui peut être produite par l'action du silicium sur l'oxyde de carbone; car il a pu fixer plus de 1/2 p. % de carbone sur un fer dont la quantité de silicium n'aurait pu faire déposer que

(1) *Comptes rendus*, t. LIX, p. 185 et 376 (1864). — Voir la première note du même auteur sur la carburation du fer dans ce volume du Bulletin, p. 139.

3 dix millièmes environ de carbone. Il faut donc admettre une relation directe entre le fer et l'oxyde de carbone.

Une expérience faite par l'auteur sur du fer pur préparé d'après les indications de M. Peligot au moyen de l'oxalate de fer chauffé dans un courant d'hydrogène, a vérifié ces résultats. On a calciné pendant trois heures, en présence de l'oxyde de carbone, 1gr,318 de ce fer; il a fixé une proportion de carbone égale soit aux 0,0035, soit aux 0,00265 de son poids, et il s'est constamment dégagé de l'acide carbonique. Donc la cémentation du fer par l'oxyde de carbone ne paraît pas douteuse.

Pour M. Margueritte, l'azote n'est indispensable, ni à la production ni à la constitution de l'acier. En effet, si l'on dirige pendant longtemps, à une température convenable, de l'hydrogène sur du fer réduit en lames minces pour le débarrasser, ainsi que l'a indiqué M. Frémy, de l'azote qu'il peut contenir, puis qu'on chauffe ce fer pendant trois heures dans une atmosphère d'oxyde de carbone, il se dégage de l'acide carbonique et il se forme de l'acier.

Sur la cémentation du fer par l'oxyde de carbone, par M. H. CARON (1).

L'auteur, admet comme M. Margueritte, que la cémentation peut se faire sans l'intervention de l'azote, et il rappelle à ce sujet une expérience antérieure, qui lui appartient, et dans laquelle il a aciéré du fer en le chauffant dans un courant d'hydrogène protocarboné pur (2).

M. Caron est moins disposé à admettre la seconde conclusion de M. Margueritte, à savoir : que l'oxyde de carbone est capable de cémenter le fer pur.

Pour M. Caron, l'oxyde de carbone ne peut être à lui seul capable de cémenter industriellement le fer; mais il est possible, suivant lui (et à cet égard il rappelle les expériences de M. Stammer) (3), de fournir, dans certaines conditions, au fer pur ou impur une quantité très-grande de charbon sous l'influence de l'oxyde de carbone. La condition pour réussir consiste à opérer à une température inférieure à celle du ramollissement du verre. La décomposition de l'oxyde de carbone par le fer pur a lieu alors, et le poids du fer employé peut augmenter considérablement par suite de la mise en liberté du carbone.

M. Caron admet qu'au rouge vif le fer n'absorbe plus sensiblement

(1) *Comptes rendus*, t. LIX, p. 333 (1864).

(2) *Comptes rendus*, t. LII, p. 1246 (1861).

(3) *Poggendorff's Annalen der Physik und Chemie*, t. XCII, p. 135 (1853).

de carbone au contact de l'oxyde de carbone. Il se demande si la production d'acide carbonique observée par M. Margueritte ne proviendrait pas de la présence d'un peu d'oxygène dont l'oxyde de carbone n'aurait pas été dépouillé.

En résumé, l'auteur pense que, dans la cémentation industrielle qui se fait au rouge, on ne peut considérer l'oxyde de carbone comme un agent de cémentation utile, mais la propriété singulière que possède ce gaz de se décomposer à basse température en présence du fer suffit pour expliquer la divergence d'opinions des savants qui se sont occupés de ces questions.

Suivant M. Caron, les cyanures alcalins sont les véritables agents de cémentation industrielle ; ils n'agissent d'ailleurs que par leur charbon, et si le charbon des caisses à cémentation perd ses propriétés après avoir servi, c'est qu'il ne renferme plus alors les matières propres à donner naissance à des cyanures alcalins.

Notes sur le même sujet, par M. MARGUERITTE (1) et par M. CARON (2).

M. Margueritte maintient la conclusion de sa note précédente (voyez p. 333), et ne saurait concéder que la formation de l'acide carbonique, lors du passage de l'oxyde de carbone sur le fer incandescent, puisse s'expliquer par la présence d'un peu d'oxygène dans le gaz employé.

En définitive, l'auteur maintient qu'à la température du rouge vif l'aciération du fer peut se produire sous l'influence de l'oxyde de carbone pur avec fixation de carbone et dégagement d'acide carbonique. Il persiste aussi à admettre que le charbon pur cémente le fer (3), contrairement à l'opinion qui avait été émise par M. Saunderson.

D'autre part, M. Caron expose qu'en opérant, non sur des fils de fer, comme M. Margueritte, mais avec des barreaux de fer doux, il n'a pu constater une aciération appréciable en soumettant ces barreaux à l'action de l'oxyde de carbone prolongée pendant plusieurs heures à une température élevée.

Sans vouloir affirmer que la décomposition de l'oxyde de carbone à une température élevée soit absolument nulle, il se refuse à admettre que dans les caisses à cémentation de l'industrie l'oxyde de carbone puisse jouer un rôle essentiel dans la conversion du fer en acier.

(1) *Comptes rendus*, t. LIX, p. 518 et 726.

(2) *Ibid.*, p. 618.

(3) Voyez dans ce volume, p. 139.

Sur l'hydrofluosilicate de lithium, par M. F. STOLBA (1).

On trouve dans les traités de chimie relativement à l'hydrofluosilicate de lithium les indications suivantes empruntées à Berzelius. C'est un sel très-peu soluble dans l'eau, difficilement décomposable par la calcination.

Les expériences de Berzelius ont dû porter sur un sel impur, car les sels de lithine purs ne sont pas précipités, même en présence de l'alcool, par l'acide hydrofluosilicique.

L'hydrofluosilicate de lithium se prépare en mélangeant dans une capsule de platine du carbonate de lithium avec un léger excès d'acide hydrofluosilicique, évaporant à sec à une douce chaleur, reprenant le résidu par l'eau, filtrant, évaporant une seconde fois avec addition d'une petite quantité d'acide hydrofluosilicique, reprenant par l'eau et filtrant une dernière fois. En évaporant le liquide à une chaleur très-modérée jusqu'au moment où la plus grande partie du sel s'est déposée sous forme de croûtes, décantant les eaux-mères, et exprimant entre des doubles de papier joseph, on obtient l'hydrofluosilicate de lithium pur.

Ce sel cristallise à l'air en prismes limpides appartenant au système clinorhombique (type du prisme rhomboïdal oblique) qui s'effleurissent assez rapidement. Ils se dissolvent, à la température ordinaire, dans 1,9 fois leur poids d'eau ; l'alcool les dissout aussi, ce que ne font ni l'éther, ni la benzine. Ils renferment $LiFl,SiFl^2,2HO$, et perdent à 100° toute leur eau ; ils deviennent en même temps plus difficiles à dissoudre. Les solutions sont très-acides.

L'hydrofluosilicate de lithium peut être dosé par les méthodes acidimétriques, comme l'auteur l'a indiqué déjà pour les sels correspondants de potassium et de sodium (2). Une molécule $LiFl,SiFl^2$ exige $2KO$ pour être transformée en $LiFl + 2KFl + SiO^2$.

Sur l'iodure de baryum et sur sa forme cristalline, par M. G. WERTHER (3).

L'iodure de barium est déliquescent et n'a jusqu'à présent été obtenu qu'en petites aiguilles. L'auteur l'a obtenu en cristaux bien déterminés en traitant l'hyposulfite de baryte par l'iode, pour préparer le tétrathionate de baryte.

(1) *Journal für praktische Chemie*, t. XCI, p. 456. 1864. N° 8.

(2) *Bulletin de la Société chimique*, t. V, p. 561.

(3) *Journal für praktische Chemie*, t. XCI, p. 331, 1864. n° 6.

Les cristaux appartiennent au système du prisme rhomboïdal droit (*zwei und eingliedrig*) et ressemblent à ceux du bromure de baryum, avec lesquels ils sont isomorphes; ils se colorent très-rapidement à l'air en rouge brun.

Le dosage de l'eau de ce sel n'est pas possible, car il perd de l'iode en même temps que de l'eau : celle-ci n'a donc pu être dosée que par différence. L'analyse de ce sel lui assigne la formule

$$BaI + 2HO.$$

L'auteur n'a pas pu obtenir l'hydrate signalé par M. Craft.

Sur la production du phosphate ammoniaco-magnésien, par M. E. LESIEUR (1).

Ce composé se forme dans les circonstances suivantes :

1 équivalent de phosphate acide d'ammoniaque et 2 équivalents de magnésie, mis en présence à froid, le produisent directement. Il se forme aussi, lorsqu'on substitue le carbonate de magnésie à la magnésie; il se dégage dans ce cas de l'acide carbonique.

Le phosphate bibasique de magnésie fixe l'ammoniaque, comme le phosphate acide d'ammoniaque fixe la magnésie; ainsi l'on obtient du phosphate ammoniaco-magnésien lorsqu'on met $PhO^5,2MgO$ à froid en présence de l'ammoniaque libre ou carbonatée ou du sulfhydrate d'ammoniaque.

Sur une combinaison de chlorure d'argent et d'azotate d'argent, par M. G. REICHERT (2).

En dissolvant dans l'acide azotique de l'argent pulvérulent, lavé préalablement à l'acide chlorhydrique, l'auteur a obtenu une grande quantité de cristaux prismatiques.

Ces cristaux sont décomposés par l'eau, ainsi que par l'alcool; mais un mélange d'alcool et d'éther ne les attaque pas, et on peut, à l'aide de ce mélange, débarrasser les cristaux de l'azotate d'argent dont ils sont imprégnés. Ainsi purifiés, les cristaux sont incolores et brillants; la lumière ne les noircit que lentement; ils fondent à 160°.

L'analyse de cette combinaison a conduit l'auteur à la formule

$$AgO,AzO^5 + AgCl.$$

(1) *Comptes rendus*, t. LIX, p. 191 (1864).

(2) *Journal für praktische Chemie*, t. XCII, p. 237 (1864). N° 12.

Une combinaison de ce genre avait été signalée autrefois par M. Risse, mais la formule

$$18(AgO,AzO^5) + AgCl$$

que ce chimiste lui assignait, était invraisemblable.

Sur l'action du sulfure mercurique sur le sulfhydrate d'ammoniaque par M. A. CLAUS (1).

A l'occasion de l'examen médico-légal de deux estomacs empoisonnés et de pilules auxquelles on attribuait l'empoisonnement, M. Claus a constaté que, contrairement à ce qui est généralement admis, le sulfure de mercure est soluble en petite quantité dans le sulfhydrate d'ammoniaque. Lorsqu'on ajoute de l'acide chlorhydrique, le sulfure de mercure est précipité avec du soufre; cette couleur jaune sale du précipité peut, dans ce cas, le faire prendre pour du sulfure d'arsenic.

Le même précipité, chauffé dans un tube avec du carbonate de soude et du cyanure de potassium, fournit un anneau noir de sulfure de mercure. Cet anneau se distingue de l'anneau d'arsenic par une couleur plus noire, un éclat moindre, une volatilité moindre. Il ne donne pas non plus l'odeur caractéristique de l'arsenic. Il est complétement insoluble dans l'acide azotique, et quand on l'a dissous dans l'eau régale, si l'on plonge une lame de cuivre ou d'or dans la dissolution, on voit la lame se recouvrir de mercure.

La volatilisation du sulfure de mercure en présence du carbonate de soude et du cyanure de potassium, sans réduction, est due à la présence d'un grand excès de soufre.

Les pilules suspectes (pilules de Lang au calomel) ne renfermaient aucun autre principe toxique que du bichlorure de mercure et du mercure métallique. Elles avaient été conservées pendant plusieurs années. Le calomel peut donc à la longue se dédoubler spontanément en mercure métallique et en bichlorure de mercure.

(1) *Annalen der Chemie und Pharmacie*, t. CXXIX, p. 209. (Nouv. sér., t. LIII.) Février 1864.

CHIMIE MINÉRALOGIQUE.

Nouvelle analyse de la parisite,

par MM. A. DAMOUR et H. SAINTE-CLAIRE DEVILLE (1).

La parisite, espèce minérale formée de carbonates et de fluorures de cérium, de didyme, de lanthane et de chaux, a été recueillie en 1844 dans la mine d'émeraudes de Muso (Nouvelle-Grenade) par le colonel Acosta. On doit à M. Bunsen la première analyse de cette matière; le travail de MM. H. Deville et Damour a pour but de déterminer les proportions relatives d'oxyde de cérium, de lanthane et de didyme que contient cette substance et qui se trouvent réunies sous un seul nombre dans l'analyse de M. Bunsen.

La parisite a pour densité 4,358; sa dureté est intermédiaire entre celles de l'apatite et de la fluorine; elle est infusible à la flamme du chalumeau.

Analyse. Le minéral, réduit en poudre fine, a été traité à froid par l'acide acétique pour dissoudre une faible proportion de carbonate de chaux, accidentellement mêlé à la matière.

Ainsi purifiée, la substance a été mise en digestion à froid dans l'acide azotique; les carbonates de cérium, de lanthane et de didyme se sont dissous avec dégagement lent d'acide carbonique; il est resté une poudre écailleuse composée de fluorures de calcium et de cérium qu'on a recueillis sur un filtre et qu'on a pesés après les avoir chauffés au rouge. Ces fluorures ont été décomposés par l'acide sulfurique. On a obtenu ainsi un mélange de sulfate de chaux et de sulfate de cérium qu'on a dissous dans l'acide chlorhydrique. L'ammoniaque versée dans la liqueur acide a précipité l'oxyde céreux, qu'on a dosé à l'état d'oxyde céroso-cérique après calcination. La chaux, transformée ensuite en oxalate, qu'on a décomposé par une forte calcination, a été pesée à l'état de chaux caustique. Retranchant du poids des fluorures le poids du cérium et du calcium réunis, on a eu, par différence, le poids du fluor.

La liqueur azotique, séparée des fluorures, a été sursaturée par la potasse caustique, qui a précipité tous les oxydes à l'état d'hydrates. On a lavé ces oxydes à plusieurs reprises, puis on y a ajouté une dissolution concentrée de potasse caustique pour soumettre le tout à l'action d'un courant de chlore. La liqueur alcaline étant ainsi saturée

(1) *Comptes rendus*, t. LIX, p. 270 (1864).

par le chlore, les oxydes de lanthane et de didyme se sont redissous, et il est resté de l'oxyde cérique insoluble, ayant une couleur jaune citron. Cette matière a été recueillie sur un filtre, puis redissoute encore humide dans l'acide chlorhydrique et précipitée par l'oxalate d'ammoniaque; calciné fortement, l'oxalate céreux s'est transformé en oxyde céroso-cérique Ce^3O^4 de couleur rose très-pâle.

La liqueur chlorée renfermant les oxydes de lanthane, de didyme et un peu de chaux, a été traitée par l'oxalate d'ammoniaque, qui a précipité ces trois bases à l'état d'oxalates. On en a pris le poids après lavage et calcination, puis on les a fait digérer avec de l'acide azotique faible; un peu d'oxyde de cérium, resté insoluble, a été réuni à la quantité déjà obtenue.

La dissolution azotique des oxydes de lanthane et de didyme étant colorée en rose violacé, on l'a saturée par l'ammoniaque : la chaux est restée dans la liqueur, et les autres oxydes ont été précipités. On a dosé la chaux. Un peu de lanthane et de didyme s'y trouvaient mêlés; on en a tenu compte dans le résultat final.

On a redissous les oxydes de didyme et de lanthane dans l'acide azotique : les azotates ont été évaporés à sec dans une capsule à fond plat. En exposant ce vase pendant quelques minutes à 400° ou 500°, la masse saline s'est fondue en dégageant des vapeurs nitreuses. On a retiré la capsule du feu avant que la décomposition fût complète, puis on y a versé de l'eau chaude. Une portion de la matière s'est dissoute, une autre partie est restée en flocons insolubles (sous-azotate de didyme). On a laissé reposer pendant quelques heures, puis on a fait bouillir et on a filtré. Après cette filtration, la liqueur présentait encore une faible teinte rose; on a dû réitérer 3 fois la même opération avant d'obtenir une liqueur incolore renfermant l'azotate de lanthane séparé du sous-azotate de didyme. On a déterminé l'oxyde de lanthane en évaporant cette liqueur et en calcinant fortement le résidu. L'oxyde de didyme a été dosé pareillement après la calcination du sous-azotate. Cette méthode est fondée sur ce que l'azotate de didyme se décompose avant l'azotate de lanthane et que le premier de ces deux sels passe à l'état de sous-azotate, $4DiO,AzO^5 + 5HO$. Il faut éviter de chauffer trop fort le fond de la capsule contenant le mélange des deux sels, et d'opérer sur de trop grandes quantités de matière.

On obtient ainsi un dosage un peu fort pour l'oxyde de didyme, et, par conséquent, un peu faible pour l'oxyde de lanthane. En opérant sur des quantités pesées, on a trouvé que l'excès de poids de l'oxyde de didyme était de 5 à 6 p. $^0/_0$.

L'oxyde de lanthane, calciné à la température du rouge blanc, et mis en contact avec une solution concentrée d'azotate d'ammoniaque, se dissout facilement, même à froid, en dégageant du gaz ammoniac; l'oxyde de didyme traité de la même manière se dissout aussi, mais un peu plus lentement : cette propriété ne saurait donc être mise à profit pour la séparation des deux oxydes.

Pour doser l'acide carbonique, 1 gramme du minéral réduit en poudre fine a été chauffé au rouge blanc dans un courant d'azote.

Pour doser l'eau, on a placé dans une nacelle en platine 1 gramme de cette matière réduite en poudre impalpable, et on a introduit le tout dans un creuset du même métal de 6 centimètres de profondeur, et auquel s'ajustait à frottement un couvercle muni d'un tube de moindre diamètre, s'engageant à travers un bouchon en *carton fossile* (asbeste dur) dans un tube de verre courbé en demi-cercle et effilé à l'extrémité opposée à celle où s'engageait le petit tube en platine. Le tube de verre destiné à recueillir l'eau dégagée ayant été exactement taré, on a chauffé fortement, à la lampe d'émailleur, la partie du creuset renfermant la nacelle et la matière à analyser. De faibles vapeurs se sont dégagées et condensées sur la paroi interne du tube de verre, mais la balance n'a accusé que la minime augmentation de poids de 1 milligramme sur le poids du tube condensateur.

La moyenne des analyses a donné les nombres suivants :

			Oxygène.	Rapports.
Acide carbonique	0,2348		0,1708	6
Oxyde céreux	0,4252		0,0699	2
Oxyde de didyme	0,0958	0,0137		
Oxyde de lanthane	0,0826	0,0121	0,0339	1
Chaux	0,0285	0,0081		
Oxyde manganeux	trace			
Fluorure de calcium	0,1010			
Fluorure de cérium	0,0216			
	0,9895			

On peut représenter la parisite par la formule :

$$2(CeO,CO^2) + (^1/_2 DiO,^1/_2 LaO)CO^2 + (CaCe)Fl.$$

Le calcul donne :

3	équivalents	d'acide carbonique	825	0,2461
2	—	d'oxyde céreux	1350	0,4027
$^1/_2$	—	de didyme	350	0,1044
$^1/_2$	—	de lanthane	340	0,1014
1	—	de fluorure de calcium	487,5	0,1454
			3352,5	1,0000

M. Bunsen avait trouvé :

Acide carbonique	0,2351
Oxydes de cérium, de lanthane, de didyme	0,5944
Chaux	0,0317
Fluorure de calcium	0,1151
Eau	0,0238
	1,0001

Sur l'arfvedsonite, par M. Fr. de KOBELL (1).

M. de Kobell ayant analysé, anciennement l'arfvedsonite n'avait point déterminé les quantités de peroxyde et de protoxyde de fer que ce minéral contient. M. Rammelsberg a publié en 1858 une analyse de la même substance, que nous donnons plus bas en parallèle avec celle de M. de Kobell. Par suite d'une erreur de calcul portant sur l'oxygène du peroxyde de fer, M. Rammelsberg a déduit de son analyse les rapports

$$RO : R^2O^3 : SiO^3 = 2 : 3 : 10.$$

En corrigeant le nombre inexact, on n'arrive à aucune formule rationnelle.

L'auteur ayant dosé le peroxyde et le protoxyde de fer, en fondant la matière avec du borax, dissolvant dans l'acide chlorhydrique, au sein d'une atmosphère d'acide carbonique et titrant le protoxyde de fer avec du phosphate manganique, a trouvé des nombres fort différents de ceux de M. Rammelsberg. Mais, chose assez singulière, ces nombres s'accordent avec la formule du chimiste de Berlin.

	Rammelsberg. I.		Kobell. II.	Oxygène.		
Silice	51,22		49,27	26,27		10
Alumine	»		2,00	0,93	5,30	2
Peroxyde de fer	23,75		14,58	4,37		
Protoxyde de fer	7,80		23,00	5,11	7,89	3
Prot. de manganèse	1,12		0,62	0,14		
Chaux	2,08		1,50	0,42		
Magnésie	0,90		0,42	0,17		
Soude	10,58		8,00	2,05		
Potasse	0,08	Chlore.	0,24			
Perte au feu	0,16		»			
	98,29		99,63			

Les différences de ces deux analyses peuvent provenir d'une variation dans la composition des divers échantillons d'arfvedsonite.

(1) *Journal für praktische Chemie*, t. XCI, p. 449. 1864. N° 8.

Sur quelques minéraux du groupe de la sodalithe, par M. RAMMELSBERG (1).

Le groupe de la sodalithe renferme un certain nombre de minéraux isomorphes, la *sodalithe*, l'*haüyne*, la *noséane*, le *lapis-lazuli*. La sodalithe est un silicate de soude et d'alumine dont la formule est :

$$2NaO,SiO^2 + 2Al^2O^3,3SiO^2.$$

Dans la noséane et surtout dans l'haüyne, le silicate précédent est toujours mélangé avec le silicate de chaux de même formule; en outre tous les termes de la série renferment des quantités plus ou moins considérables de chlorure de sodium ou de sulfate de soude ou de chaux.

L'auteur pense que ces dernières substances y sont à l'état de mélanges isomorphes, ce qui se comprend pour le chlorure de sodium, mais ce qu'il étend même aux sulfates de soude et de chaux en admettant que ces derniers, lorsqu'ils ne cristallisent pas *seuls*, peuvent prendre la forme cubique. Il considère aussi le groupe des sodalithes comme isomorphe avec le groupe des grenats.

L'*ittnérite* et la *skolopsite* sont deux substances trouvées dans le Kaiserstuhl, à Oberbergen, et qui, ainsi que le prouvent leurs caractères et leur composition, se rattachent au groupe de la sodalithe. Mais les variations de composition qu'elles présentent montrent que ce sont là des termes altérés du groupe.

Analyses d'Ittnérite.

I. Par Gmelin. — II. Par Whitney. — III. Par Rammelsberg.

	I.	II.	III.
Chlore	0,73	1,25	0,62
Acide sulfurique	2,86	4,62	4,01
Silice	34,02	35,69	37,97
Alumine (avec un peu de peroxyde de fer)	29,01	29,14	30,50
Chaux	7,26	5,64	3,42
Magnésie	»	»	0,76
Soude	12,15	12,57	7,89
Potasse	1,56	1,20	1,72
Eau	10,76	(9,83)	12,04
	98,35	100,00	98,93

(1) *Journal für praktische Chemie*, t. XCII, p. 257. 1864. N° 13.

Analyses de skolopsite.

I. Par Kobell. — II. Par Rammelsberg (ancienne analyse).
III. Par Rammelsberg (analyse récente).

	I.	I.	III.
Chlore	0,56	1,36	1,27
Acide sulfurique	4,09	4,39	3,56
Silice	44,06	34,79	38,60
Alumine	17,86	21,00	19,29
Peroxyde de fer	2,49	2,70	
Chaux (avec MnO = 0,86)	16,34	15,10	12,21
Magnésie	2,23	2,67	1,80
Soude	12,04	11,95	10,84
Potasse	1,30	2,80	2,18
Eau	»	3,29	(10,25)
	100,97	100,05	100,00

Sur les combinaisons naturelles d'oxyde de plomb et d'acide vanadique, par M. RAMMELSBERG (1).

L'auteur commence par rappeler l'isomorphisme déjà signalé du vanadate de plomb (*vanadinite*) avec la pyromorphite et le mimétèse. Malgré les suppositions qui ont été faites, il ne pense pas que l'on puisse admettre pour l'acide vanadique une autre fomule que VO^3.

Il a fait une nouvelle analyse de l'*eusynchite* de Hofsgrund, près Fribourg en Brisgau; les nombres trouvés, très-différents de ceux publiés anciennement par Nessler, prouvent que ce minéral est un mélange de vanadate triplombique et trizincique avec du phosphate et de l'arséniate des mêmes bases. Voici ces nombres :

		Oxygène.
Acide arsénique	0,50	0,17
Acide phosphorique	1,14	0,64
Acide vanadique (par différence)	24,22	6,28
Oxyde de plomb	57,66	4,13
Oxyde de zinc	15,80	3,12
Oxyde de cuivre	0,68	0,14
	100,00	

Densité = 5,596.

On peut exprimer ces rapports par la formule :

$$\left(\begin{matrix} {}^4/_7\,PbO \\ {}^3/_7\,ZnO \end{matrix}\right)^3 \left\{\begin{matrix} {}^4/_5\,PbO^5 \\ {}^1/_5\,AsO^5 \end{matrix}\right. + 15\left(\begin{matrix} {}^4/_7\,PbO \\ {}^3/_7\,ZnO \end{matrix}\right)^3 VO^3.$$

(1) *Monatsberichte der Berliner Akademie der Wissenschaften.* Janvier 1864. — *Journal für praktische Chemie*, t. XCI, p. 405. 1864. N° 7.

L'*aréoxène* est, d'après l'analyse de M. Bergemann, très-rapproché de l'eusynchite; mais il ne renferme pas d'acide phosphorique; sa formule serait :

$$\left(\begin{matrix}{}^1/_2\mathrm{PbO}\\ {}^1/_2\mathrm{ZnO}\end{matrix}\right)^3 \mathrm{AsO}^5 + 2\left(\begin{matrix}{}^1/_2\mathrm{PbO}\\ {}^1/_2\mathrm{ZnO}\end{matrix}\right)^3 \mathrm{VO}^3.$$

Quant à la *déchenite*, il est surprenant qu'avec des caractères aussi voisins de l'eusynchite elle ait une composition trés-éloignée de ce minéral. L'analyse de cette substance rare aurait besoin d'être répétée, ainsi que celle de la descloizite, dont l'échantillon analysé renfermait évidemment une proportion notable de mélanges étrangers.

Sur l'aedelforsite et sur le sphénoklase, par **M. F. de KOBELL** (1).

On connait sous le nom d'*aedelforsite* deux minéraux trouvés à Aedelfors, en Suède. L'un a été analysé par Retzius et classé par lui à côté de la zéolithe farineuse de Hisinger (2); le second a été analysé par Hisinger (3) et considéré comme un trisilicate de chaux.

M. Kobell a soumis ce dernier à un nouvel examen; c'est une substance d'un blanc légèrement jaunâtre ou grisâtre, translucide sur les bords, d'une structure cristalline à grains fins et quelquefois légèrement fibreuse. Sa dureté est voisine de celle de l'orthose et sa densité = 3,0. Elle est phosphorescente quand on la chauffe, et répand une lumière jaune verdâtre; fusible au chalumeau en une perle translucide verdâtre, peu attaquable par les acides.

L'analyse a donné :

		Oxygène.		
Silice	61,36	32,72		10
Alumine	7,00	3,27		1
Chaux	20,00	5,71		
Magnésie	8,63	3,45	9,75	3
Protoxyde de fer	2,70	0,59		
Traces de protoxyde de manganèse.				
	99,69			

On s'est assuré, par la fusion avec du borax et le titrage avec du phosphate manganique, que tout le fer est à l'état de protoxyde.

(1) *Journal für praktische Chemie*, t. XCI, p. 344. 1864. N° 6.

(2) *Schweigger's Neues Jahrbuch für Chemie und Physik*, t. XXVII, p. 392.

(3) *Kongl. Vetenskaps-Akademiens Handlingar för AR.* 1838.

Des nombres trouvés, l'auteur déduit la formule

$$Al^2O^3,SiO^3 + 9\left\{\begin{matrix}CaO\\ MgO\\ FeO\end{matrix}\right\}SiO^3.$$

Le minéral auquel M. de Kobell donne le nom de *sphénoklase* pour rappeler les fragments en forme de coins que l'on obtient souvent en le brisant, se trouve à Gjellebäck, en Norwége. On a signalé un trisilicate de chaux provenant de cette localité; mais, ainsi que le montre l'analyse, on ne peut admettre que l'échantillon analysé se rapporte à l'espèce décrite par Hisinger.

Le sphénoklase forme des couches plus ou moins épaisses dans un calcaire bleuâtre grenu. Sa couleur est d'un jaune pâle grisâtre; sa cassure est esquilleuse. Il est translucide sur les bords et a une dureté qui se rapproche de celle de l'orthose. Densité = 3,2.

Il fond facilement au chalumeau en un verre verdâtre. Les acides chlorhydrique et sulfurique ne l'attaquent que difficilement. Après fusion, il devient attaquable.

L'analyse a donné :

		Oxygène.		
Silice	46,08	24,57		4
Alumine	13,04	6,10		1
Chaux	26,50	7,57	11,81	2
Magnésie	6,25	2,50		
Protoxyde de fer	4,77	1,06		
Protoxyde de mangan.	3,23	0,68		
	99,87			

L'auteur exprime ces rapports par les formules

$$R^2O^3,SiO^3 + 3(2RO,SiO^3)$$

ou

$$R^2O^3,2SiO^3 + 2(3RO,SiO^3).$$

Il fait remarquer ce qu'elles ont d'exceptionnel, mais la substance analysée n'offrant guère de garanties de pureté, il n'y a pas lieu de s'en étonner.

Sur la composition chimique de la ferberite, par M. RAMMELSBERG (1).

M. Breithaupt a désigné par le nom de *ferberite* un minéral trouvé en Espagne, dans la Sierra-Almagrera, et qui, d'après l'analyse de M. Liebe est un tungstate de fer renfermant la base et l'acide dans les rapports exprimés par la formule $4RO,3WO^3$.

(1) *Journal für praktische Chemie*, t. XCII, p. 263. 1864. N° 13.

Les analyses de M. Rammelsberg confirment celle de M. Liebe. Elles ont donné :

	I.	II.	III.	Oxyg.
Acide tungstique Acide stannique	69,83	70,65	69,88 0,16	4
Protoxyde de fer	26,68	25,97	25,34	
Prot. de mangan. Chaux Magnésie	» 3,09	2,17 1,52	3,00 1,62	9
	100,00	100,00 (1)	100,00	

Densité = 7,169.

Les caractères extérieurs de la substance sont ceux du wolfram.

Sur les degrés de sulfuration du fer et sur le sulfure de fer des météorites, par **M. RAMMELSBERG** (2).

Lorsqu'on chauffe à une température élevée un mélange de sesquioxyde de fer et de soufre, de manière à volatiliser l'excès de soufre, et que l'on chauffe de nouveau le sulfure produit, avec du soufre, à la même température, on obtient un produit de composition constante.

L'auteur a réussi de la sorte à préparer le *sesquisulfure de fer*, qui, bouilli avec de l'acide chlorhydrique, se dédouble en protosulfure et bisulfure, ce dernier insoluble dans l'acide. Si la température restait inférieure au rouge sombre, il se produirait du bisulfure en même temps que le sesquisulfure.

Le peroxyde de fer et l'hydrogène sulfuré fournissent au-dessous du rouge un oxysulfure à composition définie (3). Au rouge vif, on parvient à obtenir un produit non oxygéné ayant la composition de la pyrite magnétique.

Arfvedson a obtenu le même produit par la calcination du sulfure dans l'hydrogène sulfuré.

Les nombres trouvés par Arfvedson sont compris entre ceux qui répondent aux formules Fe^7S^8 et Fe^6S^7 et ceux obtenus par l'auteur entre Fe^6S^7 et Fe^5S^6.

M. Rammelsberg a exécuté ensuite une série d'analyses de pyrite magnétique de diverses localités. Les résultats de ses analyses sont,

(1) Les deux totaux précédents sont inexacts. Ne sachant où faire porter la correction, quoique l'acide tungstique soit dosé par différence, nous nous contentons de transcrire les chiffres tels quels. C. F.

(2) Voir *Monatsberichte der Berliner Akademie der Wissenschaften*, Janvier 1864. — *Journal für praktische Chemie*, t. xci, p. 396. 1864. N° 7.

(3) *Bulletin de la Société chimique*, t. v, p. 323.

comme on le savait déjà pour les analyses anciennes, très-variables. Les rapports trouvés peuvent être exprimés par la formule

$$n\text{FeS},\text{Fe}^2\text{S}^3$$

dans laquelle n varie depuis 3 jusqu'à 8, ce qui correspond à des proportions de fer allant de 59,32 jusqu'à 61,4.

L'auteur considère les formules Fe^7S^8 et Fe^8S^9 comme les plus probables, surtout la dernière.

Pour les nombres des analyses et pour les densités des produits analysés, nous renvoyons le lecteur aux tableaux qui suivent le mémoire de M. Rammelsberg.

Ayant analysé le fer sulfuré de la météorite de Seeläsgen, il a reconnu que ce composé est du protosulfure.

	I.	II.	
Fer	63,35	63,47	
Manganèse	0,64	0,64	
Soufre	35,91	35,89	(par différ.)
	99,90	100,00	

On peut conserver à ce protosulfure le nom minéralogique de *troïlite* proposé par M. Haidinger.

Le sulfure de fer de la météorite du comté de Seviers (Tennessee) est également du protosulfure de fer mélangé de protosulfure de nickel. Il renferme :

	I.	II.
Fer	62,65	61,80
Nickel	1,96	1,56
Soufre (par différ.)	35,39	36,64

CHIMIE ANALYTIQUE.

Notices analytiques par M. Fr. STOLBA (1).

Sur le dosage de l'eau dans l'acide borique cristallisé.

Ayant remarqué qu'une solution de 4 parties de borax pour 1 partie d'acide borique, étant soumise à la distillation, donne un produit distillé exempt d'acide borique, l'auteur a fondé sur ce fait un moyen de doser l'eau de cet acide; à cet effet il soumet à l'action du feu,

(1) *Journal für praktische Chemie*, t. xc, p. 457 (1864). N° 24.

dans un creuset de platine, l'acide borique à analyser, en présence de borax, et il chauffe progressivement, et avec précaution, jusqu'à fusion complète.

Emploi du borax dans l'analyse quantitative.

Le borax est un sel qui possède une composition constante; celui du commerce est très-pur, aussi son emploi dans l'acidimétrie est-il très-avantageux; la présence de l'acide borique a moins d'influence que celle de l'acide carbonique des carbonates alcalins sur le terme de saturation indiqué par le tournesol. On peut même tenir compte de cette légère influence, en employant au lieu de tournesol, une décoction jaune de bois rouge qui devient pourpre sous l'influence des alcalis, et d'un jaune plus pâle sous celle des divers acides; quant à l'acide borique, il n'a aucune action sur cette couleur.

Sur la recherche du cuivre par voie sèche, en présence de sels alcalins.

La coloration verte que le cuivre communique à la flamme est masquée lorsqu'il y a une grande quantité de sels alcalins en présence; on peut cependant se servir de ce caractère en ajoutant au mélange 1/3 de son volume environ de sel ammoniac; on voit alors la coloration verte de la flamme. Cette addition provoque non-seulement la formation de chlorure de cuivre, mais elle abaisse assez la température de la flamme pour que la coloration produite par la soude soit atténuée.

L'auteur a pu trouver ainsi le cuivre dans les cendres du sang, de la bière, etc.

Sur l'emploi du sulfure de fer comme réactif au chalumeau.

Le sulfure de fer a la propriété de faciliter la formation des enduits dans les essais au chalumeau sur le charbon. L'auteur l'emploie principalement pour les essais des alliages ou des minerais.

Action du soufre sur le cuivre, par voie humide.

Lorsque l'on chauffe du soufre en canons avec de la tournure de cuivre, en présence d'acide sulfurique étendu d'eau, ou de solutions salines, le soufre et le cuivre se recouvrent d'une croûte bleu azurée de sulfure de cuivre. Si l'on emploie du cuivre déposé galvaniquement, le résultat est le même, mais est plus lent.

Un bâton de soufre, posé sur un morceau de cuivre, produit la coloration azurée, mais seulement au point de contact. Le soufre peut être bouilli avec des solutions de sels de cuivre sans qu'il se produise rien ; il faut la présence du cuivre métallique. Le sulfure qui recouvre le soufre et le cuivre est probablement du protosulfure.

Dosage de l'acide phosphorique, par M. Th. SCHLŒSING (1).

Voici le principe de la méthode : On extrait le phosphore des phosphates en les mettant au contact d'un acide fixe tel que la silice, et d'un corps réducteur à une haute température. L'agent désoxydant ne peut pas être le charbon, par suite de l'imperfection du mélange; il doit être gazeux. Après beaucoup d'essais, l'auteur a reconnu que l'oxyde de carbone réussit parfaitement. Pour que la silice soit parfaitement mélangée, on dissout le phosphate dans une très-petite quantité d'acide azotique, et on mêle la silice avec le liquide chaud jusqu'à refus d'imbibition.

Ce mélange, séché au bain de sable, puis chauffé au rouge, n'adhère nullement au platine. On le transvase dans une nacelle en charbon qu'on introduit dans un tube en porcelaine de Bayeux, puis on porte au rouge blanc, dans un courant d'oxyde de carbone, la partie de ce tube où est la nacelle. Quand la base du phosphate est de la chaux ou de la magnésie, on obtient un silicate pulvérulent complétement attaquable par l'acide azotique à chaud.

Avec le phosphate d'alumine la réduction est imparfaite. Elle est complète lorsqu'on ajoute de la chaux au mélange. Dans ce dernier cas, le résidu est scoriacé; il s'attaque quand on le chauffe à 150° ou 200° avec de la potasse.

L'auteur opère sur $0^{gr},5$ à $1^{gr},2$ de mélange. La réaction est complète après une demi-heure de chauffe. L'oxyde de carbone doit être sec. Ce procédé n'a encore été appliqué qu'aux phosphates terreux et alcalino-terreux.

On peut recueillir le phosphore mis en liberté et le doser directement. A cet effet, on relie le tube de porcelaine avec un tube d'argent fin contenant du cuivre métallique et chauffé au rouge sombre : le phosphore se fixe sur le cuivre seul, et l'augmentation de poids du tube en fait connaître la quantité.

Ce procédé réussit bien, mais l'auteur préfère le suivant : On dirige le courant gazeux, à l'issue du tube en porcelaine, dans un tube à boules, contenant une dissolution d'azotate d'argent. Ce tube est chauffé au bain-marie vers 80° ou 90° ; le phosphore s'y condense en

(1) *Comptes rendus*, t. LIX, p. 384 (1864).

totalité, en formant un phosphure d'argent noir et du phosphate qui se dissout dans l'acide azotique déplacé. Ce mélange est décanté dans une capsule de platine et évaporé, puis le résidu est traité par de l'acide azotique chaud ayant servi à laver le tube à boules; tout le phosphore se change en phosphate : on évapore à sec et l'on chauffe tant qu'il se dégage des vapeurs acides accusables par l'ammoniaque. On traite ce résidu par l'eau, on lave par décantation sur un filtre le phosphate d'argent pur, $3AgO,PhO^5$, qui reste insoluble; on le sèche et on le pèse.

Il se condense dans le tube de porcelaine un peu de phosphore rouge; on le recueille sans perte en rinçant le tube avec de l'azotate d'argent, puis de l'acide azotique, et l'on ajoute ces liquides au contenu du tube à boules.

Recherches sur la glucine, par M. A. JOY (1).

Désagrégation de l'émeraude. — L'auteur a comparé les différents modes d'attaque de l'émeraude.

L'attaque par le chlore sec, en mêlangeant le béryl avec du charbon, est complète, mais la séparation des chlorures de fer, de silicium, d'aluminium et de glucinium par volatilisation n'est pas possible.

La désagrégation par l'acide fluorhydrique est complète; il en est de même lorsqu'on emploie le fluorure de calcium et l'acide sulfurique; seulement dans ce cas la grande quantité de sulfate de chaux qui se forme est un obstacle pour les opérations subséquentes. L'emploi du fluorure de potassium et de l'acide sulfurique est de beaucoup préférable; la masse fond aisément, le fluorure de silicium se volatilise entièrement; il se forme de l'alun, qui cristallise, et l'on a ainsi, du même coup, désagrégé l'émeraude et séparé la presque totalité de l'alumine de la glucine, qui ne forme pas d'alun. L'emploi du fluorure d'ammonium donne aussi de bons résultats.

L'attaque de l'émeraude par la chaux (méthode de M. Debray) réussit aussi très-bien; seulement la grande quantité de chaux complique la séparation des éléments de l'émeraude.

Une très-bonne méthode consiste à fondre le minéral, avec 3 parties de litharge, dans un creuset de fer; lorsque la masse est fondue, on la coule sur une plaque de marbre, et après son refroidissement, on la fait digérer avec un excès d'acide azotique et on évapore à sec. On reprend par l'eau, on filtre pour séparer la silice, on fait cristalliser la

(1) *Silliman's American Journal*, 2e sér., t. XXXVI, n° 106, p. 83. — *Journal für praktische Chemie*, t. XCII, p. 229. (1864.) N° 12.

majeure partie de l'azotate de plomb, et on précipite les eaux-mères par de l'acide sulfurique, puis on ajoute du sulfate d'ammoniaque à la liqueur filtrée; il se forme ainsi de l'alun ammoniacal, qu'on sépare aisément par cristallisation.

L'émeraude, chauffée avec du peroxyde de manganèse, se désagrège entièrement et donne un verre très-foncé.

La méthode qu'il faut préférer à toutes, à cause des facilités qu'elle donne pour séparer la glucine des autres éléments, est celle qui repose sur l'emploi du carbonate de potasse.

Séparation de l'alumine et de la glucine.

1° *Emploi du chlorure d'ammonium.* Cette méthode consiste à précipiter les bases par l'ammoniaque et à faire digérer le précipité avec du chlorure d'ammonium; le sesquioxyde de fer et l'alumine restent insolubles, tandis que la glucine se dissout.

2° *Carbonate d'ammoniaque.* Cette méthode, généralement usitée, est fondée sur la propriété de la glucine d'être soluble dans le carbonate d'ammoniaque, tandis que l'alumine ne l'est pas; néanmoins celle-ci se dissout toujours un peu en présence de la glucine.

3° *Emploi de la potasse caustique.* Cette méthode, recommandée par Gmelin, repose sur l'insolubilité de la glucine dans la potasse, mais cette insolubilité n'est pas assez complète pour qu'il n'y ait pas des pertes sensibles de glucine.

4° *Acide sulfureux.* Le sulfite d'alumine est peu soluble et se précipite, mais il se précipite en même temps beaucoup de glucine.

5° *Carbonate de baryte.* Cette méthode est défectueuse; car la glucine, aussi bien que l'alumine, est précipitée par le carbonate de baryte.

6° *Hyposulfite de soude.* L'auteur a essayé l'emploi de ce réactif pour séparer la glucine de l'alumine, mais il n'a pas obtenu de résultat satisfaisant.

7° *Calcination des azotates.* M. H. Deville recommande cette méthode pour séparer l'alumine des bases alcalines et alcalino-terreuses; l'azotate de glucine se comporte comme l'azotate d'alumine; la méthode n'est donc pas applicable à la séparation de ces deux bases.

8° *Acétate de soude.* La glucine se comporte comme l'alumine lorsque l'on fait bouillir ses sels avec de l'acétate de soude; l'une et l'autre se précipitent.

9° *Fusion avec de la potasse.* Cette méthode n'est pas applicable non plus, car il se dissout une certaine quantité de glucine lorsque l'on reprend la masse alcaline par l'eau.

10° *Formiate d'ammoniaque.* Ce réactif précipite l'alumine, l'oxyde ferrique et la glucine de la même manière.

11° *Décomposition des sulfates.* Le sulfate de glucine se comporte au feu comme le sulfate d'alumine; il reste de l'oxyde pur.

12° *Formation d'alun potassique.* La glucine ne forme pas d'alun, et la facilité avec laquelle l'alumine en donne, fournit un moyen de séparer les deux bases. On fait cristalliser l'alun et on traite les eaux-mères par le carbonate d'ammoniaque, qui précipite la petite quantité d'alumine qui s'y trouve encore. Cette méthode donne de très-bons résultats.

L'auteur termine en donnant la composition moyenne de l'émeraude d'Acworth dans le New-Hampshire :

Silice	68,84
Glucine	13,40
Alumine	16,47
Sesquioxyde de fer	1,70
	100,41

Sur la séparation de l'acide titanique et de la zircone, par M. PISANI (1).

La méthode de l'auteur est basée sur la facilité avec laquelle l'acide titanique, dissous dans l'acide chlorhydrique ou dans l'acide sulfurique, est réduit par le zinc à l'état de sesquioxyde de titane.

On dissout l'acide titanique de préférence dans l'acide chlorhydrique, parce que, s'il se trouvait à l'état de sulfate, il pourrait se précipiter en partie par l'élévation de température avant sa réduction complète. Dans ce cas, le mieux est de précipiter la liqueur sulfurique par l'ammoniaque, de laver le précipité par décantation, et de le redissoudre dans l'acide chlorhydrique. La réduction par le zinc doit se faire dans une fiole à laquelle on adapte un bouchon avec un tube effilé, de manière que la liqueur soit à l'abri de l'air. La liqueur doit occuper un assez petit volume et être convenablement acidifiée pour que le dégagement d'hydrogène soit régulier. On chauffe légèrement pour accélérer la réduction, et lorsque la teinte de la liqueur n'augmente plus d'intensité, on laisse refroidir, puis on étend la liqueur avec de l'eau froide préalablement bouillie. Aussitôt la liqueur étendue, on la décante dans un verre, on lave le flacon une ou deux fois, et on y verse une solution titrée de permanganate de potasse ; il se forme de l'acide

(1) *Comptes rendus*, t. LIX, p. 298 (1864).

titanique, la solution se décolore peu à peu, puis elle devient rose. D'après la quantité de permanganate nécessaire, on calcule la quantité d'acide titanique en prenant pour chaque équivalent de fer auquel correspond le caméléon un équivalent d'acide titanique.

Acide titanique et zircone. — On détermine d'abord le poids des deux corps; puis, après les avoir attaqués par le bisulfate de potasse ou par l'acide sulfurique, on dose le titane comme ci-dessus. On a la zircone par différence.

Acide titanique et fer. — Le fer est réduit par le zinc avant le titane, et il est oxydé en dernier lieu par le permanganate.

On verse du permanganate jusqu'à disparition de la couleur violette, et on reconnaît le moment où le fer commence à s'oxyder à son tour, en prenant de temps en temps une goutte de la liqueur et en la traitant par le sulfocyanure de potassium. Quand ce sel commence à se colorer, on lit le nombre de divisions employées, ce qui donne la quantité d'acide titanique; puis on continue l'opération pour doser le fer. On peut aussi réduire le fer par le sulfite de soude ou par l'hydrogène sulfuré, qui n'agissent pas sur l'acide titanique, et doser le fer après avoir débarrassé la liqueur de l'excès d'acide sulfureux ou d'hydrogène sulfuré. Par différence, on a le titane.

Acide titanique, zircone et fer. — On pèse les trois corps, on les attaque par le bisulfate de potasse, et l'on dose l'acide titanique et le fer au moyen de la méthode précédente. On a la zircone par différence.

On peut reconnaître par les moyens suivants la présence de la zircone lorsqu'elle est mélangée d'acide titanique : 1° On sait que la zircone colore en jaune orangé le papier de curcuma, et que l'acide titanique le colore en brun, ce qui empêche alors de reconnaître la zircone. On évite cet inconvénient en réduisant l'acide titanique au moyen du zinc, le sesquioxyde de titane ne colorant pas le papier de curcuma; 2° l'acide titanique et la zircone sont également précipités par le sulfate de potasse; mais si l'on réduit préalablement le titane, la zircone seule est précipitée.

Sur le dosage de l'oxyde de cobalt, par M. SALVETAT (1).

On met en liberté l'oxyde de cobalt par les méthodes ordinaires, et, pour en déterminer le poids, on le calcine avec une quantité convenable d'alumine, ou mieux d'un sel d'alumine laissant après calcina-

(1) *Comptes rendus*, t. LIX, p. 292 (1864).

tion une proportion connue de résidu fixe. L'augmentation de poids représente la quantité de cobalt à l'état de protoxyde.

L'emploi du sulfate d'alumine est très-commode; si l'on fait usage d'alumine hydratée, il faut calculer le poids du résidu qu'elle laisse après l'avoir traitée par l'acide qui sert à dissoudre le cobalt dans le creuset de platine taré. On évapore lentement et on donne ensuite un fort coup de feu. La quantité d'alumine employée doit être environ quadruple de celle de l'oxyde de cobalt; le résidu présente alors une nuance d'un bleu vif. L'acide azotique peut être employé avec avantage pour traiter dans le creuset même le mélange d'alumine et d'aluminate de cobalt.

Quand on se sert de sulfate d'alumine, on ajoute quelques gouttes d'eau acidulée pour obtenir la dissolution.

Nouveau moyen de détruire les matières organiques et d'en isoler la partie minérale, par M. E. MILLON (1).

On introduit dans une cornue de verre tubulée la matière végétale ou animale, divisée en petits fragments, avec quatre fois son poids au moins d'acide sulfurique concentré. On chauffe lentement jusqu'à désagrégation ou dissolution de la substance, puis on fait tomber dans la cornue, à l'aide d'un entonnoir effilé, de l'acide azotique, que l'on ajoute peu à peu, et l'on élève encore la température.

Au bout d'une demi-heure environ, on verse ce mélange dans une capsule de platine, que l'on chauffe de plus en plus, jusqu'à ce qu'on arrive à une évaporation rapide de la liqueur sulfurique.

A chaque addition d'acide azotique il se fait une décoloration sensible; mais, par l'action de la chaleur, la liqueur reprend une teinte brune. On verse de l'acide azotique tant que la liqueur se colore, et on obtient finalement une dissolution des matières minérales dans un excès d'acide sulfurique que l'on chasse par la chaleur.

L'auteur ajoute qu'en ménageant l'action du feu, l'arsenic et le mercure se retrouvent dans le résidu.

Sur la séparation des éthylamines par distillation, par M. CAREY LEA (2).

En soumettant à la distillation un mélange de chlorhydrates d'éthylamine, de diéthylamine et de triéthylamine avec de la soude caus-

(1) *Comptes rendus*, t. LIX, p. 195 (1864).

(2) *Chemical News*, n° 240, 1864, p. 15.

tique, on devrait s'attendre à voir distiller en premier lieu l'éthylamine, qui est gazeuse à la température ordinaire.

Le triéthylamine, au contraire, qui, à la pression et à la température ordinaires, est un liquide qu'on voit surnager lorsque les solutions sont suffisamment concentrées, devrait, d'après les idées généralement admises sur la distillation, se trouver dans les portions qui passent en dernier lieu.

C'est cependant le contraire qui arrive lorsque les quantités des ammoniaques les moins substituées sont prédominantes. Presque tout le triéthylamine se retrouve dans la première partie distillée, et les portions suivantes, quoique riches en éthylamine et en diéthylamine, renferment à peine des traces de triéthylamine.

Sur une nouvelle méthode de dosage des matières astringentes végétales, par M. COMMAILLE (1).

Cette méthode repose sur les observations suivantes, dues à M. Millon : Les substances organiques se comportent de trois manières différentes lorsqu'on chauffe leur dissolution avec de l'acide iodique. Les unes ne sont pas brûlées par l'acide iodique lorsqu'il y a de l'acide cyanhydrique en présence ; d'autres sont attaquées par l'acide iodique en présence de l'acide cyanhydrique ; il en est enfin que l'acide iodique n'oxyde dans aucun cas. Les matières astringentes appartiennent au second groupe.

On prend un volume connu du liquide astringent, on y fait tomber quelques gouttes d'acide cyanhydrique dilué, puis un volume également connu d'une solution titrée d'acide iodique, en s'arrangeant de telle sorte qu'il y en ait un excès ; généralement $0^{gr},5$ suffisent. On fait bouillir pendant un quart d'heure ; tout l'iode mis en liberté disparaît. On décolore la liqueur refroidie et mesurée, en l'agitant avec du charbon animal bien lavé, puis on dose l'acide iodique restant.

Il suffit maintenant de connaître à combien d'acide iodique correspond une unité de tannin et d'acide gallique pour arriver au poids de ces corps dans la substance à analyser.

On a déterminé par l'iodure et l'iodate d'argent que 1 gramme d'acide gallique détruisait en moyenne $2^{gr},366$ d'acide iodique, et que 1 gramme de tannin détruisait $2^{gr},320$ d'acide iodique.

L'auteur termine en donnant un tableau renfermant les quantités

(1) *Comptes rendus*, t. LIX, p. 398 (1864).

de matières astringentes existant dans un certain nombre de produits naturels.

Analyse du lait, par **MM. E. MILLON** et **COMMAILLE** (1).

On mesure 20 centimètres cubes de lait, on les étend de 80 centimètres cubes d'eau et on verse dans le mélange 5 à 6 gouttes d'acide acétique à 10°.

On agite et on jette le coagulum sur un filtre, puis on le lave 3 ou 4 fois avec une petite quantité d'eau, et ensuite avec de l'eau alcoolisée marquant 40° à l'alcoomètre centésimal.

On étale le filtre sur du papier buvard, puis on le laisse égoutter; on détache le coagulum, on l'essore sur du papier buvard, puis on le délaye dans de l'alcool anhydre. Le tout est jeté sur un filtre, et lavé avec de l'éther, additionné d'alcool absolu, tant qu'on entraîne de la matière grasse.

Beurre. On chauffe au bain-marie, dans une capsule en verre taré, les liqueurs éthérées, et on pèse le beurre qui forme le résidu de l'évaporation.

Caséine. La partie insoluble dans l'alcool anhydre constitue la caséine, que l'on pèse après l'avoir desséchée. La proportion de cette substance varie très-peu dans le lait, malgré les diversités de race et de régime; elle varie seulement de 33gr,5 à 36gr,8 par litre.

Albumine. On prélève 35 à 40 centimètres cubes sur la masse du petit lait étendu, et l'on porte à l'ébullition dans un petit ballon en verre, qu'on agite continuellement. Dès que la liqueur bout, on la jette sur un filtre, et on lave l'albumine coagulée d'abord à l'eau, puis à l'alcool et à l'éther. On étale le filtre : le coagulum s'enlève d'une seule pièce; on le dépose dans un verre de montre taré et on le dessèche au bain-marie :

	Moyenne d'albumine par litre.
Lait de vache	5gr,25
— de chèvre	6gr,43
— d'ânesse	11gr,83
— de femme	0gr,88

Lactoprotéine. Le petit lait bouilli et séparé de l'albumine est réuni aux eaux de lavage de la même opération. On verse dans ce liquide 2 à 3 gouttes d'azotate mercurique; la matière protéique se combine à 1 équivalent d'oxyde HgO en formant un précipité qui se redissout

(1) *Comptes rendus*, t. LIX, p. 396 (1864).

dans un excès de sel mercuriel ou même d'acide azotique. Cette combinaison est recueillie, lavée une fois avec de l'eau acidulée au centième par de l'acide azotique, puis avec de l'eau pure (tant que l'hydrogène sulfuré produit une coloration), et, enfin, avec de l'alcool et de l'éther.

Le produit se sèche facilement : on le pèse et on en retranche 20 % d'oxyde de mercure; le reste est le poids de la lactoprotéine.

Sucre de lait. On a fait usage de la méthode de M. Barreswil. Six analyses de lait de vache ont donné une moyenne de 44gr,24; les deux analyses extrêmes ont fourni 41gr,64 et 48gr,56.

Cendres. On évapore une autre portion du petit lait (25 centimètres cubes environ), dans une capsule de platine tarée et on calcine le résidu de l'évaporation.

Parfum du lait. Si l'on agite du lait de vache frais avec 3 ou 4 volumes de sulfure de carbone, ce corps se sépare sans avoir dissous le beurre, mais chargé de la matière aromatique.

L'évaporation spontanée de cette dissolution laisse un résidu onctueux, presque impondérable, possédant l'arome contenu dans les aliments. Généralement c'est un parfum suave de fourrage; mais quelquefois aussi c'est une odeur désagreable, due à l'ingestion de plantes nauséabondes, ou bien une odeur rance, produite par les aliments avariés. Le lait de chèvre n'a pas donné de solution odorante.

Couleur du lait. Quand on opère la séparation du beurre dans le lactobutyromètre, la matière grasse qui vient nager à la surface dans le tube d'essai est toujours colorée en jaune si l'on opère avec du lait de vache, tandis qu'avec les laits de chèvre, de brebis, d'ânesse et de femme, le beurre est parfaitement incolore.

CHIMIE ORGANIQUE.

Sur les combinaisons hexyliques, par MM. ERLENMEYER (1) et WANKLYN [Suite].

L'aldéhyde hexylique β, obtenue par l'oxydation de l'hydrate d'amylène β au moyen d'un mélange de bichromate de potasse et d'acide sulfurique étendu, bout à 127° sous la pression de 0m,7612. Elle se dis-

(1) *Zeitschrift für Chemie und Pharmacie.* (*Voyez* la première partie dans ce volume, p. 283.)

sout dans 100 volumes d'eau environ. Sa densité à 0° est 0,8298, et à 50° = 0,7846. Sous l'influence de l'amalgame de sodium cette aldéhyde ne fixe pas d'hydrogène.

L'action du bichromate de potasse et de l'acide sulfurique donne lieu à un dégagement d'acide carbonique par suite d'une réaction vive, et on recueille à la distillation un liquide aqueux et un liquide oléagineux. Le mélange ayant été agité avec une lessive étendue de potasse caustique, on a décanté le liquide oléagineux, qui a été soumis de nouveau à l'action du mélange oxydant.

La potasse fixe les acides. Les sels de ces acides ont été traités par l'acide sulfurique, et l'on a examiné les produits soumis à la distillation fractionnée.

La partie la plus volatile consistait principalement en acide acétique, et la dernière partie distillée était formée surtout d'acide butyrique. On n'a pas réussi à mettre en évidence l'acide caproïque. Ainsi, l'aldéhyde hexylique β, dérivée de l'iodure d'hexyle, fourni par la mannite, se comporte autrement que les aldéhydes ordinaires.

En conséquence, les auteurs croient que la substance en question n'est pas une aldéhyde simple, mais plutôt un corps analogue aux acétones.

Si, d'après M. Kolbe, on représente l'aldéhyde hexylique proprement dite par

$$\begin{matrix} H \\ ȻO \\ Ȼ^{5}H^{11} \end{matrix}$$

le corps provenant de l'oxydation de l'alcool hexylique β (hydrate d'hexylène) pourrait être représenté par l'une ou l'autre des formules suivantes :

$$\begin{matrix} Ȼ^{2}H^{5} \\ ȻO \\ Ȼ^{3}H^{7} \end{matrix} \quad \text{ou} \quad \begin{matrix} ȻH^{3} \\ ȻO \\ Ȼ^{4}H^{9} \end{matrix}$$

éthyle-butyryle méthyle-valéryle

Lorsqu'on traite l'alcool hexylique β par le gaz chlorhydrique sec on obtient un chlorure $Ȼ^{6}H^{13}Cl$, bouillant à 120° environ.

L'action de la potasse alcoolique sur ce chlorure fournit une quantité notable d'hexylène.

Sur le carbonate tétréthylique ou orthocarbonate d'éthyle, par M. Henry BASSETT (1).

L'auteur a indiqué récemment un procédé avantageux pour préparer le sous-formate (*subformate*) d'éthyle

$$\left.\begin{matrix}(CH)'''\\(C^2H^5)^3\end{matrix}\right\}O^3 \quad (2)$$

qui a été décrit par MM. Williamson et Kay. Ce procédé consiste à ajouter du sodium à un mélange de chloroforme et d'alcool absolu.

Il a observé depuis qu'en ajoutant une solution alcoolique d'éthylate de sodium à du chloroforme, on observe un dégagement abondant d'un gaz qui est formé presque entièrement par de l'oxyde de carbone, et que, dans ce cas, la quantité de sous-formate d'éthyle est beaucoup moins considérable. Cela est dû à cette circonstance qu'une certaine quantité de sous-formate est décomposée par l'éthylate de sodium, tandis qu'en ajoutant du sodium à un excès d'alcool et de chloroforme, on conserve toujours un excès de ce dernier. La décomposition secondaire dont il s'agit peut être exprimée par l'équation suivante :

$$\underset{\text{Sousformate d'éthyle.}}{2\left.\begin{matrix}(CH)'''\\(C^2H^5)^3\end{matrix}\right\}O^3} + \left.\begin{matrix}C^2H^5\\Na\end{matrix}\right\}O = CO + \underset{\text{Formiate de sodium.}}{CHNaO^2} + \underset{\text{Alcool.}}{\left.\begin{matrix}C^2H^5\\H\end{matrix}\right\}O} + 3\underset{\text{Éther.}}{\left.\begin{matrix}C^2H^5\\C^2H^5\end{matrix}\right\}O}.$$

L'auteur a été amené, dans le cours de ces expériences, à étudier l'action de l'éthylate de sodium sur quelques autres chlorures plus ou moins voisins du chloroforme. Malheureusement les dérivés chlorés du chlorure d'éthyle et les différents chlorures de carbone sont peu ou point attaqués par l'éthylate de sodium.

En attaquant la chloropicrine par ce corps, il a réussi à obtenir un composé qu'on doit envisager comme l'éther carbonique tétréthylique ou l'orthocarbonate d'éthyle

$$\left.\begin{matrix}C^{IV}\\(C^2H^5)^4\end{matrix}\right\}O^4.$$

On opère de la manière suivante :

40 grammes de chloropicrine sont mélangés avec 300 grammes d'alcool absolu, dans un ballon surmonté d'un réfrigérant ascendant. Le ballon étant chauffé dans un bain-marie jusqu'au point d'ébullition

(1) *Journal of the Chemical Society*, 2e sér., t. II, p. 198. Juin 1864.

(2) C = 12 ; H = 1 ; O = 16.

de l'alcool, on ajoute 24 grammes de sodium par petites portions de ½ gramme. On continue à chauffer, et, lorsque la réaction est terminée, on distille l'alcool et on ajoute de l'eau au résidu. Une huile vient surnager, c'est l'orthocarbonate d'éthyle

$$\underset{\text{Chloropicrine}}{C(AzO^2)Cl^3} + 4\left[\begin{matrix}C^2H^5\\Na\end{matrix}\Big\}O\right] = 3NaCl + \underset{\text{Azotite de sodium.}}{NaAzO^2} + \underset{\text{Orthocarbonate d'éthyle.}}{\begin{matrix}C^{IV}\\(C^2H^5)^4\end{matrix}\Big\}O^4}.$$

Indépendamment du chlorure et de l'azotite, il se forme comme produits secondaires du carbonate et de l'ammoniaque.

L'huile séparée de la solution aqueuse est lavée, séchée sur du chlorure de calcium et purifiée par distillation fractionnée. Elle bout de 158 à 159°. Sa densité est égale à 0,925.

Elle possède une odeur aromatique particulière.

Sa densité de vapeur a été trouvée égale à 6,80. La densité théorique pour la formule $\begin{matrix}C^{IV}\\(C^2H^5)^4\end{matrix}\Big\}O^4$ serait 6,65.

On a fait bouillir une petite quantité de la substance avec de la potasse alcoolique : il s'est déposé une quantité notable de carbonate.

L'acide borique anhydre, mis en digestion pendant quelques heures à 100° avec l'orthocarbonate d'éthyle, s'y dissout, s'y éthérifie et le convertit en carbonate d'éthyle ordinaire

$$\begin{matrix}CO\\(C^2H^5)^2\end{matrix}\Big\}O^2 \qquad \text{ou} \qquad \begin{matrix}C^{IV}\\(C^2H^5)^2\end{matrix}\Big\}O^3,$$

bouillant à 125°.

On peut interpréter cette réaction par l'équation suivante :

$$\begin{matrix}C^{IV}\\(C^2H^5)^4\end{matrix}\Big\}O^4 + 2B^2O^3 = \underset{\text{Biborate d'éthyle.}}{(C^2H^5)^2Bo^4O^7} + \underset{\text{Carbonate diéthylique.}}{(C^2H^5)^2CO^3}.$$

On le voit, le mode de formation, la composition et les réactions de la substance qui vient d'être décrite montrent qu'elle constitue en réalité le carbonate tétréthylique, correspondant à l'hydrate carbonique normal $\begin{matrix}C^{IV}\\H^4\end{matrix}\Big\}O^4$.

Action du zinc sur un mélange d'iodure et d'oxalate de méthyle, par MM. E. FRANKLAND et B. F. DUPPA (1).

On sait que M. Frankland a décrit récemment un procédé qui permet de préparer l'acide leucique par synthèse, en remplaçant 1 atome

(1) *Proceedings of the Royal Society*, t. XIII, p. 140. Février 1864.

d'oxygène dans l'acide oxalique par 2 atomes d'éthyle. Il exprime les relations qui existent entre ces corps par les formules suivantes :

$$(1) \qquad C^2\begin{cases} O \\ O \\ OH \\ OH \end{cases} \qquad\qquad C^2\begin{cases} C^2H^5 \\ C^2H^5 \\ O \\ OH \\ OH \end{cases}$$

Acide oxalique. Acide leucique.

Cette substitution a été effectuée en faisant agir le zinc-éthyle sur l'éther oxalique.

Les auteurs ont trouvé depuis que ce procédé peut être simplifié en chauffant l'éther oxalique avec un mélange d'iodure d'éthyle et de zinc en proportions équivalentes. On produit ainsi le zinc-éthyle pendant la réaction même. L'opération est terminée lorsque le tout s'est solidifié en une masse d'apparence résineuse. En distillant celle-ci avec de l'eau, on obtient une quantité notable d'éther leucique.

Ce procédé est applicable à un grand nombre de réactions semblables, avec les homologues de l'éther oxalique et de l'iodure d'éthyle.

On a obtenu ainsi de nombreux acides appartenant à la série lactique. Cette note a pour objet la description d'un de ces acides, l'acide *diméthoxalique*, obtenu par l'action du zinc sur un mélange d'oxalate de méthyle et d'iodure de méthyle.

2 équivalents d'iodure de méthyle ont été mélangés avec 1 équivalent d'oxalate de méthyle, et mis en contact avec un excès de zinc amalgamé dans un appareil qui permettait aux vapeurs de refluer.

On a chauffé pendant 24 heures de 70 à 100°. Le tout s'est converti en une masse jaunâtre résineuse, qui a été distillée avec de l'eau. Il a passé de l'alcool méthylique et l'on a obtenu un résidu qui renfermait, indépendamment de l'excès de zinc, de l'iodure de zinc, de l'oxalate de zinc et le sel de zinc du nouvel acide. On a délayé dans l'eau et on a fait bouillir la liqueur avec un excès de baryte. On a ensuite fait passer un courant de gaz carbonique à travers la solution, on l'a filtrée et on a précipité l'iode par l'oxyde d'argent humide. La liqueur alcaline ayant été saturée de nouveau, puis filtrée, on l'a évaporée et on a obtenu de brillantes aiguilles de diméthoxalate de baryte :

$$C^2\begin{cases} CH^3 \\ CH^3 \\ O \\ OH \\ OBa \end{cases}$$

Avec ce sel de baryte on a préparé l'acide lui-même.

(1) C = 12 — O = 16 — H = 1.

L'acide diméthoxalique est solide, blanc, cristallisable en magnifiques prismes semblables à ceux de l'acide oxalique. Il fond à 75°,7 et se volatilise lentement, même à la température ordinaire. Il se sublime assez rapidement à 50° degrés, et se dépose en magnifiques prismes sur une surface froide. Il bout à environ 212° et distille sans décomposition. C'est un acide puissant qui forme une nombreuse série de sels, dont quelques-uns cristallisent. Le sel d'argent, qui cristallise en écailles nacrées par le refroidissement de sa solution bouillante, renferme :

$$C^2 \left\{ \begin{array}{l} CH^3 \\ CH^3 \\ O \\ OH \\ OAg \end{array} \right.$$

Sur l'iodocyanamylène, par **M. ERLENMEYER** (1).

Lorsqu'on ajoute de l'iodure de cyanogène à un excès d'amylène, aucune réaction chimique ne s'accomplit à la température ordinaire. Mais lorsqu'on ajoute de l'amylène goutte à goutte à de l'iodure de cyanogène, celui-ci s'échauffe et se liquéfie. Lorsqu'on mélange les deux corps dans le rapport des poids moléculaires, on obtient un liquide brun tenant en suspension un corps floconneux plus foncé encore. On a essayé de purifier ce corps en le distillant avec de l'eau. Il a passé un liquide brun bien plus dense que l'eau, qu'on a décoloré par le bisulfite de soude. Cette substance a donné à l'analyse des nombres qui ne s'accordent pas très-bien avec la formule

$$\text{Ꞓ}^6H^{10}AzI = \text{Ꞓ}^5H^{10},CyI.$$

Elle renferme de l'azote et de l'iode. Soumise à l'ébullition avec de la potasse alcoolique, elle a dégagé de l'ammoniaque, et il s'est formé de l'iodure de potassium, qui s'est déposé. La liqueur alcoolique renfermait en dissolution un acide qu'on a extrait par l'éther, après avoir chassé l'alcool et après avoir sursaturé par l'acide sulfurique. Cet acide pourrait être de l'acide leucique formé en vertu de la réaction suivante :

$$\text{Ꞓ}^6H^{10}AzI + 2KH\text{Ꝋ} + H^2\text{Ꝋ} = \text{Ꞓ}^6H^{11}K\text{Ꝋ}^3 + KI + AzH^3.$$

L'auteur annonce qu'il poursuit ces recherches.

(1) *Notiz über die Synthese des Leucins und der Leuciussaüre aus den Elementen*, von Emil Erlenmeyer (*Zeitschrift für Chemie und Pharmacie*, t. VI, p. 545).

Synthèse de l'acide butyrique, par **M. Arnulf SCHŒYEN** (1).

Les carbures d'hydrogène $Ꞓ^nH^{2n+2}$, qu'on désigne ordinairement sous le nom de radicaux alcooliques, présentent, d'après M. Carius, des relations d'isomérie physique avec les hydrures de ces radicaux. En traitant l'éthyle $Ꞓ^4H^{10}$. par le brome, ce chimiste a obtenu du bromure de butylène $Ꞓ^4H^8Br^2$. Il a émis l'opinion qu'en présence d'une quantité de brome moins considérable, il se formerait un bromure

$$Ꞓ^4H^9Br$$

physiquement isomère avec le bromure de butyle. L'auteur a developpé ce sujet. Ayant mélangé volumes égaux de chlore et de gaz éthyle (2) débarrassé de vapeurs d'éther par l'acide sulfurique, il a exposé le flacon à une lumière diffuse un peu vive : il a observé immédiatement une condensation et la formation d'un liquide oléagineux. Ce produit est un mélange de chlorure de butyle $Ꞓ^4H^9Cl$ avec des produits de substitution plus avancés dont on ne peut éviter la formation. A la lumière solaire ils se forment plus abondamment encore. La moitié de ce liquide oléagineux a passé au-dessous de 100°. Comme le chlorure de butyle bout à 70°, on n'a recueilli que ce qui a passé au-dessous de 90°, et on a fait réagir ce produit sur l'acétate de potasse en présence de l'acide acétique, dans des tubes fermés. On a obtenu un liquide bouillant de 114 à 120° et qui était formé en très-grande partie par de l'acétate de butyle

$$\left.\begin{matrix}Ꞓ^2H^3O\\ Ꞓ^4H^9\end{matrix}\right\}O.$$

(Celui-ci bout à 114°).

On a décomposé ce produit en vase clos par une solution de baryte.

(1) *Annalen der Chemie und Pharmacie*, t. CXXX, p. 233. [Nouv. sér., t. LIV. Mai 1864.

(2) Pour le préparer, l'auteur introduit dans des tubes épais des lames de zinc bien décapées, puis la quantité d'iodure d'éthyle nécessaire pour former de l'iodure de zinc avec tout le zinc, enfin un volume d'éther parfaitement anhydre égal à celui de l'iodure d'éthyle. Après avoir fermé les tubes effilés, de manière à laisser une longue pointe capillaire, il les chauffe à 100°. Au bout de quelques heures tout le zinc est dissous et il se forme du zinc-éthyle avec la moitié de l'iodure d'éthyle. On ouvre alors les tubes de manière à laisser dégager l'hydrure d'éthyle qui a pu se former accidentellement par l'action d'une trace d'eau; puis, après les avoir fermés de nouveau, on les chauffe à 140 ou 150°. La seconde moitié de l'iodure d'éthyle réagissant alors sur le zinc-éthyle, il se forme de l'éthyle et de l'iodure de zinc. La réaction terminée, on refroidit les tubes dans l'eau glacée, on en ouvre la pointe par un trait de chalumeau et on les met rapidement en communication avec un gazomètre par le moyen d'un tube en caoutchouc.

Tout s'est dissous. On a distillé et on a fait bouillir le produit aqueux de la distillation, dont l'odeur rappelait d'une manière éloignée celle de l'alcool amylique, avec un mélange de bichromate de potasse et d'acide sulfurique. Après avoir distillé le liquide, on a saturé le produit de la distillation par le carbonate de chaux. On a obtenu ainsi un sel de chaux qui possédait la forme cristalline et la composition du butyrate de chaux.

Action de l'acide iodhydrique sur les composés iodo-substitués, par M. A. KEKULÉ (1).

L'iode, quoique très-analogue, en général, au chlore et au brome, montre cependant quelques différences dignes de remarque. En général, il agit moins énergiquement et ne forme jamais de produits de substitution en réagissant sur les corps organiques. Au contraire, beaucoup de composés iodés se décomposent facilement en mettant de l'iode en liberté.

Les différences qui séparent l'iode du chlore et du brome apparaissent dans les composés les plus simples, dans leurs combinaisons avec l'hydrogène, par exemple. Tandis que le chlore se combine facilement avec l'hydrogène, l'acide iodhydrique se décompose facilement en hydrogène et en iode. La même équation représente les deux décompositions; mais la réaction s'effectue dans un sens avec le chlore, dans le sens opposé avec l'iode.

Pour l'iode, nous avons :

$$HI + HI = H^2 + I^2;$$

pour le chlore,

$$Cl^2 + H^2 = HCl + HCl.$$

L'auteur a supposé que de telles différences se retrouveraient dans d'autres composés, et que dans beaucoup de cas où le chlore produit une certaine réaction définie l'iode produirait la réaction inverse.

Le chlore, en attaquant les composés hydrogénés, se substitue à l'hydrogène : on pouvait prévoir que l'acide iodhydrique décomposerait les composés renfermant de l'iode substitué, et les transformerait en composés hydrogénés par substitution inverse.

Ces prévisions ont été réalisées par l'expérience.

L'acide iodacétique, préparé par la méthode de MM. Perkin et Duppa, est décomposé à froid par l'acide iodhydrique avec formation d'iode et d'acide acétique.

(1) *Journal of the Chemical Society*, 2e sér., t. II, p. 206, Juin 1864.

L'acide iodopropionique, que M. Beilstein a obtenu en faisant agir l'iodure de phosphore (Ph^2I^4) sur l'acide glycérique, est décomposé de même par l'acide iodhydrique à 180°, avec formation d'acide propionique :

$$\underset{\text{Acide iodacétique.}}{C^2H^3IO^2} + HI = C^2H^4O^2 + I^2,$$

$$\underset{\text{Acide iodopropionique.}}{C^3H^5IO^2} + HI = C^3H^6O^2 + I^2.$$

Si, comme la théorie semble l'indiquer, ces réactions offrent un caractère général, il est évident que les composés iodo-substitués ne peuvent jamais se former par l'action directe de l'iode sur les composés organiques.

L'auteur ayant trouvé que l'acide iodosalicylique est attaqué déjà au-dessous de 100° par l'acide iodhydrique, avec formation d'acide salicylique et d'iode, en a conclu que cet acide iodé ne peut pas se former directement par l'action de l'iode sur l'acide salicylique, ainsi que le prétendent MM. Kolbe et Lautemann. Il a constaté, en effet, que lorsqu'on fond l'acide salicylique avec de l'iode, ou lorsqu'on le fait bouillir avec de l'iode et de l'alcool, aucune réaction n'a lieu. L'acide iodosalicylique et l'acide triiodophénylique, que MM. Kolbe et Lautemann ont signalés, prennent seulement naissance dans le procédé que M. Lautemann a employé pour séparer les corps qu'il a cru avoir formés directement par substitution de l'iode à l'hydrogène.

Les remarques qu'on vient de présenter conduisent à une interprétation très-simple de la belle réaction découverte par M. Lautemann, et qui a rendu possible la réduction de tant d'acides organiques. La réduction effectuée par l'acide iodhydrique peut être expliquée de la manière suivante :

La réaction s'accomplit en deux phases : dans la première, l'acide iodhydrique produit un acide iodé avec élimination d'eau; dans la seconde, ce produit de substitution iodé est converti dans la substance normale par l'acide iodhydrique agissant par substitution inverse.

Ainsi nous avons :

$$\underset{\text{Acide glycolique.}}{C^2H^4O^3} + HI = H^2O + \underset{\text{Acide iodacétique.}}{C^2H^3IO^2},$$

$$\underset{\text{Acide iodacétique.}}{C^2H^3IO^2} + HI = I^2 + \underset{\text{Acide acétique.}}{C^2H^4O^2}.$$

Il y a ici un produit intermédiaire, l'acide iodacétique, mais comme il est attaqué très-facilement par l'acide iodhydrique, il est évident qu'on ne peut le découvrir. On ne pourrait mettre en évidence de tels produits que dans le cas où ils seraient attaqués moins facilement par le réactif que la substance première. On comprend, en outre, pourquoi des acides polyatomiques dont la basicité est moindre que l'atomicité peuvent seuls être réduits par l'acide iodhydrique. Cette réduction nécessite le formation d'un composé iodo-substitué et ne peut s'accomplir qu'avec des acides qui renferment de l'hydrogène alcoolique.

Sur les acides qu'on peut dériver des cyanures des radicaux oxygénés des alcools diatomiques et triatomiques, par M. MAXWELL SIMPSON (1).

Il est possible d'obtenir avec chaque glycol deux radicaux, l'un monoatomique, l'autre diatomique (2); avec chaque glycérine trois radicaux qui sont respectivement mono-, di- ou triatomiques. On ne connaît actuellement qu'un petit nombre de cyanures de ces radicaux, et l'on peut se demander si tous les cyanures existent, particulièrement ceux qui renfermeraient de l'oxygène, et si ces derniers se décomposeraient par l'action de la potasse, comme le font les cyanures des radicaux hydrocarbonés. S'il en était ainsi, on pourrait obtenir avec chaque glycol deux acides et avec chaque glycérine trois acides. C'est ce que fait comprendre le tableau suivant :

Alcool diatomique (glycol).

		Cyanure.	Acide.
Chlorhydrine du glycol	$C^4H^5O^2Cl$	$C^4H^5O^2Cy$ (3)	$C^6H^6O^6$ lactique.
Chlorure d'éthylène	$C^4H^4Cl^2$	$C^4H^4Cy^2$	$C^8H^6O^8$ succin. (bibasiq.)

Alcool triatomique (glycérine).

		Cyanure.	Acide.
Monochlorhydrine	$C^6H^7O^4Cl$	$C^6H^7O^4Cy$	$C^8H^8O^8$
Dichlorhydrine	$C^6H^6O^2Cl^2$	$C^6H^6O^2Cy^2$	$C^{10}H^8O^{10}$ (bibasique).
Trichlorhydrine	$C^6H^5Cl^3$	$C^6H^5Cy^3$	$C^{12}H^8O^{12}$ (tribasique).

(1) *Proceedings of the Royal Society*, t. XIII, p. 44. Décembre 1863.

(2)
$$\begin{aligned} &\text{Ɵ}\!\!\!\text{C}^2H^6\text{Ɵ}^2 - H\text{Ɵ} = (\text{Ɵ}\!\!\!\text{C}^2H^5\text{Ɵ})', \\ &\text{Ɵ}\!\!\!\text{C}^2H^6\text{Ɵ}^2 - 2H\text{Ɵ} = (\text{Ɵ}\!\!\!\text{C}^2H^4)'', \\ &\text{Ɵ}\!\!\!\text{C}^3H^8\text{Ɵ}^3 - H\text{Ɵ} = (\text{Ɵ}\!\!\!\text{C}^3H^7\text{Ɵ}^2)', \\ &\text{Ɵ}\!\!\!\text{C}^3H^8\text{Ɵ}^3 - 2H\text{Ɵ} = (\text{Ɵ}\!\!\!\text{C}^3H^6\text{Ɵ})'', \\ &\text{Ɵ}\!\!\!\text{C}^3H^8\text{Ɵ}^3 - 3H\text{Ɵ} = (\text{Ɵ}\!\!\!\text{C}^3H^5)''' . \end{aligned}$$

(3) On sait que M. Wislicenus a préparé ce cyanure et l'a transformé en effet en acide lactique.

Le mémoire de l'auteur a pour objet l'étude de l'acide $C^{10}H^{8}O^{10}$ appartenant à la série glycérique et qui a été obtenu de la manière suivante :

Un mélange de 1 équivalent de dichlorhydrine et de 2 équivalents de cyanure de potassium pur, avec une certaine quantité d'alcool, a été maintenu pendant 24 heures à la température de 100°, dans des bouteilles à eau de Seltz bien fermées. Au bout de ce temps tout le cyanure de potassium était transformé en chlorure. Le contenu des bouteilles a été filtré et la solution qui renfermait sans doute le cyanure $C^{6}H^{6}O^{2}Cy^{2}$ a été additionnée de morceaux de potasse caustique. On a chauffé le tout jusqu'à cessation du dégagement d'ammoniaque. L'alcool a été distillé, et le résidu a été traité par l'acide azotique, qui a été ensuite chassé par l'évaporation. Il est resté de l'azotate de potasse mélangé au nouvel acide qui a été dissous dans l'alcool. En évaporant l'alcool, on a obtenu un résidu fortement coloré, qui a été repris par l'eau chaude et traité par le chlore. Le tout ayant été neutralisé, on a précipité avec précaution un tiers de l'acide par l'azotate d'argent, puis on a filtré, et on a achevé la précipitation par l'azotate d'argent. Le dernier précipité était parfaitement incolore. Décomposé par l'hydrogène sulfuré, il a donné un acide incolore, cristallisable et qui a fourni à l'analyse des nombres répondant à la formule $C^{10}H^{8}O^{10}$.

Le nouvel acide est soluble dans l'eau, l'alcool et l'éther. Il possède une saveur acide franche. Il fond à environ 135°. Il se décompose à une température plus élevée. L'acide libre donne un abondant précipité blanc avec l'acétate de plomb. Il n'est pas précipité par l'eau de chaux. Neutralisé par un alcali, il donne un précipité blanc avec le sublimé corrosif, un précipité brun pâle avec le perchlorure de fer. Il donne avec les sels de cuivre un précipité blanc bleuâtre ; il se trouble par le chlorure de baryum. Il prend naissance en vertu de la réaction suivante :

$$C^{6}H^{6}O^{2}Cy^{2} + 2KHO^{2} + 4HO = C^{10}\genfrac{}{}{0pt}{}{H^{6}}{K^{2}}O^{10} + 2AzH^{3}.$$

Il est bibasique, car son sel d'argent renferme $C^{10}H^{6}Ag^{2}O^{10}$. L'auteur a aussi préparé l'éther diéthylique $C^{10}H^{6}(C^{4}H^{5})^{2}O^{10}$. Ce dernier passe à la distillation entre 295 et 300°, en se décomposant partiellement.

Le nouvel acide offre, avec l'acide pyrotartrique, la même relation que l'acide malique avec l'acide succinique :

Acide succinique	$C^{8}H^{6}O^{8}$	Acide pyrotartrique	$C^{10}H^{8}O^{8}$
Acide malique	$C^{8}H^{6}O^{10}$	Nouvel acide	$C^{10}H^{8}O^{10}$

Il possède la composition d'un homologue de l'acide malique. L'auteur propose de le nommer *oxyparatartrique*.

Action de l'acide bromhydrique sur les acides polyatomiques, par M. A. KEKULÉ (1).

Tous les faits concernant l'histoire des acides glycolique et lactique montrent que les deux atomes d'hydrogène typique que ces deux acides renferment ne sont pas semblables quant à leurs propriétés (2). L'un de ces atomes d'hydrogène se comporte comme l'hydrogène typique de l'acide acétique, l'autre comme l'hydrogène typique des al-

(1) *Annalen der Chemie und Pharmacie*, t. CXXX, p. 11. [Nouv. sér., t. LV.] Avril 1864.

(2) M. Kekulé revendique la priorité de cette idée ; je crois avoir démontré le fait *par mes expériences*. J'ai qualifié d'abord l'acide lactique de *bibasique* parce que je prenais ce mot dans le sens le plus large. Il est évident que je ne pouvais le confondre avec un acide bibasique tel que l'acide oxalique, qui ne devient neutre qu'en échangeant 2 atomes d'hydrogène contre 2 équivalents de métal, tandis que tout le monde sait que l'acide lactique se neutralise en prenant un seul équivalent de métal.

J'ai comparé sous ce rapport l'acide lactique à l'acide salicylique, qui, lui aussi, n'échange que difficilement le second atome d'hydrogène *typique*. [Je n'ai pas dit *basique* (*Bulletin de la Société chimique*, séance du 13 mai 1859, p. 42)]. Je dis dans cette même Note (p. 42) : « La capacité de saturation d'un acide vis-à-vis des oxydes basiques dépend non-seulement du nombre d'équivalents d'hydrogène typique qu'il renferme, mais aussi de la nature électronégative du radical oxygéné. A mesure que l'oxygène augmente dans ce radical, l'hydrogène typique devient de plus en plus hydrogène basique. L'exemple suivant va montrer qu'il en est ainsi :

$\left.\begin{matrix}C^2H^4\\ H\end{matrix}\right\}O^2,$	$\left.\begin{matrix}C^2H^2O\\ H^2\end{matrix}\right\}O^2,$	$\left.\begin{matrix}C^2O^2\\ H^2\end{matrix}\right\}O^2.$
Glycol neutre, 2 atomes d'hydrogène typique.	Acide glycolique, 2 atomes d'hydrogène typique, dont un fortement basique.	Acide oxalique, 2 atomes d'hydrogène typique, tous les deux fortement basiques.

Ainsi, dès le 13 mai 1859, j'ai non-seulement distingué les deux atomes d'hydrogène typique de l'acide glycolique, mais j'ai donné l'explication des différences de leurs fonctions, explication qui découlait d'ailleurs très-simplement de mes expériences sur l'oxydation du glycol et des formules par lesquelles je les ai interprétées (*Comptes rendus de l'Académie des Sciences*, t. XLIV, p. 1309, 29 juin 1857, et *Annalen der Chemie und Pharmacie*, t. CIII, p. 368). M. Kekulé n'a fait que reproduire ces formules dans son intéressant Mémoire sur la formation de l'acide glycolique (*Annalen der Chemie und Pharmacie*, t. CV, p. 287).

J'ai caractérisé les différences que présentent les deux atomes d'hydrogène typique de l'acide lactique, en disant que l'un est négatif et l'autre positif. M. Kekulé les exprime d'une manière beaucoup plus élégante en disant que l'acide lactique est à moitié alcool, à moitié acide. Quoi qu'il en soit, je crois pouvoir maintenir que la distinction entre l'atomicité d'un acide et sa basicité ou sa capacité de saturation a été introduite dans la science par mes expériences, et que j'ai donné avant M. Kekulé (*) l'explication des différences de propriétés que l'on constate entre les deux atomes d'hydrogène typique des acides glycolique et lactique. A. W.

(*) La préface de sa première livraison est datée du 29 mai 1859.

cools. En un mot, *un côté* de la molécule lactique se comporte comme un acide et l'autre comme un alcool. Or, on sait que l'une des différences les plus caractéristiques qui existent entre les alcools et les acides consiste, en ce que les alcools se convertissent en chlorures (éthers chlorhydriques) avec élimination d'eau, sous l'influence de l'acide chlorhydrique, tandis que la réaction exactement inverse s'accomplit avec les acides, les chlorures des radicaux d'acides se décomposant sous l'influence de l'eau. Si donc les acides glycolique et lactique se comportent partiellement comme des alcools, ils devraient se convertir, sous l'influence des acides chlorhydrique et bromhydrique, en acides acétique et propionique chlorés ou bromés :

$$\underset{\text{Acide glycolique.}}{C^2H^4O^3} + HBr = H^2O + \underset{\text{Acide bromacétique.}}{C^2H^3BrO^2},$$

$$\underset{\text{Acide lactique.}}{C^3H^6O^3} + HBr = H^2O + \underset{\text{Acide bromopropionique.}}{C^3H^5BrO^2}.$$

Les mêmes considérations peuvent être étendues à tous les acides qui offrent une constitution analogue à celle des acides glycolique et lactique, c'est-à-dire à tous ceux dont la *basicité* est moindre que l'*atomicité*.

Avec l'acide malique *bibasique et triatomique*, on peut prévoir la formation de l'acide monobromosuccinique :

$$\underset{\text{Acide malique.}}{C^4H^6O^5} + HBr = H^2O + \underset{\text{Acide monobromosuccinique.}}{C^4H^5BrO^4},$$

et avec l'acide tartrique *bibasique et tétratomique*, et qui renferme deux atomes d'hydrogène alcoolique, il devrait se former de l'acide bibromosuccinique :

$$\underset{\text{Acide tartrique.}}{C^4H^6O^6} + 2HBr = 2H^2O + \underset{\text{Acide bibromosuccinique.}}{C^4H^4Br^2O^4},$$

Ces réactions ont été réalisées en ce qui concerne les acides glycolique, lactique, malique.

Lorsqu'on chauffe pendant deux ou trois jours, au bain-marie, de l'acide lactique avec un peu plus de son volume d'acide bromhydrique saturé à froid, et qu'on agite ensuite le produit avec de l'éther privé d'alcool, l'éther se charge d'acide bromopropionique. On obtient ce dernier acide en chassant l'éther et en distillant le résidu. L'acide monobromopropionique passe de 202 à 204°.

Traité par l'amalgame de sodium, cet acide donne de l'acide propionique par substitution inverse. Lorsqu'on le fait bouillir avec de l'oxyde de zinc et qu'on filtre, on obtient, par le refroidissement, du lactate de zinc. Enfin, lorsqu'on le chauffe avec une solution alcoolique d'ammoniaque, il se sépare, indépendamment du bromure d'ammonium, de longues aiguilles blanches d'alanine.

Lorsqu'on chauffe de l'acide glycolique (1) avec une solution saturée à froid d'acide bromhydrique, il se forme de l'acide monobromacétique.

L'acide malique se convertit, dans les mêmes circonstances, en acide monobromosuccinique. Pour opérer cette transformation, on chauffe l'acide malique sec pendant trois à quatre jours, au bain-marie, avec son volume d'acide bromhydrique saturé à froid. La réaction terminée, on trouve les tubes remplis de petits mamelons gris.

On sépare ces cristaux et on les purifie par une nouvelle cristallisation dans l'eau chaude, avec addition d'une petite quantité de charbon animal.

L'acide monobromosuccinique ainsi préparé cristallise en mamelons ou en croûtes blanches. Il est assez soluble dans l'eau, l'alcool et l'éther. 1 partie de cet acide se dissout à 15°,5 dans 5,2 parties d'eau. Il fond entre 159 et 160° en dégageant lentement, et plus rapidement si l'on chauffe davantage, de l'acide bromhydrique, et en se transformant en acide fumarique :

$$\underset{\text{Acide malique.}}{ЄH^6Θ^5} = H^2Θ + \underset{\text{Acide fumarique.}}{Є^4H^4Θ^4},$$

$$\underset{\text{Acide monobromosuccinique.}}{Є^4H^5BrΘ^4} = HBr + \underset{\text{Acide fumarique.}}{Є^4H^4Θ^4}.$$

Sous l'influence de l'amalgame de sodium, l'acide monobromosuccinique se convertit aisément en acide succinique. Chauffé avec de l'eau et de l'oxyde d'argent, il donne du bromure d'argent et de l'acide malique avec la même facilité que l'acide monobromosuccinique préparé avec l'acide succinique. (L'auteur ne peut pas encore se prononcer sur l'identité des deux acides monobromosucciniques.) L'acide malique ainsi obtenu offre beaucoup d'analogie avec l'acide malique inactif. Il cristallise plus facilement que l'acide malique ordinaire; il est moins soluble dans l'eau et n'est point déliquescent. Son point de fusion est situé entre 112 et 115°. Il est à remarquer que l'acide monobro-

(1) L'auteur émet l'opinion que l'acide glycolique, préparé par l'oxydation de l'alcool, est identique avec celui qu'on obtient avec l'acide monochloracétique.

mosuccinique préparé avec l'acide malique actif est lui-même inactif, ainsi que l'acide malique qu'on peut régénérer avec l'acide bromé.

Lorsqu'on chauffe l'acide tartrique avec une solution saturée d'acide bromhydrique, on obtient non pas l'acide bibromosuccinique, comme on pouvait s'y attendre, mais bien l'acide monobromosuccinique.

L'acide paratartrique se comporte avec l'acide bromhydrique comme l'acide tartrique. L'auteur reviendra prochainement sur ces réactions.

Produits accessoires de l'action du brome sur l'acide succinique, par M. KEKULÉ (1).

Lorqu'on traite l'acide succinique par le brome dans le but d'obtenir l'acide bibromosuccinique (2), il se forme une quantité notable de produits accessoires, parmi lesquels l'auteur signale trois acides nouveaux. L'un d'eux possède la composition de l'acide maléique bibromé; les deux autres sont isomériques avec les deux acides que M. Kekulé a décrits antérieurement sous le nom d'*acide monobromomaléique* et d'*acide isobromomaléique*. Il les nomme provisoirement *acide métabromomaléique* et *acide parabromomaléique*.

Ces trois acides sont plus solubles dans l'eau que l'acide bibromosuccinique. On les obtient en évaporant l'eau avec laquelle on a lavé le produit brut de l'action du brome sur l'acide succinique, et dans laquelle l'acide bibromosuccinique est demeuré insoluble. On les sépare les uns des autres par cristallisations fractionnées. Pendant l'évaporation des dernières eaux-mères, il se dégage de l'acide bromhydrique et il se volatilise de l'acide bibromomaléique. Pour obtenir ce dernier acide, il est donc nécessaire de concentrer dans une cornue. Le liquide acide qui passe fournit des cristaux d'acide bibromomaléique, par l'évaporation spontanée sous une cloche renfermant des fragments de chaux caustique et de l'acide sulfurique.

Il constitue des aiguilles blanches un peu flexibles, groupées en mamelons. Il est très-soluble dans l'eau, dans l'alcool et dans l'éther. Il fond à 112°, et distille à une température plus élevée sans décomposition apparente. Il renferme $\mathrm{C^4H^2Br^2O^4}$. Le bibromomaléate d'argent

$$\mathrm{C^4Ag^2Br^2O^4}$$

s'obtient par double décomposition sous la forme d'un précipité blanc

(1) *Annalen der Chemie und Pharmacie*, t. CXXX, p. 1. [Nouv. sér., T. LIV.] Avril 1864.

(2) *Répertoire de Chimie pure*, t. IV, p. 306 (1862).

cristallin. Il détone par la chaleur et même par le choc avec une violence comparable à celle du fulminate d'argent. Cette propriété s'explique par cette circonstance que le sel renferme les éléments du bromure d'argent, plus de l'oxyde de carbone,

$$C^4Ag^2Br^2O^4 = 2\,AgBr + 4\,CO.$$

L'*acide métabromomaléique* se présente sous la forme de gros cristaux incolores, transparents, appartenant au système rhombique. Il fond de 126 à 127°, et se volatilise lentement déjà à 100°. Il est très-soluble dans l'eau, l'alcool et l'éther. Il renferme $C^4H^3BrO^4$. L'auteur a préparé et analysé le sel d'argent

$$C^4HAg^2BrO^4$$

et le sel de plomb

$$C^4HPb^2BrO^4.$$

Ce sont des précipités blancs qu'on obtient par double décomposition.

L'*acide parabromomaléique* forme de gros cristaux légèrement colorés en jaune et paraissant appartenir au système du prisme dissymétrique. Il fond à 172° et est très-soluble dans l'eau, dans l'alcool et dans l'éther. Il renferme $C^4H^3BrO^4$. Il est par conséquent isomérique avec le précédent. On remarque la même isomérie entre les sels d'argent et de plomb. Le parabromomaléate de plomb se distingue du sel correspondant de l'acide métabromomaléique par sa solubilité dans un excès d'acide.

Il résulte des recherches de M. Kekulé qu'il existe quatre acides isomériques qui possèdent la composition $C^4H^3BrO^4$, savoir : les deux acides qui viennent d'être décrits, et les acides monobromomaléique et isobromomaléique décrits antérieurement (1). Trois de ces acides forment des sels d'argent stables; le quatrième, l'acide isobromomaléique, forme avec l'argent une combinaison qui se décompose facilement en donnant du bromure d'argent.

L'acide monobromomaléique dérive de l'acide bibromosuccinique par l'élimination de HBr :

$$C^4H^4Br^2O^4 - HBr = C^4H^3BrO^4.$$

L'acide isobromomaléique prend naissance de la même manière avec l'acide isobibromosuccinique correspondant à l'acide maléique.

Les modifications de l'acide bromomaléique décrites dans ce mé-

(1) *Répertoire de Chimie pure*, t. IV, p. 306.

moire se forment probablement avec l'acide monobromomalique par l'élimination de l'eau :

$$\underset{\text{Acide monobromomalique.}}{C^4H^5BrO^5} = H^2O + C^4H^3BrO^4.$$

Et l'acide monobromomalique se forme probablement par l'action de l'eau sur l'acide bibromosuccinique :

$$\underset{\text{Acide bibromosuccinique.}}{C^4H^4Br^2O^4} + H^2O = \underset{\text{Acide monobromomalique.}}{C^4H^5BrO^5} + HBr.$$

Sur la synthèse de certaines séries de combinaisons organiques, par M. A. R. CATTON (1).

L'auteur considère les termes de la série lactique comme dérivés du type $\begin{matrix}C^2O^6 \\ H^2\end{matrix}$ (2) dans lequel H est remplacé par des radicaux hydrocarbonés C^mH^{m+1}. Partant de cette idée, il a pensé qu'on pourrait réaliser la synthèse de l'acide lactique en faisant passer un courant d'acide carbonique dans de l'alcool en présence du sodium. L'alcool employé renfermait 10 pour % d'eau. Après une vive réaction, il s'est formé un précipité blanc qui a été séparé par filtration et lavé à l'alcool. C'était de l'éthylcarbonate de soude. Une partie de la liqueur filtrée, évaporée à une basse température, s'est transformée en une masse amorphe, jaune, noirâtre, assez fusible, possédant toutes les propriétés de l'anhydride lactique (?).

Une autre portion de la liqueur filtrée, traitée par un lait de chaux, fournit des cristaux aciculaires rayonnés, fusibles en une masse frittée.

On a obtenu aussi un sel de potasse ressemblant au lactate.

L'auteur conclut de ces faits qu'il s'est produit de l'acide lactique dans la réaction du sodium et de l'acide carbonique sur l'alcool.

Il a obtenu de même l'acide glycolique avec l'esprit de bois, et l'acide leucique avec l'alcool amylique.

Il a cherché à faire la synthèse des acides gras en dirigeant un courant d'acide carbonique à travers les alcools sur lesquels réagissait en même temps de l'amalgame de sodium. Avec l'alcool ordinaire, il a obtenu l'acide propionique, suivant l'équation :

$$C^4H^6O^2 + H^2 + C^2O^4 = C^6H^6O^4 + 2HO.$$

(1) *Chemical News*. 1863. — *Zeitschrift für Chemie und Pharmacie*, t. VI, p. 652.

(2) C = 6; O = 8; H = 1.

La réaction a été continuée pendant trois jours. Il s'est formé un léger précipité d'éthylcarbonate de soude. La liqueur renfermait de l'alcool, de l'eau (l'alcool employé était absolu) et du propionate de soude.

Avec l'alcool amylique, il s'est produit de l'acide caproïque.

Par l'action de l'acide carbonique sur de l'eau mélangée d'amalgame de sodium, M. Catton a obtenu de l'acide formique.

Les acides gras devant être, d'après lui, rapportés au type $\genfrac{}{}{0pt}{}{C^2O^4}{H^2}$, dans lequel H est remplacé par un radical C^mH^{m+1}, les acides de la série oxalique doivent appartenir au type $\genfrac{}{}{0pt}{}{C^2O^8}{H^2}$.

En faisant passer de l'acide carbonique dans de l'acide acétique en présence du sodium, on a obtenu un liquide donnant toutes les réactions de l'acide malonique et fournissant des cristaux rhomboédriques de ce même acide.

L'acide formique a donné, par une réaction tout à fait semblable, de l'acide oxalique.

En traitant de même les acides de la série lactique, on passe à l'acide malique et à ses homologues. C'est ce que l'auteur a réalisé pour l'acide malique. Il indique encore beaucoup d'autres expériences à faire dans le même ordre d'idées.

Sur un nouvel acide de la série $C^nH^{2n}O^2$, par M. L. CARIUS (1).

L'acide nouveau a été trouvé dans le contenu des glandes anales d'une hyène. La matière grasse extraite de ces glandes répandait une odeur sensible de musc. Elle était formée des glycérides des acides palmitique, oléique et de l'acide nouveau que M. Carius appelle *hyénique*, ce dernier en moindre proportion.

L'acide hyénique a été isolé en dissolvant les acides gras provenant de la saponification, par 2 fois leur volume d'alcool absolu bouillant, recueillant au bout de quelques jours l'acide solide déposé et l'exprimant entre des doubles de papier Joseph. La liqueur filtrée contient encore une quantité notable d'acides solides, qu'on précipite en y ajoutant de l'acide acétique et de l'acétate de plomb. L'oléate de plomb n'est pas précipité dans ces conditions. Les acides, séparés des sels de plomb par digestion avec de l'acide azotique étendu, ont été soumis encore une fois à la cristallisation dans l'alcool.

(1) *Annalen der Chemie und Pharmacie*, t. CXXIX, p. 168. [Nouv. sér., t. LIII. Février 1864.

Les eaux mères alcooliques, précipitées partiellement par l'acétate de plomb, après addition d'acide acétique, ont donné par une seconde précipitation du palmitate de plomb pur.

L'acide hyénique a été séparé de l'acide palmitique par des précipitations fractionnées. Le premier précipité, bien lavé à l'alcool est de l'hyénate de plomb pur.

L'acide hyénique libre ressemble à l'acide cérotique; il est peu soluble dans l'alcool absolu froid; il se dépose de sa solution alcoolique chaude en grains formés d'aiguilles microscopiques. Il est très-soluble dans l'éther. Il fond à 77 ou 78°, et se ramollit avant de fondre. Sa composition répond à la formule

$$\text{C}^{25}\text{H}^{50}\text{O}^{2}.$$

Sa solution alcoolique possède une réaction acide. Les sels insolubles dans l'eau ne sont pas décomposés par l'acide acétique étendu. Les sels de potasse et de soude sont très-peu solubles à chaud dans l'eau; lorsque la solution est étendue, il y a précipitation d'un sel acide.

Le sel de chaux est blanc, pulvérulent, formé d'aiguilles microscopiques, très-peu soluble dans l'alcool absolu bouillant et fondant à 85 ou 90°, en une masse translucide pâteuse.

Sa composition répond à la formule

$$\text{C}^{25}\text{H}^{49}\text{CaO}^{2}.$$

Les propriétés du sel de plomb sont analogues à celles du sel de chaux.

M. Carius a extrait d'une petite quantité de la graisse déjà partiellement altérée, recueillie sur le squelette de la même hyène, une faible proportion d'un acide fondant entre 70 et 72°, et renfermant dans son sel plombique une quantité de plomb qui correspondait à la formule de l'hyénate de plomb. D'après cela il paraît que l'acide hyénique est contenu dans la graisse de l'animal entier, et non pas seulement dans celle des glandes anales.

Sur l'acide quinique, l'éricinone et l'arbutine, par MM. C. ZWENGER et C. HIMMELMANN (1).

On sait que M. Woehler (2) a trouvé parmi les produits de la distillation de l'acide quinique, l'acide benzoïque, l'acide phénique, la ben-

(1) *Annalen der Chemie und Pharmacie*, t. CXXIX, p. 203. [Nouv. sér., t. LIII.] Février 1864.

(2) *Annalen der Chemie und Pharmacie*, t. LI, p. 146.

zine et l'hydroquinone; il a signalé aussi la formation d'une petite quantité d'hydrure de salicyle. A la réserve de ce dernier corps, les auteurs ont retrouvé ceux indiqués par M. Woehler. En outre, la liqueur séparée par filtration de l'acide benzoïque renfermait, avec l'hydroquinone, de la pyrocatéchime.

Ils ont constaté l'identité de l'*éricinone* que M. Uloth (1) a obtenue en distillant les extraits aqueux de diverses plantes de la famille des éricinées, avec l'hydroquinone, identité supposée déjà par M. Hesse (2).

Il paraît extrêmement difficile de purifier complétement l'hydroquinone, préparée par ce procédé. C'est là ce qui avait porté M. Uloth à admettre l'existence d'une substance nouvelle.

Les auteurs ayant fait bouillir ce produit impur avec de l'azotate d'argent, ont obtenu de l'hydroquinone verte ou de la quinone, suivant les quantités de sel d'argent employé.

On pourrait se demander si les plantes de la famille des éricinées, qui avaient fourni de l'hydroquinone, renfermaient de l'arbutine ou de l'acide quinique, comme le vaccinier myrtille, comme l'*arbutus uva ursi*. Ayant étudié à ce point de vue la pyrole (*pyrola umbellata* Wintergrün), les auteurs n'y ont pas trouvé d'acide quinique, mais bien de l'arbutine.

Les cristaux de cette dernière substance ont été obtenus en agitant l'extrait aqueux évaporé avec un mélange de 8 parties d'éther et d'une partie d'alcool, et en évaporant; ils ont été purifiés ensuite par les méthodes ordinaires. Ils se présentaient sous la forme d'aiguilles soyeuses, fusibles à 170°, neutres, d'une saveur amère, ne réduisant pas la solution alcaline d'oxyde de cuivre, et ne précipitant pas les sels métalliques. Leur composition répondait à la formule $C^{12}H^{16}O^{14}$. Les acides les dédoublaient en sucre et en hydroquinone.

Les cristaux obtenus dans une première préparation renfermaient HO, comme ceux analysés par M. Strecker. Ceux d'une seconde préparation ont perdu 4HO, à 100°.

La pyrole fournit une quantité d'arbutine assez grande pour pouvoir être employée avantageusement comme matière première pour l'extraction de cette substance.

(1) *Répertoire de Chimie pure*, t. I, p. 591. (1859.)
(2) *Répertoire de Chimie pure*, t. III, p. 14. (1861).

Sur une substance rouge qui se forme par l'action du cyanure de potassium sur l'éther chloracétique, par M. H. MULLER (1).

En faisant réagir l'éther chloracétique sur le cyanure de potassium, on obtient une dissolution qui est quelquefois d'un rouge brun et souvent cramoisie. Cette coloration est due à la formation d'un corps bien caractérisé ayant beaucoup d'analogie avec les sels de rosaniline. Ce corps cristallise facilement; les cristaux ressemblent à ceux de la murexide; ils sont rouges par transparence, mordorés et solubles dans l'eau, à laquelle ils communiquent une teinte rouge intense; ils sont insolubles dans l'éther et dans la benzine.

Les acides affaiblis sont sans action sur cette matière colorante; les acides concentrés en décolorent les dissolutions, qui reprennent leur coloration primitive lorsqu'on les étend d'eau. L'acide sulfurique concentré dissout les cristaux avec coloration jaune; l'addition de l'eau ne modifie pas la teinte jaune; mais l'ammoniaque rétablit la couleur primitive.

On n'obtient ce corps qu'en petite quantité, comme produit secondaire, dans la réaction ci-dessus.

Sur une nouvelle série d'acides organiques, par M. P. GRIESS (2).

Lorsqu'on fait bouillir une solution alcoolique d'acide nitrobenzoïque, et que l'on y ajoute des fragments de potasse, on voit se produire une vive réaction. Il paraît se dégager de l'aldéhyde et de l'ammoniaque; en même temps l'acide nitrobenzoïque se transforme en un acide nouveau dont le sel de potasse se dépose dans la liqueur alcoolique sous la forme d'une masse cristalline rougeâtre.

Si l'on dissout ce sel de potasse dans l'eau, et si l'on additionne la solution d'acide chlorhydrique ou d'acide acétique, on en sépare l'acide nouveau encore impur. On le purifie en traitant son sel ammoniacal par le noir animal, et en décomposant ensuite ce sel par un acide.

L'acide se présente en aiguilles microscopiques, insolubles dans l'eau, peu solubles dans l'alcool et dans l'éther.

L'acide chlorhydrique et l'acide azotique sont sans action sur lui.

Il forme avec les bases des sels bien caractérisés. Sa formule est :

$$\text{Ꞡ}^{14}H^{10}Az^{2}\text{Ꝋ}^{5}.$$

(1) *Zeitschrift für Chemie und Pharmacie*, 1864, p. 382.

(2) *Zeitschrift für Chemie und Pharmacie*, t. VII, p. 194 et 269.

Il diffère de l'acide azobenzoïque de M. Strecker (voir plus bas, p. 383) par 1 atome d'oxygène en plus; on peut donc l'appeler acide *azoxybenzoïque*. Ces deux acides appartiennent à la même série de combinaisons azotées que l'azobenzol et l'azoxybenzol. C'est ce que démontrent à la fois leur mode de production et leurs caractères chimiques.

On a donc les deux séries parallèles :

$\mathrm{C^{12}H^{10}Az^2}$ Azobenzol.	$\mathrm{C^{14}H^{10}Az^2O^4}$ Ac. azobenzoïque.
$\mathrm{C^{12}H^{10}Az^2O}$ Azoxybenzol.	$\mathrm{C^{14}H^{10}Az^2O^5}$ Ac. azoxybenzoïque.
$\mathrm{C^{12}H^{12}Az^2}$ Hydrazobenzol ou benzidine.	$\mathrm{C^{14}H^{12}Az^2O^4}$ Ac. hydrazobenzoïque.

Beaucoup d'autres acides nitrés paraissent être transformés par la potasse alcoolique en acides nouveaux : c'est ce qui a été constaté déjà pour les acides dracylique, nitranisique et nitrosalicylique.

Conversion des monocarbonacides en dicarbonacides correspondants plus carburés, par M. Hermann KOLBE (1).

L'acide monochloracétique, chauffé avec une solution moyennement concentrée de cyanure de potassium, se décompose aisément en donnant du chlorure de potassium et de l'acide cyanacétique. Si l'on fait ensuite bouillir et évaporer la solution avec un excès de potasse, il se dégage une grande quantité d'ammoniaque, et l'on obtient pour résidu une masse saline qui, sursaturée par l'acide acétique et reprise par l'éther, fournit, en solution dans ce véhicule, une assez grande quantité d'acide malonique, qu'on peut isoler aisément par distillation de l'éther et faire cristalliser en belles aiguilles par dissolution dans l'eau.

L'acide malonique, ainsi préparé, est identique avec celui obtenu par M. Dessaignes au moyen de l'acide malique. Sa formation, au moyen de l'acide cyanacétique, peut être exprimée par la formule suivante :

$$\mathrm{KO,C^2}\left\{\begin{matrix}\mathrm{H^2}\\ \mathrm{C^2Az}\end{matrix}\right\}[\mathrm{C^2O^2}]\mathrm{O} + \mathrm{KO,3HO} = \mathrm{2KO(C^2H^2)''}\begin{bmatrix}\mathrm{C^2O^2}\\ \mathrm{C^2O^2}\end{bmatrix}\mathrm{O^2} + \mathrm{H^3Az}.$$

M. Kolbe annonce qu'il s'occupe en ce moment de convertir, par le même procédé, l'acide propionique en acide succinique.

(1) *Journal of the Chemical Society*. Avril 1864 p. 109.

Sur trois nouveaux corps absolument isomériques, l'éthylglycolamide, l'éthylglycocolle et l'éthoxacétamide, par **M. W. HEINTZ** (1).

M. Heintz s'est proposé d'obtenir trois corps absolument isomères, c'est-à-dire renfermant en même nombre les mêmes radicaux. Il y a réussi en s'adressant aux trois réactions suivantes : l'action de l'éthylamine sur le glycolate d'éthyle, celle de l'acide monochloracétique sur l'éthylamine et celle de l'ammoniaque sur l'éther éthoxacétique (glycolate diéthylique).

Éthylglycolamide. Pour préparer ce corps, il faut employer de l'éther glycolique et de l'éthylamine purs. La réaction est exprimée par l'équation :

$$\left.\begin{matrix}\left.\begin{matrix}\text{CO}\\\text{CH}^2\\\text{H}\end{matrix}\right\}\text{O}\\\text{C}^2\text{H}^5\end{matrix}\right\}\text{O} + \text{Az}\left\{\begin{matrix}\text{C}^2\text{H}^5\\\text{H}\\\text{H}\end{matrix}\right. = \text{Az}\left\{\begin{matrix}\text{CO}\\\left.\begin{matrix}\text{CH}^2\\\text{H}\end{matrix}\right\}\text{O}\\\text{C}^2\text{H}^5\\\text{H}\end{matrix}\right. + \left.\begin{matrix}\text{C}^2\text{H}^5\\\text{H}\end{matrix}\right\}\text{O};$$

elle a lieu à froid ; en évaporant au-dessus de l'acide sulfurique la solution alcoolique, on n'obtient qu'un sirop incristallisable qui commence à bouillir à 245° ; le thermomètre s'élève ensuite jusqu'à 275° ; le produit recueilli, quoique coloré, est de l'éthylglycolamide. Porté à l'ébullition avec de l'hydrate de baryte, il fournit de l'éthylamine et du glycolate de baryte.

Lorsqu'on évapore au bain-marie l'éthyglycolamide avec de l'acide chlorhydrique, il reste un produit chloré sirupeux, qui, saturé par le carbonate de soude et additionné de sulfate de cuivre, ne fournit pas de glycolate de cuivre. L'acide chlorhydrique ne décompose donc pas l'éthylglycolamide, mais paraît s'y combiner purement et simplement.

L'ébullition de l'éthylglycolamide avec de l'eau et de l'hydrate d'oxyde de cuivre donne lieu à un dégagement de vapeurs ammoniacales et à la formation de glycolate de cuivre.

Éthylglycocolle (acide éthylglycolamidique). Ce corps prend naissance par l'action de l'éthylamine (2) sur l'acide monochloracétique :

$$\left.\begin{matrix}\left.\begin{matrix}\text{CO}\\\text{CH}^2\\\text{Cl}\end{matrix}\right\}\text{O}\\\text{H}\end{matrix}\right\} + 2\text{Az}\left\{\begin{matrix}\text{C}^2\text{H}^5\\\text{H}\\\text{H}\end{matrix}\right. = \text{Az}\left\{\begin{matrix}\left.\begin{matrix}\text{CH}^2\\\left.\begin{matrix}\text{CO}\\\text{H}\end{matrix}\right\}\text{O}\end{matrix}\right\}\\\text{C}^2\text{H}^5\\\text{H}\end{matrix}\right. + \left.\begin{matrix}\text{Az}(\text{C}^2\text{H}^5,\text{H}^3)\\\text{Cl}\end{matrix}\right\}$$

(1) *Annalen der Chemie und Pharmacie*, t. CXXIX, p. 27. [Nouv. sér., t. LIII.] Janvier 1864.

(2) Ayant préparé de l'éthylamine par le procédé de M. Wurtz, M. Heintz a re-

Après ébullition prolongée du monochloracétate d'éthylamine avec de l'éthylamine, dans un appareil convenable, on a fait bouillir le mélange avec de l'oxyde de plomb pour extraire l'éthylamine contenue dans la liqueur, puis évaporé au bain-marie. L'eau enlève au résidu un produit qui, débarrassé d'oxyde de plomb par l'acide carbonique, évaporé, repris par l'alcool et évaporé de nouveau, fournit des cristaux d'éthylglycocolle.

La liqueur aqueuse renferme encore un autre produit qu'on n'a pas pu faire cristalliser, même dans l'alcool, et qui n'a pas encore été étudié, pas plus que la matière contenue dans le sel de plomb insoluble dans l'eau, matière qui est probablement l'acide éthyldiglycolamidique.

L'éthylglycocolle, homologue de la sarcosine, ainsi que l'a montré la synthèse de cette dernière substance, exécutée par M. Volhard (1), cristallise assez facilement dans l'alcool, et dans l'eau quand on laisse évaporer les solutions au-dessus de l'acide sulfurique. Il ne fond ni ne se décompose à 130°. Au-dessus de cette température, il brunit et se détruit en donnant une très-faible proportion d'un sublimé aciculaire. Il attire fortement l'humidité. Évaporé avec de l'acide chlorhydrique, il fournit des cristaux non déliquescents renfermant du chlore, et qui sont susceptibles de former avec le chlorure de platine une combinaison d'un jaune orangé soluble dans l'eau et cristallisant bien dans ce dissolvant.

L'acide sulfurique forme, avec l'éthylglycocolle, un liquide sirupeux dont l'alcool et l'éther ne précipitent pas de combinaison solide.

L'éthylglycocolle se dissout dans une solution concentrée froide de bichlorure de mercure; bientôt après on voit se déposer des cristaux aciculaires d'un composé mercurique.

Il entre aussi en combinaison avec l'oxyde de cuivre et donne de beaux cristaux d'un bleu foncé.

Éthoxacétamide. L'auteur a commencé par préparer l'éther éthoxacétique (glycolate diéthylique) en faisant réagir l'iodure d'éthyle sur l'éthoxacétate de soude en présence de l'alcool, à la température du bain-marie pendant une quinzaine de jours. Il a isolé l'éther formé en évaporant l'alcool, reprenant par l'éther, enlevant par l'eau l'iodure de sodium et distillant. L'éther éthoxacétique forme un liquide incolore, mobile, d'une saveur douceâtre, d'une odeur éthérée, bouil-

connu qu'il se forme, en même temps que ce corps, une trace de triéthylamine, mais pas de diéthylamine.

(1) *Bulletin de la Société chimique*, nouv. sér., t. I, p. 48.

lant à 155° (1), soluble dans beaucoup d'eau, soluble en toute proportion dans l'alcool et dans l'éther. Il surnage de l'eau lorsque celle ci est en quantité insuffisante pour le dissoudre.

Cet éther, décomposé par l'hydrate de chaux, fournit de l'éthoxacétate de chaux cristallisable en aiguilles microscopiques.

Mélangé avec un excès d'ammoniaque aqueuse, additionné d'alcool et abandonné à l'évaporation au-dessus de l'acide sulfurique, l'éther éthoxacétique se transforme en beaux cristaux d'éthoxacétamide solubles dans l'éther, dans l'alcool et dans l'eau, mais non déliquescents, fusibles au-dessous de 100°, et cristallisant par le refroidissement; ils peuvent être sublimés à 100°.

L'équation en vertu de laquelle cette réaction a lieu est la suivante:

$$\left.\begin{array}{l}\left.\begin{array}{l}CO\\CH^2\\C^2H^5\end{array}\right\}\Theta\\ \quad C^2H^5\end{array}\right\}\Theta + AzH^3 = Az\left\{\begin{array}{l}\left.\begin{array}{l}CO\\C\ H^2\\C^2H^5\end{array}\right\}\Theta\\ H^2\end{array}\right. + \left.\begin{array}{r}C^2H^5\\H\end{array}\right\}\Theta.$$

L'acide chlorhydrique décompose l'éthoxacétamide en donnant du chlorhydrate d'ammoniaque et de l'acide éthoxacétique. Les bases agissent d'une manière analogue (2).

Sur la résine d'ipomöa turpethum, par M. SPIRGATIS (3).

La racine d'ipomöa turpethum renferme un glucoside comme les autres convolvulacées. Elle fournit 4 % de résine, dont 1/20 est soluble dans l'éther. Pour extraire cette résine, on épuise la racine par l'eau, puis par l'alcool. L'extrait alcoolique donne avec l'eau un précipité qu'on traite par l'eau bouillante, puis, après dessiccation, par de l'éther. Cette résine, que l'auteur nomme *turpéthine*, forme une masse jaunâtre, inodore, d'une saveur amère, fusible à 183°. Elle se distingue de la scammonine et de la jalapine par son insolubilité dans l'éther; elle se comporte, comme ces dernières, en présence de l'acide

(1) Ce point d'ébullition est, ainsi que le fait remarquer l'auteur, aussi celui du glycolate monéthylique, et en même temps celui des lactates monéthylique et diéthylique. C. F.

(2) M. Heintz aurait pu ajouter à ces trois cas d'isomérie absolue un quatrième, signalé par M. Wurtz. En effet, la glycolide doit se combiner directement avec l'éthylamine et fournir un composé homologue de celui que nous avons obtenu M. Wurtz et moi [*Répertoire de Chimie pure*, t. III, p. 333 (1861)], en mélangeant l'éthylamine avec la lactide et que nous avons nommé lactéthylamide. Le corps, ainsi préparé, est probablement différent des trois isomères décrits par M. Heintz. Sa décomposition doit fournir, comme celle de l'éthylglycolamide et de l'éthylglycocolle, de l'éthylamine et de l'acide glycolique. Il doit être volatil comme le premier, mais probablement cristallisable. C. F.

(3) *Journal für praktische Chemie*, t. XCII, p. 97. 1864. N° 10.

sulfurique; elle s'y dissout avec une coloration rouge qui augmente par une première addition d'eau, mais qui passe au brun, puis au noir, lorsqu'on continue cette addition.

La turpéthine a la même composition que la jalapine et la scammonine, c'est-à-dire $C^{68}H^{56}O^{32}$.

Les alcalis transforment la turpéthine en un acide soluble dans l'eau, *l'acide turpéthique*; cet acide, qui se prépare comme l'acide scammonique, forme une masse hygroscopique, transparente, jaunâtre et brillante qui a pour composition $C^{68}H^{60}O^{36}$, c'est-à-dire renfermant 1 équivalent d'eau de plus que les acides jalapique et scammonique.

L'acide turpéthique forme avec la baryte deux sels qui ont pour composition

$$C^{68}H^{59}O^{35},BaO \quad \text{et} \quad C^{68}H^{58}O^{34},2BaO.$$

La turpéthine, comme ses isomères et l'acide turpéthique, se dédouble, sous l'influence des acides minéraux, en sucre et en un nouvel acide, *l'acide turpétholique*, $C^{32}H^{32}O^{8}$, différant de l'acide scammonolique, $C^{32}H^{30}O^{6}$, par 2 équivalents d'eau en plus.

L'acide turpétholique forme, après purification, une masse blanche, formée de fines aiguilles, inodore, soluble dans l'alcool, fort peu soluble dans l'éther. Il fond vers 88° et répand une odeur très-irritante lorsqu'on le chauffe davantage.

Le *turpétholate de soude*, $C^{32}H^{31}O^{7},NaO$, constitue une masse brillante, soyeuse, formée de cristaux microscopiques ayant la forme de lamelles rhomboïdales présentant des angles de 55 et 125° environ.

Le *turpétholate de baryte*, $C^{32}H^{31}O^{7},BaO$, est amorphe.

On voit que la turpéthine, qui paraît d'abord identique avec la jalapine, la convolvuline et la scammonine, est seulement isomérique avec ces résines, car ses dérivés sont différents.

Le dédoublement de la turpéthine en glucose et acide turpétholique s'exprime par l'équation

$$\underset{\text{Turpéthine.}}{C^{68}H^{56}O^{32}} + 12HO = \underset{\text{Acide turpétholique.}}{C^{32}H^{32}O^{8}} + 3(C^{12}H^{12}O^{12}).$$

Sur une nouvelle classe de combinaisons organiques azotées, par M. Ad. STRECKER (1).

L'amalgame de sodium n'agit pas sur les composés nitrés d'une manière analogue au sulfhydrate d'ammoniaque, aux sels ferreux et aux

(1) *Annalen der Chemie und Pharmacie*, t. CXXIX, p. 129. [Nouv. sér., t. LIII.] Février 1864.

autres corps réducteurs qui effectuent dans les composés nitrés le remplacement de O^4 par H^2. L'étude de cette réaction a fourni à M. Strecker une série de corps azotés nouveaux.

Acide azobenzoïque. Lorsqu'on ajoute de l'amalgame de sodium à une solution aqueuse concentrée de nitrobenzoate de soude, on ne voit se dégager aucune trace d'hydrogène. Le mélange s'échauffe beaucoup, et se colore en jaune. Il ne se dégage pas d'ammoniaque. Si l'on traite la solution par l'acide sulfurique étendu ou par l'acide acétique, on détermine la formation d'un précipité gélatineux, qui devient pulvérulent si la liqueur est bouillante et additionnée d'alcool; dans ce cas il peut être plus facilement lavé sur un filtre. C'est un acide nouveau auquel l'auteur donne le nom d'acide *azobenzoïque.*

Pur et sec, l'acide constitue une poudre amorphe d'un jaune clair, ne perdant rien de son poids ni à 100°, ni même 170°, fondant à une température plus élevée et se décomposant en même temps. Il est peu soluble dans l'eau, dans l'alcool, dans l'éther. Cet acide se dissout dans l'acide sulfurique concentré et se précipite lorsqu'on étend la solution.

Les analyses conduisent à la formule suivante :

$$C^{28}H^{50}Az^{2}O^{8} + HO.$$

Il prend naissance en vertu de l'équation :

$$C^{14}H^{5}(AzO^{4})O^{4} + 4Na = C^{14}H^{5}AzO^{4} + 4NaO.$$

L'*azobenzoate de baryte* s'obtient en précipitant par le chlorure de baryum la solution d'acide azobenzoïque dans l'ammoniaque. Le précipité est jaune et cristallin. Il est presque insoluble dans l'eau et dans l'alcool.

Séché à 100°, il renferme :

$$C^{14}H^{4}AzO^{3},BaO + 5HO,$$

et à 140°,

$$2(C^{14}H^{4}AzO^{3},BaO) + HO.$$

Le sel de *chaux* est analogue à celui de baryte.

Le sel d'*argent* est anhydre, jaunâtre, amorphe; il contient :

$$C^{14}H^{4}AgAzO^{4}.$$

L'*éther azobenzoïque* s'obtient aisément en réduisant l'éther nitrobenzoïque en solution alcoolique par l'amalgame de sodium. Il faut aciduler faiblement la liqueur pour empêcher la décomposition de l'éther par la soude produite.

La réaction étant terminée, on précipite l'éther par l'eau ; on le lave avec de l'ammoniaque aqueuse et on le fait cristalliser dans l'alcool bouillant. Il se dépose en belles aiguilles d'un jaune d'or. Il fond à quelques degrés au-dessous de 100° et cristallise en se solidifiant. Il n'est pas volatil sans décomposition. Il est insoluble dans l'eau, soluble dans l'éther et dans l'alcool. La potasse alcoolique le décompose en donnant de l'azobenzoate de potasse. Sa composition est exprimée par la formule

$$C^{14}H^4AzO^3,C^4H^5O.$$

En chauffant l'éther azobenzoïque à 100° avec de l'ammoniaque alcoolique, on obtient de petits cristaux jaunâtres qui sont probablement l'amide azobenzoïque. On obtient un corps analogue en faisant réagir l'amalgame de sodium sur la nitrobenzamide.

L'acide azobenzoïque est très-voisin par ses propriétés et même par sa composition de l'acide *diazobenzo-amidobenzoïque* de M. Griess (1) obtenu par l'action de l'acide azoteux sur l'acide amidobenzoïque. Il s'en distingue par l'action des acides chlorhydrique et sulfurique, qui décomposent l'acide de M. Griess avec dégagement de bioxyde d'azote.

Acide hydrazobenzoïque. Lorsqu'on ajoute du sulfate ferreux dans une solution chaude d'azobenzoate de soude dans un excès de soude caustique, on voit se déposer de l'hydrate de peroxyde de fer qui peu à peu se transforme en oxyde magnétique. La solution filtrée est d'un jaune-clair ; l'addition d'un acide y détermine la formation d'un précipité jaunâtre formé d'acide *hydrazobenzoïque*. Cet acide est insoluble dans l'eau, peu soluble dans l'alcool. Séché à 100°, il renferme

$$C^{14}H^6AzO^4,$$

c'est-à-dire un équivalent d'hydrogène de plus que l'acide azobenzoïque

$$C^{14}H^5AzO^4.$$

Il est soluble dans l'ammoniaque et dans les alcalis aqueux, en formant des solutions peu colorées qui attirent l'oxygène de l'air et finissent par renfermer de l'acide azobenzoïque.

Une solution concentrée et chaude d'hydrazobenzoate d'ammoniaque additionnée de chlorure de baryum, donne, par le refroidissement, de grands cristaux d'un jaune orangé, peu solubles dans l'eau et renfermant

$$C^{14}H^5BaAzO^4.$$

(1) *Répertoire de Chimie pure*, t. III, p. 272 (1861).

L'hydrazobenzoate d'ammoniaque donne avec l'azotate d'argent un précipité jaunâtre qui noircit rapidement à froid. La solution renferme ensuite de l'acide azobenzoïque.

L'acide chlorhydrique décompose l'acide hydrazobenzoïque; une matière jaune pulvérulente reste indissoute, c'est de l'acide azobenzoïque. La partie dissoute est du chlorhydrate amidobenzoïque

$$2C^{14}H^{6}AzO^{4} = C^{14}H^{5}AzO^{4} + C^{14}H^{7}AzO^{4}.$$

L'acide hydrazobenzoïque prend aussi naissance lorsqu'on traite l'acide nitrobenzoïque par un excès d'amalgame de sodium; seulement dans ces circonstances il est difficile d'obtenir une transformation complète; il reste de l'acide azobenzoïque et il se forme en même temps de l'acide amidobenzoïque.

L'acide azobenzoïque est transformé en acide hydrazobenzoïque par l'hydrogène dégagé en présence du zinc et de l'ammoniaque, mais non pas en présence de l'acide chlorhydrique et du zinc.

L'acide azobenzoïque n'appartient à aucune classe connue de corps azotés, puisque l'azote n'y est contenu ni comme radical nitreux AzO^{4}, ni comme cyanogène, ni comme résidu amide ou imide de l'ammoniaque.

La formule rationnelle de l'acide azobenzoïque est :

$$\left.\begin{matrix} C^{14}H^{4}AzO^{2} \\ H \end{matrix}\right\} O^{2}.$$

Il faut peut-être la doubler, comme doit l'être certainement celle de l'acide hydrazobenzoïque (1).

D'après l'auteur, c'est le premier exemple de la substitution de H par Az, les composés découverts par M. Griess nous ayant présenté la substitution de H^{3} par Az.

L'acide *nitrohippurique* se comporte comme l'acide nitrobenzoïque en présence de l'amalgame de sodium. Il se dédouble en donnant du glycocolle et de l'acide azobenzoïque.

Des expériences faites par M. Alexeyeff ont montré que *l'acide nitranisique* fournit un acide *azoanisique* ($C^{16}H^{7}AzO^{6}$).

Les acides *nitrotoluique* et *nitrocuminique* se comportent de même.

Quant aux acides bi- et trinitrés, ils éprouvent une réaction différente et dégagent de l'ammoniaque ; c'est ce qui a été reconnu pour les acides *binitrobenzoïque*, *trinitrophénique* et *chrysammique*.

(1) Relativement aux formules de ces corps et à leurs analogies, voir la note de M. Alexeyeff, *Bulletin de la Société chimique*, nouv. sér., t. I, p. 324 (1861).

Sur quelques combinaisons de la nicotine,
par M. Th. WERTHEIM (1).

Cette note, outre quelques résultats nouveaux, contient les analyses d'un certain nombre de sels décrits précédemment par l'auteur (2). Parmi ces derniers se trouvent : 1° le chlorure double de mercure et de nicotine, $C^{10}H^{14}Az^2,HCl,8HgCl$; 2° une combinaison de nicotine et de biiodure de mercure, $C^{10}H^{14}Az^2,2(HgI)$; 3° une combinaison de nicotine et d'azotate d'argent, $C^{10}H^{14}Az^2,AzO^3Ag$; 4° une autre combinaison avec l'azotate d'argent $2(C^{10}H^{14}Az^2)AzO^3Ag$; 5° l'iodonicotine, $C^{10}H^{14}Az^2I^3$; 6° un chlorhydrate d'iodonicotine, $C^{10}H^{14}Az^2I^3,HCl$.

La combinaison (4) forme de beaux prismes brillants et s'obtient en mélangeant des solutions alcooliques d'équivalents égaux de nicotine et d'azotate d'argent, ce dernier en léger excès ; il se forme d'abord un peu d'argent métallique qu'on sépare, puis on fait cristalliser.

La combinaison (5) s'obtient de même, en employant un excès de nicotine ; elle forme des tables hexagonales appartenant au système monoclinique.

L'iodonicotine s'obtient en ajoutant, à une basse température, 7,5 grammes d'iode dissous dans 80 grammes d'éther à 20 grammes de nicotine dissoute dans 60 grammes d'éther ; il se sépare d'abord une masse sirupeuse rouge, puis il se forme des aiguilles volumineuses rouges par transparence et bleu foncé par réflexion. La masse sirupeuse se transforme peu à peu en cristaux semblables.

7° Si l'on dissout du phosphore dans un mélange d'alcool et de benzine ou de chloroforme, et si l'on verse cette liqueur dans une dissolution alcoolique chaude d'iodonicotine jusqu'à décoloration, on obtient par refroidissement, ou par concentration, des aiguilles incolores qui constituent l'iodhydrate de nicotine, $C^{10}H^{14}Az^2,2HI$.

La formation de ce sel s'explique aisément, car l'iodonicotine cède son iode au phosphore, et il se forme, par suite, de l'acide iodhydrique qui se combine avec la nicotine mise en liberté.

8° La solution alcoolique d'iodhydrate de nicotine, traitée à chaud par de l'oxyde mercurique récemment précipité, donne, après filtration et évaporation, des croûtes cristallines brillantes qui sont la combinaison de nicotine et d'iodure de mercure, $C^{10}H^{14}Az^2,2HgI$.

9° Le zinc granulé se dissout dans une solution bouillante d'iodhy-

(1) *Journal für praktische Chemie*, t. XCI, p. 481. (1864.) N° 8.

(2) Voyez Gerhardt, *Traité de chimie organique*, t. IV, p. 191.

drate de nicotine, et la liqueur filtrée donne, par le refroidissement, des cristaux durs, d'un jaune pâle dont la composition correspond à celle du sel précédent, c'est-à-dire qu'elle s'exprime par la formule

$$C^{10}H^{14}Az^2,2ZnI.$$

Recherches sur la picrotoxine, par **M. L. BARTH** (1).

La picrotoxine, substance vénéneuse, est remarquable en ce qu'elle est exempte d'azote. Aux propriétés déjà connues de cette matière, l'auteur ajoute sa solubilité à chaud dans les huiles grasses. Sa solution dans les alcalis dévie à gauche le plan de polarisation de la lumière; ce pouvoir, ramené à une épaisseur de 1 millimètre est 0,3827°; MM. Bouchardat et Boudet avaient trouvé précédemment le nombre 0,281°.

La graine de la coque du Levant renferme, outre la picrotoxine, une autre substance qui s'en distingue par des propriétés faiblement acides. Cet acide, qui probablement paraît être l'acide ménispermique de Boullay, est peu soluble dans l'eau, l'alcool et l'éther, mais assez aisément soluble dans la soude, d'où les acides le précipitent à l'état cristallin. Cet acide est exempt d'azote, et sa composition répond à la formule brute $C^9H^{12}O^5$.

L'auteur croit pouvoir assigner à la picrotoxine elle-même la formule $C^{12}H^{14}O^5$. Cette formule ne peut pas être contrôlée, la picrotoxine ne formant pas de combinaisons définies.

Lorsqu'on fait bouillir une solution alcaline de picrotoxine, celle-ci éprouve une modification; la même chose a lieu en présence des acides. Si l'on a opéré en présence d'acide sulfurique, et qu'on sature ensuite par du carbonate de baryte, la liqueur filtrée abandonne par l'évaporation une masse sirupeuse renfermant une combinaison barytique soluble dans l'eau et dans l'alcool; elle est abandonnée par ce dernier à l'état d'un vernis brillant. Cette combinaison présente la composition $C^{12}H^{10}BaO^8$.

Si l'ébullition a été prolongée pendant 30 heures, la combinaison barytique présente la composition $C^{12}H^{17}BaO^7$.

Le corps isolé de la combinaison barytique constitue une masse gommeuse, soluble dans l'eau et dans l'alcool, d'une réaction acide; séchée à 130°, cette matière présente la composition $C^{12}H^{16}O^6$; elle représente donc la picrotoxine plus une molécule d'eau H^2O.

La picrotoxine, traitée par un excès de brome, donne une masse

(1) *Journal für praktische Chemie*, t. XCI, p. 155 (1864). N° 3.

soluble dans l'alcool et s'en déposant à l'état d'une masse cristalline molle. La solution alcoolique de ce corps est précipitée par l'eau, c'est un produit de substitution de la picrotoxine; il présente la composition

$$C^{12}H^{12}Ba^2O^5.$$

Nitropicrotoxine. La nitropicrotoxine se prépare comme la nitromannite; l'eau la précipite de la liqueur acide, à l'état d'une masse floconneuse, soluble dans l'alcool, d'où elle se dépose en petites aiguilles. La nitropicrotoxine ne détone pas par la chaleur, mais elle se décompose déjà à 100°. Sa composition est exprimée par la formule

$$C^{12}H^{13}(AzO^2)O^5.$$

L'auteur a cherché, mais inutilement, à dédoubler la picrotoxine; il pense qu'elle doit plutôt être envisagée comme une espèce de sucre. En effet, elle réduit les solutions alcalines de cuivre, fixe de l'eau par une ébullition prolongée avec les acides, donne de l'acide oxalique lorsqu'on la traite par l'acide azotique. Chauffée avec de la chaux caustique, elle donne un liquide oléagineux, dont l'odeur rappelle celle de la métacétone.

L'auteur a essayé de faire réagir l'acide iodhydrique sur la picrotoxine, mais il n'a obtenu que des produits difficiles à purifier, et en trop petites quantités pour pouvoir en faire l'étude.

Il a aussi essayé de produire un acide analogue à celui qui dérive du sucre de lait par bromuration et traitement par l'oxyde d'argent. Il a obtenu, en effet, une petite quantité d'un corps acide, amorphe, soluble dans l'eau, d'une saveur à la fois acide et amère, précipitable par le sous-acétate de plomb; cet acide forme avec la chaux un sel cristallisable.

Sur les urates d'ammoniaque, par M. R. MALY (1).

L'acide urique étant bibasique, devrait donner deux sels ammoniacaux : le sel neutre et le sel acide. Le premier paraît ne pas exister; le second est le seul connu jusqu'à présent.

L'auteur a cherché à obtenir le sel neutre en faisant passer un courant de gaz ammoniac sur de l'acide urique humecté d'eau, puis un courant d'air sec jusqu'à ce que le poids fût constant; au lieu du sel neutre, c'est le sel acide $C^5H^3(AzH^4)Az^4O^3$ ou $\left.\begin{matrix}C^5H^2Az^4O\\ H,AzH^4\end{matrix}\right\} O^2$ qui a pris naissance.

(1) *Journal für praktische Chemie*, t. XCII, p. 10. (1864.) N° 9.

Ce dernier s'obtient encore, par précipitation, en ajoutant de l'acide chlorhydrique à une solution d'acide urique dans de l'eau ammoniacale, mais en quantité insuffisante pour faire disparaître la réaction alcaline; il se forme un précipité floconneux formé d'aiguilles microscopiques donnant une masse feutrée par la dessiccation.

On obtient un sesquiurate $\left.\begin{matrix}\text{C}^5\text{H}^2\text{Az}^4\text{O}\\ 2\text{AzH}^4\end{matrix}\right\}\text{O}^2 + \left.\begin{matrix}\text{C}^5\text{H}^2\text{Az}^4\text{O}\\ \text{H,AzH}^4\end{matrix}\right\}\text{O}^2$ en mettant de l'acide urique dans de l'eau ammoniacale, chauffant et filtrant avant dissolution complète. La liqueur claire laisse déposer, du jour au lendemain, une poudre amorphe qui a la composition ci-dessus. Ce sel est soluble lorsqu'il est récemment précipité; mais, une fois sec il est très-peu soluble.

On obtient un urate

$$\text{C}^5\text{H}^2(\text{AzH}^4)^2\text{Az}^4\text{O}^3 + 2(\text{C}^5\text{H}^3(\text{AzH}^4)\text{O}^3)$$

ou

$$\left.\begin{matrix}\text{C}^5\text{H}^2\text{Az}^4\text{O}\\ (\text{AzH}^4)^2\end{matrix}\right\}\text{O}^2 + 2\left\{\left.\begin{matrix}\text{C}^5\text{H}^2\text{Az}^4\text{O}\\ \text{H,AzH}^4\end{matrix}\right\}\text{O}^2\right.,$$

dans les mêmes conditions que le sel précédent; il se dépose après 24 heures à l'état cristallisé lorsque l'on ajoute de l'alcool à la solution. Vu au microscope, ce sel se présente en aiguilles isolées ou groupées en faisceaux ou en croix.

CHIMIE TECHNOLOGIQUE.

Fabrication d'un ciment au moyen du plâtre, par M. F. DE WYLDE (1).

Le plâtre, préalablement calciné, est concassé et introduit dans une dissolution contenant un kilogramme de silicate de potasse, 270 gram. carbonate de potasse et 5 litres d'eau. Si le ciment doit durcir lentement, on ajoute du sulfate de potasse. Lorsque le plâtre a séjourné dans cette dissolution pendant 24 heures, on le sèche vers 200° cent., et on le réduit en poudre.

Des essais faits d'après cette méthode dans le laboratoire industriel de Stuttgardt, ont fourni un produit moins bon que le ciment ordinaire, mais plus dur que le plâtre.

(1) *Polytechnisches Centralblatt*, 1864, p. 1096.

Sur une nouvelle poudre de mine, par M. H. SCHWARTZ (1).

Cette poudre est maintenant employée en grandes quantités comme poudre de mine. Sa combustion est lente, mais complète; les analyses suivantes faites par l'auteur montrent pourquoi elle est moins coûteuse que la poudre ordinaire :

Sels solubles	74,55	74,32
Azotate de potasse	56,22	56,23
Azotate de soude	18,30	18,09

Le traitement par le sulfure de carbone a produit :

Soufre dissous	9,68	7,61
Carbone restant	14,14	15,01
Humidité	1,78	11

C'est une poudre assez grossière, d'un mélange imparfait dans lequel une partie du nitre a été remplacée par l'azotate de soude. On avait pris d'abord 1 d'azotate de soude sur 2 d'azotate de potasse; mais, plus tard, on a reconnu qu'il vaut mieux n'employer que le tiers d'azotate de soude.

Emploi du sulfure de plomb comme agent décolorant, par M. GRAEGER (2).

L'emploi du noir animal pour la décoloration des dissolutions des acides végétaux présente souvent des inconvénients à cause de la solubilité de phosphate de chaux. L'auteur a cherché à remplacer le noir animal par d'autres matières, et a trouvé dans le sulfure de plomb un agent décolorant qui peut être employé avec avantage dans la fabrication de l'acide tartrique. Lorsqu'on décolore les dissolutions d'acide tartrique par le noir d'os, la première cristallisation fournit ordinairement des cristaux incolores, tandis que les cristaux qui proviennent de l'eau-mère se recouvrent d'une couche blanche de tartrate de chaux, qui force de les redissoudre, en ajoutant au liquide de l'acide sulfurique. L'emploi du sulfure de plomb exige certaines précautions qu'il est facile de prendre; le sulfure de plomb doit être complétement exempt de sulfate, qui est soluble dans l'acide tartrique; il faut donc le préparer en présence d'un excès de sulfure alcalin; l'auteur décompose l'acétate de plomb par le sulfure de sodium; il ne

(1) *Kunst und Gewerbeblatt des Koenigreichs Bayern*. 1864, p. 492.

(2) *Polytechnisches Centralblatt*, 1864, p. 1098.

suffit pas de s'assurer que le liquide surnageant est exempt de plomb, car on s'exposerait à laisser subsister dans le précipité du sulfate de plomb provenant d'une oxydation du sulfure, mais il est nécessaire d'y trouver un excès du sulfure alcalin (1).

Quoiqu'il y ait un léger dégagement d'acide sulfhydrique pendant l'ébullition des dissolutions d'acide tartrique avec le sulfure de plomb, l'auteur assure que les liquides restent exempts de ce métal.

Les dissolutions ainsi décolorées fournissent continuellement des cristaux incolores et transparents. Il résulte de ce qui a été dit plus haut qu'on ne peut pas éliminer le plomb de ces dissolutions par l'adjonction d'acide sulfurique.

Allumettes sans phosphore, par M. HIERPE (2).

Mélange pour les têtes des allumettes :

Chlorate de potasse	4 à 6 parties
Bichromate de potasse	2 —
Oxyde ferrique	2 —
Colle forte	3 —

On peut remplacer l'oxyde ferrique par ceux de manganèse ou de plomb. Ces allumettes ne prennent feu que sur des surfaces préparées à cet effet. Pour préparer les surfaces de frottement, l'auteur emploie le mélange suivant :

Sulfure d'Antimoine	20 »
Bichromate de potasse	2 à 4
Oxyde de fer, de plomb ou de manganèse	4 à 6
Verre en poudre	2 »
Colle forte ou gomme	2 à 3

Préparation du verre soluble au moyen de la terre d'infusoires (tripoli), par M. SAUERWEIN (3).

On trouve aux environs de Hutzel une terre d'infusoires en partie blanche, en partie grise, qui a donné à l'analyse les résultats suivants :

(1) On pourrait remplacer l'acétate de plomb par le sulfate qui se trouve comme résidu dans les fabriques d'impressions sur tissus et qui a peu de valeur. Mais l'emploi du sulfure de plomb pour la décoloration de l'acide tartrique semble d'un usage dangereux, parce qu'au contact de l'air ce corps s'oxyde et se transforme en sulfate; il faut, en tout cas, pour éviter cet inconvénient, l'employer immédiatement après sa préparation. A. S. K.

(2) *Kunst und Gewerbeblatt des Koenigreich Bayern*, 1864, p. 420.

(3) *Polytechnisches Centralblatt*, 1864, p. 696.

	Terre blanche.	Terre grise.
Eau	6,75	7,90
Matière organique	2,31	3,89
Oxyde ferrique	1,48	1,82
Alumine	1,64	3,53
Carbonate de chaux	1,31	1,50
Silice	86,44	80,92
	99,93	99,56

On sait, par les anciennes expériences de M. Liebig, que cette terre se dissout facilement dans une solution de soude caustique en formant du silicate de soude. L'auteur a obtenu un silicate de bonne qualité en traitant cette terre, préalablement calcinée (105 parties), par 300 parties d'une dissolution de soude caustique ayant 1,327 de densité; on introduit peu à peu la terre tamisée dans la dissolution bouillante de soude caustique. La terre ne se dissout pas complétement; de l'alumine, de l'oxyde de fer et de la chaux forment un résidu insoluble, et la liqueur reste opaline; mais on peut la clarifier en y ajoutant un volume d'eau de chaux égal aux 4/5es du poids de la terre employée. En chauffant le mélange jusqu'à l'ébullition, il se précipite une matière floconneuse blanche qui se sépare facilement du liquide devenu limpide.

Transformation de l'amidon en sucre par la pelure de pommes de terre, par M. G. LEUCHS (1).

L'auteur a exposé, pendant 10 à 12 heures, à la température de 45 à 50° cent., de l'empois d'amidon étendu d'eau et additionné de pelures de pommes de terre crues; au bout de ce temps l'amidon s'est trouvé presque complétement transformé en glucose. L'amidon non transformé en empois n'a presque pas été modifié en lui faisant subir le même traitement.

Recherches sur les betteraves, par M. Robert HOFFMANN (2).

L'auteur s'est appliqué à déterminer les changements qui s'opèrent dans la betterave pendant la végétation. Il a déterminé à différentes époques, dans la racine comme dans les feuilles, les éléments suivants : eau, cendres, substances azotées, cellulose, sucre; enfin, le poids de la betterave. Les plantes soumises à l'essai provenaient des

(1) *Journal für praktische Chemie*, t. XCII, p. 59.

(2) *Journal für praktische Chemie*, t. XCI, p. 462.

environs de Prague (Libesnitz). La terre est alumineuse; elle contient 57 % de silice et 28 % d'alumine et d'oxyde ferrique, 1,8 de potasse, 1,4 de soude, 3,1 de chaux et de magnésie, 0,3 d'acide phosphorique, et environ 6,52 de matières organiques et d'humidité.

Poids par pied en moyenne :

	30 Juin.	31 Août.	30 Octobre.
Feuilles	99,8	248	750
Betterave	50,8	304	802
	150,6	752	1552

Les feuilles fraîches ont donné à l'analyse les résultats suivants :

	30 Juin.	31 Août.	30 Octobre.
Eau	88,50	87,91	87,00
Cendres	4,10	3,60	3,80
Substances azotées	2,12	2,33	2,83
Cellulose	1,20	2,20	1,60
Substances organiques non azotées	4,08	3,96	4,77
	100,00	100,00	100,00

Les betteraves fraîches contenaient :

	30 Juin.	31 Août.	30 Octobre.
Eau	89,20	83,20	75,20
Cendres	0,66	0,90	1,30
Substances azotées	1,00	1,64	2,20
Cellulose	1,01	1,50	2,07
Sucre	4,00	9,42	15,00
Substances organiques non azotées (Matières grasses, colorantes pectiques.)	4,13	3,34	4,23
	100,00	100,00	100,00

Les cendres ont donné à l'analyse, abstraction faite de l'acide carbonique et du sable :

	Betteraves.	Feuilles.
Potasse	50,895	24,134
Soude	5,765	13,011
Magnésie	6,742	18,316
Chaux	9,838	17,796
Oxyde de fer, Oxyde de manganèse	1,127	2,331
Silice	3,422	5,110
Acide phosphorique	16,265	6,932
Chlore	1,929	5,009
Acide sulfurique	4,017	7,361
	100,000	100,000

On reconnaît à l'inspection de ces résultats que le sucre augmente avec le développement de la plante. En ne considérant que les substances autres que le sucre, on trouve que les matières organiques non azotées (substances pectiques) diminuent à mesure que le sucre se forme; il semble donc que ce dernier provient de ces substances elles-mêmes.

Les plantes destinés à fournir de la graine ont été analysées par l'auteur pendant la deuxième année de la végétation; la quantité de sucre a constamment diminué. Lorsque les graines sont arrivées à maturité, on n'en trouve plus que des traces. Pour déterminer les changements survenus dans le jus sucré pendant l'acte de la végétation, l'auteur a examiné le jus provenant d'un certain nombre de betteraves, à différentes périodes, pendant les années 1859 et 1860. Ces betteraves provenaient de Turmitz, aux environs de Teplitz, en Bohème. Les résultats obtenus présentent d'assez grandes variations, cependant l'augmentation du sucre a été assez constante.

Les essais de l'année 1859 ont produit :

	Augmentation du sucre.	Diminution du sucre.
25 Août	»	1,01
13 Septembre	1,13	»
22 Septembre	1,00	»
8 Octobre	»	0,01
21 Octobre	0,59	»
5 Novembre	0,42	»

Ceux de l'année 1860 ont produit :

	Augmentation du sucre.
25 Août	0,68
5 Septembre	0,23
25 Septembre	0,59
5 Octobre	2,05
25 Octobre	1,13
5 Novembre	0,14

En comparant les données du saccharimètre avec les résultats obtenus par le titrage du sucre, l'auteur a constaté que la proportion de substance non sucrée, agissant sur la lumière polarisée, diminue à mesure que celle du sucre augmente. Les betteraves dont le poids dépasse 1 kilogramme sont plus riches en sucre que celles dont le poids est moindre. On ne peut constater aucun rapport constant entre la contenance en sucre et la proportion des cendres.

L'éther dissout environ 0,13 % de matières grasses.

Nouvelle méthode d'extraction de la colle et des phosphates contenus dans les os, par M. W. GERLAND (1).

L'invention de l'auteur consiste dans le traitement des os par l'acide sulfureux en dissolution dans l'eau. On concasse les os dont on extrait les matières grasses, soit avant l'action de l'acide, soit pendant la préparation de la gélatine. Ils sont alors introduits dans une citerne remplie d'eau et fermée. Au-dessus de la surface du liquide se trouve un espace vide pour la circulation du gaz produit par la combustion du soufre ou des pyrites. L'acide sulfureux refroidi se rend dans l'espace vide de la citerne, se dissout partiellement dans l'eau et passe dans des tours de condensation analogues à celles employées pour recueillir l'acide chlorhydrique. On alimente ces tours avec l'eau de la citerne, qui y reflue chargée de gaz sulfureux.

Par l'action de l'acide sulfureux et de l'eau, les phosphates entrent en dissolution et augmentent la densité du liquide. La température doit être maintenue basse. Lorsque la liqueur a atteint le degré convenable de saturation, on la fait passer dans un vase clos où elle est soumise à l'ébullition ou à l'action de la vapeur d'eau. L'acide sulfureux se dégage et peut servir à une nouvelle opération, tandis que les phosphates se précipitent.

On peut aussi recouvrer l'acide sulfureux en faisant bouillir les liquides à une pression inférieure à celle de l'atmosphère. Les os, lavés après ce traitement, servent à la préparation de la gélatine par les méthodes ordinaires; on peut en même temps en retirer les matières grasses qui surnagent la dissolution bouillie.

En traitant la dissolution sulfureuse par de l'oxyde ou du chlorure ferrique, on précipite l'acide phosphorique à l'état de phosphate ferrique. La dissolution acide séparée des phosphates peut servir au traitement d'une nouvelle quantité d'os.

Ce procédé permet d'extraire, à un état de pureté suffisante, les phosphates contenus dans les os fossiles, coprolithes, etc., ou dans le phosphate de chaux naturel.

Colle liquide, par M. BALLAND, de Toul (2).

M. Balland de Toul réalise de la manière la plus simple la transformation de la gélatine en colle liquide. Il concasse la colle-forte,

(1) *Newton's London Journal*, t. CXII, p. 212.

(2) *Journal de Pharmacie*, p. 35.

35 parties, et la met à macérer dans l'acide acétique du commerce, 100 parties : la dissolution se fait spontanément ; la colle liquide ainsi obtenue est très-cohérente et ne se putréfie pas. L'acide acétique est sans action sur le plus grand nombre des substances que l'on a à coller.

CHIMIE PHOTOGRAPHIQUE.

Procédé au suc de raisin de M. le docteur **SCHNAUSS** (1).

Couche de gélatine.

On dissout 1 gramme de gélatine transparente dans 240 centimètres cubes d'eau, et on ajoute après refroidissement 12 centimètres cubes d'alcool. On verse la gélatine sur la glace; on laisse sécher spontanément et on chauffe.

Collodion.

(A)	Ether	80c.c
	Alcool	50
	Pyroxyle	1gr,0,5
	Alcool (0,835)	10c.c
	Iodure de zinc	0gr,70
	Iodure d'ammonium	0gr,70

(B)	Ether	40c.c
	Alcool absolu	25
	Pyroxyle	0gr,75
	Alcool (0,835)	5c.c
	Iodure de zinc	0gr,70
	Bromure d'ammonium	0gr,35
	Bromure de cadmium	0gr,35

Secouez bien, et, après 2 jours, mélangez les parties claires des deux collodions.

Pour portraits, ce collodion peut servir au bout de 8 jours; au bout de 15 seulement pour vues.

Bain d'argent.

Eau distillée	500c.c
Azotate d'argent	40gr

Saturez à l'iodure d'argent, exposez au soleil, filtrez et ajoutez 8 cen-

(1) *Moniteur de la Photographie*, 1er mars 1864.

timètres cubes d'alcool et 15 à 25 gouttes d'acide acétique. Lavez les glaces sensibilisées à l'eau de fontaine.

Solution conservatrice.

Faites bouillir 30 grammes de gros raisins avec 150 centimètres cubes d'eau distillée; faites refroidir et filtrez.

Cette solution ne se conserve que pendant quelques jours, inconvénient énorme, puisqu'on ne peut la préparer qu'au moment de la maturité des raisins, à moins cependant qu'elle ne puisse se conserver par le procédé Appert.

Versez trois fois sur la glace encore humide une nouvelle quantité de cette solution, puis faites sécher.

Pour une vue stéréoscopique, on expose de 40 à 50 secondes.

Bain révélateur.

I.	Protosulfate de fer	60gr
	Eau distillée	300c.c
	Acide acétique cristallisable	30
	Alcool	15

Renforcez à l'acide pyrogallique et à l'azotate d'argent.

II.	Acide pyrogallique	1gr
	Acide citrique	1
	Eau distillée	160c.c
	Alcool absolu	2 à 3 gouttes.

Procédé sec rapide, par **M. José-Fernandez CELIS** (1).

L'auteur se sert d'une glace préparée au tannin, selon le procédé de M. Russell; il l'expose dans la chambre noire pendant 2 secondes environ, et développe à l'acide pyrogallique mélangé d'acide citrique et additionné de quelques gouttes d'azotate d'argent, jusqu'à ce que tous les détails apparaissent; puis il fixe à l'hyposulfite de soude. Après un lavage abondant, M. Celis couvre la glace, en une seule fois, d'une solution alcoolique d'iode à 6 %, mélangée avec un égal volume d'eau; il reverse cette solution dans le verre à expérience, et expose la glace pendant 15 ou 20 secondes à la lumière directe du soleil. L'auteur lave alors jusqu'à ce que tout aspect gras ait disparu, puis renforce à volonté le cliché, au moyen de l'acide pyrogallique et de l'argent. Il est bon d'exposer la glace plusieurs fois successivement aux rayons solaires, et, si elle ne prend pas l'intensité convenable, de

(1) *El Propagador de la Fotographia.*

la recouvrir une deuxième fois de teinture d'iode, pour continuer ensuite l'opération comme il a été dit plus haut.

Dès que le cliché a atteint la vigueur voulue, on le fixe dans un bain d'hyposulfite de soude à 15 %; l'intensité diminue, mais la transparence augmente. Si un nouveau renforcement est nécessaire, on lave et on verse sur l'épreuve de l'acide pyrogallique et de l'azotate d'argent; enfin, après un dernier lavage, on laisse sécher et on vernit.

Nouveau procédé de renforcement, par M. DUCHOCHOIR (1).

Prenez 0gr,452 de bichlorure de mercure et 0gr,502 de bichlorure de platine. Faites dissoudre l'un et l'autre sel dans une petite quantité d'eau, puis mélangez les deux solutions. Ajoutez de l'eau de façon à avoir un volume total de 600 centimètres cubes environ, et le liquide est prêt à être employé.

Le chlorure de fer, par M. Jean OBERNETTER (2).

M. Obernetter ayant remarqué la propriété du chlorure de fer de convertir l'argent finement divisé en chlorure d'argent et de redissoudre ce composé lorsqu'il est formé, propose son emploi dans le cas suivant :

1° Pour enlever les taches d'argent sur les mains, les vêtements, etc., il suffit d'appliquer la solution sur la tache avec une brosse ou un pinceau, et de laver. Le chlorure de fer n'a aucune action nuisible sur les chairs, il doit donc être préféré au cyanure de potassium, dont l'emploi est si dangereux;

2° Pour réduire à un degré convenable les clichés trop intenses, il faut, après fixage, verser à la surface de l'épreuve une solution très-étendue de chlorure de fer, et lorsque le cliché est arrivé au degré voulu, bien laver. Cette méthode respecte les détails les plus fins;

3° Pour transformer en cliché vigoureux les négatifs trop transparents, faites couler sur la glace la solution faible de chlorure de fer, puis renforcez à l'acide pyrogallique additionné d'argent.

Il est bon d'opérer à la lumière diffuse, afin de faciliter la réduction du chlorure d'argent.

Cette méthode est surtout bonne pour obtenir des épreuves instantanées.

(1) *The American Journal of photography.*

(2) *Photographische Archiven.*

Collodion sec, procédé au raisin perfectionné,
par M. le doct. SCHNAUSS (1).

I. — *Préparation du collodion.* On remplit aux deux tiers une grande bouteille de pyroxyle cardé; on y verse un peu d'alcool (densité 0,835) et on secoue. Le pyroxile perd beaucoup de son volume; on ajoute assez d'éther pour que la bouteille soit aux deux tiers remplie, et assez d'alcool absolu pour la remplir entièrement. On secoue et on laisse reposer pendant quelques semaines. Le liquide surnageant, clair, est alors dilué, en mélangeant une partie de ce liquide avec une partie d'éther et une partie d'alcool. On ajoute alors à ce collodion normal, de la solution suivante, autant qu'il faut pour obtenir une belle couche blanche dans le bain d'argent.

Iodure d'ammonium	4gr
— de cadmium	2
Bromure	1
Alcool (densité 0,835)	40

Filtrez à travers du papier mouillé à l'alcool.

II. — *Le bain d'argent.*

Azotate d'argent	30gr
Eau distillée	360
Solution sensibilisatrice du collodion	10 à 15 gouttes.

Si l'image est voilée, ajoutez quelques gouttes d'acide acétique.

III. — *Le révélateur alcalin.*

On prépare :

1° Alcool dilué; en mélangeant 100 grammes d'alcool avec 300 grammes d'eau, et en ajoutant à 300 grammes de cet alcool dilué 1 gramme de carbonate d'ammoniaque.

On filtre.

2° Acide pyrogallique; 1 gramme dans 15 grammes d'alcool absolu.

On mélange :

Alcool dilué (1°)	4gr
Acide pyrogallique (2°)	25 gouttes.

(1) *Moniteur de la Photographie.*

BULLETIN DE LA SOCIÉTÉ CHIMIQUE DE PARIS

EXTRAIT DES PROCÈS-VERBAUX

SÉANCE DU 18 NOVEMBRE 1864.

Présidence de M. Adolphe Wurtz.

M. Wurtz rend compte d'une brochure sur la constitution des silicates, offerte à la Société par M. Weltzien.

M. Wurtz fait remarquer que les considérations adoptées par M. Weltzien viennent à l'appui de celles qu'il a exposées dans les leçons professées à la Société chimique, et dans lesquelles il s'est attaché à rapprocher les formules typiques, pouvant représenter la constitution de divers minéraux, des formules typiques appartenant aux composés de la chimie organique.

M. Kupfferschlaeger adresse, à propos d'un article de M. Buchner, une réclamation sur la purification de l'acide sulfurique arsenical.

M. Ferdinand Monoyer adresse quelques remarques au sujet du mémoire de M. Schwanert relatif à l'action de l'acide azotique sur le camphre, les huiles essentielles et les résines.

M. Schaller adresse une note sur la préparation et la formule de l'acide carminique qu'il a obtenu pur et cristallisé.

M. Friedel expose, au nom de M. Menschutkin, les résultats de recherches sur une variété atrophiée de *Rocella fuciformis*.

M. Lauth fait connaître ses travaux sur la préparation industrielle du noir d'aniline et l'application de ce produit sur les tissus.

M. Harnitz Harnitzky expose les résultats de ses recherches sur la synthèse du chlorure d'acétyle et de l'acide acétique.

M. Cloez rend compte de ses travaux sur l'extraction des huiles grasses et sur l'action de l'air sur les huiles.

SÉANCE DU 25 NOVEMBRE 1864.

Présidence de M. Adolphe Wurtz.

MM. Margueritte et Trégouet sont nommés membres résidents; MM. Isidore Pierre, doyen de la Faculté des sciences de Caen (Calvados), et DEWALQUE, professeur de chimie à l'Université de Liége (Belgique), sont nommés membres non résidents.

M. BOUIS offre, de la part de M. PÉLIGOT, une brochure intitulée : *Etudes sur la composition des eaux.*

M. NAQUET, en faisant hommage à la Société de la première partie de son ouvrage : *Principes de chimie fondés sur les théories modernes*, expose le but de son livre et en développe le plan.

M. CLOEZ rend compte d'expériences qu'il a entreprises sur la saponification des corps gras par l'eau et décrit l'appareil qu'il a employé.

Cette communication donne lieu à quelques remarques de la part de MM. BOUIS, DE LUYNES, LAUTH et WURTZ.

M. OPPENHEIM expose ses idées sur la chaleur de combustion de l'acide formique.

M. TERREIL indique la formation d'un nouvel acide qui prend naissance dans la préparation de l'acide sulfureux par le charbon et l'acide sulfurique.

MÉMOIRES PRÉSENTÉS A LA SOCIÉTÉ CHIMIQUE.

Sur la purification de l'acide sulfurique arsenical,

par M. KUPFERSCHLAEGER, professeur à l'Université de Liége.

A propos du procédé de M. A. Buchner pour purifier l'acide sulfurique arsénifère, résumé dans le *Bulletin de la Société chimique* (juillet 1864), je ferai remarquer que j'ai publié dans le *Journal de Pharmacie d'Anvers* (année 1845) un procédé qui permet de débarrasser complétement l'acide sulfurique de l'arsenic qu'il peut contenir.

Ce procédé consiste à sursaturer l'acide sulfurique étendu par un courant d'acide sulfureux (que l'on peut produire en chauffant un mélange de soufre et de peroxyde manganique), afin de ramener les acides arsénique et sélénique à l'état d'acides arsénieux et sélénieux, puis à précipiter ces derniers par un courant de sulfide hydrique, et à laisser reposer à une douce chaleur. (Voir pour les détails le journal cité).

Par l'acide sulfureux qui se change en acide sulfurique, on augmente la quantité d'acide employée, on détruit en outre les vapeurs nitreuses et on n'introduit aucune substance étrangère dans l'acide sulfurique.

J'ajouterai, enfin, que ce procédé de purification est peu coûteux.

Remarques sur le mémoire de M. Hugo Schwanert relatif à l'action de l'acide azotique sur le camphre, les huiles essentielles et les résines, par **M. Ferdinand MONOYER.**

Dans une note ayant trait à l'action de l'acide nitrique sur le camphre et communiquée à la Société chimique dans la séance du 13 novembre 1863 (1), j'ai été conduit par mes recherches à admettre comme infiniment probable l'identité de l'acide cristallisé de M. Blumenau avec l'acide camphorique anhydre, et à considérer l'acide camphorique hydraté ou anhydre, suivant la température à laquelle a été soumis le produit, comme étant, selon toute apparence, le seul composé chimique qui prenne naissance dans cette réaction. De retour de voyage, je parcourais récemment le *Bulletin de la Société chimique*, lorsque mon attention fut attirée par un extrait d'un travail de M. H. Schwanert sur le même sujet (2).

Le mémoire de M. Schwanert a paru en allemand, à la date du 29 septembre 1863 (3), c'est-à-dire quelques semaines avant la publication de mes recherches; aussi pourrait-on s'étonner que je l'aie passé sous silence dans mon travail, si je ne rappelais à cette occasion que ma note avait été rédigée longtemps avant d'être portée à la connaissance de la Société chimique, et que des circonstances indépendantes de ma volonté ont seules retardé la publication, comme l'atteste une remarque insérée au bas de la note en question.

Les résultats auxquels est arrivé M. Schwanert, dans le laboratoire de Greifswald, diffèrent d'ailleurs tellement de ceux que j'ai publiés, qu'on comprendra facilement que je ne cherche pas à soulever ici une question de priorité. Là où je n'avais trouvé qu'un peu d'acide camphorique anhydre comme représentant l'acide cristallisé décrit par M. Blumenau, M. Schwanert a découvert une mine féconde de produits nouveaux : acide *camphorésinique*, acide *cristallisé de Blumenau*, un acide *huileux* particulier, sans compter les dérivés de l'acide camphorésinique, l'acide *pyrocamphorésinique*, et l'acide *métacamphorésinique*.

Je laisse au chimiste de Greifswald la responsabilité de tous les nou-

(1) F. Monoyer. *Bulletin de la Société chimique*, t. v, p 529 (nov. 1863) et p. 578 (déc. 1863). — Traduit en allemand dans *Chemisches Centralblatt* (mai 1864).

(2) *Bulletin de la Société chimique*, t. I, nouvelle série (1864), p. 52.

(3) H. Schwanert. *Annalen der Chemie und Pharmacie*, t. CXXVIII, p. 77. [Nouv. sér., t. LII.] Septembre 1863.

veaux corps qu'il a signalés; car, en lisant attentivement un mémoire, on est involontairement porté à suspecter la pureté parfaite des composés étudiés par l'auteur. Jugera-t-on suffisant, par exemple, le mode de purification employé pour isoler l'acide camphorésinique? Cet acide incristallisable, censé contenu dans les eaux-mères qui ont laissé déposer l'acide camphorique hydraté, y est mêlé, de l'aveu même de M. Schwanert, à un reste d'acide camphorique hydraté, à l'acide cristallisé de Blumenau, à de l'acide azotique, à l'acide huileux particulier et souvent aussi à du camphre inattaqué. Or, on a peine à comprendre comment des dissolutions et des évaporations, quelque répétées qu'elles soient, avec filtration même, soient de nature à éliminer tout l'acide azotique, tout l'acide camphorique hydraté, tout, en un mot, excepté l'acide camphorésinique et l'acide cristallisé de Blumenau; et suffit-il, pour se débarasser de ce dernier, d'abandonner la dernière dissolution à un long repos? Le résidu visqueux de toutes ces opérations peut-il être regardé, avec M. Schwanert, comme de l'acide camphorésinique *parfaitement pur?* Le doute est permis à cet égard, et l'on se demande si l'on n'est pas en présence d'un de ces *mélanges incristallisables* qui nécessitent de nouvelles études pour débrouiller la complexité de leur constitution.

Cette question préalable de la pureté des produits, il serait facile de la poser de nouveau pour chacun des composés analysés par le chimiste allemand. Ce n'est pas là, au reste, le seul genre d'objection dont est susceptible le travail de M. Schwanert; n'est-il pas naturel, par exemple, de supposer que les matières premières dont il s'est servi étant dans l'état où les livre le commerce, ont dû, en raison des impuretés qu'elles renfermaient nécessairement, donner naissance à des produits accessoires qui ne peuvent pas être attribués à la seule action de l'acide azotique sur le camphre?

Mais il ne convient pas de m'engager ici dans une critique plus détaillée du mémoire de M. Schwanert; je n'aurais pour le moment à opposer aux faits signalés par le chimiste de Greifswald que des dénégations fondées sur des recherches antérieures aux siennes. Cependant je désire appeler l'attention sur quatre points qui me paraissent incontestables :

1° Les conditions dans lesquelles M. Blumenau, M. Schwanert et moi nous avons obtenu ces grains cristallins (acide cristallisé de Blumenau), auxquels j'ai reconnu les propriétés de l'acide camphorique anhydre, sont exactement les mêmes; je n'ai donc aucun motif de croire que le composé chimique sur lequel ont porté mes recherches soit différent, en faisant toutefois la part des impuretés de celui qu'ont étudié les deux chimistes allemands;

2° Mon procédé de purification, traitement à chaud par le carbonate de soude et cristallisations répétées dans l'alcool, me semble être à l'abri de toute objection en ce qui concerne la pureté du produit, et bien supérieur, sous ce rapport, à la marche suivie par MM. Blumenau et Schwanert. C'est sans aucun doute, en raison de cette circonstance, que je suis en désaccord avec ces deux savants sur quelques-unes des propriétés du corps en question;

3° En admettant même que l'acide cristallisé de Blumenau ne soit pas identique à l'acide camphorique anhydre, il n'en reste pas moins établi que c'est un acide *anhydre;* si les deux chimistes allemands lui ont trouvé une réaction acide, c'est que leur produit était souillé par la présence d'un acide hydraté étranger;

4° L'analyse élémentaire a donné à M. Schwanert, en moyenne, 57,02 de carbone et 7,63 d'hydrogène, tandis que j'ai obtenu 65,00 de carbone et 7,81 d'hydrogène. Une divergence aussi considérable entre nos résultats indique évidemment que nous n'avons pas opéré sur un produit présentant le même degré de pureté. Je pense avoir suffisamment démontré de quel côté il y a lieu de rechercher l'erreur; aussi n'hésité-je pas à rejeter la formule $C^{20}H^{16}O^{10}$ proposée par le chimiste de Greifswald pour représenter la constitution de l'acide cristallisé de Blumenau.

Avant de terminer, je ferai remarquer que M. Schwanert prête à Laurent une assertion que ce chimiste n'a pas émise. En parlant de l'action de l'acide azotique sur le camphre, M. Schwanert dit, à la page 79 de son mémoire, que « l'acide camphorique et cette masse semblable à la thérébenthine ne sont cependant pas les seuls produits que fournit le camphre soumis à l'ébullition avec l'acide azotique; il y a en outre formation d'*eau* et *d'acide carbonique. D'après Laurent, il est vrai, il ne se dégagerait pas d'acide carbonique dans ce cas*...... » Or je crois, sauf erreur de ma part, que M. Schwanert fait ici confusion; Laurent n'entendait parler que de ce qui se passe dans la distillation de l'acide camphorique hydraté; il dit, en effet, à la page 213 de son mémoire (1):

« L'*acide hydraté,* distillé dans une cornue sur le mercure, se décompose complétement en acide anhydre et en eau, *sans aucun dégagement de gaz;* il reste dans la cornue une faible pellicule de charbon.»

(1) A. Laurent. *Annales de Chimie et de Phys.*, 2e sér., t. LXIII, p. 207 (1836).

Etudes sur la composition des eaux. Recherche des matières organiques contenues dans les eaux, par M. Eugène PELIGOT (1).

Les eaux de la Seine et du canal de l'Ourcq, additionnées d'azotate d'argent neutre, donnent un dépôt blanc dont les éléments principaux sont le carbonate et le chlorure d'argent; son poids est de 0gr 3 environ par litre d'eau.

En chauffant ce précipité dans un petit tube de verre, il devient noir et donne des vapeurs ammoniacales très-sensibles à l'odorat et au papier rouge de tournesol. Il contient, par conséquent, une petite quantité de matière organique azotée.

L'azotate de plomb, substitué au sel d'argent, fournit des indications encore plus nettes, bien que le précipité qu'il fournit soit d'une nature plus complexe. Soumis à la calcination, il noircit en donnant des produits empyreumatiques qui rappellent l'odeur de la laine brûlée, et des vapeurs ammoniacales.

La plupart des dissolutions métalliques agissent de la même manière. Le sulfate de cuivre, le sulfate de protoxyde de fer, le protochlorure et surtout le perchlorure de fer, ajoutés à l'eau en quantité convenable, y font naître des précipités nuageux qui se déposent plus ou moins rapidement au fond des vases.

Ces précipités sont des mélanges de carbonates, de divers autres sels minéraux et d'oxydes en combinaison avec une ou plusieurs matières organiques que ces eaux tiennent en dissolution. Le carbonate de chaux, qu'elles ont dissous à la faveur de l'acide carbonique qu'elles contiennent, agit à la manière d'un carbonate alcalin.

Pour obtenir en quantité considérable le dépôt ocreux que le perchlorure de fer fournit avec les eaux de diverses provenances, on fait usage d'un grand flacon jaugé en verre, d'une capacité de 25 litres environ, ayant, à quelques centimètres de son fond, une tubulure en verre munie d'un robinet. Le flacon étant plein de l'eau qu'il s'agit d'étudier, on y ajoute une quantité convenable d'une dissolution titrée de sesquichlorure de fer sublimé, faite, par exemple, en faisant dissoudre 20 grammes de ce corps dans une quantité d'eau suffisante pour donner un litre ou un demi-litre de dissolution. Au bout de quelques minutes, des flocons ocreux apparaissent au sein de l'eau, qui devient d'abord trouble; ces flocons se précipitent rapidement au fond du vase. On ouvre le robinet, qui laisse écouler l'eau limpide qui sur-

(1) *Annales de Chimie et de Physique*, 4e sér., t. III, p. 213.

nage. Quand le flacon ne renferme plus que l'eau qui accompagne le magma ocreux qui se trouve au-dessous de la tubulure, on le remplit d'eau une seconde fois et l'on ajoute la quantité voulue de perchlorure de fer. En répétant quatre fois cette opération, on recueille rapidement dans la partie inférieure du vase le dépôt fourni par une centaine de litres d'eau.

La quantité de réactif à employer doit être sensiblement égale à celle des matières minérales que l'eau renferme.

Dans le but d'obtenir un dépôt plus chargé de matière organique, on peut ajouter au magma ocreux qui reste au fond du vase une quantité d'acide chlorhydrique insuffisante pour le dissoudre complétement : l'hydrate de sesquioxyde de fer se dissout de préférence au composé qu'il donne avec la matière organique. On forme ainsi de nouveau la dissolution ferrugineuse qui agit sur l'eau dont on rempli ensuite le flacon. En répétant cette opération un grand nombre de fois, M. Péligot est arrivé à avoir des dépôts ocreux renfermant jusqu'à 1,5 p. $^0/_0$ d'azote, ce qui représente environ 40 p. $^0/_0$ de matière organique.

Le poids du dépôt ocreux sec, obtenu directement, a varié entre 0gr,094 et 0gr,131 par litre d'eau.

La composition de ce dépôt ferrugineux peut être représentée ainsi :

Hydrate ferrique	77,5
Matière organique azotée	4,8
Oxyde de fer combiné avec cette matière	17,7
	100,0

Ces nombres ne représentent qu'une approximation; mais celle-ci est suffisante, puisqu'il ne s'agit ici que de mélanges qui, suivant la nature des eaux et les conditions de l'expérience, présentent eux-mêmes des proportions variables dans leurs éléments.

La matière organique appartient à la classe de ces matières nombreuses, encore mal définies, qu'on a désignées sous le nom de *produits humiques*. C'est, par conséquent, une matière de couleur brune.

Ainsi, l'eau de la Seine et l'eau du Canal de l'Ourcq, prises dans l'intérieur de Paris, contiennent en dissolution une matière organique brune. Cette substance s'y trouve en si faible quantité qu'elle n'affecte pas leur couleur; un litre d'eau ne contient que quelques milligrammes de cette matière colorante.

Si faible qu'en soit la quantité, la présence d'une matière brune et azotée dans des eaux publiques, qu'on considère généralement comme étant de bonne qualité, présente un intérêt réel. Pour l'eau comme pour l'air atmosphérique, il n'est point de petits faits.

La matière organique brune que ces eaux contiennent paraît y être, en partie du moins, en combinaison avec l'oxyde de fer qu'elles renferment en très-petite quantité. Son affinité pour cet oxyde est très-grande, et par suite sa séparation de ces dépôts ocreux très-difficile.

Cette affinité pour l'oxyde de fer est tellement grande, qu'alors même qu'on cherche à précipiter cette matière par un sel d'un autre métal, tel que l'azotate de plomb, le sulfate de cuivre, etc., le dépôt qui se forme est encore ferrugineux. M. Péligot est porté à croire, en effet, que dans les eaux de la Seine et de l'Ourcq la très-petite quantité de fer qui s'y trouve est associée à cette matière organique. L'expérience suivante tend à le prouver : On verse dans ces eaux la quantité de soude caustique pure ou de chaux éteinte strictement nécessaire pour saturer l'acide carbonique qui tient en dissolution le carbonate de chaux. Celui-ci se précipite et entraîne avec lui la matière organique et l'oxyde de fer. Ce précipité, après avoir été traité par l'acide chlorhydrique non en excès, de manière à concentrer le fer et la matière organique dans le calcaire non dissous, contient 10 à 20 p. % d'oxyde de fer, combiné à une matière organique donnant par la calcination des vapeurs ammoniacales et une odeur empyreumatique très-sensible.

Une liqueur alcaline ajoutée à l'eau de la Seine en proportion convenable permet par conséquent d'en séparer la partie la plus considérable des matières qui s'y trouvent dissoutes.

En ajoutant à l'eau, purifiée par l'addition d'une quantité de soude caustique convenable pour saturer l'acide carbonique, du perchlorure de fer un peu acide, le dépôt ferrugineux qu'on obtient donne par la calcination des vapeurs acides d'acide chlorhydrique ; il fournit des vapeurs à peine alcalines quand on le chauffe en présence de la potasse ; ainsi presque toute la matière organique se trouve dans le précipité calcaire fourni par l'addition de la soude. On retrouve cette même matière unie à l'oxyde de fer dans les dépôts qui se font soit dans les chaudières à vapeur, ou dans les vases qui servent à échauffer ces eaux.

La substitution de l'azotate de plomb au sesquichlorure de fer permet de précipiter la matière organique contenue dans les eaux dans un état qui rend son examen plus facile. C'est au moyen du composé que cette matière forme avec l'oxyde de plomb que sa composition élémentaire a été déterminée.

Le dépôt plombeux que fournissent les eaux de Seine lorsqu'on y ajoute une petite quantité d'une dissolution de plomb, est de nature complexe. En versant dans ces eaux 0gr, 2 à 0gr, 4 d'azotate de plomb par litre d'eau, le poids du précipité blanc jaunâtre qu'on recueille varie entre 0gr,4 et 0gr,5. Il est facile de se procurer une assez grande quantité de ce dépôt en opérant comme il a été indiqué ci-dessus pour le précipité ferrugineux, ou en se servant d'une dizaine de flacons ordinaires, de 10 à 12 litres de capacité, dans lesquels on laisse le précipité plombeux s'accumuler. Quand l'eau qui surnage est limpide, on la décante avec un siphon, on remplit le flacon avec une nouvelle quantité d'eau, et on y ajoute la quantité voulue d'une dissolution titrée d'azotate de plomb.

En déterminant chacun des éléments constituants de ce mélange, on trouve qu'il se compose de :

Carbonate de plomb	79,6
Sulfate de plomb	13,2
Sous-azotate de plomb	0,6
Matière organique azotée	2,1
Oxyde de plomb combiné avec cette matière	4,5
	100,0

L'analyse de ce mélange a été faite en traitant un certain poids par l'eau bouillante, qui dissout le sous-azotate.

Le résidu est traité par l'acide azotique en excès; on pèse le sulfate de plomb qui reste indissous.

Dans la dissolution, on précipite le plomb à l'état de sulfate; on dose ainsi par conséquent l'oxyde qui se trouvait à l'état de carbonate et à l'état de combinaison avec la matière organique.

Enfin, on dose l'acide carbonique du carbonate au moyen d'un des appareils qui sont employés pour l'analyse des carbonates. Par le poids de cet acide, qu'on détermine ainsi par perte, on a celui du carbonate de plomb, et par conséquent celui de l'oxyde de plomb, qui est combiné avec la matière organique. Comme celle-ci ne s'obtient que par différence, sa détermination ne peut-être considérée que comme approximative.

Mais il est facile, sinon d'isoler complétement la matière organique, au moins de la séparer de la plus grande partie des corps qui l'accompagnent.

On traite le dépôt plombeux par l'acide azotique très-étendu et en léger excès : tout se dissout, à l'exception du sulfate de plomb. En ajoutant à la liqueur une quantité convenable de lait de chaux, il se fait un abondant précipité formé de sous-azotate de plomb, qu'on sépare par l'eau bouillante, et de la matière organique unie à l'oxyde de plomb. C'est un précipité jaunâtre qu'on traite par l'eau chaude jusqu'à ce que la liqueur qui traverse le filtre soit exempte de plomb.

Ce précipité est séché sur la chaux vive, puis à 110°. Il renferma 65,7 d'oxyde de plomb et 34,3 de matière organique. Celle-ci présente la composition suivante :

Carbone	53,1
Hydrogène	2,7
Azote	2,4
Oxygène	41,8
	100,0

Un autre échantillon, préparé par un procédé différent, a donné 3,0 d'azote pour 100 de matière organique.

Ces nombres suffisent pour établir, non pas la formule de cette substance, mais pour montrer à quelle classe de corps il convient de la rapporter. Ses propriétés et son origine lui assignent une parenté très-prochaine avec les acides crénique et apocrénique que Berzelius a découverts dans les eaux minérales, notamment dans l'eau de Porla.

Le composé de matière organique colorée, d'alumine et de peroxyde de fer que M. Chevreul a signalé en 1824 dans le sol de la caverne de Kuyloch, plusieurs des nombreuses substances qu'il a extraites du suint, enfin les produits bruns que M. Paul Thenard a séparés du jus de fumier et des terres arables, appartiennent à la même famille.

Ces diverses substances ont pour origine commune la décomposition de certaines matières organiques qui, avant de subir cette combustion définitive qui les rend à la circulation sous forme d'eau, d'acide carbonique, d'ammoniaque ou d'acide azotique, se métamorphosent en produits bruns, très-aptes à se combiner à certains oxydes, jouissant encore d'une assez grande stabilité relative. Ces produits, entraînés par les eaux pluviales avec les éléments minéraux qu'elles empruntent au sol, se retrouvent à l'état de dissolution soit dans quelques eaux minérales, soit même dans les eaux des rivières. C'est à cette cause qu'il faut sans doute attribuer la couleur jaune des eaux des terrains tourbeux et de celles des landes de Bordeaux.

Il était intéressant de rechercher, dans d'autres eaux publiques réputées pour leurs bonnes qualités, la matière organique qui se trouve dans les eaux de la Seine et de l'Ourcq.

Celles qui ont été examinées provenaient des terrains crayeux de l'embouchure de la Seine, des sources de la rivière de Gournay et de

Saint-Laurent au Hâvre. Elles sont fraîches, limpides, d'un goût excellent.

Le dépôt ocreux fourni par 10 litres de cette eau traitée par le sesquichlorure de fer, donne par la calcination des vapeurs acides; il renferme en effet du sous-sulfate de fer. Chauffé avec la potasse, il ne fournit pas de vapeurs ammoniacales; son analyse par la chaux sodée permet d'y constater l'absence de toute matière azotée.

Ainsi, cette eau paraît être exempte de tout principe organique; elle contient néanmoins des principes minéraux en quantité relativement considérable, double au moins de celle que renferme l'eau de la Seine. Elle marque à l'hydrotimètre 35 à 40 degrés. Un litre laisse par l'évaporation à siccité 0^{gr}, 560 de résidu.

Celui-ci renferme :

Carbonate de chaux	64,1
Sulfate de chaux	12,7
Sel marin	15,2
Autres sels alcalins, silice, etc., non dosés	8,0
	100,0

Cette eau, excellente pour la boisson, très-supérieure à aucune de celles qu'on consomme à Paris, ne convient pas pour le savonnage. Mais on sait qu'au Havre presque toutes les maisons sont pourvues de citernes fort bien construites, et que l'eau de citerne convient mieux qu'aucune autre pour cet emploi.

A l'occasion de cette étude comparative, M. Péligot fait quelques réflexions sur l'usage un peu abusif qu'on a fait du procédé hydrotimétrique comme moyen d'apprécier la qualité des eaux. Sans doute, quand il s'agit de savoir si une eau convient plus au moins pour le savonnage, pour l'alimentation des chaudières, pour la teinture, etc., l'emploi d'une dissolution titrée de savon suffit pour donner une indication utile; M. Péligot est loin de méconnaître les services que rend ce procédé d'une exécution si simple et si rapide, lorsque les résultats qu'il fournit sont convenablement interprétés. Mais, à son point de vue, c'est là le petit côté de la question; sauf ces cas spéciaux, une eau potable peut être infiniment supérieure à une autre pour ses qualités les plus essentielles, notamment pour la boisson, bien qu'elle fournisse un degré hydrotimétrique beaucoup plus élevé.

C'est ainsi que l'eau de Saint-Laurent, tout en marquant environ 40° hydrotimétriques, est bien préférable à l'eau de la Seine, qui n'en marque que 18 à 20. Ces eaux viennent néanmoins toutes deux de terrains calcaires; elles renferment les mêmes principes minéraux;

mais la meilleure est celle qui en renferme le plus, parce qu'elle est exempte de produits organiques.

M. Péligot est porté à admettre que, dans certains cas, le degré hydrotimétrique d'une eau est en raison inverse de sa qualité.

Chacun peut remarquer, surtout pendant l'été, l'aspect différent que présente l'eau du grand bras de la Seine, après le Pont-Neuf, et celle du petit bras, où se trouve l'écluse de la Monnaie.

Deux échantillons de ces eaux, prélevés au même instant, ont donné :

Grand bras	21°,6
Petit bras	20°,1

Ainsi, dans ces circonstances particulières, l'eau la meilleure est encore celle qui contient en dissolution la plus forte proportion de substances minérales.

Ce résultat n'a rien qui puisse surprendre et qui ne soit de nature à être facilement expliqué. En traversant la grande ville, l'eau reçoit des matières organiques de nature et d'origine très-diverses, des composés ammoniacaux, des eaux ménagères et savonneuses qui en séparent des produits calcaires et qui les remplacent. Avant d'arriver dans le flacon de l'opérateur, elle a déjà subi partiellement son essai hydrotimétrique.

En exagérant les conséquences de cette opinion, l'auteur s'est demandé si l'eau qui se répand dans la Seine à la sortie du grand égout collecteur qui débouche à Asnières ne marquerait pas un degré hydrotimétrique moins élevé que l'eau de la rivière prise en amont de de cet égout. Cette eau est très-infecte, très-mousseuse. Le 12 mai dernier, l'eau prise à la bouche de cet égout était en pleine putréfaction, avec une réaction alcaline bien marquée. Filtrée, elle contenait par litre 0gr,867 de matières en dissolution, et cependant elle ne marquait que 53 degrés hydrotimétriques. L'eau de la Seine, prise en amont de l'égout marquait 22°. Par conséquent, l'expérience n'a pas confirmé la prévision de l'auteur.

Mais la nature de l'eau sortie de l'égout d'Asnières, son odeur d'urine putréfiée, ont conduit à la soumettre à un examen plus attentif. Le résidu sec laissé par l'évaporation de moins d'un litre de cette eau a été traité par l'alcool absolu, et la dissolution a été à son tour évaporée au bain-marie. Le nouveau résidu, redissous dans l'eau, a été *dialysé*, c'est-à-dire soumis à ce procédé de séparation si précieux dont M. Graham a récemment enrichi la chimie analytique. En évaporant l'eau dans laquelle plongeait le dialyseur et en traitant le résidu par l'acide azotique, on a obtenu des cristaux qui ont présenté les caractères de l'*azotate d'urée.*

L'eau de la Seine, prise à une centaine de mètres au-dessous de l'égout, a donné les mêmes indices, en étudiant avec le microscope l'action de l'acide azotique sur les résidus moins abondants soumis aux mêmes épreuves.

Ces résultats pouvaient être prévus. On trouve dans l'eau de la Seine ce qu'on y met. Il paraît probable qu'on exagère beaucoup la promptitude avec laquelle les matières organiques doivent disparaître sous l'influence de l'air qui se trouve en dissolution dans l'eau.

Cet examen de l'eau d'Asnières montre que ce n'est pas sans raison que les habitants des rives baignées par ces eaux infectes se plaignent de la manière dont on pratique la centralisation à leur égard. Il est assurément bien à souhaiter que le travail de l'égout collecteur soit continué et que l'agriculture soit mise promptement en possession de matières dont elle tirera le plus utile parti, et qui sont actuellement pour les pays qui les reçoivent une cause de malaise et de désolation.

Nouvel acide prenant naissance dans la préparation de l'acide sulfureux par le charbon et l'acide sulfurique, par M. TERREIL.

Lorsqu'on prépare de l'acide sulfureux au moyen de l'acide sulfurique et du charbon, on trouve presque constamment une petite quantité d'une substance cristallisée en aiguilles ou en paillettes, qui vient se déposer dans le col du ballon où se fait l'expérience. Malheureusement la quantité de cette matière est si faible, que bien souvent on ne peut l'enlever de l'appareil.

Cette substance cristallisée est un acide dont la composition n'a pu être déterminée, à cause du peu de matière que j'ai isolée; mais j'ai pu étudier quelques-unes de ses propriétés principales, que voici:

Cet acide est presque insoluble dans l'eau; il se dissout, au contraire, très-bien dans l'alcool. Les dissolutions aqueuses et alcooliques présentent une réaction acide très-prononcée; elles ne précipitent ni l'azotate d'argent, ni le chlorure de baryum.

Cet acide fond à une température peu élevée, puis il se volatilise complétement sans décomposition; sa vapeur se dépose sur les parois froides en longues aiguilles blanches qui ressemblent beaucoup à l'iodure de cyanogène.

La dissolution alcoolique évaporée laisse déposer ce corps sous forme de prismes rhomboïdaux très-courts, groupés en étoiles.

Cet acide se dissout instantanément dans les liqueurs alcalines, mais les acides minéraux le précipitent de ces dissolutions.

Après avoir été traité par l'acide azotique fumant, la dissolution n'a point fourni les caractères de l'acide sulfurique, comme si ce composé ne renfermait point de soufre ; mais la réaction a été faite sur si peu de substance, que je n'affirme pas d'une manière absolue l'absence du soufre, jusqu'à ce que j'aie pu me procurer une assez grande quantité de matière pour en faire une analyse exacte.

Quant à la formation de cet acide, il est bien probable qu'elle résulte de l'action de l'acide sulfurique ou de l'acide sulfureux sur un résidu organique existant encore dans le charbon de bois employé ; mais quel est ce résidu ? Je poursuis actuellement mes recherches pour produire ce composé à volonté et en grande quantité, afin d'en donner une analyse exacte et en faire l'historique complet.

Sur l'acide carminique, par M. C. SCHALLER.

Le travail que j'ai l'honneur de présenter à la Société chimique a été entrepris, d'après le désir exprimé par M. Schützenberger, dans le but de vérifier les formules que ce savant avait trouvées pour l'acide carminique. Les nombreuses analyses, toutes concordantes, que j'ai faites de mon produit purifié, m'autorisent à en admettre la pureté, et, par suite, l'exactitude de la formule à laquelle je suis arrivé.

Cette formule se rapproche de l'une de celles établies par M. Schützenberger et n'en diffère que par un équivalent d'eau en plus, équivalent que mon produit ne perd pas même en le chauffant à 120°. En vue d'obtenir un produit tout à fait pur, j'ai pris les précautions les plus minutieuses dans sa préparation. Voici le procédé que j'ai suivi :

La liqueur obtenue en épuisant la cochenille par l'eau bouillante est traitée par l'acétate de plomb additionné d'un peu d'acide acétique. Le précipité, lavé avec de l'eau distillée et décomposé par l'acide sulfurique, est jeté sur le filtre pour retenir le sulfate de plomb. Je reprends une seconde fois la liqueur filtrée par l'acétate de plomb et je décompose le carminate par l'acide sulfurique, afin de le débarrasser complétement des corps étrangers. Il faut avoir soin de ne pas mettre un excès d'acide sulfurique ; pour obvier à cet inconvénient, on peut mettre un quart de carminate de plomb à part, et, après avoir traité la première partie par l'acide sulfurique, on ajoute la partie mise en réserve ; il doit rester des flocons violets de carminate de plomb dans la liqueur rouge d'acide carminique.

Par mesure de précaution, j'ai ajouté quelques traces de carbonate de baryte pour saturer l'acide sulfurique qui aurait pu rester. J'ai traité l'acide carminique une troisième fois par l'acétate de plomb et l'acide acétique.

Après avoir lavé avec soin le carminate de plomb, je l'ai décomposé par l'hydrogène sulfuré, puis évaporé à sec l'acide carminique obtenu. Je l'ai redissous dans l'alcool absolu pour le débarrasser des matières minérales.

Par la concentration, il s'est produit des cristaux en forme de végétation mamelonnée, qui, examinés au microscope, se présentaient imprégnés d'une substance organique jaune, transparente, sous forme de tablettes hexagonales.

Ces cristaux jaunes sont insolubles dans l'eau froide, ce qui permet de les séparer de l'acide carminique. Je n'ai pu les analyser, faute de matière suffisante, et à cause de leur instabilité; ils noircissent à l'air très-rapidement.

Il est à remarquer que ces cristaux jaunes ne se forment guère que pendant la cristallisation des premières parties du liquide; vers la fin de la cristallisation des eaux-mères on n'en voit plus.

L'acide carminique, débarrassé de ces cristaux par l'eau froide et filtré, est évaporé à sec au bain-marie et repris par l'alcool absolu ou l'éther, et soumis à l'analyse. Dans l'éther, l'acide carminique cristallise en concrétions mamelonnées présentant l'aspect d'une peau rugueuse.

Ces deux espèces de cristaux, les premiers obtenus dans l'alcool, dans lequel l'acide carminique est très-soluble, et les seconds dans l'éther, dans lequel il est très-peu soluble, présentent d'ailleurs la même composition.

	Acide carminique cristallisé dans l'alcool. I.	II.	Acide carminique cristallisé dans l'éther. I.
C =	50,9	50,48	50,24
H =	4,7	4,22	4,08

Ces résultats conduisent à la formule $\text{Є}^9H^{10}\text{Θ}^6$, qui donne pour 100

$$C = 50,46$$
$$H = 4,67$$

Cette formule tient l'intermédiaire entre les deux suivantes données par M. Schützenberger :

$$\text{Є}^9H^8\text{Θ}^5$$
$$\text{Є}^9H^8\text{Θ}^7$$

Elle diffère de la première par $H^2\text{Θ}$.

Pour établir l'équivalent de l'acide carminique, j'ai préparé quelques carminates. Leur composition conduit à admettre que l'acide carminiqne est bibasique et qu'il a pour formule :

$$\left.\begin{matrix} C^9H^8O^5 \\ H^2 \end{matrix}\right\} O.$$

La formule des carminates étant :

$$\left.\begin{matrix} C^9H^8O^5 \\ M^2 \end{matrix}\right\} O \quad \text{ou} \quad \left.\begin{matrix} C^9H^8O^5 \\ MH \end{matrix}\right\} O.$$

Le carminate de soude cristallise. Pour l'obtenir, j'ai traité l'acide carminique dissous dans l'alcool absolu par la soude caustique en solution dans l'alcool absolu ; il se forme un précipité qui, lavé à l'alcool absolu pour éliminer l'acide carminique employé en excès, est dissous dans l'eau et cristallise en forme de végétations mamelonnées comme l'acide carminique.

J'ai dosé la soude en calcinant 1 gramme de carminate de soude avec 0gr,5 de silice pure et calcinée. Ce procédé, facile et très-exact, peut être employé avec avantage pour le dosage des alcalis fixes. Je crois qu'il est inconnu jusqu'à présent.

Sur le noir d'aniline, par M. LAUTH.

Le noir d'aniline est un nouveau produit coloré dérivant de l'aniline et qui complète, en quelque sorte, la série des brillantes couleurs que fournit cette base.

Ce produit diffère, sous tous les rapports, des autres matières colorantes dérivées de l'aniline : son mode de production, sa fixation sur tissus, sa solidité aux agents physiques et chimiques, sont autant de points qui le font différer essentiellement du rouge, du bleu, du violet d'aniline.

Il m'a donc paru intéressant de m'étendre un peu sur ce produit curieux, et je commencerai par faire l'historique de son application.

En janvier 1863, M. John Lightfoot d'Accrington fit breveter, en France, un procédé au moyen duquel il obtenait sur coton, en impression et en teinture, un nouveau noir, dit noir d'aniline. Son procédé consiste à imprimer ou à teindre avec un mélange de

Chlorate de potassium	25gr
Aniline	50
Acide chlorhydrique	50
Perchlorure de cuivre à 1,44	50
Sel ammoniac	25
Acide acétique	12
Empois d'amidon	1lit.

Le tissu imprimé et séché est exposé à l'air (chambres d'oxydation) deux jours environ. Après ce temps, on lave dans une eau légèrement alcaline, et le noir, qui s'est développé dans la chambre d'oxydation, se trouve fixé.

Le point tout à fait nouveau dans cette application est celui-ci : la couleur n'existe pas quand on imprime le mélange ci-dessus; elle ne se développe que sur le tissu et quand, par la concentration et par une certaine élévation de température, les substances mises en présence sont capables de réagir.

L'acide du sel d'aniline détermine la décomposition du chlorate de potassium; en même temps le chlorure de cuivre réagit sur l'aniline, et ces deux actions oxydantes combinées provoquent la formation de la nouvelle couleur, qui est complétement insoluble et reste donc intimement fixée au tissu.

Le procédé de M. Lightfoot présente des inconvénients graves et qui ont fait bientôt renoncer à son emploi.

1° La grande quantité de chlorure de cuivre que renferme la couleur détermine l'attaque des racles d'acier, de là des accidents très-graves.

2° La couleur, très-acide, ne se conserve que peu de temps à la température ordinaire; la réaction se produit avant l'impression, et dès lors il n'y a plus fixation de noir.

3° Le tissu imprimé avec ce mélange est énergiquement attaqué par l'acide du sel d'aniline et du sel de cuivre, et il en résulte un affaiblissement quelquefois très-grand de la fibre végétale.

Plusieurs autres inconvénients de fabrication sont venus se joindre à ceux-là, et il en est résulté un abandon presque complet du procédé de M. Lightfoot.

M. Camille Koechlin modifia très-avantageusement ce procédé : au lieu de mettre le cuivre dans la couleur, il le mit sur le tissu. Son procédé consiste à plaquer les pièces en sulfate de cuivre, puis à imprimer sur le tissu préparé un mélange de sel d'aniline et de chlorate de potassium. Cette modification permit l'emploi du noir d'aniline sur une grande échelle. Mais elle ne remédiait pas au mal d'une façon complétement satisfaisante; car, d'une part, le tissu est souvent affaibli; d'autre part, elle présentait de nouveaux et graves inconvénients.

Ce placage en cuivre est dispendieux : le lavage des pièces, après oxydation, répand dans les rivières de grandes quantités de cuivre qui ont été l'occasion de divers accidents de fabrication; enfin et surtout les couleurs que l'on peut associer au noir ainsi obtenu sont très-peu nombreuses.

Il y a un an environ, M. Cordillot, de Mulhouse, fit connaître un nouveau procédé. Il consiste à imprimer un mélange analogue à celui de M. Lightfoot, mais dans lequel on remplace le chlorure de cuivre par le ferricyanure d'ammonium.

Les avantages de ce procédé sont très-réels, le tissu n'est plus affaibli, les racles pas attaqués. On peut joindre au noir toutes sortes de couleurs, les couleurs garancées et les couleurs vapeur. Mais il n'est pas non plus débarrassé de graves inconvénients.

1° La couleur ne se conserve que très-peu de temps (en raison, probablement, de la formation de ferricyanhydrate d'aniline, sel très-peu stable).

2° Son prix est élevé. (Le double environ de la couleur de M. Lightfoot.)

3° Le peu d'intensité du noir (comparé au noir Lightfoot), et qui a pour résultat de le faire verdir dans certains cas.

4° La température élevée (40 à 50° centigr.) à laquelle on est obligé de chauffer les chambres d'oxydation pour provoquer la formation du noir.

Ces obstacles nuisirent beaucoup au développement du noir d'aniline par le procédé très-ingénieux de M. Cordillot.

Mon procédé consiste à imprimer avec le sel d'aniline et le chlorate de potassium, un sel oxydant insoluble, mais devenant soluble sur le tissu ; par exemple, le sulfure de cuivre. Ce sulfure se transforme par l'action oxydante de l'acide chlorique ou du chlore (qui est mis en liberté par la réaction du chlorhydrate d'aniline sur le chlorate de potassium) en sulfate de cuivre, et on se trouve dès lors dans les conditions du procédé de Lightfoot.

Ce procédé est économique et sa couleur n'attaque ni les racles ni les rouleaux. Le tissu n'est pas affaibli (pas plus en tous cas, que par les noirs garance). La couleur se conserve très-longtemps. Elle se fixe à 20° comme à 40° ; sa composition permet de l'imprimer avec presque tous les genres.

Tels sont les principaux procédés qui ont paru jusqu'ici ; il est probable que nous en verrons d'autres et de plus avantageux encore que ceux que nous possédons actuellement.

Propriétés du noir d'aniline. — Le noir d'aniline a un aspect tout à fait spécial. Il est d'un noir velouté très-riche.

Il est complétement insoluble dans l'eau, le savon bouillant, les alcalis, les acides.

Ces derniers le font passer au vert, les alcalis ramènent la nuance primitive.

Le bichromate de potassium augmente l'intensité de sa nuance; concentré, il la fait légèrement roussir.

Le chlorure de chaux concentré agit de même, il finit même par faire disparaître le noir; mais, chose curieuse, la nuance reparaît à la longue, presque avec la même intensité qu'avant le passage en chlore. (*Camille Koechlin.*)

Le noir d'aniline résiste à la teinture en garance, et à toutes les opérations usitées pour faire les rouges et roses garancés.

On voit donc que ce nouveau dérivé de l'aniline doit être rangé au nombre des matières colorantes solides, dont le nombre est si restreint.

Le noir d'aniline est exploité par MM. J. J. Muller et Cie, de Bâle, qui ont eu le mérite de deviner son importance dès les premiers jours de son apparition et de continuer cette exploitation, malgré de grands sacrifices et les nombreux déboires auxquels elle a déjà donné lieu.

La couleur revient à 1 fr. environ le litre; comparée au noir garance et garancine, elle économise au fabricant environ 4 fr. par pièce de cent mètres.

Dans une prochaine note, je ferai connaître quelques autres propriétés curieuses du noir d'aniline, et je tâcherai d'établir sa composition, ainsi que sa relation avec l'aniline.

Sur la chaleur de combustion de l'acide formique, par M. A. OPPENHEIM.

Dans une note insérée dans les Comptes rendus du 10 octobre, M. Berthelot dirige l'attention des chimistes sur la chaleur de combustion de l'acide formique. Cet acide, formé par la combinaison de l'eau avec l'oxyde de carbone, a une chaleur de combustion supérieure à celle de l'oxyde de carbone qui a servi à sa formation. L'eau ne peut pas, il semble, contribuer à augmenter cette chaleur, puisqu'elle constitue un corps déjà complétement brûlé. On doit donc supposer qu'il y a, lors de la formation de l'acide formique un emmagasinement de force vive, une absorption de chaleur, et que cette chaleur absorbée redevient libre pendant la combustion de l'acide formique. M. Berthelot a cherché la cause de ce travail négatif dans une absorption de la lumière et trouvant que l'expérience ne s'accorde pas avec cette supposition, il conclut que cet emmagasinement de force vive résulte d'un mécanisme encore obscur.

Sans mettre en doute l'avantage de faire de nouvelles recherches sur ce sujet, je me suis demandé si l'on est autorisé à considérer ce mécanisme comme obscur, si le travail négatif n'est pas produit par le jeu même des affinités, et si les expériences faites jusqu'à ce jour ne suffisent pas à éclaircir cette question.

D'après les idées répandues aujourd'hui sur l'équivalent mécanique de la chaleur, chaque combinaison, chaque rapprochement d'atomes doit, il est vrai, donner lieu à un dégagement de chaleur et non pas à une absorption. Mais si dans une réaction chimique, telle que la production de l'acide formique, il n'y a pas simplement combinaison, si une décomposition, un éloignement d'atomes a lieu en même temps, alors il peut arriver que la chaleur absorbée surpasse la chaleur dégagée par la combinaison. M. Favre a le premier (1) expliqué un fait exceptionnel en apparence par un raisonnement semblable à celui que je viens de faire. Il s'agissait de la chaleur de combustion du charbon, qui est plus grande quand on le brûle dans le protoxyde d'azote que quand on le brûle dans l'oxygène. M. Favre a expliqué ce fait en admettant que la molécule de l'oxygène est composée de deux atomes, qui se séparent lors de la combustion du charbon en absorbant de la chaleur. MM. Clausius, Wurtz, Odling et autres ont plus tard appuyé cette opinion de M. Favre par de nouvelles considérations.

Si je pars de la constitution de l'acide formique pour expliquer sa chaleur de combustion, je m'appuie sur les travaux classiques de MM. Wöhler et Liebig, et surtout de Gerhardt qui ont prouvé l'existence de radicaux oxygénés dans les acides. Ces radicaux ont une existence réelle, quoiqu'on ne soit pas encore parvenu à les isoler. Ils se retrouvent dans une foule de combinaisons, et M. H. Kopp a ajouté à ces preuves une autre encore plus concluante, une preuve physique, en démontrant que l'oxygène contenu dans le radical a un volume atomique différent de celui qu'il a hors du radical d'une combinaison.

Nous avons donc le droit de regarder, avec la plupart des chimistes, l'acide formique comme une combinaison du radical formyle CHO avec le peroxyde d'hydrogène HO.

Si la réaction de l'oxyde de carbone sur l'eau produit de l'acide formique, il faut que l'eau se décompose en H et HO, que l'hydrogène s'unisse ensuite à l'oxyde de carbone pour former le radical formyle,

(1) Voir les *Leçons de philosophie chimique*, par M. Wurtz, p. 68.

et que ce radical se combine au peroxyde d'hydrogène. La séparation de l'eau en H et en HO suffit en effet pour expliquer le travail négatif, cause de l'absorption de chaleur que M. Berthelot relève dans sa note.

Si nous désignons par a cette chaleur absorbée et par t la chaleur dégagée par la combinaison de CO avec H et HO, augmentée de la chaleur dégagée par le passage des substances gazeuses à l'état liquide, la chaleur qui disparaît par la production de l'acide formique est égale à $a - t$.

Pendant la combustion de l'acide formique, H et HO se séparent de nouveau de l'oxyde de carbone pour former de l'eau. Les gaz liquéfiés reprennent leur état gazeux. La chaleur absorbée redevient donc libre et s'unit à la chaleur de combustion de CO. Si nous désignons par w cette chaleur et par w^1 la chaleur de combustion de l'acide formique, nous aurons $w^1 = w + a - t$.

Les expériences de MM. Favre et Silbermann ont fait connaître $w^1 = 96$; $w = 67$; a (égal à la chaleur de combusion de H) $= 34$ unités de chaleur (de 1,000 calories). Si nous introduisons ces valeurs dans l'équation, nous trouvons $t = 5$ unités de chaleur.

Pour prouver l'exactitude de ces considérations il faudrait déterminer t par l'expérience. Mais l'action de l'oxyde de carbone sur l'eau ou sur la potasse est trop lente pour se prêter à l'observation de l'absorption de chaleur, et nous sommes forcés de tâcher d'éliminer t de l'équation.

Nous obtenons ce résultat et nous arrivons à une équation qui peut être vérifiée par l'expérience en considérant le mode de formation de l'acide formique découvert par M. Kolbe. On sait que ce chimiste est parvenu à produire l'acide formique par l'action de l'anhydride carbonique et du potassium sur la vapeur d'eau. Dans cette réaction une molécule d'eau agit sur un atome de potassium. Il se forme KHO, qui se porte sur CO^2 en formant du carbonate acide de potassium, tandis que l'hydrogène naissant et un autre atome de potassium se portent sur une seconde molécule d'anhydride carbonique pour donner naissance à du formiate de potassium. En remplaçant K par H, on transforme ce formiate en acide formique. On peut donc dire que la réaction de M. Kolbe consiste dans l'action d'une molécule d'anhydride carbonique sur deux atomes d'hydrogène naissant. Mais cette combinaison, non plus que celle de M. Berthelot, n'est pas une simple addition. S'il en était ainsi la chaleur de combustion d'une molécule d'acide formique serait inférieure ou tout au plus égale à celle de H^2. C'est ce qui n'a pas lieu. Si la formule rationelle de l'acide formique est juste, il faut que dans la réaction de M. Kolbe CO^2 se scinde en CO et en O, absorbant ainsi une chaleur égale à la chaleur de combustion de l'oxyde de carbone w; que O se combine à H en dégageant une quantité de chaleur a, et que CO se combine à H et HO en dégageant la chaleur t. La chaleur absorbée pendant la combinaison de CO^2 avec H^2 serait donc égale à $w - a - t$. Si la chaleur de combustion de l'acide formique est égale à la chaleur de combustion de l'oxyde de carbone augmentée de la chaleur absorbée pendant la formation de cet acide, la chaleur de combustion de l'acide formique trouvée plus haut $= w + a - t$ doit aussi être $= 2w - a - t$, d'où il suit que $w + a - t = 2w - a - t$, ou $w = 2a$.

Mais les expériences de MM. Favre et Silbermann montrent en effet que la chaleur de combustion d'une molécule d'oxyde de carbone (67,3) est sensiblement égale à la chaleur de combustion de H^2 (68,8). La différence de 1,5 unités de chaleur s'explique probablement par les divergences qui existent encore entre les observations. Il nous semble que la concordance entre le calcul et l'expérience est assez grande pour appuyer l'opinion que nous avons avancée plus haut et que nous répétons comme suit :

1° La chaleur de combustion de l'acide formique est égale à la chaleur de combustion de l'oxyde de carbone augmentée de la chaleur absorbée pendant la formation de cet acide ;

2° Cette absorption s'explique par la décomposition soit de l'eau, soit de l'acide carbonique qui entre dans la formation de l'acide formique.

Dans le raisonnement que je viens d'exposer, il entre deux propositions plus ou moins hypothétiques :

Premièrement nous avons admis que la valeur $a - t$ est une valeur positive, ou que a est plus grand que t. Cette hypothèse me paraît justifiée non-seulement par la concordance du calcul avec l'expérience de MM. Favre et Silbermann, mais aussi par la grande affinité que l'oxygène a pour l'hydrogène, cause de la grande chaleur de combustion de cet élément. L'oxyde de carbone de l'autre côté est peu actif; sa combinaison avec H et HO ne peut donc pas donner lieu à un fort dégagement de chaleur.

La seconde hypothèse est que la décomposition de l'acide formique, lors de sa combustion, suit la même marche (dans l'ordre inverse), que les éléments qui constituent cet acide ont suivi lors de sa formation. Mais on ne voit pas comment ce corps qui ne contient qu'un seul atome de carbone pour deux d'hydrogène et deux d'oxygène pourrait se décomposer autrement.

Dans le même numéro des Comptes rendus (1) (du 14 nov. 1864) qui contient la partie principale de la communication que je soumets aujourd'hui à la Société chimique, M. Berthelot a publié les résultats de nouvelles expériences sur la décomposition de l'acide formique par la chaleur.

Il résulte des expériences nouvelles de M. Berthelot :

1° Que l'acide formique en vapeur soumis à l'influence d'une température élevée se décompose avec un dégagement de chaleur considérable ;

2° Que l'acide formique en vapeur soumis à l'influence d'une haute température peut être décomposé à volonté, soit en oxyde de carbone et eau, soit en acide carbonique et hydrogène.

La seconde de ces conclusions enlève le caractère hypothétique à la supposition que j'ai faite relativement à la décomposition de l'acide formique.

La première conclusion de M. Berthelot prouve de nouveau que la formation de l'acide formique a lieu avec absorption de chaleur.

Il paraît donc évident, que la chaleur de combustion de l'acide formique s'explique par la constitution que la théorie typique attribue à ce composé, et qu'en général la chaleur de combustion peut devenir un moyen précieux pour nous rendre compte de la constitution intime des corps.

Si nous poursuivons ces raisonnements pour chercher la connexion qui existe entre la chaleur de combustion et la constitution des acides plus élevés de la série $C^nH^{2n}O^2$, nous tombons sur des difficultés plus considérables. Nous ne savons pas aujourd'hui de quelle manière le complément CH^2 s'ajoute au radical de l'acide formique, et surtout nous ne savons pas comment les molécules de ces acides se scindent pendant la combustion.

Les observations de MM. Favre et Silbermann ont cependant révélé des coïncidences qui engagent fortement à poursuivre ces études. Ainsi les chaleurs de combustion d'une molécule d'acide acétique (210) et d'une molécule de gaz de marais (209), sont sensiblement égales. Ce fait a déjà été signalé par M. Berthelot. Il reçoit un nouvel intérêt si nous nous souvenons, que M. Wanklyn a obtenu l'acétate de sodium en faisant réagir l'acide carbonique sur le sodium-méthyle. En

(1) C'est à tort que j'ai attribué dans cette note à M. Berthelot l'opinion que l'acide formique contient de l'oxyde de carbone et de l'eau. M. Berthelot dit qu'il contient les éléments de l'oxyde de carbone et de l'eau sans s'exprimer sur la constitution intime de cet acide.

remplaçant le sodium par H on obtient $C^2H^4O^2$. On peut donc considérer cet acide comme formé par l'action de CO^2 sur CH^4. Les chaleurs de combustion des homologues de CH^4 n'étant pas connues, nous ignorons si cette coïncidence se retrouve dans les termes supérieurs de la série.

Dans la série des alcools nous rencontrons des faits analogues. Ainsi la chaleur de combustion d'une molécule d'alcool ordinaire (330,4) est la même que celle d'une molécule d'éthylène. Mais la chaleur de combustion de l'amylène est moindre que celle de l'alcool amylique. Si nous rapprochons de ces faits ce qui résulte des recherches de M. Wurtz sur l'isomérie dans les alcools et les glycols, nous sommes frappés par le fait suivant : L'alcool ordinaire, qui se comporte, quant à sa chaleur de combustion, comme un hydrate d'éthylène, n'a pas d'isomère dans la série. L'alcool amylique, au contraire, dont la chaleur de combustion semble indiquer que l'eau ne s'est pas simplement ajoutée à son hydrocarbure, possède un hydrate isomère. Il serait important de savoir si les alcools et les pseudoalcools ont des chaleurs de combustion différentes les unes des autres.

Sur la bèta-érythrine, nouveau principe immédiat des lichens, ainsi que sur les formules rationnelles de quelques-uns de ces principes, par M. N. MENSCHUTKIN.

Le lichen, qui a servi à cette étude, a été déterminé par M. de Mohl comme une variété rabougrie de la *Rocella fuciformis*. Il était très-petit et non entièrement développé.

Bèta-érythrine.

L'extraction du principe immédiat a été faite à l'aide d'un lait de chaux. On a versé le lait, très-étendu et tiède, sur le lichen divisé. On l'a laissé macérer une demi-heure en le remuant souvent, ensuite on a filtré. On a répété cette opération de la même manière une seconde fois. Une troisième macération n'est pas nécessaire, car presque la totalité du principe immédiat est extraite pendant les deux premières macérations. Ces opérations doivent être exécutées rapidement, autrement la liqueur filtrée prend une teinte de plus en plus rouge.

Les extraits réunis ont été ensuite précipités par l'acide chlorhydrique. Il se forme un précipité gélatineux, qu'on laisse se déposer et qu'on jette ensuite sur le filtre. Des lavages répétés ne peuvent point débarrasser le précipité de l'acide chlorhydrique. Pour avoir le principe immédiat bien pur, on le dissout dans l'alcool tiède, on traite la solution par le charbon animal, en ayant soin de ne pas chauffer au-dessus de 40 ou 50°. La solution filtrée laisse déposer des cristaux. Après avoir répété la cristallisation plusieurs fois, on obtient le nouveau principe, la *bêta-érythrine* (1), sous la forme d'une poudre cristalline blanche.

0,2166gr ont donné 0,1128 H^2O = 5,78H
et 0,4541 CO^2 = 57,17C
0,3646gr ont donné 0,1852 H^2O = 5,64H
et 0,7655 CO^2 = 57,26C

0,3502gr chauffés à 100° ont perdu

0,0158 H^2O = 4,51.

Ces chiffres conduisent à la formule :

$$C^{21}H^{24}O^{10} + H^2O.$$

	Calculé.	Trouvé.	
C^{21}	57,79	57,26	57,17
H^{24}	5,50	5,64	5,78
O^{10}	36,71	»	»
	100,00	»	»
H^2O	3,96	4,51	»

La bêta-érythrine est soluble dans l'alcool et dans l'éther, presque insoluble dans l'eau froide. L'alcool bouillant, ainsi que l'eau bouillante, la décomposent. C'est un acide extrêmement faible et qui rougit à peine le papier de tournesol. Impure et mouillée, elle rougit à l'air; pure et sèche, elle est inaltérable. Le chlorure de chaux produit avec elle une coloration rouge passagère, assez intense; chauffée sur une lame de platine, elle fond et brûle avec une flamme brillante. Les alcalis dissolvent la bêta-érythrine; en évaporant ses solutions, on obtient des produits incristallisables; en même temps, il se forme du carbonate. Sa solution dans l'eau de baryte, traitée par l'acide carbonique, n'a pas donné un sel de baryum. La solution ammoniacale de la bêta-érythrine donne un précipité rougeâtre avec le nitrate d'argent, mais, pour peu qu'il y ait une légère élévation de température, l'argent est réduit et se dépose sur les parois du vase. L'acétate basique de plomb donne un précipité blanc, gélatineux, qu'on ne peut guère obtenir pur, même par des lavages répétés. L'analyse de ce sel plombique a donné des chiffres assez voisins de la formule

$$C^{21}H^{20}Pb^4O^{10}.$$

(1) Je propose les noms de bêta-érythrine, bêta-picro-érythrine pour indiquer qu'il existe entre le corps $C^8H^{10}O^2$, nommé depuis longtemps bêta-orcine et les corps nommés plus haut, les mêmes relations qu'entre l'orcine d'un côté et l'érythrine et la picro-érythrine de l'autre.

0,3327gr ont donné 0,1880$Pb^2\text{Ɵ}$ = 49,4Pb
0,3112gr — 0,0736$H^2\text{Ɵ}$ = 2,62H
et 0,3144$\text{Ꞓ}\text{Ɵ}^2$ = 27,54Ꞓ

	Calculé.	Trouvé.
Ꞓ^{21}	29,7	27,54
H^{20}	2,3	2,62
Pb^4	48,9	49,4
Ɵ^{10}	19,1	»
	100,0	

N'ayant pas obtenu de combinaisons dans lesquelles entrât la bêta-érythrine, j'ai eu recours, pour vérifier la formule adoptée, aux produits de décomposition de ce corps.

Bêta-picro-érythrine.

On met dans une fiole de la bêta-érythrine et de l'alcool ; la fiole est en communication avec un réfrigérant de Liebig, afin que tout l'alcool évaporé se condense et retombe dans la fiole. L'ébullition est continuée de 4 à 5 heures. La bêta-érythrine se dissout dans l'alcool, la solution devient brune et il s'échappe une très-petite quantité d'acide carbonique. Quand l'ébullition a été suffisamment prolongée, on dispose le réfrigérant comme à l'ordinaire, et on distille l'excès d'alcool.

Ce qui reste dans la fiole, se dissout complétement dans l'eau. La solution n'étant pas très-claire, on la soumet à l'action du charbon animal. La liqueur ainsi clarifiée laisse déposer des cristaux : cristallisés une seconde fois, ils forment des lamelles d'un éclat argentin. L'examen de la forme cristalline et l'analyse ont montré qu'ils sont formés d'éther orsellique

$$\text{Ꞓ}^8H^7(\text{Ꞓ}^2H^5)\text{Ɵ}^4.$$

0,352gr ont donné 0,1978$H^2\text{Ɵ}$ = 6,2H
et 0,7949$\text{Ꞓ}\text{Ɵ}^2$ = 61,5Ꞓ.

	Calculé.	Trouvé.
Ꞓ^{10}	61,23	61,5
H^{12}	6,12	6,2
Ɵ^4	32,65	»
	100,00	

En évaporant le liquide où s'est décomposé l'éther orsellique, on obtient des cristaux qu'on lave avec un peu d'éther pour enlever une trace d'orcine. On dissout le reste dans très-peu d'eau bouillante, et on laisse cristalliser. La *bêta-picro-érythrine* se dépose sous forme d'aiguilles groupées concentriquement, et donnant une poudre extrêmement légère. Les analyses ont été exécutées avec la substance séchée à

100° ou sur de l'acide sulfurique. La bèta-picro-érythrine ne contient pas d'eau de cristallisation.

0,18gr ont donné	0,1013 H^2O	=	6,25 H
	et 0,3866 CO^2	=	58,55 C
0,1463gr —	0,089 H^2O	=	6,68 H
	et 0,3126 CO^2	=	58,26 C
0,1989gr —	0,109 H^2O	=	6,09 H
	et 0,4236 CO^2	=	58,07 C

Ces chiffres conduisent à la formule $C^{13}H^{16}O^6$.

	Calculé.	Trouvé.		
C^{13}	58,20	58,07	58,55	58,26
H^{16}	5,97	6,09	6,25	6,68
O^6	35,83	»	»	»
	100,00			

L'action de l'alcool bouillant sur la bèta-érythrine peut être représentée par l'équation suivante :

$$\underset{\text{Bèta-érythrine.}}{C^{21}H^{24}O^{10}} + C^2H^6O = \underset{\text{Ether orsellique.}}{C^8H^7(C^2H^5)O^4} + \underset{\text{Bèta-picro-érythrine.}}{C^{13}H^{16}O^6} + H^2O.$$

Les petites quantités d'acide carbonique et d'orcine, remarquées pendant la réaction, sont dues à une décomposition secondaire de l'acide orsellique. Une chose curieuse, c'est la mise en liberté d'eau pendant la réaction. En employant, au lieu d'alcool, pour décomposer la béta-érythrine, l'eau bouillante, on obtient l'acide orsellique, qui se dépose à mesure que le liquide se refroidit.

La bèta-picro-érythrine est extrêmement soluble dans l'eau et dans l'alcool, insoluble dans l'éther; elle a une faible réaction acide, elle donne, avec du chlorure de chaux, une coloration rouge passagère, mais beaucoup moins intense que celle de la bèta-érythrine. La bèta-picro-érythrine est soluble dans les alcalis et dans l'eau de baryte. Une solution ammoniacale donne avec l'acétate basique de plomb un précipité blanc; avec le nitrate d'argent, un précipité rougeâtre, qui noircit dans l'espace de quelques minutes. La dissolution aqueuse de brome donne un précipité jaune avec une dissolution de bèta-picro-érythrine dans l'eau. Le précipité se dissout dans l'éther; l'éther évaporé, on obtient un sirop qui, après plusieurs jours, ne montre que des traces de cristallisation. L'iode en solution alcoolique, ne réagit pas, même à la température de l'ébullition; quand le liquide se refroidit, la bèta-picro-érythrine cristallise non altérée.

Action de l'eau de baryte sur la bêta-picro-érythrine.

Si on fait bouillir la bêta-picro-érythrine avec une dissolution de baryte saturée à chaud, il se forme un abondant dépôt de carbonate de baryum. On filtre et on enlève la baryte presque complétement par l'acide sulfurique. Si on laisse un grand excès de baryte, la liqueur se colore fortement en rouge et on obtient toujours des cristaux très-colorés. Si au contraire il n'y a pas excès de baryte, en évaporant la solution, on obtient une masse cristalline presque blanche. En traitant la masse cristalline par l'éther, on obtient un corps ressemblant à un très-haut degré à l'orcine. L'alcool extrait de la masse restante un corps sucré. Le temps m'ayant manqué pour faire l'analyse de ces deux produits, M. Lamparter a eu l'obligeance de s'en charger et il a trouvé que le corps ressemblant à l'orcine a pour formule $C^8H^{10}O^2$, et est par conséquent isomère ou identique avec la bêta-orcine. L'autre corps est l'érythrite, dont l'identité a été constatée par l'analyse, ainsi que par l'étude de ses propriétés physiques. La décomposition de la bêta-picro-érythrine peut-être représentée par l'équation suivante :

$$\underset{\text{Bêta-picro-érythrine.}}{C^{13}H^{16}O^6} + 2H^2O = \underset{\text{Bêta-orcine.}}{C^8H^{10}O^2} + \underset{\text{Érythrite.}}{C^4H^{10}O^4} + CO^2.$$

En considérant la formule ainsi que les dédoublements de la bêta-érythrine, on pourrait presque la considérer comme un véritable homologue de l'érythrine :

Érythrine	$C^{20}H^{22}O^{10}$
Bêta-érythrine	$C^{21}H^{24}O^{10}$

La bêta-picro-érythrine n'est pas homologue avec la picro-érythrine, car elle contient CH^2 de plus et H^2O de moins que cette dernière. Quant à la constitution de ces corps, j'y reviendrai plus loin après avoir développé les formules rationnelles de quelques-uns des principes des lichens.

Formules rationnelles de quelques-uns des principes des lichens.

En considérant les produits de décomposition de la plupart des principes immédiats des lichens, on voit qu'ils sont l'orcine (rarement la bêta-orcine), l'érythrite et l'acide carbonique. Une très-petite quantité de ces principes donne d'autres produits, qui cependant ne sont que très-peu étudiés. Une telle uniformité des produits de décomposition permet de conclure sinon à l'uniformité de la constitution d ces composés, au moins à l'existence des mêmes radicaux dans les groupements moléculaires qu'ils forment.

L'érythrite, d'après les recherches de M. V. de Luynes, est un alcool tétratomique; quant à l'orcine, on ne peut encore rien en dire quant à présent. Du reste cela ne gênera en rien le développement des formules

1° Des acides orsellique et lécanorique,

2° De l'érythrine et de la picro-érythrine,

3° De la bèta-érythrine et de la bèta-picro-érythrine.

1° L'acide orsellique $C^8H^8O^4$ se dédouble en orcine $C^7H^8O^2$ et acide carbonique, de même que l'acide salicylique en phénol et acide carbonique. La diatomicité de l'acide salicylique est constatée; quant à l'acide orsellique, on le regarde comme monobasique d'après l'analyse du sel de baryte ainsi que des éthers méthylique et éthylique. L'étude de ces éthers montre cependant que ce ne sont pas des éthers neutres; ils se dissolvent dans les alcalis, ce que ne fait aucun des éthers neutres, mais ce que font les acides viniques. Ensuite les solutions de ces éthers donnent un précipité avec l'acétate basique de plomb. Ce précipité a été analysé par M. Kane (1); les chiffres obtenus correspondent bien avec la formule

$$C^8H^6Pb(C^2H^5)O^4 + 3Pb^2O.$$

M. Hesse (2) décrit un sel plombique obtenu avec l'éther bibromoorsellique; M. Stenhouse (3) en décrit aussi. Ces faits montrent que l'acide orsellique n'est pas monoatomique. En admettant la diatomicité de l'acide orsellique et en attribuant à cet acide la formule

$$\left.\begin{matrix}C^8H^6O^{2\prime\prime}\\H^2\end{matrix}\right\}O^2$$

avec un radical diatomique $C^8H^6O^{2\prime\prime}$, on peut parvenir aux formules typiques des autres composés indiqués.

On peut déduire la formule de l'acide lécanorique de la réaction suivante, dans laquelle, en fixant de l'eau, l'acide lécanorique donne *deux* molécules d'acide orsellique

$$C^{16}H^{14}O^7 + H^2O = 2C^8H^8O^4,$$

ou bien

$$\left.\begin{matrix}C^8H^6O^{2\prime\prime}\\H^2\end{matrix}\right\}O^2 + \left.\begin{matrix}C^8H^6O^{2\prime\prime}\\H^2\end{matrix}\right\}O^2 - \left.\begin{matrix}H\\H\end{matrix}\right\}O = \left.\begin{matrix}C^8H^6O^{2\prime\prime}\\C^8H^6O^{2\prime\prime}\\H^2\end{matrix}\right\}O^3.$$

Acide lécanorique.

(1) Kane. *Annalen der Chemie*, t. XXXIX, p. 32.

(2) Hesse. *Annalen der Chemie*, t. CXVII, p. 297.

(3) Stenhouse. *Annalen der Chemie*, t. LXVIII, p. 55.

Cette formule explique très-bien la formation des deux molécules d'acide orsellique, ainsi que la réaction analogue avec l'alcool dans laquelle il se produit deux molécules d'éther orsellique. L'acide lécanorique est encore très-peu étudié; l'unique sel analysé, le sel de baryte, contient 1 atome de baryum. Les éthers ne sont pas aussi bien étudiés que les éthers de l'acide orsellique; on verrait sans doute que ce ne sont pas des éthers neutres.

2° L'érythrine et la picro-érythrine, qui, en se décomposant, outre l'orcine et l'acide carbonique, donnent encore de l'érythrite, peuvent être considérés comme des acides viniques de l'érythrite et de l'acide orsellique. Ainsi la picro-érythrine $C^{12}H^{16}O^7$, en fixant de l'eau, donne de l'érythrite, de l'orcine et de l'acide carbonique. Mais comme ces deux derniers corps constituent l'acide orsellique on peut écrire l'équation de la manière suivante :

$$\left.\begin{matrix}(C^4H^6)^{iv}\\ H^4\end{matrix}\right\}O^4 + \left.\begin{matrix}C^8H^6O^{2''}\\ H^2\end{matrix}\right\}O^2 - \left.\begin{matrix}H\\ H\end{matrix}\right\}O = \left.\begin{matrix}(C^4H^6)^{iv}\\ C^8H^6O^{2''}\\ H^4\end{matrix}\right\}O^5 \quad (1).$$

Picro-érythrine.

L'érythrine $C^{20}H^{22}O^{10}$, en fixant de l'eau, donne de la picro-érythrine et de l'acide orsellique d'après l'équation :

$$\left.\begin{matrix}(C^4H^6)^{iv}\\ C^8H^6O^{2''}\\ H^4\end{matrix}\right\}O^5 + \left.\begin{matrix}C^8H^6O^{2''}\\ H^2\end{matrix}\right\}O^2 - \left.\begin{matrix}H\\ H\end{matrix}\right\}O = \left.\begin{matrix}(C^4H^6)^{iv}\\ (C^8H^6O^2)^{2''}\\ H^4\end{matrix}\right\}O^6.$$

Érythrine.

Les formules de ces corps, en les considérant comme des acides viniques, rendent très-bien compte du petit nombre des réactions étudiées sur ces corps. M. Kekulé, dans son *Traité* (t. II, p. 190), nomme l'érythrine l'*érythrite biorsellique*. Il la considère, à ce qu'il paraît, comme un acide vinique, mais n'en donne pas une formule typique.

3° Quant aux formules des deux nouveaux corps décrits dans ce mémoire, on les obtient en faisant la supposition que la bèta-orcine (ou son isomère), en se combinant avec l'acide carbonique, donne un acide $C^9H^{10}O^4 = C^8H^{10}O^2 + CO^2$, avec un radical diatomique $C^9H^8O^{2''}$, précisément comme l'orcine et l'acide carbonique forment l'acide orsellique. Parmi les principes des lichens, il existe un acide $C^9H^{10}O^4$; c'est l'acide évernique, qui est monobasique, mais dont l'éther éthy-

(1) Cette équation est tout à fait analogue à celle qui exprime la formation de l'acide sulfoglycérique :

$$\left.\begin{matrix}C^3H^5\\ H^3\end{matrix}\right\}O^3 + \left.\begin{matrix}SO^2\\ H^2\end{matrix}\right\}O^2 - \left.\begin{matrix}H\\ H\end{matrix}\right\}O = \left.\begin{matrix}C^3H^5\\ SO^2\\ H^4\end{matrix}\right\}O^4.$$

lique étant soluble dans la potasse, n'est pas, par conséquent, un éther neutre proprement dit. En admettant la diatomicité de l'acide $C^9H^{10}O^4$ (l'acide éverninique ou son isomère), on déduit la formule de la bèta-picro-érythrine de l'équation :

$$\left.\begin{matrix}(C^4H^6)^{iv}\\H^4\end{matrix}\right\}O^4 + \left.\begin{matrix}C^9H^8O^{2''}\\H^2\end{matrix}\right\}O^2 - \left.\begin{matrix}H\\H\end{matrix}\right\}O = \left.\begin{matrix}(C^4H^6)^{iv}\\C^9H^8O^{2''}\\H^2\end{matrix}\right\}O^4.$$

Bèta-picro-érythine.

Comme la bèta-érythrine se dédouble en bèta-picro-érythrine et en acide orsellique, on a :

$$\left.\begin{matrix}(C^4H^6)^{iv}\\C^9H^8O^2\\H^2\end{matrix}\right\}O^4 + \left.\begin{matrix}C^8H^6O^{2''}\\H^2\end{matrix}\right\}O^2 = \left.\begin{matrix}(C^4H^6)^{iv}\\C^9H^8O^{2''}\\C^8H^6O^{2''}\\H^4\end{matrix}\right\}O^6.$$

Bèta-érythrine.

Le sel plombique aurait pour formule :

$$\left.\begin{matrix}(C^4H^6)^{iv}\\C^9H^8O^{2''}\\C^8H^6O^{2''}\\Pb^4\end{matrix}\right\}O^6.$$

Ces formules montrent que les principes immédiats mentionnés contiennent les mêmes composants et que, par conséquent, en se dédoublant, ils ne peuvent donner d'autres produits que l'érythrite, l'orcine, la bèta-orcine et l'acide carbonique.

Ce travail a été fait, pendant l'hiver de 1863-64, à Tübingen, dans le laboratoire de M. Strecker.

ANALYSE DES MÉMOIRES DE CHIMIE PURE ET APPLIQUÉE

PUBLIÉS EN FRANCE ET A L'ÉTRANGER.

CHIMIE MINÉRALE.

Sur les spectres des corps composés et des oxydes simples, par M. A. MITSCHERLICH (1).

Dans un premier travail (2), l'auteur a fait voir que les spectres des combinaisons de certains métaux ne sont pas identiques avec les spec-

(1) *Annalen der Physik und Chemie*, t. CXXI, p. 459. 1864. N° 3.

(2) *Bulletin de la Société chimique*, t. V, p. 19 (1863).

tres de ces métaux mêmes. Il a étendu maintenant cette étude à un grand nombre d'autres corps.

Les méthodes employées pour obtenir les spectres ont été les suivantes :

1. La substance est contenue en dissolution dans un tube fermé par le haut, recourbé par le bas et dont l'ouverture est garnie d'un pinceau de fils de platine fin, qui amène le liquide au milieu d'une flamme d'hydrogène ou de gaz de l'éclairage.

2. La substance est introduite dans une flamme de gaz de l'éclairage alimentée par de l'oxygène; on emploie pour cela un chalumeau à gaz tonnant.

3. Dans le même appareil, on remplace le gaz de l'éclairage par du chlore et l'oxygène par de l'hydrogène.

4. De l'hydrogène chargé de vapeurs d'iode ou de brome est brûlé dans l'air ou dans l'oxygène.

5. Si les corps dont on veut étudier les spectres sont gazeux et combustibles, on les fait brûler, avec le chalumeau à gaz tonnant, dans l'air ou dans l'oxygène. S'ils ne sont pas combustibles, on les mélange avec un gaz combustible, tel que l'hydrogène ou l'oxyde de carbone. La lumière produite par la combustion de ces derniers gaz est si faible, qu'elle ne gêne pas du tout l'observation des spectres d'autres corps.

6. Les substances, à l'état solide, sont introduites dans un tube mis en communication par une de ses extrémités avec un appareil à hydrogène ou un gazomètre rempli d'oxyde de carbone. En chauffant le tube, on volatilise la substance qu'il contient et on allume le gaz à sa sortie du tube.

7. On fait passer l'étincelle électrique entre deux fils du métal que l'on étudie, ou entre des fils recouverts d'un sel. L'étincelle éclate dans un vase muni de deux tubes à l'aide desquelles on peut y introduire un gaz quelconque.

8. On peut enfin, à l'aide de tubes recourbés parcourus jusqu'à leurs extrémités par des fils de platine, faire jaillir l'étincelle électrique entre des conducteurs liquides.

L'expérience peut se faire également dans une atmosphère de gaz. Dans ce cas, la température de la décharge est assez basse pour que les gaz ne donnent pas lieu à des phénomènes lumineux; on peut donc isoler ainsi les spectres dus aux métaux ou à leurs composés de ceux produits par les gaz.

Nous ne pouvons pas entrer ici dans le détail des observations : il en résulte comme fait général que toute combinaison de premier ordre qui ne se décompose pas en partie à une température suffisante pour devenir lumineuse fournit un spectre particulier appartenant en propre à la combinaison.

Quand on compare les spectres entre eux, on trouve que ceux des métaux sont constitués par des lignes brillantes, nettes et isolées, et que ceux des combinaisons des métaux avec les métalloïdes (à l'exception des spectres des sels haloïdes du calcium, du strontium et du baryum), sont formés de bandes lumineuses et d'étroites lignes obscures qui se répètent à intervalles déterminés.

On peut reconnaître entre les distances qui séparent les raies dans les spectres des sels du calcium, du strontium et du baryum des relations remarquables. Les divers sels du même métal donnent certaines lignes caractéristiques qui se retrouvent dans tous, et dont la distance varie suivant que tel ou tel métalloïde entre dans la combinaison.

Pour le *baryum*, les distances de deux raies brillantes nettes sont entre elles comme les poids atomiques des combinaisons qui fournissent les spectres.

Quant aux sels de *calcium* et à ceux de *strontium*, les intervalles des raies correspondantes sont inversement proportionnels aux poids atomiques.

Les fluorures de baryum, de calcium et de strontium font exception à ces lois.

L'iode présente deux spectres différents suivant la température à laquelle on étudie sa vapeur; cela pourrait faire croire, par analogie avec certains oxydes métalliques qui donnent seulement à une température élevée le spectre du métal, que l'iode est un corps composé. Le brome est dans le même cas, car son spectre d'absorption diffère du spectre obtenu en faisant passer l'étincelle électrique dans sa vapeur.

L'auteur étend cette conclusion au sélénium, au tellure, au phosphore, au soufre et à l'azote.

Recherches sur l'hydrogène et sur l'oxygène ozonisés, par M. G. OSANN (1).

L'hydrogène obtenu par l'électrolyse de l'eau a, comme l'a montré précédemment l'auteur, des propriétés réductrices très-énergiques; cette exaltation des propriétés de l'hydrogène pouvait être due à la présence d'une combinaison oxygénée ou hydrogénée du soufre, mais

(1) *Journal für praktische Chemie*, t. XCII, p. 20. 1864) N° 9.

toutes les expériences tentées par l'auteur dans cette direction ont eu un résultat négatif. Il a, entre autres, fait passer l'hydrogène électrolytique à travers des solutions d'acétate neutre et de sous-acétate de plomb; dans les deux cas il se forme un dépôt d'oxyde de plomb, et dans le cas du sous-acétate, une croûte cristalline qui n'est autre que du plomb métallique. Pour expliquer la formation d'oxyde de plomb, il faut admettre que l'acide acétique est en partie modifié ; peut-être se forme-t-il de l'alcool? (On sait que l'oxygène électrolytique transforme l'alcool en acide acétique.)

Une température de 35-37° favorise la production de l'hydrogène ozonisé.

Expériences faites avec les charbons de pile. — Le charbon de pile se prête très-bien à certaines expériences sur l'hydrogène et l'oxygène électrisés; il est bon de le débarrasser du fer qu'il peut contenir, par des lavages à l'acide nitrique. Lorsque l'on se sert de ces charbons comme électrodes dans un mélange d'acide sulfurique et d'eau, à la température de 35°, qui est la plus favorable pour la production de l'hydrogène ozonisé, l'oxygène se dégage immédiatement au pôle positif, tandis que l'hydrogène ne se dégage au pôle opposé que quelque temps après.

Quand ce dégagement a ainsi commencé, on interrompt le courant, et l'on plonge immédiatement le charbon positif dans de l'empois ioduré, et le charbon négatif dans une solution concentrée de sulfate d'argent. Bientôt ce dernier se recouvre d'une couche d'argent métallique, et après un jour, le vase lui-même en est tout rempli, ce qui n'a pas lieu lorsqu'on plonge dans la liqueur le charbon avant l'électrolyse. Quant à l'action du charbon positif sur l'empois ioduré, elle est presque nulle, à cause de la température élevée à laquelle a eu lieu l'électrolyse. Il est à remarquer que le charbon, avant l'électrolyse, bleuit l'empois ioduré, mais seulement aux surfaces de contact; cette action est due sans doute à l'oxygène de l'air condensé à la surface du charbon et ozonisé par celui-ci.

Ces réactions produites par les charbons ayant servi d'électrodes ne sont pas dues, comme on pourrait l'objecter, à une condensation d'électricités contraires sur leurs surfaces, car elles ont encore lieu après que l'on a mis les charbons en contact pendant cinq minutes par l'intermédiaire d'un fil de cuivre.

L'auteur a montré précédemment que l'hydrogène ozoné ne prend naissance que par l'électrolyse d'un mélange d'eau et d'acide sulfurique fumant, et non d'acide sulfurique anglais; néanmoins, lorsque l'on opère avec ce dernier mélange, le charbon négatif donne lieu à la même réaction; celle-ci n'est donc pas produite uniquement par de l'hydrogène ozoné.

On a vu que dans l'électrolyse d'un mélange d'acide et d'eau avec des charbons comme électrodes, l'hydrogène ne se dégage que quelque temps après l'oxygène; ce phénomène remarquable est dû sans doute à la présence d'oxygène ozoné (provenant de l'air) condensé à la surface du charbon négatif, et qui se combine avec les premières portions d'hydrogène.

L'auteur a fait voir, il y a longtemps, que de tous les gaz, l'hydrogène est celui qui, à égalité de pression, passe le plus rapidement à travers un tube capillaire. Cette circonstance, due sans doute à ce que les atomes d'hydrogène, beaucoup plus petits que ceux des autres gaz, éprouvent beaucoup moins de résistance au passage, explique la facilité avec laquelle le charbon condense l'hydrogène.

On sait que le zinc amalgamé est plus électropositif que le zinc pur; l'auteur a cherché à déterminer la cause de ce fait par l'expérience suivante.

Trois tiges de zinc, dont une amalgamée, furent plongées dans un vase rempli d'une solution de nitrate de potasse, et maintenues écartées les unes des autres par une plaque non conductrice, puis mises en rapport avec une pile de Grove, le zinc amalgamé et l'un des autres communiquant avec le pôle négatif, et le troisième zinc avec le pôle positif. Le courant étant établi, il ne se produisit au premier moment aucun dégagement de gaz sur le zinc amalgamé, tandis qu'il fut très-rapide sur le zinc qui lui était accouplé; peu à peu il se dégagea aussi de petites bules autour du zinc amalgamé. Comme il se porta nécessairement la même quantité de gaz sur les deux zincs, on peut admettre que l'hydrogène s'amalgame au mercure, et qu'il ne commence à se dégager que lorsque ce mercure se trouve en quelque sorte saturé.

S'il en est ainsi, on conçoit que cette amalgamation de l'hydrogène doit se produire chaque fois que du zinc amalgamé agira sur de l'acide sulfurique étendu; et comme l'hydrogène est le corps le plus électropositif, on conçoit que le zinc amalgamé doit avoir une tension plus électropositive que le zinc ordinaire.

Si l'on remplit un tube d'hydrogène ozoné recueilli à mesure qu'il se forme, que l'on y introduise une solution de sulfate d'argent, et qu'on agite, le tube se recouvre immédiatement d'une couche d'argent métallique. L'hydrogène ozoné, comme l'oxygène ozoné, possède une odeur suffocante particulière. Il décolore rapidement la teinture de gaïac bleuie par un agent oxygénant.

Nouveau procédé de préparation de l'oxygène, par M. ROBBINS (1).

On mélange 3 équivalents de bioxyde de barium et 1 équivalent de bichromate de potasse réduits en poudre, on les introduit dans une fiole munie d'un tube de dégagement, dans laquelle on verse peu à peu de l'acide sulfurique étendu.

L'eau oxygénée et l'acide chromique qui prennent naissance réagissent l'un sur l'autre et fournissent un courant d'oxygène.

Combustion de l'oxygène dans le gaz ammoniac, par M. W. HEINTZ (2).

La combustion de l'oxygène dans le gaz ammoniac peut se faire commodément et sans danger à l'aide du chalumeau à ouvertures concentriques, qui sert ordinairement pour l'oxygène et l'hydrogène.

On peut aussi très-bien plonger dans un ballon rempli de gaz ammoniac, dégagé par l'ébullition d'une certaine quantité d'ammoniaque aqueuse qui occupe le fond du vase, un tube recourbé à travers lequel se dégage de l'oxygène. Au moment où l'on introduit le tube dans le ballon, on allume le mélange gazeux, et l'oxygène continue à brûler dans l'ammoniaque aussi longtemps que la solution en fournit.

Sur quelques faits relatifs au bisulfure d'hydrogène, par M. SCHOENBEIN (3).

Thenard avait déjà attiré l'attention sur ce fait que le bisulfure d'hydrogène se décompose sous les mêmes influences que l'eau oxygénée.

Le bisulfure d'hydrogène décolore l'indigo, mais cette décoloration n'est due ni à une réduction, ni à une décomposition; l'indigo se trouve seulement masqué, car sa présence se manifeste de nouveau peu à peu, même à l'abri de l'air, et cela d'autant plus vite que l'on élève davantage la température; cette recoloration est due à la décomposition du bisulfure en hydrogène et acide sulfhydrique, aussi toute substance provoquant la décomposition du bisulfure d'hydrogène fait-elle réapparaître la coloration de l'indigo. Cet effet est produit im-

(1) *Annalen der Physik und Chemie*, t. CXXII, p. 256. 1864. N° 6.

(2) *Annalen der Chemie und Pharmacie*, t. CXXX, p. 102. [Nouv. sér., t. LIV.] Avril 1864.

(3) *Journal für praktische Chemie*, t. XCII, p. 145. 1864. N° 11.

médiatement par les ozonides, tels que les peroxydes de manganèse, de plomb, etc., par les acides permanganique, chromique, chloreux et nitreux, ainsi que par les sels de sesquioxyde de fer; l'eau oxygénée très-étendue ne colore cette dissolution que lentement, cet effet est au contraire immédiat dès qu'on ajoute du sulfate ferreux au mélange. La mousse de platine et les métaux accompagnant le platine colorent de même la liqueur, ainsi que le charbon, les acides phosphorique et arsénique, les alcalis et un certain nombre de sels métalliques; l'acide sulfurique au contraire et l'acide nitrique (exempt de AzO^4) ne produisent aucun effet, pas plus que l'acide silicique pur.

L'ozone fait immédiatement réapparaître la coloration de l'indigo, il faut seulement avoir soin de n'en pas ajouter un excès.

L'action des acides phosphorique et arsénique ne peut être attribuée à l'action décomposante qu'ils exercent sur le bisulfure d'hydrogène; M. Schœnbein pense qu'il faut l'attribuer à la production d'une combinaison peu stable de ces acides avec le bisulfure d'hydrogène.

Sur un nouveau réactif très-sensible de l'eau oxygénée et des nitrites, par M. SCHOENBEIN (1).

L'auteur propose comme réactif de l'eau oxygénée la liqueur d'indigo décolorée par le bisulfure d'hydrogène; cette liqueur se colore en bleu dès que l'on y ajoute de l'eau renfermant du bioxyde d'hydrogène et quelques gouttes de sulfate ferreux; il est à remarquer qu'un excès d'eau oxygénée fera de nouveau disparaître cette coloration.

Par l'emploi de cette méthode on peut reconnaître la formation d'eau oxygénée par l'agitation de certains métaux, notamment du zinc, avec de l'air et de l'eau distillée.

Faits pour servir à l'histoire de l'acide hyposulfureux, par M. A. FROEHDE (2).

L'auteur attribue à la production d'hyposulfite d'ammoniaque la réaction observée par M. L. Hofmann (3) et donnée par lui comme caractéristique du phosphore. Cette réaction consiste en une coloration violette obtenue en traitant par le sulfhydrate d'ammoniaque les liquides suspects, évaporant à sec, et ajoutant du perchlorure de fer au

(1) *Journal für praktische Chemie*, t. XCII, p. 150. 1864. N° 11.

(2) *Annalen der Chemie und Pharmacie*, t. CXXX, p. 127. [Nouv. sér., t. LIV.] Avril 1864.

(3) *Bulletin de la Société chimique*, t. V, p. 328 (1863).

résidu. M. A. Fröhde est confirmé dans son idée par les indications de M. Hofmann, d'après lesquelles le chlorure de palladium donnerait un précipité jaune de soufre, et l'azotate d'argent un précipité jaune passant à l'orange, puis par les observations de M. Huppert (1) et de M. Specht (2).

Il a constaté d'ailleurs qu'en évaporant du sulfhydrate d'ammoniaque presque à sec, on obtient un résidu qui donne toutes les réactions des hyposulfites.

Sur la réaction du soufre et de l'acide sulfureux sur l'eau à des températures élevées, par M. C. GEITNER (3).

Lorsqu'on chauffe dans un tube scellé une dissolution aqueuse d'acide sulfureux à 170 ou 180°, l'acide est décomposé en donnant de l'acide sulfurique avec mise en liberté de soufre. Le soufre ne cristallise pas. La réaction a lieu, que la solution soit concentrée ou étendue.

Le soufre, chauffé avec l'eau à 200°, et même à la température du bain-marie, donne de l'hydrogène sulfuré. On n'a pas pu constater la formation simultanée d'acide sulfurique, à laquelle il était naturel de s'attendre.

Lorsqu'on chauffe une solution alcoolique d'acide sulfureux, on n'observe pas de séparation de soufre. Cependant, lorsqu'on ajoute de l'eau au liquide, il se précipite du soufre, et en saturant par le carbonate de baryte et évaporant, on obtient des cristaux qui sont probablement de l'éthylsulfate de baryte.

La vapeur d'eau et l'acide sulfureux ne réagissent pas l'un sur l'autre lorsqu'on les fait passer ensemble dans un tube chauffé à des températures qui vont jusqu'au rouge.

L'acide sélénieux n'est pas décomposé par l'eau.

Lorsqu'on chauffe du fer avec de l'acide sulfureux à 200°, on obtient des croûtes jaunes de fer sulfuré; la liqueur renferme du sulfite et de l'hyposulfite de fer, accompagné de beaucoup de sulfate. Le sulfure se comporte comme la pyrite. En traitant pendant plusieurs jours du peroxyde de fer, ou du basalte réduit en poudre, par l'acide sulfureux, on a obtenu de petits cristaux montrant les faces du cube et de l'octaèdre.

(1) *Bulletin de la Société chimique*, t. v, p. 562.

(2) *Ibid.*, t. v, p. 614.

(3) *Annalen der Chemie und Pharmacie*, t. CXXIX, p. 350. [Nouv. sér., t. LIII.] Mars 1864.

Le zinc n'a donné que du sulfure amorphe avec formation de sulfate et dépôt de soufre.

Le nickel a fourni des cristaux rhomboédriques dont la composition répondait à la formule Ni^3S^4. Les mêmes cristaux ont été obtenus en chauffant à 200° une solution neutre de sulfite de nickel.

Le cobalt s'est transformé en sulfure amorphe.

Le cadmium a présenté, à côté du sulfure amorphe, une masse de cristaux aciculaires ou hexagonaux.

Avec l'étain, on obtient de l'hydrate d'oxyde, du protosulfure et du bisulfure amorphes.

Le plomb ne donne pas de sulfure, mais du soufre et du sulfate de plomb. Le bismuth également ne se transforme qu'en très-petite partie en sulfure. Le cuivre ne donne pas lieu à un dépôt de soufre, mais à la production d'une faible proportion de sulfure de cuivre; une partie du métal devient cristalline. Le mercure se couvre à peine d'une pellicule de sulfure; il se dépose beaucoup de soufre. L'argent fournit du sulfure avec les formes du sulfure naturel. Le sulfite d'argent, chauffé avec de l'eau à 200°, s'est dédoublé en sulfate et argent natif présentant les faces de l'octaèdre et du cube.

L'acide sulfureux décolore une solution de bichlorure de platine. Lorsqu'on chauffe à 200° une solution ainsi décolorée, on voit s'y produire un dépôt de sulfure de platine.

L'arsenic provoque la décomposition de l'acide sulfureux avec dépôt de soufre, sans qu'il se forme trace de sulfure, mais bien de l'acide arsénieux et de l'acide sulfurique. Avec l'antimoine, on remarque la formation de petits cristaux aciculaires de sulfure.

L'auteur pense que quelques-unes de ces réactions peuvent avoir été réalisées dans la nature, où l'acide sulfureux se rencontre à peu près dans les conditions de ses expériences.

Par l'action de l'acide sulfureux à 200° sur le carbonate de chaux, il a obtenu du sulfate cristallisé; ce sulfate ne paraissait pas être de l'anhydrite, mais bien du gypse. Les carbonates de baryte et de strontiane n'ont rien donné de pareil; mais, de même qu'avec le carbonate de chaux, les tubes chauffés au-dessus de 150° ont pris une coloration bleue, qui est devenue de plus en plus foncée, qui a passé ensuite au vert et au brun pour disparaître par le refroidissement. Des colorations semblables se produisent dans beaucoup de cas analogues, même, quoique avec une intensité moindre et seulement à la longue, lorsqu'on chauffe ensemble du soufre et de l'eau seuls.

L'auteur n'a pas réussi, en variant ses expériences, à rendre cette coloration permanente, pas plus qu'à préparer l'outremer par voie humide.

Sur la purification de l'acide sulfurique arsenical, par M. A. BUCHNER (1).

M. Buchner a conseillé, il y a plusieurs années, pour purifier l'acide sulfurique de l'arsenic qu'il peut contenir, de faire passer dans l'acide chaud un courant d'acide chlorhydrique.

MM. Bussy et Buignet (2) et Bloxam (3) ont essayé en vain de se servir de ce procédé ; ils n'ont pas réussi à chasser de la sorte tout l'arsenic.

L'auteur trouve la cause de cet insuccès dans la forme sous laquelle l'arsenic est contenu dans l'acide sulfurique. Lorsqu'il y existe à l'état d'acide arsénieux, l'acide chlorhydrique le transforme facilement en chlorure et l'élimination est complète. Lorsqu'il est, au contraire, sous forme d'acide arsénique, il n'y en a qu'une très-petite partie qui soit volatilisée à l'état de chlorure.

Pour chasser tout l'arsenic de l'acide sulfurique, lorsqu'il y est contenu à l'état d'acide arsénique, il faut d'abord réduire ce dernier acide, ce qui se fait simplement en ajoutant quelques fragments de charbon dans l'acide sulfurique chaud, et faire passer le courant d'acide chlorhydrique.

De cette manière, la purification est complète.

Action de l'hydrogène protocarboné et de l'hydrogène bicarboné sur les oxydes métalliques, par M. W. MUELLER (4).

L'hydrogène protocarboné en passant sur du peroxyde de fer chauffé dans un tube à boules en verre de Bohême, à l'aide d'une lampe de Bunsen, réduit cet oxyde à l'état d'oxyde magnétique. En élevant la température jusqu'au rouge vif, l'oxyde, contenu dans un tube en porcelaine, se change en protoxyde.

L'oxyde rouge de manganèse est également transformé en protoxyde. L'oxyde C^6O^7 de cobalt est réduit à l'état métallique. L'oxyde de zinc et celui d'étain n'éprouvent aucun changement. Celui de cuivre est

(1) *Annalen der Chemie und Pharmacie*, t. CXXX, p. 249. [Nouv. sér., t. LIV.] Mai 1864.

(2) *Journal de Pharmacie et de Chimie.* Septembre 1863, p. 177.

(3) *Journal of the Chemical Society*, t. XV, p. 52.

(4) *Poggendorff's Annalen der Physik und Chemie*, t. CXXII, p. 139. 1864. 5.

réduit; le peroxyde de plomb est décomposé avec explosion. Celui de bismuth est lentement, mais complétement réduit.

L'hydrogène bicarboné donne des résultats différents. L'oxyde de fer est non-seulement réduit, mais carburé; en même temps il se fait un dépôt considérable de charbon pulvérulent. La quantité de carbone combinée avec le fer dépasse celle qui est contenue dans la fonte.

L'oxyde rouge de manganèse est réduit à l'état de protoxyde vert, comme par l'hydrogène protocarboné; à la longue, cet oxyde se mélange de charbon.

L'oxyde d'étain n'est pas altéré; il y a simplement dépôt de charbon.

Sur l'action de l'hydrogène sur les solutions de quelques sels métalliques, par M. C. BRUNNER (1).

L'auteur commence par rappeler les travaux qui ont été faits sur le même sujet, en particulier ceux de M. Beketoff (2) et de M. Favre (3). Il décrit ensuite ses expériences propres.

Sels d'argent. L'hydrogène pur, lavé par une solution de potasse, et ayant traversé un tube à ponce sulfurique, produit au bout d'un quart d'heure environ, dans une solution moyennement concentrée d'azotate d'argent neutre, un trouble accompagné d'un dépôt mince, gris clair, qui tapisse les parois du vase. Si l'on fait passer le courant de gaz dans la dissolution pendant plusieurs heures, on voit se réunir un précipité cristallin qui prend l'éclat de l'argent sous le brunissoir.

Le même effet se produit d'une manière encore plus remarquable en abandonnant pendant 24 heures un flacon renfermant une solution d'azotate d'argent et rempli aux trois quarts d'hydrogène (4).

La réduction n'est jamais que très-partielle.

L'acétate et le sulfate d'argent sont réduits comme l'azotate.

Sels de platine. Un courant d'hydrogène, en traversant une solution neutre de bichlorure de platine, provoque un trouble dans la solution, puis ensuite la formation d'un précipité écailleux d'un aspect métallique. Si la solution n'est pas très-concentrée, elle peut être entièrement décolorée, et le sel de platine complétement décomposé.

L'expérience peut se faire en plaçant le vase renfermant le chlorure de platine sous une cloche remplie d'hydrogène et placée sur l'eau.

(1) *Poggendorff's Annalen der Physik und Chemie*, t. CXXII, p. 153. 1864. N° 5.

(2) *Bulletin de la Société chimique*, t. I, p. 14 (1858).

(3) *Comptes rendus*, t. LI, p. 827 et 1027.

(4) M. Beketoff a déjà constaté cette réduction sous la pression ordinaire. (*Voir* à l'endroit cité.) C. F.

On voit l'eau monter peu à peu dans la cloche, et en même temps une pellicule métallique se former à la surface de la dissolution. Cette réaction est assez rapide pour pouvoir être employée, surtout lorsqu'on aide l'absorption par une agitation convenable. Le platine s'obtient ainsi en mousse et purifié du fer, du cuivre, du zinc, etc., qu'il pouvait renfermer.

Le *palladium* paraît être précipité de ses solutions encore plus facilement que le platine.

L'*iridium*, au contraire, très-difficilement, de même que l'*or*.

Le *mercure*, qui, comme on sait, est réductible par l'hydrogène sous pression, ne l'est pas à la pression ordinaire.

Le *perchlorure* de fer est, en très-faible partie, transformé en protochlorure par l'action de l'hydrogène, prolongée pendant 48 heures à l'abri de la lumière.

Recherches sur l'indium, par MM. F. REICH et Th. RICHTER (1).

Les auteurs ont traité 100 kilogrammes de minerai (blende et pyrite arsenicale) par l'acide chlorhydrique, la solution a été évaporée à sec et le résidu a été distillé; ils ont ainsi obtenu 21 kilogrammes de chlorure de zinc; celui-ci a été traité par une petite quantité d'eau, cette solution concentrée de chlorure de zinc ne renfermait ni fer ni indium; la portion de chlorure de zinc non dissoute renfermait tout l'indium que les auteurs en ont retiré à l'état d'oxyde.

L'oxyde d'indium, contrairement à ce que les auteurs avaient d'abord annoncé, se réduit totalement lorsqu'on le chauffe dans un courant d'hydrogène, et peut ainsi être réuni en un globule métallique; une petite portion de métal est entraînée à l'état de vapeur et communique à la flamme de l'hydrogène une belle coloration bleue qui persiste même si on lave le gaz dans un acide étendu; celui-ci ne retient qu'une petite quantité d'indium. L'hydrogène tenant ainsi en suspension les vapeurs d'indium, ne donne pas d'anneau lorsqu'on chauffe le tube qu'il traverse.

L'indium est d'un blanc d'argent, il conserve son éclat métallique dans l'air et dans l'eau bouillante; il est très-mou et très-ductile; sa densité est de 7,11 à 7,277, à la température de 20°,4; il fond à la même température que le plomb. Chauffé au chalumeau, sur un charbon, il fond en présentant une surface métallique brillante, en même

(1) *Journal für praktische Chemie*, t. XCII, p. 80. 1864. N° 16. — Voir *Bulletin de la Société chimique*, t. V, p. 604 (1863).

temps qu'il s'entoure d'un enduit jaune foncé qui devient plus pâle par le refroidissement. Chauffé avec le borax, il donne un émail gris, et avec le sel de phosphore une perle grise.

Les acides sulfurique et chlorhydrique ne dissolvent l'indium que lentement à froid ; à chaud la dissolution est plus rapide, et se fait avec dégagement d'hydrogène.

La potasse et l'ammoniaque précipitent *complétement* l'indium de ses solutions acides à l'état *d'hydrate d'oxyde*. Celui-ci est blanc, gélatineux et s'attache au verre. L'acide tartrique empêche sa précipitation.

L'oxyde d'indium, dans le voisinage de la température rouge, est brun ; par le refroidissement il devient jaune orange, puis jaune paille.

L'hydrogène sulfuré se comporte envers les sels d'indium comme envers les sels de zinc ; il donne dans l'acétate d'indium un précipité jaune ressemblant au sulfure de cadmium. Ce caractère permet de séparer l'indium du fer et du manganèse.

Le sulfure d'indium forme un précipité gélatineux, difficile à laver. Après la dessiccation il est brun ; à chaud il est noir et fusible. Lorsque l'on ajoute du sulfhydrate d'ammoniaque à l'hydrate d'indium ou à une solution d'indium additionnée d'acide tartrique, puis d'ammoniaque, on obtient un précipité blanc qui constitue probablement un sulfhydrate ; l'acide acétique transforme celui-ci en sulfure d'indium jaune, soluble dans les acides sulfurique ou chlorhydrique.

On obtient le *chlorure d'indium* en chauffant l'oxyde dans un courant de chlore en présence du charbon. Ce chlorure est volatil et se condense dans les parties froides de l'appareil en lamelles cristallines blanches faciles à sublimer. Il est éminemment hygrométrique ; sa solution aqueuse se décompose par l'ébullition ; il se dégage de l'acide chlorhydrique, un peu de chlorure d'iridium, et il se dépose de l'oxyde ou un sous-chlorure.

Le *sulfate d'indium* cristallise difficilement en lamelles incolores.

Le caractère distinctif de l'indium réside dans les deux raies bleues qu'il présente au spectroscope, notamment lorsque l'on fait usage du chlorure. Dans ce cas le spectre est très-fugitif, à cause de la grande volatilité du chlorure ; il est plus persistant lorsque l'on emploie le sulfure.

Le *poids atomique* de l'indium, trouvé en déterminant le rapport du poids de l'indium au poids de l'oxyde formé en dissolvant le métal dans l'acide nitrique et le précipitant par l'ammoniaque, a été trouvé égal à 458,4 ($O = 100$). L'analyse du sulfure a conduit au nombre 464,9. Cet équivalent, rapporté à l'hydrogène, est égal à 37,2.

Voici la méthode que recommandent les auteurs pour retirer l'indium de la blende : On dissout celle-ci dans l'eau régale et on précipite la solution par l'hydrogène sulfuré, afin d'en séparer le cuivre, le plomb, l'arsenic, l'étain, le cadmium et le molybdène, métaux qui se rencontrent tous dans ces blendes ; on précipite la liqueur filtrée, débarrassée d'hydrogène sulfuré, par un grand excès d'ammoniaque, pour séparer la majeure partie du zinc. Le précipité, formé principalement de sesquioxyde de fer, étant dissous dans l'acide acétique et traité par de l'hydrogène sulfuré, donne un précipité de sulfure d'indium qu'on purifie encore en répétant les mêmes opérations.

Le zinc retiré des blendes renferme toujours de l'indium ; il est donc plus avantageux de retirer ce dernier métal du zinc plutôt que de la blende.

Sur un carbonate double de soude et de potasse,
par **M. H. DE FEHLING** (1).

On a obtenu, en même temps, dans plusieurs usines (à Pforzheim et à Brünn), des cristaux d'un carbonate double de soude et de potasse, renfermant $KONaOC^2O^4 + 12HO$. La forme de ces cristaux est un prisme rhomboïdal oblique (faces M et P), avec quelques modifications non déterminables.

Angles : M sur M = 109° environ et P sur M = 58°.

CHIMIE MINÉRALOGIQUE.

Sur la composition chimique de la braunite et de la haussmannite, et sur l'isomorphisme du bioxyde de manganèse et de la silice,
par **M. G. ROSE** (2).

La *braunite* et la *haussmannite* peuvent être considérées comme du sesquioxyde de manganèse et comme un oxyde salin correspondant à l'oxyde magnétique de fer, ou bien comme les combinaisons du bioxyde de manganèse avec 1 et avec 2 molécules de protoxyde

$$MnO,MnO^2 \quad \text{et} \quad 2MnO,MnO^2.$$

(1) *Annalen der Chemie und Pharmacie*, t. CXXX, p. 247. [Nouv. sér., t. LIV.] Mai 1864.

(2) *Poggendorff's Annalen der Physik und Chemie*, t. CXXI, p. 318. 1864. N° 2.

La différence de forme qui existe entre ces minéraux et l'*hématite* et la *magnétite* tend à appuyer la dernière opinion. Il y a d'autres motifs encore pour adopter ces formules : la présence d'une certaine quantité de baryte dans la braunite d'Elgersburg (Turner), et celle d'une proportion notable de silice dans la braunite de Saint-Marcel. La baryte remplacerait, dans le premier cas, une proportion correspondante du protoxyde de manganèse, et la silice, dans le second, une quantité équivalente de bioxyde.

L'analyse de la braunite de Saint-Marcel, par M. Damour, s'accorde parfaitement avec cette hypothèse (1).

Sur la pyrochroïte, nouvelle substance minérale, par M. L. J. IGELSTROEM (2).

Ce minéral a été trouvé dans la mine de fer et de manganèse de Pajsberg, district de Filipstad, en Suède. Il forme des veines blanches d'un éclat nacré dans la magnétite. Il s'altère à l'air, et se colore en brun, puis en noir. Sa densité est celle de la brucite ; il est lamelleux comme cette dernière substance et transparent en lames minces.

Chauffés dans le tube, les petits fragments prennent d'abord une couleur d'un beau vert, qui passe au vert sale, puis au noir brunâtre. Il se dégage en même temps de l'eau.

L'analyse a donné :

Protoxyde de manganèse	76,40
Magnésie	3,14
Chaux	1,27
Protoxyde de fer	0,006
Eau	15,35
Acide carbonique (par différence)	3,834

La *pyrochroïte*, ainsi nommée à cause du changement de couleur qu'elle montre au feu, est donc une brucite de manganèse.

Sur l'astrophyllite, le pyroxène et le mica de la syénite zirconienne, par M. Th. SCHEERER (3).

Analyses d'astrophyllite de Barkewig : I par M. Scheerer, II par M. Sieveking, III par M. Meinecke.

(1) Il faut pourtant remarquer que le bioxyde de manganèse libre (pyrolusite) n'est pas isomorphe avec le quartz. C. F.

(2) *Annalen der Physik und Chemie*, t. CXXII, p. 181. 1864. N° 5.

(3) *Poggendorff's Annalen der Physik und Chemie*, t. CXXII, p. 107. 1864. N° 5.

	I.	II.	III.
Silice	32,21	32,35	33,71
Acide titanique	8,24	8,84	8,76
Alumine	3,02	3,46	3,47
Peroxyde de fer	7,97	8,05	8,51
Protoxyde de fer	21,40	18,06	25,21
Prot. de manganèse	12,63	12,68	10,59
Chaux	2,11	1,86	0,95
Magnésie	1,64	2,72	0,05
Potasse	3,18	2,94	0,65
Soude	2,24	4,02	3,69
Eau	4,41	4,53	4,85
	99,05	99,51	100,44

Ces analyses diffèrent de celle publiée par M. Pisani, surtout pour la zircone, dont ce dernier chimiste a trouvé 4,97 p. $^0/_0$, et pour l'eau qui, dans son analyse, ne s'est élevée qu'à 1,86.

Elles peuvent être exprimées par les rapports des quantités d'oxygène :

$$SiO^2,TiO^2 : R^2O^3 : RO : HO = 16 : 3 : 8 \quad 3.$$

L'auteur conclut de ces résultats, de même que des caractères extérieurs de l'astrophyllite, que cette substance est une espèce de mica, mais assez différente des micas ordinaires.

Pyroxène. Cristaux d'un vert poireau foncé, accompagnant l'astrophyllite.

Analyses : I par M. Gutzkow, II par M. Rube.

	I.	II.
Silice	50,13	50,03
Acide titanique	1,22	1,06
Alumine	1,40	0,55
Peroxyde de fer	28,38	28,68
Protoxye de fer	1,90	1,98
Prot. de manganèse	1,45	1,52
Chaux	1,40	1,42
Magnésie	1,20	1,33
Soude	12,04	12,20
Eau	1,07	1,05
	100,19	99,82

Ces chiffres se rapprochent de ceux trouvés pour l'aégyrine.

Mica noir, accompagnant les deux substances précédentes et souvent pénétré par l'astrophyllite (I). Autre mica noir de la syénite zirconienne, analysé par M. A. Defrance (II).

	I.	Oxygène.	II.	Oxygène.
Silice	35,26	20,18	35,93	19,05
Acide titanique	4,68		0,99	
Alumine	10,24	8,53	10,98	8,07
Peroxyde de fer	12,47		9,82	
Protoxyde de fer	18,84	8,47	26,93	11,14
Prot. de manganèse	2,14		0,72	
Chaux	0,05		1,04	
Magnésie	3,24		5,13	
Potasse	9,20		0,24	
Soude	0,60		5,18	
Eau	2,71		4,30	
	99,43		101,26	

Les rapports de l'oxygène dans SiO^2 : R^2O^3 : RO sont pour le premier mica, 5 : 2 : 2, et pour le second, 5 : 2 : 3.

L'auteur rattache à la composition de ces divers minéraux une série de considérations géologiques : il admet qu'ils ont pris naissance par l'action de l'eau et de bases arrivées probablement à l'état de fluorures et de chlorures, sur la masse en fusion de la syénite.

CHIMIE ANALYTIQUE.

Détermination volumétrique du cobalt en présence du nickel, par M. Cl. WINKLER (1).

Lorsqu'à une solution neutre de chlorure de cobalt on ajoute de l'oxyde de mercure, on n'observe aucun changement; si l'on ajoute ensuite du permanganate de potasse à la liqueur, il y a décoloration, et l'oxyde de mercure brunit par suite de la précipitation d'hydrate cobaltique et de sesquioxyde de manganèse.

En opérant de même avec le chlorure de nickel, on n'observe rien de semblable, si le nickel est exempt de cobalt, mais pour peu qu'il y ait 1 millième de cobalt, on observe d'abord une décoloration du permanganate. Cette réaction, découverte par l'auteur, l'a conduit à une méthode de dosage volumétrique du cobalt.

Détermination simultanée du cobalt et du nickel. — On commence par séparer, par les méthodes ordinaires, ces deux métaux des autres métaux qui peuvent les accompagner, puis on les dose ensemble, soit en

(1) *Journal für praktische Chemie*, t. XCII, p. 449. 1864. N° 16.

les précipitant et pesant le précipité, soit en les dosant par une méthode volumétrique. Dans le premier cas, on peut les précipiter par l'eau de baryte (préférablement à la potasse), transformer les oxydes en sulfates et peser ceux-ci après calcination ; comme moyen de contrôle, on peut doser l'acide sulfurique contenu dans le mélange des sulfates. Cette méthode est plus exacte que celle qui consiste à précipiter ces métaux par la potasse et à réduire à l'état métallique les oxydes ainsi obtenus. Si l'on veut se contenter d'un dosage moins rigoureux, on peut doser le mélange de cobalt et de nickel par la méthode volumétrique proposée par M. Kuenzel (1).

Le poids total du cobalt et du nickel étant connu, on dose le cobalt par la méthode volumétrique indiquée plus haut, en transformant le cobalt et le nickel en *chlorures;* l'oxyde de cobalt, dans ce cas, est lent à se déposer, mais on facilite ce dépôt en ajoutant une nouvelle portion d'oxyde mercurique et agitant la liqueur; ce dépôt s'effectue beaucoup plus facilement quand il n'y a plus beaucoup de cobalt en solution, et cette circonstance permet de déterminer plus exactement le moment où il faut arrêter l'addition du permanganate de potasse. Le précipité ne renferme que des traces d'oxyde de nickel entraîné mécaniquement.

Il ne reste plus qu'à opérer les calculs et à retrancher du poids total du nickel et du cobalt celui du cobalt trouvé par le permanganate de potasse.

Dosage de l'étain et de l'antimoine, par **M. W. L. CLASEN** (2).

Une des meilleures méthodes pour séparer l'étain de l'antimoine consiste à traiter la solution de ces deux métaux par le fer métallique, qui en précipite l'antimoine. Cette méthode, recommandée par M. Fookey, n'est appliquable, suivant les analyses de l'auteur, que si l'étain se trouve en grande proportion relativement à l'antimoine, sans quoi une partie de ce dernier se redissout. Si l'alliage à analyser n'est pas dans ce cas, il est bon d'y ajouter un poids déterminé d'étain, qu'on déduit ensuite des résultats obtenus. Le fer employé par l'auteur est le fil de clavecin. Quant au lavage de l'antimoine, on l'effectue d'abord au moyen d'eau acidulée, puis à l'alcool absolu, additionné d'éther, afin de hâter la dessiccation ; si cette dernière se faisait lentement, il y aurait à craindre une oxydation de l'antimoine, à cause de

(1) Voir *Bulletin de la Société chimique*, t. v, p. 407 (1863).

(2) *Journal für praktische Chemie*, t. XCII, p. 477. 1864. N° 16.

son grand état de division. L'étain se dose, dans la liqueur filtrée, par les méthodes ordinaires.

L'auteur s'est assuré par des essais directs que, contrairement aux assertions de M. Fresenius, l'acide chlorhydrique, même froid, dissout de l'antimoine; il en résulte que lorsqu'il reste un grand excès d'acide chlorhydrique dans la liqueur, après la précipitation de l'antimoine, une partie de ce métal se redissout. Il faut donc faire agir le fer sur la liqueur aussi longtemps qu'il s'y dissout, et il faut aussi qu'au moment de la filtration tout le fer soit dissous.

CHIMIE ORGANIQUE.

Sur la substitution de l'hydrogène de l'éther par le chlore, l'éthyle et l'oxéthyle, par M. Ad. LIEBEN (1).

L'auteur avait déjà obtenu, par l'action du chlore sur l'éther, un composé

$$\left.\begin{matrix} C^2H^4Cl \\ C^2H^4Cl \end{matrix}\right\} O \quad (2)$$

auquel il avait donné le nom d'*éther monochloré*, le nom d'*éther bichloré* ayant été donné antérieurement à un composé découvert par M. Malaguti. Il avait aussi obtenu, en commun avec M. Bauer, en faisant réagir le zinc-éthyle sur l'éther monochloré, un premier composé

$$\left.\begin{matrix} C^2H^4Cl \\ C^2H^4,C^2H^5 \end{matrix}\right\} O$$

et un second ayant pour formule rationnelle

$$\left.\begin{matrix} C^2H^4,C^2H^5 \\ C^2H^4,C^2H^5 \end{matrix}\right\} O.$$

Ce dernier, formé à une température élevée, n'avait pas été obtenu à l'état de pureté parfaite.

Depuis, M. Lieben a étudié l'action de la potasse en solution alcoolique concentrée et de l'alcool sodé sur l'éther monochloré.

L'action de ces deux réactifs sur l'éther monochloré est à peu près identique. Il y a formation de chlorure de potassium ou de sodium.

(1) *Comptes rendus*, t. LIX, p. 445 (1864).

(2) $C = 12$; $O = 16$; $H = 1$.

On ajoute un excès d'eau à la liqueur alcoolique et on lave l'huile qui se sépare. Cette huile, plus lourde que l'eau séchée, possède une odeur agréable; elle bout à 159°.

Sa composition répond à la formule

$$\left.\begin{matrix} C^2H^4,Cl \\ C^2H^4,C^2H^5O \end{matrix}\right\} O.$$

L'équation suivante rend compte de la production de ce corps, qu'on peut envisager comme de l'éther dans lequel 1 atome d'hydrogène aurait été remplacé par le chlore et un autre par le résidu C^2H^5O, qu'on peut nommer *oxéthyle*

$$\left.\begin{matrix} C^2H^4Cl \\ C^2H^4Cl \end{matrix}\right\} O + NaC^2H^5O = \left\{\begin{matrix} C^2H^4Cl \\ C^2H^4C^2H^5O \end{matrix}\right\} O + NaCl.$$

Ce corps s'obtient difficilement à un état de pureté parfaite. Il est ordinairement mêlé à un produit plus riche en chlore.

Si l'on prolonge la réaction de l'éther monochloré sur l'éthylate de soude, en chauffant pendant plusieurs heures en vases clos, puis qu'on traite par l'eau le produit de la réaction en lavant et desséchant l'huile qui se sépare, on obtient un liquide moins dense que l'eau, bouillant à 168° et dont la composition répond à la formule

$$\left.\begin{matrix} C^2H^4,C^2H^5O \\ C^2H^4,C^2H^5O \end{matrix}\right\} O$$

en vertu de l'équation

$$\left.\begin{matrix} C^2H^4Cl \\ C^2H^4,C^2H^5O \end{matrix}\right\} O + NaC^2H^5O = \left\{\begin{matrix} C^2H^4,C^2H^5O \\ C^2H^4,C^2H^5O \end{matrix}\right\} O + NaCl.$$

Lorsqu'on fait réagir la potasse alcoolique concentrée sur le corps

$$\left.\begin{matrix} C^2H^2Cl \\ C^2H^4C^2H^5 \end{matrix}\right\} O$$

en chauffant en vase clos à 140° pendant 24 heures, il se dépose des cristaux de chlorure de potassium. Le produit principal de la réaction est un liquide moins dense que l'eau, bouillant à 148°.

Sa composition répond à la formule

$$\left.\begin{matrix} C^2H^4,C^2H^5O \\ C^2H^4,C^2H^5 \end{matrix}\right\} O.$$

Sa formation s'explique par l'équation

$$\left.\begin{matrix} C^2H^4Cl \\ C^2H^4,C^2H^5 \end{matrix}\right\} O + KC^2H^5O = \left\{\begin{matrix} C^2H^4,C^2H^5O \\ C^2H^4,C^2H^5 \end{matrix}\right\} O + KCl.$$

Il est présumable que ces réactions sont générales et qu'on obtiendra des composés correspondants en substituant le méthylate de soude à l'éthylate, etc.

On aurait ainsi les trois séries :

$$\left.\begin{matrix} C^2H^4Cl \\ C^2H^4C^nH^{2n-1}O \end{matrix}\right\} O \qquad \left.\begin{matrix} C^2H^4,C^mH^{2m-1}O \\ C^2H^4,C^nH^{2n-1}O \end{matrix}\right\} O \qquad \left.\begin{matrix} C^2H^4,C^nH^{2n-1}O \\ C^2H^4,C^mH^{2m-1} \end{matrix}\right\} O.$$

L'auteur se propose de continuer ces recherches.

Sur quelques éthers des alcools biatomiques, par M. A. MAYER (1).

Bibenzoate de propylène. — L'auteur a obtenu le bibenzoate de propylène par un procédé semblable à celui qui a fourni à M. Wurtz le bibenzoate d'éthylène, c'est-à-dire en chauffant ensemble du benzoate d'argent et du bromure de propylène. On traite les produits de la réaction par l'éther et par le carbonate de soude, et l'on obtient une solution de bibenzoate de propylène qui se dépose en cristaux isomorphes (d'après les déterminations de M. C. Friedel) avec le bibenzoate d'éthylène. Ces cristaux sont insolubles dans l'eau et les carbonates alcalins, solubles dans l'éther et l'alcool; ils fondent à 72° et distillent vers 300°. Leur composition répond à la formule :

$$\left.\begin{matrix} C^7H^5O \\ C^3H^6 \\ C^7H^5O \end{matrix}\right\} O^2. \quad (2)$$

Bibenzoate d'amylène. — Le bibenzoate d'amylène s'obtient d'une manière analogue. Il cristallise en grandes lames incolores et brillantes par l'évaporation de sa dissolution éthérée. Il fond à 123°. Sa composition répond à la formule :

$$\left.\begin{matrix} C^7H^5O \\ C^5H^{10} \\ C^7H^5O \end{matrix}\right\} O^2.$$

Bisalicylate d'éthylène. — Ce corps a déjà été obtenu par M. Gilm. Les propriétés indiquées par ce dernier chimiste s'accordent avec celles reconnues par M. Mayer, sauf la solubilité dans l'éther. Suivant M. Mayer, le bisalicylate d'éthylène est plus soluble dans l'éther que dans l'alcool et n'est pas précipité de sa dissolution alcoolique par l'éther.

(1) *Comptes rendus*, t. LIX, p. 444 (1864).

(2) $C = 12$; $O = 16$; $H = 1$.

Le bisalicylate d'éthylène fond à 83°. Sa composition répond à la formule :

$$\left.\begin{matrix} C^7H^4O \\ H \\ C^2H^4 \\ H \\ C^7H^4O \end{matrix}\right\} \begin{matrix} O^2 \\ \\ O^2 \end{matrix}$$

Le bisalicylate de propylène s'obtient une manière analogue.

Note préalable sur des radicaux alcooliques mixtes des séries alcoolique et phénique, par **MM. B. TOLLENS** et **R. FITTIG** (1).

L'action du sodium sur un mélange d'équivalents égaux de bromure d'amyle et de benzine monobromée est très-vive. Si l'on modère la réaction en mélangeant de benzine les bromures et en refroidissant le vase avec de l'eau, et si l'on distille au bout d'un ou deux jours, on obtient un liquide incolore ne renfermant que de très-petites quantités de phényle et d'amyle. La plus grande partie du produit bout vers 193°, et l'analyse montre que c'est de l'amyle-phényle $Ꞓ^{11}H^{16}$ ou

$$\left.\begin{matrix} Ꞓ^5H^{11} \\ Ꞓ^6H^5 \end{matrix}\right\}.$$

Les auteurs ont obtenu de même l'éthyle-phényle bouillant vers 134°.

Ces deux hydrocarbures sont facilement attaqués par l'acide azotique fumant et par le brome, en donnant des produits de substitution.

L'acide sulfurique concentré chaud les dissout et s'y combine en formant des acides sulfoconjugués dont les sels de baryte cristallisent très-bien et sont peu solubles dans l'eau.

Sur quelques combinaisons du valéral, par **M. H. STRECKER** (2).

Le valéral pur, agité avec une solution aqueuse concentrée d'ammoniaque, se prend en une bouillie cristalline de valéral-ammoniaque Le valéral brut, dans les mêmes circonstances, ne donne pas immédiatement de cristaux ; c'est seulement à la longue qu'il s'en forme ; ils sont alors incolores et d'une assez grande dimension. Les cristaux paraissent être des rhomboèdres de 92° 1/2 environ ; ils s'effleurissent très-rapidement à l'air. Ils renferment :

$$C^{10}H^{10}O^2AzH^3 + 14aq.$$

(1) *Annalen der Chemie und Pharmacie*, t. CXXIX, p. 369. [Nouv. sér., t. LIII.] Mars 1864.

(2) *Annalen der Chemie und Pharmacie*, t. CXXX, p. 217. [Nouv. sér., t. LIV.] ai 1864.

Ils fondent, en donnant une couche huileuse cristallisable anhydre qui nage au-dessus d'une couche d'eau.

Les cristaux anhydres sont solubles dans l'alcool et dans l'éther.

Le valéral-ammoniaque se dissout dans les acides étendus et est précipité de ses solutions par l'ammoniaque.

La solution chlorhydrique évaporée donne des cristaux d une combinaison d'acide chlorhydrique, de valéral et d'ammoniaque, mais mélangée de chlorhydrate d'ammoniaque.

Le valéral-ammoniaque est isomérique avec la *choline* contenue dans la bile ; mais cette dernière est loin d'être facilement décomposable.

La solution alcoolique de valéral-ammoniaque donne, avec l'azotate d'argent, un précipité blanc qui noircit très-lentement à froid.

Le valéral-ammoniaque, chauffé avec l'acide cyanhydrique aqueux, donne une liqueur laiteuse qui laisse déposer par refroidissement de longues aiguilles. Les cristaux recueillis sur un filtre, exprimés et cristallisés dans l'éther, sont fusibles à 61 ou 62°. Leur composition répond à la formule $C^{36}H^{33}Az^5$, et leur formation s'exprime par l'équation :

$$3\ C^{10}H^{10}O^2 + 3C^2HAz + 2AzH^3 = C^{36}H^{33}Az^5 + 6HO.$$

Cette transformation est analogue à celle qu'éprouve l'hydrure de benzoïle par l'action de l'ammoniaque, et l'auteur a reconnu que l'aldéhyde vinique se comporte de même.

La combinaison nouvelle possède des propriétés basiques nettes; additionnée d'acide chlorhydrique, lorsqu'elle est en solution éthérée, elle donne de grandes aiguilles renfermant :

$$C^{36}H^{33}Az^5,HCl.$$

Les aiguilles sont peu solubles dans l'eau ; en les faisant bouillir avec un excès d'acide, on obtient un mélange de sel ammoniac et de chlorhydrate de leucine.

D'après cette dernière réaction, il paraît assez vraisemblable que, dans la formation de l'alanine et de la leucine par l'ébullition de l'acide cyanhydrique et des combinaisons ammonicales des aldéhydes, en présence de l'acide chlorhydrique, il y a d'abord production de bases analogues à la précédente, et seulement par une décomposition ultérieure, transformation de ces bases en alanine, leucine, etc.

Ainsi que l'a reconnu, il y a quelques années, M. Ad. Strecker (1), lorsqu'on évapore, au bain-marie, des solutions d'aldéhydate d'am-

(1) *Annalen der Chemie und Pharmacie,* t. LXXV, p. 28.

moniaque et d'acide cyanhydrique, il reste un produit brun qui se solidifie, en grande partie, par le refroidissement. L'éther enlève à ce résidu une substance cristallisable en aiguilles incolores, soluble, dans l'eau et dans l'alcool, n'agissant pas sur les couleurs végétales, fusible, volatile sans décomposition.

La potasse bouillante ne lui enlève pas d'acide cyanhydrique.

Elle renferme $C^{18}H^{15}Az^{5}$ et se forme en vertu de l'équation :

$$3\,(C^{4}H^{4}O^{2}AzH^{3}) + 3\,C^{2}AzH = C^{18}H^{15}Az^{5} + AzH^{3} + 3HO.$$

L'ammoniaque mise en liberté se dégage à l'état de cyanhydrate.

Le corps nouveau diffère de l'*hydrocyanaldine* (1) $C^{18}H^{12}Hz^{4}$, par les éléments de l'ammoniaque en moins.

Il se combine avec l'acide chlorhydrique, et la solution dans l'acide concentré, fournit des cristaux par évaporation spontanée. Ils sont solubles dans l'eau, et partiellement décomposables par l'ébullition.

Ainsi, par l'action de l'acide cyanhydrique sur l'aldéhydate d'ammoniaque, il se forme d'abord, avec élimination d'ammoniaque, la combinaison $C^{18}H^{15}Az^{5}$, et celle-ci se transforme, après de nouvelles éliminations d'ammoniaque, d'abord en hydrocianaldine, puis avec fixation d'eau, en alanine.

Sur une base nouvelle dérivée du valéral-ammoniaque, par M. J. ERDMANN (2).

La combinaison cristallisée de valéral et d'ammoniaque renferme, d'après les analyses de M. H. Strecker, $AzH^{3}\text{Є}^{5}H^{10}\text{Ɵ} + 14\,Aq$. Elle fond au bain-marie et se sépare en deux couches, dont la supérieure est formée de valéral-ammoniaque anhydre, et dont l'inférieure est de l'eau. Par le refroidissement, la couche supérieure se prend en cristaux.

Si l'on chauffe le même produit à 130°, pendant 6 ou 8 heures, dans des tubes scellés, il se transforme en grande partie en une base nouvelle qu'on peut isoler de la manière suivante :

La couche huileuse, séparée de la liqueur ammonicale, est distillée avec de l'eau pour éloigner le valéral qui peut y être mélangé. Le produit resté dans la cornue se dissout, après décantation, dans l'acide

(1) *Annalen der Chemie und Pharmacie*, t. XCI, p. 349.

(2) *Annalen der Chemie und Pharmacie*, t. CXXX, p. 211. [Nouv. sér., t. LIV.] Mai 1864.

chlorhydrique avec dégagement de chaleur, à la réserve de quelques gouttelettes huileuses.

La solution laisse déposer des cristaux qu'on purifie en les lavant à l'eau, les exprimant dans des doubles de papier, les faisant cristalliser dans l'alcool, et les lavant avec de l'éther.

Séchés dans le vide, en présence de l'acide sulfurique, les cristaux renfermaient :

$$C^{15}H^{34}AzO^{3}Cl.$$

Les eaux-mères fournissent la base, lorsqu'on les agite avec de l'éther pour enlever des matières huileuses, qu'on sursature d'ammoniaque, qu'on agite encore une fois avec l'éther, et qu'on évapore la solution éthérée.

Le chlorhydrate pur, décomposé par l'ammoniaque, avec l'aide d'une douce chaleur, donne la base, sous forme d'une huile épaisse quand elle est déshydratée, incolore et d'une odeur particulière.

A la distillation, elle se décompose partiellement avec dégagement d'ammoniaque : sa densité est de 0,879 à 220°. Elle a une forte réaction alcaline; elle est peu soluble dans l'eau, très-soluble dans l'alcool et dans l'éther. Sa composition répond à la formule

$$C^{15}H^{33}AzO^{3}.$$

Son sel de platine constitue une masse résineuse lorsqu'il est précipité dans l'eau, cristallisable, dans l'alcool, en grains d'un jaune orange. Desséché dans le vide, il renferme

$$C^{15}H^{34}AzO^{3}Cl + PtCl^{2}.$$

La base s'unit difficilement avec l'iodure d'éthyle; on obtient une combinaison partielle en chauffant les deux corps ensemble, pendant 3 à 4 heures, à 126°. Le produit de la réaction est l'iodure d'une base incristallisable, à saveur très-amère.

L'auteur considère la base nouvelle comme une combinaison d'oxyde d'amylidène et d'ammoniaque isomérique avec la combinaison d'oxyde d'amylène et d'ammoniaque, qui serait l'homologue de la base trioxéthylénique de M. Wurtz.

L'aniline se combine avec le valéral à la température ordinaire, en s'échauffant fortement, et donne un corps incristallisable, résineux, sans propriétés basiques.

Sur quelques dérivés phéniques des aldéhydes,
par M. Hugo SCHIFF (1).

Les aldéhydes autres que l'aldéhyde acétique ne fournissent qu'un seul composé. Il ne possède pas les propriétés basiques, et il est analogue par sa composition à la combinaison diéthylidénique.

Un mélange d'aniline et d'aldéhyde valérique à équivalents égaux s'échauffe et donne une masse très-dense qu'on débarrasse d'aniline par de l'acide acétique dilué, puis qu'on lave avec de l'eau et qu'on sèche au bain-marie. Le résidu jaunâtre, dense et amer, constitue la diamylidène-diphénamide

$$Az^2\left\{\begin{array}{l}C^5H^{10}\\C^5H^{10}\\2C^6H^5\end{array}\right.$$

formée selon l'équation

$$2C^6H^7Az + 2C^5H^{10}O = 2H^2O + C^{22}H^{30}Az^2.$$

Ce corps, insoluble dans l'eau, se dissout facilement dans l'alcool et dans l'éther; il ne se combine pas avec les acides, il ne donne pas naissance à un chloroplatinate, il s'unit directement aux éthers bromhydrique et iodhydrique.

L'aldéhyde œnanthique fournit dans les mêmes circonstances un produit analogue.

L'aldéhyde benzoïque commence à réagir à froid sur l'aniline; on chauffe pendant quelques heures vers 120° pour compléter la réaction. Il résulte de ce traitement un produit sirupeux qui, traité par l'acide chlorhydrique dilué et ensuite par l'eau, devient solide. Ce corps se dissout dans l'alcool, et la solution dépose une masse cristalline qui est la ditoluène diphénamide

$$Az^2\left\{\begin{array}{l}C^7H^6\\C^7H^6\\2C^6H^5\end{array}\right.$$

déjà observée par Laurent.

La benzoïne $C^{14}H^{12}O^2$, chauffée à 180° avec de l'aniline dans des tubes scellés, se dédouble et forme un composé qui paraît être identique avec le précédent. Les phénamides cinnamique et cuminique s'obtiennent et se comportent de la même manière que la combinaison benzoïque.

(1) *Comptes rendus*, t. LIX, p. 5.

Il est remarquable que la fluidité de ces composés augmente avec l'équivalent.

L'aldéhyde acétique, renfermant 14 équivalents de carbone est solide; l'autre aldéhyde acétique, qui contient 16 équivalents de carbone, est un corps sirupeux. L'aldéhyde valérique est moins dense et le composé œnanthique est encore plus fluide.

Le camphre est-il une aldéhyde? par MM. B. TOLLENS et R. FITTIG (1).

M. Berthelot a émis l'opinion que le camphre ordinaire est au camphre de Bornéo ce qu'une aldéhyde est à l'alcool correspondant. Il a appuyé sa manière de voir sur des expériences d'après lesquelles le camphre se scinde, par l'action de la potasse alcoolique, en bornéol et en un acide $\text{Ɵ}^{10}H^{16}\text{Ɵ}^2$.

Les auteurs ne pensent pas qu'il y ait là une raison suffisante pour regarder le camphre comme une aldéhyde. Ils ont reconnu, en effet, qu'en chauffant pendant un temps très-long des tubes renfermant un mélange de camphre avec une solution concentrée de bichromate de potasse et de l'acide sulfurique, on n'obtient aucune réaction.

L'acide azotique concentré fournit, comme on sait, l'acide camphorique et l'acide camphorésinique. Il ne se forme donc pas d'acide

$$\text{Ɵ}^{10}H^{16}\text{Ɵ}^2$$

par oxydation directe du camphre.

L'action de l'hydrogène naissant ne transforme pas le camphre en bornéol.

Le camphre ne se combine pas avec les bisulfites alcalins. L'acide sulfureux forme avec lui, ainsi que l'a remarqué M. Bineau, une combinaison liquide. En ajoutant de l'ammoniaque à cette combinaison, on met le camphre en liberté.

On ne réussit pas à réduire l'acide camphorique par l'iodure de phosphore et l'eau; l'action n'a lieu qu'à une température élevée, et l'on n'obtient qu'un produit résineux, qui ne présente nullement les caractères d'un acide.

Le point de fusion de l'acide camphorique, indiqué par Brandes (62°,5), est différent de celui trouvé par les auteurs. Des échantillons provenant de diverses préparations ont donné des points de fusion situés entre 175 et 178°.

(1) *Annalen der Chemie und Pharmacie*, t. CXXIX, p. 371. [Nouv. série, t. LIII.] Mars 1864.

Sur l'acroléine-ammoniaque et sur une base nouvelle qui en dérive, par M. A. CLAUS (1).

La combinaison d'acroléine et d'ammoniaque a été obtenue en grande quantité en dirigeant les vapeurs d'acroléine produites par l'action du bisulfate de potasse sur la glycérine, dans un flacon de Woulf renfermant une solution aqueuse d'ammoniaque. Le tube de dégagement se terminait près de la surface de la solution et un peu au-dessus; un tube en U, dans la courbure duquel se trouvait une petite quantité d'ammoniaque, fermait l'appareil et empêchait les vapeurs de s'échapper. Ce procédé, qui est très-avantageux d'ailleurs, présente pourtant un inconvénient; c'est que l'acroléine-ammoniaque reste mélangé de sulfite, si l'opération n'a pas été conduite avec précaution, de manière à empêcher la production d'acide sulfureux.

La solution ammoniacale jaune qu'on obtient ainsi, après évaporation de l'excès d'ammoniaque, est précipitée par l'alcool et par l'éher; le précipité forme une masse ressemblant à de l'albumine coagulée, et qui, peu à peu, se réunit sous forme d'une huile épaisse ou d'une résine adhérant aux parois du vase.

Ce produit est très-soluble dans l'eau. Desséché, il se présente comme une masse d'un brun rougeâtre, translucide, facile à réduire en une poussière rouge, sans odeur et sans saveur. Il est insoluble dans l'alcool et dans l'éther à froid. Les acides et les alcalis étendus le transforment d'abord en gelée pour le dissoudre ensuite.

Les sels qu'il forme avec les acides sont tous incristallisables.

Le sel de platine qu'on obtient en précipitant par le chlorure de platine la solution chlorhydrique d'acroléine-ammoniaque, a donné à l'analyse des nombres se rapportant à la formule

$$C^{12}H^{10}AzO^{2}Cl.$$

L'hydrate d'oxyde d'ammonium correspondant serait

$$C^{12}H^{10}O^{2}Az,OHO,$$

ou

$$\left.\begin{matrix}C^{6}H^{4}O^{2}\\C^{6}H^{6}\end{matrix}\right\}AzO,HO$$

en admettant que l'une des molécules d'acroléine y entre comme radical diatomique et que l'autre fournit du propylène.

(1) *Annalen der Chemie und Pharmacie*, t. CXXX, p. 185. [Nouv. sér., t. LIV.] Mai 1864.

L'acroléine-ammoniaque, en commençant à se décomposer à 100°, ne donne pas à cette température une quantité notable de produits basiques, comme le fait l'aldéhydate d'ammoniaque.

En le soumettant à la distillation sèche, on remarque un dégagement considérable d'ammoniaque; il passe dans le récipient de l'eau et une matière huileuse insoluble, pendant qu'il reste dans la cornue un charbon très-boursoufflé.

La substance huileuse, lavée à l'eau et distillée, fournit des vapeurs à 95°, mais se décompose à une température plus élevée ; elle constitue une base nouvelle plus légère que l'eau, d'une odeur désagréable, altérable à l'air, soluble dans l'alcool et dans l'éther, ainsi que dans les acides. Ses sels sont cristallisables ; la potasse les décompose en régénérant la base.

Le sel de platine, cristallisé dans l'eau, a donné à l'analyse des nombres s'accordant à peu près avec la formule

$$C^{12}H^{8}AzCl,PtCl^{2}.$$

Si cette formule est exacte, la base, considérée comme un hydrate d'oxyde d'ammonium, $C^{12}H^{8}AzO,HO$, se dériverait de l'acroléine-ammoniaque en perdant 2HO.

$$C^{12}H^{11}AzO^{4} - 2HO = C^{12}H^{9}AzO^{2}.$$

Sur l'acide azélaïque, par M. K. GROTE (1).

M. Grote modifie le procédé indiqué par M. Arppe pour l'oxydation de l'huile de ricin (2), en faisant couler lentement l'huile dans l'acide azotique chaud, contenu dans une cornue spacieuse. On continue l'opération jusqu'à ce que l'action s'arrête; on distille l'excès d'acide azotique, puis on évapore dans une capsule de porcelaine. On lave à l'eau la masse grenue qui reste; puis on la soumet à une précipitation fractionnée à chaud par le chlorure de calcium après l'avoir neutralisée par l'ammoniaque. Les premiers produits précipités renferment l'acide azélaïque pur; les suivants en contiennent encore beaucoup mélangé avec de l'acide subérique, qu'il est facile de séparer par cristallisation.

L'acide azélaïque est soluble dans 389 parties d'eau à 10° (M. Arppe

(1) *Annalen der Chemie und Pharmacie.* t. CXXX, p. 207. [Nouv. sér., t. LIV.] Mai 1864.

(2) *Bulletin de la Société chimique*, t. V, p. 149 (1863).

avait trouvé 700 parties à 15°), et dans une proportion quelconque d'eau chaude.

Le sel de baryte obtenu en neutralisant une solution concentrée chaude d'acide par le carbonate de baryte, se sépare sous forme d'une poudre grenue anhydre; porté à l'ébullition avec beaucoup d'eau, elle se dissout et cristallise avec 2Aq.

Le sel d'argent, séché à 100°, contient 1 équivalent d'eau qu'il perd à 150°.

Une solution d'acide azélaïque dans l'ammoniaque en excès, additionnée de chlorure de calcium ne donne pas de précipité à froid; mais dès que l'on chauffe à l'ébullition, on voit se précipiter un sel cristallin très-difficilement soluble.

L'auteur s'est assuré que l'acide *ipomique* de M. Mayer, qui a le même point de fusion que l'acide azélaïque, diffère de ce dernier par sa composition, qui répond bien à la formule $C^{20}H^{18}O^{8}$ indiquée par M. Mayer.

Sur les produits de la réduction de l'acide nitranisique, par M. P. ALEXEYEFF (1).

L'acide anisique a été préparé selon la méthode ordinaire, puis transformé en acide nitranisique en le versant par petites portions dans de l'acide azotique fumant, doucement chauffé. L'acide nitranisique s'y dissout entièrement; on le précipite par l'eau, puis on le dissout dans l'ammoniaque pour le précipiter enfin par l'acide azotique.

Traité par l'eau et l'amalgame de sodium, il se dissout sans qu'il y ait presque dégagement d'hydrogrène. La liqueur s'échauffe et se colore en jaune. On filtre et on précipite par l'acide chlorhydrique; il se sépare un précipité amorphe plus ou moins coloré, très-coloré lorsque l'acide nitranisique n'était pas pur.

Le précipité, traité par l'eau bouillante, puis par l'alcool, dissous ensuite dans l'ammoniaque et précipité par l'acide chlorhydrique, est amorphe, jaune orange, insoluble dans l'eau, dans l'alcool, dans l'éther. Séché à 120°, il a donné à l'analyse des nombres répondant à la formule $\mathrm{C^{8}H^{7}AzO^{3}}$. Ainsi l'acide nitrasinique a simplement perdu une partie de son oxygène.

Une solution ammoniacale de cet acide, portée à l'ébullition avec du

(1) *Annalen der Chemie und Pharmacie*, t. CXXIX, p. 343. [Nouv. sér., t. LIII.] Mars 1864.

chlorure de barium, fournit un sel de baryte sous forme de précipité rouge cristallin. Ce sel peut être obtenu aussi en beaux cristaux. Il renferme

$$2(C^8H^6BaAzO^3) + H^2O.$$

L'amalgame de sodium et l'eau ne paraissent pas réagir sur l'éther nitranisique en solution acide ; mais en présence du chlorhydrate d'ammoniaque, on a obtenu des cristaux rougeâtres.

Sur un corps isomérique avec le benzile,
par M. P. ALEXEYEFF (1).

M. Alexeyeff a tenté d'obtenir par l'action du sodium sur l'essence d'amandes amères en présence de l'acide carbonique, un acide $C^8H^6O^3$ isomérique avec l'acide coumarique, comme M. Kolbe a obtenu l'acide salicylique en dissolvant du sodium dans l'acide phénique au sein d'une atmosphère d'acide carbonique.

Le produit cherché n'a pas pris naissance; par contre il s'est formé une autre substance intéressante.

Au lieu de sodium pur, on a employé l'amalgame de ce métal, et on l'a fait agir à chaud sur l'essence d'amandes amères en maintenant dans l'appareil un courant d'acide carbonique. Il s'est produit une masse gélatineuse qu'on a traitée par l'éther aqueux. Une matière huileuse s'est dissoute et un sel de soude est resté comme résidu. Ce dernier est du benzoate de soude.

La substance huileuse, séparée de l'éther par distillation, ne se combine pas avec les bisulfites alcalins, n'est pas facilement oxydable par l'acide azotique. Portée à l'ébullition avec de la potasse caustique, elle ne donne pas la réaction caractéristique du benzile. Il se produit un acide ayant toutes les propriétés de l'acide benzoïque.

Séché à l'aide du chlorure de calcium et distillé, ce liquide bout vers 314°. Sa densité est de 1,104 à 10°. Les analyses lui assignent la formule $C^{14}H^{10}O^2$. On n'a pas encore pu se rendre un compte exact de ses rapports avec le benzile et avec le composé obtenu par Olewinsky en faisant réagir le chlorure de benzoïle sur le benzoïle-sodium.

(1) *Annalen der Chemie und Pharmacie*, t. CXXIX, p. 347. [Nouv. sér., t. LIII.] Mars 1864.

Quelques observations sur la tartramide et sur l'acide tartramique par M. K. GROTE (1).

D'après M. Demondésir (2), en faisant réagir une solution alcoolique d'ammoniaque sur l'éther tartrique, on obtient de l'éther tartramique et de la tartramide; ces deux substances ont été étudiées cristallographiquement par M. Pasteur.

L'ammoniaque aqueuse, chauffée à 100° avec de l'éther tartrique, fournit du tartrate et du tartramate d'ammoniaque en proportions qui varient suivant la durée de l'expérience. La tartramide s'obtient facilement en saturant de gaz ammoniac une solution alcoolique d'éther tartrique.

La tartramide se combine avec l'oxyde de mercure, et se sépare de la solution chaude d'abord en poudre, puis par refroidissement en croûtes cristallines. La quantité de mercure correspond à celle que devraient renfermer 2 molécules de tartramide dans lesquelles 3H seraient remplacées par 3Hg.

On n'a pas pu obtenir de combinaison argentique analogue; l'oxyde d'argent est réduit. On n'a pas non plus réussi à transformer la combinaison mercurique en produit de substitution éthylé.

Le tartramate de chaux, obtenu par l'action de l'ammoniaque aqueuse sur l'éther tartrique et par addition de chlorure de calcium au produit, cristallise en grands tétraèdres; il est soluble dans l'eau, insoluble dans l'alcool. Il renferme :

$$\left.\begin{matrix} C^8H^4O^8 \\ H^2 \\ Ca \end{matrix}\right\} \begin{matrix} Az \\ O^2 \end{matrix} + 6Aq.$$

L'acide séparé du sel précédent, à l'aide de l'acide oxalique, transformé en sel de plomb et mis en liberté par l'hydrogène sulfuré, forme un sirop incristallisable.

On n'a pas pu obtenir le sel de plomb neutre; il s'est toujours formé des sels basiques. Le sel, précipité par addition d'ammoniaque, renferme 68,5 p. % environ de plomb, ce qui répond à la formule

$$C^8H^4Pb^3AzO^{10}.$$

Le sel de baryte se dépose en croûtes cristallines, contenant

$$C^8H^6BaAzO^{10} + 8Aq.$$

(1) *Annalen der Chemie und Pharmacie*, t. CXXX, p. 202. [Nouv. sér., t. LIV.] Mai 1864.

(2) *Comptes rendus*, t. XXXIII, p. 227.

Sur la composition de la cystine, par **M. K. GROTE** (1).

Thaulow a attribué à la cystine, d'après ses analyses, la formule

$$C^6H^6AzS^2O^4,$$

que Gmelin a modifiée en y ajoutant H.

L'auteur ayant eu à sa disposition un calcul de cystine, l'a dissous dans l'ammoniaque et a obtenu, en abandonnant la solution dans le vide sur l'acide sulfurique, les tables hexagonales caractéristiques.

L'analyse qu'il en a faite lui a donné des nombres s'accordant bien avec la formule proposée par Gmelin

$$C^6H^7AzS^2O^4.$$

Sur l'huile essentielle des fruits d'ABIES REGINAE AMALIAE, par **M. BUCHNER** (2).

Les fruits de l'*Abies Reginæ Amaliæ* ou pin d'Arcadie, espèce de pin découverte près d'Athènes, renferment une essence d'une odeur très-agréable. Celle-ci se retire très-facilement, par la distillation des fruits avec de l'eau. Ces fruits en renferment environ 18 p. $^0/_0$.

L'essence qu'on en retire est incolore, très-fluide, d'une odeur agréable et balsamique. Sa densité, à la température ordinaire, est égale à 0,868 ; elle commence à bouillir à 156° et la température s'élève peu à peu jusqu'à 192°, la majeure partie du liquide passe à 170°. Elle dévie le plan de polarisation vers la gauche, de 5° pour une longueur de 25 centimètres et à la température de 20°.

Cette essence appartient au groupe $C^{20}H^{16}$, mais elle renferme toujours une certaine quantité d'oxygène. Il est probable qu'elle contient un hydrate d'essence de térébenthine. Elle est en outre très-avide d'oxygène et se résinifie peu à peu à l'air. On l'obtient le plus facilement exempte d'oxygène en la distillant sur du sodium, dans un courant d'acide carbonique. Elle possède à un très-haut degré la faculté d'ozoniser l'oxygène.

Quand l'essence se résinifie à l'air, elle perd son odeur agréable ; il est probable que dans les fruits elle est renfermée dans des cellules imperméables à l'air, car on peut conserver ces fruits pendant plusieurs

(1) *Annalen der Chemie und Pharmacie*, t. CXXX, p. 206. [Nouv. sér., t. LIV.] Mai 1864.

(2) *Journal für praktische Chemie*, t. XCII, p. 109. 1864. N° 10.

années sans que leur teneur en essence diminue; en outre, lorsqu'ils sont intacts, ils ne possèdent aucune odeur.

Cette essence dissout l'iode sans s'altérer, en se colorant en rouge-brun. Soumise à l'action du gaz acide chlorhydrique sec, elle l'absorbe et donne un liquide qui, après purification, est jaunâtre et d'une odeur analogue à celle de l'essence elle-même. Sa composition répond à la formule $C^{20}H^{16}HCl$. Soumis au froid, le liquide ne dépose pas de cristaux. L'auteur pense que l'essence du pin d'Arcadie est une essence simple, c'est-à-dire ne contenant pas plusieurs modifications isomériques, comme cela a lieu pour l'essence de térébenthine.

CHIMIE PHYSIOLOGIQUE.

Sur le dosage de l'acide urique dans les urines, par M. W. HEINTZ (1).

M. Zabelin ayant publié une note sur le dosage de l'acide urique dans l'urine (2), l'auteur rappelle qu'il a fait anciennement des expériences sur la même méthode. Il résulte de ces expériences, et d'autres instituées depuis comme vérifications, que la quantité de matière colorante précipitée avec l'acide urique, par l'acide chlorhydrique, compense à très-peu près la perte causée par la solubilité de l'acide urique.

La correction proposée par M. Zabelin en raison de cette solubilité amènerait, en général, une erreur en plus sur la quantité d'acide urique.

Pour rendre les résultats comparables, M. Heintz propose de doser l'acide urique en employant toujours 200 centimètres cubes d'urine, en recueillant le précipité sur un filtre de 3 centimètres à 3^c,5 de rayon et à le laver avec une quantité d'eau ne dépassant pas 30 centimètres cubes.

Si l'on employait plus d'eau, il faudrait ajouter à la quantité d'acide urique 0,045 milligrammes par centimètre cube d'eau employée au delà des 30 centimètres cubes.

(1) *Annalen der Chemie und Pharmacie*, t. CXXX, p. 179. [Nouv. sér., t. LIV.] Mai 1864.

(2) *Bulletin de la Société chimique*, nouv. sér., t. I, p. 360 (1864).

Recherches sur les variations physiologiques de l'acide hippurique dans l'urine humaine, par **M. THUDICHUM** (1).

Les expériences ont été faites sur un sujet sain, soumis à une alimentation mixte et menant une vie active. Elles démontrent que la proportion d'acide hippurique sécrétée chaque jour, quantité qui, chez le sujet soumis à l'expérimentation, variait de 0gr,169 à 0gr,315 et même 1 gramme, peut augmenter d'une manière normale sous l'influence de certains aliments végétaux, par exemple des prunes de reine Claude. C'est ainsi que chez le sujet en question, et après l'ingestion d'une pinte de ces fruits, M. Thudichum a vu, d'un jour à l'autre, la proportion d'acide hippurique s'élever de 1gr,129 à 2gr,212. Dans cette dernière circonstance, l'urine a, en outre, laissé dégager, pendant son évaporation, une certaine quantité d'acide benzoïque.

Recherches expérimentales sur l'opium et ses alcaloïdes, par **M. Cl. BERNARD** (2).

L'auteur a étudié les effets produits sur l'économie par les divers principes de l'opium. On savait bien que ces divers principes agissent de différentes manières, et sans parler d'un travail publié postérieurement à la communication de M. Bernard et qui semblerait revendiquer certaines expériences de ce travail, on trouve dans le *Traité de toxicologie* de M. Orfila l'indication de recherches dans la même voie. Mais rien n'était déterminé et il fallait, pour élucider le sujet, toute la science et toute la sagacité de l'habile expérimentateur.

Ce qui prouve le mieux que le sujet était *neuf* malgré tous les précédents, c'est que maintenant encore l'opium est donné *en nature*, tandis qu'il est certain que l'on peut en retirer plusieurs médicaments très-distincts.

Les six principes de l'opium étudiés par M. Bernard sont : la morphine, la narcéine, la codéine, la narcotine, la papavérine et la thébaïne. Trois seulement possèdent la propriété de faire dormir : la morphine, la narcéine et la codéine; les trois autres sont dépourvus de la vertu soporifique et ne sont pas seulement des substances étrangères, mais encore des matières dont l'activité propre peut contrarier ou modifier l'effet dormitif des premiers.

Les trois alcalis qui font dormir n'agissent pas de la même manière

(1) *Journal of the Chemical Society*. Nouv. sér., t. II. Février 1864, p. 54.

(2) *Comptes rendus*, t. LIX, p. 406. Août 1864.

sur l'économie; la morphine fait dormir avec un sommeil lourd, suivi de demi-paralysie du train de derrière et d'un effarement très-grand au réveil; la codéine procure un sommeil léger et beaucoup d'irritabilité, mais sans effarement au réveil ni demi-paralysie; avec la narcéine le sommeil est profond, très-calme, sans irritabilité; les phénomènes au réveil sont moins prononcés qu'avec la morphine; la narcéine est la matière de l'opium la plus somnifère.

Tous les principes de l'opium sont toxiques; celui qui l'est le plus, c'est la thébaïne, puis viennent la codéine, la papavérine, la narcéine, la morphine et la narcotine. La codéine est plus dangereuse que la morphine; ses propriétés dormitives sont moins exaltées que celles de la morphine; elle provoque moins facilement la céphalalgie et le vomissement, mais elle est beaucoup plus toxique. La narcotine est le produit de l'opium le moins toxique, encore bien qu'elle possède une propriété convulsivante très-manifeste.

Ce travail de M. Bernard ouvre à la thérapeuthique une voie toute nouvelle; les conséquences en seront prochainement développées par M. Chevreul : en même temps il complète, par l'étude des propriétés physiologiques, l'histoire chimique des alcalis de l'opium.

L'auteur fait avec raison ressortir cette conséquence importante de son travail : « Il n'est plus nécessaire de croire que les plantes d'une même famille doivent avoir toujours les mêmes propriétés médicinales, quand nous voyons le même végétal fournir des produits actifs si variés dans leurs propriétés physiologiques. »

Analyse des cendres des excréments de vaches, par M. RAKOWIECKI (1).

La bouse de vache est employée en quantités considérables dans les fabriques d'impressions sur tissus. On y passe les pièces imprimées après les avoir exposées à l'action de l'air humide pendant un temps plus ou moins long. Le passage dans le bain de bouse de vache a pour effet de fixer d'une manière plus complète les sels de fer ou d'alumine déposés sur le tissu, par l'impression. L'analyse des cendres de ces excréments est importante, puisqu'elle permet de déterminer le rôle chimique des matières minérales pendant l'opération du bousage.

La bouse de vache fraîche a perdu par la dessiccation à l'air environ 80 % de son poids; à 110° centigrades la perte s'est augmentée de

(1) *Vierteljahresschrift für praktische Pharmacie* von Wittstein, t. XIII, p. 182.

2 %. 100 parties de la substance desséchée ont produit 1,030 de cendres. Ces cendres ont donné à l'analyse les nombres suivants :

Soude	4.98
Chlorure de sodium	1,60
Chaux	13,49
Magnésie	5,90
Alumine	0,94
Oxyde ferrique	1,20
Acide sulfurique	1,84
Acide phosphorique	14,61
Silice	50,72
Acide carbonique	4,51
	99,79

Analyse de la cendre des feuilles de figuier, par **M. F. SCHAPER** (1).

Cent parties de feuilles fraîches ont produit 72,65 de feuilles séchées à l'air, 72,0 de feuilles séchées complétement, et 2,86 de cendres ayant la composition suivante :

Chlorure de sodium	2,15
Potasse	11,45
Soude	3,11
Chaux	29,22
Magnésie	10,17
Alumine	0,03
Oxyde ferrique	0,19
Acide sulfurique	1,95
Acide phosphorique	4,37
Silice	13,97
Acide carbonique	23,06
	99,67

CHIMIE APPLIQUÉE A L'HYGIÈNE.

Recherches sur les eaux pluviales, par **M. BOBIERRE** (2).

Ce travail de M. Bobierre est très-important au point de vue de l'hygiène des villes. Il démontre, par l'observation directe, qu'il y a à pratiquer dans les bas quartiers de vastes rues qui permettent à l'air de se renouveler facilement.

(1) *Vierteljahresschrift* von Wittstein, t. XIII, p. 364.

(2) Brochure in 4. Nantes 1864. Ve Mélinet, imprimeur.

Quand on a lu les conclusions de cet intéressant mémoire, basées sur des expériences fort bien dirigées, on ne regrette rien des dépenses auxquelles peuvent entraîner les larges trouées faites dans une ville populeuse; il y est démontré que l'aération est la condition *sine qua non* de la pureté de l'air et, par conséquent, la première condition au point de vue de l'hygiène.

M. Bobierre a recueilli de l'eau pluviale, à Nantes, dans divers quartiers, et à des altitudes différentes. L'analyse lui a démontré que tandis qu'a 47 mètres d'altitude, la dose moyenne de l'ammoniaque était de 1gr,997 par mètre cube d'eau de pluie; elle était à 7 mètres d'altitude, dans un quartier bas et peu salubre, de 5gr,682.

Ces chiffres n'ont pas besoin de commentaire. On voit, dans le même travail, que, dans la ville de Nantes, la variation de la matière organique et des chlorures alcalins est beaucoup plus marquée que celles des autres substances constitutives de l'eau pluviale.

Nous empruntons au mémoire de M. Bobierre les trois tableaux suivants, qui présentent un grand intérêt. Ils renferment le résumé des expériences faites pour doser l'acide azotique, l'ammoniaque et les chlorures dans les eaux pluviales. Il est à regretter que l'auteur n'ait pas indiqué en note comment ont été conduites les expériences dont il cite les résultats.

Richesse du litre d'eau en acide azotique libre.

Lieux.	Années.	Ac. azotique en milligrammes.	Autorités.	Observations.
Observatoire de Paris	1851	0,0202	Barral	2e semestre.
—	1852	0,0062	—	1er semestre.
Observatoire de Lyon	1852-53	0,0010	Bineau	»
—	—	0,0008	—	3 au 31 juill.
Fort Lamothe	—	0,00619	—	»
Marseille	1853	0,0000?	Martin	Eau d'orage.
La Saulsaie	1854-55	0,0040	Pouriau	»
Environs de Toulouse	1855	0,0020	Tilhol	»
Nantes (partie basse)	1863	0,0056	Bobierre	»
— (partie haute)	—	0,0073	—	»

Richesse du litre d'eau en ammoniaque.

Lieux.	Années.	Ammoniaque en milligr.	Autorités.	Observations.
Observatoire de Paris	1851	3,400	Barral	»
—	1852	3,700	—	»
Liebfrauenberg	1853	0,500	Boussingault	Moyenne de 15 pluies.
Observat. de Marseille	1853	3,100	Martin	Eau d'orage.
Observatoire de Lyon	1852	4,400	Bineau	»
—	1853	6,800	—	»

Lieux.	Années.	Ammoniaque en milligr.	Autorités.	Observations.
Fort Lamothe (Lyon)	1853	1,100	Bineau	Eau d'orage.
La Saulsaie	1852	3,000	—	»
—	1853	3,100	—	»
Oullias	1853	0,900	—	»
La Saulsaie	1855	4,000	Pouriau	»
Toulouse (campagne)	1855	0,650	Tilhol	»
Toulouse (ville)	1855	4,600	—	»
Observatoire de Nantes	1863	1,997	Bobierre	»
Ecluse de Nantes	1863	5,939	—	»
Grand-Jouars (nov.)	1863	2,135	—	»
Chemeré (janvier)	1864	2,200	—	»

Richesse du litre d'eau en chlore, traduite en chlorure de sodium.

Lieux et dates.	Chlorure de sodium en grammes.	Autorités.	Observations.
Envir. de Mantchester	0,1330	Dalton	Tempête.
Giessen	0,0000	Zimmermann	»
Caen	0,0057	J. Pierre	»
Fécamp	0,011 à 0,017	Marchand	»
Nantes, partie basse, (1863)	0,0084 à 0,0261	Bobierre	Moyenne de 10 mois.
— partie haute (1863)	0,0050 à 0,0228	—	»
Observatoire de l'Ecole des sciences	0,0050	—	»
—	0,0263	—	Après forte brume
Bois Rouaud (1864)	0,0031	—	A 13 kil. de la baie de Bourganeuf.
Marseille (1853)	0,0070	Martin	Pl. d'orage.
Observatoire de Paris 2e semestre (1851)	0,0030	Barral	»
1er semestre (1851)	0,0035	—	»

Recherches sur les principes azotés de la bière; par M. G. FEICHTINGER (1).

MM. Gorup-Besanez et Vogel ont déterminé les quantités d'azote contenues dans les bières de Munich ; mais les résultats obtenus par ces deux chimistes ne sont pas concordants. M. Gorup-Besanez indique 1gr,73 d'azote pour 100 litres de bière, tandis que M. Vogel trouve dans les mêmes quantités de liquide de 7gr,24 à 12gr,65 d'azote.

Ces différences considérables proviennent, en partie du moins, de ce que M. Gorup-Besanez n'a opéré que sur un extrait alcoolique qui ne contient pas les substances azotées insolubles dans l'alcool ; M. Vogel, au contraire, a déterminé l'azote contenu dans la totalité de l'extrait

(1) *Annalen der Chemie und Pharmacie*, t. CXXX, p. 224.

de bière. L'azote a été calculé par l'un et l'autre à l'état de substances albuminoïdes; or, il est possible que ce corps appartienne en partie à des sels ammoniacaux ou à des substances fournies par la levûre.

Les recherches de l'auteur ont porté sur différentes bières de Munich et sur une bière anglaise connue sous le nom de *Pale-Ale*. Des quantités mesurées de bière ont été évaporées à siccité et séchées à + 110° centigrades; l'azote a été dosé dans l'extrait à l'état d'ammoniaque par la méthode de MM. Varrentrapp et Will. Les analyses ont été faites de même sur la partie de l'extrait soluble dans l'alcool, ainsi que sur le résidu insoluble dans ce véhicule.

BIÈRES DE MUNICH.		EXTRAIT pour 100 litres.	AZOTE DE L'EXTRAIT soluble dans l'alcool.	insoluble dans l'alcool.	AZOTE dans 100 parties d'extrait total.
		gr.	gr.	gr.	p. %
Bières d'hiver	Nos 1...	54.2	0.119	0.303	0.780
	— 2...	62.3	0.312	0.194	0.810
	— 3...	63.1	0.339	0.250	0.932
Bières d'été..	— 4...	51.2	0.347	0.258	1.191
	— 5...	61.9	0.463	0.158	1.004
	— 6...	64.3	0.508	0.237	1.161
Bière Salvator....	7...	89.2	0.318	0.375	0.771
Bockbier.....	— 8...	89.9	0.192	0.500	0.766
	— 9...	73.6	0.347	0.460	1.099
	— 10..	92.0	0.244	0.518	0.828
Pale Ale..............		110.9	0.446	0.625	0.965

Il résulte des nombres ci-dessus que la contenance en azote des bières de Munich varie de 0gr,417 à 1gr,062 pour 100 litres; elle est en raison des quantités d'extrait fournies par les bières; par conséquent, les bières fortes contiennent plus de principes azotés que les bières légères; les mêmes espèces de bières contiennent approximativement les mêmes quantités d'azote.

Il s'agit de savoir sous quelle forme l'azote se trouve dans la bière, soit à l'état de substances albuminoïdes, de sels ammoniacaux ou de matières provenant de la levûre. D'après M. Mulder, la bière ne peut pas renfermer de quantités appréciables de sels ammoniacaux, à cause de l'acide phosphorique et de la magnésie qu'elle contient. M. Heintz n'y a pas non plus trouvé d'ammoniaque; mais les cendres de l'extrait de bière examiné par ce chimiste contenaient 2 % d'azote, qu'il regardait comme existant dans le liquide à l'état de substances protéïques. En se servant des réactifs les plus sensibles, l'auteur a constaté l'absence de l'ammoniaque dans la bière. Quant à la présence de matières azotées provenant de la levûre, elle est très-difficile à constater; et il est probable que les principes azotés de la bière proviennent de matières albuminoïdes ayant perdu la propriété de se coaguler par la chaleur. Cette opinion se trouve appuyée par la propriété des bières de Munich de subir une nouvelle fermentation lorsqu'elles sont abandonnées au repos; il se forme alors un dépôt sensible de levûre, formée aux dépens de ces substances.

CHIMIE TECHNOLOGIQUE.

Préparation du sulfate d'ammoniaque.

MM. Margueritte, Lalouet de Sourdeval et Worms de Romilly ont, avec le concours de l'habile directeur de la Compagnie Richer, établi à Bondy une vaste usine qui peut produire journellement 7 à 8,000 kilogrammes de sulfate d'ammoniaque; la matière première est l'eau des bassins de Bondy, laquelle n'est autre que l'eau venue des fosses d'aisances abandonnée à elle-même pendant un temps suffisant pour épuiser les fermentations, transformer l'urée en carbonate d'ammoniaque et opérer la décantation. L'ammoniaque existe dans ces liquides à l'état de sesqui-carbonate ou de bicarbonate. Les eaux de Bondy sont traitées à la manière des phlegmes et soumises à l'action analysante des colonnes de rectification de l'alcool.

Le liquide ammoniacal distillé, qui est d'une limpidité absolue, marque 18° à l'aréomètre de Baumé et même au delà, car on peut obtenir le carbonate solide.

La préparation du sulfate et du chlorhydrate d'ammoniaques se fait par l'action directe du liquide ammoniacal sur l'acide sulfurique à 55° ou l'acide chlorhydrique à 22°. Les sels évaporés sont relevés à la manière ordinaire sur des soles chauffés avec de la chaleur perdue.

Avant peu la production des sels ammoniacaux absorbera jour par jour les liquides envoyés à Bondy, et si, comme cela est à espérer, quelque moyen est employé pour hâter le travail de la confection des poudrettes, l'usine de Bondy deviendra une manufacture comme une autre, et dont le voisinage sera très-tolérable.

M. Margueritte s'applique en ce moment à un nouveau perfectionnement dans la fabrication du sulfate d'ammoniaque; il substitue le plâtre à l'acide sulfurique.

Le carbonate d'ammoniaque, par double échange, produit du carbonate de chaux et du sulfate d'ammoniaque. La réaction était connue, mais ce qui est neuf, c'est que cette réaction est singulièrement facilitée par l'addition d'une petite quantité de chlorure de calcium; on comprend quel sérieux concours apportera à la fabrication la substitution du plâtre à l'acide sulfurique.

Application galvanique des métaux les uns sur les autres, par M. WEIL.

L'invention de l'auteur paraît reposer sur le procédé général suivant : Le métal que l'on veut recouvrir d'un dépôt galvanique est plongé dans la dissolution du métal qui doit former le dépôt. La dissolution est *alcaline*. Une lame de zinc est introduite dans ce liquide et mise en contact avec le métal.

C'est par ce procédé que le cuivre peut être déposé sur le fer, la fonte, l'acier. Le liquide est une dissolution aqueuse de tartrate potassico-sodique avec addition de sulfate de cuivre et d'un excès de soude.

Ce bain peut être régénéré sans doute au moyen d'un sulfure alcalin ou par la précipitation de l'acide tartrique à l'état de tartrate de chaux, peut-être par les deux moyens alternativement.

Les expériences de M. Weil lui ont démontré qu'il y a une adhérence parfaite entre le métal sous-jacent et le métal superposé. On peut obtenir des dépôts de cuivre, étain, plomb, nickel, cobalt et même des dépôts *d'alliages*. Il reste à savoir si ce procédé sera industriellement applicable; les échantillons, qui promettent beaucoup, seraient, si l'on doit croire certaines assertions, infiniment supérieurs aux produits obtenus sur une grande échelle.

M. Dumas, à l'occasion de la communicatien précédente, faite à la Société d'encouragement dans la séance du 30 novembre, a été conduit à indiquer une expérience fort intéressante et qui était resté inédite.

Alors que l'on ne connaissait pas les procédés de la galvanoplastie, M. Dumas, qui était préoccupé des moyens à conseiller pour préserver le fer de la rouille, eut l'idée d'appliquer à la surface de ce métal une couche de laiton.

Le procédé qu'il imagina pour résoudre ce problème fort difficile est des plus ingénieux. Le fer décapé était trempé dans une dissolution de sulfate de cuivre, il se revêtait ainsi d'une couche de cuivre brun métallique, mais, on le sait, très-peu adhérente. Ce travail fait, le fer cuivré était enfoui dans un cement composé d'oxyde de zinc et de charbon. Sous l'influence de la chaleur, le charbon réduisait le zinc, et la vapeur métallique, rencontrant le cuivre qui couvrait le fer, entrait en alliage avec lui.

Il résultait de cette pénétration du cuivre par le zinc, et de l'attaque simultanée du fer par ce même métal, une mince couche de laiton qui avait avec le fer une parfaite adhérence. Il nous semble que ce procédé pourrait être repris avec avantage, notamment pour le laitonage des menus articles de sellerie et de quincaillerie en fonte malléable.

Extraction de la potasse d'un sable ferrugineux vert de New-Jersey, par M. J. SCATTERGOOD (1).

Le sable vert de New-Jersey (États-Unis d'Amérique) se présente sous forme des petits grains verts, assez mous lorsqu'ils sont récemment extraits, mais devenant plus durs par l'exposition à l'air. Débarrassés, par lavage, de l'argile adhérente et examinés au microscope, ils ressemblent aux « moulures » de rhizopodes et autres petits animaux marins. Les premières analyses y avaient signalé une forte proportion de potasse, jusqu'a 10-12 %; mais des analyses plus exactes ont démontré que la quantité de cet alcali était bien moins considérable et variait entre 5 et 7 %.

On a trouvé les résultats suivants, en analysant un sable vert lavé, de Blanwoodtowck :

	I.	II.
Silice insoluble	5,000	
Silice soluble	48,000	48,00
Oxyde ferreux	22,740	
Alumine	6,610	
Potasse	5,010	6,84
Soude	1,080	1,47
Chaux	1,975	
Magnésie	1,375	1,00
Acide phosphorique	4,821	
Eau	7,500	
	99,611	

En attaquant les grains verts non pulvérisés par un acide, la matière verte se dissout et la silice reste insoluble, sous forme de grains blancs,

(1) *Chemical New's.* Août 1864, n° 246, p. 87.

ayant les mêmes configurations que les grains originaux et ne présentant pas cet état de division extrême qu'elle affecte lorsqu'elle est mise en liberté. Les grains de silice, après ignition, sont facilement solubles dans une liqueur froide d'alcali caustique, d'où il est permis de conclure que la silice n'était point combinée avec l'oxyde de fer, etc., et que le sable vert en question ne doit pas être considéré comme un mélange de différents silicates.

La formation de ces grains verts paraît s'être opérée de la manière suivante : la silice s'est déposée dans l'intérieur de la coquille, prenant la place de l'animal, tandis que la matière verte s'est graduellement déposée dans la substance de la coquille, à la place du carbonate de chaux, par suite d'une espèce de pétrification. L'auteur s'est assuré que le traitement de ce sable vert de New-Jersey par l'acide carbonique, la chaux vive ou le sulfate de chaux, au moyen de la voie humide, ne parvient pas à en isoler la potasse. L'acide hydrochlorique n'agit qu'à la longue à froid, et au bout de quelques heures à la température de l'ébullition ; la potasse est transformée en chlorure, mais mélangée à d'autres chlorures dont il devient assez dispendieux de l'isoler.

Le traitement qui semble être le plus pratique est celui par l'acide sulfurique, qui fournit facilement de l'alun cristallisé : 3500 parties de sable vert traité à chaud par 1750 parties d'acide sulfurique un peu étendu ont fourni 830 parties d'alun cristallisé. Les eaux-mères étant fortement acides, 1750 autres parties de sable vert furent ajoutées et fournirent encore 306 parties d'alun ; un troisième traitement de 4750 parties de sable vert donna encore 100 parties d'alun : on avait donc obtenu avec 7000 parties de sable vert et 1750 d'acide sulfurique, en tout 1236 parties d'alun. Les eaux-mères renfermaient une forte proportion de sulfate de fer.

En grillant préalablement le sable vert, la même quantité d'acide sulfurique produit un peu plus d'alun, puisqu'une partie de l'oxyde ferreux passe à l'état d'oxyde ferrique, bien plus difficilement attaquable par l'acide sulfurique. En effet 1750 parties de ce dernier avaient fourni, en opérant comme la première fois, mais avec du minerai grillé, 1686 parties d'alun.

Il est avantageux d'opérer sur le sable vert brut encore imprégné d'argile (environ 9 p. $^0/_0$), puisque le sable lavé donne une proportion d'alun moindre.

Probablement le traitement pratique le plus économique consisterait dans l'emploi simultané de pyrite et de sable vert, la pyrite renfermant le soufre nécessaire pour la formation de l'acide sulfurique.

Recherches théoriques sur la préparation de la soude par le procédé Le Blanc, par **M. A. SCHEURER-KESTNER** (1).

(Note additionnelle.)

Dans l'équation par laquelle j'ai cherché à représenter les réactions qui se passent dans le four à soude, j'ai fait figurer le carbone comme entièrement transformé en acide carbonique :

$$5Na^2SO^4 + 10C = 5Na^2S + 10CO^2,$$

$$5Na^2S + 7CaCO^3 = 5Na^2CO^3 + 5CaS + 2CaO + 2CO^2.$$

Or, pendant la préparation de la soude, et surtout vers la fin de l'opération, il se dégage du mélange en fusion un gaz qui brûle avec une flamme bleue et qui n'est que de l'oxyde de carbone. Ce gaz continue même à surgir de la masse après qu'elle a été sortie du four. L'équation précédente ne rend pas compte de la formation de l'oxyde de carbone, et doit être modifiée dans ce sens; il est vrai que l'oxyde de carbone n'est dû qu'à une réaction secondaire, puisque le composé sodique n'y prend pas part. La formation de ce corps est cependant d'une grande importance, car elle permet de distinguer le moment où la chaleur est suffisamment élevée et où la réaction principale est terminée.

Pendant la réduction du sulfate de sodium par le carbone, il ne se forme pas d'oxyde de carbone; le carbone se dégage à l'état d'acide carbonique : c'est ce que les expériences de M. Unger on mis hors de doute (2).

Ce chimiste, en calcinant vers 900° un mélange de charbon et de sulfate de sodium en excès, a obtenu les 99 centièmes de l'oxygène du sulfate à l'état d'acide carbonique et 1 centième seulement à l'état d'oxyde de carbone; dans une autre opération, où le carbone avait été employé en excès, il ne s'est pas formé d'oxyde de carbone du tout.

J'ai répété cette expérience en calcinant dans une cornue vernissée 71 grammes de sulfate de sodium et 9 à 12 grammes de charbon; le gaz qui s'est dégagé pendant la calcination ne renfermait que de l'acide carbonique.

Ainsi, on ne peut pas attribuer la formation de l'oxyde de carbone à la réduction du sulfate, et il faut en chercher la cause ailleurs. Ce gaz provient de la réduction, par le carbone, du calcaire employé en excès. Le carbonate de calcium se réduit, dans ces conditions, beau-

(1) *Comptes rendus de l'Académie des sciences*, t. LIX, p. 659.

(2) *Annalen der Chemie und Pharmacie*, t. LXIII, p. 240.

coup plus facilement que lorsqu'il est soumis à l'action de la chaleur, sans addition de carbone, et on obtient de l'oxyde de carbone contenant peu d'acide carbonique.

En chauffant au rouge vif un mélange de 50 grammes de carbonate de calcium et de 12 grammes de charbon, j'ai obtenu un gaz brûlant avec la flamme caractéristique de l'oxyde de carbone et renfermant en centièmes :

Oxyde de carbone	87,82
Acide carbonique	12,18
	100,00

La réduction du carbonate calcaire par le carbone a lieu à une température plus élevée que celle qui provoque dans les mêmes circonstances la décomposition du sulfate de sodium; elle n'arrive donc qu'après cette dernière, c'est-à-dire lorsque la réaction principale est terminée; à ce moment le carbonate de sodium est formé.

La réaction traverse donc trois phases : dans les premiers moments, le sulfate de sodium est réduit en sulfure avec dégagement d'acide carbonique; puis il y a double décomposition entre le sulfure formé et le carbonate de calcium; enfin réduction partielle (qui se trouve arrêtée par le refroidissement de la masse), par le carbone, du carbonate de calcium employé en excès. Ces trois phases peuvent être représentées de la manière suivante :

$$\text{I.}\quad 5Na^{2}SO^{4} + 10C = 5Ea^{2}S + 10CO^{2},$$
$$\text{II.}\quad 5Na^{2}S + 5CaCO^{3} = 5Na^{2}CO^{5} + 5CaS,$$
$$\text{III.}\quad 2CaCO^{3} + 2C\ \ 2CaO + 4CO,$$

et la quantité théorique de carbone monte de 16,8 à 20,2 pour 100 parties de sulfate de sodium.

L'addition d'un excès de calcaire a donc une double utilité : il sert à remplacer celui qui se trouve réduit en oxyde dans le cours de l'opération par l'effet de mélanges imparfaits, et cette addition permet de saisir exactement le moment où la réaction est terminée, puisque le mélange doit être soustrait à l'action de la chaleur du foyer après que le dégagement d'oxyde de carbone a commencé et avant qu'il soit terminé.

Emploi de l'acétone pour la fabrication de vernis,

par **M.** le doct. **WIEDERHOLD** (1).

D'après M. Wiederhold, l'acétone rendue anhydre par rectification sur du chlorure de calcium, dissout facilement déjà à froid le copal

(1) Dingler. *Polyt. Journ.*, t. CLXXII, p. 460 (1864).

préalablement chauffé jusqu'à commencement de fusion. Pour 1 de copal il ne faut que 2,8 d'acétone et l'on obtient ainsi un vernis au copal, qui sèche presque instantanément en laissant une couche dure, brillante et très-résistante. On obtient une solution plus concentrée, presque sirupeuse, sans qu'il s'en sépare du copal, en chassant une partie de l'acétone par distillation. Si l'on évapore à siccité, le copal restant est maintenant plus soluble dans l'acétone que primitivement. La solubilité de la gomme-laque dans l'acétone est variable suivant l'espèce de cette résine; 1 partie de gomme-laque blanchie artificiellement n'exige que 1,5 d'acétone, formant une solution épaisse, comme sirupeuse; un autre échantillon de gomme-laque colorée était presque insoluble, et pour un troisième, il avait fallu 3,5 fois son poids d'acétone pour le dissoudre.

L'acétone dissout surtout facilement et en quantité le mastix et le sandaraque; le dammar, le succin et le caoutchouc y sont par contre presque insolubles. La solution acétoneuse du mastix pourrait être parfaitement utilisée pour l'obtention d'un beau vernis très-brillant. L'auteur pense que l'acétone pourrait être employée pour la restauration de peintures à l'huile, détériorées par suite de l'altération du vernis. le dernier devient souvent opaque par l'effet d'une modification moléculaire, qui de l'état vitreux et transparent le fait passer à l'état cristallin ou pulvérulent. En y appliquant avec précaution de l'acétone, le vernis opaque peut être momentanément dissous et se déposer de nouveau mais dans la modification vitreuse.

Séparation du sucre et de la mélasse ou des matières salines, par M. F. DE WILDE (1).

L'auteur détermine d'abord les quantités de sels alcalins ou calciques, à acides organiques, qui se trouvent dans le sucre brut provenant soit de la canne à sucre, soit de la betterave; pour faire cette détermination, il calcine la substance et détermine le degré alcalimétrique des cendres. La quantité d'acide nécessaire à la saturation des cendres est employée pour décomposer les sels alcalins dans les quantités correspondantes de mélasse ou de sucre brut. On peut se servir de tout acide qui donne, avec les alcalis ou la chaux, des sels solubles dans les alcools éthylique ou méthylique. Un mélange, en proportions convenables, d'alcool éthylique, d'alcool méthylique et d'eau acidulée, dissout toute la mé-

(1) *Newton's London Journal of Arts and Sciences*, t. cxv, p. 28. (Brevet anglais du 17 octobre 1863.)

lasse en laissant intacts les cristaux de sucre, parfaitement débarrassés de toute impureté.

Il convient d'employer 30 parties d'alcool absolu ou d'alcool méthylique, 20 parties d'eau, en calculant l'acide mis en usage comme anhydre. L'auteur donne la préférence aux acides chlorhydrique et acétique. Du sucre brut contenant 1 % de cendres, par conséquent 10 % de mélasse, exige 1/2 % d'acide chlorhydrique pur ou 1 1/2 % d'acide chlorhydrique du commerce. Pour 100 parties de sucre brut, on emploie 20 parties d'alcool, 1 partie et demie d'acide chlorhydrique ordinaire, et 4 parties d'eau. On soumet le sucre ainsi lavé à un traitement à l'hydro-extracteur, en y faisant arriver un peu d'alcool pur pour compléter le lavage; l'alcool employé à cet usage peut servir un certain nombre de fois; lorsqu'il est trop chargé d'impuretés on l'emploie pour le premier lavage. Enfin lorsqu'il est trop impur il est soumis à la distillation, en présence d'un excès de chaux. Pendant la distillation, du sucrate de chaux se précipite; on le traite par l'acide carbonique pour en retirer le sucre à l'état de dissolution.

Nouveau procédé de purification des huiles lourdes de goudron de houille, par M. P. A. BÉCHAMP (1).

M. Béchamp s'occupe dans ce mémoire des huiles qui passent à la distillation entre 110 et 170°. Ces huiles renferment encore de la benzine, que l'on ne peut en extraire facilement. M. Béchamp les traite par le bichlorure d'étain; il précipite ainsi les bases qui entravent la séparation des carbures; elles forment des précipités insolubles, cristallins ou poisseux, que l'on sépare par décantation.

Le liquide surnageant est traité par l'eau alcalinisée avec le carbonate de soude, qui sépare le sel stannique en excès, puis soumis à la distillation fractionnée.

On obtient ainsi plusieurs carbures :

La benzine	80	86
Le toluène	110	114
Le xylène	126	130
Un carbure nouveau	138	140
Le cumène	148	151
Le xymène	172	175

La cornue retient des produits fétides, goudronneux qui, chauffés davantage, dégagent de la naphtaline.

(1) *Moniteur scientifique*, t. VI, p. 704.

Note sur la matière odorante de l'alcool de garance, par M. W. CUMMING (1).

On peut séparer la matière odorante des parties les plus volatiles de l'alcool de garance, en les traitant par le chlorure de calcium. La substance odorante, séparée de l'alcool, se dissout peu à peu complétement lorsqu'on la chauffe pendant quelques heures à 100°, mélangée à de l'eau, dans un tube de verre scellé à la lampe; la dissolution est fortement acide et renferme de l'acide acétique, de l'alcool et de l'aldéhyde. Ce dernier corps ne fournit pas la réaction caractéristique avec l'ammoniaque, et ne réduit pas le sel d'argent dans la dissolution primitive, à cause de la présence de l'acétate d'éthyle, qui masque ces deux réactions.

L'auteur a préparé de grandes quantités d'aldéhydate d'ammoniaque au moyen de l'alcool de garance, en se servant du procédé suivant : Différentes portions de 20 à 30 litres ont été chauffées de 60° à 70° dans un alambic en cuivre muni d'un appareil réfrigérant; un courant d'air passait dans la dissolution, afin de favoriser la volatilisation de la substance; et cette opération a été continuée jusqu'à ce que le liquide condensé ne brunît plus par la potasse caustique. Le liquide distillé, étendu d'un volume double d'eau, a été traité par la baryte jusqu'à réaction alcaline, puis neutralisé par un courant d'acide carbonique; enfin redistillé et rectifié sur le chlorure de calcium.

L'auteur ajoute, comme confirmation de ses recherches, qu'en traitant l'alcool de garance par du mercure renfermant du sodium, on obtient de l'alcool pur (Transformation de l'aldéhyde en alcool par la réaction de M. Wurtz et décomposition de l'éther par la soude formée); Mais il n'a pas pu se débarrasser de l'aldéhyde en traitant l'alcool de garance par des oxydants.

Sur la matière colorante du bois de fustet, par MM. BOLLEY et MYLIUS (2).

Le bois de fustet, appelé aussi *bois jaune de Hongrie*, est le bois du Sumac à perruque, rhus cotinus, débarrassé d'aubier et d'écorce, et est importé de Dalmatie, de Hongrie, d'Illyrie, du Tyrol méridional, d'Espagne, sous forme de morceaux courts et noueux.

Dans l'industrie on l'emploie à peu près comme le bois jaune ordi-

(1) *Journal für praktische Chemie*, t. CXII, p. 57.

(2) Schweiz. *Polyt. Zeitschr.*, t. IX, p. 22 (1864).

naire (morus tinctoria), quoique les décoctions de ces deux bois colorés présentent quelques réactions notablement différentes.

M. Chevreul, qui a presque seul examiné chimiquement le bois de fustet, y a signalé : 1° Une matière colorante jaune, se présentant, à l'état de pureté, sous forme de petites aiguilles cristallines et qu'il a désignée sous le nom de fissetine ou acide fisetique; 2° Une substance rouge, mais dont il ne décide pas si elle préexiste dans le fustet ou si elle est seulement le résultat de l'altération de la fissetine.

En traitant l'extrait solide de fustet (obtenu par évaporation de sa décoction aqueuse) par de l'alcool concentré, il reste finalement un résidu insoluble qui se dissout avec une couleur brun rouge dans l'eau. MM. Bolley et Mylius n'ont point examiné ce résidu, qui renferme la matière colorante rouge.

La solution alcoolique fournit, après concentration par l'addition d'eau, un précipité jaune cristallin. Ce même précipité s'observe très-fréquemment au fond des vases dans lesquels on a conservé pendant quelque temps l'extrait aqueux du fustet.

En le lavant à l'eau froide, le recuillant sur un filtre, l'exprimant, le dissolvant dans de l'alcool et le précipitant par l'eau, et répétant cette opération, il a été facile de démontrer que la substance cristalline jaune, ainsi obtenue, qui précipitait l'acétate de plomb en rouge orange n'était autre chose que de la quercétine.

Analyse d'un mordant de fer, par **M. A. SCHEURER-KESTNER.**

Dans une note précédente j'ai fait connaitre la composition d'un mordant de fer qui sert pour la teinture en noir des peluches. Ce mordant renfermait de l'oxyde ferrique, de l'acide acétique, de l'acide azotique et du chlore (1).

J'ai soumis à l'analyse un autre mordant qui sert également à la teinture des peluches et qui est exempt d'acide chlorhydrique ou de chlore. La dissolution, telle qu'elle est livrée au commerce, est d'un rouge foncé et répand une forte odeur d'acide acétique. Soumis à l'évaporation, elle se décompose avec dépôt d'hydrate ferrique, si l'ébullition est trop vive; mais par une évaporation ménagée, elle fournit une belle cristallisation d'un sel ferrique diacide, renfermant les acides azotique et acétique. Lorsque l'évaporation a été faite avec ménagement, on peut transformer en cristaux la majeure partie de la dissolution.

(1) *Répertoire de chimie appliquée*, 1863, p. 470.

Les cristaux ont donné à l'analyse des nombres qui conduisent à la formule du tétracéto-diazotate ferrique :

$$\left.\begin{matrix} \overset{\text{VI}}{Fe^2} \\ 4(\text{C}^2H^3\text{O})' \\ 2(Az\text{O}^2)' \end{matrix}\right\} \text{O}^6 + 6H^2\text{O}.$$

Teinture des tissus mélangés, par M. GRISON (1).

L'auteur prépare un bain de sel de fer de 1 à 8°, soit, par exemple, d'acétate de fer. Ce bain est chauffé de 60 à 63°. On y manœuvre les pièces pendant deux heures, on rince à l'eau courante, puis on teint.

Le bain de teinture est préparé avec le même sel de fer additionné d'extrait de bois, on le maintient de 40 à 50°, on y manœuvre les pièces pendant quinze à vingt minutes, puis on porte le bain à l'ébullition, on l'y maintient une heure. On relève l'étoffe; on ajoute au bain une petite quantité du sel employé, on donne encore une ébullition d'une heure et la teinture est achevée.

Ce procédé donne le noir sur des fibres animales et végétales *mélangées* soit en toison, en cardés, en peignés, en filés et en tissus divers. il permet, en variant le mordant et les extraits, d'obtenir les diverses couleurs. Il est spécialement applicable à la teinture de ces tissus dits de *renaissance*, et que l'on obtient en effilochant les chiffons de laine plus ou moins mélangés de coton.

On sait que ces chiffons de laines, qui étaient employés comme engrais ou destinés à la fabrication du bleu de prusse, sont maintenant recherchés pour l'effilochage pour peu qu'ils aient de qualité.

Dans les chiffons inférieurs on peut séparer la laine du coton ou le coton de la laine. L'action de l'acide chlorhydrique désagrége le coton et laisse la laine (non pas précisément intacte, attendu qu'elle devient rude et perd sa propriété de se feutrer). L'action de la soude ou celle du sulfure de sodium dissout la laine et laisse le coton. Celui-ci peut être employé en papeterie; la laine dissoute est destinée à l'agriculture, elle entre dans la composition d'engrais.

(1) *Brevet.* Le même procédé y est interprété de différentes manières.

CHIMIE PHOTOGRAPHIQUE.

Positives sans sels d'argent; procédé de M. LIESEGANG au citrate d'urane ammoniacal (1).

Depuis longtemps déjà M. Liesegang cherche à substituer les sels d'urane aux sels d'argent. Il vient d'arriver à un procédé d'une simplicité extrême, à coup sûr, et qui, dit-il, donne des résultats supérieurs. Il emploie le citrate d'urane ammoniacal, qu'il prépare comme suit :

Dans une dissolution d'azotate d'urane il verse de l'ammoniaque; aussitôt il se forme un précipité d'uranate d'ammoniaque.

Il faut laver avec soin ce précipité à l'eau distillée, afin d'enlever toute trace d'acide azotique. On le dissout alors dans de l'acide citrique.

On mélange cette dissolution de citrate d'urane et un peu d'une dissolution de chlorure d'or, avec de la colle d'amidon, préparée en dissolvant de la poudre de tapioca dans de l'eau chaude. Il faut mettre peu de chlorure d'or et ne pas chauffer beaucoup, sans quoi l'or serait réduit par la chaleur.

Ce mélange s'étend avec une éponge sur du papier, qui prend un aspect jaune brillant, semblable au papier albuminé. Le papier, bien séché dans l'obscurité, est placé dans le châssis positif. Les épreuves viennent avec toute la force et la finesse des épreuves sur papier albuminé, et la préparation est très-sensible; un peu d'humidité augmente encore sa sensibilité.

Ces épreuves sortent du châssis telles qu'elles doivent être; leur ton est bleu noir; on ne les vire pas, et pour les fixer on les lave à l'eau de pluie, jusqu'à ce que la couleur jaune du papier ait entièrement disparu. L'image peut être virée au pourpre par une dissolution de chlorure d'étain.

Positives sans sels d'argent (2).

M. Thomas Fox vient, dans une Note lue devant la Société photographique d'Écosse, de proposer un nouveau procédé d'impression héliographique, dans lequel les seules substances employées sont : le

(1) *Moniteur de la Photographie*, 25 novembre 1864. N° 17.

(2) *Moniteur de la Photographie*, 1er décembre 1864. N° 10.

sulfate de cuivre, le *bichromate de potasse*, le *bois de campêche*, et dans certains cas l'*alun*. Le procédé est simple, facile, économique; mais quels sont les résultats? M. Phipson, dont j'ai l'article sous les yeux, n'a pas vu d'épreuves produites par M. Fox, mais il craint que le ton ne soit pas agréable; et quelques lignes plus bas il dit, et ce fait doit résulter de la Note de M. Fox, que les blancs sont *jaunâtres*.

Il me semble de plus me rappeler qu'il y a quelques années, un procédé analogue à celui-ci, s'il n'est pas semblable, a été employé pour faire des épreuves positives *sur indienne*.

Ces réserves faites, examinons le procédé en lui-même.

Le papier peut être sensibilisé par immersion complète ou par simple affleurement. En tout cas, le bain est composé comme suit :

Sulfate de cuivre	2 parties.
Bichromate de potasse	1 —
Eau	

Après quelques minutes de contact, on retire le papier et on le fait sécher au feu dans un endroit obscur.

Ce papier, conservé à l'abri de la lumière, est encore bon plusieurs jours après sa préparation.

On l'expose derrière un négatif, et l'exposition doit être environ la même que pour le papier au chlorure d'argent; cependant l'auteur croit son papier plus sensible que le papier positif ordinaire.

On fait ensuite flotter l'épreuve, le côté impressionné en contact avec le liquide, sur une forte dissolution, filtrée et chaude, de bois de campêche. Au bout d'une demi-minute ou une minute, le développement est complet. On retire alors l'épreuve par un coin, on la laisse égoutter, et on la plonge dans de l'eau chaude qui la fixe en dissolvant tout, excepté l'image, qui est très-noire, dit M. Fox.

Pour blanchir les clairs, qui, avons-nous dit, sont un peu jaunes, il faut plonger l'épreuve dans une faible solution d'alun dans l'eau chaude, après quoi il ne reste plus qu'à appliquer un vernis quelconque.

En faisant varier la concentration des deux bains, on obtient à son gré des épreuves bleues, pourpres, noires, etc.

Le papier albuminé est celui qui donne les plus beaux blancs.

L'auteur assure que l'on peut employer ce procédé à la chambre noire.

Agrandissements sur papiers albuminés (1).

M. Van Monkhoven vient de publier un procédé complet de tirage pour les positives obtenues dans son appareil d'agrandissement. Bien que toutes les formules ne soient pas entièrement nouvelles, et que l'auteur lui-même en ait déjà indiqué plusieurs dans son *Traité général de photographie* de 1863, il peut être utile de mettre sous les yeux des personnes qui s'occupent d'amplification, l'ensemble d'un procédé remanié dans ce but exclusif.

Le papier dit *impérial* est le plus rapide de tous; il doit être pris fort, pour qu'il ne déchire point. Les papiers fortement albuminés donnent de meilleurs résultats que les papiers faiblement albuminés.

Il existe deux méthodes pour sensibiliser le papier; l'une permet de le conserver plusieurs jours, l'autre donne un papier plus sensible, mais qui jaunit rapidement.

Sensibilisation au bain acide.

Le premier bain est composé de:

Eau distillée	1,000 cent. cubes.
Azotate de soude cristallisé	100 grammes.
— d'argent —	100 —
Acide azotique	10 gouttes.

Le liqude filtré doit être à réaction légèrement acide.

La feuille albuminée reste 4 minutes en contact avec le bain, et lorsqu'elle est bien sèche, elle est placée dans la boîte à chlorure de calcium.

Chaque feuille de $0^m,47$ à $0^m,60$ enlève au bain sensibilisateur 2 gr. de nitrate d'argent; il suffira donc de les ajouter pour ramener le bain à son degré normal de concentration. Il est inutile d'ajouter de l'azotate de soude.

Il faut avoir grand soin de maintenir le bain dans un état d'acidité constant. S'il devenait alcalin, il faudrait y verser quelques gouttes d'acide azotique.

Quelques heures après qu'il a servi, le bain se colore en jaune. Il est facile de le clarifier en ajoutant 1 centimètre cube d'acide chlorhydrique par litre, secouant très-fortement et filtrant. Il se forme du chlorure d'argent qui s'empare de la matière colorante du bain.

(1) *Moniteur de la Photographie*, 15 septembre et 1er octobre 1864.

Sensibilisation au bain alcalin.

Le bain alcalin présente plusieurs avantages importants sur le bain acide; ainsi :

1° Il communique au papier une sensibilité beaucoup plus grande.

2° Il donne de plus beaux tons.

3° Les épreuves qu'il fournit virent facilement.

4° Son titre peut baisser jusqu'à 4 %, sans qu'il donne pour cela de moins bons résultats.

Mais, comme toute médaille a son revers, on rencontre, en l'employant, les inconvénients suivants :

1° Le papier jaunit très-rapidement; aussi faut-il l'employer peu d'heures après sa préparation.

2° Le bain doit être conservé dans une obscurité complète, car il se réduit facilement.

3° Il est d'une préparation difficile et exige l'emploi de substances très-pures.

Voici, du reste, comment il se prépare :

Dans eau	1,000c.c
Mettez azotate d'argent cristallisé	100gr.
Solution de soude caustique	5 à 6c.c

La soude doit être versée par portions, en agitant chaque fois, pour favoriser le rassemblement d'oxyde brun d'argent qui se forme. Arrêtez l'addition de soude dès qu'il ne se forme plus de précipité; laissez alors déposer pendant une heure au moins.

Décantez le liquide brunâtre qui recouvre l'oxyde, versez dessus un litre d'eau de pluie filtrée, agitez avec une baguette de verre, laissez déposer une demi-heure, décantez de nouveau, renouvelez une troisième fois l'eau, laissez déposer deux heures et décantez prudemment.

Laissez tomber goutte à goutte de l'azotate d'ammoniaque en solution sur le précipité d'oxyde d'argent, en agitant toujours avec votre baguette de verre; lorsque le précipité brun est presque entièrement dissous, versez le liquide dans une mesure graduée, ajoutez de l'eau jusqu'à ce qu'il occupe le volume d'un litre et filtrez.

Ajoutez alors au bain ainsi préparé 1 centimètre cube d'acide azotique pour neutraliser la soude, qui sans cela aurait pour effet de dissoudre partiellement l'albumine du papier; en outre l'acide azotique transformera une faible quantité d'oxyde d'argent en azotate.

Versez enfin le bain dans une cuvette de porcelaine et sensibilisez votre papier comme d'ordinaire.

Nous venons de voir comment se prépare le bain, mais nous n'avons pas étudié les moyens de reconnaître la pureté des produits employés et de préparer les solutions. Examinons maintenant ces deux points avec M. van Monckhoven.

Essai de la soude.

Dissolvez la soude dans dix fois son poids d'eau et conservez cette solution dans un flacon bouché au liége.

Mettez un petit cristal de nitrate d'argent dans 5 ou 6 cent. cubes d'eau distillée, ajoutez 5 ou 6 gouttes d'acide azotique très-pur. Agitez, et dans ce mélange versez 3 ou 4 gouttes de votre solution de soude. S'il se forme un précipité, la soude n'est pas pure et ne peut servir.

Essai de l'azotate d'ammoniaque.

Dissolvez de l'azotate d'ammoniaque cristallisé dans son poids d'eau distillée et filtrez.

Dans un verre à expériences mettez quelques gouttes de cette liqueur, et ajoutez une goutte ou deux d'azotate d'argent n'ayant jamais servi.

Si la liqueur ne reste pas parfaitement limpide, votre azotate d'ammoniaque est impur, il faut le rejeter.

Fumigation au carbonate d'ammoniaque.

Le papier qui, avant de servir, est exposé un quart d'heure environ aux vapeurs de l'ammoniaque, est beaucoup plus sensible, et donne des noirs qui se métallisent plus vite.

Pour arriver à ce résultat, M. van Monckhoven se sert d'un appareil qu'il serait trop long de décrire, il nous suffira de dire qu'au lieu d'ammoniaque, il emploie le carbonate d'ammoniaque réduit en menus fragments.

Cette fumigation est indispensable lorsque l'on se sert du papier sensibilisé au nitrate de soude.

Virage.

Après l'exposition dans l'appareil d'agrandissement le papier est passé dans deux eaux de lavage, il séjourne quatre minutes dans la première, une seulement dans la deuxième, après quoi il est mis à virer dans le bain suivant :

Eau	1000cc
Acétate de soude cristallisé	30 grammes.
Chlorure d'or	1 —

Ce liquide est exposé un quart d'heure au soleil, de jaune il devient vert ; il est alors abandonné à l'ombre pendant deux heures, et employé de suite.

En servant ce bain se décompose, l'or se précipite à l'état de protoxyde vert sale. Pour le rétablir, après l'avoir laissé séjourner toute une nuit dans un grand flacon, décantez la partie claire, et sur le précipité versez quelques gouttes d'acide chlorhydrique, qui le dissout. Mettez de la craie pour neutraliser l'acide et filtrez. Ajoutez ce mélange de chlorure d'or et de chlorure de calcium au liquide décanté, exposez dix minutes au soleil, et servez-vous du bain une heure après.

Fixage.

L'épreuve virée est passée dans une eau contenant 10 grammes de carbonate de soude par litre, immergée dans l'hyposulfite, après quoi on opère ainsi :

1° Lavage à l'eau courante pendant une heure;

2° Bain formé de une partie de sel commun pour quatre parties d'eau (en poids);

3° Lavage à l'eau courante pendant une heure.

Alors l'épreuve terminée est suspendue pour sécher.

Le chlorure d'or.

Au moment où tous les photographes se plaignent de l'impureté du chlorure d'or qu'ils emploient, il peut être utile de donner quelques détails sur la fabrication de cet intéressant produit, que les opérateurs devraient préparer eux-mêmes. Nous empruntons ce qui suit à la *Chimie photographique* de MM. Barreswil et Davanne et au *Propagateur photographe* de M. Phipson. Le chlorure d'or ordinaire (perchlorure d'or Au^2Cl^3) s'obtient en dissolvant l'or dans l'eau régale, mélange de 1 partie d'acide azotique et de 4 parties d'acide chlorhydrique. On évapore doucement, et il se produit des cristaux de chlorhydrate de chlorure d'or ($Au^2Cl^3 + HCl$). C'est ce sel contenant un excès d'acide que l'on trouve dans le commerce sous le nom de chlorure d'or. Il se présente sous la forme de cristaux d'un jaune clair, tandis que le perchlorure d'or anhydre et exempt d'impuretés est rouge brun. Si, pour éliminer l'acide, on chauffe davantage, on obtient une masse brune ; mais une partie du perchlorure se transforme en protochlorure insoluble dans l'eau, Au^2Cl. On a donc, soit un sel acide, soit une perte d'or considérable. Le perchlorure d'or pur, se décomposant à une température élevée, doit donner 34 centigrammes d'or pur pour 1 gramme de sel. Jamais on n'obtient ce résultat avec le perchlorure du commerce, qui, comme nous l'avons dit, contient soit de l'acide, soit de l'eau en excès, et qui, quelquefois même, est falsifié avec du chlorure de sodium. Cette addition est, d'ailleurs, facile à reconnaître : on chauffe fortement un peu de chlorure d'or dans une capsule de porcelaine, après refroidissement on verse deux ou trois gouttes d'eau distillée bien pure, et on chauffe légèrement ; cette eau, évaporée sur une lame de platine, ne doit pas laisser de résidu ; une goutte d'eau, à laquelle on ajoute une goutte d'azotate d'argent, ne doit pas donner de précipité.

L'extrême difficulté que l'on éprouve à produire ce sel neutre et pur a engagé M. Fordos à proposer l'emploi de chlorures doubles d'or et de potassium ou d'or et de sodium, qui s'obtiennent facilement et s'emploient à la même dose que le perchlorure d'or.

Pour préparer le chlorure double d'or de potassium

$$(Au^2Cl^3,KCl + 5HO)$$

on fait dissoudre 1 gramme d'or dans 1 gramme d'acide azotique, et 4 grammes d'acide chlorhydrique. On évapore jusqu'à cristallisation, on étend d'un peu d'eau distillée, et on ajoute 0gr,51 de bicarbonate de potasse ; on évapore à sec pour chasser l'excès d'acide, on dissout dans un peu d'eau distillée, on filtre sur l'amianthe et on fait cristalliser par évaporation.

On prépare de la même manière le chlorure double d'or et de sodium ($Au^2Cl^3,NaCl + 4HO$), seulement, au lieu de 0gr,51 de bicarbonate de potasse, on emploie 0gr,73 de carbonate de soude pur. Th.

FIN DU TOME DEUXIÈME (NOUVELLE SÉRIE).

TABLE ALPHABÉTIQUE DES AUTEURS

(TOME DEUXIÈME, NOUVELLE SÉRIE)

T

V

W

Z

TABLE ANALYTIQUE DES MATIÈRES

(TOME DEUXIÈME, NOUVELLE SÉRIE)

A

B

C

D

E

F

T

U

V

Z

FIN DE LA TABLE ANALYTIQUE DES MATIÈRES.

BULLETIN DE LA SOCIÉTÉ CHIMIQUE

(TOME DEUXIÈME, NOUVELLE SÉRIE)

ERRATA :

Page 242, ligne 6 en remontant :

Au lieu de : 1,33 cristaux, chauffés à 120°, ont donné

$$0,292H^2\Theta = 16,31H^2\Theta$$

Lisez :

$$0,217H^2\Theta = 16,31H^2\Theta.$$

Page 243, ligne 22 :

Au lieu de : 0,4777 ont donné

$$0,4432Pb^2S\Theta^4 = 61,95Pb$$

Lisez :

$$0,4332Pb^2S\Theta^4 = 61,95Pb.$$

AVIS

Les abonnements au *Bulletin de la Société chimique* ne sont reçus que pour l'année entière, qui commence le 1er janvier. Le prix de l'abonnement est de 15 francs pour la France et l'Algérie. Les frais de poste sont comptés en sus pour les Colonies et les pays étrangers.

Chaque numéro se compose de quatre à six feuilles, format in-8°, et le tout forme au bout de l'année deux volumes de 500 à 600 pages.

Les six premières années de cette publication (du 1er octobre 1858 au 31 décembre 1864), forment 12 volumes et se vendent ensemble 42 francs. Chacune des années (2 volumes) dont il reste des exemplaires se vend séparément 15 francs.

Une fusion complète a été opérée le 1er janvier 1864 entre le *Répertoire de Chimie* et le *Bulletin de la Société chimique*. Cette dernière publication comprend maintenant les divers recueils publiés autrefois séparément.

La Société chimique de Paris a publié jusqu'à la fin de 1861 un *Bulletin* spécial de ses séances. Les séances des années 1858 à 1860 incluse sont réunies en un volume in-8° qui se vend 3 francs; le Bulletin de l'année 1861 forme huit feuilles d'impression du prix de 2 francs. A partir de 1862, ce recueil a cessé de paraître pour se trouver fondu dans le *Bulletin* mensuel.

Paris. — Typ. PILLET fils aîné, 5, rue des Grands-Augustins.

www.ingramcontent.com/pod-product-compliance
Lightning Source LLC
LaVergne TN
LVHW011939220826
846092LV00001B/36

9782329760537